Erhard Hornbogen · Hans Warlimont

Metallkunde

Springer
Berlin
Heidelberg
New York
Barcelona
Hongkong
London
Mailand
Paris
Singapur
Tokio

E. Hornbogen · H. Warlimont

Metallkunde

Aufbau und Eigenschaften von Metallen und Legierungen

4., völlig neu bearbeitete und erweiterte Auflage

Mit 281 Abbildungen

Springer

Prof. Dr. Erhard Hornbogen
Ruhr-Universität Bochum
Prof. Dr. Hans Warlimont
Technische Universität Dresden

ISBN 3-540-67355-5 Springer-Verlag Berlin Heidelberg New York

Die Deutsche Bibliothek – CIP-Einheitsaufnahme

Hornbogen, Erhard:
Metallkunde : Aufbau und Eigenschaften von Metallen und Legierungen /
Erhard Hornbogen ; Hans Warlimont. – 4., völlig neubearb. und erw.
Aufl.. – Berlin ; Heidelberg ; New York ; Barcelona ; Hong Kong ;
London ; Mailand ; Paris ; Singapur ; Tokio : Springer, 2001
ISBN 3-540-67355-5

Springer-Verlag Berlin Heidelberg New York
ein Unternehmen der BertelsmannSpringer Science+Business Media GmbH

Printed in Germany

Umschlaggestaltung: MEDIO GmbH, Berlin
Satz: Fotosatz-Service Köhler GmbH, Würzburg

Gedruckt auf säurefreiem Papier SPIN: 10709177 62/3020/kk – 5 4 3 2 1 0

Vorwort

Die Metallkunde ist ein wichtiges Teilgebiet der Werkstoffkunde. Diese behandelt die Eigenschaften aller dem Menschen nützlichen festen Materie. Wir unterscheiden metallische, keramische und polymere Werkstoffe. Die für die moderne Technik so bedeutenden Halbleiter nehmen eine Zwischenstellung zwischen Keramik und Metall ein. Das wesentliche Kennzeichen der Metalle, die metallische Bindung, ist durch die freien Elektronen gekennzeichnet, die sich zwischen den Atomrümpfen bewegen. Daraus lassen sich alle im täglichen Leben bekannten Eigenschaften der Metalle ableiten: Glanz, elektrische und thermische Leitfähigkeit, plastische Verformbarkeit, aber auch die geringe chemische Beständigkeit: Rostbildung, Korrosion, Verzunderung.

Die günstigen Eigenschaften machen die Metalle zur wichtigsten Werkstoffgruppe. Dies gilt auch im Rahmen der gemeinsamen Behandlung aller Werkstoffe als einem Wissensgebiet. So hat sich dieser Entwicklung folgend die „Deutsche Gesellschaft für Metallkunde" in „Deutsche Gesellschaft für Materialkunde" umbenannt. Dagegen ist wenig einzuwenden, wählt doch der konstruierende Ingenieur aus der gesamten Palette der Werkstoffe diejenigen aus, die für einen Zweck die besten Eigenschaften liefern. Auch für das grundlegende Verständnis ist eine vergleichende Behandlung aller Werkstoffgruppen oft nützlich. Ein Beispiel ist die „typische" Metalleigenschaft elektrische Leitfähigkeit. Sie tritt auch in Polymeren und als Supraleitung in keramischen Perowskiten auf.

Die Frage stellt sich, ob dann noch eine Monographie über Metallkunde notwendig sei. Für eine positive Antwort gibt es, außer der regen Nachfrage nach den früheren drei Auflagen dieses Buches, mehrere Gründe: 1. Die Metalle sind immer noch die wichtigste Werkstoffgruppe; 2. Das umfassende Gebiet „Werkstoffwissenschaft und -technik" hat zunehmend an Übersichtlichkeit verloren; 3. Die Metallkunde liefert ein frühes Beispiel für ein übergreifendes Wissensgebiet, wie es heute immer häufiger sowohl für das grundlegende Verständnis als auch in der Anwendung gefordert wird.

Die Metallkunde vermittelt zwischen Naturwissenschaften wie Festkörperphysik und physikalischer Chemie, zwischen Wissenschaft und Technik, zwischen Werkstoffherstellung und Anwendung. Ihren Kern bildet die Analyse der mikroskopischen Strukturen von Phasen und Gefügen und deren Bezug zu den makroskopischen Eigenschaften, wie sie von keinem der Randfächer so systematisch behandelt wird.

Der Aufbau des Buches versucht, diesem Inhalt des Faches gerecht zu werden. Nach einer Einführung wird im zweiten Kapitel das Entstehen des festen Zustandes behandelt. Die folgenden drei Kapitel beschreiben die verschiedenen Aspekte des mikroskopischen Aufbaus. Daraus werden in zwei Kapiteln die makroskopischen Eigenschaften abgeleitet. Eines der Kapitel ist ganz den mechanischen Eigenschaften gewidmet. Zwei weitere Kapitel beschäftigen sich mit den Grundlagen der Wärmebehandlung, Diffusion und Phasenumwandlung. Das folgende Kapitel gibt eine Übersicht über experimentelle Methoden, hauptsächlich der mikroskopischen und Beugungsverfahren. Der anschließende Teil des Buches enthält acht stärker anwendungsorientierte Kapitel: nach Herstellungsmethoden werden Gußlegierungen, Knetlegierungen und pulvermetallurgische Werkstoffe, nach Härtemechanismen aushärtbare Legierungen und Stähle dargestellt. Zum Schluß folgt die Behandlung der metallischen Magnetwerkstoffe, der Rolle von Oberflächen in Zusammenhang mit Korrosion, Reibung und Verschleiß. Das letzte Kapitel behandelt schließlich die Metalle im Vergleich und im Verbund mit den anderen Werkstoffgruppen.

Die Metallkunde hat sich am Anfang dieses Jahrhunderts zu einem eigenständigen Wissensgebiet entwickelt. Eine prägende Persönlichkeit war Gustav Tammann, der 1903 bis 1937 in Göttingen lehrte. Sein Schüler Werner Köster, der 1935 bis 1969 Direktor des Max-Planck-Instituts für Metallforschung war, hat uns in Stuttgart 1964 zum Schreiben der ersten Auflage der „Metallkunde" ermutigt. Am Ende des Jahrhunderts ist sie ein gereiftes, immer noch sehr lebendiges Fach. Wir hoffen, daß die knappe Darstellung der Metallkunde in dieser neu bearbeiteten, vierten Auflage vielen Lesern nützlich sein wird.

Erhard Hornbogen
im September 2000

Hans Warlimont

Inhaltsverzeichnis

Vorwort V

1 Allgemeiner Überblick 1

1.1 Natur der Metalle 1
1.2 Geschichte und Zukunft der Metalle 4
1.3 Metalle als Werkstoffe 6
1.4 Aufgaben der Metallkunde 9
Literatur 11

2 Übergang in den festen Zustand 12

2.1 Aggregatzustände 12
2.2 Übergang gasförmig zu kristallin 13
2.3 Übergang flüssig zu kristallin 14
2.4 Keimbildung 16
2.5 Heterogene Keimbildung 18
2.6 Stabile und instabile Grenzflächen 19
2.7 Erstarrung in einer Form 21
2.8 Einkristalle 22
Literatur 23

3 Strukturen fester Phasen 24

3.1 Bindung und Koordination 24
3.2 Punkte, Richtungen und Ebenen 27
3.3 Stereographische Projektion 31
3.4 Intermetallische Phasen 34
3.5 Anisotropie 39
3.6 Quasikristalline Phasen und Gläser 39
Literatur 42

4 Phasengleichgewichte 43

4.1 Grundlagen der heterogenen Gleichgewichte 43
4.2 Mischkristalle, Ordnung, Phasengemische 46

4.3 Zweistoffsysteme 47
4.4 Mehrstoffsysteme 57
Literatur 59

5 **Gitterbaufehler, Phasengrenzen, Gefüge** 60

5.1 Überblick 60
5.2 Leerstellen 61
5.3 Versetzungen 63
5.4 Stapelfehler 67
5.5 Korngrenzen 69
5.6 Strahlendefekte und Ionenimplantation 72
5.7 Phasengrenzen, Oberflächen 77
5.8 Das Gefüge 79
Literatur 81

6 **Physikalische Eigenschaften** 82

6.1 Elektronen in Metallen 82
6.2 Elektrische und thermische Leitfähigkeit 89
6.3 Supraleitung 92
6.4 Gitterschwingungen und spezifische Wärme 94
6.5 Thermische Ausdehnung 96
6.6 Kernphysikalische Eigenschaften 99
6.7 Vielkristalle und Phasengemische 101
Literatur 104

7 **Mechanische Eigenschaften** 105

7.1 Elastizität 105
7.2 Zugversuch und Härtemessung 109
7.3 Spannungsrelaxation 112
7.4 Struktur und Plastizität 113
7.5 Plastizität von Ein- und Vielkristallen 117
7.6 Zwillingsbildung 122
7.7 Verformungstextur 123
7.8 Kriechen und Superplastizität 124
7.9 Bruch 127
7.10 Wechselverformung und Ermüdung 131
7.11 Härtungsmechanismen 134
Literatur 138

8 **Diffusion und Ausheilreaktionen** 139

8.1 Thermisch aktivierte Platzwechsel 139
8.2 Diffusion 142

8.3 Erholung 146
8.4 Rekristallisation 148
Literatur 152

9 Strukturelle Phasenumwandlungen 153

9.1 Thermodynamische Grundlagen 153
9.2 Instabilität, Keimbildung, Wachstum, Vergröberung 157
9.3 Umwandlungstypen 162
9.4 Diffusionsbestimmte Umwandlungen 163
9.5 Martensitische und bainitische Umwandlungen 174
Literatur 181

10 Untersuchungsmethoden der Mikrostruktur 182

10.1 Übersicht 182
10.2 Lichtmikroskopie (LM) 184
10.3 Rasterelektronenmikroskopie (REM) 186
10.4 Transmissionselektronenmikroskopie (TEM) 187
10.5 Feldionenmikroskopie (FIM) und Atomsondenspektroskopie . . . 190
10.6 Beugung von Röntgenstrahlen (XB) 192
10.7 Elektronenbeugung 194
10.8 Chemische Analyse der Gefügebestandteile 196
10.9 Raster-Tunnel-Mikroskopie 196
10.10 Makroskopische Methoden 198
Literatur 204

11 Erstarrung, Gußwerkstoffe 205

11.1 Metallschmelzen 205
11.2 Bildung von Mischkristallen 207
11.3 Eutektische Erstarrung 211
11.4 Seigerung 212
11.5 Gußlegierungen 214
11.6 Gießen und Schweißen 220
11.7 Metallische Gläser 222
Literatur 224

12 Umformung, Knetlegierungen 225

12.1 Einflüsse von Gefüge, Temperatur und Geschwindigkeit der Verformungsvorgänge 225
12.2 Mechanik der Umformung 227
12.3 Umformverfahren 230
12.4 Knetlegierungen 234
Literatur 237

13 Pulvermetallurgie 238

13.1 Pulvermetallurgische Verfahren 238
13.2 Sintertheorie 242
13.3 Pulvermetallurgische Werkstoffe 245
Literatur 250

14 Teilchengehärtete Legierungen 251

14.1 Teilcheneffekte im nm-Bereich 251
14.2 Wechselwirkung von Versetzungen mit Teilchen 253
14.3 Ausscheidungsgefüge 258
14.4 Aushärtbare Aluminiumlegierungen 259
14.5 Weitere aushärtbare Nichteisenmetall-Legierungen 261
14.6 Dispersionshärtung 262
14.7 Teilchen in warmfesten Legierungen 263
Literatur 267

15 Stähle 268

15.1 Legierungsgruppen und Gleichgewichtssysteme 268
15.2 Umwandlungen, Gefüge, mechanische Eigenschaften 270
15.3 Stahlsorten 277
Literatur 283

16 Magnetische Werkstoffe 284

16.1 Ferromagnetismus 284
16.2 Magnetisches Werkstoffverhalten 289
16.3 Weichmagnetische Werkstoffe 296
16.4 Hartmagnetische Werkstoffe 301
16.5 Besondere Werkstoffeigenschaften durch magnetische Anomalien 307
16.6 Fortschritte bei Eigenschaften von Magnetwerkstoffen 310
Literatur 311

17 Korrosion, Verschleiß, Oberflächenbehandlung 312

17.1 Korrosion 312
17.2 Korrosionsschutz 319
17.3 Verzunderung 321
17.4 Reibung und Verschleiß 323
17.5 Oberflächenbehandlung 326
Literatur 329

18 Werkstoffe im Vergleich und Verbund 330

18.1 Drei Werkstoffgruppen 330
18.2 Verbunde und komplexe Systeme 332
18.3 Metallische und keramische Supraleiter 336
18.4 Metallische Gläser 343
18.5 Legierungen mit Formgedächtnis, magneto- und elektrostriktive Stoffe 346
Literatur 355

Sachverzeichnis 357

KAPITEL 1

Allgemeiner Überblick

1.1
Natur der Metalle

In der Natur sind Metalle recht selten (Gold, Meteoriteisen). Ein Blick auf das Periodische System (Anhang A1) lehrt jedoch, daß der größte Teil der Elemente zu den Metallen gehört. Sie sind in der oxidierenden Atmosphäre der Erde nicht stabil, liegen deshalb meist als Oxide vor und müssen zur Gewinnung reduziert und im Gebrauch meist vor Reoxidation geschützt werden.

Als Metall wird im täglichen Leben ein Stoff bezeichnet, der folgende Eigenschaften hat:

- Reflexionsfähigkeit für Licht,
- hohe elektrische und thermische Leitfähigkeit,
- plastische Verformbarkeit unter Zug, Druck und auch bei tiefer Temperatur,
- in einigen Fällen Ferromagnetismus oder Supraleitung.

Einzelne dieser Eigenschaften können auch in Nichtmetallen auftreten; deshalb ist auf diese Weise noch nicht befriedigend definiert, was ein Metall ist. Eine eindeutige Beschreibung des metallischen Zustandes wäre: Ein Metall ist ein Stoff, in dem mindestens ein Energieband nur teilweise mit Elektronen besetzt ist und dem folglich eine Fermi-Fläche innerhalb des äußersten besetzten Bandes zugeordnet werden kann. Es handelt sich hier allerdings um einen unanschaulichen Begriff aus der Elektronentheorie (Kap. 6). Damit wird gesagt, daß die äußeren Elektronen der Metallionen im Zustand metallischer Bindung besondere Eigenschaften haben, auf denen die oben erwähnten bekannten Eigenschaften beruhen. Sie sind zwischen den Ionen eines Metallkristalls frei beweglich. Diese Beweglichkeit wird durch thermische Schwingungen der Atome verringert. Folglich ist der Temperaturkoeffizient des elektrischen Widerstandes negativ: ein weiteres Kennzeichen der Metalle.

Es ist bemerkenswert, daß sich manche Eigenschaften von Metallen durch bestimmte Behandlungen oft um viele Größenordnungen ändern können. Solche Maßnahmen sind z. B.: Legieren (Mischen verschiedener Metalle), Glühen (Wärmebehandlung), Verformen (mechanische Behandlung), Bestrahlen mit Neutronen. Dazu zwei Beispiele:

a) Die Streckgrenze R_p ist die mechanische Spannung, bei der die plastische Verformung eines Metalls beginnt (Kap. 7). Für reines Eisen findet man

$R_p \approx 10\ \mathrm{MNm^{-2}}$. Fügt man dem Eisen nur ein Atomprozent Kohlenstoff zu, so kann bei geeigneter Wärmebehandlung (Kap. 14) eine Streckgrenze von über 3000 $\mathrm{MNm^{-2}}$ erreicht werden.

b) Die Koerzitivkraft ist die magnetische Feldstärke H_c, die aufgebracht werden muß, um ein bis zur Sättigung magnetisiertes ferromagnetisches Metall wieder zu entmagnetisieren (Kap. 16). Der Wert von H_c kann sich in Legierungen, die immer hauptsächlich aus Eisen, Kobalt oder Nickel bestehen, zwischen 10^{-1} und $10^5\ \mathrm{Am^{-1}}$ ändern.

Ähnliche Beispiele könnten für die elektrische Leitfähigkeit (Kap. 6), die plastische Verformbarkeit (Kap. 7, 12, 14) oder die chemische Beständigkeit gegeben werden.

Es gibt andererseits Eigenschaften der Metalle, die durch die erwähnten Behandlungen nicht über viele Größenordnungen geändert werden können, z. B. die Schmelztemperatur, die Dichte, der Elastizitätsmodul oder die Sättigungsmagnetisierung (Kap. 16). Man bezeichnet die erste Gruppe von Eigenschaften als stark gefügeabhängig, die zweite als schwach gefügeabhängig.

Es ist üblich, Struktur- und Funktionswerkstoffe zu unterscheiden, wenn es um die Anwendungsbereiche in der Technik geht. Dies gilt entsprechend für die Metalle. Strukturlegierungen sind solche, bei denen es vorwiegend auf die mechanischen Eigenschaften ankommt: z. B. Stähle oder Gußeisen für Kurbelwellen (Abb. 1.1) oder Al-Legierungen für Flugzeugbauteile. Metallische Funktionswerkstoffe sollen besondere physikalische Eigenschaften haben. Beispiele dafür sind Kupfer oder Aluminium als elektrische oder thermische Leiter, ferromagnetische Schichten für die Speicherung von Information, Bimetalle oder Legierungen mit Formgedächtnis für die Regelungstechnik (Kap. 18).

Es ist Aufgabe der Metallkunde, die makroskopische Eigenschaften der Metalle aus dem mikroskopischen Aufbau zu erklären. Bei der Analyse des mikroskopischen Aufbaus sind drei Stufen zu unterscheiden, die hier aufgezählt und in den folgenden Kapiteln ausführlicher behandelt werden.

Ein massives Stück Metall erscheint als ein homogener Stoff. Schleift man es an, poliert die Oberfläche und behandelt sie mit einem geeigneten Ätzverfahren, so findet man im Mikroskop eine Anordnung einzelner Kristalle. Die Kristalle im Verband des massiven Metalls werden Kristallite oder Körner genannt,

Abb. 1.1. Schnitt einer hohlen, gegossenen Kurbelwelle für Automobilmotoren. Werkstoff: Gußeisen mit Kugelgraphit (s. auch Abb. 11.12)

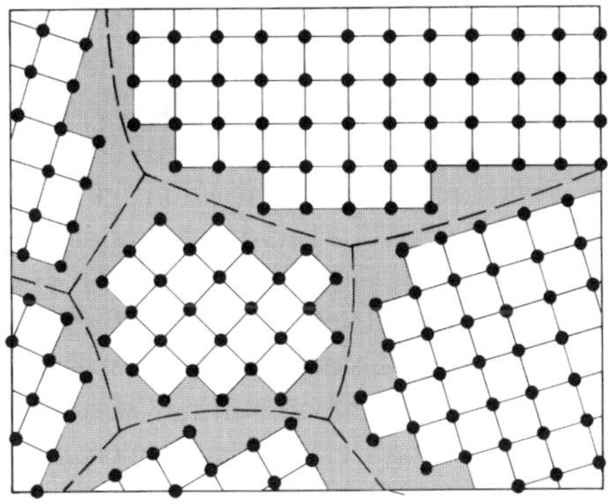

Abb. 1.2. Schematische ebene Darstellung von Kristalliten und deren Grenzen, die das Gefüge bilden

die durch Korngrenzen voneinander getrennt sind (Abb. 1.2). Ihre Anordnung bezeichnet man als das Gefüge des Metalls. Wir können den Begriff des Gefüges hier gleich erweitern:

Das Gefüge eines reinen Metalls ist gegeben durch die Anordnung der Kristallite mit allen Störungen des regelmäßigen Kristallaufbaus. Gefügeabhängige Eigenschaften sind daher Eigenschaften, die von diesen Störungen stark beeinflußt werden. Die Lehre von der Beschreibung der Gefüge ist die Metallographie; ihre wichtigsten Werkzeuge sind Licht- und Elektronenmikroskop (Kap. 10).

Die nächste Stufe betrifft die Anordnung der Atome entweder geordnet als Kristall oder ungeordnet als Glas (oder amorpher Festkörper). Dazwischen liegen die Quasikristalle, das sind nicht periodisch geordnete Strukturen, die erst 1982 entdeckt wurden. In den meisten Fällen sind Metalle kristallin. Die Abstände und Symmetrieverhältnisse der Atome im Kristallgitter ergeben die Kristallstruktur (Abb. 1.3). Sie ist eine wichtige Eigenschaft eines Metalls. Viele weitere Eigenschaften folgen aus dem Vorhandensein einer Kristallstruktur. Zum Beispiel die Kristallplastizität, Spaltbarkeit und viele weitere Erscheinungen der Anisotropie (Richtungsabhängigkeit) von Eigenschaften.

Die meisten Metalle kommen nur in einer bestimmten Kristallstruktur vor, einige in zwei (Fe, Co, Ti) oder mehreren (Mn, U): Polymorphie. Das geeignetste Mittel zur Bestimmung von Kristallstrukturen sind die Beugungserscheinungen von Röntgenstrahlen und Elektronen (Kap. 10).

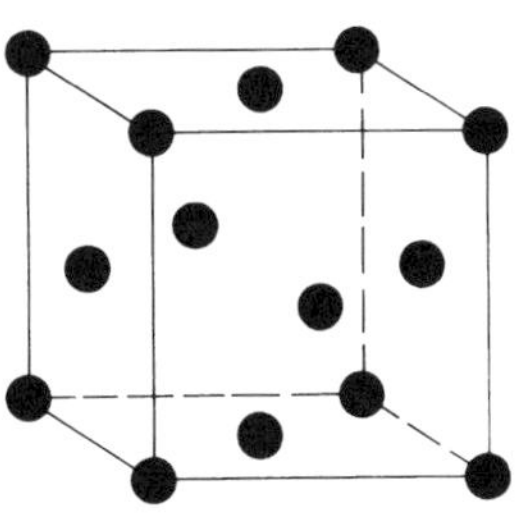

Abb. 1.3. Räumliche Anordnung der Atome in der Elementarzelle eines kubisch flächenzentrierten Kristallgitters. Diese Anordnung wiederholt sich regelmäßig bis zu den Kristallitgrenzen

Auf die Beschreibung der Gitterpunkte des Kristalls folgt als nächst feinere Stufe die Analyse des Atomaufbaus selbst. Es handelt sich einerseits um die Atomkerne und andererseits um die Elektronen, die in ihrer Wechselwirkung mit den Atomkernen im Kristallverband betrachtet werden. Das Verhalten der äußeren Elektronen bestimmt wichtige Eigenschaften des metallischen Zustands. Dadurch, daß ein Teil der Außenelektronen nicht an einem bestimmten Atomkern lokalisiert ist, sondern sich im gesamten Kristall als Elektronengas bewegt, können metallische Eigenschaften wie die elektrische Leitfähigkeit, die Undurchsichtigkeit, die dicht gepackten Kristallstrukturen und die oft geringe chemische Beständigkeit verstanden werden (Kap. 6).

Die Untersuchung der Elektronenverteilung im Metallgitter erfordert spezielle physikalische Methoden, z. B. die Anwendung der Spektroskopie von Röntgenstrahlen und des Energieverlustes von Elektronen (Kap. 10). Zur Analyse des Atomkerns können die Neutronenstreuung und die rückstoßfreie Kernresonanzabsorption (Mössbauer-Effekt) dienen.

1.2 Geschichte und Zukunft der Metalle

Die Geschichte der Verwendung der Metalle ist vor allem durch die metallurgischen Schwierigkeiten ihrer Gewinnung bestimmt. Da die Metalle in der Natur meist als chemische Verbindungen, vor allem mit Sauerstoff, vorkommen, nehmen die Schwierigkeiten mit der Stärke der Bindung zu. Wie erwartet, findet man eine zeitliche Reihenfolge der Verwendung der Metalle, die parallel zur Spannungsreihe der Elemente läuft (Tabelle 1.1).

Anfangs wurden nur Metalle verwendet, die gediegen in der Natur vorkommen (Au, Ag, Cu, Meteoriteisen). Später begann eine lange Zeit der Entwicklung empirischer Verfahren zur Darstellung von Metallen, die in chemischen Verbindungen vorliegen. Erst seit historisch kürzester Zeit wendet man die Kenntnis der anorganischen Chemie auf diese Prozesse an (1700). Noch jüngeren Datums ist die Anwendung physikalischer Denkweise auf das Verständnis der Eigenschaften der Metalle im metallischen Zustand (1900). Fast alle technisch interessanten Eigenschaften von Metallen wurden bisher durch die empirische

Tabelle 1.1. Zusammenhang von Oxidationspotential (Kap. 17) und Beginn der technischen Verwendung einiger Metalle

	Au	Ag	Cu	Sn
Oxidationspotential ε_0, Volt	+ 1,5	+ 0,81	+ 0,34	– 0,14
Beginn der Verwendung, Jahr	< 4000 v. Chr.	< 4000 v. Chr.	< 4000 v. Chr.	< 2000 v. Chr.
	Fe	**Zn**	**Al**	**Mg**
Oxidationspotential ε_0, Volt	– 0,44	– 0,76	– 1,67	– 2,34
Beginn der Verwendung, Jahr	1000 v. Chr.	1500	1850	1850

Methode gefunden, d.h. zufällig oder durch systematisches Probieren. Erst in neuester Zeit spielt dabei wissenschaftliches Verständnis eine entscheidende Rolle:

- Verfestigung durch Kaltverformung 4000 v. Chr.
- Legierungshärten von Bronzen: Cu + Sn 2500 v. Chr.
- Stahlhärtung 1000 v. Chr.
- Aushärtung von Aluminiumlegierungen 1905
- rostfreier Stahl 1913
- Legierungen mit Formgedächtnis 1955
- magnetische metallische Gläser 1960

Beim heutigen Stand der Metallkunde sind wir im wesentlichen in der Lage, diese Eigenschaften zu verstehen. Es ist aber auch jetzt noch schwierig, neue Vorgänge in Metallen und die daraus folgenden Eigenschaften theoretisch vorherzusagen. Die Entdeckung keramischer Supraleiter und leitfähiger Polymere zeigt, daß bisher als typisch metallisch betrachtete Eigenschaften auch in anderen Stoffgruppen auftreten (Kap. 18).

Die Metalle haben in der menschlichen Zivilisation seit jeher als Material für Schmuck, Münzen, Werkzeug, Waffen, Maschinen und Konstruktionen eine große Rolle gespielt. Dazu kommt in neuerer Zeit eine Zahl von Anwendungsmöglichkeiten, bei denen es auf besondere physikalische Eigenschaften – Leitfähigkeit, Magnetismus, Ausdehnungskoeffizient, Thermospannung – ankommt. Die Kenntnis der Herstellung und die Verwendung von Metallen ist aber trotzdem keine Vorbedingung für die Bildung von Zivilisationen. Das zeigt zum Beispiel die Kultur der Maya-Indianer, die ohne die Verwendung von Metallen zu bedeutenden Leistungen in Architektur, Astronomie und Landwirtschaft kamen.

Unter allen Metallen ist seit etwa 3000 Jahren das Eisen das wichtigste. Für die bevorzugte Stellung, die dieses Metall nicht nur hinsichtlich der praktischen Anwendung, sondern auch für die metallkundliche Forschung einnimmt, gibt es folgende Gründe:

- die hohe Stabilität der Atomkerne des Eisens,
- die zweimalige Gitterumwandlung bei verschiedener Temperatur,
- den Ferromagnetismus,
- das häufige Vorkommen in der Erdkruste (4,2 Masseprozent),
- die günstige Schmelztemperatur im Hinblick auf technische Wärmebehandlungen (1540 °C),
- den hohen Elastizitätsmodul,
- die leichte Rückgewinnbarkeit von Rohstoff (verbunden mit Abfallbeseitigung) aus Eisenschrott.

Der Grund für die Beliebtheit des Eisens und seiner Legierungen liegt in seiner leichten Verfügbarkeit in großen Mengen und in der Möglichkeit, durch Legieren und Wärmebehandeln eine Fülle von nützlichen Eigenschaften zu erzielen.

Eine Vorhersage der Zukunft der Metalle ist nur teilweise leicht. Vorhersagbar sind nur evolutionäre Entwicklungen:

- Stahl wird wegen der erwähnten Eigenschaften der wichtigste Werkstoff bleiben,
- Aluminium und Magnesium werden weiter zunehmend gebraucht werden, wo geringes Gewicht gewünscht wird. Für letzteres müßten noch gute Knetlegierungen gefunden werden.
- Alle drei Metalle haben auch eine gute Zukunft, da sie gut rückgewinnbar sind.

Nicht vorhersagbar sind überraschende Entdeckungen. Diese sind bei den Metallen am ehesten auf dem Gebiet der Funktionswerkstoffe zu erwarten.

1.3 Metalle als Werkstoffe

Es gibt vier Gesichtspunkte, unter denen die Eigenschaften von Metallen betrachtet werden können:

Physikalisch. Die Eigenschaften und ihre mikrostrukturellen Ursachen werden untersucht, ohne daß ein Anwendungszweck im Vordergrund steht.

Technisch. Man interessiert sich für die physikalischen Eigenschaften im Hinblick auf ihre nützliche Anwendung. Häufig müssen für technische Zwecke zwei oder mehr physikalische Eigenschaften zu einem Optimum kombiniert werden, z. B. Zugfestigkeit und Gewicht, Leitfähigkeit und Oxydationsbeständigkeit. Man spricht dann von technischen Eigenschaften oder einem Eigenschaftsprofil. Ein Metall mit technisch nutzbaren Eigenschaften ist ein Werkstoff, wenn er außerdem noch in die Form eines Teils gebracht werden kann (Gebrauchseigenschaft und fertigungstechnische Eigenschaft).

Wirtschaftlich. Gute technische Eigenschaften sind oft nicht interessant, wenn der Werkstoff zu teuer also nicht in genügenden Mengen oder nicht zu anwendungsgerechten Kosten verfügbar ist. Deshalb wird ein Metall nur dann verwendet werden, wenn aus seinen physikalischen Eigenschaften technisch nutzbare Eigenschaften folgen und wenn Herstellung und Behandlung des Werkstoffs wirtschaftlich sinnvoll sind. Das wirtschaftliche Interesse, das manche Metalle finden, kann aus den Produktionszahlen abgelesen werden.

Ökologisch. Dies bedeutet, daß für den gesamten Lebenszyklus ihre Verwendung nachhaltig mit den Interessen des Menschen verträglich ist. Die metallischen Werkstoffe sollen gut rückgewinnbar sein. Sie sollen nicht nach Gebrauch oder bei ihrer Herstellung die Oberfläche der Erde stören, z. B. durch Staub und Gase in der Atmosphäre, Verunreinigung von Gewässern oder durch Deponien, aus denen schädliche Stoffe austreten können. In diesem Zusammenhang muß auch die Verträglichkeit mit dem menschlichen Körper (Toxizität) erwähnt werden, Abb. 1.7.

Verschiedene metallische Werkstoffe stehen untereinander und außerdem mit nichtmetallischen Werkstoffen im Wettbewerb. Abbildung 1.4 zeigt die Produktion einiger Metalle und Nichtmetalle in den USA während dieses Jahr-

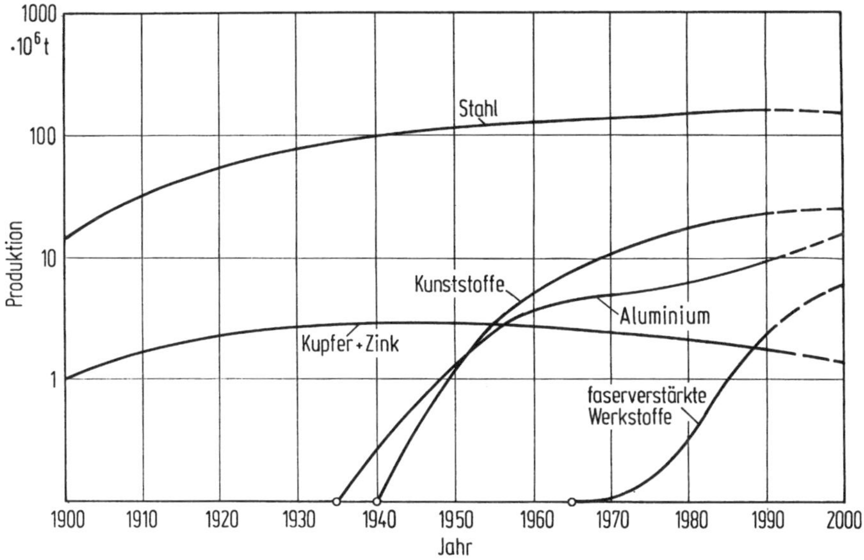

Abb. 1.4. Produktion von Werkstoffen in den USA. Kurzzeitige Schwankungen wurden ausgeglichen, die Entwicklung bis zum Jahre 2000 geschätzt

hunderts. Am Anfang des Jahrhunderts hat der Stahl das Bauholz als Konstruktionsmaterial wegen wirtschaftlicher Produktion und besserer mechanischer Eigenschaften überflügelt. Die physikalischen Eigenschaften des Eisens haben die Ersetzbarkeit von Stahl durch Aluminium in späterer Zeit begrenzt, wenn höchste Zugfestigkeit oder hohe Kriechfestigkeit bei erhöhter Temperatur verlangt wurden. Aluminium setzt sich dann durch, wenn als typische technische Eigenschaft ein günstiges Verhältnis von Festigkeit zu Gewicht verlangt wird. Der Wettstreit zwischen Metall und Kunststoff ist durch die Wärmeempfindlichkeit (> 200 °C) der meisten Hochpolymere begrenzt. Die Erhöhung der Temperaturbeständigkeit der Kunststoffe ist aber Gegenstand vieler Forschungen. Der annähernd konstante Verbrauch von Cu und Zn ist darauf zurückzuführen, daß frühere Anwendungen durch neue Verwendungszwecke auf Grund besonderer Eigenschaften (hohe Leitfähigkeit von Kupfer, niedriger Schmelzpunkt von Zink: Spritzguß) ersetzt wurden.

Die produzierte Menge von Werkstoffen ist allerdings kein Maßstab mehr für die technische Leistungsfähigkeit eines Landes (Abb. 1.5 u. 1.6). Verbesserte Eigenschaften und Konstruktionsbedingungen führen zu einer abnehmenden Werkstoffmenge pro technischem Nutzen. Gefragt ist der an die Beanspruchung genau angepaßte, „maßgeschneiderte" Werkstoff. Dies führt zu einer zunehmenden Komplexität technischer Systeme. In unserem Zusammenhang bedeutet es, daß eine Maschine nicht nur aus einer zunehmenden Zahl von Teilen, sondern auch aus einer immer größeren Vielfalt von Werkstoffen besteht. Dies wiederum kann zu Problemen beim Recycling führen (Abb. 1.7), wenn komplexe Systeme wieder getrennt werden müssen.

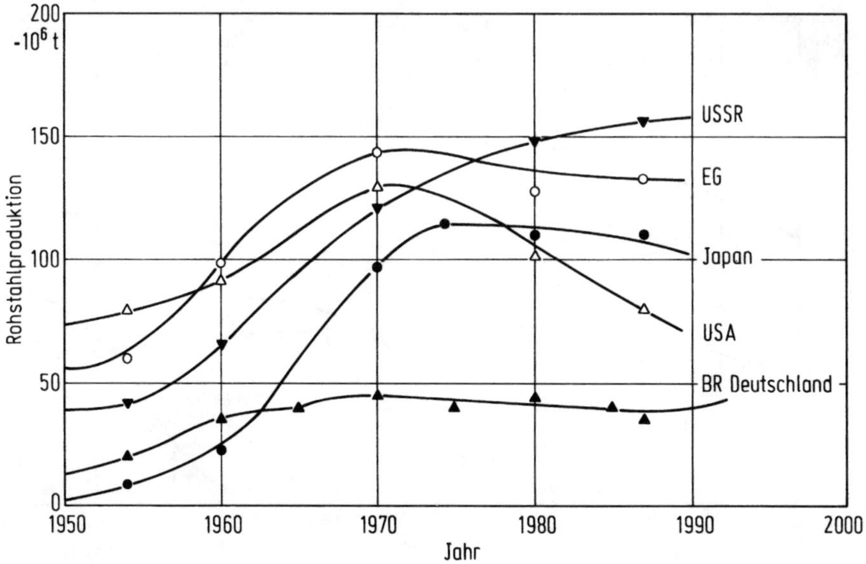

Abb. 1.5. Rohstahlproduktion: In technisch fortgeschrittenen Ländern nimmt die Stahlproduktion nicht mehr zu

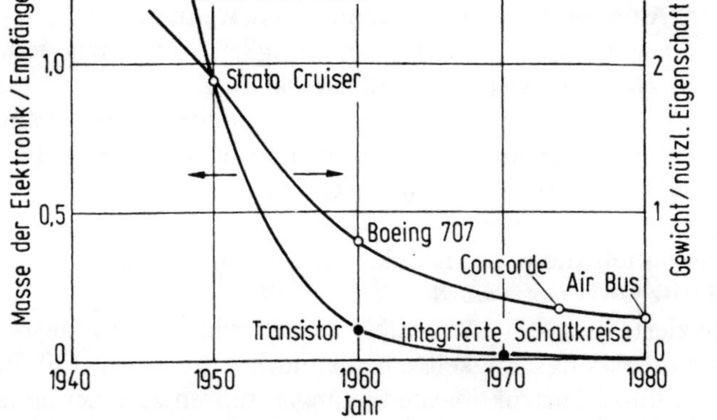

Abb. 1.6. Abnehmende Werkstoffmenge pro technischem Nutzen in der modernen Technik; Beispiele: Werkstoffe im Flugzeugbau, elektronische Werkstoffe eines Radios

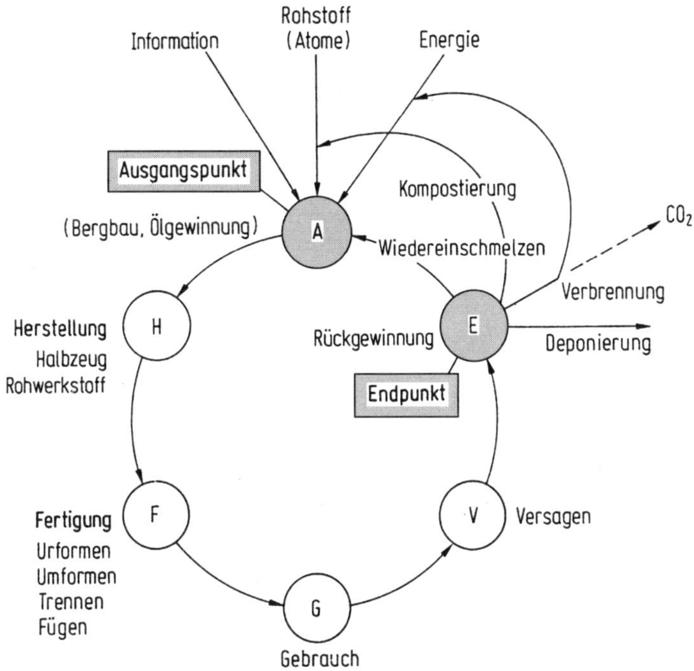

Abb. 1.7. Kreislauf der Werkstoffe

1.4 Aufgaben der Metallkunde

Das Teilwort „Kunde" liefert ein Beispiel dafür, daß auch der Gebrauch der deutschen Sprache vorteilhaft sein kann. Im Englischen müssen Metallkunde und Werkstoffkunde umständlich mit „metals" oder „materials science and engineering" übersetzt werden (Abb. 1.8). Die Metallkunde ist in der ersten Hälfte dieses Jahrhunderts entstanden. Sie liefert ein frühes Beispiel für ein fachübergreifendes Wissensgebiet, wie es gegenwärtig für die Gesamtheit der Werkstoffe unverzichtbar wird (Kap. 18). Die Metallkunde liegt zwischen Festkörperphysik und Werkstofftechnik. Die Festkörperphysik bemüht sich, grundsätzliche Erkenntnisse über Aufbau und Eigenschaften der Metalle aus Messungen unter einfachen Verhältnissen - an reinsten Metallen und Einkristallen - zu erhalten. In der Werkstofftechnik beschäftigt man sich mit Metallgemischen wie den Stählen, die oft aus vielen Atomarten und mehreren Kristallstrukturen bestehen und ein kompliziert aufgebautes Gefüge besitzen, im Hinblick auf ihre technische und wirtschaftliche Anwendung. Die Metallkunde liegt verbindend zwischen beiden Gebieten und außerdem im Rahmen aller Werkstoffgruppen (Kap. 18).

Sie steht in Wechselwirkung mit der Metallphysik, indem sie, von deren Ergebnissen ausgehend, auch komplexere Fälle - Legierungen, Vielkristalle,

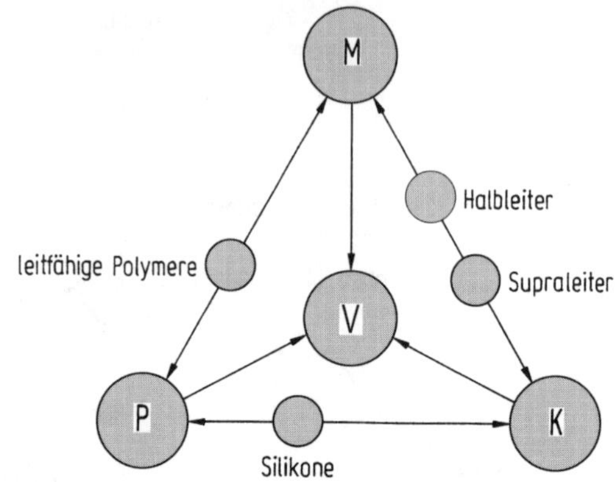

Abb. 1.8. Die vier Werkstoffgruppen. Die Verbundwerkstoffe sind meist aus Komponenten verschiedener Gruppen zusammengesetzt. Halbleiter und Silikone sind diesen Gruppen nicht eindeutig zuzuordnen. *M* Metalle: metallische Bindung, *K* Keramik: kovalente Bindung, *P* Polymere: Kettenmoleküle, *V* Verbunde: Kombination verschiedener Stoffe

Eigenschaftskombinationen – untersucht. Daraus ergibt sich die Möglichkeit und die Notwendigkeit eine größere Anzahl von Faktoren zu variieren und dadurch dem Verständnis von technischen Eigenschaften näherzukommen. Andererseits geben metallkundliche Untersuchungen manchmal Hinweise auf grundsätzliche Erscheinungen, die bei dem derzeitigen Stand der Theorie noch nicht vorhersagbar sind. Ein Beispiel dafür liefert die martensitische Umwandlung einer Kristallstruktur, in eine andere wie sie auch bei der Stahlhärtung und beim Formgedächtniseffekt auftritt (Kap. 9). Ein großer Teil der bisherigen metallphysikalischen Forschung bestand in der Deutung früherer empirischer Beobachtungen.

Im Rahmen der Werkstoffe finden wir die Metalle zusammen mit den keramischen, den hochpolymeren Stoffen sowie den Verbundwerkstoffen (Abb. 1.8). Insbesondere für den Werkstoffanwender ist eine getrennte Behandlung der Metalle nicht immer zweckmäßig. Das gilt noch mehr für die Unterscheidung von Nichteisenmetallen und Eisen, die nur traditionsbedingt ist. Es ist daher sinnvoll, das Gebiet zwischen Festkörperphysik und Werkstofftechnik als Werkstoffkunde (Materials Science und Engineering) zusammenzuschließen. Die Metallkunde ist darin ein wichtiges Teilgebiet.

Der Stellung der Metallkunde zwischen Physik und Technik versuchen wir in diesem Buch dadurch gerecht zu werden, daß in den ersten 9 Kapiteln Probleme der physikalischen Metallkunde – Aufbau und Eigenschaften der Metalle und Legierungen ohne Hinblick auf Anwendung – behandelt werden. In den letzten 8 Kapiteln, der angewandten Metallkunde, soll dagegen, ausgehend von den Ergebnissen der allgemeinen Metallkunde, ein kurzer Einblick in einige technisch wichtige Legierungsgruppen sowie Wärmebehandlungs- und Verarbeitungsverfahren gegeben werden. Dazwischen wird (in Kap. 10) eine Übersicht über Untersuchungsverfahren des mikroskopischen Aufbaus gegeben.

Literatur

Smith CS (ed) (1965) The Sorby Centennial Symposium on History of Metallurgy. New York, Gordon & Breach
Cottrell AH (1967) An Introduction to Metallurgy. London, Arnold
Haasen P (1984) Physikalische Metallkunde. Berlin, Springer
Cottrell AH (1962) Theoretical Structural Metallurgy. London, Arnold
Dehlinger U (1955) Theoretische Metallkunde. Berlin, Springer
Cahn RW, Haasen P (ed) (1996) Physical Metallurgy. Amsterdam, North Holland
Kittel Ch (1968) Einführung in die Festkörperphysik. München, Oldenbourg
Amato J (1998) Stuff, The Material the World is made of. New York, Avon
Hornbogen E (1994) Werkstoffe. Berlin, Springer
Hornbogen E (1995) Kreislauf der Werkstoffe. Mat-Wiss. u. Werkstofftechnik 26: 573–593
Hornbogen E, Donner P, Bode R (Hrsg) (1993) Materialwissenschaftliche Aspekte des Recycling. Berlin, Springer
Warlimont H (ed) (1994) Environmental Aspects in Materials Research. Oberursel, DGM
Gottstein G (1998) Physikalische Grundlagen der Materialkunde. Berlin, Springer

KAPITEL 2

Übergang in den festen Zustand

2.1
Aggregatzustände

Metalle können wie alle Materie bei verschiedener Temperatur im thermodynamischen Gleichgewicht in vier Zuständen auftreten: Plasma, Gas, Flüssigkeit und Kristall. Der metallische Werkstoff kann aus allen diesen Zuständen entstehen. Im Plasma könen sich sowohl die Atomkerne als auch die Elektronen unabhängig voneinander bewegen. Im idealen Kristall sind sie dagegen in ganz bestimmter Weise angeordnet. Der höchste Ordnungsgrad ist bei 0 K zu erwarten. Das Maß der Abweichung von der maximalen Ordnung im perfekten, kristallinen Festkörper ist die Entropie S.

Die Übergänge zu einem anderen Aggregatzustand zeichnen sich durch eine sprunghafte Änderung des Ordnungsgrades und damit der Entropie aus (Abb. 2.2):

$$\Delta S_{kf} = \frac{\Delta H_{kf}}{T_{kf}}; \qquad \Delta S_{fg} = \frac{\Delta H_{fg}}{T_{fg}}; \qquad \Delta S_{kg} = \frac{\Delta H_{kg}}{T_{kg}}. \tag{2.1}$$

Dabei ist ΔS_{kf} die Schmelzentropie, ΔS_{fg} die Verdampfungsentropie, ΔS_{kg} die Sublimationsentropie, ΔH_{ij} und T_{ij} sind die Umwandlungswärmen und -temperaturen.[1]

Schmelzwärme und Sublimationswärme stehen mit den Energien in Beziehung, durch die die Atome im Kristallgitter gebunden sind. Es ist danach zu erwarten, daß um so höhere thermische Energie zum Übergang fest-flüssig oder fest-gasförmig aufgebracht werden muß, je fester die Atome im Kristallgitter gebunden sind. Falls die Schmelzwärme ΔH_{kf} und Schmelztemperatur T_{kf} verhältnisgleich sind, müßte ihr Quotient $\Delta H_{kf}/T_{kf} = \Delta S_{kf}$, die Schmelzentropie, eine Konstante sein. Experimente zeigen, daß das für viele Metalle annähernd zutrifft und auch für die Verdampfungsentropie gilt (Tab. 2.1):

$$\Delta S_{kf} \approx 10\,\mathrm{J\,K^{-1}\,mol^{-1}}; \qquad \Delta S_{fg} \approx 100\,\mathrm{J\,K^{-1}\,mol^{-1}}.$$

---

[1] Für die Bezeichnung der Aggregatzustände werden folgende Indexzeichen verwendet: k kristallin, f flüssig, g gasförmig. Falls zwischen zwei Kristallarten unterschieden werden soll, geschieht dies durch griechische Buchstaben, z.B.: $T_{\alpha\beta}$ Umwandlungstemperatur von Kristallart α zu β.

Tabelle 2.1. Molare thermodynamische Eigenschaften am Schmelz- und Verdampfungspunkt reiner Metalle bei Normaldruck

	Schmelztemperatur T_{kf} K	Schmelzwärme ΔH_{kf} kJ mol^{-1}	Schmelzentropie[a] ΔS_{kf} J K^{-1} mol^{-1}	Dampfpunkt T_{fg} K	Verdampfungswärme ΔH_{fg} kJ mol^{-1}	Verdampfungsentropie[b] ΔS_{fg} J K^{-1} mol^{-1}
Li	453	2,93	6,47	1643	149	90,7
Al	933	11,3	12,11	2753	251	91,2
Ag	1232	11,3	9,17	2483	252	101,5
Fe	1807	14,4	7,97	3273	341	104,2
W	3653	35,2	9,64	6173	766	124,1

In der Metallkunde interessiert vor allem der feste Zustand der Metalle und in geringerem Umfang der flüssige. Um das Gefüge im festen Zustand zu verstehen, ist es häufig notwendig zu wissen, wie dieser Zustand aus dem gasförmigen oder flüssigen Zustand entstanden ist. Deshalb werden diese Übergänge als erste behandelt. Die Herstellung massiver Metallteile aus dem festen Zustand - nämlich das Sintern von Pulvern - wird in Kapitel 13 erörtert.

2.2 Übergang gasförmig zu kristallin

Der feste Zustand entsteht ohne Durchlaufen des flüssigen Zustands, wenn Atome eines Metalldampfes in Berührung mit der Oberfläche eines schon vorhandenen Festkörpers mit einer Temperatur unterhalb T_{kf} kommen. Beim Übergang zum festen Zustand werden einzelne Atome an den energetisch günstigsten Stellen der Oberfläche des festen Körpers eingebaut. Die Wachstumsgeschwindigkeit hängt vom Druck des Gases und von der Unterkühlung $\Delta T = T_g - T_{\text{Unterlage}}$ ab. Das Aufdampfungsverfahren wird häufig zur Herstellung dünner Metallschichten angewendet. Man erhält je nach den Aufdampfungsbedingungen kleinere oder größere, gestörte oder ungestörte Kristalle (Abb. 2.1).

Die Strukturen können zwischen einem Einkristall mit bestimmter Orientierung und einem amorphen Festkörper liegen (Kap. 3). Dies ist mit Hilfe der Theorie der Keimbildung zu verstehen (Kap. 2.4 und 2.5). Ein besonderer Fall ist das epitaktische Wachstum: auf einem Substrat mit gleicher oder ähnlicher Struktur wächst eine neue Schicht mit der gleichen Kristallorientierung wie die Unterlage (Abb. 2.1c). Außer dem Aufdampfen gibt es eine große Zahl von Verfahren zur Erzeugung von Metallatomen für Aufdampftechniken. Zwei große Gruppen werden unterschieden: chemisches Aufdampfen (CVD – Chemical Vapour Deposition) und physikalisches Aufdampfen (PVD – Physical Vapour Deposition). Beim CVD-Verfahren wird eine gasförmige chemische Verbindung zunächst unter Bildung von Metallatomen zersetzt und niedergeschlagen, z. B. Eisencarbonyl:

$$[\mathrm{Fe}\,(\mathrm{CO}_5)]_g \xrightarrow[20\,°\mathrm{C}]{200\,°\mathrm{C}} [\mathrm{Fe}]_k + [5\,\mathrm{CO}]_g$$

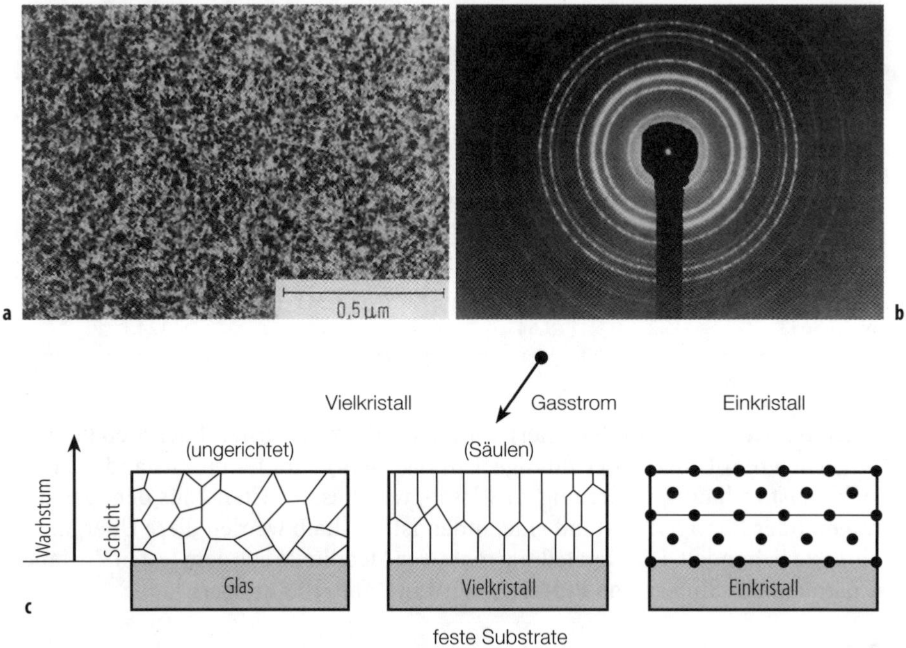

Abb. 2.1. Gefüge (TEM) **a** und Elektronenbeugungsdiagramm **b** einer angelassenen Fe + 50%-Cu-Aufdampfschicht, Kristallitgröße 5 nm. Analyse der nano-kristallinen Phasen (Kap. 3) mittels Elektronenbeugung (Kap. 10) **c** Wachstum von Schichten aus der Gasphase, schematisch

Aufdampfverfahren finden vielfach Verwendung in der Technik zur Herstellung von Beschichtungssystemen (z. B. für Schneidwerkzeuge) und künstlichen Mikro-(Nano-)Strukturen.

2.3 Übergang flüssig zu kristallin

Bei der Schmelztemperatur T_{kf} können flüssiges und festes Metall gleichzeitig nebeneinander existieren. Man bezeichnet Stoffe in verschiedenen Zuständen, die in sich homogen und durch eine Grenzfläche voneinander getrennt sind, als Phasen. Flüssige und feste Phasen sind bei T_{kf} miteinander im Gleichgewicht. Es ist zweckmäßig, die Bedingungen, unter denen diese Gleichgewichte der Phasen auftreten, thermodynamisch mit Hilfe der freien Energie zu formulieren. Die freie Energie eines Stoffes ist die Summe der freien Energien aller Phasen. Sie ist entweder definiert als $G = H - TS$ (Gibbssche freie Energie oder freie Enthalpie) oder als $F = U - TS$ (Helmholtzsche freie Energie oder einfach freie Energie), wobei $H = U + pV$ ist. G gilt also für konstanten Druck p. F gilt bei konstantem Volumen. In Festkörpern und unter den Bedingungen des Einsatzes als Werkstoff kann der Druck meist als konstant angesehen werden: $G \approx F$, p = const

Abb. 2.2. Schematische Darstellung der Temperaturabhängigkeit von Enthalpie H und Freier Enthalpie G zweier Phasen: k kristallin, f flüssig. Schmelztemperatur T_{kf} bei $G_k = G_f$. Die Kurven wurden linearisiert, d.h. die Temperaturabhängigkeit der spezifischen Wärme wurde vernachlässigt

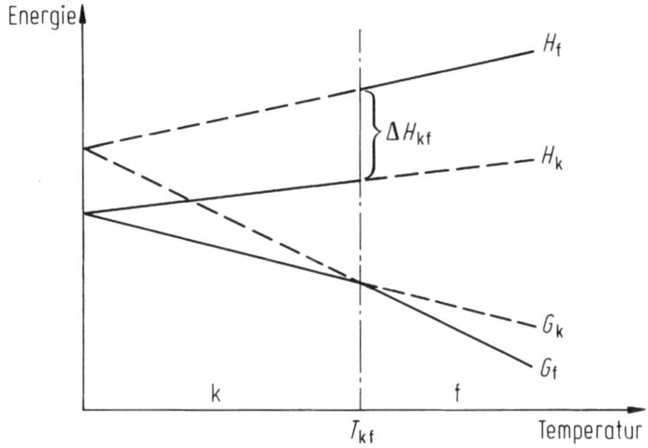

(meist Atmosphärendruck). Für ein reines Metall ist die Bedingung für Gleichgewicht zwischen flüssigem und festem Zustand

$$G_k = G_f,$$

$$H_k - T_{kf} S_k = H_f - T_{kf} S_f. \tag{2.2}$$

Diese Bedingung ist erfüllt am Punkt T_{kf}, in dem sich die Kurven der freien Energie schneiden (Abb. 2.2). Unterhalb und oberhalb dieser Temperatur ist jeweils die Phase mit der niedrigeren freien Energie stabil.

Aus (2.2) folgt, daß bei der Gleichgewichtstemperatur $H_f - H_k = T(S_f - S_k)$. $H_f - H_k = \Delta H_{kf}$ ist die Schmelzwärme, $S_f - S_k = \Delta S_{kf}$ ist die Schmelzentropie. Aus Abb. 2.2 geht hervor, daß mit zunehmendem Temperaturunterschied ΔT von der Gleichgewichtstemperatur T_{kf} ein zunehmender Unterschied der freien Energien ΔG zu erwarten ist, der folgendermaßen berechnet werden kann:

$$\Delta G_{kf} = \Delta H_{kf} - T\Delta S_{kf},$$

und in der Näherung, daß ΔH_{kf} und ΔS_{kf} nicht von der Temperatur abhängen, wird die Temperaturabhängigkeit der spezifischen Wärme vernachlässigt (vgl. Gl. 2.1):

$$\Delta G_{kf} = \Delta H_{kf} - T\frac{\Delta H_{kf}}{T_{kf}},$$

$$\Delta G_{kf} = \Delta H_{kf}\left(\frac{T_{kf} - T}{T_{kf}}\right) = \frac{\Delta T}{T_{kf}}\Delta H_{fk}. \tag{2.3}$$

$T_{kf} - T = \Delta T$ ist die Abweichung von der Gleichgewichtstemperatur und das Maß für die Unterkühlung des flüssigen Zustandes oder der Überhitzung des festen Zustandes. Entsprechend der Gleichgewichtslehre müßte bei $T_f \geq T_{kf}$ der flüssige, bei $T_k \leq T_{kf}$ der feste Zustand vorliegen (Abb. 2.2).

2.4 Keimbildung

In Wirklichkeit erstarrt flüssiges Metall nicht direkt unterhalb T_{kf}, sondern erst mit einer bestimmten Unterkühlung $T_{kf} - T = \Delta T$. Um diesen Vorgang zu erklären, müssen die thermodynamischen Gleichgewichtsbetrachtungen (2.2) ergänzt werden. In Abb. 2.3 sei ein flüssiges Metall angenommen, das auf T_2 unterhalb T_{kf} abgekühlt wird. ΔG_{kf} wird beim Durchlaufen von T_{kf} null und ändert sein Vorzeichen, d.h. der feste Zustand wird stabil. Es ist nun wichtig zu wissen, in welcher Weise der feste Zustand entsteht. Dazu wird angenommen, daß kleine kugelförmige, kristalline Teilchen als statistische Schwankungen entstehen. Oberhalb einer bestimmten Größe r_c sind sie wachstumsfähig, bis sich ihre Grenzflächen mit denen anderer Kristalle berühren und Korngrenzen bilden. Zunächst wird eine Grenzfläche zwischen fester und flüssiger Phase gebildet, die eine spezifische Energie γ_{kf} besitzt. Diese Grenzflächenenergie muß beim Übergang in den festen Zustand aufgebracht werden. Sie ist der Grund für die Unterkühlbarkeit von Metallschmelzen und muß bei der Bilanz der freien Energien beim Übergang zum festen Zustand berücksichtigt werden:

$$\Delta G^K(r,T) = -\frac{4}{3}\pi r^3 \Delta g_{kf}(T) + 4\pi r^2 \gamma_{kf}. \tag{2.4}$$

ΔG^K ist die Summe aus der Umwandlungsenergie, die bei Unterkühlung unterhalb T_{kf} gewonnen wird, und der Grenzflächenenergie, die aufgebracht werden muß. ΔG^K_c bei der kritischen Keimgröße r_c ist die freie Enthalpie einer Keimkonfiguration. $T < T_{kf}$: der erste Term ist dem Volumen der Kugel proportional, der zweite der Oberfläche: Man kann (2.4) auch in allgemeiner Form schreiben

$$\Delta G^K = -a\Delta g_{kf}\, i + b\gamma_{kf} i^{2/3}, \tag{2.4a}$$

wobei i die Anzahl der Atome im Keim ist und a und b durch dessen Form (die nicht immer eine Kugel zu sein braucht) bestimmt sind. In dieser Energiebilanz sind zwei Annahmen enthalten:

- daß die Energie der festen Phase innerhalb des kleinen Bereichs vom Radius r wie die der makroskopischen festen Phase berechnet werden kann;
- daß eine scharfe Grenzfläche zwischen fester und flüssiger Phase besteht, der eine Grenzflächenenergie γ_{kf} zugeordnet werden kann, die unabhängig vom Radius r, von der Orientierung des Gitters und von der Temperatur ist.

Dann ist bei der Temperatur $T_2 < T_{kf}$ (d.h. der feste Zustand ist stabil) ΔG^K eine Funktion von r, die den in Abb. 2.3 gezeigten Verlauf hat. Der Höchstwert der Kurve, ΔG^K_c, gibt die Energie der Keimbildung an. Mit zunehmender Unter-

[2] Im folgenden werden spezifische Energiegrößen, wie üblich, mit kleinen Buchstaben bezeichnet: Δg_{kf} = Energie der Phasenumwandlung pro Mol oder pro Volumen, γ_{kf} = Grenzflächenenergie pro Flächeneinheit).

Abb. 2.3. Die Energie von Schwankungen ΔG, abhängig von deren Größe bei $T_1 > T_{kf}$ und $T_2 < T_{kf} \cdot r_c$ ist die kritische Keimgröße, ΔG_c^K die Aktivierungsenergie der Keimbildung

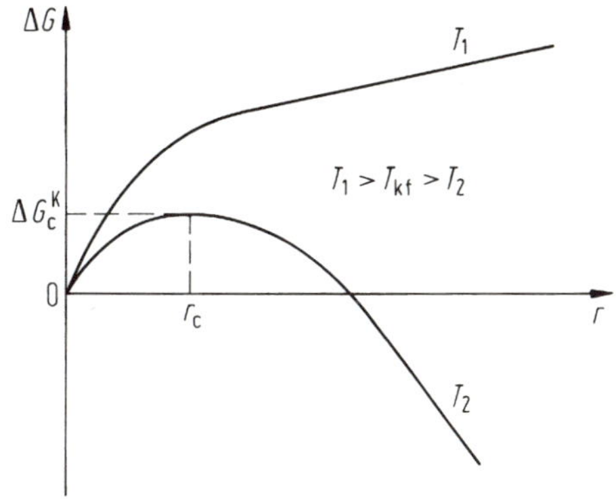

kühlung ändert sich Δg_{kf} aus (2.4), entsprechend (2.3). ΔG_c^K nimmt dabei ab. Bei Temperaturen $T_1 > T_{kf}$ ist kein Maximum und natürlich keine Keimbildung zu erwarten.

Wenn die Atome im flüssigen Metall völlig regellos angeordnet wären, könnte sich der feste Zustand überhaupt nicht bilden, da ΔG^K bei kleinen Werten von r immer anstiege. Es muß daher angenommen werden, daß durch statistische Schwankungen der Anordnung der Atome in der Flüssigkeit gelegentlich die Struktur des festen Zustandes auch in etwas größeren Bereichen angenähert auftritt. Erreicht ein solcher Bereich die Größe r_c (Abb. 2.3 und 2.4), so kann er von da an unter Abnahme der freien Energie weiterwachsen. Ein Schwankungsbereich der Größe r_c wird Keim genannt. Die kritische Keimgröße folgt aus der Bedingung $\mathrm{d}\Delta G^K/\mathrm{d}r = 0$ zu

$$r_c = \frac{2\gamma_{kf}}{\Delta g_{kf}}. \tag{2.5}$$

Falls γ_{kf} unabhängig von der Temperatur ist, wird $r_c = \infty$ bei T_{kf} und nimmt mit zunehmender Unterkühlung ab. Das bedeutet, daß bei größerer Unterkühlung ΔT schon kleinere Schwankungsbereiche stabile Keime werden. Die untere Grenze für die kritische Keimgröße ist gegeben durch die Abmessungen der

Abb. 2.4. Schematische Darstellung der statistischen Verteilung von Schwankungen in der Flüssigkeit

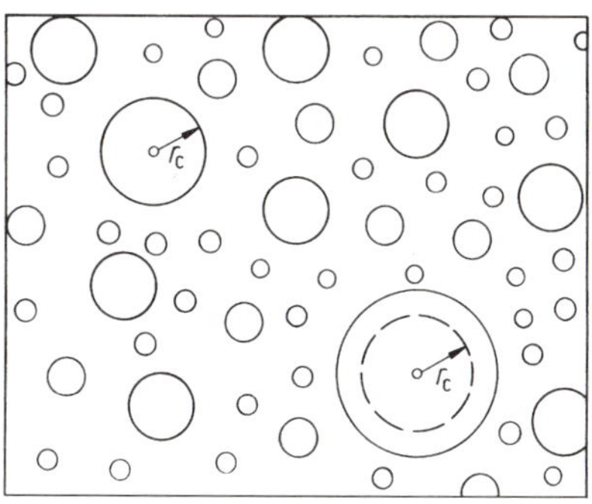

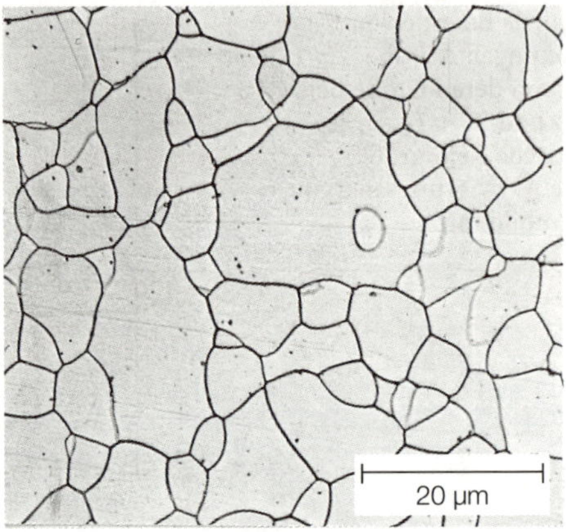

Abb. 2.5. Korngefüge von α-Eisen

Elementarzelle der neu zu bildenden Kristallstruktur (Kap. 3). Durch Anwendung der Boltzmann-Statistik ergibt sich die Wahrscheinlichkeit der Keimbildung als Funktion der Temperatur durch Einsetzen der Energie (Kap. 9) der Keimbildung ΔG_c^K:

$$n_K \approx N_A \exp - \frac{\Delta G_c^K(T)}{kT}. \tag{2.6}$$

Dabei ist n_K die Anzahl der Keime, N_A die Zahl der Atome, k die Boltzmannkonstante. Aus der Betrachtung der Keimbildung können wir einige Folgerungen für das beim Erstarren entstehende Gefüge von reinen Metallen ziehen:

a) Mit zunehmender Unterkühlung ist eine erhöhte Keimzahl, d.h. ein feinkörniges Gefüge zu erwarten. Sehr wenige Keime und folglich grobkörnige Gefüge treten beim Halten der Schmelze dicht unterhalb T_{kf} auf.
b) Die Keimzahl hängt außerdem von γ_{kf} ab. Die Werte für γ_{kf} für verschiedene Metalle sind annähernd proportional der Schmelztemperatur. Für Eisen gilt ein Wert von etwa 1 J m^{-2}. Bei der Keimbildung von Phasen mit verschiedener chemischer Zusammensetzung variieren (Kap. 4) die Grenzflächenenergien in sehr weiten Grenzen (siehe auch Struktur von Phasengrenzen Kap. 17).

2.5 Heterogene Keimbildung

In (2.4) war vorausgesetzt worden, daß die zur Keimbildung notwendige Oberflächenenergie durch die Umwandlungsenergie Δg_{kf} aufgebracht werden muß. Es ist jedoch möglich, daß schon Oberflächen vorhanden sind, und zwar in der Form von Fremdsubstanzen, die mit der Flüssigkeit in Berührung stehen. (Beim Aufdampfen, Kap. 2.2, übernimmt diese Aufgabe das Substrat.) Beim Abkühlen von Flüssigkeiten kann es sich dabei um die Gefäßwand oder um die in der Flüssigkeit fein verteilten Kristalle eines anderen Stoffes (k') handeln (Abb. 2.6).

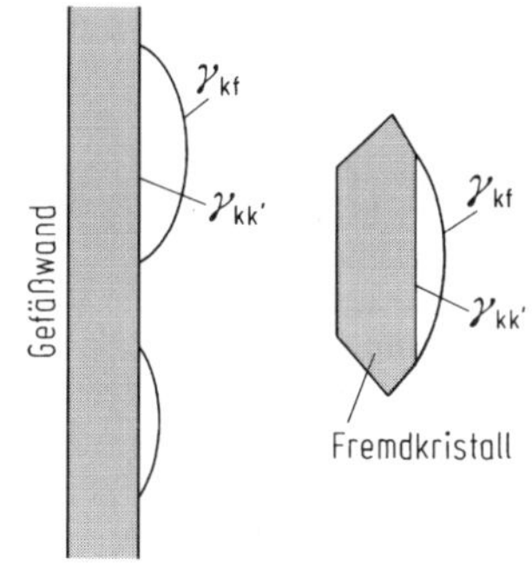

Abb. 2.6. Heterogene Keimbildung, γ_{kf} spez. Grenzflächenenergie Kristall-Flüssigkeit; $\gamma_{kk'}$ spez. Grenzflächenenergie Kristall-Fremdkristall

Derartige Grenzflächen können den Wert von γ_{kf} in (2.4a) erniedrigen, indem sie ihre Grenzflächenenergie zur Keimbildung beisteuern. Gleichung (2.4a) lautet dann

$$\Delta G^K = -a\Delta g_{kf}\, i + (b\gamma_{kf} - c\gamma_{kk'})\, i^{2/3}. \tag{2.7}$$

ΔG_c^K und r_c werden kleiner als bei gleicher Unterkühlung im Fall homogener Keimbildung (Keimbildung ohne Fremdkörper in Berührung mit der Schmelze). Bei heterogener Keimbildung ist die Verteilung der Keime nicht mehr durch die statistischen Schwankungen, sondern durch die Verteilung der wirksamen Oberflächen bestimmt, die mit thermodynamischen Gleichgewichtsbetrachtungen nicht zu erfassen sind. Durch absichtliches Hinzufügen von Keimkristallen kann die Keimzahl und damit die Korngröße in weiten Grenzen geändert werden. Man spricht dann von Impfen unterkühlter Schmelzen. Als heterogene Keimstelle kann auch die Formwand dienen. In vielen Fällen ist dann lediglich ein Kristallwachstum von diesen Keimzellen aus zu beobachten (Kap. 2.7). Die Keimbildung im Inneren der Schmelze kann ganz unterbleiben.

2.6 Stabile und instabile Grenzflächen

Hält man in einem Gefäß eine auf die Temperatur $T < T_{kf}$ unterkühlte Schmelze, so ist die Geschwindigkeit (Gesamtvolumen der pro Zeiteinheit gebildeten Kristalle) des Übergangs flüssig zu kristallin eine Funktion der Anzahl der Keime und deren Wachstumsgeschwindigkeit. Die beobachtete Geschwindigkeit der Front zwischen flüssigem und festem Zustand folgt aus der Differenz zwischen der Zahl der Atome, die die Oberfläche verlassen, und der, die dort eingebaut werden. Sie hängt von dem Energieunterschied Δg_{kf} ab, der mit zunehmender Unterkühlung zunimmt, und von der Beweglichkeit der Atome (Diffusionskoeffizient D, Einheit: $m^2\, s^{-1}$, s. Kap. 8), die mit abnehmender Temperatur abnimmt (Abb. 2.7). Es ergibt sich für eine bestimmte Unterkühlung $\Delta T = T_{kf} - T$ ein Maximum der Geschwindigkeit der Kristallisation.

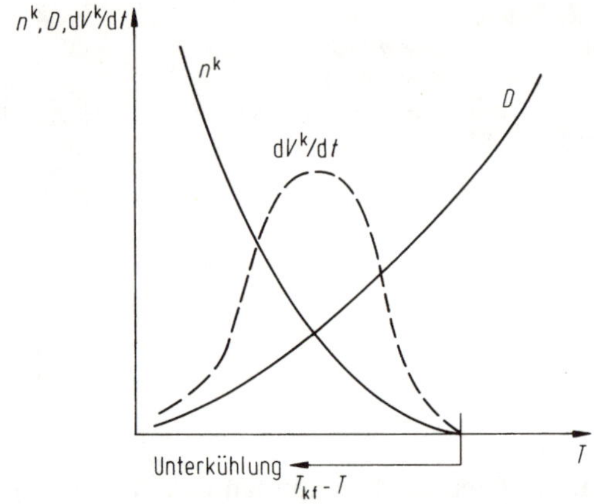

Abb. 2.7. Die Geschwindigkeit der Kristallisation (Volumenanteil pro Zeit t, V^k) hängt von Keimdichte n_k (Gl. 2.6) und Diffusionskoeffizient D ab. Beide haben umgekehrte Temperaturabhängigkeit, was zu einem Maximum von dV^k/dt führt; schematische Darstellung

Außerdem muß berücksichtigt werden, daß in der Grenzfläche die Schmelzwärme ΔH_{kf} frei wird und dadurch die Temperatur T in Richtung auf T_{kf} erhöht wird. Die Erstarrung kann nicht fortschreiten, falls diese Wärme nicht abgeführt wird. Die Wärmeableitung ist sowohl durch die feste als auch in die flüssige Phase möglich. Die Erstarrungsgeschwindigkeit ist daher durch die Geschwindigkeit der Wärmeabfuhr begrenzt. Dabei gibt es zwei Fälle (Abb. 2.8):

1. Die Wärme wird durch das feste Metall und die Formwand abgeleitet. Der Gradient der Temperatur ist negativ ($T_k < T_f$);
2. Die Wärme wird durch das flüssige Metall abgeleitet. Für diesen Fall ist die Grenzfläche nicht stabil. Jede kleine Unebenheit der Grenzfläche gelangt in ein Gebiet höherer Unterkühlung verglichen zu anderen Teilen der Oberfläche und wächst dadurch beschleunigt. Die Kristalle der festen Phase wachsen spießförmig in die Schmelze. Diese Spieße können wiederum Äste bilden, da alle Grenzflächen instabil sind. Das aus dieser Erstarrungsfront folgende Gefüge nennt man dendritisch, bei mehrfacher Verzweigung fraktal

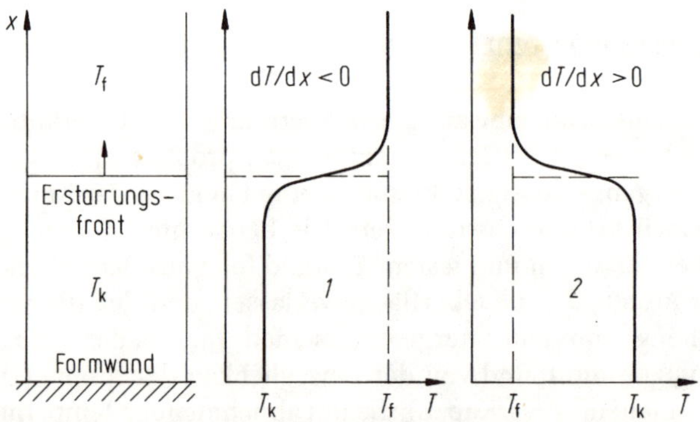

Abb. 2.8. Temperaturverlauf in einer Erstarrungsfront, die in x-Richtung fortschreitet. *1* $T_f > T_k$ stabile Grenzfläche; *2* $T_f < T_k$ instabile Grenzfläche

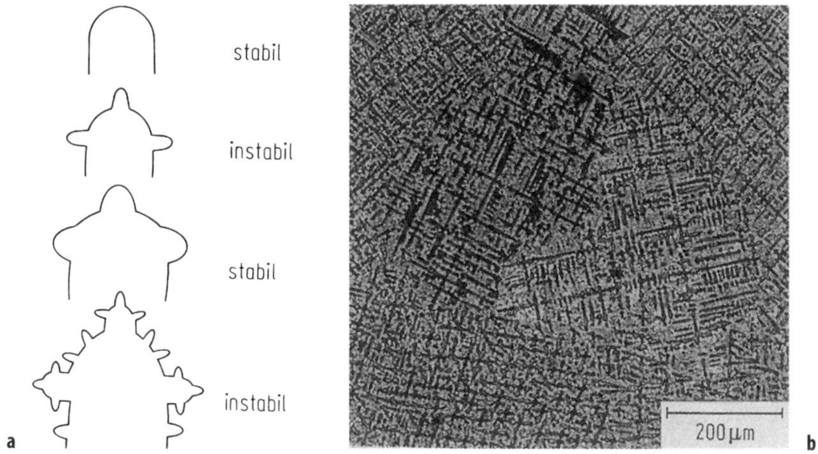

Abb. 2.9. Dendritische Kristallisation. **a** Mechanismus; **b** in einer Zinnbronze (CuSn12, S. Engler)

(Abb. 2.9). In Legierungen kann auch bei dT/dx < 0 dendritische Kristallisation auftreten. Die Erklärung dafür liefert die konstitutionelle Unterkühlung. Sie wird in Kap. 11 behandelt.

2.7 Erstarrung in einer Form

Die Voraussetzung, daß im flüssigen Metall beim Erstarren eine gleichmäßige Temperatur herrscht, ist häufig nicht gegeben. Wird flüssiges Metall in eine Form gegossen, so erhält die Schmelze einen Gradienten mit der Temperatur der heißesten Stelle der Schmelze T_{max} als Grenzwert. An der Wand beginnt dann die Erstarrung wegen größter Unterkühlung und der Möglichkeit zur heterogenen Keimbildung. Kristalle wachsen von dort in Richtung des steilsten Gradienten der Temperatur ins Innere (Stengelkristalle), bis die Kristallisationsfronten in der Mitte aufeinandertreffen.

Der Übergang vom flüssigen zum festen Zustand ist immer mit einer Volumenänderung, im allgemeinen mit einer Kontraktion, verbunden. Erstarrt flüssiges Metall in einer Form konstanten Volumens, so senkt sich der Flüssigkeitsspiegel mit zunehmendem Anteil fester Phase. Es entsteht eine Vertiefung im oberen Teil des erstarrten Blocks, die Lunker genannt wird. Bei bekannter Volumenänderung $\pm \Delta V_{kf} = V_f - V_k$ und gegebener Abmessung der Form kann die Gestalt des Lunkers bestimmt werden (Abb. 2.10). Wird dagegen die Schmelze im Inneren eines Blockes oder Gußteils eingeschlossen, so können sich Poren bilden. Dies geschieht oft im Zusammenhang mit dendritischer Erstarrung in den Bereichen zwischen den Dendritenästen. Ein wichtiges Problem der Gießtechnik ist die Vermeidung von Lunkern und Poren. Dies geschieht durch Nachfüllen von Schmelze mittels sogenannter Speisern (Kap. 11).

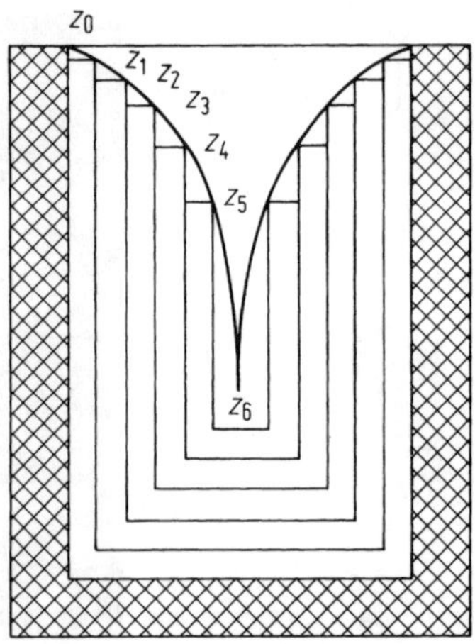

Abb. 2.10. Entstehen eines „theoretischen" Lunkers. Durch Volumenkontraktion senkt sich der Flüssigkeitsspiegel vom Beginn des Erstarrens z_0 auf z_6 am Ende. Die Erstarrung geht mit stabiler Grenzfläche von der Formwand aus

Eine Erstarrung ohne Form ist mit dem Schwebeschmelzverfahren (im Magnetfeld) oder bei Schwerelosigkeit zu realisieren. Dies ist im Weltall oder Fallturm möglich. Derartige Untersuchungen dienen der Analyse der homogenen Keimbildung und der Grenzen der Unterkühlbarkeit.

2.8 Einkristalle

Für viele wissenschaftliche und manche technische Zwecke (z.B. Schaufeln für Gasturbinen aus Nickellegierungen, Kap. 14) werden Metalle benötigt, die nicht aus einer Vielzahl von Kristalliten, sondern aus einem einzigen Kristall bestehen. Durch Anwendung der Erkenntnisse über Keimbildung und Kristallwachstum kann man leicht zu Verfahren der Züchtung von Einkristallen kommen. Man benötigt eine sehr geringe Keimzahl und eine stabile Grenzfläche flüssig – kristallin. Das führt zu folgenden Bedingungen: Eine Schmelze wird nur wenig unter T_{kf} abgekühlt; dann wird ein Kristall mit Temperatur $T_k < T_{kf}$ als heterogene Keimstelle mit der Oberfläche in Berührung gebracht und mit der Kristallisationsgeschwindigkeit aus der Schmelze herausgezogen. Die Bedingungen sind $n_K = 1$ und $T_k/T_{kf} < 1$, so daß ein einziger Kristall mit einer stabilen Grenzfläche zur Schmelze hin entsteht (Abb. 2.11).

In technischen Verfahren wird oft ein Kriställchen in die Schmelze eingeführt. Durch dessen Wachstum entsteht ein Einkristall, dessen Orientierung (Kap. 3) vorher bestimmt werden kann. So können auch relativ kompliziert geformte einkristalline Bauteile wie Gasturbinenschaufeln hergestellt werden. Außer durch dieses Verfahren können Einkristalle z.B. auch durch Rekristallisation (Kap. 8) oder durch epitaktisches (d.h. durch die Kristallorientierung der Unterlage bestimmtes) Wachstum beim Aufdampfen erhalten werden (Abb. 2.1 und 2.11).

Abb. 2.11. Einkristallzucht durch Bewegen der Kristallisationsfront in Temperaturgradienten

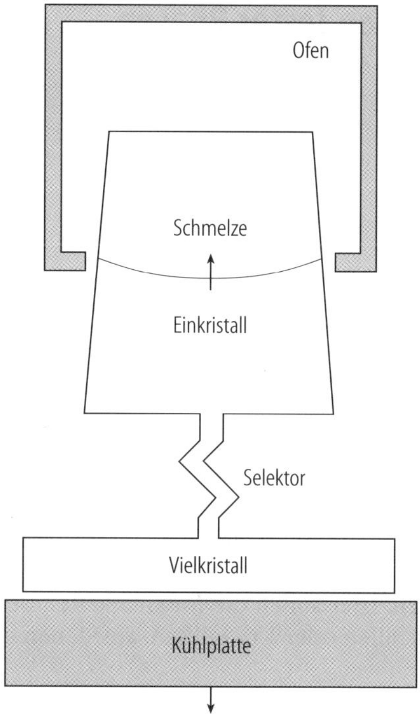

Eine Kristallkeimbildung muß vollständig vermieden werden bei der Herstellung von Gläsern. Dies gelingt durch Erhöhung der Abkühlungsgeschwindigkeit, so daß die Zeit für Keimbildung nicht ausreicht (Abb. 2.7). Es entsteht bei $T_1 < T_{fk}$ eine unterkühlte Schmelze, die bei noch tieferen Temperaturen $T_2 < T_g$ einfriert. Unterhalb der Glastemperatur ($T_g \approx {}^2/_3\, T_{fk}$) ist die Diffusivität D (Kap. 8) so gering, daß keine langreichweitigen atomaren Umordnungen mehr möglich sind.

Gläser sind also eingefrorene Flüssigkeiten. Sie gehören zur Familie der amorphen Festkörper (Kap. 3). Metallische Gläser werden ausführlicher im Kap. 18.4 behandelt.

Literatur

Darken LS, Gurry RW (1953) Physical Chemistry of Metals. New York, McGraw Hill
Chalmers B (1964) Principles of Solidification. New York, Wiley
Mullin JW (1961) Crystallization. London, Butterworth
Gilman JJ (ed) (1963) The Art and Science of Growing Crystals. New York, Wiley
Zettelmoyer AC (ed) (1969) Nucleation. New York, Dekker
Ohno A (1987) Solidification. Berlin, Springer
Kurz W, Fischer D (1989) Fundamentals of Solidification. Zürich, Trans Tech
Kienel G (1994) Vakuumbeschichtung. Düsseldorf, VDI

KAPITEL 3

Strukturen fester Phasen

3.1 Bindung und Koordination

In Kapitel 2 wurde besprochen, wie reine Metalle aus dem flüssigen und gasförmigen Zustand in den festen Zustand übergehen. Dabei können grundsätzlich drei Arten von festen Phasen entstehen (Tabelle 3.1). Die Ordnung ihrer Atompositionen nimmt in der Reihenfolge metallisches Glas → Quasikristall → Kristall zu. Die meisten metallischen Werkstoffe bestehen aus vielen kleinen Kristallen. Hier sollen die Möglichkeiten der Anordnung von Metallatomen in den Kristallen oder Kristalliten, aus denen das Gefüge aufgebaut ist, behandelt werden.

Kristalle sind Anordnungen von Atomen, die sich periodisch im Raume wiederholen: Translationsgitter. Die Abstände der einzelnen Atome hängen von den Potentialen ab, die zwischen ihnen herrschen.

Auf die Metallatome wirken vorwiegend folgende Kräfte: Anziehung zwischen freien Elektronen und Ionen (metallische Bindung) und gegenseitige Abstoßung der gebundenen Elektronen und der Kerne benachbarter Atome untereinander. Der Verlauf dieser Kräfte zwischen zwei Atomen wird in Abb. 3.1 schematisch gezeigt. Der Abstand, bei dem sich anziehende und abstoßende Kräfte kompensieren, r_0, entspricht dem Abstand der jeweils benachbarten Atome in einer Kristallstruktur (Abb. 1.3). Der halbe Abstand wird auch als Atomradius bezeichnet. Er hängt aber nicht allein von der Atomart ab, sondern gilt für eine bestimmte Kristallstruktur und spezifische Bindung und ist daher nur annähernd für verschiedene Atome vergleichbar, wenn er auf eine bestimmte Kristallstruktur bezogen wird. In Tabellenwerken ist es üblich, die Atomradien für den metallischen Zustand auf Strukturen mit dichter Kugelpackung zu beziehen.

Tabelle 3.1. 3 Typen fester Phasen

Jahr der Entdeckung durch Beugung	Bezeichnung	Translationsgitter	Weitreichende Ordnung (scharfes Beugungsbild)
1920	Kristall	+	+
1985	Quasikristall	–	+
1965	Glas	–	–

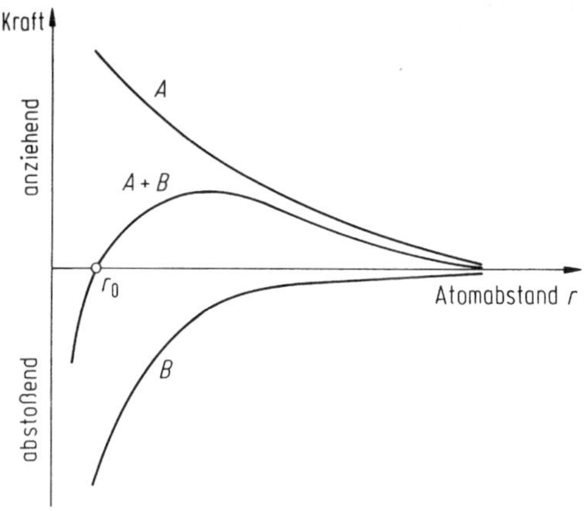

Abb. 3.1. Schematische Darstellung des Verlaufs der Kräfte als Funktion des Abstands r vom Atomkern. A anziehende Kraft zwischen Elektronengas und Ionenrumpf; B abstoßende Kraft zwischen zwei Kernen; $A + B$ resultierende Kraft; r_0 Atomabstand nächster Nachbarn

Die nächste Frage ist, wie die im Abstand r_0 befindlichen Atome im Raum verteilt sein können. Dafür gilt beim Vorherrschen kovalenter Bindung, also nicht bei den idealen Metallen, die Regel:

$$n = 8 - N. \tag{3.1}$$

N ist die Wertigkeit des Elementes, n ist die Zahl der nächsten Nachbarn eines Atoms im Kristallgitter (Koordinationszahl). Elemente, deren Kristallstruktur die 8-N-Regel erfüllen, sind in Tabelle 3.2 zusammengestellt. Es sind Elemente, die im Periodensystem an der Grenze zwischen Metall und Nichtmetall liegen. Bemerkenswert ist besonders der Fall $n = 4$. Die Kohlenstoffatome sind in der Diamantstruktur ebenso wie im Halbleiterwerkstoff Silizium als Tetraeder angeordnet. C- und Si-Phasen spielen als Gefügebestandteile vieler Legierungen eine Rolle (Kap. 11).

Bei metallischer Bindung wird die Kristallstruktur jedoch nicht von der Wertigkeit bestimmt. Sie ist nicht gerichtet und folgt vielmehr dem Prinzip der dichtesten Kugelpackung. Die Koordinationszahl wird möglichst groß. In Abb. 3.2 sind die Atomanordnungen für $n = 8$ und $n = 12$ gezeichnet. Die meisten Metalle kristallisieren in einer dieser Kristallstrukturen, Tabelle 3.3. Einige nehmen in verschiedenen Temperaturbereichen oder bei verschiedenen Drucken verschiedene Kristallstrukturen an (Polymorphie, Tabelle 3.4). Die Kristallstrukturen mit $n = 12$ sind die dichtesten möglichen Kugelpackungen (Abb. 3.2b und 3.2c) für Kugeln gleicher Größe; vergl. Lavesphasen, Kap. 3.4.

Tabelle 3.2. Zahl der bindenden Elektronen N und Koordinationszahl n

N	n					
4	4	C	Si	Ge	Sn	
3	5			As	Sb	Bi
2	6			Se	Te	
1	7				J	

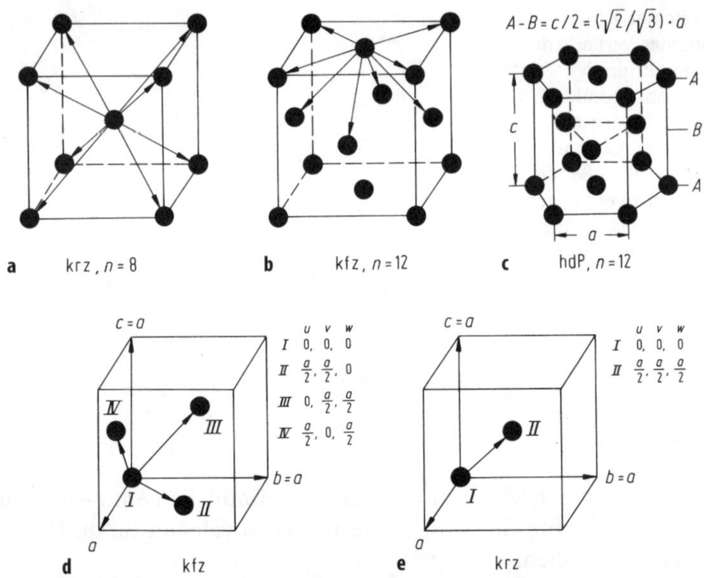

Abb. 3.2. Koordination und Elementarzellen in wichtigen Kristallstrukturen der Metalle. **a** Kubisch raumzentriertes Gitter, krz, ein Atom ist von 8 nächsten Nachbarn und 6 bei 15% größerem Abstand umgeben; **b** Kubisch flächenzentriertes Gitter, kfz, ein Atom ist von 12 nächsten Nachbarn umgeben (die oberen 4 Nachbarn sind nicht eingezeichnet worden); **c** Hexagonal dichteste Kugelpackung, hdP, die Atomanordnung der Basisfläche entspricht den {111} Ebenen des kfz-Gitters, die Stapelfolge ist ABAB… **d, e** Elementarzellen des kfz- und krz-Gitters

Zur Beschreibung von Kristallstrukturen wird ein Koordinatensystem mit den Achsen a, b, c und den Winkeln α, β, γ eingeführt, vgl. Abb. 3.3a. Tabelle 3.5 zeigt Merkmale des Koordinatensystems, nach denen verschiedene Kristallsysteme unterschieden werden.

Tabelle 3.3. Kristallstruktur reiner Metalle

krz	kfz	hdP
V	Cu	Be
Nb	Ag	Mg
Ta	Au	Zn
Cr	Al	Cd
Mo	Pb	
W	Ni	
Alkalimetalle	Pd	
	Ir	
	Pt	

Tabelle 3.4. Polymorphie einiger Metalle mit Angabe der Umwandlungstemperaturen

	krz °C	kfz °C	hdP °C
Ca		< 440	> 440
Tl	> 234		< 234
Ti	> 882		< 882
Zr	> 852		< 852
Hf	>1950		<1950
Fe	< 906, >1401	<1401	
Co		> 420	< 420

Tabelle 3.5. Koordinatensysteme zur Beschreibung von Kristallstrukturen

1. $\alpha = \beta = \gamma = 90°$	$a = b = c$; kubisch
2. $\alpha = \beta = \gamma = 90°$	$a = b \neq c$; tetragonal
3. $\alpha = \beta = \gamma = 90°$	$a \neq b \neq c$; orthorhombisch
4. $\alpha = \beta = \gamma \neq 90°$	$a = b = c$; rhomboedrisch
5. $\alpha = \beta = 90°$; $\gamma = 120°$	$a_1 = a_2 \neq c$; hexagonal
6. $\alpha \neq \beta \neq \gamma = 90°$	$a \neq b \neq c$; monoklin
7. $\alpha \neq \beta \neq \gamma \neq 90°$	$a \neq b \neq c$; triklin

3.2 Punkte, Richtungen und Ebenen

Die Lage eines Atoms im wirklichen Gitter wird durch den Ortsvektor $\boldsymbol{r} = u\boldsymbol{a} + v\boldsymbol{b} + w\boldsymbol{c}$ beschrieben; $\boldsymbol{a}, \boldsymbol{b}, \boldsymbol{c}$ sind Vektoren, die die Endpunkte der Elementarzelle aufspannen u, v, w die Koordinatenabschnitte. Die Elementarzelle ist gegeben durch die Gittervektoren, Mindestzahl der Atome und deren Ortskoordinaten, durch deren periodische Wiederholung im Koordinatensystem (Abb. 3.3 a) das Raumgitter beschrieben werden kann. Die Abbildungen 3.2 d und 3.2 e zeigen die Elementarzellen des kfz- und des krz-Gitters mit den Atomkoordinaten.

Für die Auswertung von experimentellen Untersuchungen (Kap. 10) an Kristallgittern (Beugung von Röntgenstrahlen oder Elektronen) ist es häufig zweckmäßig, nicht mit den wirklichen Gittern, sondern mit deren reziproken Gittern zu rechnen. Zu jedem wirklichen Gitter kann ein reziprokes Gitter mit den Koordinaten $\boldsymbol{g} = h\boldsymbol{a}^* + k\boldsymbol{b}^* + l\boldsymbol{c}^*$ konstruiert werden. Die Achse des reziproken Gitters $\boldsymbol{a}^*$ steht senkrecht auf den Achsen $\boldsymbol{b}$ und $\boldsymbol{c}$ des wirklichen Gitters, d.h. $\boldsymbol{a}^* \| \boldsymbol{a}$ für kubische, tetragonale und orthorhombische Gitter. Entsprechendes gilt für $\boldsymbol{b}^*$ und $\boldsymbol{c}^*$. Die Länge der reziproken Gittervektoren $|\boldsymbol{a}^*|$, $|\boldsymbol{b}^*|$, $|\boldsymbol{c}^*|$ ist durch die skalaren Produkte bestimmt:

$$\boldsymbol{a}^* \cdot \boldsymbol{a} = \boldsymbol{b}^* \cdot \boldsymbol{b} = \boldsymbol{c}^* \cdot \boldsymbol{c} = 1\,.$$

Daraus ergeben sich folgende Eigenschaften des reziproken Gitters:

a) Wenn das wirkliche Gitter orthogonal ist, ist auch das reziproke Gitter orthogonal.

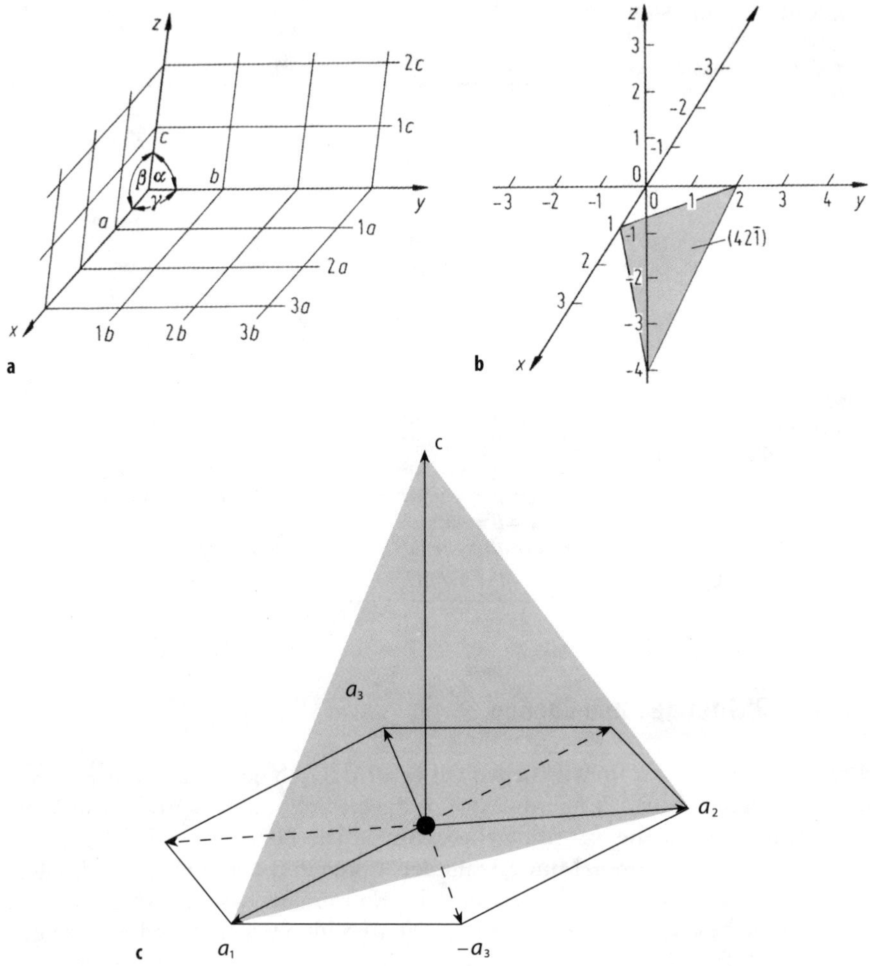

Abb. 3.3. **a** Koordinatensystem zur Darstellung der Kristallsysteme; **b** Darstellung der Fläche (42$\bar{1}$) eines kubischen Kristalls; **c** hexagonales Koordinatensystem (11$\bar{2}$1) Ebene

b) Gitterabstände des reziproken Gitters sind die reziproken Werte der wirklichen Gitterabstände.
c) Eine Ebenenschar des wirklichen Gitters kann im reziproken Gitter als Punkt dargestellt werden (Abb. 11.10 a).

In Abb. 3.4 ist ein Schnitt durch ein kubisch-primitives Gitter und der zugehörige Schnitt durch sein reziprokes Gitter dargestellt. Man kann auf entsprechende Weise ableiten, daß einem wirklichen kfz-Gitter ein reziprokes krz-Gitter und einem wirklichen krz-Gitter ein reziprokes kfz-Gitter zugeordnet ist. Das reziproke Gitter wird bei der Bestimmung von Kristallstrukturen durch Beugung

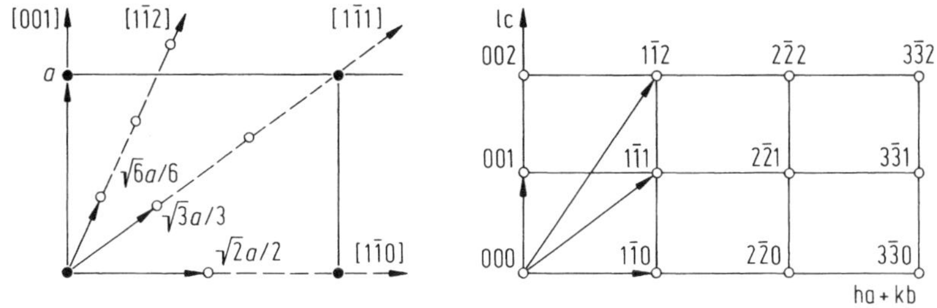

a (110) Ebene–kub. primitiv **b** reziprokes Gitter

Abb. 3.4. a • (110) Ebene des wirklichen kubisch primitiven Gitters. ○ Die Ebenenabstände d einiger auf der Zeichenebene senkrecht stehenden Gitterebenen, vgl. (3.6), sind eingezeichnet worden. **b** Konstruktion des reziproken Gitters aus dem gleichen Ausschnitt des wirklichen Gitters

von Röntgenstrahlen oder Elektronen und zur Deutung des Bildkontrastes bei Elektronendurchstrahlung von Metallen (Kap. 10) angewendet.

Aus den Koordinaten des reziproken Gitters leitet man die übliche Bezeichnung von Flächen in Kristallen ab. Zur Beschreibung von Flächen dienen die reziproken Achsabschnitte (h, k, l) einer Fläche (Millersche Indizes). Die in Abb. 3.3b gezeichnete Fläche wird folgendermaßen beschrieben $\boldsymbol{g} = 4\boldsymbol{a}^* + 2\boldsymbol{b}^* - 1\boldsymbol{c}^*$:

– Abschnitte mit der a-, b-, c-Achse:	$+1, +2, -4$
– reziproke Werte:	$+1, +1/2, -1/4$
– erweitert, um ganze Zahlen zu erhalten:	$(42\bar{1})$.

Die Indizes einer Kristallebene werden in runde Klammern eingeschlossen. Sind alle gleichartigen Ebenen eines Kristalls z.B. (421), (142), (214) etc. gemeint, so schreibt man eine geschweifte Klammer {124}. Zur allgemeinen Beschreibung von Kristallebenen verwendet man die Buchstaben (hkl). Senkrecht auf einer Ebene (hkl) steht in kubischen Gittern die Richtung [$h = u$, $k = v$, $l = w$]. Bestimmte Richtungen im Kristall $\boldsymbol{r} = u\boldsymbol{a} + v\boldsymbol{b} + w\boldsymbol{c}$ werden mit eckigen Klammern gekennzeichnet [uvw], allgemeine mit $\langle uvw \rangle$. Es sind die Komponenten des Ortsvektors des wirklichen Kristallgitters. Aus geometrischen Zusammenhängen ergeben sich einige nützliche Regeln für die Beziehungen zwischen Ebenen (hkl) und Richtungen [uvw] im Kristall:

a) Die Ebene (hkl) enthält die Richtung [uvw], wenn

$$\boldsymbol{g} \cdot \boldsymbol{r} = hu + kv + lw = 0. \tag{3.2}$$

b) Die Richtungen [$u_1v_1w_1$] und [$u_2v_2w_2$] liegen in der Ebene (hkl), wenn $\boldsymbol{g} = \boldsymbol{r}_1 \times \boldsymbol{r}_2$;

$$h:k:l = (v_1w_2 - v_2w_1):(w_1u_2 - w_2u_1):(u_1v_2 - u_2v_1). \tag{3.3}$$

c) Die Richtung $[uvw]$ ist die Schnittlinie der Flächen $(h_1k_1l_1)$ und $(h_2k_2l_2)$, wenn $\boldsymbol{r} = \boldsymbol{g}_1 \times \boldsymbol{g}_2$;

$$u:v:w \sim (k_1l_2 - k_2l_1):(l_1h_2 - l_2h_1):(h_1k_2 - h_2k_1)\,. \tag{3.4}$$

d) Der Winkel α zwischen zwei Ebenen $(h_1k_1l_1)$ und $(h_2k_2l_2)$ ist für kubische Kristalle:

$$\cos\alpha = \frac{h_1h_2 + k_1k_2 + l_1l_2}{(h_1^2 + k_1^2 + l_1^2)^{1/2}\,(h_2^2 + k_2^2 + l_2^2)^{1/2}}\,. \tag{3.5}$$

e) Der Abstand d der Ebenen (hkl) in einer kubischen Kristallstruktur mit der Gitterkonstante a ist

$$d = \frac{|\boldsymbol{a}|}{|\boldsymbol{g}|} = \frac{a}{(h^2 + k^2 + l^2)^{1/2}}\,. \tag{3.6}$$

Einige Gruppen von Kristallstrukturen können dadurch zweckmäßig beschrieben werden, daß man angibt, in welcher Weise bestimmte gleichartige Atomlagen gestapelt sind. Die (001)-Ebenen des krz-Gitters weisen in [001]-Richtung in jeder zweiten Ebene die gleiche Atomlage auf. Die Stapelfolge dieser Atomebenen kann deshalb mit einer Buchstabenfolge ABABAB … beschrieben werden. Darin bedeutet A die Lage der Ausgangsebene und B die Lage der jeweils nächsten Ebene, die um $a/2$ [110] gegenüber A verschoben ist, d.h., in der [110]-Richtung bis zur Hälfte der Flächendiagonalen. Die (001)-Ebenen des kfz-Gitters weisen ebenfalls eine Stapelfolge ABABAB … auf. In Abb. 3.5a ist die Atomanordnung in einer (111)-Ebenenschar des kfz-Gitters hervorgehoben worden. Die Stapelfolge für diese Ebenenschar ist ABCABC …, zwischen beiden Ebenenlagen A liegen zwei verschiedene Ebenenlagen B und C. Die Verschie-

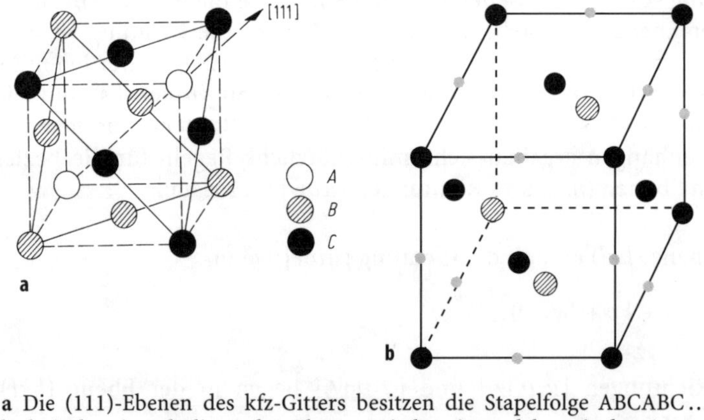

Abb. 3.5. a Die (111)-Ebenen des kfz-Gitters besitzen die Stapelfolge ABCABC…, d.h. es tritt nach drei übereinanderliegenden Ebenen wieder eine solche mit den Atomen in den gleichen Positionen wie die erste auf. **b** TiC: kfz Gitterplätze für Ti und C bilden gemeinsam ein Kubisch primitives Gitter (k.p., n = 6), ● oder ◍ Ti, ○ C

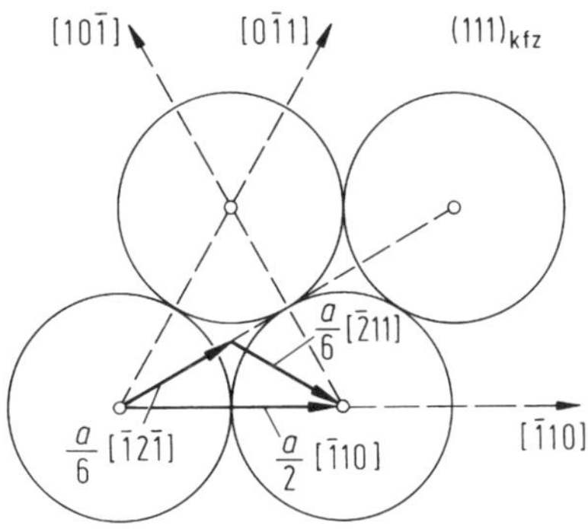

Abb. 3.6. Ortsvektoren in der (111)-Ebene des kfz-Gitters. $a/2\,[\bar{1}10]$ und $a/2\,[\bar{1}2\bar{1}]$ bestimmen Punkte des Kristallgitters. $a/6\,[\bar{1}2\bar{1}]$ und $a/6\,[\bar{2}11]$ sind keine Ortsvektoren des kfz-Gitters. Sie bestimmen aber die Stapelfolge der (111-)Ebenen

bungsbeträge $a/6\ [\bar{1}2\bar{1}]$, $a/6\ [\bar{2}11]$ sind in Abb. 3.6 eingezeichnet, dazu der Verschiebungsvektor $a/2\ [\bar{1}10]$, der ebenfalls in $(111)_{kfz}$ liegt. Man kann solche Verschiebungsvektoren unterscheiden, die Vektoren des Kristallgitters sind, z. B. $a/2\ [\bar{1}10]$, $a/2\ [\bar{1}2\bar{1}]$, und solche, die wie $a/6\ [\bar{1}2\bar{1}]$ keine Translationsvektoren des kfz-Kristallgitters sind. Aus Abb. 3.2 c läßt sich ableiten, daß das hexagonal dichtest gepackte Gitter aus dem kfz-Gitter hervorgeht, wenn die Stapelfolge der $(111)_{kfz}$-Ebenen von ABCABCA … in ABABABA … geändert wird. Die $(111)_{kfz}$-Ebene wird dann die hexagonale Basisebene $(0001)_{hdP}$ und die $[111]_{kfz}$-Richtung die hexagonale c-Achse.

Bei der Beschreibung von Kristallebenen mit Hilfe der Millerschen Indizes *hkl* gibt es für hexagonale Strukturen (z. B. Zn, Cd, Co, Ti) eine weitere Besonderheit. Für die praktische Handhabung ist die Einführung eines hexagonalen Koordinatensystems sinnvoll. Es besteht aus den im Winkel von 120° zueinanderliegenden Achsen a_1, a_2, a_3. Senkrecht darauf steht die c-Achse. Eine Fläche kann maximal alle vier Achsen schneiden. Folglich gibt es vier Indizes *hkil*, die Miller-Bravais-Indizes. Die Fläche, die die Achsen a_1, a_2 und c beim Einheitsvektor schneidet, heißt $(11\bar{2}1)$. Die hexagonale Basisfläche (0001) der dichtesten Kugelpackung entspricht der (111)-Fläche im kfz-Gitter. Die vierstelligen Indizes sind redundant. Es gilt $i = -(h + k)$ (Abb. 3.3 c).

3.3 Stereographische Projektion

Zur Darstellung von Kristallebenen und -richtungen und deren Winkelbeziehungen kann die stereographische Projektion verwendet werden. Sie dient zur Beschreibung einer großen Zahl von Erscheinungen, bei denen Lage und Verteilung von Kristallorientierungen angegeben und zueinander in Beziehung gesetzt werden müssen. Das geometrische Prinzip der Projektion zweier die Oberfläche senkrecht durchstoßender Ebenen $(h_1k_1l_1)$ und $(h_2k_2l_2)$ ist in Abb. 3.7 a zweidimensional dargestellt. Die stereographische Projektion ist als Abbildung einer Kugeloberfläche auf eine Ebene zu verstehen. Es wird deshalb zur Konstruktion der Pole P_i aller möglichen Orientierungen eine „Lagenkugel" ein-

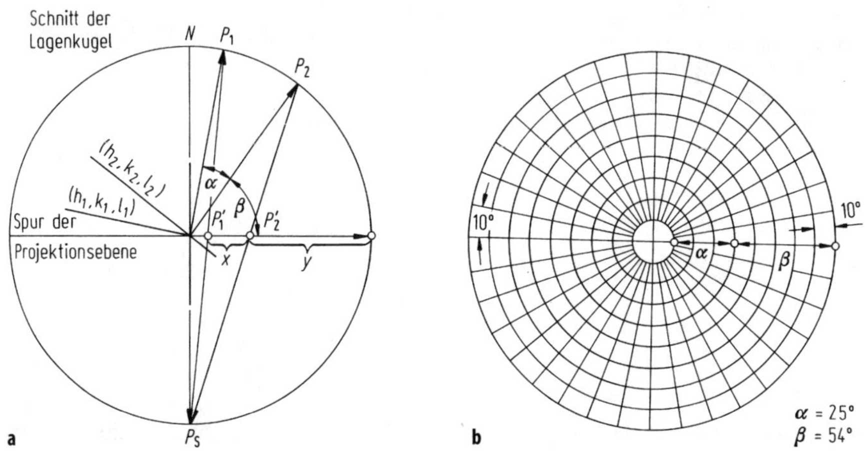

Abb. 3.7. **a** Darstellung der Winkellage von Kristallebenen durch stereographische Projektion. Der Winkel α entspricht in der Projektion dem Abstand x. **b** Die Projektionsebene mit Winkeleinteilung in Zentralprojektion. Die Kristallebenen aus a sind ebenfalls eingezeichnet

geführt. Die stereographische Projektion erhält man nun nach folgender Vorschrift:

a) Die Normale einer Fläche (*hkl*), beispielsweise eines im Zentrum der Kugel befindlichen Kristalls, wird soweit verlängert, bis sie die Kugeloberfläche durchstößt und als Durchstoßpunkt den Pol P_i bildet.

b) Durch Verbinden des Poles P_i mit dem Südpol P_S der Kugel ergibt sich in der Äquatorebene (Projektionsebene) der Schnittpunkt P_i' als sogenannter stereographisch projizierter Pol, der die Lage der jeweiligen Fläche in der Projektionsebene kennzeichnet.
Die stereographische Projektion der beiden Flächen $(h_1k_1l_1)$ und $(h_2k_2l_2)$ ist in Abb. 3.7 b in die vollständige Projektionsebene eingetragen worden.

Trägt man ein Winkelnetz in die Projektionsebene ein, so können Winkelunterschiede zwischen zwei Flächen oder Richtungen direkt abgelesen werden (Wulffsches Netz, Abb. 3.8). Zur Darstellung von Kristallorientierungen von Einkristallen wird häufig die Standardprojektion verwendet (Abb. 3.9), wobei die (001)-Fläche einer Kristallstruktur mit $\alpha = \beta = \gamma = 90°$ parallel der Projektionsebene gelegt wird. Sie bildet folglich den Mittelpunkt. (010), (100), $(0\bar{1}0)$ und $(\bar{1}00)$ liegen auf dem Umfang. Es werden nur diejenigen Flächen abgebildet, deren Pole auf der „nördlichen" Halbkugel erscheinen. Die Fläche $(00\bar{1})$ ist deshalb in Abb. 3.9 nicht vorhanden. Sie bildet den Südpol. Bei orthogonalen Kristallstrukturen entspricht die Einheitsprojektion der Flächen $\{hkl\}$ auch der der Richtungen $\langle u = h, v = k, w = l\rangle$, da beide für alle Werte von h, k, l senkrecht aufeinander stehen. Bei Kristallstrukturen hoher Symmetrie ist es manchmal nicht nötig, die ganze stereographische Projektion zu zeichnen. In kubischen Kristallen genügt, um jeden Flächentyp einmal zu erfassen, das Dreieck mit den

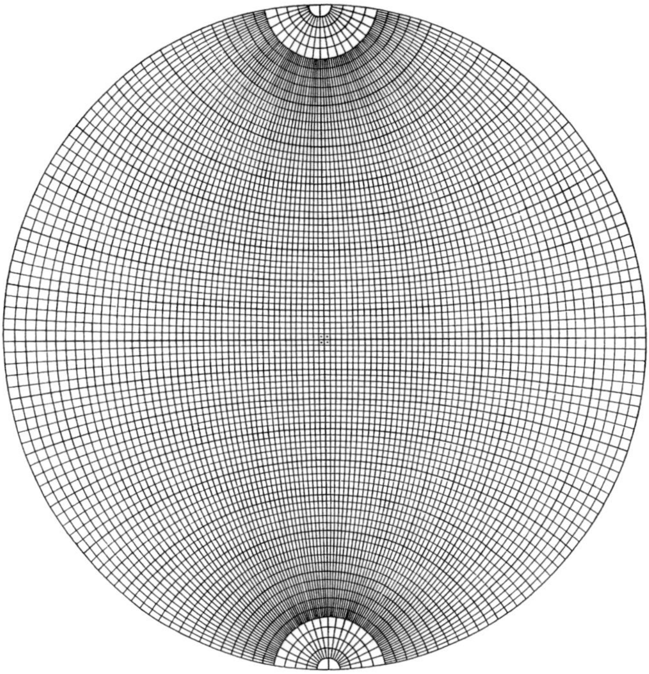

Abb. 3.8. Wulffsches Netz, 2°-Unterteilung, für kristallographisches Arbeiten und stereographische Projektion

Abb. 3.9. Normalprojektion eines kubischen Kristalls in der Projektionsebene. Der Kristall ist so orientiert worden, daß die (001)-Fläche den Nordpol bildet. Die Linien, die durch Drehung der [100]-, [010]- und [001]-Achse um 45° entstehen, sind eingezeichnet. Dadurch ergeben sich 24 Orientierungsdreiecke mit den Eckpunkten {001}, {011}, {111}

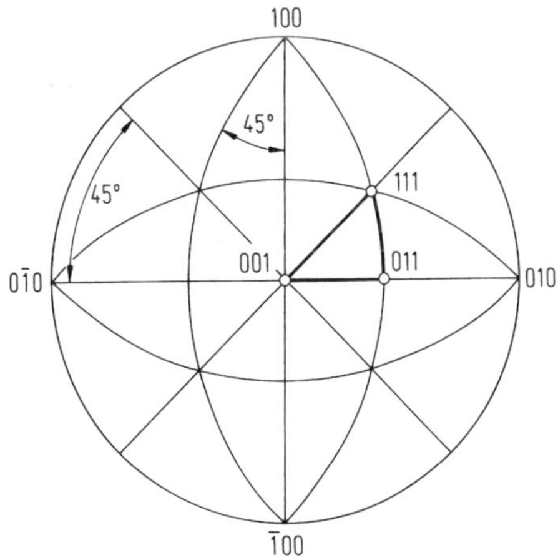

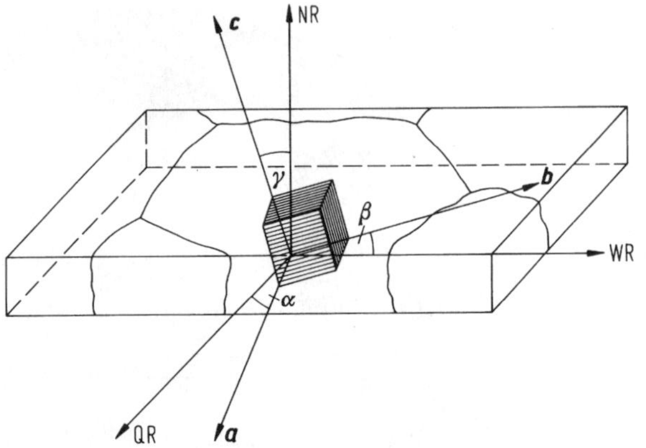

Abb. 3.10. Bestimmung der Orientierung (α, β, γ) eines Kristallits zu den Koordinaten des Blechs: Walzrichtung WR, Querrichtung QR, Normalenrichtung NR

Endpunkten (001), (011) und (111). Es gibt 24 entsprechende Dreiecke in der Einheitsprojektion.

Die Angabe der Verteilung von Kristallitorientierungen, zum Beispiel in einem Draht oder Blech, ist eine andere Aufgabe, die mit Hilfe der stereographischen Projektion gelöst werden kann. Das Bezugssystem bilden dann die Hauptachsen (Drahtachse, Walz-, Quer- und Normalenrichtung Abb. 3.10). In der Polfigur (Abb. 7.10) wird die Verteilung einer bestimmten Flächenart $\{hkl\}$ durch Linien gleicher Häufigkeit angegeben. Bei der inversen Polfigur liegen die Kristallachsen in Normalprojektion fest (Abb. 3.9). Angegeben wird die Verteilung der Achsen des Bezugssystems, z. B. der Drahtachse. Durch alle Polfiguren werden räumliche Verteilungen in eine Ebene projiziert. Texturen gewalzter oder rekristallisierter Bleche werden meist als $\{hkl\}$-Typ gekennzeichnet. Das bedeutet, daß das Häufigkeitsmaximum der $\{hkl\}$-Ebenen der Kristallite parallel der Blechoberfläche liegen und ihre $\langle uvw\rangle$-Richtungen liegen parallel der Walzrichtung (Abb. 3.11a: $\{100\}\,\langle 001\rangle$). Insbesondere bei kompliziert aufgebauten Texturen kann dabei Information verloren gehen. Eine eindeutige Analyse liefert die Orientierungs-Verteilungs-Funktion (OVF). Die Darstellung der räumlichen Verteilung der Orientierung erfolgt mit Hilfe der drei „Euler-Winkel“ α, β, γ (Abb. 3.11). Dem Gewinn an Genauigkeit steht allerdings ein Verlust an Anschaulichkeit gegenüber. Eine wichtige Aufgabe der Werkstoffwissenschaft ist es, aus der Orientierungsverteilung die Anisotropie (Richtungsabhängigkeit) von Eigenschaften wie Streckgrenze oder Magnetisierbarkeit zu ermitteln.

3.4 Intermetallische Phasen

Zwei oder mehr verschiedene Metallatome können miteinander Verbindungen bilden. Metalle bilden außerdem metallische Verbindungen mit Atomarten, die allein Halbleiter oder Nichtmetalle sind (z. B. Boride, Carbide, Nitride, Silicide). Gegenüber den aus der Chemie bekannten Bindungsarten (heteropolar, kova-

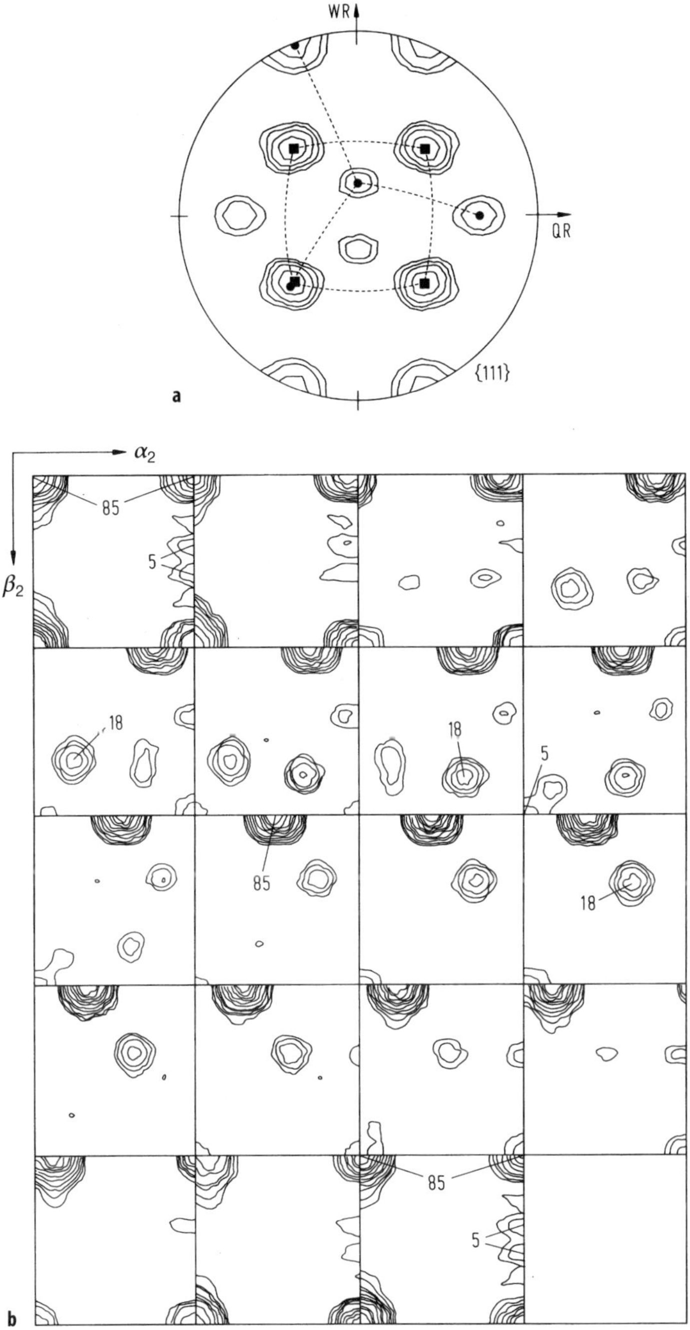

Abb. 3.11. Darstellung von Texturen. **a** {111}-Polfigur Al-0,007 Masse-% Fe, Rekristallisationsglühung 30 s, 520 °C nach 95 % Kaltverformung; **b** Orientierungs-Verteilungs-Funktion (OVF) desselben Zustands

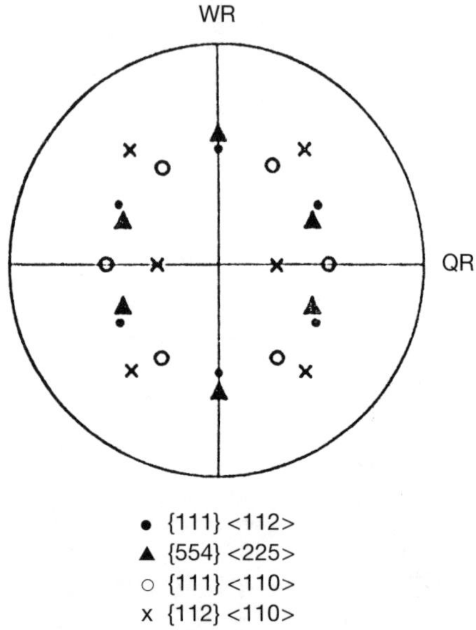

Abb. 3.11. c Komponenten von Texturen in kfz-{111}-Polfiguren

lent) überwiegt bei metallischen Verbindungen, die als intermetallische Phasen bezeichnet werden, die metallische Bindung (Kap. 6). Die Kristallstrukturen der intermetallischen Phasen folgen aus den Größen und der Bindung (elektronische Wechselwirkungen) der beteiligten Atome. Infolge der Vielzahl der Bindungsmöglichkeiten und Atomgrößen existiert eine große Zahl von intermetallischen Phasen. Allein etwa 5000 aus zwei Atomarten zusammengesetzte (binäre) Phasen sind bisher gefunden worden. Viele davon besitzen allerdings die gleichen Kristallstrukturen. Die einfachsten Strukturen können aus den beiden dichtest gepackten Kugelpackungen (kfz, hdP) sowie aus dem kubisch raumzentrierten Gitter abgeleitet werden (Tabelle 3.6). Häufig existieren davon ungeordnete und geordnete Varianten und folglich bei abnehmender Temperatur eine Unordnungs-Ordnungsumwandlung (Kap. 9).

Es ist nicht möglich, die Kristallstrukturen aus den Eigenschaften der beteiligten Atomarten vorherzusagen. Es ist aber gelungen, eine größere Anzahl von Regeln aufzustellen, die jeweils für bestimmte Gruppen von Strukturen zutreffen und Kristallstrukturen innerhalb dieser Gruppen vorhersagen. Im folgenden werden die wichtigsten Kristallstrukturgruppen und die dazugehörigen Regeln aufgezählt.

Tabelle 3.6. Ordnungsphasen, die aus den dichtest gepackten und aus dem kubisch raumzentrierten Gitter abgeleitet werden können

	kfz	hdP	krz
AB	CuAu	–	CuZn
A_3B	Cu_3Au	Ni_3Ti	Fe_3Al

In Verbindungen mit Elementen der Gruppen IV B bis VI B ist der heteropolare Bindungsanteil stark. Man findet für Verbindungen AB das *Steinsalzgitter* (NaCl), für Verbindungen AB_2 das *Flußspatgitter* (CaF_2). In manchen Fällen sind Verbindungen ABC im Flußspatgitter möglich. Für diese Strukturen findet man bei einem bestimmten Verhältnis der Atomradien eine bestimmte Koordination *n*. Beispiele für Phasen mit diesen Kristallstrukturen (Zintl-Phasen):

AB	AB_2	ABC
MgSe	Cu_2Se	CuCdSb

Die Zinkblende- und Wurtzitstrukturen (ZnS) sind dem CaF_2-Typ verwandt. Auch in diesen Verbindungen gelten noch die Valenzregeln der Chemie. Auch wichtige Carbide der Übergangsmetalle kristallisieren mit NaCl-Struktur: TiC, VC, NbC. Es ist sinnvoll deren Kristallstruktur als ein kfz-Metallgitter zu betrachten, in das die kleineren C-, oder N-Atome eingelagert sind (Abb. 3.5b).

Nickel-Arsenid-Phasen. Diese findet man häufig in Verbindungen der Übergangsmetalle (T-Metalle) mit Elementen der Gruppen V B und VI B. Die Struktur ist aus abwechselnden Schichten von T-Metall- und B-Atomen aufgebaut. Die Zusammensetzung dieser Verbindung braucht aber nicht genau bei 50 At.-% zu liegen. Das Auftreten einer intermetallischen Phase über einen größeren Konzentrationsbereich deutet auf größeren Anteil an metallischer Bindung hin, die dichteste Kugelpackungen anstrebt. Beispiele: FeS, FeSb, FeSn. In salzartigen Verbindungen mit reiner Ionenbindung können nur solche Elemente negative Ionen werden, die im periodischen System 1–4 Spalten vor den Edelgasen stehen. Die Stabilität der heteropolaren Bindung nimmt mit dem Unterschied der Elektronegativität der Komponenten zu, die in jeder Periode des periodischen Systems mit zunehmender Ordnungszahl und in einer Gruppe mit abnehmender Ordnungszahl zunimmt.

Hume-Rothery-Phasen. Gold, Silber, Kupfer und einige Übergangsmetalle bilden mit B-Metallen Kristallstrukturen, deren Existenz an ein bestimmtes Zahlenverhältnis von Valenzelektronen *e* zu Atomen *a* in der Elementarzelle geknüpft ist. Tabelle 3.7 zeigt mögliche Beziehungen zwischen dem Valenzelektronengehalt *e*/*a* und Kristallstrukturen.

Tabelle 3.7. Beispiele für Hume-Rothery-Phasen

Bezeichnung der Kristallstruktur	*e*/*a*	Beispiel	*a*	*e*
β krz	3/2	CuZn	2	$1e_{Cu} + 2e_{Zn} = 3e$
ζ hdP	3/2	CuGa	2	
γ-Ms-Struktur*	21/13	Cu_5Zn_8	13	$5e_{Cu} + 16e_{Zn} = 21e$
ε hdP	7/4	$CuZn_3$	4	$1e_{Cu} + 6e_{Zn} = 7e$

* Ms = Messing.

In diesen Phasen müssen T-Metalle nullwertig gerechnet werden, z. B.: Fe_5Zn_{21}, $a = 26$, $e = 42$, $e/a = 21/13$, γ-Messing Struktur (s. Cu–Zn Zustandsdiagramm Abb. 4.13).

Die Hume-Rothery-Phasen sind nicht genau an die der chemischen Formel entsprechende Zusammensetzung gebunden. Sie können noch stärker davon abweichen als die NiAs-Strukturen (hoher Anteil metallischer Bindung, s. Abb. 4.13). Das Auftreten der Hume-Rothery-Phasen bei bestimmten Valenzelektronenkonzentrationen kann aus der Elektronentheorie der Metalle abgeleitet werden (Kap. 6).

Laves-Phasen. Bei der Besprechung der Kristallstrukturen der reinen Metalle wurde erwähnt, daß bei rein metallischer Bindung eine möglichst dichte Packung der Atome angestrebt wird (kfz- und hdP-Gitter). Soll eine dichteste Packung aus zwei Atomarten verschiedener Größe gebildet werden, so führt das im allgemeinen zu komplizierten Kristallstrukturen. Eine Gruppe von Phasen der Zusammensetzung AB_2 kann am einfachsten durch die Stapelfolge dichtest gepackter Ebenen beschrieben werden (Tabelle 3.8). Bei den Phasen handelt es sich um Kristallstrukturen aus Doppelschichten, die in verschiedener Reihenfolge gestapelt werden können.

Das wichtigste Kennzeichen für das Auftreten dieser Strukturen ist, daß das Verhältnis der Atomradien r_1 und r_2 einen bestimmten Wert $1{,}3 > r_1/r_2 > 1{,}2$ besitzt. Der Idealwert für die dichteste Packung starrer Kugeln beträgt $r_1/r_2 = 1{,}225$. Für die Entscheidung, welche der drei möglichen Strukturen auftritt, ist die Valenzelektronenkonzentration e/a wie bei den Hume-Rothery-Verbindungen maßgeblich.

Tabelle 3.8. Stapelfolge in Laves-Phasen

ABAB...	hexagonal	$MgZn_2$-Struktur
ABCABC...	kubisch	$MgCu_2$-Struktur
ABACABAC...	hexagonal	$MgNi_2$-Struktur

Einlagerungsphasen. Eine zweite Gruppe von Phasen, bei denen die Atomgröße eine wichtige Rolle spielt, sind die Einlagerungsphasen. Sie werden von Metallen zusammen mit Nichtmetallatomen mit einem kleinen Radius r_E wie H, B, C, N und P gebildet. Falls $r_E/r < 0{,}6$ ist, kann das kleine Atom zusätzlich in das Metallgitter eingelagert werden, z. B. in die Raummitte (1/2, 1/2, 1/2) der Elementarzelle des kfz-Gitters: Fe_4N. Es entstehen so verhältnismäßig einfache Kristallstrukturen. Ist $r_E/r > 0{,}6$, so wird der Kristallaufbau komplizierter. Von diesen Einlagerungsverbindungen spielen in der Metallkunde besonders die Karbide, die Nitride und die Hydride eine wichtige Rolle (Abb. 3.5b). Die NaCl-Struktur der AB-Carbide kann auch als Einlagerung der kleinen Atome in ein kfz-Metallgitter verstanden werden: Carbonitride, z. B. Ti(C, N) enthalten ein Gemisch der kleinen Atome (Abb. 3.5b).

Bei starkem kovalentem Bindungsanteil kann zur Deutung der Kristallstruktur wieder von der $n = 8 - N$-Regel (3.1) ausgegangen werden. Für die Diamantstruktur ($n = 4$; $\Sigma N_i = 4$) lautet die Regel für eine derartige Verbindung aus zwei Atomarten A und B:

$$n = 8 - \frac{N_A + N_B}{2}. \tag{3.1 a}$$

Zum Beispiel findet man die tetraedrische Atomanordnung der *Diamantstruktur* bei B^3N^5, In^3Sb^5, Zn^2S^6 (Wertigkeit N als Hochzahl). Diese Regel kann auch bei der Deutung der Koordination mancher Kristallstrukturen mit mehr als zwei Atomarten helfen. Die Phasen sind in der Regel nicht mehr eindeutig metallisch. Sie stehen oft zwischen Metall und Keramik (Isolator). Einige spielen folglich als Halbleiterwerkstoffe eine wichtige Rolle, andere bilden mit Metallen heterogene Gleichgewichte (Kap. 4, z.B. Al-Si).

3.5 Anisotropie

Die meisten physikalischen Eigenschaften der Metalle hängen von der Kristallstruktur ab. Aus der Geometrie und dem Bindungscharakter eines Kristalls folgt, daß manche Eigenschaften in verschiedener Richtung des Kristalls verschiedene Werte besitzen. So wie das Kristallgitter durch Vektoren beschrieben wird, müssen diese Eigenschaften im Kristall als gerichtete Größen (Tensoren) beschrieben werden. Man bezeichnet die Richtungsabhängigkeit als Anisotropie. Wichtige anisotrope Eigenschaften sind die elastischen Konstanten (Kap. 7) und die magnetische Kristallanisotropie (Kap. 16). Elektrische und thermische Leitfähigkeit und Diffusion von Atomen sind in kubischen Metallen isotrop, während sie in Kristallstrukturen niedriger Symmetrie ebenfalls anisotrop sind. Entsprechendes gilt für thermische Volumenänderung von nichtkubischen Strukturen. Von dieser Kristallanisotropie muß die Gefügeanisotropie unterschieden werden (Kap. 6.7, Abb. 6.23). Sie ist ausgeprägt vorhanden in Verbundwerkstoffen mit orientierten Fasern (Kap. 18). Aber auch in normalen Metallgefügen gibt es Anisotropie, z.B. durch „pfannkuchenförmige“ Körner oder ausgewalzte Schlackeneinschlüsse (Abb. 3.13) und anisotrope Formen und Anordnungen von Gefügebestandteilen in mehrphasigen Gefügen (Kap. 6.7).

3.6 Quasikristalline Phasen und Gläser

Vor wenigen Jahren sind in schnell abgekühlten Legierungen (z.B. Al + 12-At.% Mn) neuartige Phasen entdeckt worden, die zwischen Kristall und Glas stehen (Tab. 3.1). Ihre Elementarzelle wiederholt sich nicht periodisch im Raum. Sie zeigen kein Translationsgitter. Die scharfen Reflexe der Elektronenbeugung (Kap. 10) weisen aber weitreichende Orientierungsordnung auf. Wie sich auf diese Weise eine dichte Raumfüllung auch mit Anordnungen von fünfzähliger

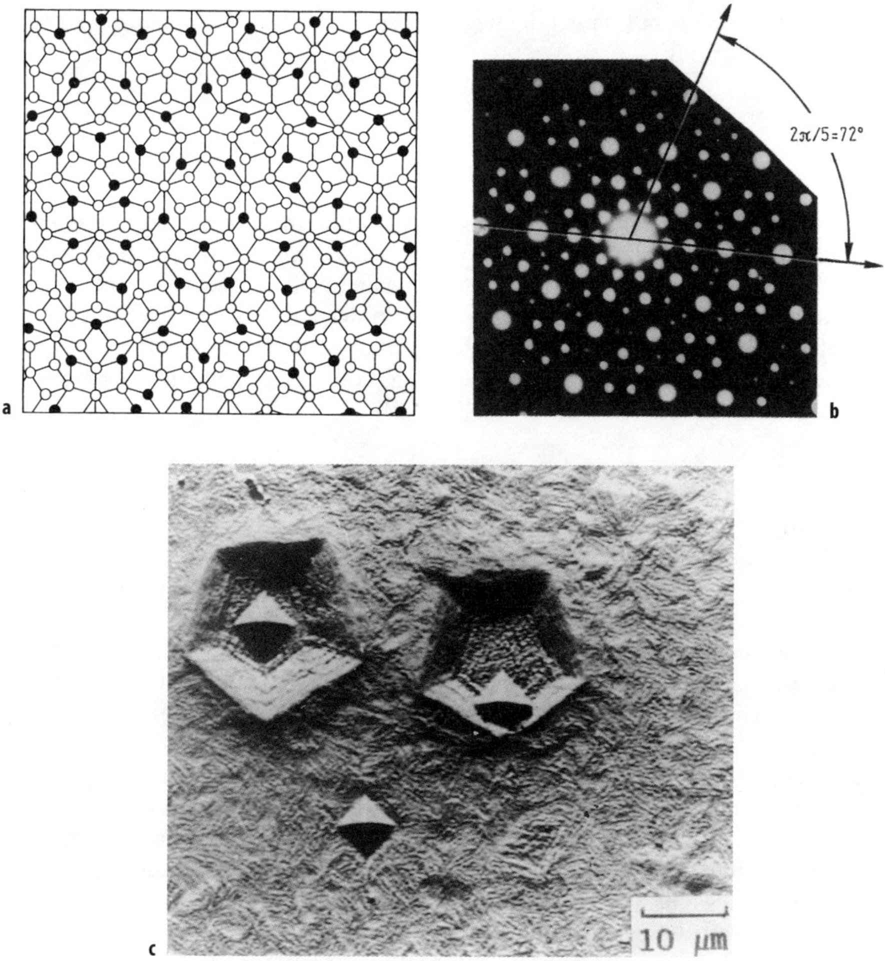

Abb. 3.12. **a** Ebene Darstellung für mögliche Atomanordnung einer quasikristallinen Phase: • Mn, ○ Al; **b** Elektronenbeugung zeigt 5 zählige Symmetrie in schnell abgekühlter Al-12 At.-% Mn-Legierung; **c** REM-Abbildung von AlMn-Quasikristallen (neben Mikrohärteeindrücken)

Symmetrie erhalten läßt, zeigt ein 2-dimensionales „Kachelmodell". Elektronenbeugung gibt in der Tat Hinweise auf fünfzählige Symmetrie (Abb. 3.12), wie sie räumlich in der geometrischen Form des Ikosaeders (Zwanzigflächner) auftritt. Über die genauen Positionen der Atome in dieser Struktur und die Eigenschaften dieser neuen Phasen ist noch wenig bekannt. Sie liegen zwischen denen metallischer Gläser und intermetallischer Verbindungen.

Die Bildung von Gläsern ist leichter zu verstehen, als die von Quasikristallen. In Kap. 2.8 wurde erörtert, daß es sich dabei um eingefrorene Flüssigkeiten handelt. Dazu müssen die meisten Metalle nicht nur sehr schnell ($\mathrm{d}T/\mathrm{d}t = \dot{T} > 10^5\,\mathrm{K\,s^{-1}}$) abgekühlt werden, sondern auch auf eine Temperatur gebracht

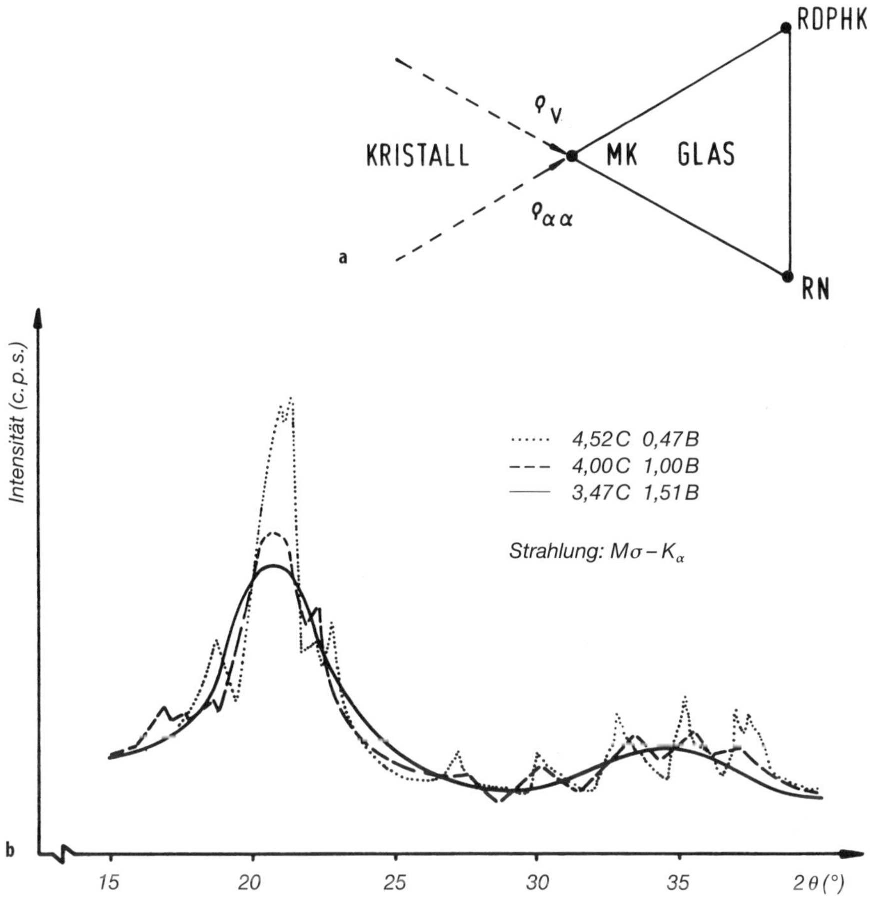

Abb. 3.13. **a** Strukturtypen metallische Gläser, schematisch: *RDPHK* regellose dichteste Packung harter Kugeln; *RN* regelloses Netzwerk; *MK* mikrokristallin (ultrahohe Dichte an Versetzungen ζ_V, Korngrenzen $\zeta_{\alpha\alpha}$). **b** Röntgenanalyse schmelzgesponnener Fe-C-B-Legierungen. (siehe auch Kap. 10.6 und 11.7)

werden, die insbesondere für reine Metalle weit unter Raumtemperatur liegt. Keimbildung und Kristallwachstum erfolgen im Metall besonders schnell und oft schon bei 20 °C. Es gibt allerdings eine Reihe von Legierungen, die erst bei sehr viel höheren Temperaturen kristallisieren.

Wie die Kristallstrukturen, so hängen auch die Glasstrukturen von Atomgröße und Bindungsart ab. Wir unterscheiden wiederum Gläser, die dicht gepackt sind oder solche, deren Koordinaten aus der Valenz folgt: $n = 4$ für C-, Si-, Ge-Gläser (regellos dichteste Kugelpackung, $10 \approx n < 12$ und regelloses tetraedrisches Netzwerk). Die regellos dichte Packung kann durch kleine Atome, die die Lücken füllen, stabilisiert werden (Fe-B-Glas). Bei der Beschreibung der Glasstrukturen wird die Verteilung des nächsten, übernächsten Nachbars eines Atoms angegeben (Abb. 3.13a, b). Die Untersuchung erfolgt wie bei

Kristallstrukturen durch Analyse der Streuverteilung von Röntgenstrahlen im reziproken Raum (Kap. 10).

Die Struktur amorpher Metalle ist zwar im wesentlichen ungeordnet, d.h. nicht durch eine periodische Atomanordnung gekennzeichnet wie eine Kristallstruktur, sie ist aber im allgemeinen nahgeordnet. Die atomaren Nachbarschaftsbeziehungen (Art, Zahl, Abstand und Winkelbeziehungen) entsprechen nicht einer regellosen Verteilung. Vielmehr sind u.a. folgende Abweichungen beobachtet worden:

- Legierungen aus Komponenten mit verschiedenen Atomradien streben entsprechend der metallischen Bindung eine dichte Kugelpackung an;
- in Gegenwart nichtmetallischer Komponenten (B, C, P, Si ...) bilden sich lokal Strukturelemente mit Ähnlichkeiten zu entsprechenden kovalent gebundenen Verbindungen (Boride, Carbide ...);
- es gibt Hinweise auf die korrelierte Anordnung solcher Strukturelemente zu einer „Ordnung mittlerer Reichweite";
- in manchen amorphen Legierungen und Wärmebehandlungszuständen tritt Entmischung in amorphe Phasen unterschiedlicher Zusammensetzung und Nahordnung auf.

Dies zeigt, daß der amorphe Zustand verschiedene Strukturen und damit auch verschiedene Phasen aufweisen kann. Die genaue Bestimmung und Beschreibung der Strukturen scheitert aber vorläufig daran, daß die amorphen Metalle meist eingefrorene instabile bzw. metastabile Zustände darstellen, daß die bekannten experimentellen Untersuchungsverfahren keine vollständige Strukturinformation liefern und daß die geschlossene Beschreibung amorpher Strukturen anhand einer begrenzten Zahl von Strukturparametern bisher nicht möglich ist.

Literatur

Barrett CS, Massalki T (1966) Structure of Metals. New York, Wiley

Schubert, K (1964) Kristallstrukturen zweikomponentiger Phasen. Berlin Göttingen Heidelberg, Springer

Halla F (1957) Kristallchemie und Kristallphysik metallischer Werkstoffe. Leipzig, Barth

Pearson WP (1958, 1967) Handbook of Lattice Spadings and Structures of Metals and Alloys. London, Pergamon Press

Strukturbericht – Structure Report; herausgegeben von 1913 an. International Union of Crystallography

Wassermann G, Grewen J (1962) Texturen metallischer Werkstoffe. Berlin, Springer

Bunge HJ (1982) Quantitative texture analysis. Oberursel, DGM

Shechtman D, Blech I, Cahn JW (1984) Metallic phases with Long-Range Orientational Order and No Translational Symmetry. Phys Rev Letters 53: 1951–53

Paams JLC et al. (1992) Atlas of Crystal Structure Types. Mat Park, OH ASM

Steinhardt PJ, Ostlund S (1987) The Physics of Quasicrystals. Singapore, World Scientific

Nye JF (1985) Physical Properties of Crystals. Oxford, Clarendon Press

KAPITEL 4

Phasengleichgewichte

4.1 Grundlagen der heterogenen Gleichgewichte

Bisher ist nur die Struktur reiner Metalle oder in ihrer chemischen Zusammensetzung definierter Verbindungen behandelt worden. Viel häufiger treten aber Legierungen auf, d.h. Atomgemische mit metallischen Eigenschaften, von denen mindestens eine Atomart ein Metall ist. Im kristallinen Zustand gibt es in Legierungen Mischkristallphasen, die aus dem Kristallgitter eines der Elemente bestehen, in dem Atome der anderen Komponenten regellos verteilt sind, und intermetallische Phasen, die ein von den Komponenten abweichendes Kristallgitter haben (Kap. 3).

Besteht eine Legierung nur aus einer Phase, so ist ihr Gefüge mikroskopisch nicht von dem eines reinen Metalls (Abb. 2.5 und 4.1) zu unterscheiden (homogenes Gefüge). Treten zwei (oder mehr) Phasen gleichzeitig auf, so lassen sie sich aufgrund ihres unterschiedlichen Ätzverhaltens im Gefügebild unterscheiden (heterogenes Gefüge, Abb. 4.1b).

Der Gleichgewichtszustand, also die Art, die chemische Zusammensetzung und das Mengenverhältnis der anwesenden Phasen bei einer bestimmten

a 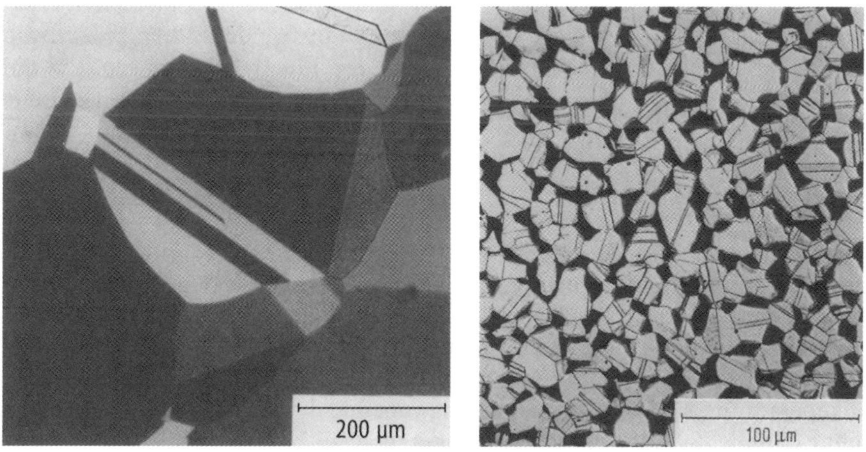 b

Abb. 4.1. Homogenes und heterogenes Gefüge. **a** γ-FeNiAl-Mischkristall, Grosswinkel- u. Zwillingskorngrenzen; **b** Cu + 42 Masse-%Zn, 3 h, 650 °C, $\alpha + \beta$-Phase

Legierungskonzentration und Temperatur (und bei bestimmtem Druck), ist thermodynamisch durch das Minimum der freien Energie gegeben. In heterogenen Gefügen ergibt sich die freie Energie des Gesamtsystems additiv aus den (partiellen) Eigenschaften der Phasen und aus deren Volumenanteilen. Die Komponenten A, B eines Systems sind entweder zwei Metalle (z.B. Al + Zn) oder ein Metall und ein Nichtmetall (z.B. Al + Si). Abbildung 4.2 zeigt diesen Zusammenhang für ein Zweistoffsystem, in dem die Komponenten bei höherer Temperatur ($> T_c$) völlig mischbar sind, bei niedrigerer ($< T_c$) dagegen zwei Mischkristalle α_1 und α_2 bilden (z.B.: Au + Ni, Abb. 4.4).

Eine Legierung im homogenen Bereich, also im angegebenen Beispiel in den Konzentrationsbereichen A – $c_{\alpha 1}$ und $c_{\alpha 2}$ – B, hat die minimale freie Enthalpie auf der Kurve $G_\alpha(c)$ bei der Konzentration der Legierungszusammensetzung. Eine Legierung der Zusammensetzung c_x im heterogenen Bereich $c_{\alpha 1} - c_{\alpha 1}$ dagegen hat ein Minimum der freien Energie G_x, wenn sie in die beiden Mischkristallphasen α_1 und α_2 mit den Konzentrationen $c_{\alpha 1}$ und $c_{\alpha 2}$ zerfällt, also auf der gemeinsamen Tangente. Für den Gleichgewichtszustand einer zweiphasigen Legierung gilt die Gleichung einer Geraden (wenn die im Gleichgewicht stehenden Mischkristalle als $\alpha_1 \equiv \alpha$, $\alpha_2 \equiv \beta$ bezeichnet werden, und $c_2 = 1 - c_1$ ist). Diese Beziehung ist als Mischungsregel bekannt,

$$G = m_\alpha G_\alpha + m_\beta G_\beta , \qquad (4.1\,a)$$

worin m_α und m_β der Mengenanteil der zwei Phasen α und β, und G_α, G_β deren freie Energien sind (4.3). Jede Phase ist in einem G-c-Diagramm durch eine Kurve $g_i(c)$ vertreten. Für den heterogenen Bereich gilt stets, daß das Minimum der freien Energie der Legierungen auf der gemeinsamen Tangente an die $G_i(c)$-Kurven der Phasen liegt ($G_{\alpha 1} - G_{\alpha 2}$ in Abb. 4.2). Diese Tangente ist durch die Bedingungen definiert, daß sie in den Berührungspunkten die gleiche Steigung haben muß:

$$\frac{dG_\alpha}{dc} = \frac{dG_\beta}{dc} \qquad (4.1\,b)$$

$$\frac{dG_\alpha}{dc} = \frac{G_\beta - G_\alpha}{C_\beta - c_\alpha} . \qquad (4.1\,c)$$

Eine weitere wichtige thermodynamische Grundlage der Phasengleichgewichte ist das Gibbssche Phasengesetz. Es gibt den Zusammenhang an zwischen der Anzahl der Phasen p (Gas, Flüssigkeit, Mischkristalle, intermetallische Phasen), der Komponenten n (in Metallsystemen die Zahl der beteiligten Metalle) und der Freiheitsgrade f (d.h. die Zahl der Variablen: chemische Zusammensetzung, Temperatur und Druck, die unabhängig voneinander geändert werden können, ohne daß die Zahl der Phasen sich ändert):

$$f + p = n + 2 . \qquad (4.2\,a)$$

Abb. 4.2. Zusammenhang von Zustandsdiagramm (T–c) und Freie-Enthalpie-Diagramm (G–c) am Beispiel einer Mischungslücke

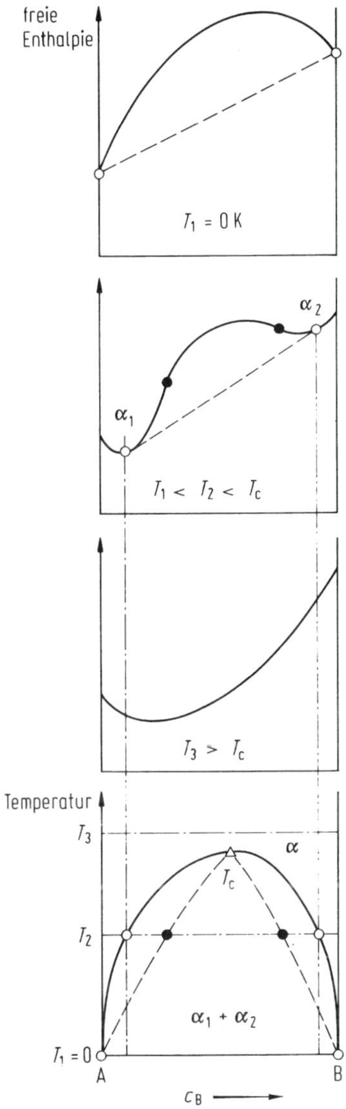

Je nach der Zahl der Komponenten ist die Zahl der gleichzeitig nebeneinander möglichen Phasen und der Zustandsänderungen begrenzt, wenn Gleichgewicht herrscht. Legierungsgleichgewichte stellt man meistens nur für Atmosphärendruck dar, weil die Gleichgewichte in den meisten Metallsystemen im festen Zustand nur wenig vom Druck abhängen, so daß eine Freiheit (Druck) entfällt und das Phasengesetz in der Form

$$f + p = n + 1 \tag{4.2b}$$

gilt.

Zum Beispiel sind am Schmelzpunkt eines reinen Metalls, also eines Einstoffsystems ($n = 1$), flüssige und kristalline Phase ($p = 2$) nebeneinander beständig. Dafür folgt $f = 0$, d.h. daß bei $T_{kf} + dT$ dort nur der flüssige, und bei $T_{kf} - dT$ nur der feste Zustand existiert, da wegen der Änderung der Temperatur $f = 1$ und daher $p = 1$ werden muß (Kap. 2). In Vielstoffsystemen können die Gleichgewichtsverhältnisse anhand dieses Zusammenhangs leichter analysiert werden. So kann vorhergesagt werden, daß in einem n-Stoffsystem (nach 4.2b) höchstens $p = n + 1$ Phasen im Gleichgewicht sein können (n-Stoff-Eutektika, Abb. 4.5, 4.15).

4.2 Mischkristalle, Ordnung, Phasengemische

Die Atomanordnung in den Phasen hat entscheidenden Einfluß auf ihre Gleichgewichte und die Eigenschaften einer Legierung. Dabei sollten Mischphasen von Phasengemischen unterschieden werden.

In Mischkristallen treten oft örtlich begrenzte Abweichungen von der regellosen Atomverteilung auf. Diese Abweichungen werden als Nahordnung (dabei sind vorwiegend ungleichartige Atome nächste Nachbarn, 9.14) bzw. als Nahentmischung (dabei sind vorwiegend gleichartige Atome nächste Nachbarn) bezeichnet. Eine andere Art der Abweichung von regelloser Atomverteilung ist die Segregation. Sie ist auf die Wechselwirkung gelöster Atome mit der Oberfläche oder mit Gitterbaufehlern (Versetzungen, Korngrenzen, Kap. 5) zurückzuführen. Bestimmte Atomarten finden sich an diesen besonderen Orten in viel höherer Konzentration als im Gitter des perfekten Kristalls (Reckaltern, Korngrenzenversprödung, Korngrenzendiffusion).

Der Zustand einer Legierung im Gleichgewicht hängt von den Atomgrößen, den Bindungskräften, der Zusammensetzung und der Temperatur ab. Der Druck kann im allgemeinen als Variable vernachlässigt werden. Bei sehr hohen Drücken und bezüglich der Löslichkeit von Gasen in Metallen muß der Druckeinfluß auf die Gleichgewichte dagegen berücksichtigt werden.

Der Einfluß der Atomgröße auf den Legierungszustand besteht darin, daß im Mischkristall um jedes zulegierte Atom Gitterverzerrungen entstehen, wenn sich die Atomgröße von der des Ausgangsmetalls unterscheidet. Die Gesamtenergie des Kristalls wird dadurch erhöht und die Grenze der maximalen Mischbarkeit nach niedrigeren Konzentrationen verschoben. Die Verzerrungsfelder sind weitreichend, und man findet dementsprechend, daß sich die mittleren Atomabstände und damit die Gitterparameter in Mischkristallen annähernd linear mit der Konzentration (in At.-%) ändern. Diese lineare Abhängigkeit der Gitterparameter von der Konzentration heißt Vegard-Regel. Systematische empirische Untersuchungen und energetische Berechnungen ergeben, daß zwei metallische Komponenten nicht vollständig mischbar sein können, wenn ihre Atomradien sich um mehr als 15% unterscheiden. Der Grenzwert kann aber auch niedriger liegen, wenn die Bindungskräfte zwischen den Atomen deren Mischbarkeit in einem regellosen Mischkristall noch stärker einschränken.

Diese Hinweise zeigen, daß die Zustände von Legierungen, d.h. die Zahl der Phasen, ihre Kristallstruktur und ihre Atomanordnungen noch nicht in allen Fällen quantitativ aus allgemeinen Prinzipien abgeleitet werden können. Die Gleichgewichte (Konstitution) werden deshalb gewöhnlich empirisch bestimmt und in Zustandsdiagrammen beschrieben. In dieser graphischen Darstellung werden die Existenzbereiche der Phasen oder Phasengemische in Abhängigkeit von Konzentration, Temperatur und (in Metallsystemen seltener) Druck angegeben.

Die Berechnungsmethoden für Zustandsdiagramme der Metalle sind aber in den letzten Jahren, auch durch die Möglichkeit numerischer Berechnung im Computer anhand der thermodynamischen Daten der Phasen recht erfolgreich gewesen (CALPHAD, calculation of phase diagrams, siehe auch Abb. 4.12).

Die chemische Zusammensetzung einer Legierung wird bei wissenschaftlicher Betrachtung meistens in Stoffmengenanteilen (Atomprozent a), bei technischer Anwendung, z.B. Einwaage von Legierungen, in Massenanteilen (Gewichtsprozent g) angegeben. Für Zweistofflegierungen aus den Komponenten A und B können a und g folgendermaßen umgerechnet werden:

$$a_A = 100 \frac{g_A/A_A}{g_A/A_A + g_B/A_B}$$

$$g_A = 100 \frac{a_A \cdot A_A}{a_A \cdot A_A + a_B \cdot A_B} .$$

Hierin bedeuten a_i bzw. g_i die Angaben der chemischen Zusammensetzung in Atom- bzw. Masseprozent und A_i die Atomgewichte der Komponenten i. Im allgemeinen verwenden wir aber zur Kennzeichnung von Atomgemischen den Buchstaben c (4.3). Sowohl für Stoffmengen- als auch für Massenanteile gilt $c_A + c_B = 1$ oder $c \cdot 100$ als Prozentangabe.

Im exakten Sprachgebrauch sind Konzentrationen auf die Stoffmenge bezogene Angaben der chemischen Zusammensetzung. Sie sind deshalb nicht dimensionslos. In der Metallkunde werden Konzentrationen für die Formulierung von Diffusionsproblemen (Kap. 8) aus rechnerischen Gründen gern verwendet. Der Begriff Konzentrationen wird hier aber auch ganz allgemein verwendet, wenn von der chemischen Zusammensetzung einer Legierung die Rede ist.

4.3 Zweistoffsysteme

Wir behandeln nun einige Grundtypen von Zustandsdiagrammen und beschränken uns dabei zunächst auf Zweistofflegierungen (binäre Systeme, $n = 2$).

Im einfachsten Fall eines Zustandsdiagrammes sind beide Komponenten im flüssigen und festen Zustand bei allen Konzentrationen miteinander mischbar.

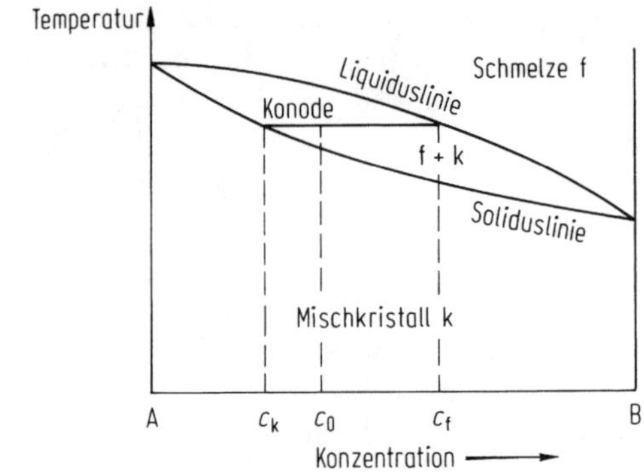

Abb. 4.3. Schematisches Zustandsdiagramm eines Systems mit völliger Mischbarkeit der Komponenten A und B im flüssigen und festen Zustand, z.B. Cu–Ni

Ein entsprechendes Gleichgewichtsdiagramm zeigt Abb. 4.3 (vgl. Kap. 11). Für die Angabe der chemischen Zusammensetzung und Mengen von zwei Phasen, die im Zweiphasengebiet miteinander im Gleichgewicht stehen, wird die Konode benutzt. Eine Konode ist eine isotherme Linie, die einen Punkt auf der einen Löslichkeitslinie (hier auf der Soliduslinie, c_k), den Punkt der Legierungszusammensetzung c_0 und einen Punkt auf der anderen Löslichkeitslinie (hier die Liquiduslinie, c_f) miteinander verbindet. c_k und c_f sind die Konzentrationen der bei der gewählten Temperatur im Gleichgewicht befindlichen festen und flüssigen Phasen, und

$$\frac{m_k}{m_f} = \frac{c_f - c_0}{c_0 - c_k} \tag{4.3}$$

ist das Verhältnis ihrer Mengen m_k und m_f. Dieser Zusammenhang wird das Hebelgesetz genannt und gilt entsprechend in allen Zweiphasengebieten.

Wenn zwei Komponenten bei tieferen Temperaturen nicht vollständig miteinander mischbar sind, so tritt diese Mischungslücke, wie in Abb. 4.4 am System Au–Ni (vgl. Abb. 4.2b) gezeigt wird, durch ein Zweiphasengebiet in Erscheinung, in dem zum Beispiel eine Legierung der Zusammensetzung c_1 bei der Temperatur T_1 aus einem Gemenge von Mischkristallen der Zusammensetzungen c_2 und c_3 besteht. Diese Abweichung der festen Lösung vom idealen Mischkristallverhalten führt auch zu einer Verlagerung des Schmelzintervalls zu tieferen Temperaturen.

Wird die Tendenz zur Entmischung noch stärker, so überdecken sich die Erstarrungs- und Entmischungsgleichgewichte, und man erhält ein eutektisches (oder peritektisches) Zustandsdiagramm wie das System Ag–Cu (oder Pt–W), das in Abb. 4.5 gezeigt ist. Erstarrt eine Schmelze in dem Eutektikum genannten Drei-Phasen-Gleichgewicht bei 39,9 At.-% Kupfer:

$$f \leftrightarrow \alpha_{Ag} + \alpha_{Cu} ,$$

so erhält man beide Mischkristalle als feinlamellares Gemenge oder in einer anderen, sehr regelmäßigen, feinen Verteilung, die oft günstige mechanische

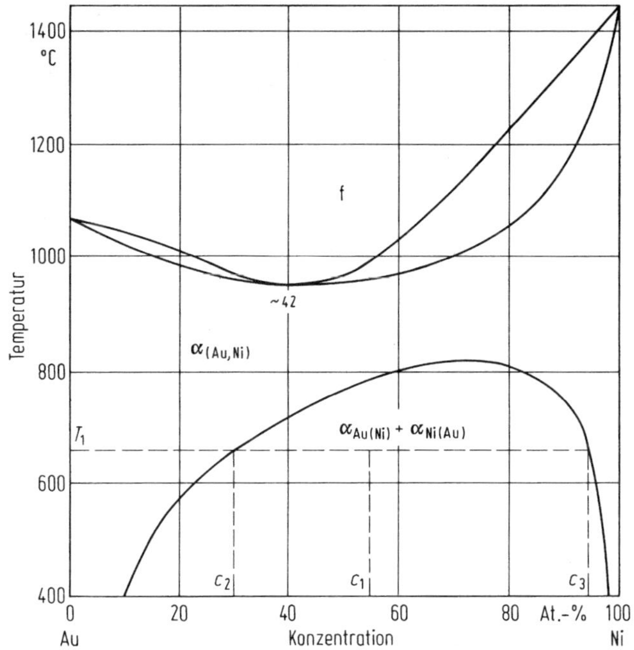

Abb. 4.4. Zustandsdiagramm Gold-Nickel, das eine Mischungslücke im festen Zustand aufweist

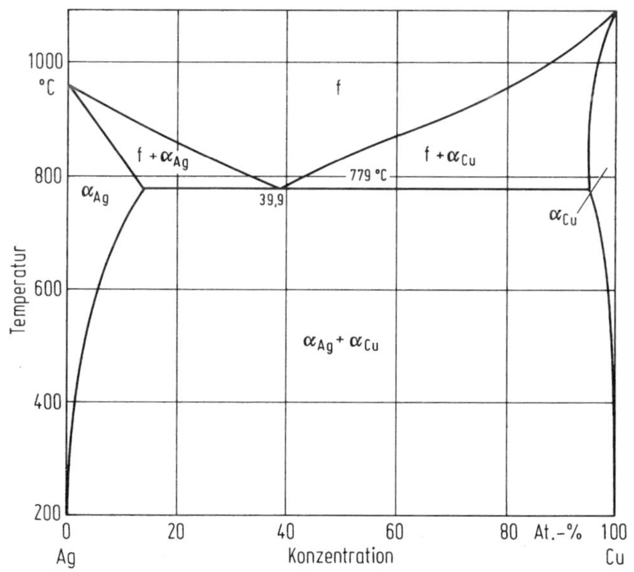

Abb. 4.5. Zustandsdiagramm des eutektischen Systems Silber-Kupfer mit begrenzter gegenseitiger Löslichkeit der Komponenten

4.6 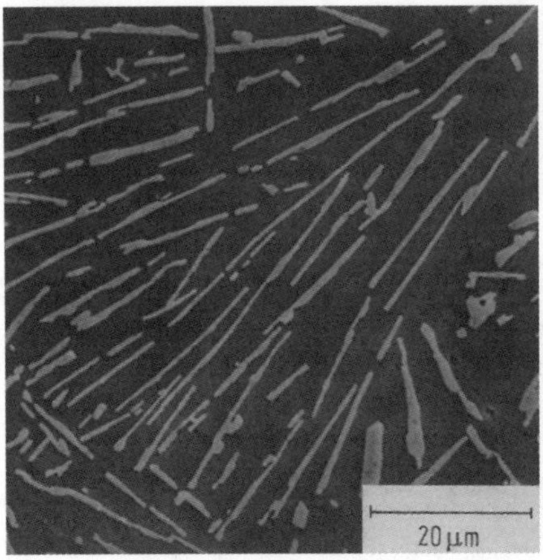

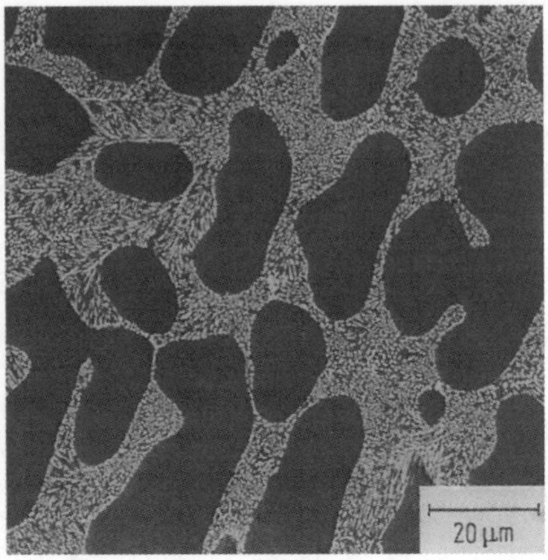

4.7

Abb. 4.6. Eutektisches Gefüge einer Al-11 Masse-% Si Legierunge, REM

Abb. 4.7. Untereutektisches Gefüge: Primärkristallisation des α-Al–Si-Mischkristalls (dunkel) und feines Eutektikum, Al-6 Masse-% Si, LM

Eigenschaften aufweist. Gußlegierungen haben deshalb häufig eine eutektische Zusammensetzung (Kap. 11). Das Beispiel für ein eutektisches Gefüge in Abb. 4.6. zeigt, daß heterogene (d.h. mehrphasige) Gefüge sehr verschiedene Erscheinungsformen annehmen können (vgl. Abb. 4.1).

Liegt die Zusammensetzung einer Schmelze nicht bei der eutektischen Konzentration, so bildet sich zunächst die eine Komponente in Form von Primärkristallen aus. Die Restschmelze verändert dadurch ihre Konzentration, bis sie schließlich die eutektische Zusammensetzung erreicht und als feinverteiltes eutektisches Gefüge erstarrt (Abb. 4.7).

An dem eutektischen Gleichgewicht wollen wir noch einmal das Gibbssche Phasengesetz (4.2b) untersuchen. Bei der eutektischen Temperatur stehen drei Phasen (Schmelze, Ag-Mischkristall, Cu-Mischkristall: $p = 3$) aus zwei Komponenten (Silber, Kupfer) im Gleichgewicht, also ergibt sich kein Freiheitsgrad, $f = 0$; das Dreiphasengleichgewicht (4.4) kann nur bei der eutektischen Temperatur bestehen: $0 = 2 + 1 - 3$.

Ein eutektisches System fast ohne Mischbarkeit der Komponenten im festen Zustand zeigt das Zustandsdiagramm Au–Si in Abb. 4.8. Die Löslichkeit von Au in Si ist äußerst klein. Trotzdem spielen derartige Löslichkeiten beim Dotieren von Halbleitern in integrierten Schaltkreisen eine wichtige Rolle. Hier scheiden sich aus der Schmelze die Elemente Au oder Si bzw. ihr Eutektikum aus, d.h. im festen Zustand liegt ebenfalls ein Gemenge

$$f \leftrightarrow \text{Au} + \text{Si}$$

der beiden reinen Komponenten vor. Zwei Elemente sind allerdings nie völlig unlöslich ineinander. Die in geringer Menge gelöste Komponente kann aber häufig nur mit sehr empfindlichen Meßmethoden bestimmt werden. Ande-

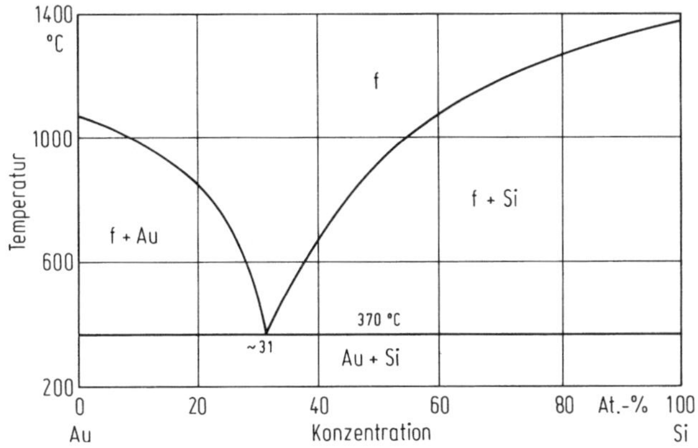

Abb. 4.8. Zustandsdiagramm des eutektischen Gold-Silizium, dessen Komponenten im festen Zustand ineinander unlöslich sind

rerseits haben kleinste Beimengungen oft erhebliche Änderungen der Eigenschaften zur Folge. Beispiele sind die Mischkristallhärtung von Eisen durch Kohlenstoff (Kap. 13) und das Dotieren der Si-Halbleiterelemente mit Metallen.

Sind zwei Komponenten praktisch weder im festen noch im flüssigen Zustand ineinander löslich, so ergibt sich ein Zustandsdiagramm wie das System Fe–Pb in Abb. 4.9. Im flüssigen Zustand trennen sich die beiden Schmelzen nach dem spezifischen Gewicht

$$f \leftrightarrow f_{Fe} + f_{Pb} \,.$$

Im festen Zustand liegen die Phasen in einem Gemenge vor, dessen Anordnung von den Erstarrungsbedingungen abhängt. Dieses Zustandsdiagramm lehrt, daß Blei in Eisentiegeln geschmolzen werden kann. Entsprechendes gilt für Fe + Mg.

Tritt in einem System eine intermetallische Phase auf, so kann sich ein Zustandsdiagramm wie das System Mg–Sn in Abb. 4.10 ergeben. Der intermetallischen Phase Mg_2Sn entspricht in diesem Falle ein Maximum in der Liquiduskurve. Die Schmelztemperaturen intermetallischer Phasen sind um so höher, je höher ihre Stabilität bzw. ihre Bildungswärme ist. Das System besteht aus zwei eutektischen Teilsystemen: Mg–Mg_2Sn und Mg_2Sn–Sn. Für die Gleichgewichte und Erstarrungsvorgänge gilt analog, was für das einfache eutektische System gesagt wurde. Falls eine intermetallische oder eine interstitielle Verbindung (Kap. 3) genau stöchiometrische Zusammensetzung und keinerlei Löslichkeit für die reinen Komponenten aufweist, kann sie selbst wie eine Komponente behandelt werden. Beispiel Fe_3C im System Fe–C (Abb. 4.14). Eine intermetallische Phase ist aber oft nicht auf die stöchiometrische Zusammensetzung beschränkt, sondern kann, wie die Mischkristallphasen, einen ausgedehnten Homogenitätsbereich haben, dessen Breite zunimmt, je stärker der Anteil metallischer Bindung ist (Kap. 3). Im Falle ungeordneter Verteilung der Komponenten auf bestimmten Gitterplätzen der intermetallischen Phase bedeutet das lediglich eine Konzentrationsänderung. Im Falle geordneter Atomverteilung befinden sich die Atome

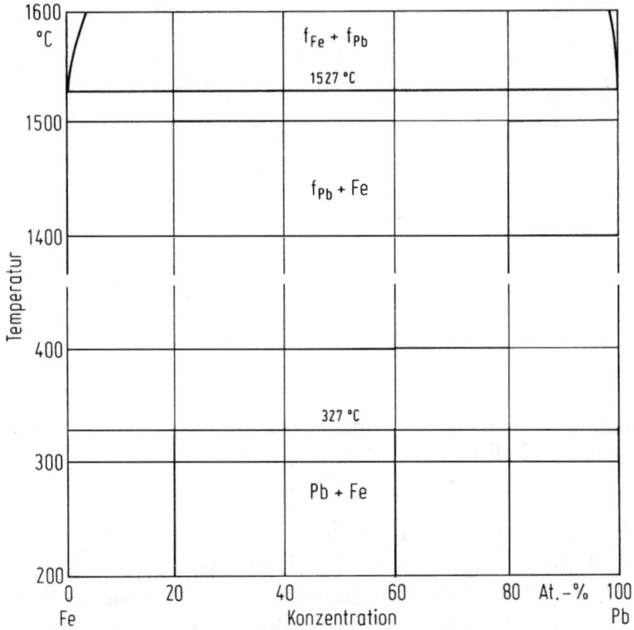

Abb. 4.9. Zustandsdiagramm des Systems Eisen-Blei, dessen Komponenten im flüssigen und im festen Zustand ineinander unlöslich sind

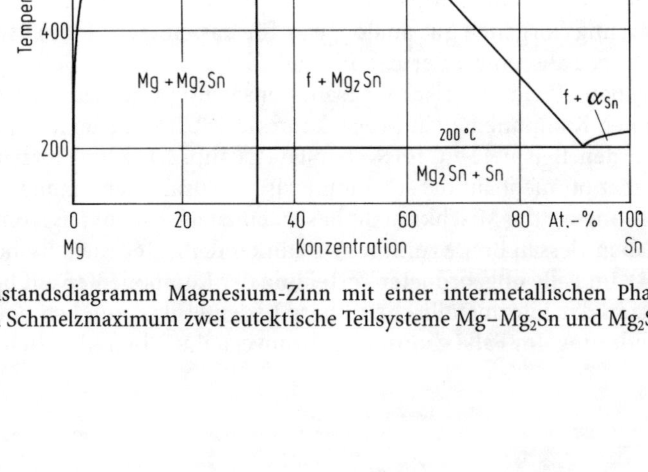

Abb. 4.10. Zustandsdiagramm Magnesium-Zinn mit einer intermetallischen Phase Mg_2Sn, durch deren Schmelzmaximum zwei eutektische Teilsysteme Mg–Mg_2Sn und Mg_2Sn–Sn auftreten

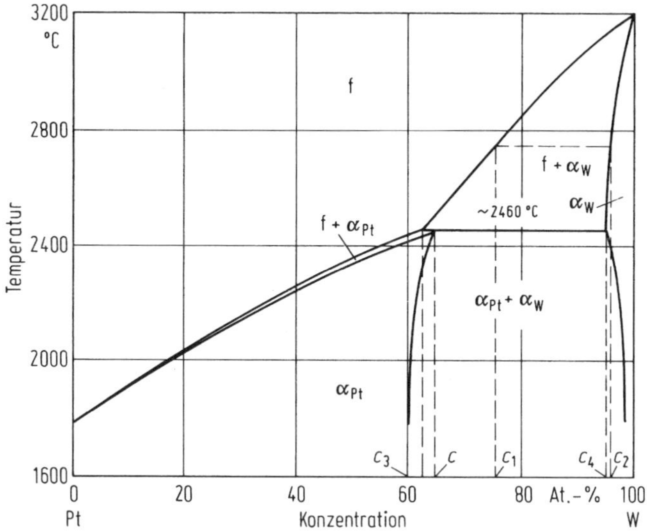

Abb. 4.11. Zustandsdiagramm des peritektischen Systems Platin-Wolfram

der überschüssigen Komponenten entweder auf „falschen" Gitterplätzen oder auf Zwischengitterplätzen oder werden durch Leerstellen an Gitterplätzen der unterschüssigen Phase kompensiert (strukturelle Leerstellen, s. Kap. 5).

Die Bildung einer weiteren festen Phase ist auch durch eine Reaktion der Schmelze mit einem bereits ausgeschiedenen Mischkristall möglich. Dieser Fall eines Peritektikums ist in Abb. 4.11 am Beispiel Pt-W dargestellt. Eine Schmelze der Konzentration c_1 scheidet zunächst einen Mischkristall α_W der Zusammensetzung c_2 aus; die Gleichgewichtskonzentrationen verschieben sich bei der Abkühlung nach c_3 und c_4, und bei dieser peritektischen Temperatur entsteht die Phase α_{Pt} der Konzentration c, wobei die Schmelze und teilweise der Mischkristall aufgezehrt werden:

$$f + \alpha_W \leftrightarrow \alpha_{Pt} \, .$$

Die Temperaturabhängigkeit der Phasengleichgewichte kann thermodynamisch in Analogie zu verdünnten wäßrigen Lösungen berechnet werden. Für einen Punkt der Konzentration c_1 bei der Temperatur T_1 auf einer Löslichkeitslinie, wie sie in Abb. 4.12 dargestellt ist, heißt die entsprechende Beziehung zwischen Konzentration und Temperatur

$$c(T) = c_0 \cdot \exp\left(-\frac{Q}{RT}\right) \tag{4.4}$$

$$\ln c = \ln c_0 - \frac{Q}{RT} \, , \tag{4.5}$$

worin c der in A gelöste Gehalt von B, T die absolute Temperatur und R die Gaskonstante bedeutet. Q ist die Lösungsenergie von A in B. Sie enthält die

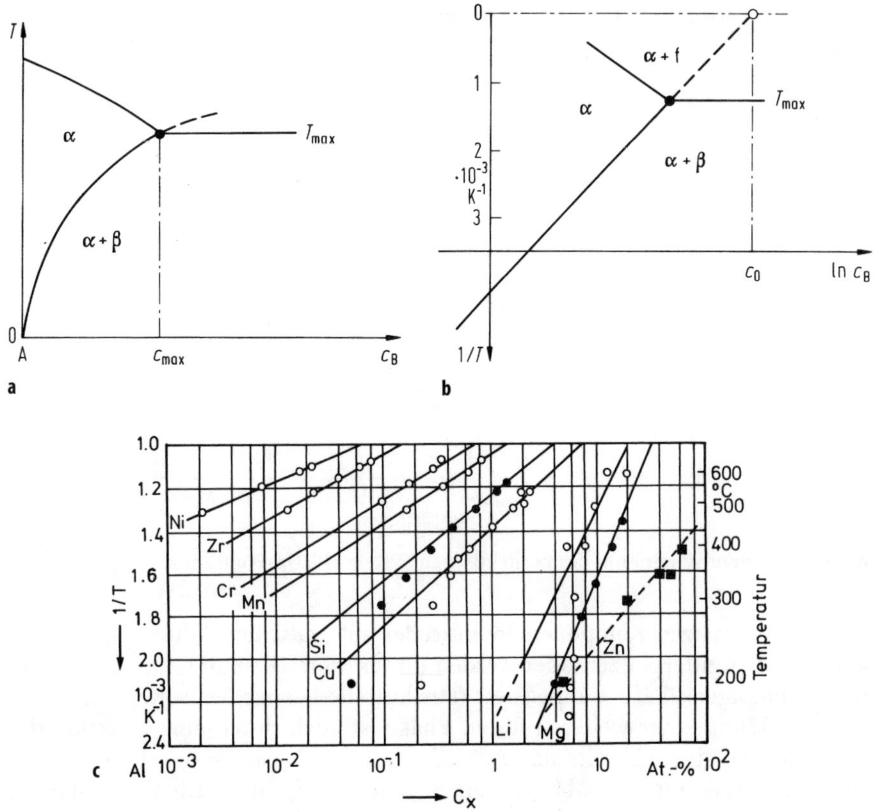

Abb. 4.12. Temperaturabhängigkeit der Löslichkeit der Atomart B im Mischkristall α. **a** linearer Maßstab für T und c_B; **b** ln $c_B \sim f(1/T)$, entsprechend (4.5); **c** Temperaturabhängigkeit der Löslichkeit verschiedener Elemente im kfz.-Al

Umwandlungswärme und die Mischungswärme und muß in der gleichen Einheit angegeben werden, wie die thermische Energie RT [J mol^{-1}]. Endpunkt der Kurve ist die maximale Löslichkeit beim Schnittpunkt mit der Soliduslinie.

Aus der Freien-Energie-Konzentrationsfunktion folgt die jeweilige Löslichkeit der nebeneinander vorliegenden Phasen α_1 und α_2 (Abb. 4.2). Die Kurve zeigt im Temperaturbereich zwischen 0 K und T_c noch zwei Wendepunkte, für die $\mathrm{d}^2F/\mathrm{d}c^2 = 0$ gelten muß. Deren temperaturabhängiger Verlauf kann ebenfalls in das Zustandsdiagramm eingetragen werden. Er wird als Spinodale bezeichnet. Die Bedeutung liegt darin, daß innerhalb der Spinodalen eine Entmischung ohne Keimbildung stattfinden kann (Kap. 2, 9, 14).

Mischkristalle und Mischungslücken, Eutektika und Peritektika treten in wirklichen Legierungssystemen meistens in Kombinationen auf. Im festen Zustand ändert sich dabei oft nicht nur die gegenseitige Löslichkeit der Phasen mit der Temperatur, sondern es treten auch weitere Phasenumwandlungen auf,

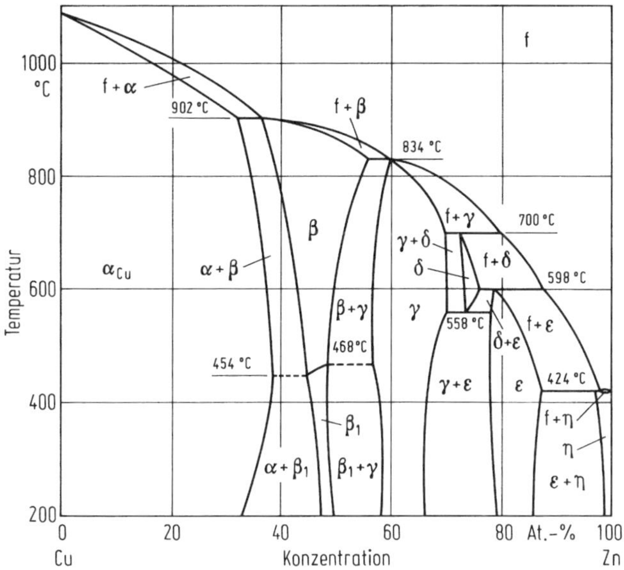

Abb. 4.13. Zustandsdiagramm Kupfer-Zink mit Kaskade peritektischer Reaktionen

die entweder – in Analogie zu den Schmelzgleichgewichten – aus eutektoiden oder peritektoiden Reaktionen bestehen.

Als Beispiele für die Kombination verschiedener Konstitutionsfälle in wissenschaftlich und technisch wichtigen Legierungen stellen wir die beiden Zweistoffsysteme Cu–Zn und Ti–Al in Abb. 4.13 und 4.15, die die Grundlage der Messinglegierungen und der Titanlegierungen mit den Titanaluminiden bilden, an den Schluß.

Im System des Messings, Cu–Zn, folgt mit steigendem Zn-Gehalt auf den Cu-Mischkristall (vgl. Hume-Rothery-Phasen, Kap. 3, Tabelle 3.6) die intermetallische β-Phase, die peritektisch bzw. unmittelbar aus der Schmelze entsteht und sich bei tieferen Temperaturen in eine Ordnungsphase β_1 umwandelt. Die Phasen γ, δ, e und der Zn-Mischkristall entstehen ebenfalls aus peritektischen Reaktionen und können außerdem unmittelbar aus der Schmelze entstehen. δ wird bei tiefen Temperaturen instabil und zerfällt eutektoidisch in γ und e. Es treten also folgende Reaktionen auf:

$$f + \alpha \leftrightarrow \beta$$
$$f + \beta \leftrightarrow \gamma$$
$$f + \gamma \leftrightarrow \delta$$
$$f + \delta \leftrightarrow \varepsilon$$
$$f + \varepsilon \leftrightarrow \eta$$
$$\delta \leftrightarrow \gamma + \varepsilon .$$

Die intermetallischen Phasen TiAl und Ti_3Al bilden sich ebenfalls peritektisch. Bemerkenswert ist die Phasenumwandlung des Titans und seiner Mischkristalle.

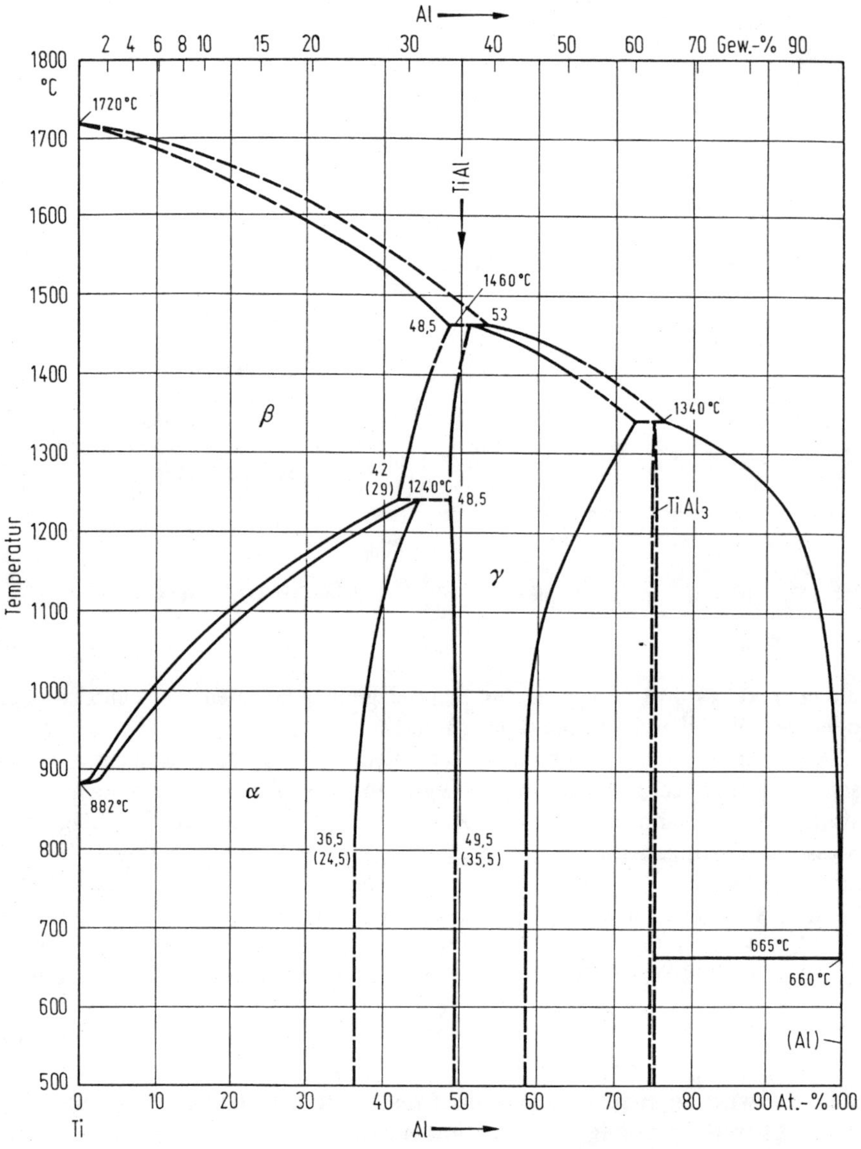

Abb. 4.14. Titan-Aluminium Legierungen: Phasenumwandlung $\beta \to \alpha$ (krz $\to$ hdP), hohe Löslichkeit von Al in Ti, geringe von Ti im Al, 2 intermetallische Phasen TiAl, Ti_3A

Im Eisen-Kohlenstoffsystem (Abb. 15.1) sind die metastabilen Gleichgewichte mit der Phase Fe_3C (Zementit) technisch wichtiger als die stabilen Gleichgewichte mit Graphit, der sich aus Keimbildungsschwierigkeiten (Kap. 2 und 9) nur sehr langsam bilden kann. Da reines Eisen zwei Phasenumwandlungen durchläuft, ergeben sich das Peritektikum $f + \delta \leftrightarrow \gamma$ und das Eutektoid $\gamma \leftrightarrow \alpha +$

Fe_3C (bzw. C). Außerdem tritt ein Eutektikum $f \leftrightarrow \gamma + Fe_3C$ (bzw. C) auf. Es ist üblich, den Gefügen der Eisen-Kohlenstoff-Legierungen besondere Bezeichnungen zu geben. So wird das lamellare Eutektoid aus α und Fe_3C Perlit und das Eutektikum aus γ und Fe_3C Ledeburit genannt. Dieses System und seine Bedeutung für die Umwandlungen und Eigenschaften von Stählen und Gußeisen werden in Kap. 11 und 15 ausführlicher behandelt.

Das Eisen-Kohlenstoff-Diagramm liefert das wichtigste Beispiel für ein stabiles (Fe-Graphit) und metastabiles ($Fe-Fe_3C$) thermodynamisches Gleichgewicht. Metastabile Gleichgewichte und folglich Zustandsdiagramme finden zunehmende Beachtung sowohl beim schnellen Abkühlen von Schmelzen (Kap. 11) als auch bei den meisten Reaktionen im festen Zustand (Kap. 9 und 14). Metastabile Phasen bilden sich vor den stabileren, wenn ihre Keimbildung eine niedrigere Aktivierungsenergie benötigt. Der stabile Zustand ist aber immer der angestrebte Endzustand eines Systems. Folglich sind alle Stähle metastabile Systeme. Nur das graue, ferritische Gußeisen ist völlig stabil (Kap. 11, Abb. 11.15). Noch weniger stabil als metastabile Gleichgewichte sind eingefrorene Zustände. Sie können durch sehr schnelles Abkühlen (Abschrecken) erhalten werden. Beispiele dafür sind die Gläser (Kap. 2.8 und 11.7) und homogenisierte Mischkristalle aushärtbarer Legierungen (Kap. 14).

4.4 Mehrstoffsysteme

Es werden $n > 2$ Komponenten vermischt. Bei begrenzter Mischbarkeit im festen Zustand geschieht das oft durch Schmelzen der Komponenten. Im flüssigen Zustand ist die Mischbarkeit größer. Für $n = 3$ gilt: $c_A + c_B + c_C = 1$. Die Gleichgewichte in Legierungen mit drei und mehr Komponenten erfordern eine bzw. weitere Dimensionen zu ihrer Darstellung. Für Dreistoffsysteme (ternäre Systeme) kann eine Darstellung wie in Abb. 4.15a angewendet werden. Im Konzentrationsdreieck ABC ist die Zusammensetzung einer Legierung durch einen Punkt festgelegt. Die Temperaturachse steht senkrecht zur Zeichenebene. Die binären Systeme A-B, B-C, A-C heißen Randsysteme. Sie sind in Abb. 4.15b in die Zeichenebene geklappt worden. Das Dreieck ABC ist die Projektion der gewölbten Schmelzflächen der ternären Legierungen. Die Pfeile zeigen in Richtung abnehmender Temperatur. Sie stellen die Fortsetzung der binären Eutektika als Rinnen im ternären Konzentrations-Temperatur-Raum dar. Die Rinnen treffen sich im ternären Eutektikum E_t. Tritt in einem der Randsysteme eine intermetallische Verbindung A_2B_3 auf (vgl. Abb. 4.10), so wird der Schnitt $C-A_2B_3$ durch das Dreistoffsystem als quasibinär bezeichnet. In quasibinären Systemen (vgl. Kap. 15: $Al-Zn_2Mg$, $Al-SiMg_2$) wird die intermetallische Phase als Komponente (Gl. 4.2) behandelt. Abbildung 4.15b zeigt eine Aufsicht auf ein schematisches Dreistoffsystem, das aus den Teildreiecken $A-A_2B_3-C$ und $B-A_2B_3-C$ besteht. Folgende binär-eutektischen Reaktionen sind möglich:

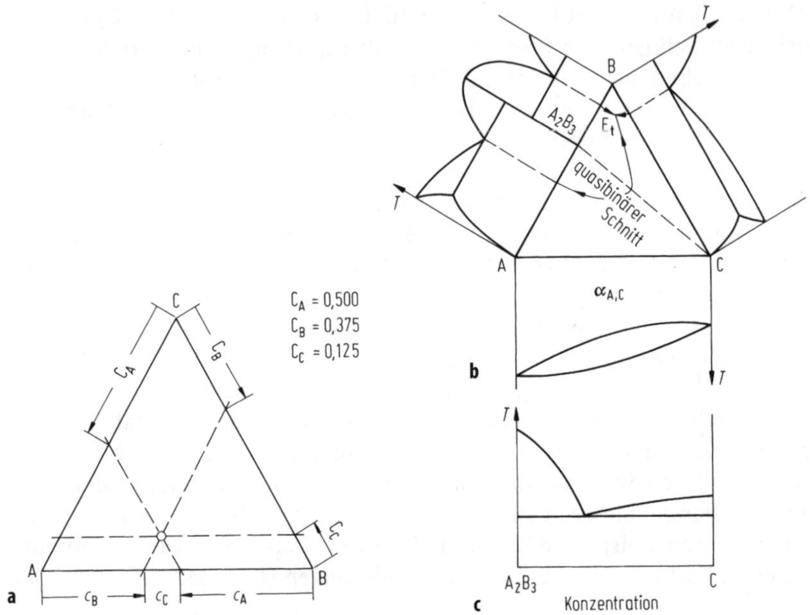

Abb. 4.15. Schematische Darstellung eines Dreistoffsystems. **a** Angabe der Legierungszusammensetzung im gleichseitigen Dreieck; **b** die Schmelzflächen sind auf das Konzentrationsdreieck ABC projiziert; die binären Randsysteme sind in die Zeichenebene geklappt; **c** das Zustandsdiagramm des quasibinären Schnitts A_2B_3–C

$$f \leftrightarrow A_2B_3 + B$$
$$f \leftrightarrow B + C$$
$$f \leftrightarrow A_2B_3 + C$$
$$f \leftrightarrow A_2B_3 + A\,.$$

Der Schnittpunkt der eutektischen Rinnen im Teilsystem A_2B_3 – B – C gibt die Zusammensetzung des ternären Eutektikums E_t an:

$$f \leftrightarrow A_2B_3 + B + C\,.$$

Abbildung 4.15 c zeigt den quasibinären Schnitt A_2B_3–C, der als eutektisches System ausgebildet ist. Für Legierungen mit 4 Komponenten A, B, C, D wird bereits für die Darstellung der chemischen Zusammensetzung ein dreidimensionaler Raum (Tetraeder, Abb. 4.16) benötigt.

Die Einstellung der Gleichgewichte in Legierungen hängt von der Keimbildung der neuen Phasen und vom Konzentrationsausgleich im festen Zustand durch Diffusion ab. Wenn die Aktivierungsenergie der Keimbildung (Kap. 2) oder des Wachstums (Kap. 8 und 9) bei niedrigeren Temperaturen zu hoch ist, so daß sich die Gleichgewichtszustände nicht einstellen können, treten metastabile oder eingefrorene Zustände auf (übersättigte Mischkristalle, Zwischen-

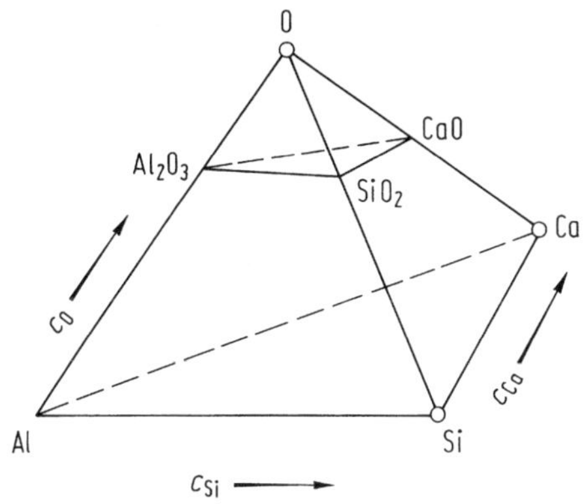

Abb. 4.16. Darstellung der chemischen Zusammensetzung eines Vierstoffsystems Al-Si-Ca-O im Raum eines Tetraeders. Stöchiometrische Verbindungen können als Komponenten betrachtet werden und bilden dann das für keramische Werkstoffe (Abschn. 18.1) bedeutsame Dreistoffsystem Al_2O_3-SiO_2-CaO. Das binäre Randsystem Al-Si bildet die Grundlage der Al-Gußlegierungen (Kap. 11)

phasen, diffusionslos gebildete Phasen). Sie spielen bei technischen Legierungen eine wesentliche Rolle (Stahlhärtung Kap. 15, Aushärtung Kap. 14, chemisch beständige Stähle Kap. 17).

Verfahren zur quantitativen Aufstellung von Zustandsdiagrammen sind in Kap. 10 angeführt.

Literatur

Vogel R (1959) Die heterogenen Gleichgewichte. Leipzig: Akad Verlagsgesellschaft, Geest und Portig

Hume-Rothery W, Christian JW, Pearson WB (1952) Metallurgical Equilibrium Diagrams and Experimental Methods for their Determination. London, Institute of Physics

Masing G (1949) Ternäre Systeme. Leipzig: Akad Verlagsgesellschaft mbH

Rhines FN (1956) Phase Diagrams in Metallurgy, Their Development and Application. New York, McGraw-Hill Book Co

Prince A (1966) Alloys Phase Equilibria. Amsterdam, Elsevier

Hansen J, Beiner F (1974) Heterogene Gleichgewichte. Berlin, De Gruyter

Prince A (1981) Multicomponent alloy Constitution Bibliography. 1955-1973, 1974-1977, 1978. The Metals Society, London

Effenberg G (ed) (1990-1995) Binary and Ternary Phase Diagrams. Mat Park OH, ASM

Massalski TB, Okamoto H, Subramanian PR, Kacprzak L (ed) (1990) Binary Alloy Phase Diagrams, 2nd edition. Mat Park OH, ASM

Moffat WG (ed) (1976, 1987) The Handbock of Binary Phase Diagrams. Schenectady, Genium Publishing Co

Baker H (ed) (1992) Alloy Phase Diagrams. ASM Handbook, Vol 3. Mat Park OH, ASM

KAPITEL 5

Gitterbaufehler, Phasengrenzen, Gefüge

5.1 Überblick

Die Beschreibung der Metallkristalle als Anordnung von Atomen in einem idealen Raumgitter ist in Wirklichkeit nur näherungsweise richtig. Es treten Abweichungen von der regelmäßigen Besetzung der Gitterpunkte der Kristallstrukturen durch Atome auf, die als Gitterbaufehler bezeichnet werden. Oberhalb 0 K ist stets eine bestimmte Zahl dieser Baufehler in Kristallen im thermodynamischen Gleichgewicht vorhanden. Dies gilt für Leerstellen und gelöste Atome. Die Energie von Versetzungen und Korngrenzen ist so hoch, daß sie praktisch nicht im Gleichgewicht vorkommen können. Sie entstehen z. B. beim Erstarren oder durch plastische Verformung oder Bestrahlung. Heterogenität von Legierungen (Kap. 4) bedeutet, daß Phasengrenzen auftreten müssen. Diese Art der strukturellen Diskontinuität ist uns bei der Keimbildung (2.4) bereits begegnet. Nach ihren geometrischen Eigenschaften kann man Gitterbaufehler nach Tabelle 5.1 einteilen.

Unabhängig davon, ob sie mit dem Kristallgitter im thermodynamischen Gleichgewicht stehen oder nicht, wirken sich die Gitterbaufehler auf die Eigenschaften von Metallen aus. Leerstellen erleichtern die Platzwechsel von Atomen (Diffusion; Kap. 8). Versetzungen bewirken, daß Metalle bei verhältnismäßig niedrigen Spannungen plastisch verformt werden können (Kap. 7). Die erwähnten Gitterbaufehler beeinflussen stark den Beginn von Ausscheidungs- und Umwandlungsvorgängen (Kap. 9, 14), die Koerzitivkraft ferromagnetischer

Tabelle 5.1. Einteilung der Gitterbaufehler nach ihren geometrischen Eigenschaften

Geometrische Dimension	Spezieller Typ	Dichte	Spezifische Energie
0-dimensional	Leerstellen, Zwischengitteratome, substituierte Atome	m^{-3}	J
1-dimensional	Versetzungen	m^{-2}	Jm^{-1}
2-dimensional	Korngrenzen, Zwillingsgrenzen, Stapelfehler, Antiphasengrenzen in geordneten Legierungen, Grenzflächen verschiedener Kristallarten oder Gläser	m^{-1}	Jm^{-2}

Legierungen (Kap. 16), die mechanische Festigkeit (Kap. 7, 12) und die kritische Stromdichte bei Supraleitern (Kap. 6, 18) (defekt- oder gefügeabhängige Eigenschaften).

5.2 Leerstellen

Leerstellen sind Plätze des Kristallgitters, die nicht mit Atomen besetzt sind (Abb. 5.1). In manchen Fällen können auch zwei oder mehrere Atome auf benachbarten Gitterpunkten fehlen. Man spricht dann von Doppel- oder Mehrfachleerstellen. Soll eine Leerstelle im Inneren eines perfekten Kristallgitters entstehen, so muß ein Atom von seinem normalen Gitterplatz entfernt werden. Sind kein entsprechender Gitterplatz in der Umgebung und keine Senke (Versetzung, Grenzfläche) frei, so wird es bei ausreichend hoher Anregungsenergie zum Zwischengitteratom (Abb. 5.1). Durch diese Reaktion entsteht also ein Paar von Gitterbaufehlern, das aus Leerstelle und Zwischengitteratom besteht (Frenkel-Paar). Dies kann zum Beispiel bei der Bestrahlung von Metallen im Reaktor vorkommen. Leerstellen und Zwischengitteratome können auch bei plastischer Verformung entstehen. In manchen Kristallstrukturen können Atomplätze nicht besetzt sein, z. B., um eine bestimmte Valenzelektronenkonzentration (Kap. 3) einzuhalten. Sie werden als strukturelle Leerstellen bezeichnet.

Das Vorhandensein von Gitterbaufehlern, die im thermodynamischen Gleichgewicht (2.2) auftreten (thermische Gitterbaufehler), ist mit Hilfe der statistischen Thermodynamik zu verstehen: normalerweise erhöht ein Gitterbaufehler die innere Energie des Kristalls und ebenso seine Entropie. Falls bei einer bestimmten Temperatur der Entropiebeitrag $T\Delta S$ zur freien Energie ΔF bezogen auf den perfekten Kristall höher wird als der Beitrag der inneren Energie ΔU, so kann eine bestimmte Anzahl von Gitterbaufehlern im Gleichgewicht auftreten: $\Delta F = \Delta U - T\Delta S < 0$. Dies soll am Beispiel der Gitterleerstellen gezeigt werden. ΔS_L ist die Änderung der Entropie durch Leerstellen bestimmter Anzahl und Verteilung. ΔU_L ist die entsprechende Änderung der inneren Energie. Dabei

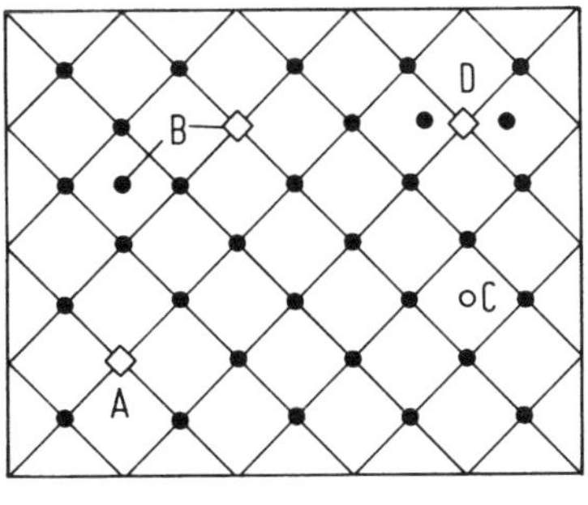

Abb. 5.1. Schematische Darstellung von punktförmigen Gitterbaufehlern in einer Ebene des kubisch primitiven Gitters. A Leerstellen; B Leerstelle-Zwischengitteratom-Paar (Frenkel-Paar): C Zwischengitteratom. D Zwischengitteratom in Hantellage

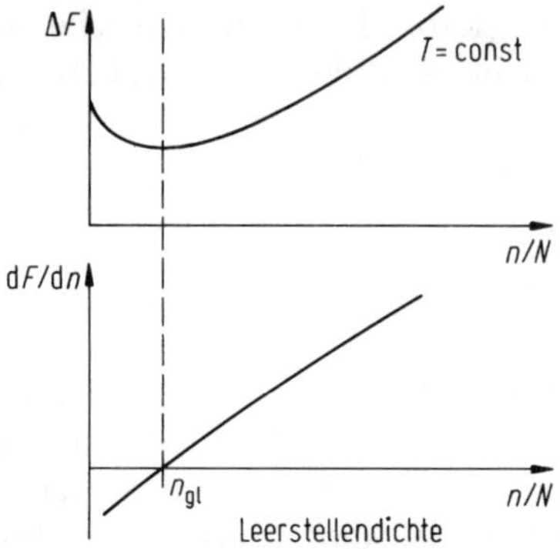

Abb. 5.2. Bedingung für thermodynamisches Gleichgewicht von n_{gl} Leerstellen. $\Delta F = \min$. $dF/dn = 0$, bei der Temperatur T

sei N die Zahl (pro Mol) der Atome und n die Anzahl der Leerstellen in einem Kristall der Masse in Mol und u_L die Energie, die zur Bildung einer Leerstelle nötig ist. Die gesamte Energiezunahme durch die Leerstellen ist dann $nu_L = \Delta U_L$; die Entropieänderung, die durch Mischung von n Leerstellen mit N Atomen hervorgerufen wird, beträgt (k Boltzmannkonstante, Einheit JK^{-1}):

$$\Delta S_L = k \ln (N + n)!/n!N! ; \tag{5.1}$$

die freie Energie des Kristalls mit Leerstellen ist dann

$$\begin{aligned} \Delta F &= \Delta U_L - \Delta S_L T \\ &= nu_L - kT[(N+n)\ln(N+n) - n\ln n - N\ ln\, N]\,. \end{aligned} \tag{5.2}$$

Für die Gleichgewichtsanzahl von Leerstellen n_{gl} gilt die Bedingung $\Delta F(n) = \min$ und $dF/dn = 0$ (Abb. 5.2). Durch Differenzieren von (5.2) erhält man die wichtige Beziehung zwischen Temperatur und Leerstellendichte c_L, vgl. (4.5) und Abb. 4.12,

$$c_L = \frac{n}{N+n} = e^{-u_L/kT} \approx \frac{n}{N} = e^{-u_L/kT} = e^{-\Delta U_L/RT} \tag{5.3}$$

da $N \gg n$ ist. ΔU_L ist die Bildungsenergie von Leerstellen bezogen auf ein Mol $\Delta U_L = Nu_L$; $R = Nk$ ist die Gaskonstante. Für das kfz-Gitter hat der Wert für u_L die Größenordnung von 50–200 kJ mol^{-1}. Man kann daraus berechnen, daß in Metallen dicht unterhalb des Schmelzpunktes $n/N \approx 10^{-4}$ ist. Die Bildungsenergie u_L ist proportional der Verdampfungswärme des Metalls (Tab. 21). In Legierungen wird u_L durch die Atome der Legierungselemente stark beeinflußt. Die Leerstellenkonzentration bestimmt entscheidend den Ablauf thermisch aktivierter Platzwechselprozesse in Metallen (Kap. 8). Nach (5.3) ist bei hoher Temperatur eine sehr viel größere Anzahl von Leerstellen zu erwarten als bei tiefen Temperaturen. Durch schnelles Abkühlen von T_1 auf T_2 kann die hohe Leerstellendichte von T_1 auf die tiefe Temperatur T_2 gebracht werden. Diese in Übersättigung befindlichen Leerstellen können sich durch Wandern zu Senken wie zur Metalloberfläche, zu Korngrenzen, Versetzungen oder durch Bildung von Versetzungs- oder Teilversetzungsringen oder Poren ausscheiden. Derartige

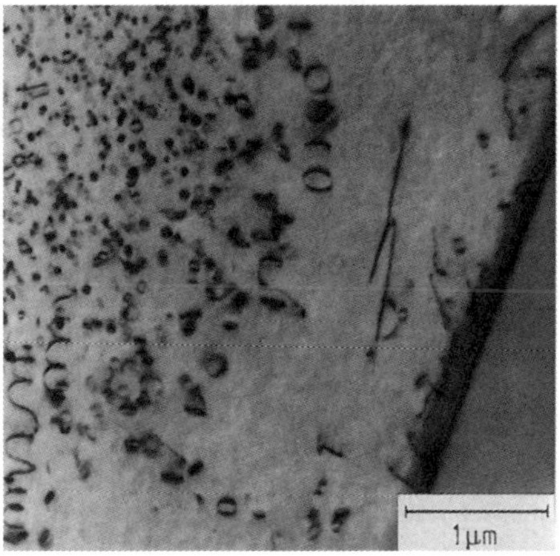

Abb. 5.3. In Übersättigung vorhandene Leerstellen können als Versetzungsringe kondensieren und an schon vorhandenen Versetzungen und an Korngrenzen ausgeschieden werden. Ausscheidung an Korngrenzen führt dazu, daß sich in ihrer Umgebung wenige Versetzungsringe bilden. Durch Ausscheidung an vorher vorhandenen Versetzungen entstehen Versetzungswendeln. Al + 2 Masse-% Cu, abgeschreckt von 580 °C, bei 100 °C gealtert, elektronenmikroskopisch

Leerstellenübersättigungen nach schnellem Abkühlen spielen bei vielen Ausscheidungsvorgängen eine große Rolle (Kap. 9 und 14). Abbildung 5.3 zeigt Versetzungsringe und Versetzungswendeln, die in einer Al–Cu-Legierung durch Ausscheidung von Leerstellen in bestimmter Entfernung von einer ursprünglich vorhandenen Korngrenze entstanden sind.

Aus (5.3) geht hervor, daß eine sehr geringe Dichte von thermischen Gitterbaufehlern zu erwarten ist, wenn $\Delta U_L \gg RT$. Für Leerstellen in Al gilt bei 1000 K: $\Delta U_L \approx 10\,RT \approx 80$ kJ mol^{-1}. Die meisten anderen Gitterbaufehler, z. B. Zwischengitteratome, Versetzungen und Korngrenzen, weisen sehr viel höhere Bildungsenergien als Leerstellen auf. Sie sind, wenn vorhanden, nicht im thermodynamischen Gleichgewicht (bei Antiphasengrenzen in geordneten Legierungen oder bei Stapelfehlern kann die Energie unter bestimmten Bedingungen im Vergleich zur elastischen Energie so klein werden, daß sie im Gleichgewicht auftreten, vgl. Abschn. 5.4, Stapelfehler, Kap. 9, Martensit). Die Energie für nicht im Gleichgewicht befindliche Gitterbaufehler wird von äußeren Einflüssen aufgebracht, zum Beispiel können Korngrenzen bei der Erstarrung, Versetzungen bei plastischer Verformung und Zwischengitteratome bei Bestrahlung entstehen.

5.3 Versetzungen

Versetzungen sind linienförmige Gitterfehler. Man kann sie sich durch Einschieben der Atomebene AB oder Herausnehmen einer Ebene AB′ (Abb. 5.4) entstanden denken. Die Störungszone bei A kann sich z. B. mit einer Kompo-

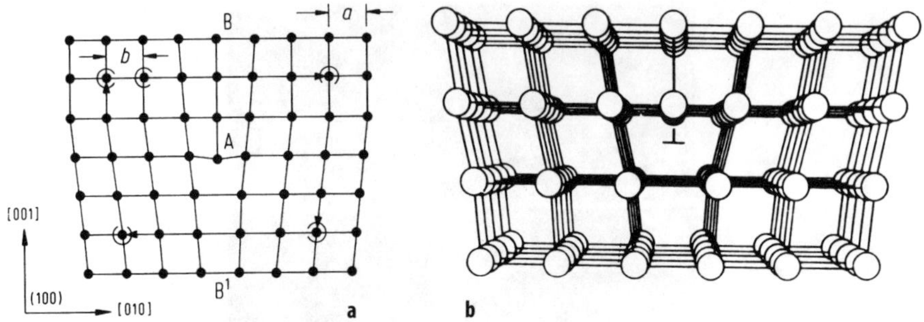

Abb. 5.4. **a** Schematische Darstellung einer Stufenversetzung in einer (100)-Ebene des kubisch primitiven Gitters. Die Komponente *b* des Burgers-Vektors in dieser Ebene erhält man durch die angedeutete Umschreibung der Versetzungslinie um gleiche Beträge mit umgekehrten Vorzeichen „Burgersumlauf". **b** Räumliche Darstellung einer Stufenversetzung

nente normal zur Zeichenebene im räumlichen Kristall fortsetzen. Der Verlauf des Zentrums maximaler Verzerrung einer Versetzung im Kristall wird Versetzungslinie genannt. Das Maß für Richtung und Betrag der Verzerrung in der Linie ist der Burgers-Vektor $\boldsymbol{b}$. Man erhält ihn, wenn man die Versetzungslinie nacheinander in positiver und negativer Richtung mit Strecken gleicher Länge umschreibt (Abb. 5.4). Enthält der umschriebene Bereich eine Versetzung mit einer Komponente des Burgers-Vektors in dieser Ebene, so führt der Umlauf nicht zum Ausgangspunkt zurück. Größe und Richtung der Wegdifferenz definieren den Burgers-Vektor $\boldsymbol{b}$. Abbildung 5.4a zeigt einen zweidimensionalen Schnitt durch ein kubisch primitives Gitter. Der Betrag des Burgers-Vektors $|\boldsymbol{b}|$ der eingezeichneten Versetzung ist gleich a, der Kantenlänge der Elementarzelle. Die Versetzungslinie steht senkrecht auf der (100)-Ebene. Dieser Burgers-Vektor wird auch als $\boldsymbol{b} = \bar{b} = a[010]$ bezeichnet. Er ist in diesem Fall gleichzeitig ein Ortsvektor des kubisch primitiven Gitters. Alle Versetzungen, deren Burgers-Vektoren die Bedingung erfüllen, Ortsvektoren ihrer Kristallstruktur zu sein, sind *vollständige* Versetzungen. Im kfz-Gitter ist dies z. B. erfüllt für

$$\boldsymbol{b}_1 = \frac{a}{2}\langle 110\rangle; \qquad \boldsymbol{b}_2 = a\,\langle 100\rangle;$$

im krz-Gitter für

$$\boldsymbol{b}_1 = \frac{a}{2}\langle 111\rangle; \qquad \boldsymbol{b}_2 = a\,\langle 100\rangle.$$

Die Energie einer Versetzung ist proportional $|\boldsymbol{b}|^2$. Daher können wir erwarten, vor allem die Versetzungen mit dem in einer Kristallstruktur kleinstmöglichen Betrag des Burgers-Vektors in den Metallen vorzufinden.

Versetzungen mit Burgers-Vektoren, die keine Vektoren des Kristallgitters sind, heißen unvollständige Versetzungen oder Teilversetzungen. Im kfz-Gitter sind z. B. Burgers-Vektoren unvollständiger Versetzungen (Abb. 3.5)

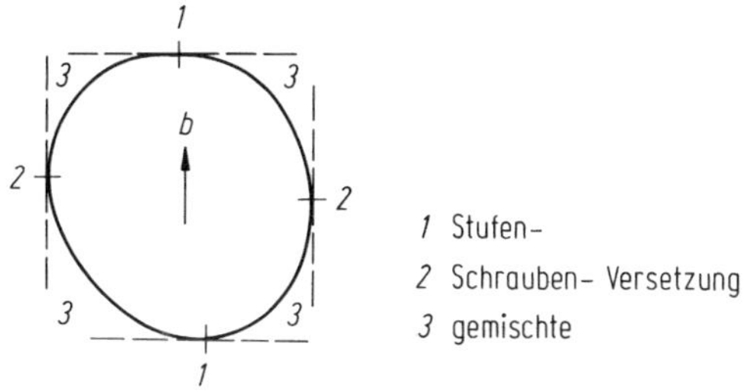

Abb. 5.5. Schematische Darstellung eines ebenen Versetzungsrings, der die verschiedenen Richtungen der Versetzungslinie zum Burgers-Vektor zeigt

$$\boldsymbol{b}_1 = \frac{a}{3}\langle 110\rangle; \qquad \boldsymbol{b}_2 = \frac{a}{6}\langle 112\rangle;$$

im krz-Gitter

$$\boldsymbol{b}_1 = \frac{a}{3}\langle 111\rangle; \qquad \boldsymbol{b}_2 = \frac{a}{2}\langle 100\rangle.$$

Unvollständige Versetzungen verursachen einen zweidimensionalen Baufehler der Kristallstruktur, den *Stapelfehler.*

Eine Versetzungslinie muß innerhalb eines Kristalls geschlossen sein (Abb. 5.3 und 5.5). Sie kann aber auch in andere Versetzungen, in Korngrenzen oder die Kristalloberfläche einmünden. In einem Versetzungsring, der ebenso wie der Burgers-Vektor in der Zeichenebene liegt, nimmt die Richtung der Linie s alle möglichen Winkel zur festliegenden Richtung des Burgers-Vektors $\boldsymbol{b}$ an. Davon sind besonders bemerkenswert $\boldsymbol{b} \perp \boldsymbol{s}$ und $\boldsymbol{b} \parallel \boldsymbol{s}$. Die erste Bedingungen ist erfüllt, wenn sich die gestörte Zone in Abb. 5.4 normal zur Zeichenebene fortsetzt. Die Versetzung heißt dann Stufenversetzung. Man erkennt, daß der Kristall in Richtung B komprimiert, in Richtung B′ gedehnt ist. Die Kristallbereiche rechts und links von der Linie sind gegeneinander verkippt. Die zweite Möglichkeit ist, daß Versetzungslinie und Burgers-Vektor parallel zueinander liegen. Dieser Fall wird schematisch in Abb. 5.6 gezeigt. AB ist die Versetzungslinie. Man kann sich den

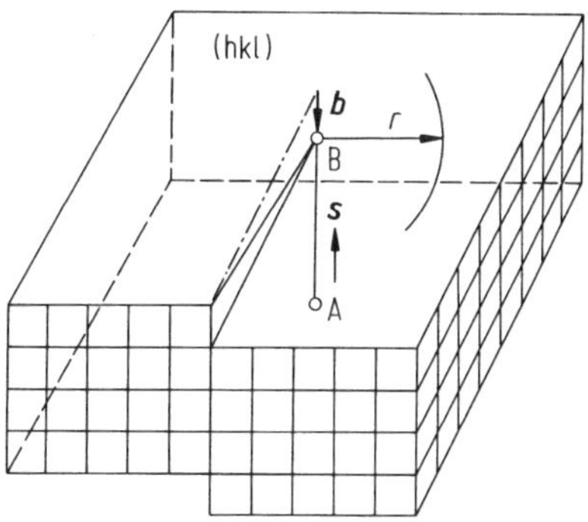

Abb. 5.6. Schematische Darstellung einer Schraubenversetzung mit der Versetzungslinie ABIIb̄. Die Ebene (*hkl*) wird eine Schraubenfläche

Kristall aufgeschnitten und längs der Versetzungslinie um $\boldsymbol{b}$ verschoben denken. Die Kristallebenen (*hkl*), auf denen $\boldsymbol{s}$ und $\boldsymbol{b}$ senkrecht stehen, werden dadurch Schraubenflächen mit der Ganghöhe b. Diese besondere Orientierung der Versetzungslinie heißt daher Schraubenversetzung. Versetzungslinien, die weder parallel noch senkrecht zum Burgers-Vektor verlaufen, sind gemischte Versetzungen. Alle gemischten Versetzungen sind aus Stufen- und Schraubenkomponenten zusammengesetzt.

Falls eine Versetzung mit dem Burgers-Vektor $\boldsymbol{b}$ in weitere Versetzungen $\boldsymbol{b}_1$ und $\boldsymbol{b}_2$ einmündet, so gelten für die Burgers-Vektoren Gesetze analog denen von Stromverzweigungen, Beträge und Richtungen sind zu addieren:

$$\boldsymbol{b} = \boldsymbol{b}_1 + \boldsymbol{b}_2. \tag{5.4}$$

Diese Beziehung beschreibt Reaktionen zwischen zwei Versetzungen, die in Richtung auf Vereinigung

$$\boldsymbol{b}_1 + \boldsymbol{b}_2 \rightarrow \boldsymbol{b}_0 \tag{5.4a}$$

oder Aufspaltung

$$\boldsymbol{b} \rightarrow \boldsymbol{b}_1 + \boldsymbol{b}_2 \tag{5.4b}$$

gehen können, je nachdem, ob für die Energien der Versetzungen $u_{\text{b}} \gtrless (u_{\text{b1}} + u_{\text{b2}})$ gilt (5.5). Für solche Betrachtungen ist eine genauere Kennzeichnung der Energie jeder Versetzung und des Spannungsfeldes um die Versetzung herum notwendig. Für viele wichtige Eigenschaften kann man die Energie des Kerns der Versetzung vernachlässigen. Die Energie des äußeren Spannungsfeldes einer Schraubenversetzung ist dann:

$$u_{\text{v}} = \frac{Gb^2}{4\pi} \ln \frac{r_1}{r_0} = [\text{N} \equiv \text{Jm}^{-1}] \tag{5.5}$$

dabei ist

G der Schubmodul (s. Kap. 7),
b Betrag des Burgers-Vektors ($\sim 3 \cdot 10^{-10}$ m),
r_0 der Radius des Kerns der Versetzung, dessen Energie vernachlässigt wird ($\sim 10^{-9}$ m),
r_1 der Halbmesser des Kristalls oder Kristallits (Kap. 2) (z. B. ~ 1 cm).

Man erhält für die Energie einer Versetzungslinie der Länge l einen Wert von $U_{\text{v}} = lu_{\text{v}} \sim 10^8$ eV ($l = 1$ cm); $u_{\text{v}} \sim 3$ eV pro Atomabstand. Aus der hohen Energie folgt, daß Versetzungen niemals im thermischen Gleichgewicht sein können (5.3). Aus (5.5) folgt ferner, daß die Energie einer Versetzung proportional b^2 ist. Das kann zur Bestimmung der Richtung von Versetzungsreaktionen verwendet werden, vgl. (5.4),

$$\boldsymbol{b} \rightarrow \boldsymbol{b}_1 + \boldsymbol{b}_2 \quad \text{wenn} \quad b^2 > b_1^2 + b_2^2. \tag{5.6}$$

Die Scherung γ parallel zur Linie einer Schraubenversetzung nimmt umgekehrt proportional zum Abstand r vom Versetzungskern ab; $\gamma = \boldsymbol{b}/2\pi r$: die Schubspannung bei r ist $\tau = G\gamma = Gb/2\pi r$ (s. Kap. 7). Für die Stufenversetzungen finden wir eine ähnliche Funktion von r (Abb. 5.4). In Polarkoordinaten (r = Abstand, α = Winkel zwischen Strahlen senkrecht zur Versetzungslinie) kann die relative Deformation (+ Dehnung, – Kompression) beschrieben werden als:

$$\varepsilon \sim \frac{b}{2\pi r} \sin \alpha. \tag{5.7}$$

Der Faktor sin α bewirkt, daß ε von 0–180° positiv und von 180–360° negativ ist, da das Kristallgitter auf einer Seite der Versetzung zusammengedrückt und auf der anderen Seite gedehnt ist (Ab. 5.4). Die Rolle von Versetzungen bei der plastischen Verformung von Metallen wird in Kap. 7 behandelt.

5.4 Stapelfehler

Stapelfehler sind zweidimensionale Gitterbaufehler, durch die die Stapelfolge paralleler Ebenen gestört ist. In Kap. 3 wurde erwähnt, daß die Stapelfolge von {111}-Ebenen des kfz-Gitters ABCABC ... ist. Ein Stapelfehler ist vorhanden, wenn die Stapelfolge z. B. in eine Folge ABCABABC ... geändert wird. Die Anordnung der vier Ebenen in nächster Umgebung des Stapelfehlers entspricht der Stapelfolge der Basisebenen des hexagonalen Gitters. Folglich bilden sich Stapelfehler dann besonders leicht, wenn der Energieunterschied zwischen dem kfz- und dem hdP-Gitter klein ist (Kobaltlegierungen, Kap. 3 und 8. Stapelfehler können durch Einwachsen während der Kristallisation (Kap. 2) und Rekristallisation (Kap. 8) oder durch Bewegung von unvollständigen Versetzungen entstehen. Die Energiebilanz der Reaktion im kfz-Gitter (5.6):

$$\boldsymbol{b} \rightarrow \boldsymbol{b}_1 + \boldsymbol{b}_2:$$

$$\frac{a}{2}[\bar{1}10] \rightarrow \frac{a}{6}[\bar{1}2\bar{1}] + \frac{a}{6}[\bar{2}11] \qquad \text{(vgl. Abb. 3.5)}$$

$$|\boldsymbol{b}^2| > |\boldsymbol{b}_1^2| + |\boldsymbol{b}_2^2|$$

$$\frac{a^2}{4}[1+1+0] > \frac{a^2}{36}[1+4+1] + \frac{a^2}{36}[4+1+1]$$

$$\frac{1}{2} > \frac{1}{6} + \frac{1}{6} \qquad \text{[vgl. (5.6)]}$$

zeigt, daß die Aufspaltung der vollständigen Versetzung $a/2[110]$ in zwei Teilversetzungen begünstigt wird (5.4). Zwischen $\boldsymbol{b}_1$ und $\boldsymbol{b}_2$ spannt sich dann ein

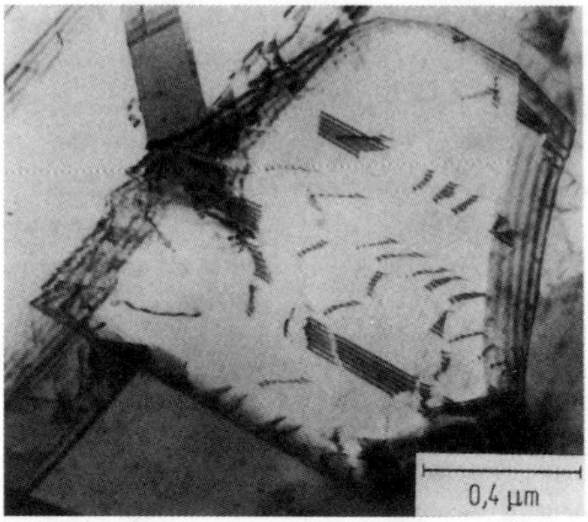

Abb. 5.7. Verschiedene Gitterbaufehler in einer 3% verformten Cu-18 Masse-% Ga-Legierung: Korngrenzen; Zwillingsgrenzen; Stapelfehler; Versetzungslinien; EM

Stapelfehler auf, da die $(a/6)[11\bar{2}]$-Versetzung die (111)-Ebene gerade in der Weise verschiebt, daß eine Folge von vier Ebenen des hdP-Gitters entsteht (Abb. 3.5 und 3.6). Die Energie des Stapelfehlers wirkt einer weiteren Entfernung der Teilversetzungen voneinander entgegen, und zwar um so mehr, je höher die Stapelfehlerenergie γ_{SF} [mJm^{-2}] eines Metalls (Tabelle 5.2) oder einer Legierung ist. Für den Abstand x der beiden Teilversetzungen $\boldsymbol{b}_1$ und $\boldsymbol{b}_2$ gilt $x \sim 1/\gamma_{SF}$. Die Messung von x im Elektronenmikroskop kann in manchen Fällen zur Bestimmung der Stapelfehlerenergie, die eine wichtige Materialkonstante ist, verwendet werden. Abbildung 5.7 zeigt durch Verformung erzeugte, teilweise aufgespaltene Versetzungen einer CuGa-Legierung.

In enger Verwandtschaft zu Stapelfehlern stehen Antiphasengrenzen. Man findet sie in Kristallgittern von Legierungen mit geordneter Atomverteilung (Kap. 3.4 und 9.4) z.B. als Folge der Atome in einer Gitterrichtung ... ABABAB ... Durch eine Antiphasengrenze wird diese regelmäßige Folge gestört, z.B. ... ABAABAB ... In einer Grenzfläche treten „falsche" (gleiche) Nachbarn auf (Abb. 5.8). Antiphasengrenzen können bei der Bildung des Kristallgitters der

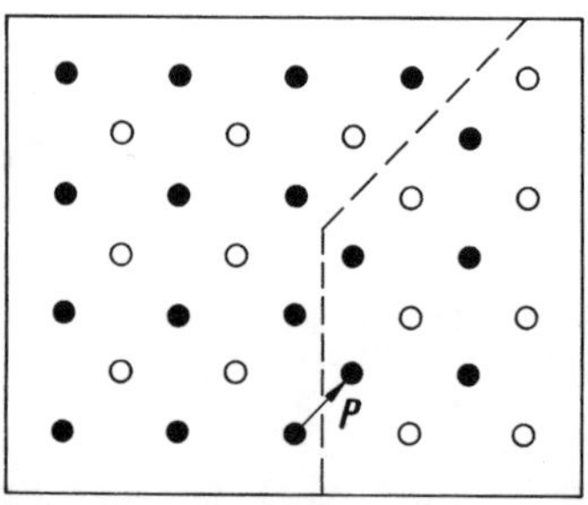

Abb. 5.8. Schematische Darstellung einer Antiphasengrenze in einer Legierung mit geordneter Anordnung der Atomart A (○) und B (●). – – – Verlauf der Antiphasengrenze. ***P*** = Verschiebungsvektor, um den die Domänen beiderseits der Antiphasengrenze gegeneinander verschoben sind und durch den falsche (gleiche) nächste Nachbarn entstehen

Tabelle 5.2. Stapelfehlerenergien von kfz-Metallen und Legierungen

Legierungen Masse-%	Stapelfehlerenergie $mJ\ m^{-2}$
Al	250
Cu	100
CuZn10	25
CuZn25	10
CuZn37	7
Au	10
γ-Fe	75
FeNi30	40
FeNi12Cr18	10

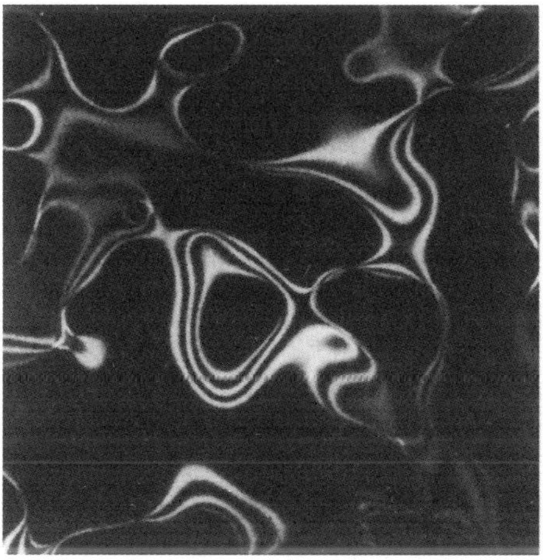

Abb. 5.9. Antiphasengrenzen, die bei der Bildung der geordneten Phase Fe_3Al aus einem ungeordneten α-Fe-Mischkristall entstanden sind; TEM

geordneten Phase entstanden sein (Abb. 5.9) oder durch plastische Verformung künstlich erzeugt werden. Wie den Stapelfehlern kommt den Antiphasengrenzen eine Energie (pro Flächeneinheit) zu, die in diesem Falle durch den Energieunterschied der Bindung gleicher und ungleicher Atome, also zwischen der geordneten und ungeordneten Phase, aber auch durch die Orientierung der Grenze zum Kristallgitter, bestimmt ist. Antiphasengrenzen spielen eine wichtige Rolle für Plastizität und Festigkeit intermetallischer Verbindungen, besonders auch für die Kriechbeständigkeit der Superlegierungen (Kap. 14).

5.5 Korngrenzen

Die wichtigste Gruppe der zweidimensionalen Gitterbaufehler sind die Korngrenzen. Bei großem Winkelunterschied zwischen zwei Kristalliten besteht im

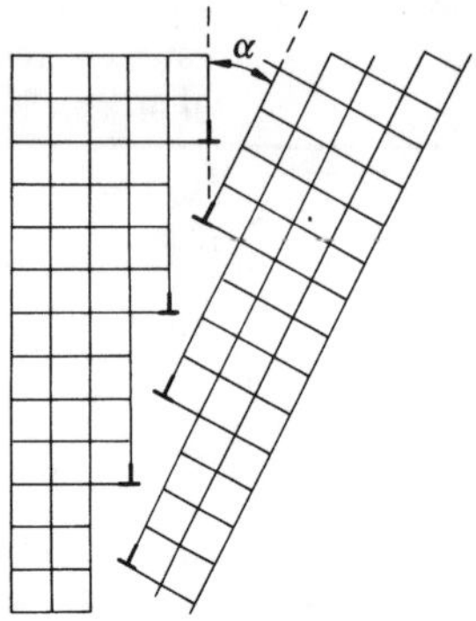

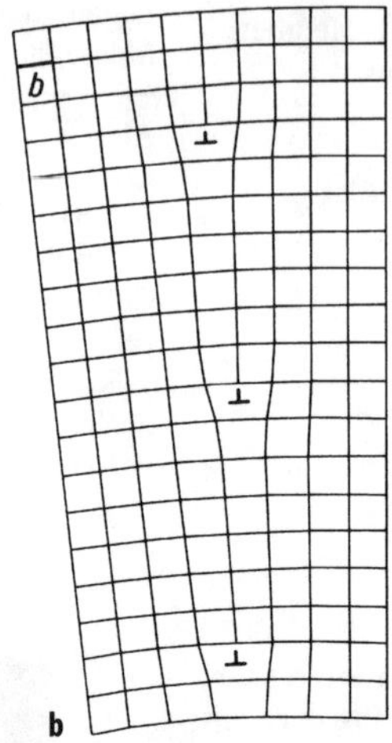

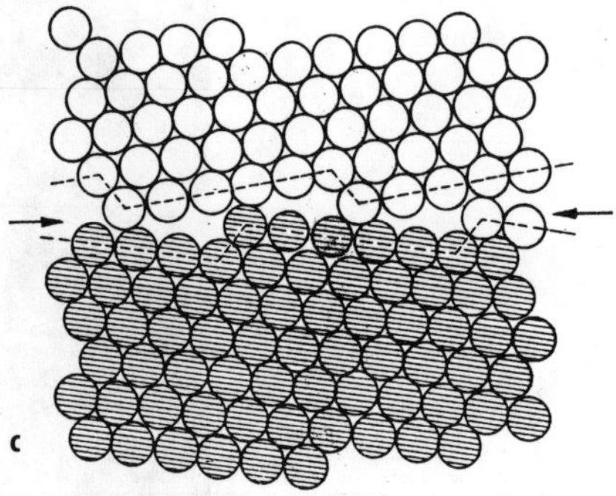

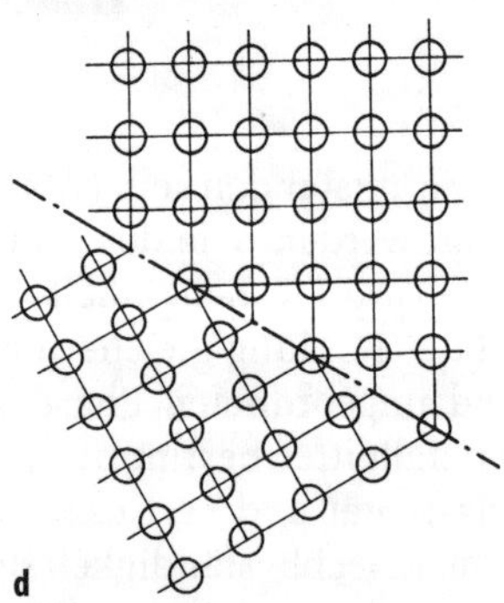

Abb. 5.10. a, b Darstellungen einer Kippgrenze, die aus einer Reihe von Stufenversetzungen aufgebaut ist. **c** Allgemeine Großwinkelkorngrenze; **d** Zwillingsgrenze

allgemeinen eine Übergangszone mit unregelmäßiger Atomanordnung mit einer Dicke von 2–3 Atomabständen (Nichtkoinzidenz-Grenzfläche, allgemeine Korngrenze, Abb. 1.2 und 5.10c). Die Grenze zwischen zwei Kristallen, die mit einem kleinen Winkelunterschied gegeneinander verkippt sind, wird von einer Reihe paralleler Stufenversetzungen gebildet (Abb. 5.10a, b und 10.8). Zwischen

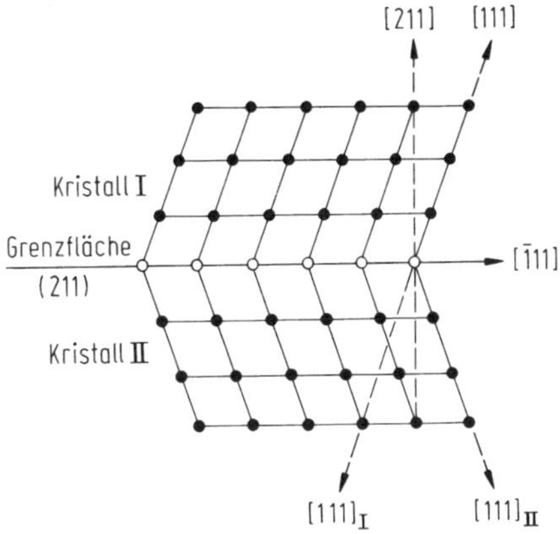

Abb. 5.11. Schematische Darstellung einer Zwillingsgrenze im krz-Gitter. [211] ist Zwillingsebene, der Winkel der [111]-Richtungen der beiden Kristallite zu [211] beträgt 17°

dem Winkel der beiden Kristallite α, dem Betrag b des Burgers-Vektors und dem Abstand der Versetzungen d besteht folgende Beziehung:

$$\tan\alpha \approx \sim \alpha \sim \frac{b}{d}\,. \tag{5.8}$$

Entsprechend kann ein Netz von Schraubenversetzungen die Korngrenze zwischen zwei gegeneinander verdrehten Kristalliten bilden. Je größer die Verdrehung, um so geringer ist der Abstand der Versetzungen (Teilkohärenz). Bei großen Winkeln $\alpha > 5°$ ist die Kristallitgrenze im allgemeinen nicht mehr aus einer regelmäßigen Anordnung einzelner Versetzungen aufgebaut. Korngrenzen entstehen während der Kristallisation aus Gas, Flüssigkeit oder Glas (Kap. 2), während der Erholung verformter Kristalle (Kleinwinkelkorngrenzen) und während der Rekristallisation (Großwinkelkorngrenzen, Kap. 8).

Für bestimmte Orientierungsunterschiede der Kristalle und bestimmte Kristallebenen gibt es die Möglichkeit, auch für große Winkel in der Grenze eine große Zahl übereinstimmender Gitterpunkte (Koinzidenz) zu finden. Letzteres ist der Fall bei Zwillingsgrenzen. Die beiden Kristalle zeigen spiegelbildlich bestimmte Winkel zueinander, die Korngrenze ist die Spiegelebene, vgl. Tab. 7.3. Dies wird in Abb. 5.11 für das krz-Gitter gezeigt. Die Zwillingsgrenze liegt in einer (211)-Ebene. In der Grenze treten keinerlei Verzerrungen auf.

In kfz-Metallen werden Zwillingsgrenzen am häufigsten in Legierungen mit niedriger Stapelfehlerenergie gefunden (Messing-, Bronzelegierungen, austenitischer Stahl). Die Zwillingsebene ist {111}. In dieser Grenze kehrt sich die Stapelfolge um: ABC ABC BACBA …

Zur Kennzeichnung von Großwinkelkorngrenzen dient der Grad der Koinzidenz Σ, der Orientierungswinkel α sowie die Ebene (*hkl*), falls die Grenze eben und glatt ist (Abb. 5.12). Die Energie einer Korngrenze nimmt mit α zu, bis bei etwa 20° der Bereich der Großwinkelkorngrenzen beginnt. Spezielle Grenzen mit hoher Koinzidenzdichte haben dann wieder eine niedrigere Energie. Korngrenzen in gut geglühten Metallen sind fast atomar glatt. Zum Beispiel durch

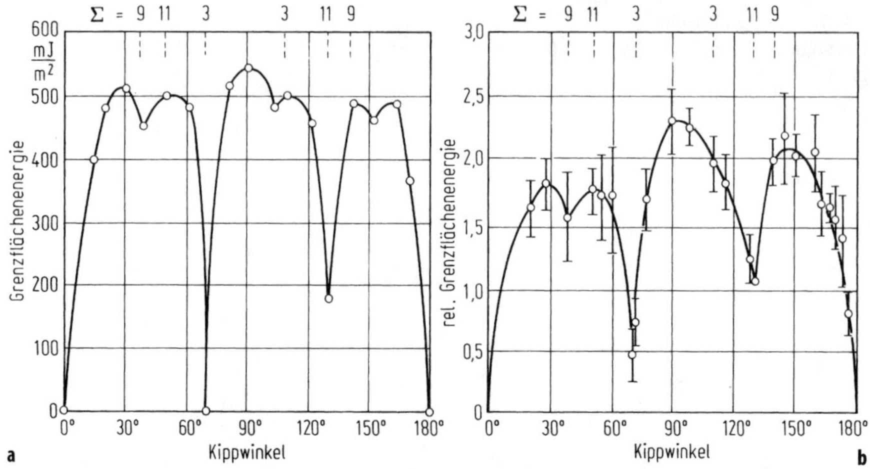

Abb. 5.12. Korngrenzenenergien von Aluminium (symmetrische Kippgrenze um [110]; berechnet (*a*); gemessen (*b*) nach Hasson und Goux. Σ gibt den Grad der Koinzidenz an. Er ist am höchsten mit $\Sigma = 3$ für Zwillingsgrenzen im kfz-Gitter (Stapelfolge ABC ..., s. Kap. 4)

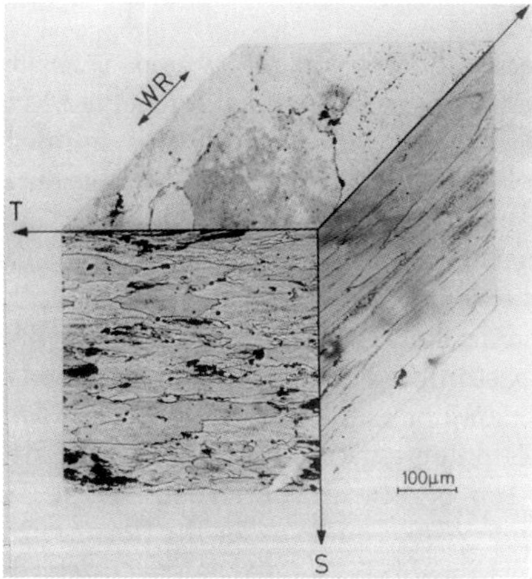

Abb. 5.13. Anisotropes Korngefüge (AlZnMg-Legierung, WR Walzrichtung)

Warmwalzen entstehen stark zerklüftete Korngrenzen, während sich die Kornform ähnlich der makroskopischen Form ändert (Abb. 5.13).

5.6 Strahlendefekte und Ionenimplantation

Seit der Entdeckung der verschiedenen Methoden der Strahlenerzeugung, insbesondere auch der Kernspaltung, ist es möglich geworden, Metalle in Wechselwirkung mit Korpuskel- und Wellenstrahlung unter verschiedenartigen Bedingungen zu beobachten. Daraus ist ein neues Teilgebiet der Metallkunde entstanden mit der Aufgabe, das Verhalten von Metallen und Legierungen bei Bestrahlung zu behandeln. Es sind vier Gruppen der Wechselwirkungen von Strahlen mit metallischen Festkörpern zu unterscheiden:

a) Elektronen oder Atomkern werden durch die von außen kommende Strahlung in einen angeregten Zustand gebracht. Das führt z.B. zur Emission von Röntgenstrahlen durch Beschuß mit Elektronen oder zu Kernabsorption bei der Bestrahlung mit energiearmer γ-Strahlung. Bei diesen schwachen Wechselwirkungen können außerdem elastische Verlagerungen von Atomreihen und Wärmeschwingungen (Phononen) angeregt oder Elektronen emittiert werden (Abschn. 10). Die Atomkerne werden jedoch nicht von ihren ursprünglichen Gitterplätzen verlagert (Kap. 3 und 5).
b) Durch energiereichere Strahlung können Gitterbaufehler entstehen, im einfachsten Fall eine Leerstelle und ein Zwischengitteratom (Frenkel-Paar, Abb. 5.1). Häufig wird das Kristallgitter in komplizierter Weise durch die Verlagerung vieler Atome stärker gestört.
c) Unter besonderen Voraussetzungen können Atomkerne das Gitters umgewandelt oder gespalten werden. Das führt dann zu einer großen Zahl von Erscheinungen, die auf der gleichzeitigen Bildung von Legierungselementen, Gasblasen und Gitterbaufehlern durch Bestrahlung beruhen.
d) Eine neue Legierung entsteht durch Bestrahlung mit Ionen, die in den bestrahlten Stoff eindringen. In Kristallen entstehen auch hier Gitterdefekte.

Die Vorgänge der Gruppen b), c) und d) führen zu bleibenden Änderungen der Eigenschaften von Metallen, die, wenn sie unerwünscht sind, als Strahlenschädigung bezeichnet werden, in manchen Fällen aber auch beabsichtigt sind. Bei Wechselwirkungen der Gruppe a) bleibt in Metallen keine Änderung der Eigenschaften zurück.

Die Wirkung einer Korpuskelstrahlung hängt von der Energie, Masse und Ladung der Teilchen und von der Bindungsenergie der Atome im Metallgitter ab. In Stoffen, in denen sich die Elektronen nicht frei bewegen können, ist Ionisation zu erwarten, wenn durch bewegte Ladungen Elektronen aus ihren Energieniveaus entfernt werden. Die freien Elektronen im Metallgitter (Kap. 6) bewirken jedoch, daß diese Zustände so schnell ausgeglichen werden, daß Ionisation in Metallen keine Rolle spielt.

Die Gitterbaufehler werden durch Stöße gegen die Atomkerne hervorgerufen. Dabei wird für jeden Kern ein Wirkungsquerschnitt σ definiert, der mit zunehmender Geschwindigkeit des Teilchens abnimmt und mit zunehmender Ladung zunimmt. Nur Teilchen, die innerhalb des Wirkungsquerschnitts σ auf Atome treffen, verursachen eine Kollision mit dem Kern. Energiereiche Teilchen besitzen deshalb eine größere freie Weglänge als energiearme. Ein Teilchen der Masse m_1, das mit der kinetischen Energie E_1 aud ein Atom des Kristallgitters mit der Masse m_2 trifft, überträgt auf dieses Energie E_2

$$E_2 = \frac{4m_1\, m_2\, E_1}{(m_1 + m_2)^2}\,. \tag{5.9}$$

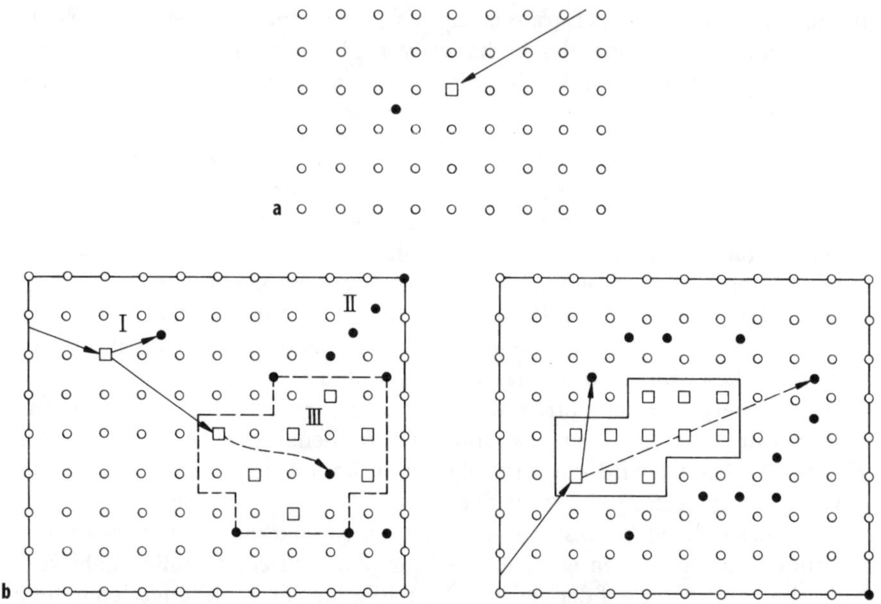

Abb. 5.14. Strahlenschädigung in Kristallen. **a** Bildung von Leerstellen-Zwischengitteratom Paaren; **b** Bildung einer Verlagerungskaskade durch den Stoß eines energiereichen Teilchens; Bildung von Löchern und von Zwischengitteratomen; **c** Bildung von: I Frenkel-Paar, II Crowd-Ion, III verdünnter Zone

Die Energie, die notwendig ist, ein Atom von einem Gitterplatz zu stoßen, E_0, liegt für die meisten Metalle zwischen 10 und 50 eV (Wigner-Energie). Gitterbaufehler werden erzeugt, wenn $E_2 > E_0$ ist. Falls $E_2 \gg E_0$ ist, kann das Teilchen mehrere Atome aus ihren Gitterplätzen entfernen, was zur Bildung von Verlagerungskaskaden oder verdünnten Zonen führen kann. Diese Störstellen können sich über einige 100 nm ausdehnen. Einige Möglichkeiten dafür sind in Abb. 5.14 schematisch dargestellt worden. Infolge der hohen Energie u_F dieser Fehlstellen sind sie nach (5.1) im thermodynamischen Gleichgewicht nicht stabil; manche Konfigurationen sind jedoch mechanisch stabil. Diese heilen bei verschiedenen Temperaturen aus. Bei der Untersuchung der Natur der Strahlenschädigung wird häufig das Erholungsspektrum einer von diesen Störungen abhängigen Eigenschaft (elektrische Leitfähigkeit, innere Reibung, E-Modul) verwendet (Abb. 5.15, 5.16), das verschiedene Stufen aufweist. Dieser Vorgang ist der thermischen Erholung nach plastischer Verformung analog (Kap. 7), nur daß bei Bestrahlung zusätzliche Gitterbaufehler vorliegen. Die Ausheilgeschwindigkeit eines Bestrahlungsdefektes hängt ab von der Zahl der möglichen Senken (Korngrenzen, Versetzungen) und von der Anzahl der bei einer Temperatur T möglichen Platzwechsel eines Gitterbaufehlers, d.h. der Wanderungsenergie Q_W (Kap. 8).

Mit steigender Temperatur heilen die Gitterbaufehler in folgender Reihenfolge aus: Crowd-Ionen, verdünnte Zonen, Frenkel-Paare (Abb. 5.1), Zwischen-

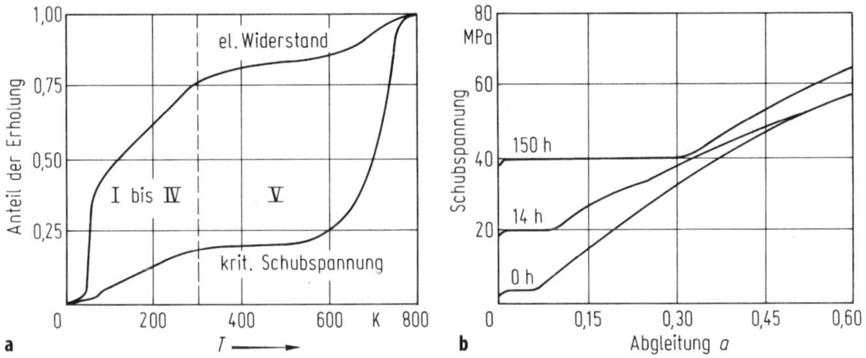

Abb. 5.15. **a** Erholung der physikalischen Eigenschaften von bestrahltem Kupfer. Der elektrische Widerstand wird besonders durch Punktfehler beeinflußt, die früher ausheilen als Versetzungsringe, die eine Verfestigung bewirken. **b** Erhöhung der kritischen Schubspannung von Kupfereinkristallen durch verschieden lange Bestrahlung bei tiefer Temperatur (nach J. Diehl, 1964)

gitteratome, Leerstellen und Versetzungen. In dieser Reihenfolge benötigen sie eine zunehmende thermische Energie kT (Kap. 8) zur Aktivierung ihrer Bewegung, die zur Wanderung an Senken bzw. zur gegenseitigen Annihilation führt. Aus der Änderung von gefügeabhängigen Eigenschaften bei der Erholung ist zu erkennen, daß die Erhöhung des Restwiderstands vor allem auf die punktförmigen Gitterbaufehler zurückzuführen ist, während die Streckgrenze durch die beim Ausheilen dieser Fehler entstehenden Versetzungsringe und Poren (Abb. 5.3) bis zu hohen Temperaturen nicht starkt absinkt.

Bei der Ionenimplantation werden Atome oder Moleküle ionisiert, in einem elektrischen Feld beschleunigt und in die Oberfläche eines Werkstoffs geschossen. Die dadurch entstehenden Legierungen hängen nicht von thermodynami-

Abb. 5.16. Porenbildung in neutronenbestrahltem, austenitischem Stahl, TEM

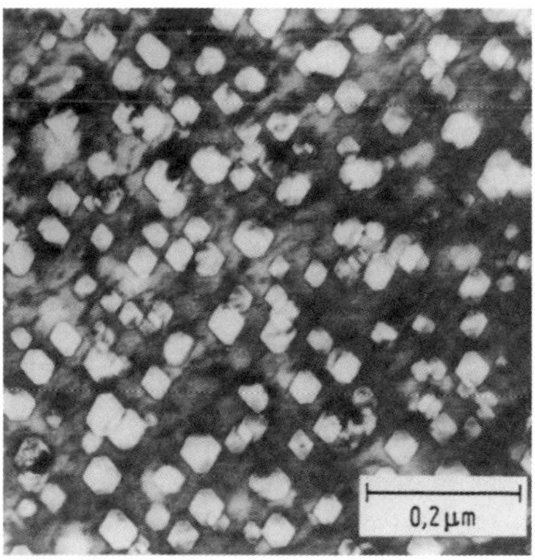

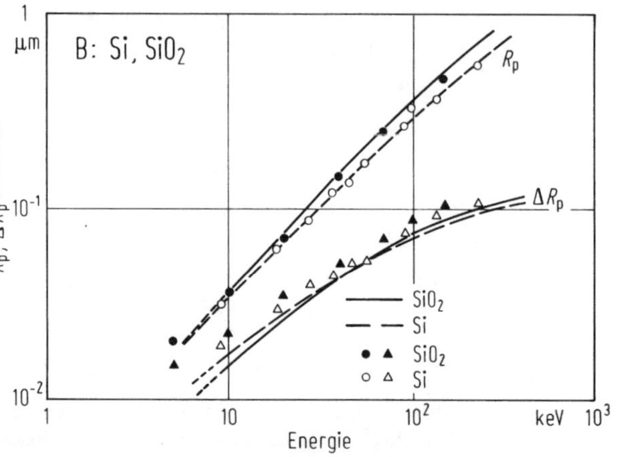

Abb. 5.17. Ionenimplantation von B in SiO_2 und amorphen Silizium, Reichweite R_p als Funktion der Energie

schen Gleichgewichten ab (Kap. 4). Es können beliebige Atomarten miteinander gemischt werden.

Die Eindringtiefen der geladenen Teilchen sind sehr viel geringer als die von Neutronen. Sie hängen von Energie und Masse der Ionen und der Masse der Atome des Target-Werkstoffes ab (5.9). Die Beschleunigungsenergien liegen zwischen 1 keV und 1 MeV, die Eindringtiefen zwischen 10 nm und 5000 nm. Nur in amorphen Festkörpern entsteht eine gleichmäßige Tiefenverteilung der Implantation. In Kristallen treten Channelling-Effekte auf: Die Ionen können sich parallel dichtest gepackter Ebenen und Richtung ungestörter ausbreiten und dringen also richtungsabhängig unterschiedlich tief ein.

Zusammen mit der Implantation entstehen immer Gitterbaufehler – ähnlich wie bei Strahlenschäden durch Neutronen bereits beschrieben. Diese heilen aus oder ordnen sich um. In angelassenen implantierten Legierungen finden sich

Abb. 5.18. Änderung der Mikrohärte (Δ) und des Reibungskoeffizienten (○) (Kap. 17) als Funktion der Dosis von Ar-Implantation in Stahl

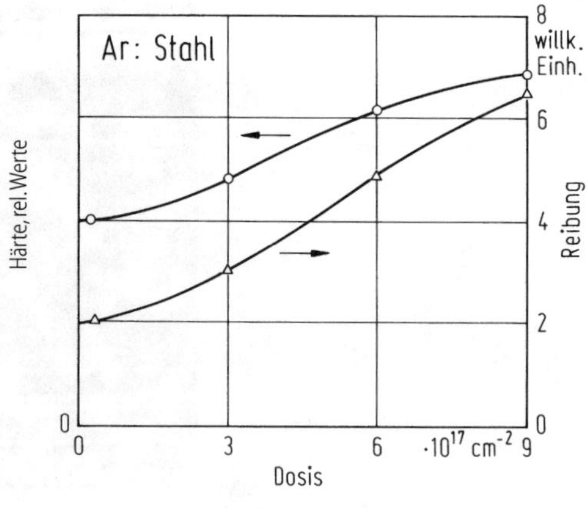

deshalb häufig Versetzungsringe oder -netze (Kap. 5). Bei hohen Dosen und geeigneten Atomkombinationen (z.B. Fe + B) kann die Störung bis zur Amorphisierung gehen.

Technisch wird die Ionenimplantation gegenwärtig vor allem zur Dotierung von Halbleitern angewandt. Für Metalle liegen Erfahrungen vor, die auf eine erhöhte Korrosionsbeständigkeit durch Verbesserung der Passivschicht und auf eine Erhöhung des Verschleißwiderstandes hinweisen (Kap. 17). Für Eisen wird dies zum Beispiel durch das Implantieren von Cr oder Al (Korrosion) und N oder B (Verschleiß) erreicht (Abb. 5.17 u. 5.18).

5.7 Phasengrenzen, Oberflächen

In diesem Falle ändern sich in der Phasengrenze sowohl die Kristallstruktur als auch die Bindungsart (Kap. 3). Die Unterschiede der beiden Kristallstrukturen bedingen verschiedene zweidimensionale Strukturen der Phasengrenzen: Kohärent, teil- und inkohärent. In dieser Reihenfolge nimmt auch deren Energie zu (Abb. 5.19, 9.4 und 9.5). Teilkohärente Grenzflächen enthalten in regelmäßigen Abständen Versetzungen (Fehlpassungsversetzungen, vgl. Kap. 5.3).

Grenzflächen existieren als Grenzen zwischen zwei Phasen z.B. nach zweiphasiger Erstarrung (Gußeisen, Kap. 11.5), bei allen Phasenumwandlungen im festen Zustand (Kap. 9) und in Verbundwerkstoffen (Kap. 18). Grenzen zwischen unterschiedlich orientierten Kristalliten der gleichen Phase sind Korngrenzen (Kap. 5.5).

Oberflächen bilden eine besondere Art von Grenzflächen, nämlich zwischen dem festen Werkstoff und seiner Umgebung. Im äußersten Fall ist diese Umgebung ein Vakuum, am häufigsten ein Gasgemisch (z.B. Luft), manchmal eine Flüssigkeit (z.B. ein Schmiermittel). Im Vakuum könnte die Oberfläche durch ungesättigte Bindungen beschrieben werden, da die Nachbaratome in einer Richtung fehlen (Abb. 5.20). In Wirklichkeit wird häufig eine Umstrukturierung einer dünnen Oberflächenschicht (z.B. mit LEED, Tab. 10.1) gefunden. Adsorption kann diese Rekonstruktion der Oberfläche weiter verändern (Katalyse). In fluiden Umgebungen können die in der Oberfläche des Festkörpers liegenden Atome mit denjenigen der Umgebung reagieren, entweder durch eine feste chemische Bindung (Chemisorption) oder durch eine schwache intermolekulare

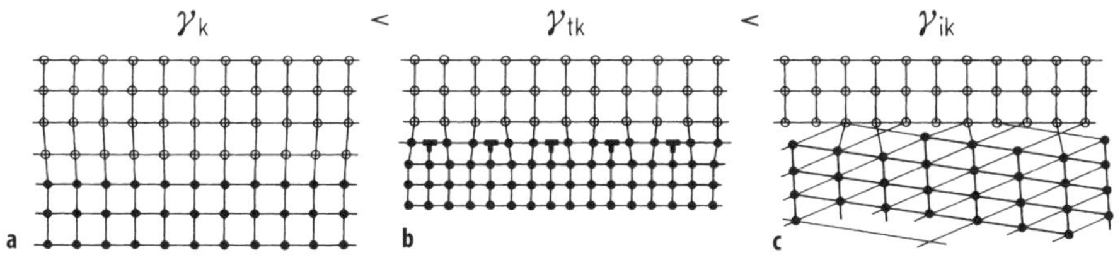

Abb. 5.19. Struktur von Phasengrenzflächen in Festkörpern. **a** kohärent; **b** teilkohärent; **c** inkohärent. Die spezifischen Grenzflächenenergien nehmen in dieser Reihenfolge zu

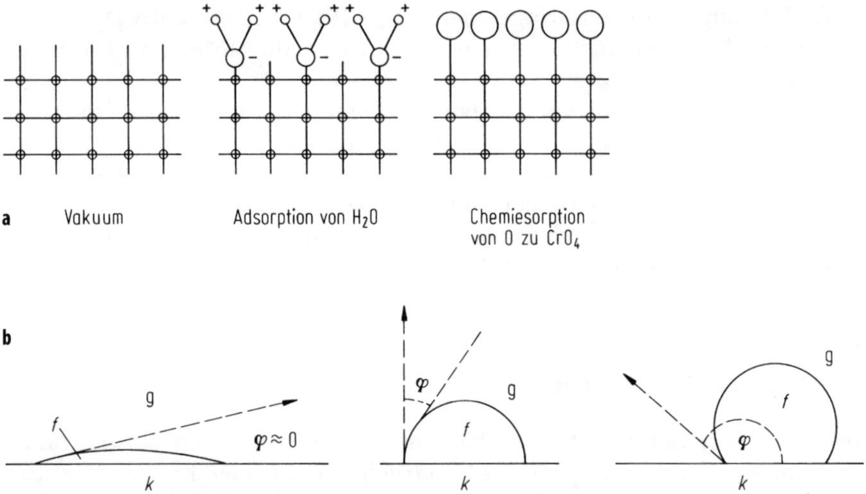

Abb. 5.20. **a** Wechselwirkung von Oberflächen mit ihrer Umgebung. Links: Vakuum. Freie Bindungen treten allerdings nur bei kovalent und ionisch gebundenen Festkörpern auf. Bei Metallen finden wir eine Restrukturierung der Ionen. Dadurch wird an der Oberfläche eine Änderung der Wellenfunktion der Elektronen (Kap. 6) gefunden, die folglich Oberflächenenergie, Adsorptionsverhalten etc. bestimmt. Mitte: Adsorption von H_2O. Rechts: Chemisorption von O zu CrO_4. **b** Verschiedene Benetzungswinkel φ der Flüssigkeit f auf Kristall k; g gasförmig

Bindung. Ein Beispiel dafür ist die Adsorption von H_2O-Molekülen auf Metalloberflächen durch die Anziehung des polaren Wassermoleküls. Die chemische Bindung führt z.B. zur Bildung oft sehr dünner, manchmal monomolekularer Oxidschichten.

Wie Korn- und Phasengrenzen (Abschn. 4.5), besitzen die Oberflächen eine spezifische Energie γ, die in $\mathrm{mJ\,m^{-2}}$ angegeben wird (Tabelle 5.3). Die Oberflächenenergie kann durch Messung des Benetzungswinkels ϕ bestimmt werden (Abb. 5.20b).

$$\cos\phi = \frac{\gamma_{k0} - \gamma_{kf}}{\gamma_{f0}}. \tag{5.10}$$

Tabelle 5.3. Oberflächenenergien γ, Schmelztemperaturen T_{kf}

	γ mJ m^{-2}	T_{kf} °C
Polyäthylen	22	130
Polyamid	38	240
SiO_2	320	2427
Ag	920	961
Cu	1100	1083
XCrNi188	1400	1400

Die Einheiten für Oberflächenspannung, Nm^{-1}, und Oberflächenenergie, Jm^{-2}, sind identisch. Genau genommen handelt es sich um eine spezifische freie Energie, die mit der Temperatur abnimmt (Kap. 4). Durch Absorptionsschichten in der Oberfläche wird die Messung verfälscht, so daß wahre Werte der Oberflächenenergie reaktiver Metalle nur im Hochvakuum erhalten werden können. Kommen zwei Metalle, z.B. die Mischkristalle α und β, miteinander in Berührung, so reagieren die Oberflächen unter Bildung einer Grenzfläche

$$\gamma_{\alpha 0} + \gamma_{\beta 0} \rightarrow \gamma_{\alpha\beta} \qquad (5.11\,a)$$

$$\gamma_{ad} = (\gamma_{\alpha 0} + \gamma_{\beta 0}) - \gamma_{\alpha\beta}; \qquad (5.11\,b)$$

γ_{ad} ist die Adhäsionsenergie. Sie ist ein Maß für die Neigung zum „Verkleben" zweier Stoffe. Dieser Vorgang ist erwünscht beim Sintern und beim Herstellen von Verbundwerkstoffen (Kap. 13 und 18). Er ist unerwünscht in gleitenden Flächen (Gleitlagern) und wird dann als „Fressen" bezeichnet (Kap. 17).

5.8 Das Gefüge

Der Begriff des Gefüges spielt in der Metallkunde eine zentrale Rolle. Dabei ist die strukturelle Ebene gemeint, die zwischen „Phase" und den makroskopischen Bauteilen, Halbzeugen und Proben liegt (Kap. 4, 6, 7). Viele wichtige Werkstoffeigenschaften sind „gefügeabhängig" (Kap. 1). Für eine systematische Behandlung des Gefüges können die geometrischen Dimensionen der in diesem Kapitel erörterten Gitterdefekte dienen (Tab. 5.1). Zu den punkt-, linien- und flächenförmigen Störungen des regelmäßigen Kristallaufbaus (Kap. 4) kommen noch dreidimensionale Objekte, in der Hauptsache dispergierte Teilchen, hinzu (Abb. 9.7, 9.9).

Die Lehre von der Analyse des Gefüges ist die Metallographie. Deren wichtigstes Werkzeug ist das Mikroskop (Kap. 10). Für das deutsche Wort „Gefüge" gibt es in den meisten anderen Sprachen keine befriedigende Übersetzung. Das Wort „Mikrostruktur" hat eine viel umfassendere Bedeutung. Einige wichtige Aspekte der Metallgefüge sollen nun in Form eines Glossars erörtert werden:

1. Ein *homogenes Gefüge* besteht nur aus einer Phase (im Gleichgewicht oder nicht, Kap. 4). Es enthält oft Korngrenzen ≡ *Korngefüge*. Die Körner können regellos oder orientiert sein. Entsprechendes gilt für alle anderen Arten von Defekten.
2. Ein *heterogenes Gefüge* enthält mindestens zwei Phasen (Kap. 4) und deshalb notwendigerweise *Phasengrenzen*. Daneben enthält es alle Arten von Defekten, die auch in homogenen Stoffen zu finden sind. Poren können wie eine weitere Phase betrachtet werden (Kap. 13). Eine wichtige Maßzahl ist der Volumenanteil der Phasen. Bei gegebenem Volumenanteil gibt es drei morphologische Möglichkeiten (Abb. 5.21): Dispersions-, Duplex- und Zellge-

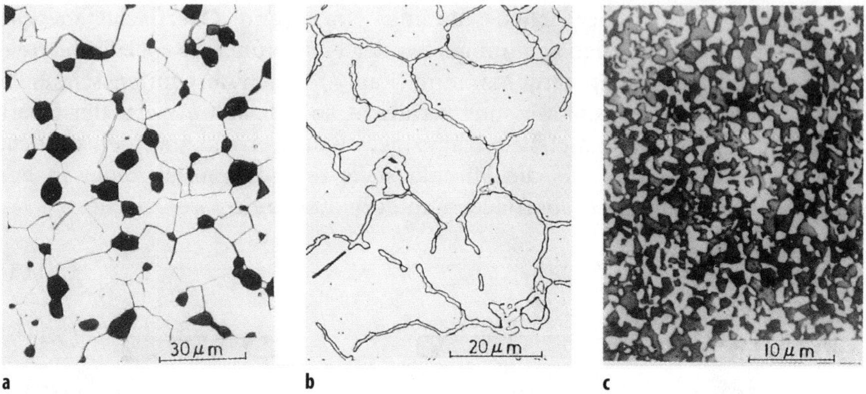

Abb. 5.21. Gefügetypen in Stählen, LM. **a** grobe Dispersion von Fe_3C in α-Fe (Fe + 1 Gew% C); **b** Zellgefüge (Carbid an Korngrenzen). **c** Mikroduplexgefüge (Fe + 8 Gew% Ni)

füge. Diese können über Korn- und Phasengrenzdichten oder mit Hilfe der Percolation definiert werden.

3. *Anisotrope Gefüge* zeigen eine Richtungsabhängigkeit von Parametern wie Korngröße (Pfannkuchenform (Abb. 5.13)), Verteilung und Orientierung von Teilchen (Schlackenzeilen, Faserverstärkung). Daraus ergibt sich oft eine Richtungsabhängigkeit wichtiger Eigenschaften (nicht zu verwechseln mit Kristallanisotropie).
4. Ein *Gefügegradient* tritt zum Beispiel nach Oberflächenbehandlung auf (Kap. 17). Durch örtliche Änderung der chemischen Zusammensetzung, Teilchen- oder Versetzungsdichte entstehen ortabhängige Eigenschaften: ein „maßgeschneiderter" Werkstoff.
5. Die meisten gleichmäßigen Gefüge können durch geeignete *Parameter* (Korndurchmesser, Teilchendurchmesser und -abstand) quantitativ beschrieben werden. Ein Beispiel für ein *fraktales Gefüge* liefert die martensitische Umwandlung, bei der das Austenitkorn iterativ fragmentiert wird (Abb. 9.18).

Abb. 5.22. Feine Dispersion von θ'-Al_2Cu in Al, TEM (mit Grenzflächenversetzungen), Al + 3 Gew% Cu

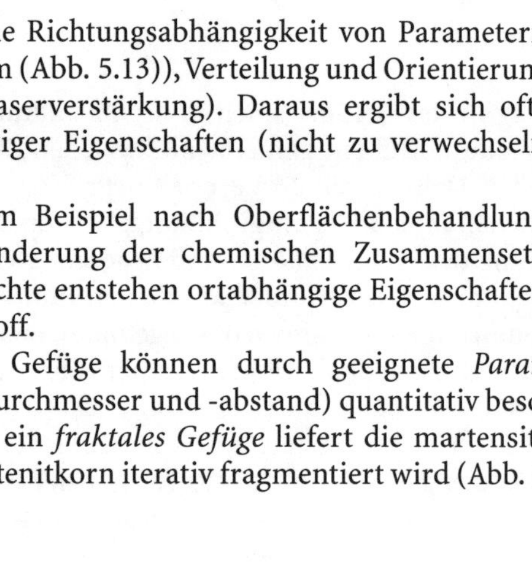

Es entsteht ein Spektrum von x Kristallgrößen (wobei x die Zahl der Iterationen ist). Andere Beispiele liefern dentritische Gefüge (Kap. 2, 11).

6. *Feine und grobe Gefüge* sind zu definieren im Zusammenhang mit Anomalien bestimmter Eigenschaften wie Aushärtung, hohe Koerzitivfeldstärke von Ferromagneten oder Stromtragfähigkeit von Supraleitern. Für *grobe Gefüge* gelten Mischungsregeln (Kap. 6.7). *Feine Gefüge* liegen in der Größenordnung von nm bis µm (Kap. 14.1, Abb. 5.22).

Literatur

Van Bueren HG (1961) Imperfections in Crystals. Amsterdam, North Holland

Weertman J, Weertman JR (1964) Elementary Dislocation Theory. New York, Macmillan

Hull D (1975) Introduction to Dislocations. London, Pergamon Press

Gleiter H, Chalmers B (1972) High Angle Grain Boundaries. London, Pergamon Press

Hornbogen E (1971) Transmissionselektronenmikroskopie fester Stoffe. Weinheim, Chemie Verlag

Gleiter H (1977) Korngrenzen in metallischen Werkstoffen. Berlin Stuttgart, Gebr. Bornträger

Hornbogen E (1984) On the Microstructure of Alloys. Acta Met 32, Nr. 5: 612–627

Hornbogen E (1986) Review – A Systematic Description of Microstructure. J Mat Sci 21: 3737–3747

Diehl J (1965) Atomare Fehlstellen und Strahlenschädigung. In: Seeger A (Hrsg): Moderne Probleme der Metallphysik. 1. Band. Berlin, Springer

Chadderton LT (1965) Radiation Damage in Crystals. New York, Wiley

Strumane RJ, Nihoul J, Gevers R, Amelinckx S (Hrsg) (1964) The Interaction of Radiation with Solids. Amsterdam: North Holland

Ryssel H, Ruge I (1978) Ionenimplantation. Stuttgart, B.G. Teubner

Picraux ST et al. (eds) (1974) Application of Ion Beams to Metals. New York

Sealy BJ (1988) Ion Implantation Doping of Semi-Conductors. Int Mat Rev 33: 38–52

Wolf D, Yip S (1992) Materials Interfaces. London, Chapman and Hall

Hirth JP, Lothe J (1992) Theory of Dislocations. Malabar FL, Krieger

Zangwill A (1990) Physics at Surfaces. Cambridge, Cambridge University Press

Somorjai GA (1994) Surface Reconstruction and Catalysis. Ann Rev Phys Chem 45: 721–751

KAPITEL 6

Physikalische Eigenschaften

Die elektronische Struktur der Metalle ist die Grundlage der metallischen Bindung und damit aller intrinsischen physikalischen und technischen Eigenschaften. In diesem Kapitel behandeln wir deshalb zunächst die freien Elektronen und das Bändermodell, insbesondere als Einführung in die elektrische und thermische Leitfähigkeit und als Grundlage für die Behandlung der magnetischen Werkstoffe (Kap. 16) und der Supraleiter (Kap. 18.3).

Grundlegend sind weiterhin die Gitterschwingungen, mit denen die spezifische Wärme, die thermische Ausdehnung und ebenfalls die elektrische und thermische Leitfähigkeit sowie die elastischen Eigenschaften und deren Temperaturabhängigkeit (Kap. 7.1) verbunden sind.

Alle Eigenschaften der vielkristallinen und oft mehrphasigen Werkstoffe setzen sich aus den intrinsischen Eigenschaften der homogenen, einkristallinen Phasen und deren Defekten und weiteren Gefügemerkmalen zusammen. Deshalb behandeln wir am Schluß dieses Kapitels die Grundlagen der Stoffgesetze für das Verhalten von Phasengemischen mit unterschiedlichen Phasenanteilen, Gefügeanordnungen und Orientierungsverteilungen.

6.1 Elektronen in Metallen

Schon frühzeitig wurde die Vorstellung entwickelt, daß die hohe elektrische Leitfähigkeit von Metallen geladenen Teilchen zuzuschreiben sei, die sich frei durch das Kristallgitter bewegen und von einem elektrischen Feld beschleunigt werden können. Man denkt sich hierbei vereinfachend ein Gitter aus Ionenrümpfen, zwischen denen die frei beweglichen Leitungselektronen ein „Elektronengas" bilden. Das Elektronengas bewirkt die metallische Bindung. Die dabei wirksamen elektrostatischen Kräfte sind nicht gerichtet; dies hat die bei den meisten Metallen beobachtete hohe Koordinationszahl zur Folge. Daß die Elektronen in Metallen frei beweglich sind, konnte durch Trägheitseffekte experimentell nachgewiesen werden (Tolmanscher Versuch). Dabei ergab sich für das Verhältnis von Ladung und Masse e/m der Ladungsträger bei verschiedenen Metallen einheitlich ein Wert von etwa $-1{,}76 \cdot 10^8$ As g^{-1}, näherungsweise der aus Kathodenstrahlexperimenten bekannte Wert für freie Elektronen. Die freien Elektronen lassen sich durch ein elektrisches Feld freilich nicht beliebig beschleunigen, da sie durch Stöße mit den Ionen des Kristallgitters immer wieder abgebremst werden. Damit kommt eine viskose Bewegung der Leitungselektronen zustande, so daß die mittlere Geschwindigkeit der Elektronen und der Strom dem angelegten Feld proportional sind (Ohmsches Gesetz). Ganz entsprechend läßt sich die Wärmeleitfähigkeit deuten.

Zwei wichtige Punkte konnte das klassische Modell jedoch nicht klären: Einmal sollte bei der Erwärmung eines Leiters das Elektronengas an der Gleichverteilung der Energie teilnehmen und so einen großen Beitrag zur spezifischen Wärme eines Metalls liefern. Tatsächlich beobachtet man aber – extrem tiefe Temperaturen ausgenommen – keinen Unterschied zwischen den spezifischen Wärmen von Metallen und Nichtmetallen. Zum zweiten läßt sich nicht verstehen, warum manche Elemente Kristalle mit freien Elektronen, also Leiter, bilden, andere Elemente oder Verbindungen dagegen nicht. Wir müssen also fragen, warum die freien Elektronen so wenig zur spezifischen Wärme eines Metalls beitragen und warum Nichtleiter bei der Modellvorstellung freier Elektronen auszunehmen sind.

Diese Fragen können mit Hilfe der Quantenmechanik beantwortet werden, und zwar im wesentlichen durch Anwendung des Pauli-Prinzips und der Fermi-Statistik. Dabei werden die Leitungselektronen mathematisch beschrieben durch eine Wellenfunktion ψ, die der Schrödinger-Gleichung genügen muß und deren Betrag im Quadrat die Aufenthaltswahrscheinlichkeit des Teilchens angibt.

Bewegen sich die Elektronen frei, also ungestört von den Gitterionen, so kann man den Metallkörper in elektrischer Hinsicht durch einen Potentialtopf konstanter Tiefe annähern. Die Wellenfunktionen solcher freier Elektronen sind dann ebene Wellen von der Form

$$\psi_{\mathrm{k}} = u \exp \mathrm{i}\boldsymbol{kr} \tag{6.1}$$

mit konstantem u, der Wellenzahl $k = |\boldsymbol{k}| = 2\pi/\lambda$ (λ = Wellenlänge), dem Ortsvektor $\boldsymbol{r}$ und $\mathrm{i} = \sqrt{-1}$. Der Impuls eines Elektrons mit der Masse m und der Geschwindigkeit $\boldsymbol{v}$ wird dabei $m\boldsymbol{v} = \hbar\boldsymbol{k}$ ($\hbar$ = Plancksche Konstante/2π). Die Komponenten des Wellenvektors $\boldsymbol{k}$ sind, wie wir sehen werden, die Quantenzahlen, die an die Stelle der Haupt- und Nebenquantenzahlen des Einzelatoms treten.

Die Komponenten der Wellenvektoren $\boldsymbol{k}$ spannen den sogenannten Wellenzahlraum oder $\boldsymbol{k}$-Raum auf. In diesem Raum sind die Elektronen nach Richtung und Größe ihrer Impulse angeordnet, er ist reziprok zum Ortsraum und hat die Dimension Länge l^{-1} wie das reziproke Gitter (Kap. 3).

Außerhalb des Metalls können sich die Elektronen nicht aufhalten, d.h., die Wellenfunktion muß dort den Wert Null annehmen. Diese Randbedingung hat zur Folge, daß nur bestimmte Wellenlängen bzw. $\boldsymbol{k}$-Vektoren für die Wellenfunktion in Frage kommen, ähnlich wie bei den bestimmten Schwingungsformen bzw. Obertönen einer Saite. Die Wellenvektoren $\boldsymbol{k}$ dürfen also nur diskrete Werte annehmen, sie sind gequantelt. Wegen der großen Zahl der Gitterionen liegen die einzelnen Zustände allerdings so dicht beisammen, daß sie ein Quasikontinuum bilden.

Die kinetische Energie freier Elektronen wird dann

$$E = \frac{1}{2} mv^2 = \frac{\hbar^2}{2m} \boldsymbol{k}^2 = E(\boldsymbol{k}). \qquad (6.2)$$

Diese Parabel ist in Abb. 6.1 dargestellt, wobei $\boldsymbol{k}$ in jede beliebige Richtung weisen kann.

Mit (6.2) können wir aus den erlaubten $\boldsymbol{k}$-Vektoren auf die möglichen Energiezustände schließen und berechnen, wieviele Elektronenzustände auf ein Energieintervall kommen. Diese Größe nennt man Zustandsdichte $N(E)$. Sie wird für freie Elektronen

$$N(E) = \frac{V}{4\pi^2} \left(\frac{2m}{\hbar^2} \right)^{3/2} \sqrt{E}\,. \qquad (6.3)$$

Dabei ist V das Volumen des Metalls. Es ergibt sich wieder eine Parabel (Abb. 6.2).

Wir haben so die erlaubten Energieniveaus für freie Elektronen gefunden. Welche dieser Zustände sind nun von den Elektronen wirklich besetzt? Am absoluten Nullpunkt nehmen die Elektronen die tiefsten Energiezustände ein, und zwar ist nach dem Pauli-Prinzip jeder Energiezustand mit je einem Elektron positiven und negativen Spins besetzt. Die höchste Energie, die dabei von Elektronen angenommen wird, heißt Fermi-Energie ζ. Dies ist die Grenzenergie, die besetzte und nichtbesetzte Quantenzustände voneinander trennt. Das Modell freier Elektronen liefert hierfür

$$\zeta = \frac{\hbar^2}{2m} (3\pi^2 n)^{2/3}, \qquad (6.4)$$

wobei n die Zahl der freien Elektronen pro Volumeneinheit bedeutet. Der Fermi-Energie ist für jede Richtung ein maximaler Wellenvektor $\boldsymbol{k}_F$ zugeordnet. Im

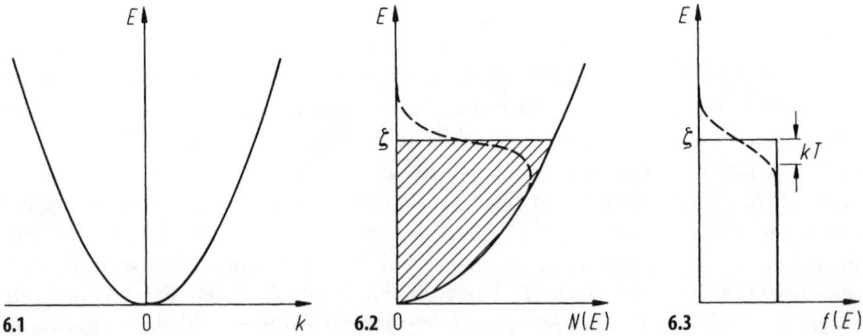

6.1 6.2 6.3

Abb. 6.1.–6.3. Energie E, Betrag des Wellenvektors $k = |\boldsymbol{k}|$ und Zustandsdichte $N(E)$ für freie Elektronen sowie Fermi-Verteilungsfunktion $f(E)$ (ζ = Fermi-Energie)

$\boldsymbol{k}$-Raum werden somit alle besetzten Zustände von einer Fläche gleicher Energie um den Punkt $k = 0$, der Fermi-Fläche, eingeschlossen. Für freie Elektronen ist dies eine Kugel mit dem Radius $k_F = (3\pi^2 n)^{1/3}$.

Bei Temperaturen ungleich Null wird die Besetzung der verfügbaren Zustände durch die sogenannte Fermi-Verteilungsfunktion

$$f(E) = \{\exp[(E - \zeta)/k_B T] + 1\}^{-1}. \qquad (6.5)$$

geregelt (Abb. 6.3). Dabei wird die Stufe an der Fermi-Grenze auf einer Breite von der Größenordnung der thermischen Energie $k_B T$ (k_B = Boltzmann-Konstante[1], T = absolute Temperatur) abgerundet. Die Schärfe der Fermi-Grenze wird davon jedoch nur wenig beeinflußt, da bei Metallen ζ groß gegen $k_B T$ ist. Die Fermi-Energie von Kupfer z. B. beträgt etwa 7 eV, $k_B T$ bei Raumtemperatur dagegen nur 0,025 eV.

Wir sehen hier, daß die Energie des Elektronengases nur über einen Faktor $k_B T/\zeta$ von der Temperatur abhängt, woraus sofort der geringe Beitrag der Leitungselektronen zur spezifischen Wärme folgt.

Es bleibt noch die Frage offen, warum es Leiter und Nichtleiter gibt.

Bisher haben wir das Potential innerhalb des Metalls als konstant betrachtet. Dies war eine grobe Näherung, da das durch die Ionenrümpfe erzeugte Potential mit der Periodizität des Gitters variiert. Diesen Umstand kann man dadurch berücksichtigen, daß man den Faktor u in (6.1) mit der Periodizität des Gitterpotentials oszillieren läßt. Dadurch ergeben sich Abweichungen von der quadratischen $E(\boldsymbol{k})$-Kurve nach (6.2), die am größten sind, wenn der Netzebenenabstand gerade ein ganzes Vielfaches der halben Elektronenwellenlänge beträgt. Hier entstehen im $\boldsymbol{k}$-Raum periodisch wiederkehrende Spiegelebenen, an denen sich die Elektronenenergie sprunghaft ändert und die Funktion $E(\boldsymbol{k})$ Extremalwerte annimmt. Diese Ebenen werden beschrieben durch die Gleichung

$$\boldsymbol{k} = \pi \boldsymbol{g}, \qquad (6.6)$$

wobei $\boldsymbol{g}$ ein Vektor des reziproken Gitters ist (vgl. Kap. 3); den reziproken Gittervektoren entsprechen die bei Röntgen- und Elektronenstrahlen bestimmter Wellenlänge und Richtung auftretenden Bragg-Reflexe (Kap. 10). Der kleinste von solchen Ebenen begrenzte und den Punkt $k = 0$ umgebende Körper heißt erste Brillouin-Zone (Abb. 6.9).

Abbildung 6.4 zeigt die Verhältnisse für den eindimensionalen Fall. Ist d der Netzebenenabstand bzw. die Gitterkonstante, so tritt beiden Werten $\boldsymbol{k} = \pm \pi/d$ der erste Bragg-Reflex auf. Das kontinuierliche Energiespektrum spaltet auf in erlaubte und verbotene „Bänder" (Abb. 6.5). Der Betrag des Energiesprungs ΔE hängt von der Amplitude des Gitterpotentials ab; er ist Null für konstantes Potential (freie Elektronen). Einwertige Metalle sollten die geringste Wechsel-

[1] In diesem Kapitel wird die Boltzmann-Konstante k_B geschrieben, um sie vom Wellenvektor $\boldsymbol{k}$ und von der Wellenzahl k zu unterscheiden.

6.4

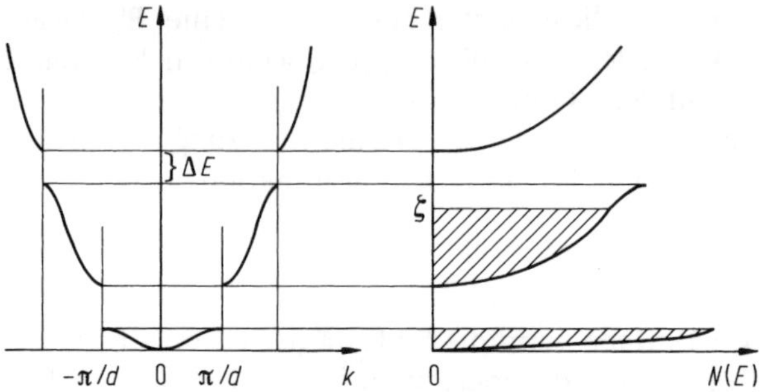

6.5

Abb. 6.4. und 6.5. Aufspaltung des Energiespektrums durch ein Potential mit der Periode *d* für eine Dimension

wirkung zwischen Ionengitter und Elektronen aufweisen und so durch das Modell freier Elektronen am besten angenähert werden, was sich bei den Alkalimetallen bestätigt hat.

Das Bändermodell läßt sich noch in anderer Weise ableiten, nämlich, indem man von Einzelatomen mit gebundenen Elektronen ausgeht: Werden die Atome zu einem Kristall zusammengefügt, so spalten wegen der elektrischen Wechselwirkung die Quantenzustände der Einzelatome zu „Bändern" auf, deren Breite und Energie vom Atomabstand r abhängt (Abb. 6.6). Der rechte Bildrand zeigt die schmalen Energieterme des freien Einzelatoms. Die Gleichgewichtslage der Atome im Gitter ist in der Abbildung mit r_0 bezeichnet. Sie ergibt sich aus der Forderung, daß hier die negative Bindungsenergie ein Maximum hat.

Im dreidimensionalen Fall hängt die Lage der Spiegelebenen und damit auch der Verlauf der Funktion $E(\boldsymbol{k})$ von der Richtung im Gitter ab. Abbildung 6.7 zeigt den $E(\boldsymbol{k})$-Verlauf in zwei kristallographisch verschiedenen Richtungen $\boldsymbol{k}_1$ und $\boldsymbol{k}_2$. Wenn der Energiesprung gering ist, kann er in verschiedenen Richtungen bei so verschiedenen Energiewerten liegen, daß die benachbarten Bänder durch keine Energielücke mehr getrennt werden und eine Überlappung der Bänder auftritt (Abb. 6.7 und 6.8). Anders ausgedrückt rührt die Möglichkeit einer Überlappung daher, daß die Flächen gleicher Energie und die Brillouin-Zonen in ihrer Form nicht übereinstimmen.

Abb. 6.6. Energiespektrum in Abhängigkeit vom Atomabstand r im Kristall

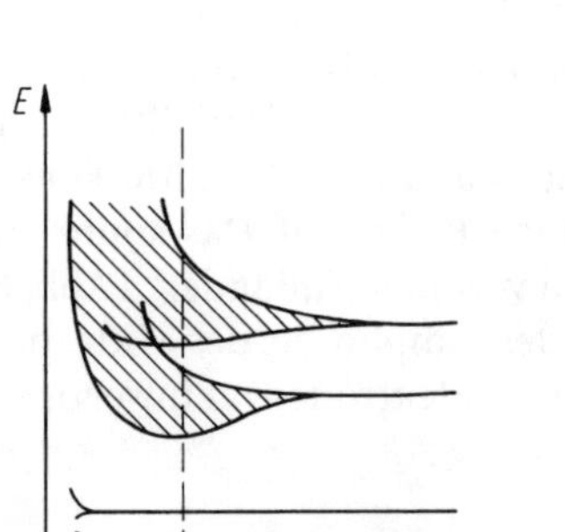

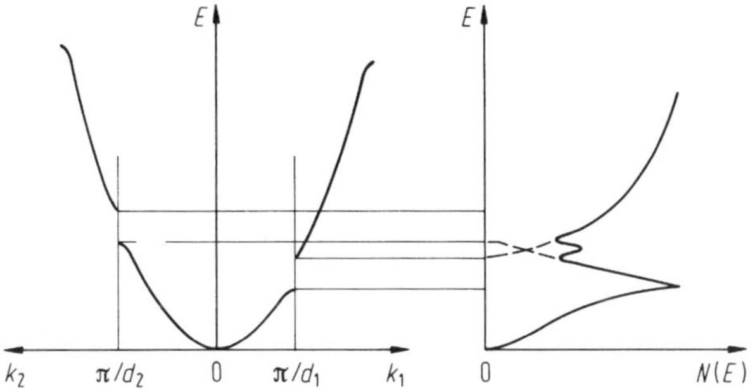

Abb. 6.7. und 6.8. Energie als Funktion von k in verschiedenen Gitterrichtungen k_1 und k_2 und der zugehörige Verlauf der Zustandsdichte $N(E)$

Als Beispiel für den dreidimensionalen Fall sind in Abb. 6.9 die erste Brillouin-Zone und die Fermi-Fläche von Kupfer dargestellt.

Das Bändermodell macht nun das Auftreten von Leitern und Nichtleitern verständlich: Eine Beschleunigung der Elektronen in einem elektrischen Feld bedeutet gleichzeitig eine Zunahme der Energie dieser Elektronen. Wegen des Pauli-Prinzips kommen dafür nur Elektronen an der Fermi-Grenze in Frage, und zwar nur dann, wenn noch freie Zustände höherer Energie zur Verfügung stehen. Teilweise gefüllte Energiebänder ermöglichen somit metallische Leitfähigkeit. Völlig aufgefüllte oder völlig leere Bänder führen dagegen zu keinerlei Leitvermögen, obwohl auch hier die Elektronen sich wellenmechanisch durch den ganzen Kristall bewegen können. Oder mit anderen Worten: liegt die Fermi-Grenze in einem erlaubten Energiebereich, so ergibt sich die metallische Leitfähigkeit, liegt sie in einem verbotenen Intervall, so handelt es sich um einen Isolator.

Abb. 6.9. Erste Brillouin-Zone und Fermi-Fläche von Kupfer

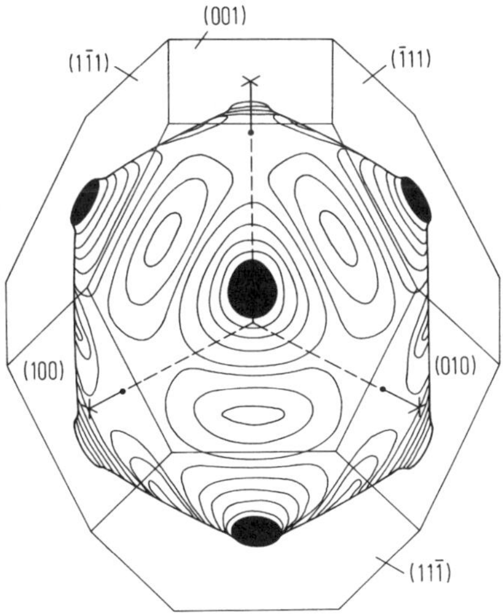

Es läßt sich zeigen, daß in den meisten Gittern eine Brillouin-Zone gerade so viele Quantenzustände umschließt, wie zwei Elektronen pro Atom entspricht. Wir werden daher erwarten, daß Kristalle aus Elementen ungeradezahliger Wertigkeit metallische Leiter sind (z. B. Alkalimetalle, Cu, Ag, Al oder Nb; H kristallisiert nicht als Atom, sondern als Molekül). Umgekehrt sollten Elemente geradezahliger Wertigkeit zu Nichtleitern kristallisieren (z. B. insbesondere die Edelgase). Die Ausnahmen (z. B. Erdalkaliemetalle, Zn usw.) können wir durch die Überlappung der Bänder erklären. Auf die Elektronenstruktur der Übergangsmetalle werden wir später noch kurz eingehen. Elemente mit einer Wertigkeit größer als drei können mit homöopolaren Bindungen Kristalle genügender Dichte bilden, die dann Nichtleiter sind (z. B. Diamant).

Zwischen diesen beiden Gruppen stehen die Halbleiter (Graphit, Si, Ge, Se). Halbleiterkristalle haben in reiner Form und am absoluten Nullpunkt völlig besetzte bzw. leere Energiebänder, sie unterscheiden sich also nicht grundsätzlich von Isolatoren. Allerdings ist die Breite des verbotenen Bandes, indem die Fermi-Energie liegt, gering (von der Größenordnung 1 eV), so daß bei genügend hoher Temperatur thermisch angeregte Elektronen in das nächsthöhere Band übergehen können. Dadurch wird der Kristall leitend, wobei die Leitfähigkeit mit wachsender Temperatur nach einem Exponentialgesetz zunimmt (Eigenleiter). Ferner läßt sich die elektrische Leitfähigkeit von Halbleitern durch Zulegieren von Fremdatomen höherer oder geringerer Valenzelektronenzahl beeinflussen. Dabei werden entweder Elektronen in ein bisher leeres Energieband (Leitungsband) gebracht (n-Leiter) oder aus einem aufgefüllten Band (Valenzband) entnommen (p-Leiter). Beides führt zu elektrischer Leitfähigkeit. Besonders interessant sind dabei die Übergänge zwischen den beiden zuletzt genannten Leitungstypen: sie zeigen eine nichtlineare Strom-Spannungs-Kennlinie und ermöglichen so den Bau von Halbleiterdioden und Transistoren.

Die optischen Eigenschaften der Metalle lassen sich ebenfalls aus dem Bändermodell ableiten: Bei der Absorption von Licht (Absorption eines Photons) wird dessen Energie auf ein Elektron des Valenz- oder des Leitungsbandes übertragen. Nach dem Pauli-Prinzip ist diese Energieübertragung nur möglich, wenn für die entsprechende Energiedifferenz das Ausgangsniveau besetzt und das Endniveau leer ist. Diese Bedingung ist bei Metallen mit ihren teilweise überlappenden Energiebändern und der hohen Zustandsdichte an der Fermi-Grenze leicht zu erfüllen. Zeigt die Zustandsdichte im Bereich der optischen Übergänge gerade eine starke Energieabhängigkeit, so wird sich dies als „Farbe" des Metalls bemerkbar machen (Kupfer, Gold). Wir sehen also, daß das hohe Absorptionsvermögen – und damit nach den Gesetzen der klassischen Elektrodynamik auch das hohe Reflexionsvermögen – der Metalle eng mit ihrer hohen Leitfähigkeit verknüpft ist.

Zum Schluß dieses Abschnitts wollen wir noch die Anwendung der Elektronentheorie auf die relative Stabilität verschiedener Kristallstrukturen diskutieren. Da die Form der Brillouin-Zonen von der Struktur des zugehörigen Kristallgitters abhängt und die Form der Fermi-Oberfläche sich bei Annäherung an eine Grenzfläche der Brillouin-Zone ändert, verläuft auch die Zustandsdichte $N(E)$ je nach Kristallstruktur analog zu Abb. 6.7 verschieden. Kennt man den

Verlauf der Zustandsdichte verschiedener konkurrierender Gitterstrukturen, so kann man die Elektronenenergie und damit die Gesamtenergie der einzelnen Gittertypen in Abhängigkeit von der Elektronenkonzentration berechnen. Daraus sollte sich mitzunehmender Elektronenkonzentration der Reihe nach minimale Energie für das kubisch flächenzentrierte Gitter, dann für das kubisch raumzentrierte Gitter und schließlich für hexagonal dichteste Kugelpackung ergeben, wie dies den empirischen Regeln von Hume-Rothery (Kap. 3) entspricht. Man kann allerdings bis heute die Unterschiede in der Elektronenenergie verschiedener Gitterformen nur in wenigen Fällen ausreichend genau berechnen. Zudem müssen auch alle übrigen Anteile zur Gesamtenergie, wie die Schwingungsentropie der verschiedenen Gittertypen, sehr genau bekannt sein.

6.2 Elektrische und thermische Leitfähigkeit

Im Abschn. 6.1 wurde gezeigt, daß die Elektronen in einem Metall durch ein elektrisches Feld beschleunigt werden können. Für ein perfektes Kristallgitter würde dies zu einer nur durch Stöße mit den Ionen des Kristallgitters begrenzten elektrischen Leitfähigkeit führen. Der tatsächlich beobachtete Widerstand beruht zusätzlich auf der Streuung der Elektronenwellen an Abweichungen vom regelmäßigen Gitteraufbau. Die Gitterbaufehler und Fremdatome ergeben einen temperaturunabhängigen Anteil, den Restwiderstand ρ_0. Die Wärmeschwingungen der Gitterionen verursachen den temperaturabhängigen Anteil $\rho_G(T)$. Beide Anteile uberlagern sich in guter Näherung unabhängig voneinander (Matthiessen-Regel), so daß man für den spezifischen Widerstand schreiben kann:

$$\rho(T) = \rho_0 + \rho_G(T)\,. \tag{6.7}$$

Betrachten wir zunächst den temperaturabhängigen Beitrag in einem sonst perfekten Kristallgitter. Bei genügend hohen Temperaturen $T > \theta_D$ (θ_D = Debye-Temperatur) gilt nach der Vorstellung harmonischer Oszillatoren für den Mittelwert der thermisch bedingten Auslenkung der Gitterionen

$$\bar{s}^2 \sim 3\,k_B T.$$

Damit wird

$$\rho_G(T) \sim CT, \tag{6.8}$$

wobei die Proportionalitätskonstante C nur noch temperaturunabhängige Größen (die Atommasse, die Debye-Temperatur sowie Dichte und Impuls der Leitungselektronen des jeweiligen Metalls) enthält. Die Proportionalität des elektrischen Widerstands zur Temperatur ist für Metalle experimentell weitgehend bestätigt. Ferner findet man, daß der relative Temperaturkoeffi-

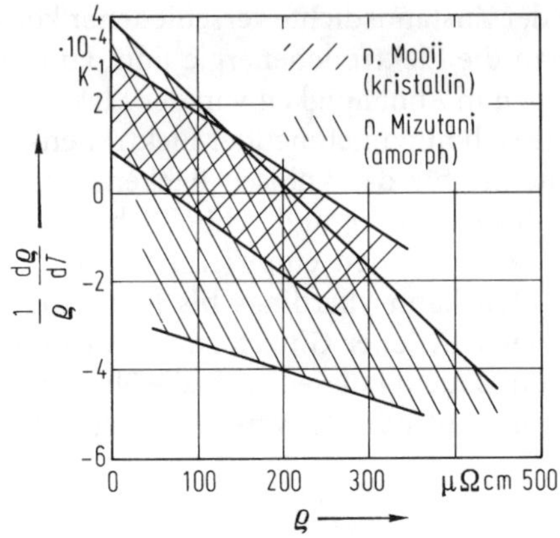

Abb. 6.10. Empirischer Zusammenhang zwischen dem spezifischen elektrischen Widerstand und seinem Temperaturkoeffizienten für Metalle und Legierungen (nach J.H. Mooij und U. Mizutani)

zient $(1/\rho)$ $(\mathrm{d}\rho/\mathrm{d}T)$ typischer Metalle bei Raumtemperatur einheitlich etwa $\leqslant 4 \cdot 10^{-3}\ \mathrm{K}^{-1}$ beträgt, was mit (6.8) näherungsweise übereinstimmt.

Es ist nützlich, die Größe des spezifischen elektrischen Widerstands und seines Temperaturkoeffizienten für einige wichtige Metalle und Legierungen zu vergleichen, wie sie in Tab. 6.1 angegeben sind. Empirisch wurde durch die Auswertung einer großen Zahl von Messungen an kristallinen und amorphen Metallen gefunden (Abb. 6.10): Je höher der spezifische Widerstand ist, umso geringer ist sein Temperaturkoeffizient (Mooij-Regel). Bei $100 \leqslant \rho \leqslant 200\ \mu\Omega\mathrm{cm}$ wird $(1/\rho)$ $(\mathrm{d}\rho/\mathrm{d}T) < 0$. Dieser Zusammenhang wird theoretisch noch nicht vollständig verstanden. Er ist andererseits nützlich für das Auffinden von Legierungen mit geringem Temperaturkoeffizienten von ρ und für das Verständnis des elektrischen Widerstands amorpher Legierungen.

Aus der Matthiessen-Regel folgt, daß der elektrische Widerstand beim Zulegieren stets ansteigt, da jedes Verunreinigungs- bzw. Legierungsatom bezogen auf das störungsfreie Gitter des reinen Metalls einen Defekt darstellt.

Tabelle 6.1. Spezifischer elektrischer Widerstand ρ, sein Temperaturkoeffizient und thermische Leitfähigkeit λ einiger Metalle und Legierungen bei Raumtemperatur

Metall, Legierung	spez. el. Widerstand ρ $10^{-8}\ \Omega\mathrm{m}$	$\frac{1}{\rho}\cdot\frac{\mathrm{d}\rho}{\mathrm{d}T}$ $10^{-5}\ \mathrm{K}^{-1}$	thermische Leitfähigkeit λ $\mathrm{W\,m^{-1}\,K^{-1}}$
Ag	1,49	430	422
Al	2,5	460	226
Cu	1,55	433	402
Fe	8,6	651	73,3
Mn	278	50	5,68
Fe-18Cr-8Ni[a]			16,6
Fe-30Cr-5Al[b]	140	2,5	

[a] Austenitischer rostfreier Stahl (Gehalte in Masse-%).
[b] Heizleiter-Werkstoff (Gehalte in Masse-%).

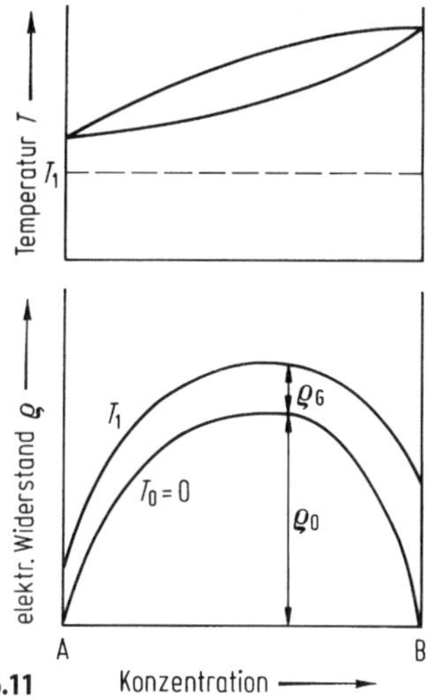

6.11

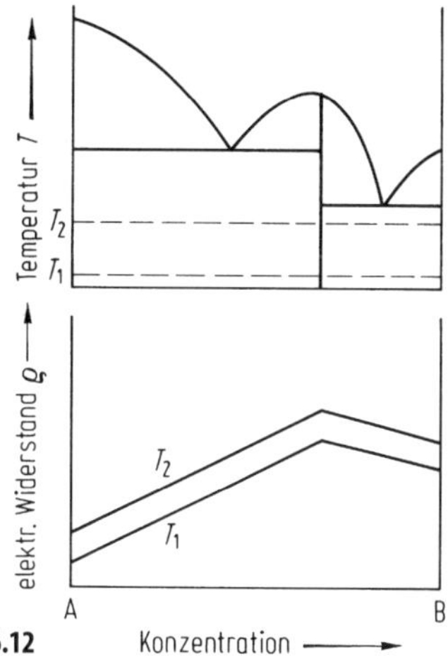

6.12

Abb. 6.11. Schematische Darstellung der Konzentrations- und Temperaturabhängigkeit des elektrischen Widerstands in einem System mit lückenloser Mischbarkeit der Komponenten. ρ_0 bedeutet den Anteil des Restwiderstands, der auf die Legierungsatome zurückzuführen ist

Abb. 6.12. Schematische Darstellung der Konzentrations- und Temperaturabhängigkeit des elektrischen Widerstands in einem System mit intermetallischer Phase und völliger Unmischbarkeit der Komponenten

Abbildung 6.11 zeigt schematisch den Verlauf des elektrischen Widerstands mit der Konzentration in einer lückenlosen Mischkristallreihe, Abb. 6.12 zeigt den rein additiven, volumenproportionalen Verlauf in einem System mit intermetallischer Phase und Unmischbarkeit der Komponenten.

Eine wichtige praktische Größe, die aus der Matthiessen-Regel abgeleitet werden kann, ist das Restwiderstandsverhältnis

$$V_{RW} = \frac{\rho_{RT}}{\rho_{4K}}, \tag{6.9}$$

wobei ρ_{RT} den bei Raumtemperatur und ρ_{4K} den bei 4 K gemessenen spezifischen (oder an identischen Proben gemessenen absoluten) Widerstand bedeuten. Da der Widerstand im allgemeinen von 0 K bis etwa 10 K sehr schwach temperaturabhängig ist und dann erst ein steiler Anstieg von $\rho_G(T)$ erfolgt, ist V_{RW} relativ einfach zuverlässig meßbar und kann zur Ermittlung von Einflüssen auf ρ_0 dienen. Die häufigste Anwendung ist die Bestimmung von Verunreinigungen in reinen Metallen. Wie Abb. 6.11 zeigt, bewirken gelöste Atome einen starken Anstieg von ρ_0 mit der Konzentration. Damit kann die Bestimmung von V_{RW} zur Charakterisierung des Reinheitsgrades herangezogen werden. Eine quantitative Aussage über die Verunreinigung ist allerdings nur möglich, wenn nur eine Verunreinigungskomponente vorliegt bzw. überwiegt oder wenn durch ergänzende Messungen mit anderen Methoden die Anteile verschiedener Verunreinigungskomponenten unabhängig ermittelt werden können.

Die elektrische Leitfähigkeit und ihr Temperaturkoeffizient werden in vielfältiger Form in Leiter-, Heizleiter-, Widerstands-, Kontakt-, Magnet- und anderen Werkstoffen gezielt eingesetzt.

Während Metalle einen geringen elektrischen Widerstand mit positivem Temperaturkoeffizienten aufweisen, haben Halbleiter und Isolatoren einen hohen elektrischen Widerstand. Der ausgeprägte negative Temperaturkoeffizient des elektrischen Widerstands der Halbleiter ist auf zunehmende thermisch angeregte Übergänge von Elektronen in das nächst höhere Band zurückzuführen. Die Leitungselektronen transportieren außer Ladung auch Energie und liefern damit einen überwiegenden Beitrag zur Wärmeleitfähigkeit eines Metalls. Berechnet man die Wärmeleitfähigkeit λ und die elektrische Leitfähigkeit σ, so ergibt sich jeweils unabhängig von den Eigenschaften des speziellen Metalls

$$\frac{\lambda}{\sigma} = \frac{\pi^2}{3}\left(\frac{k}{e}\right)^2 T = LT \tag{6.10}$$

mit der Elementarladung e. Das heißt, das Verhältnis der thermischen zur elektrischen Leitfähigkeit ist proportional zur absoluten Temperatur mit einer allgemeinen Proportionalitätskonstante, der Lorentz-Zahl L. Gleichung 6.10 ist experimentell weitgehend bestätigt (Wiedemann-Franz-Gesetz).

Da die Wärmeleitfähigkeit der Metalle wie die elektrische Leitfähigkeit auf den Transporteigenschaften der Elektronen beruht, gilt auch für die Legierungen eine entsprechende Konzentrationsabhängigkeit. Typische Werte der Wärmeleitfähigkeit sind in Tab. 6.1 enthalten.

6.3 Supraleitung

Im Ein-Elektronen-Modell wird die Wechselwirkung der Metallelektronen mit dem Gitterpotential oder mit äußeren Feldern, aber nicht eine Wechselwirkung der Elektronen untereinander erfaßt. Ein Phänomen, das von einer solchen Elektron-Elektron-Wechselwirkung hervorgerufen wird, ist die Supraleitung, der Zustand, in dem einige Metalle und Legierungen bei tiefer Temperatur eine unendlich hohe Gleichstromleitfähigkeit annehmen. Unabhängig davon zeichnet sich der supraleitende Zustand durch die Verdrängung eines magnetischen Flusses aus dem Innern eines ausgedehnten Supraleiters (Meissner-Ochsenfeld-Effekt). Ist diese Verdrängung – abgesehen von einer dünnen Randschicht – vollständig, so spricht man von einem Supraleiter 1. Art (Typ I Supraleiter). Im Gegensatz dazu kann bei einem Supraleiter 2. Art (Typ II Supraleiter) ein magnetischer Fluß ab einer gewissen Stärke des äußeren Magnetfelds in der Form von Flußlinien bzw. Flußschläuchen in die Probe eindringen, ohne daß diese ihre supraleitende Eigenschaft verliert.

Man erklärt den supraleitenden Zustand mit der Vorstellung, daß das Elektronengas im $\boldsymbol{k}$-Raum „kondensiert". Dabei werden nach der BCS-Theorie (Bardeen, Cooper, Schrieffer) Elektronen mit jeweils entgegengesetzt gleichen $\boldsymbol{k}$-Vektoren und Spins paarweise über Gitterschwingungen miteinander gekoppelt (Cooper-Paare). Dies hat zur Folge, daß die einzelnen Elektronen nicht mehr von den Gitterdefekten gestreut werden können, was ja einer Drehung des $\boldsymbol{k}$-Vektors gleichkäme, und daß daher, wie bei einem idealen Gitter, keinerlei Widerstand auftritt.

Wie bei allen Zuständen geringerer Entropie verschwindet eine solche „Ordnung" der $\boldsymbol{k}$-Vektoren bei höheren Temperaturen. Die kritische Temperatur T_c des supraleitenden Zustands wird auch als Sprungpunkt bezeichnet. Sprungpunkte der metallischen Supraleiter liegen im Bereich von einigen mK für schwach supraleitende Metalle und Legierungen bis 23,2 K für Nb_3Ge. In keramischen Cupratphasen mit Perowskit-Struktur tritt Supraleitung mit vergleichsweise hohen Sprungtemperaturen bis um 130 K auf. Auch in diesen sogenannten Hoch-T_c-Supraleitern beruht der elektronische Transport auf der Bildung von Cooper-Paaren.

Das erwähnte diamagnetische Verhalten eines Supraleiters bedeutet eine Energiezunahme proportional zum äußeren Magnetfeld. Es gibt daher außer einer kritischen Temperatur auch eine kritische magnetische Feldstärke H_c, bei der der supraleitende Zustand zusammenbricht bzw. der magnetische Fluß in die Probe eindringt. Bei Supraleitern 1. Art ist dieser Übergang scharf ausgeprägt und eine Umwandlung erster Ordnung. Supraleiter 2. Art durchlaufen bei zunehmendem äußerem Feld, beginnend bei H_{c1}, einen Zwischenzustand unvollständiger Flußverdrängung, bis schließlich bei einem Wert H_{c2} auch hier der supraleitende Zustand gänzlich verschwindet (Abb. 6.13).

Das zunehmende Eindringen des Magnetfeldes in den Supraleiter zwischen H_{c1} und H_{c2} geschieht, wie bereits erwähnt, in schlauchförmigen Gebieten, sogenannten Flußschläuchen, deren jeder ein Elementarquantum $h/2e$ des magnetischen Flusses enthält (Abb. 6.14a). Der Nenner $2e$ weist auf die Cooper-Paare hin. Durch magnetische Markierung ist es möglich, die Flußschläuche (Flußlinien) und ihre Anordnung in einem zweidimensionalen Gitter sichtbar

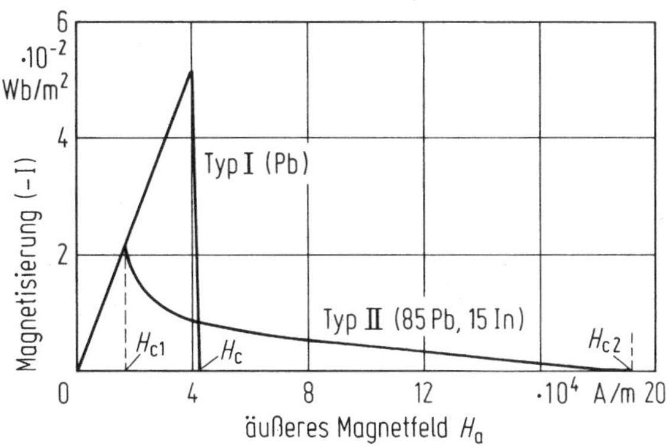

Abb. 6.13. Typischer $I(H)$-Verlauf für Supraleiter vom Typ I und II. Als Beispiel für Typ I dient reines Blei, für Typ II Blei mit 15% Indium ($T = 4{,}2$ K)

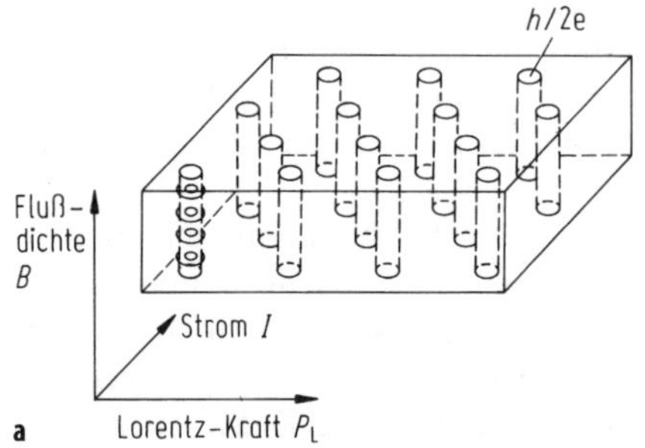

a

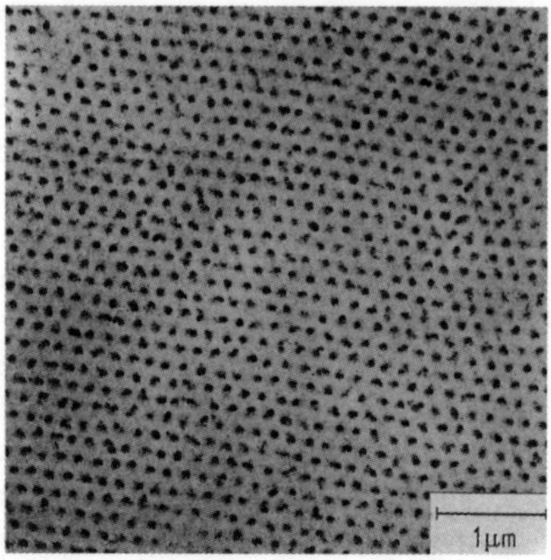

b

Abb. 6.14. Flußlinien (Flußschläuche) in Supraleitern 2. Art. **a** Schematische Darstellung der magnetischen, normalleitenden Flußschläuche in einer supraleitenden Matrix; **b** Abbildung eines Flußliniengitters in Niob bei 1,2 K. Elektronenmikroskopische Abbildung der magnetisch markierten Flußlinien (U. Eßmann)

zu machen, Abb. 6.14b. Der den Supraleiter durchfließende Strom $\boldsymbol{I}$ bewirkt in Verbindung mit der magnetischen Flußdichte $\boldsymbol{B}$ eine auf die Flußschläuche wirkende Lorentz-Kraft $\boldsymbol{P}_L = \boldsymbol{I} \times \boldsymbol{B}$. Die Bewegung der Flußschläuche und ihr zunehmendes Eindringen zerstören aber die Supraleitung. In Kap. 18.3 wird die Flußschlauchverankerung und die darauf beruhende Stromtragfähigkeit technischer Supraleiter behandelt.

6.4 Gitterschwingungen und spezifische Wärme

Für die Beschreibung der Kristallstrukturen und der Gitterbaufehler kann man von quasi statischen Atomlagen und Kräften zwischen den Atomen ausgehen. Dagegen sind die Gitterschwingungen, d.h. die Oszillationen der Atome um ihre Gitterplätze, für zwei wesentliche Eigenschaften maßgebend, die hier behandelt werden: die spezifische Wärme und die thermische Ausdehnung.

Die spezifische Wärme fester Körper, Wärmekapazität pro Mol oder Molwärme, wird aus praktischen Gründen gewöhnlich bei konstantem Druck gemessen und beträgt bei Raumtemperatur für die meisten Festkörper $C_p \gtrsim 25\ \mathrm{J\,K^{-1}\,mol^{-1}}$ (Dulong-Petit-Regel). Bei Verbindungen setzt sie sich oft annähernd aus den Molwärmen der Komponenten additiv im Verhältnis ihres Mengengehalts zusammen (Neumann-Kopp-Regel). Der Wert, der bei den meisten Metallen bei und oberhalb Raumtemperatur auftritt, ergibt sich überwiegend aus der kinetischen Energie der Gitterschwingungen und der potentiellen Energie der Bindung der Atome an ihre Gitterplätze und entspricht der Molwärme bei konstantem Volumen C_v. Dazu kommen Beiträge, die auf die Wärmeausdehnung des Gitters C_A und auf die spezifische Wärme der Elektronen C_{el} zurückzuführen

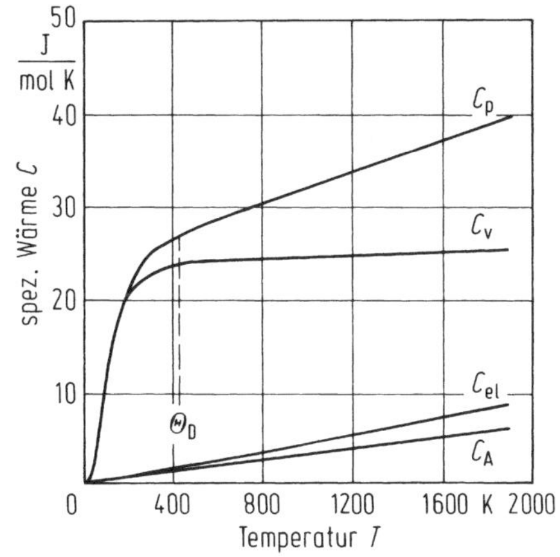

Abb. 6.15. Spezifische Wärme $C_p(T)$ des kubisch-raumzentrierten Eisens (ohne magnetischen Anteil und ohne Berücksichtigung der $\alpha/\gamma/\delta$-Umwandlung). Sie setzt sich additiv aus 3 Beiträgen zusammen, aus: C_v Gitterschwingungen bei konstantem Volumen, C_A Beitrag der thermischen Ausdehnung, C_{el} Beitrag der Elektronen. (Nach E. Schürmann und V. Neubert, 1979)

sind. Sie ergeben einen zusätzlichen monotonen Anstieg von C_p mit zunehmender Temperatur (Abb. 6.15).

Mit abnehmender Temperatur fällt die Molwärme stark ab und beträgt 0 bei 0 K. Dieser Abfall beruht auf einem Quanteneffekt, nämlich darauf, daß die Gitterschwingungen in diskreten Energiestufen auftreten, die als Phononen bezeichnet werden. Die Grenze zwischen diesem Tieftemperaturbereich und dem Bereich des Wertes $C_p \gtrsim 25\,\mathrm{J\,K^{-1}\,mol^{-1}}$ ist näherungsweise durch die Debye-Temperatur θ_D gegeben, die eine für jeden Festkörper charakteristische Temperatur ist, z.B. $\theta_D(\mathrm{K}) = 99$ K; $\theta_D(\mathrm{Au}) = 185$ K; $\theta_D(\mathrm{Cu}) = 310$ K; $\theta_D(\mathrm{Cr}) = 405$ K. Debye hat als erster die spezifische Wärme C_v bei konstantem Volumen für den Tieftemperaturbereich berechnet und gezeigt, daß sie für viele Festkörper einen weitgehend ähnlichen Verlauf aufweist, wenn sie auf T/θ_D normiert wird. Der Wert von θ_D ergibt sich in der Debyeschen Theorie der spezifischen Wärme aus der Debyeschen Grenzfrequenz der Gitterschwingungen ν_0:

$$\theta_D \equiv \frac{h}{k}\,\nu_0, \tag{6.11}$$

$$\nu_0 = v\left(\frac{3L}{4\pi V_m}\right)^{1/3}, \tag{6.12}$$

v = mittlere Geschwindigkeit der elastischen Wellen, $3L$ = Anzahl der Eigenschwingungen pro Mol, V_m = Molvolumen.

Abweichungen von der normalen Temperaturabhängigkeit homogener fester Phasen treten bei Phasenumwandlungen auf. Ein besonders charakteristisches $C_p(T)$-Verhalten zeigen Umwandlungen, die mit einer Änderung des Ordnungsgrades nicht nur im Umwandlungspunkt, sondern auch unterhalb und oberhalb der Umwandlungstemperatur verbunden sind. Die zwei wichtigsten Fälle sind die Umwandlungen zwischen Mischkristall- und Überstrukturphasen und die

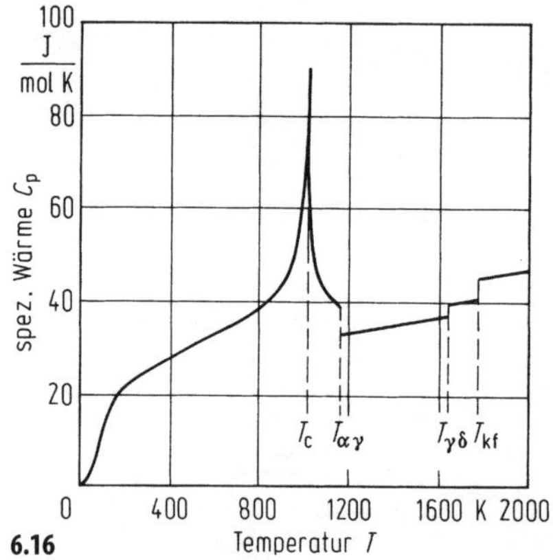

6.16

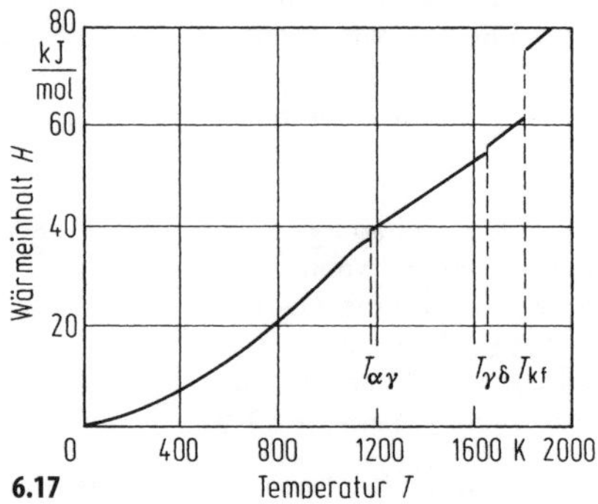

6.17

Abb. 6.16. Spezifische Wärme $C_p(T)$ des reinen Eisens. Die magnetische Umwandlung (T_c, λ-Punkt) und die beiden Strukturumwandlungen ($T_{\alpha\gamma}$, $T_{\gamma\delta}$) sowie der Schmelzpunkt (T_{kf}) treten deutlich hervor. (Nach E. Schürmann und V. Neubert, 1979)

Abb. 6.17. Wärmeinhalt $H(T)$ des reinen Eisens (nach E. Schürmann und V. Neubert, 1979)

magnetischen Umwandlungen. Sie führen zu „λ-Punkten", d.h. einem λ-förmigen Verlauf der spezifischen Wärme in der Umgebung der Umwandlungstemperatur, der für Umwandlungen zweiter oder höherer Ordnung typisch ist (Kap. 9.1). Dies zeigt Abb. 6.16 am Beispiel der magnetischen Umwandlung des reinen Eisens. Phasenumwandlungen erster Ordnung, d. h. solche, deren gesamte Umwandlungswärme ΔH im Umwandlungspunkt T_0 auftritt, $C_p(T_0) = \infty$, machen sich in der spezifischen Wärme in der Umgebung der Umwandlungstemperatur, d.h. unterhalb und oberhalb von T_0, nicht bemerkbar: $T_{\alpha\gamma}$, $T_{\gamma\delta}$ und T_{kf} in Abb. 6.16.

Aus der Molwärme C_p und den molaren Umwandlungswärmen ΔH_i ergibt sich der Wärmeinhalt einer Legierung. Allgemein kann man schreiben

$$H(T) = \int_0^T C_p \, dT + \sum_i \Delta H_i \, . \tag{6.13}$$

Abbildung 6.17 zeigt einen typischen Verlauf von $H(T)$ beim Auftreten von mehreren Phasenumwandlungen am Beispiel des reinen Eisens.

Derartige Funktionen und ihre Zahlenwerte sind vor allem für die quantitative Behandlung der Phasengleichgewichte (Kap. 4), der Erstarrung (Kap. 2) und der strukturellen Phasenumwandlungen (Kap. 9) erforderlich.

6.5 Thermische Ausdehnung

Unter dem Einfluß steigender Temperatur tritt bei Festkörpern im allgemeinen eine Abnahme der Dichte, d.h. eine thermische Ausdehnung ein, die durch den

Abb. 6.18. Thermischer Ausdehnungskoeffizient als Funktion des Kehrwerts der Schmelztemperatur T_{kf} einiger Metalle

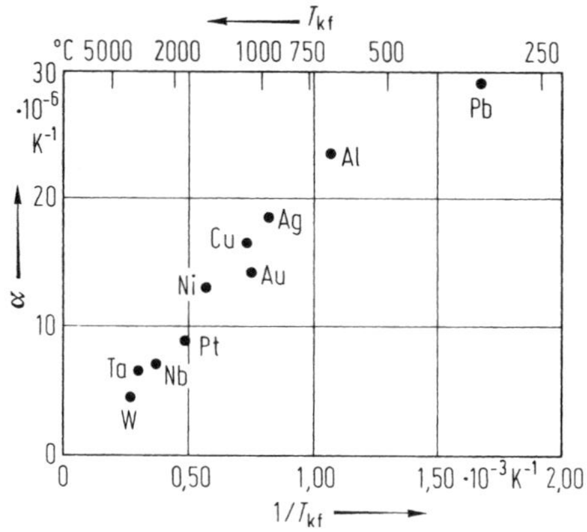

linearen thermischen Ausdehnungskoeffizienten $\alpha = (1/l)\,(\mathrm{d}l/\mathrm{d}T)$ gekennzeichnet und entlang einer linearen Dimension l ermittelt wird. Bei kubischen Gittern ist α isotrop. Bei Strukturen niedrigerer Symmetrie ist α ein symmetrischer Tensor zweiter Stufe und kann daher auf die Hauptachsen transformiert werden, so daß die drei Ausdehnungskoeffizienten α_1, α_2 und α_3 angegeben werden können. Die Werte von α liegen im Bereich $10^{-5} \simeq \alpha \simeq 10^{-6}\,\mathrm{K}^{-1}$. Sie nehmen im allgemeinen mit zunehmendem Schmelzpunkt wie $\alpha \sim (1/T_{kf})$ ab (Abb. 6.18). Dies beruht darauf, daß die meisten Metalle verwandter Struktur vom absoluten Nullpunkt $T = 0$ K bis zum Schmelzpunkt T_{kf} etwa die gleiche Volumenzunahme aufweisen (Grüneisen-Regel); für kubisch-flächenzentrierte Metalle beträgt die relative Volumenzunahme $(V_{T=T_{kf}} - V_{T=0})/V_{T=0} \simeq 7\,\%$.

Die thermische Ausdehnung beruht auf den Gitterschwingungen. Sie kann aber nicht auf harmonische Oszillationen der Atome zurückgeführt werden (wie die Debyesche Näherung für die spezifische Wärme), weil dadurch bei steigender Amplitude keine Änderung der Atomabstände bewirkt würde. Vielmehr muß zur Erklärung das asymmetrische Potential der atomaren Bindung herangezogen werden, d.h. die Tatsache, daß das Potential bei Kompression stärker ansteigt als bei Dilatation, wie Abb. 6.19 schematisch zeigt. Durch diese Unsymmetrie des Potentials verschiebt sich der Schwingungsmittelpunkt mit wachsender Energie zu größeren Atomabständen. Diese Verschiebung ist gleichbedeutend mit der Wärmeausdehnung.

Sowohl die thermische Ausdehnung selbst als auch der meist schwach temperaturabhängige thermische Ausdehnungskoeffizient zeigen Abweichungen vom Verhalten des reinen, ungestörten Kristalls durch Änderungen der Leerstellenkonzentration, Änderungen des freien Volumens und Ordnungszustands bei amorphen Metallen, Phasenumwandlungen mit Änderung des Ordnungsgrades (magnetische und Überstrukturwandlungen), Phasenumwandlungen mit Änderungen der Struktur und des Volumenanteils der Phasen sowie bei Kombinationen dieser Vorgänge. Nachfolgend werden einige der Abweichungen behandelt. Abbildung 6.20 zeigt als Beispiel die thermische Ausdehnung und den thermischen Ausdehnungskoeffizienten des Eisens mit den Effekten der Phasenumwandlungen.

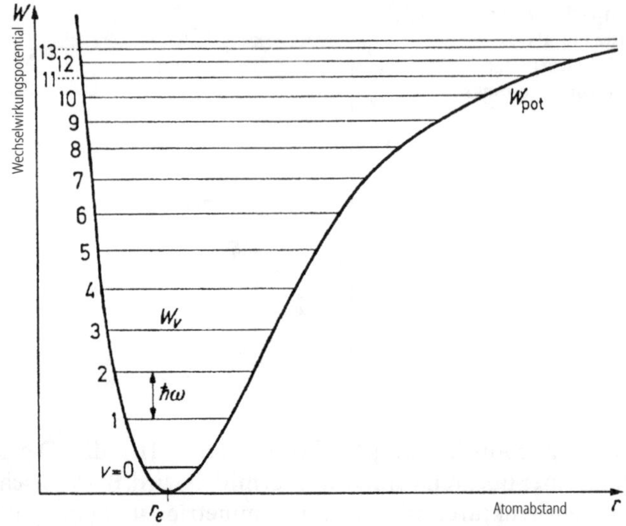

Abb. 6.19. Wechselwirkungspotential zwischen zwei Nachbaratomen als Funktion des Abstands mit eingezeichneten Schwingungsniveaus. Infolge der Unsymmetrie des Potentials (Nichtlinearität der Kraft) werden bei zunehmender Schwingungsanregung die Schwingungsquanten kleiner und der über die Schwingung ermittelte Atomabstand größer: $\langle r \rangle > r_e$

Abb. 6.20. Thermische Ausdehnung $\Delta l/l$ und thermischer Ausdehnungskoeffizient $\alpha = (1/l)\,(dl/dT)$ des reinen Eisens. Die Phasenumwandlungen treten deutlich hervor

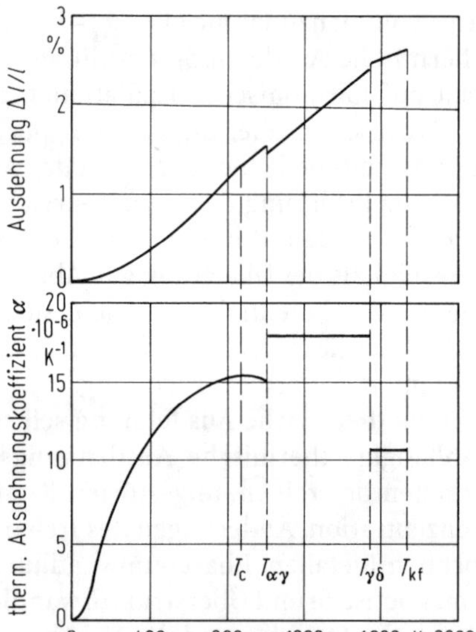

Die thermische Ausdehnung wird im allgemeinen mit dem Dilatometer bestimmt. Falls Phasen mit nichtkubischen Kristallstrukturen beteiligt sind, ein mehrphasiges Gefüge mit anisotroper Phasenverteilung oder eine anisotrope Orientierungsverteilung (Textur) vorliegt, muß die Abhängigkeit der thermischen Ausdehnung von der Meßrichtung bezüglich der Probe berücksichtigt werden.

Man unterscheidet von dem physikalischen (differentialen) thermischen Ausdehnungskoeffizienten α oft den technischen (mittleren) thermischen Ausdehnungskoeffizienten $\alpha_m = (l/l)\ (\Delta l/\Delta T)$, der im Gegensatz zu α als linear interpolierter Mittelwert für ein bestimmtes Temperaturinterval ΔT, z.B. 25 – 100 °C, ermittelt und als Kennwert angegeben wird.

6.6 Kernphysikalische Eigenschaften

Bei den Werkstoffen für den Strahlenschutz und für die Kerntechnik sind für die Auswahl der Legierungselemente deren kernphysikalische Eigenschaften maßgebend, die für andere Werkstoffanwendungen im allgemeinen unerheblich sind. Im Vordergrund steht dabei der Wirkungsquerschnitt σ des jeweiligen Elements für die betrachtete Strahlung. Der Wirkungsquerschnitt kennzeichnet die Stärke der auftretenden Wechselwirkung. Für die Kerntechnik ist vor allem die Wechselwirkung mit langsamen Neutronen von Bedeutung. Dabei treten drei Arten der Wechselwirkung auf. Die Kernspaltung, die im Kernbrennstoff unter Bildung anderer Elemente abläuft, ist mit dem Wirkungsquerschnitt σ_f (fission) verbunden. Für die Absorption von Neutronen, die zur Bildung anderer Isotope führt, ist der Wirkungsquerschnitt σ_a (absorption) maßgebend. Absorption dient zur Regelung des Neutronenflusses und zum Abschalten eines Kernreaktors. Die Streuung von schnellen Spaltneutronen, die ohne Strahlenschädigung abläuft, dient zur Abbremsung (Moderation), um sie für weitere Kernreaktionen nutzen zu können. Für diesen Streuprozeß gilt der Wirkungsquerschnitt σ_s (scattering). Während die Einheit des jeweiligen atomaren Wirkungsquerschnitts σ_i das barn (10^{-26} m^2) ist, wird der makroskopische Wirkungsquerschnitt pro Volumen $\Sigma_i = N\sigma_i$. Für einen Mischkristall aus den Atomarten A und B mit den Konzentrationen $c_A + c_B = N$ gilt der lineare Zusammenhang

$$\Sigma_i = \sigma_{iA}\, c_A + \sigma_{iB}\, c_B . \tag{6.14}$$

Σ hat die Dimension m^{-1} und ist umgekehrt proportional zur mittleren Weglänge λ eines Neutrons bis zum Auftreten einer der genannten Wechselwirkungen

$$\lambda = \Sigma^{-1} . \tag{6.15}$$

Für die sichere Absorption von Neutronen zum Strahlenschutz oder zur Regelung eines Kernreaktors muß die Dicke d des die Neutronen absorbierenden Materials also die Bedingung $d \gg \lambda$ erfüllen.

Tabelle 6.2. Wirkungsquerschnitte von Reaktorbrennstoffen

Element	σ_a	σ_f	Verwendung
^{235}U	104	576	Spaltmaterial
^{239}Pu	338	770	Spaltmaterial
^{232}Th	7	0	Brutmaterial
^{238}U	2,8	$< 10^{-3}$	Brutmaterial

Als Kernbrennstoffe kommen die relativ instabilen Elemente mit hohem Wirkungsquerschnitt für Absorption und insbesondere für Spaltung in Frage, Tab. 6.2.

Von den Hüllrohren für die Kernbrennstoffe wird dagegen – neben hoher thermischer Leitfähigkeit, Warmfestigkeit und Korrosionsbeständigkeit – eine möglichst geringe Störung des Neutronenhaushalts verlangt. Sie sollen also aus Elementen mit möglichst geringen Werten von σ_a und hoher Schmelztemperatur T_{kf} zusammengesetzt sein. Tabelle 6.3 zeigt eine entsprechende Auswahl. Bewährt haben sich insbesondere Werkstoffe auf der Basis des Systems Zr–Nb.

Für die Werkstoffe zur Regelung des Kernreaktors und zum Strahlenschutz gilt die Forderung, daß σ_a möglichst hohe Werte annimmt, dies trifft insbesondere für einige Isotope der Seltenerdmetalle zu, Tab. 6.4.

Ein verhältnismäßig stark absorbierender einfacher Werkstoff läßt sich durch Legieren von Stahl mit relativ hohem B-Gehalt auf pulvermetallurgischem Wege herstellen. Für die Absorption von Neutronen in einem größeren Energiebereich hat sich eine Cd–Ag–In-Legierung bewährt. Jedes Element hat ein Absorptionsmaximum in einem bestimmten Energiebereich, der bei Hafnium als einzigem Element besonders groß ist.

Zu Werkstoffen für den Strahlenschutz ist zu bemerken, daß die Absorptionsquerschnitte der Elemente für Neutronen und für γ-Strahlen unterschiedlich variieren. Während die Absorption elektromagnetischer Wellen monoton mit der Ordnungszahl Z zunimmt, variiert die Neutronenabsorption unabhängig von Z. Deshalb erfordert ein vollständiger Strahlenschutz oft eine Legierung

Tabelle 6.3. Absorptionsquerschnitt und Schmelztemperatur von Atomen für Hüllwerkstoffe

Element	Be	Mg	Zr	Al	Nb	Mo	Fe	Cu	Ni	V	W	Ta
σ_a barn	0,01	0,06	0,18	0,21	1,1	2,4	2,4	3,6	4,5	4,7	19,2	21,3
T_{fk} °C	1227	650	1852	660	2415	2610	1536	1083	1453	1900	3410	2996

Tabelle 6.4. Atomphysikalische Konstanten von Absorberwerkstoffen

Element	Hf	^{177}Hf	^{6}Li	^{10}B	Cd	^{113}Cd	Sm	^{149}Sm	Gd	^{157}Gd
σ_a barn	91	320	818	3470	2210	18000	4760	57200	39800	$139 \cdot 10^3$
$2\lambda_a$ mm	1,7	–	0,45	0,04	0,19	–	0,14	–	0,017	–

oder einen Verbundwerkstoff aus Elementen mit hohem Absorptionsquerschnitt für Neutronen, Tab. 6.4, und mit hoher Ordnungszahl für die Absorption von γ-Strahlen wie Pb.

6.7 Vielkristalle und Phasengemische

Da die Werkstoffe im allgemeinen vielkristallin und in vielen Fällen, einschließlich der Verbundwerkstoffe, mehrphasig sind, stellt sich oft die Aufgabe, aus den Eigenschaften der Einzelphasen, ihrer Orientierungsverteilung (Textur), ihrem Volumenanteil und ihrer Anordnung (Gefüge) die Eigenschaften von Vielkristallen und Phasengemischen zu berechnen oder wenigstens abzuschätzen. Dabei kann die Anisotrophie der Eigenschaften der Einzelphasen (Kristallanisotropie) und die Anisotropie ihrer Form und Anordnung (Gefügeanisotropie) oft eine wesentliche Rolle spielen. Anhand der Zahl der Phasen, der Abmessungen der Gefügebestandteile und der Wechselwirkungen, die die Eigenschaften bestimmen, lassen sich drei Gruppen von Stoffgesetzen unterscheiden:

- Stoffgesetze für „grobe" *einphasige* Gefüge (Typ I); sie geben typisch eine Abhängigkeit von Einflußgrößen wie der chemischen Zusammensetzung, der Korngröße oder der Orientierungsverteilung der Körner an;
- Stoffgesetze in der Form von Mischungsregeln für „grobe" *mehrphasige* Gefüge (Typ II); sie beruhen im wesentlichen auf den Eigenschaften der Einzelphasen, ihrem Volumenanteil und ihrer Anordnung, bei kristallanisotropen Eigenschaften zusätzlich auf ihrer Textur;
- Stoffgesetze für nanokristalline oder nanodisperse Gefüge (Typ III); sie beruhen auf besonderen Wechselwirkungen, die erst bei Abmessungen eines oder mehrerer Gefügebestandteile im Bereich von 1 bis 100 nm auftreten, und enthalten stets die Abhängigkeit von einer oder mehreren geometrischen Gefügegrößen wie Teilchengröße, Teilchenabstand oder Korngröße.

Als „grob" wird in diesem Zusammenhang also ein Gefüge bezeichnet, dessen Eigenschaften noch nicht den besonderen Zusammenhängen der nanokristallinen oder nanodispersen Gefüge folgen.

Stoffgesetze vom Typ I für grobe einphasige Gefüge sind zum Beispiel die Abhängigkeit der Streckgrenze von der Legierungskonzentration in Mischkristallen (Mischkristallhärtung, Gl. 7.35), die Abhängigkeit der Streckgrenze von der Korngröße (Hall-Petsch-Beziehung, Gl. 7.38), oder die Abhängigkeit der Koerzitivfeldstärke von der Korngröße Gl. (16.17). Hierzu gehört auch die Berechnung der elastischen Vielkristallkonstanten E, G und K aus den Einkristallkonstanten für den Fall regelloser Orientierungsverteilung oder in Abhängigkeit von der Textur (Kap. 7.1).

Stoffgesetze vom Typ II für grobe mehrphasige Gefüge, die oft als Mischungsregeln bezeichnet werden, werden aus den Volumenanteilen f_i und den Eigenschaften p_i der Phasen i abgeleitet. Im Falle skalarar und von äußeren Feldern unabhängiger Eigenschaften wie der Dichte ρ, der Enthalpie H oder der spezifi-

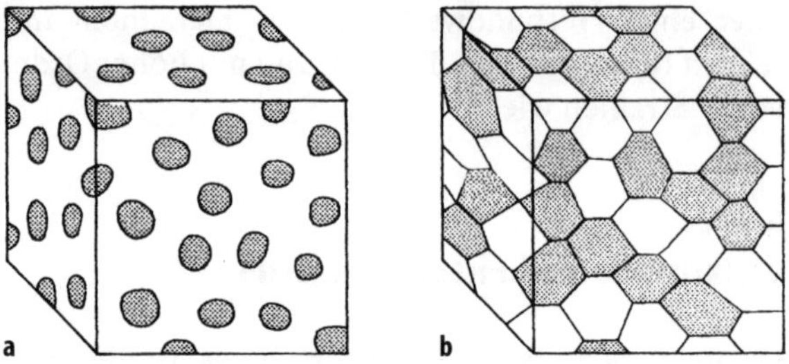

Abb. 6.21. Schematische zweiphasige Gefüge mit isolierten (**a**) und zusammenhängenden (**b**) Teilchen bzw. Kristalliten der zweiten Phase

schen Wärme c_p ist der Effektivert der Eigenschaft des Phasengemisches aus zwei Phasen α und β

$$P = p_\alpha f_\alpha + p_\beta f_\beta \quad \text{mit } f_\alpha + f_\beta = 1\,, \tag{6.16}$$

unabhängig von der Anordnung der Phasen.

Für feldabhängige Eigenschaften wird der Zusammenhang auch gefügeabhängig. Betrachten wir die elektrische Leitfähigkeit der in den in Abb. 6.21 schematisch gezeigten Gefüge. Die grau gezeichnete Phase sei ein Metall, die weiß belassene ein Isolator. In diesem Fall muß die Gültigkeit von Gl. 6.16 im einzelnen für die jeweilige Gefügeanordnung betrachtet werden. Im Gefüge in Abb. 6.21 a sind die Metallteilchen voneinander isoliert und der Körper verhält sich wie ein Isolator. Sobald der Volumenanteil der metallischen Phase so groß ist, daß deren Kristallite untereinander verbunden sind so daß sie dadurch kontinuierliche Strompfade bilden, wie Abb. 6.21 b zeigt, verhält sich der Körper als elektrischer Leiter. Man spricht von einem Übergang des Perkolationszustandes, d.h. der gegenseitigen Durchdringung im Gefüge. Abbildung 6.22 zeigt Messungen der elektrischen Leitfähigkeit an den Modellsystemen Sn + Polymer und Sb + Polymer, die dieses Verhalten illustrieren.

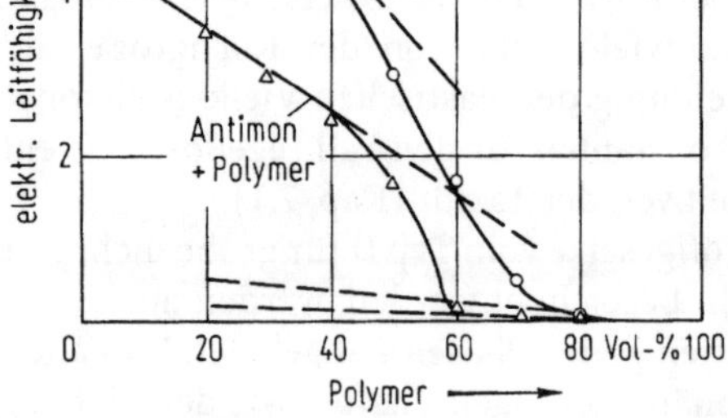

Abb. 6.22. Elektrische Leitfähigkeit von Metall-Polymer-Gemischen

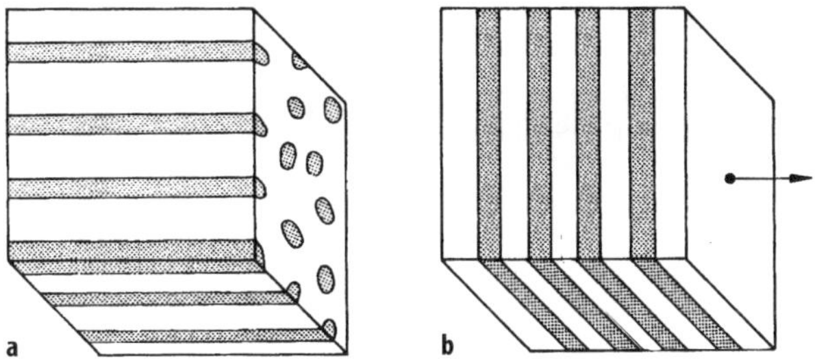

Abb. 6.23. Schematische zweiphasige Gefüge mit ausgeprägter Gefügeanisotropie. Ihre Eigenschaften können näherungsweise wie die Parallelschaltung (**a**) und die Reihenschaltung (**b**) von Widerständen behandelt werden

Für Gefüge oder Verbundwerkstoffe mit ausgeprägter Gefügeanisotropie, wie in Abb. 6.23 gezeigt, können die Effektivwerte von Eigenschaften wie der elektrischen Leitfähigkeit σ in einer vorgegebenen Feldrichtung in Bezug auf die Vorzugsrichtung der Gefügebestandteile in guter Näherung mit den Beziehungen für die Parallel- und Reihenschaltung von Widerständen ermittelt werden:

$$\sigma_{\parallel} = \sigma_\alpha f_\alpha + \sigma_\beta f_\beta , \tag{6.17}$$

$$\frac{1}{\sigma_\perp} = \frac{\sigma_\alpha f_\beta + \sigma_\beta f_\alpha}{\sigma_\alpha \sigma_\beta} . \tag{6.18}$$

Bei ausreichend geringer elastischer Anisotropie (Kap. 7.1) kann auch der effektive Elastizitätsmodul analog berechnet werden:

$$\frac{1}{E} = \frac{E_\alpha f_\beta + E_\beta f_\alpha}{E_\alpha E_\beta} . \tag{6.18}$$

Dabei bedeuten $\parallel$ und $\perp$ die Richtung des maßgebenden Feldes, hier also der elektrischen bzw. der mechanischen Spannung, in Bezug auf die größte Ausdehnung der Gefügebestandteile.

Eine zusätzliche Komplexität ergibt sich, wenn die Kristallphasen intrinsisch anisotrop sind. Ein Beispiel hierfür sind die keramischen Hoch-T_C-Supraleiter (Kap. 18.2), deren Stromtragfähigkeit extrem empfindlich von der Winkelabweichung zwischen den Achsen der supraleitenden Filamente in den Drähten und der Orientierung der a-b-Ebenen der Kristallstruktur der supraleitenden Phase abhängt.

Stoffgesetze vom Typ III sind die Ausscheidungs- und Dispersionshärtung (Gl. 14.4, 14.5), die Härtung von Nb–Ti-Supraleitern durch Ausscheidungen (Kap. 18.3) und die Absenkung der Koerzitivfeldstärke mit der Korngröße in nanokristallinen weichmagnetischen Werkstoffen (Kap. 16.3). In allen Fällen liegen nanokristalline oder nanodisperse Zustände vor.

Literatur

Schulze GER (1974) Metallphysik. Wien, New York, Springer

Hellwege K-H (1976) Einführung in die Festkörperphysik. Springer, Heidelberg, New York

Weißmantel Ch, Hamann C (1979) Grundlagen der Festkörperphysik. Springer, Berlin, Heidelberg, New York

Hummel R (1971) Optische Eigenschaften von Metallen und Legierungen. Springer, Berlin, Heidelberg, New York

Rossiter PL (1987) The Electrical Resistivity of Metals and Alloys. Cambridge: Cambridge University Press

Pompe W (1973) Eigenschaften von Phasengemischen. In: Phasenumwandlungen im festen Zustand. Leipzig: VEB Deutscher Verlag für Grundstoffindustrie

Cottrell A (1988) Concepts in the Electron Theory of Metals. London, IOM Communication

Metals: Electronic Transport Phenomna, Landolt-Börnstein, Numerical Data and Functional Relationships in Science and Technology, New Series, Vol. III/15. Berlin, Springer-Verlag

Bass J, Fischer KH (1982) Electrical Resistivity, Kondo and Spin Fluctuation Systems, Spin Glasses and Thermopower. Subvol a

Bass J, Dugdale JS, Foiles CL, Myers A (1985) Electrical Resistivity, Thermoelectrical Power and Optical Properties. Subvol b

Clemens PG, Neuer G, Sundquist B, Uher C, White GK (1991) Thermal Conductivity of Pure Metals and Alloys. Subvol c

KAPITEL 7

Mechanische Eigenschaften

Die mechanischen Eigenschaften der Metalle werden getrennt von den anderen physikalischen Eigenschaften behandelt, weil sie ein zentrales Gebiet der Metallkunde sind; sie umfassen

- die elastische Verformung,
- die Streckgrenze oder Fließspannung als Spannung bei Beginn der plastischen Verformung,
- die Erhöhung der Streckgrenze durch Härtungsmechanismen,
- die plastische Verformung mit Verfestigung und dynamischer Erholung, Entfestigung,
- den Bruch,
- die zeitabhängigen Verformungsvorgänge bei niedrigen Temperaturen: anelastische Verformung, elastische Nachwirkung, Spannungsrelaxation,
- die zeitabhängigen Verformungsvorgänge bei höheren Temperaturen: Kriechen und Superplastizität,
- Verformung bei wechselnder (anstatt bei einsinniger) Beanspruchung und Ermüdung,
- Oberflächenverformung bei reibender Beanspruchung und Verschleiß (Kap. 17),
- anomale quasi-elastische und reversible plastische Verformung durch Pseudoelastizität und Formgedächtniseffekte (Kap. 18).

In diesem Kapitel werden die grundlegenden Eigenschaften und Vorgänge und deren Ursachen dargestellt.

7.1 Elastizität

Die elastischen Eigenschaften eines Festkörpers, die durch die Anordnung und Bindungsstärke der Gitteratome bestimmt werden, sind die wichtigste Grundlage aller mechanischen Eigenschaften. Bei der elastischen und bei der plastischen Verformung eines festen Körpers kann man drei Arten bzw. Komponenten der Beanspruchung und Formänderung unterscheiden:

1. Einachsige Zug- (oder Druck-) Spannung und Dehnung (oder Stauchung); hierfür gilt das Hookesche Gesetz in seiner ursprünglichen Form

$$\sigma = E\frac{\Delta l}{l} = E\varepsilon\,; \tag{7.1}$$

σ = Spannung; $\Delta l/l = \varepsilon$ = lineare Dehnung; E = Elastizitätsmodul; angelsächsisch: Young-Modul. Für Stauchung kehren sich die Vorzeichen von σ und ε um.

2. Schubbeanspruchung und Scherung; hierfür gilt das Hookesche Gesetz in der Form

$$\tau = G\gamma\,; \tag{7.2}$$

τ = Schubspannung; γ = Scherung = Tangens des Scherwinkels $\tan \gamma \simeq \gamma$; G = Schubmodul.

3. Hydrostatischer Druck (oder hydrostatischer Zug) und Volumenänderung; hierfür gilt das Hookesche Gesetz in der Form

$$P = -K\frac{\Delta V}{V}\,. \tag{7.3}$$

P = Hydrostatischer Druck, $-\Delta V/V$ = Volumenänderung, K = Kompressionsmodul. Für hydrostatischen Zug kehren sich die Vorzeichen von P und $\Delta V/V$ um.

Bei elastischer Dehnung oder Stauchung wird der Probekörper in Querrichtung kontrahiert oder dilatiert. Diese Formänderungsbeziehung wird durch die Querzahl ν (Poisson-Konstante) angegeben.

E, G und K sind über die Querzahl ν miteinander verbunden:

$$G = E/(2 + 2\nu), \tag{7.4a}$$

$$E = 9\,KG/(3\,K + G), \tag{7.4b}$$

$$K = E/(3 - 6\nu), \tag{7.4c}$$

$$(2/3)\,(1 + \nu) = 3\,K/(3\,K + G). \tag{7.4d}$$

Für Metalle gilt meistens $0{,}25 < \nu < 0{,}35$; $\nu = 1/3$ gilt für elastisch ideal isotrope Stoffe; dieser Wert steht im Einklang mit einem Modell, das die Atome als harte, dichtest gepackte Kugeln betrachtet. Aufgrund der Richtungsabhängigkeit der Bindungsstärke der Atome im Gitter sind die elastischen Moduln E und G von Einkristallen im allgemeinen richtungsabhängig, anisotrop. Dementsprechend sind auch Vielkristalle mit Textur meistens elastisch anisotrop.

Die elastischen Verformungen ε, γ und $\mathrm{d}V/V$ erstrecken sich bei Metallen bis $\simeq 10^{-3}$, bevor plastische Verformung erfolgt. Oft treten in diesem Bereich aber auch schon zeitabhängige (anelastische) Verformungen auf (Kapitel 7.3), die hier vernachlässigt werden.

Eine phänomenologische Beschreibung der Beziehung zwischen Spannung und Dehnung in irgendeinem festen Stoff kann durch ein verallgemeinertes Hookesches Gesetz gegeben werden. Eine an einem würfelförmigen Körper angreifende Kraft kann in neun Komponenten zerlegt werden (Abb. 7.1). Drei Komponenten sind reine Zugspannungen: σ_{xx}, σ_{yy}, σ_{zz}; die anderen sechs sind Schubspannungen, von denen aber nur drei unabhängig sind, da $\tau_{ij} = \tau_{ji}$. Das

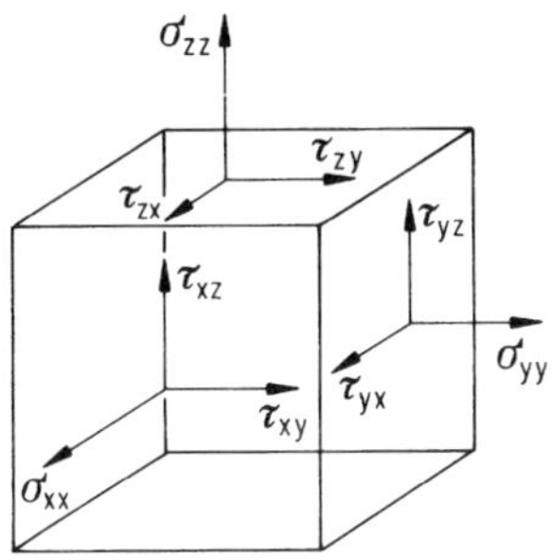

Abb. 7.1. Zugspannungen σ_{ij} und Schubspannungen τ_{ij}, die auf einen festen Stoff wirken können

verallgemeinerte Hookesche Gesetz kann daher in der Form von sechs unabhängigen Spannungen geschrieben werden:

$$\begin{aligned}
\sigma_{xx} &= C_{11}\varepsilon_{xx} + C_{12}\varepsilon_{yy} + C_{13}\varepsilon_{zz} + C_{14}\gamma_{xy} + C_{15}\gamma_{xz} + C_{16}\gamma_{yz}\\
\sigma_{yy} &= C_{21}\varepsilon_{xx} + C_{22}\varepsilon_{yy} + C_{23}\varepsilon_{zz} + C_{24}\gamma_{xy} + C_{25}\gamma_{xz} + C_{26}\gamma_{yz}\\
\sigma_{zz} &= C_{31}\varepsilon_{xx} + C_{32}\varepsilon_{yy} + C_{33}\varepsilon_{zz} + C_{34}\gamma_{xy} + C_{35}\gamma_{xz} + C_{36}\gamma_{yz}\\
\tau_{xy} &= C_{41}\varepsilon_{xx} + C_{42}\varepsilon_{yy} + C_{43}\varepsilon_{zz} + C_{44}\gamma_{xy} + C_{45}\gamma_{xz} + C_{46}\gamma_{yz}\\
\tau_{xz} &= C_{51}\varepsilon_{xx} + C_{52}\varepsilon_{yy} + C_{53}\varepsilon_{zz} + C_{54}\gamma_{xy} + C_{55}\gamma_{xz} + C_{56}\gamma_{yz}\\
\tau_{yz} &= C_{61}\varepsilon_{xx} + C_{62}\varepsilon_{yy} + C_{63}\varepsilon_{zz} + C_{64}\gamma_{xy} + C_{65}\gamma_{xz} + C_{66}\gamma_{yz}\,.
\end{aligned} \tag{7.5}$$

Daraus folgen 21 elastische Konstanten, da $C_{ij} = C_{ji}$. Die Symmetrieeigenschaften der wirklichen Kristalle reduzieren jedoch häufig die große Zahl der Konstanten. So benötigt man für die kubischen Kristalle, aus denen die meisten metallischen Werkstoffe bestehen, nur noch drei, nämlich C_{11}, C_{12} und C_{44}, da alle anderen Konstanten entweder gleich Null sind oder in Beziehung zueinander stehen.

Mit ihrer Hilfe läßt sich die Richtungsabhängigkeit der elastischen Eigenschaften vollständig beschreiben. Aufgrund der extrem unterschiedlichen Abstände, Besetzung und atomaren Bindungsstärke zwischen Netzebenen des Typs {110} und {001} eignen sich die Schubmoduln von Scherungen dieser beiden Ebenen besonders gut zur quantitativen Beschreibung der Extremwerte der elastischen Anisotropie. Aus den Konstanten von (7.5) lassen sich für kubische Gitter auf einfache Weise zwei wichtige Schubmoduln angegeben: $C' \equiv (C_{11} - C_{12})/2$ ist der Schubmodul für Scherungen auf {110}-Ebenen in ⟨110⟩-Richtungen; C_{44} ist der Schubmodul für Scherungen auf {001}-Ebenen in beliebigen Richtungen. Entsprechende Meßwerte können z.B. aus der Laufzeit von transversal polarisierten Schallwellen in Einkristallen ermittelt werden. Auf diese Werte bezieht sich die Angabe der elastischen Anisotropie

$$A = \frac{2\,C_{44}}{C_{11} - C_{12}}\,. \tag{7.6a}$$

A gibt den extremen Verhältniswert an, um den sich die elastischen (Schub-) Moduln eines kubischen Einkristalls unterscheiden können. In guter Näherung kann die elastische Anisotropie auch aus E-Modul-Messungen im Zugversuch an einem kubischen Einkristall in ⟨111⟩- und in ⟨100⟩-Richtung ermittelt werden; für die meisten Metalle gilt $E_{\langle 111\rangle} = E_{\max}$, $E_{\langle 100\rangle} = E_{\min}$:

$$A_{\mathrm{E}} = \frac{E_{\langle 111\rangle}}{E_{\langle 100\rangle}} \simeq A. \qquad (7.6\mathrm{b})$$

Die Anisotropie variiert im Bereich $1 \lesssim A < 4$.

Für die Berechnung der vielkristallinen elastischen Moduln ist an den Kristallitgrenzen ein von der Zufallsorientierung der benachbarten Kristallite abhängiger Spannungs- und Dehnungszustand zu erwarten. Will man den quasi-isotropen Vielkristallschubmodul für kubische Gitter als effektive Materialkonstante ermitteln, so berechnet man aus den drei unabhängigen Konstanten C_{11}, C_{12} und C_{44} einen oberen Mittelwert für konstante Dehnung (Voigt-Näherung),

$$G_{\mathrm{v}} = \frac{1}{5}\,(C_{11} - C_{12} + 3C_{44}), \qquad (7.7\mathrm{a})$$

einen unteren Mittelwert für konstante Spannung (Reuss-Näherung),

$$G_{\mathrm{R}} = \frac{5}{\dfrac{4}{C_{11} - C_{12}} + \dfrac{3}{C_{44}}}, \qquad (7.7\mathrm{b})$$

und bildet daraus nach Hill das arithmetische Mittel als gute Näherung für G_{eff}.

Die Temperaturabhängigkeit der elastischen Moduln ist, außer bei sehr tiefen Temperaturen, annähernd linear mit negativem Temperaturkoeffizienten und liegt im Bereich-$(1\ldots4)\cdot10^{-4}\,\mathrm{K}^{-1}$. Sie beruht auf der Abnahme der Krümmung des interatomaren Potentialminimums (Abb. 6.19) mit steigender Temperatur. Für die Konzentrationsabhängigkeit in Legierungen läßt sich kein einheitlicher Zusammenhang angeben. Bei Mischkristallbildung nimmt der E-Modul oft vom Wert für das reine Metall ab. Intermetallische Phasen können sehr viel höhere Moduln aufweisen als ihre Komponenten. Tabelle 7.1 zeigt typische Werte der elastischen Moduln einiger kubischer Metalle. Das Auftreten von Ferromagnetismus bewirkt elastische Anomalien, die in Kap. 16 behandelt werden.

Tabelle 7.1. Elastizitätsmoduln einiger kubischer Metalle bei 20°C (in GPa; ν und A dimensionslos)

Metall	E	G	K	ν	C_{11}	C_{44}	C_{12}	A
Al	71	26	75	0,35	107	28	61	1,2
Cu	120	48	138	0,34	168	75	121	3,2
Fe	211	82	168	0,29	233	118	135	2,4
Mo	324	126	261	0,29	441	122	172	0,9
W	411	161	311	0,28	523	161	205	2,0

7.2
Zugversuch und Härtemessung

Die meisten Untersuchungen und Daten über das mechanische Verhalten von Metallen beruhen auf dem Zugversuch. Er läßt sich verhältnismäßig einfach und genau durchführen, ist übersichtlich in den Einfluß- und Meßgrößen und kann bezüglich der wesentlichen Einflußparameter wie Probenform, Dehngeschwindigkeit und Temperatur variiert werden. Ein meist zylindrischer oder prismatischer Probestab mit Zugenden größeren Querschnitts, die zum Einspannen dienen, wird aus dem Probematerial herausgearbeitet. Die Anfangsmeßlänge L_0 in dem verjüngten Mittelteil des Probestabs hat konstanten Querschnitt und dient zur Ermittlung der auftretenden Dehnung, während die Spannung aus der Zugkraft und dem Probenquerschnitt rechnerisch ermittelt wird. Die Spannung-Dehnungs-Kurve hat meist die in Abb. 7.2 dargestellten Merkmale. Die relative Verlängerung oder Dehnung $\varepsilon = (L - L_0)/L_0$ wird als Funktion der Spannung σ ermittelt.

In Grundlagenuntersuchungen, im physikalischen Zugversuch, wird die Querschnittsfläche S jeweils mit ihrer Abnahme durch elastische und plastische Querkontraktion sowie durch die Einschnürung der Probe, die meist vor dem Bruch auftritt, der zugehörigen Kraft zugeordnet; daraus wird die wahre Spannung

$$\sigma(\varepsilon) = F/S \tag{7.8a}$$

ermittelt. Im genormten technischen Zugversuch, insbesondere in der Werkstoffprüfung, wird die Nennspannung

$$\sigma(\varepsilon) = F/S_0, \tag{7.8b}$$

d.h. die Kraft auf den Ausgangsquerschnitt bezogen, ermittelt. Die beiden Kurven unterscheiden sich dementsprechend mit zunehmender Dehnung, ins-

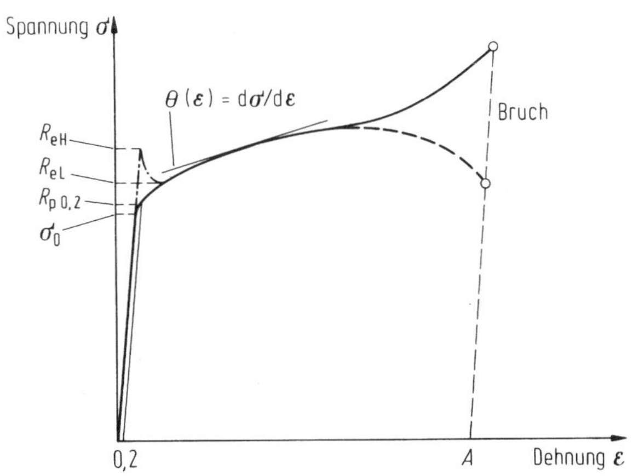

Abb. 7.2. Spannung-Dehnung-Kurve mit typischen Kennwerten (s. Text und Tab. 7.2). Die ausgezogene Kurve entspricht dem Verlauf der wahren Spannung, die gestrichelte gilt für Nennspannung. Die strichpunktierte ausgeprägte Streckgrenze tritt nur bei bestimmten Metallen und Versuchsbedingungen ($d\varepsilon/dt$, T) auf

Tabelle 7.2. Heutige technische Norm (DIN 50 145) und bisherige technische bzw. in der Physik übliche Bezeichnungen der Meßgrößen beim Zugversuch

Bezeichnung Norm	bisher	Benennung	Einheit[a]
F	P	Zugkraft	N
S	F	Probenquerschnitt	mm^2
σ	σ	Zugspannung	N/mm^2
σ_0	σ_0	Streckgrenze, Fließspannung	N/mm^2
		obere und untere	–
$R_{eH'}, R_{eL}$	σ_{So}, σ_{Su}	Streckgrenze	N/mm^2
$R_{p0,2}$	$\sigma_{0,2}$	0,2%-Dehngrenze	N/mm^2
R_m	σ_B	Zugfestigkeit	N/mm^2
ε	ε	Dehnung	%
ε_e	ε_e	elastische Dehnung	%
L	L	Meßlänge	mm
A	δ	Bruchdehnung	%
Z	ψ	Brucheinschnürung	%

[a] $1\ N/mm^2 = 1\ MN/m^2 = 1\ MPa$.

besondere nach Beginn der Einschnürung. Da in jüngerer Zeit die Standardbezeichnungen für die Meßwerte des Zugversuchs geändert wurden, daneben aber oft noch frühere in der Physik übliche Bezeichnungen auftreten, sind die Symbole und ihre Benennung in Tabelle 7.2 gegenübergestellt.

Verfolgen wir nun den Verlauf des Probenverhaltens im Zugversuch. Wird eine Probe im Bereich der Spannungen $0 < \sigma < \sigma_0$ belastet, so wird sie rein elastisch gedehnt, und die Dehnung geht bei Entlastung auf Null zurück. In diesem elastischen Bereich gilt $\sigma/\varepsilon = E$, d.h. der Elastizitätsmodul kann direkt im Zugversuch ermittelt werden.

Die Obergrenze des elastischen Bereichs wird als Streckgrenze oder Fließspannung σ_0 bezeichnet; bei ihr beginnt die plastische Dehnung, das Fließen. Da die Bestimmung von σ_0 unter praktischen Bedingungen oft schwierig ist, bestimmt man meist die Spannung, die zu einer kleinen, aber gut meßbaren plastischen Dehnung führt, und bezeichnet sie als Dehngrenze R_p. Die vereinbarte plastische Bezugsdehnung, oft $\varepsilon = 0,2\%$, wird der Bezeichnung zusätzlich angefügt, z.B. $R_{p0,2}$.

Den weiteren Anstieg der Spannung mit zunehmender Verformung bezeichnet man als Verfestigung. Sie wird durch den Verfestigungskoeffizienten $\theta(\varepsilon) = d\sigma/d\varepsilon$ gekennzeichnet. Zur phänomenologischen Beschreibung kann man die Verfestigungskurve in einem mehr oder weniger großen Bereich oft als Parabel annähern, wobei die Näherung bei Verwendung der wahren Dehnung (Kap. 12.2) besser ist:

$$\sigma = c\varepsilon_t^n ; \quad 0,1 < n < 0,3 . \tag{7.9}$$

Am Ende dieses Bereichs der Gleichmaßdehnung beginnt meistens an einer zufälligen Instabilität an der Probenoberfläche oder im Inneren die Einschnürung. Dort wird der Zugspannungsanstieg durch Verfestigung nicht mehr vom Zugspannungsabfall durch die Querschnittsabnahme kompensiert. Hierdurch und durch den Übergang von überwiegend einachsiger zu mehrachsiger Spannung im Einschnürungsbereich ändert sich der Verformungs- und der Verfestigungsprozeß. Der Kurvenverlauf ändert sich daher ebenfalls, wie in Abb. 7.2 schematisch gezeigt wird.

Die Bruchdehnung A (Allongement) wird aus der Verlängerung der Meßlänge beim Zusammenlegen der Bruchstücke bestimmt, L_1, bezogen auf die ursprüngliche Meßlänge L_0:

$$A = \frac{L_1 - L_0}{L_0} \, [\%]\,; \tag{7.10}$$

die Einschnürung Z wird als Querschnittsverminderung bezogen auf den ursprünglichen Probenquerschnitt ermittelt:

$$Z = \frac{S_0 - S_1}{S_0} \, [\%]\,. \tag{7.11}$$

Bruchdehnung und Einschnürung kennzeichnen die Formänderungsfähigkeit des Werkstoffs. Die Meßgrößen sind im Hinblick auf einfache Meß- und Rechenvorgänge definiert. Zugfestigkeit und Bruchdehnung sind als Kennwerte des technischen Zugversuchs keine physikalischen Größen, weil die Kraft nicht auf den wirklichen Querschnitt bezogen wird und der Bruchdehnungsbetrag durch die Inhomogenität in der Einschnürung keine eindeutige Meßgröße darstellt. Nur die Dehnbeträge im Bereich der homogenen Dehnung (Gleichmaßdehnung) sind mit Messungen im physikalischen Zugversuch vergleichbar.

Eine nützliche, nicht aber physikalisch eindeutig definierte Eigenschaft ist die Härte. Bei der *Härteprüfung* wird die Verformung des Materials beim Eindringen eines härteren Körpers bestimmt. Sie ist als einfaches Meßverfahren weit verbreitet. Die Eigenschaft „Härte" ist in komplexer Weise aus Streckgrenze und Anfangsverfestigung des Materials zusammengesetzt. Sie ist dennoch für Vergleichsmessungen in vielen Fällen gut geeignet. Zwei Verfahren werden am häufigsten angewandt: Bei der Brinell-Härtemessung (HB) (Abb. 7.3a) wird eine Stahlkugel von 10,5 oder 2,5 mm Durchmesser und bei der Vickers-Härtemessung (HV) (Abb. 7.3b; 3.12c) eine Diamantpyramide, deren Seiten einen Winkel von 136° einschließen, unter bestimmter Last für eine festgelegte Zeit in das Material eingedrückt. Die größte Ausdehnung der Eindrücke wird gemessen, und als Härtemaß gilt die aufgebrachte Kraft dividiert durch die Oberfläche des Eindrucks. Eine andere Methode der Härtemessung ist das Rockwell-Verfahren, bei dem die Eindringtiefe eines Kegels gemessen wird.

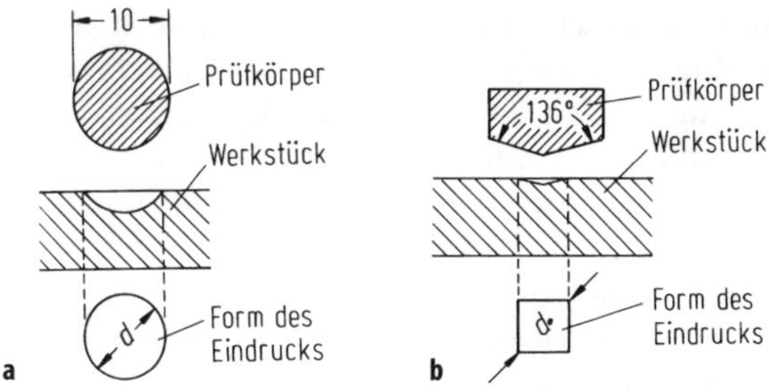

Abb. 7.3. Schematische Darstellung der Härteeindrücke und ihrer Ausmessung bei Härteprüfungen. a Brinell-Härtemessung; b Vickers-Härtemessung

7.3 Spannungsrelaxation

Zugversuche mit hochauflösenden Spannungs- und Dehnungsaufnehmern und mit verschiedenen Dehngeschwindigkeiten zeigen, daß die Dehnung sich aus einem zeitunabhängigen Teil ε' und einem zeitabhängigen Teil ε'' zusammensetzt:

$$\varepsilon = \varepsilon' + \varepsilon'' = \varepsilon' + \varepsilon''_\infty \, (1 - e^{-t/\tau}), \tag{7.12}$$

dabei ist die Relaxationszeit τ die Zeit, die (bei gegebener Temperatur) verstreicht, bis ε'' sich dem Endwert ε''_∞ auf den e-ten Teil genähert hat. Der Dehnungsanteil ε' enthält die rein elastische Dehnung und die mikroplastische Dehnung, die auf die reversible Verlagerung von Gitteraufbaufehlern zurückzuführen ist. Der zeitabhängige Teil ε'' wird als anelastische Dehnung bezeichnet und ist auf thermisch aktivierte Platzwechselvorgänge (Kap. 8) wie zeitabhängige Umlagerungen von Gitterbaufehlern und Fremdatomen zurückzuführen. Zur Untersuchung dieser Vorgänge dienen u. a. Dämpfungsmessungen (Kap. 10). Anelastische Dehnung ist auch ein Teilvorgang der Spannungsrelaxation. Als Spannungsrelaxation wird die Erscheinung bezeichnet, daß in einer auf bestimmte Spannung statisch vorbelasteten Probe, die bei konstanter Dehnung und Temperatur gehalten wird, $d\varepsilon/dt = 0$, ein zeitabhängiger Spannungsabfall eintritt $d\sigma/dt < 0$ (im Kriechversuch gilt dagegen: $d\varepsilon/dt > 0$, $d\sigma/dt = 0$). Bei $T < 0{,}4\ T_{kf}$ bleibt auch nach langen Zeiten ($t > 100$ h) eine Restspannung bestehen, bei $T > 0{,}4\ T_{kf}$ tritt im allgemeinen vollständiger Spannungsabbau ein. Abbildung 7.4 zeigt einige typische Meßkurven.

Die Elementarvorgänge, die bei der Spannungsrelaxation ablaufen, sind bei tiefern Temperaturen die gleichen, die im elastischen Bereich zu zeitabhängiger, anelastischer Dehnung und bei der Erholung zum Abbau der inneren Spannungen führen (Kap. 8.3). Bei höheren Temperaturen überlagern sich Kriechvorgänge. Es ist versucht worden, die Kinetik der Spannungsrelaxation phänomenologisch zu beschreiben. Die große Zahl der beitragenden Elementarvorgänge und ihre unterschiedliche funktionelle Abhängigkeit von den Einflußparametern macht aber eine einheitliche Beschreibung kompliziert und schwer auswertbar.

Die Spannungsrelaxation hat erhebliche praktische Bedeutung für das zeit- und temperaturabhängige Verhalten metallischer Werkstoffe wie die Festigkeit

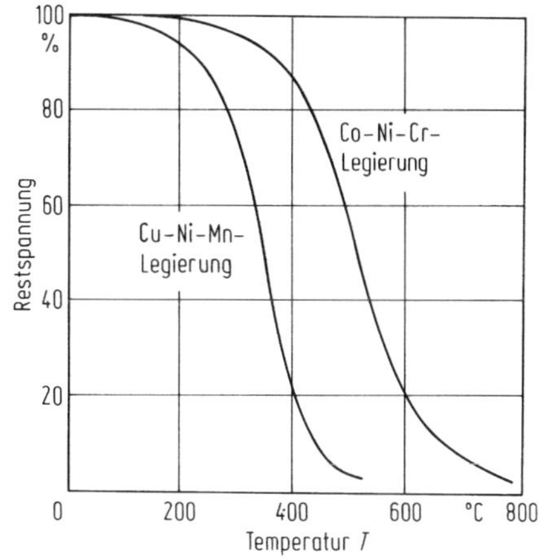

Abb. 7.4. Spannungsrelaxation nach einer Haltezeit von 100 h bei einer Anfangsspannung von 0,75 $R_{p0,2}$ für zwei kaltverformte, ausgehärtete Federlegierungen (42Co, 26Ni, 12Cr, 9Fe, 4Mo, 4W, 2Ti, 0,7Al; 63Cu, 18Ni, 18Mn, 0,2Be). Dehngrenze $R_{p0,2}$ (Co-Ni-Cr) = 1900 N/mm^2; Dehngrenze $R_{p0,2}$ (Cu-Ni-Mn) = 1350 N/mm^2

von Schraubverbindungen, die Nutzspannung vorgespannter Federn und die Formänderung verspannter Bauteile (Spannbeton). Deshalb ist die Spannungsrelaxation für zahlreiche Werkstoffe untersucht und in Datensammlungen zusammengestellt worden.

7.4
Struktur und Plastizität

Das Verformungsverhalten einer vielkristallinen Probe folgt aus dem Verformungsverhalten des Einkristalls durch geeignete Mittelung und Einhaltung von Randbedingungen wie der des Zusammenhalts der Kristallite während der Verformung (Kompatibilitätsbedingung). Untersuchungen von Einkristallen im Zugversuch liefern deshalb die Grundlage des Verständnisses der plastischen Verformung. Im Einkristall, an den eine Zugspannung angelegt wird, findet die Abgleitung vorwiegend in bestimmten, meist dicht gepackten Ebenen und Richtungen des Kristalls statt, die man als Gleitsysteme bezeichnet, wobei die Gleitrichtung in der Gleitebene enthalten ist. Alle Kristallstrukturen höherer Symmetrie enthalten mehrere gleichartige Gleitsysteme. Das Gleitsystem, für dessen Winkellage zur äußeren Spannung sich die höchste Schubspannung ergibt, wird zuerst betätigt (Schmidsches Schubspannungsgesetz). Die zum Gleitbeginn erforderliche Spannung wird als kritische Schubspannung τ_0 bezeichnet. Ihr entspricht die Streckgrenze bzw. Fließspannung σ_0 im Vielkristall. Die Beziehungen zwischen den Spannungen und den geometrischen Größen zeigt Abb. 7.5. Bezeichnen λ bzw. χ die Winkel zwischen der Stabachse und der Gleitebene (hkl) bzw. der Gleitrichtung $[uvw]$ und sind λ_0 und χ_0 die Anfangswerte, so bewirkt die Abgleitung eine Orientierungsänderung des Gleitsystems bezüglich der Stabachse, die über

$$\frac{\sin\chi_0}{\sin\chi} = \frac{\sin\lambda_0}{\sin\lambda} = \frac{L}{L_0} = 1 + \varepsilon \qquad (7.13\,a)$$

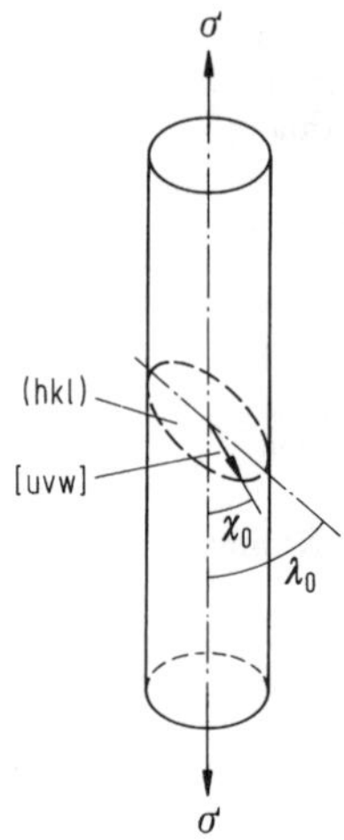

Abb. 7.5. Beziehungen zwischen Spannungen und geometrischen Größen einer Einkristall-Zugprobe und eines betätigten Gleitsystems

mit der Dehnung verknüpft ist. Damit ergibt sich für die Schubspannung auf dem betrachteten Gleitsystem

$$\tau = \sigma \cos\lambda \sin\chi_0 . \tag{7.13b}$$

Das Verhältnis der auftretenden Schubspannung zur einwirkenden Zugspannung $\tau/\sigma = m$ wird als Schmid-Faktor bezeichnet. Die gleiche kritische Schubspannung wird im allgemeinen im Druckversuch erhalten. Dies deutet darauf hin, daß die Kristallgleitung der Metalle in den meisten Fällen unabhängig vom Vorzeichen der auf die Gleitebene wirkendem Normalspannung ist. Eine Ausnahme bildet allerdings die Gleitung im kubisch-raumzentrierten Gitter.

Betrachten wir nun die Strukturabhängigkeit der plastischen Verformung, so sollen als grobe Einteilung drei Strukturgruppen unterschieden werden:

a) die dichtest gepackten Gitter kfz und hdP,
b) das krz Gitter und
c) alle anderen Strukturen einschließlich der Strukturen der geordneten intermetallischen Phasen und der amorphen Phasen.

Nur für die ersten beiden Gruppen sind gründliche systematische Untersuchungen und Ergebnisse bekannt. Wir wollen deshalb das Verhalten der drei wichtigsten metallischen Element- und Mischkristallstrukturen bei der plastischen Verformung betrachten.

Abbildung 7.6 zeigt jeweils Schubspannung-Abgleitung-Kurven für zwei charakteristische Temperaturen sowie die Temperaturabhängigkeit der kritischen Schubspannung. Als Abgleitung wird die Scherung (7.2) bei der Einkristallverformung bezeichnet. Bei diesen Kurven ist zu beachten,daß sie stark von der Kristallorientierung abhängen und hier die Kurven „mittelorientierter Kristalle“ [1] als typische Fälle ausgewählt wurden; außerdem unterscheidet sich der

[1] Zugachse des Einkristalls bildet etwa gleiche Winkel mit den nächstgelegenen Kristallachsen 100, 110, und 111, Abb. 3.9.

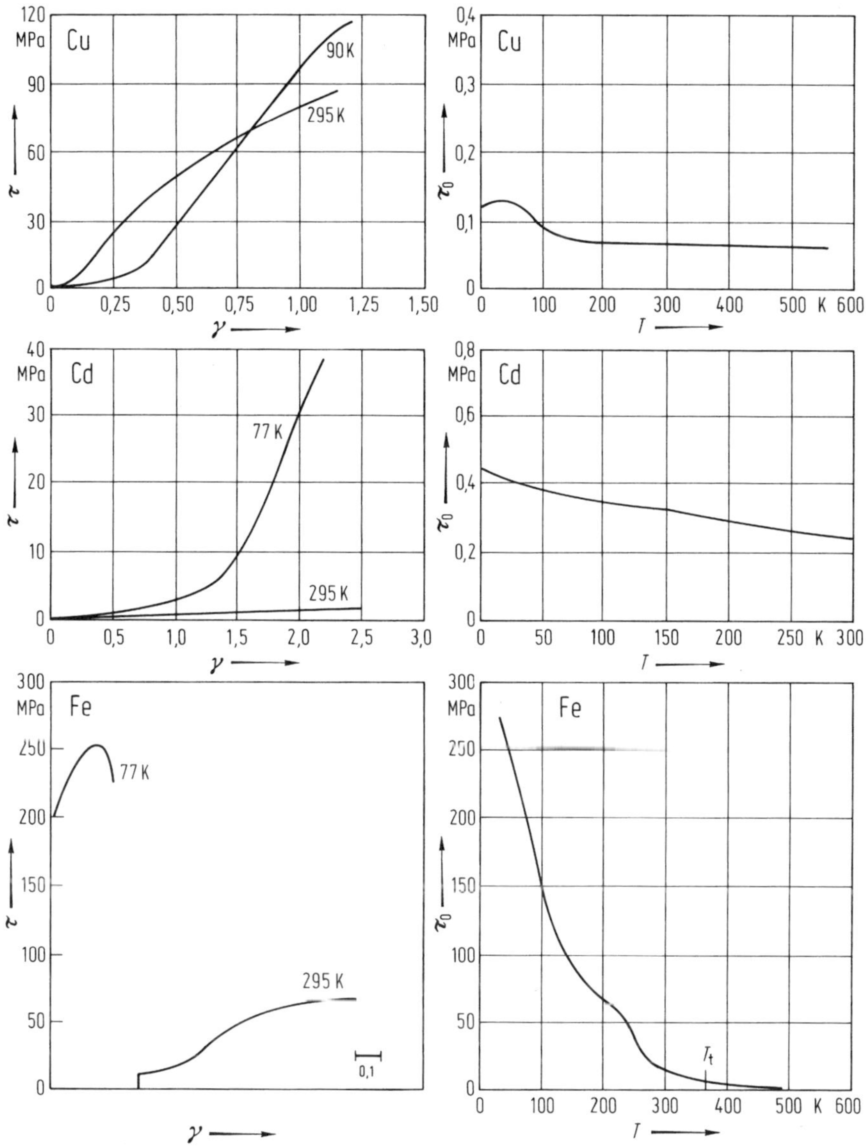

Abb. 7.6. Typische Kurven der Einkristallverformung $\tau(\gamma)$ und der Temperaturabhängigkeit der kritischen Schubspannung $\tau_0(T)$ von Cu(kfz), Cd(hdP) und Fe(krz). Man beachte die unterschiedlichen Achsenmaßstäbe. (Nach B. Šesták, 1979)

Verlauf quantitativ bei Metallen gleicher Kristallstruktur. Als wichtigste Unterschiede bei verschiedenen Kristallstrukturen seien hervorgehoben:

a) Die Verfestigung, d.h. der Gesamtanstieg der Schubspannung bezogen auf den Anfangswert, ist bei den Strukturen der Gruppe 1, kfz und hdP, größer als bei der krz Struktur.
b) Die Temperaturabhängigkeit der kritischen Schubspannung ist für die kfz und die hdP Struktur schwach, für die krz Struktur unterhalb einer charakteristischen Temperatur T_t dagegen stark.

Diese charakteristischen Eigenarten beruhen auf den kristallographischen Unterschieden der Strukturen und der Gleitvorgänge, auf die schon in Kap. 5 hingewiesen wurde.

Im *kubisch-flächenzentrierten Gitter* findet Gleitung auf den vier $\{111\}$-Ebenen in jeweils drei $\langle 110\rangle$-Richtungen statt, wobei jede Gleitrichtung zwei Vorzeichen haben kann, so daß insgesamt 24 Gleitsysteme vorliegen. Die sechs Gleitsysteme auf einer der vier Gleitebenen sind in Abb. 7.7 als Beispiel dargestellt.

Durch Versetzungsaufspaltung vom Typ

$$\frac{a}{2}[110] \rightarrow \frac{a}{6}[211] + \frac{a}{6}[12\bar{1}] \tag{7.14}$$

entstehen in kfz Gittern aus den Gleitversetzungen die Shockley-Teilversetzungen mit $\boldsymbol{b} = (a/6)\langle 211\rangle$ auf den Gleitebenen und spannen zwischen sich einen Stapelfehler auf. Dadurch ist die Gleitung stark an die $\{111\}$-Gleitebene gebunden. Die Aufspaltungsweite ist eine Funktion der Stapelfehlerenergie (Kap. 5) und beträgt z.B. ca. 3,6 nm bei Cu und ca. 10,2 nm bei Ag. Aus der bevorzugten Gleitung auf der primären Gleitebene ergibt sich für die Verformung im kfz Gitter ein charakteristisches Verhalten, das später näher besprochen wird.

In Metallen mit *hexagonal-dichter Kugelpackung* treten zwei Arten von Gleitsystemen auf, die mit Gleitung auf der Basisebene und auf den Prismenebenen der hexagonalen Struktur verbunden sind. Basisgleitung auf der $\{0001\}$-Ebene erfolgt durch Versetzungen vom Typ $\boldsymbol{b} = (a/3)\langle 2\bar{1}\bar{1}0\rangle$. Sie können sich, geo-

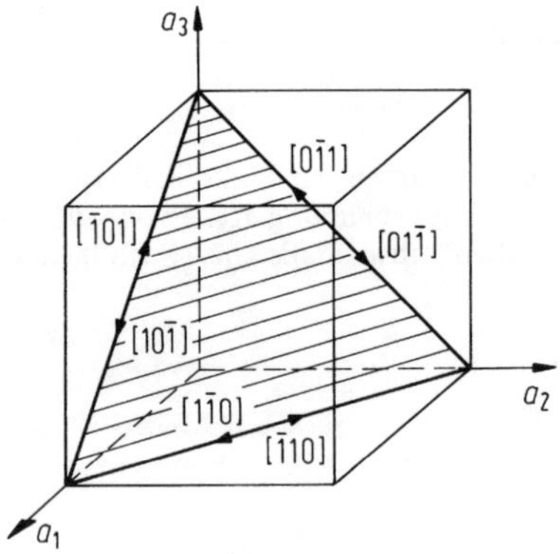

Abb. 7.7. Darstellung der 6 Gleitsysteme auf einer (111)-Ebene des kubisch-flächenzentrierten Gitters

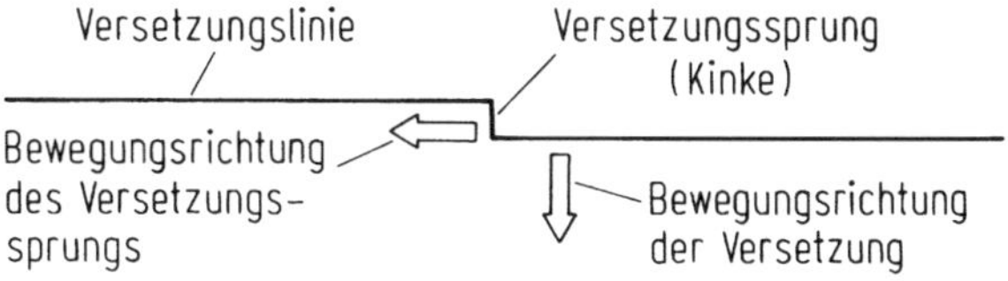

Abb. 7.8. Schematische Darstellung der Versetzungsbewegung im krz Gitter

metrisch äquivalent zu Gleitversetzungen im kfz Gitter, in Teilversetzungen aufspalten (Abb. 3.3 c):

$$\frac{a}{3}[2\bar{1}\bar{1}0] \rightarrow \frac{a}{3}[1\bar{1}00] + \frac{a}{3}[10\bar{1}0]. \tag{7.15}$$

Basisgleitung überwiegt in Zn, Cd, Co und Mg. Gleitung von Versetzungen mit $\boldsymbol{b} = (a/3)\langle 2110\rangle$ auf den Prismenebenen $\{1010\}$ tritt bevorzugt in Metallen mit „unteridealem Achsenverhältnis" $c/a < 1{,}633$, wie Ti, Zr und Be, auf. Die Versetzungsaufspaltung tritt sowohl bei Basisgleitung als auch bei Prismengleitung auf. Deshalb ist in hdP Metallen wie in kfz Metallen die primäre Gleitebene jeweils bevorzugt, was zu den in Abb. 7.6 erkennbaren qualitativen Ähnlichkeiten bei der plastischen Verformung führt.

Für das *kubisch-raumzentrierte* Gitter schließlich ist keine bevorzugte Gleitebene festzustellen. Die Gleitversetzungen haben den Burgers-Vektor $\boldsymbol{b} = \frac{a}{2}\langle 111\rangle$, und makroskopisch ist vorwiegend Abgleitung parallel zu $\{110\}$- und $\{211\}$-Ebenen zu beobachten, die aber mikroskopisch keine Gleitebenen sind. Für die Gleitung im krz Gitter ist maßgebend, daß die Schraubenversetzungen sich in drei Richtungen aufspalten. Damit wirkt einerseits eine hohe Gitterreibungsspannung bei der Versetzungsbewegung, die als Peierls-Spannung bezeichnet wird, und andererseits eine Polarität dieser Reibungsspannung mit der Gleitrichtung, d. h. ihr Betrag ist in Gleitrichtungen entgegengesetzten Vorzeichens nicht gleich. Aus geometrischen und energetischen Gründen bewegen sich die Versetzungen im krz Gitter nicht als Linien insgesamt.

Vielmehr erfolgt die Vorwärtsbewegung einer Versetzung durch die thermisch aktivierte laterale Bewegung von Sprüngen (Kinken) in der Versetzungslinie, deren Bildung und Wanderung die Geschwindigkeit der Versetzungsbewegung bestimmen (Abb. 7.8). Der steile Anstieg der Streckgrenze und der Verfestigung bei $T < T_t$ ist auf die stark abnehmende Beweglichkeit der Schraubenversetzungen (Abb. 5.6) zurückzuführen.

7.5 Plastizität von Ein- und Vielkristallen

Obwohl die Vielfalt des Spannung-Dehnung-Verhaltens groß und eine geschlossene, quantitative theoretische Behandlung bisher nicht möglich ist, läßt sich doch eine quasi-universelle Kurve der Einkristallverformung angeben, der charakteristische Vorgänge zugeordnet werden können. Diese Kurve mit ihren drei Bereichen (I, II, III) ist in Abb. 7.9 wiedergegeben. Sie gilt für kfz und

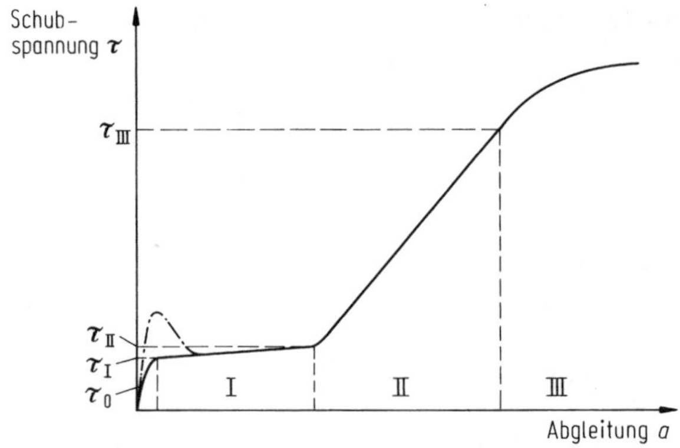

Abb. 7.9. Verallgemeinerte Spannung-Dehnung-Kurve für Einkristalle. Die strichpunktierte Kurve gibt den Spannungsverlauf beim Auftreten einer ausgeprägten Streckgrenze an

hdP Gitter bei allen Temperaturen, für krz Gitter nur bei $T > T_t$, während bei $T < T_t$ ein parabolischer Verlauf charakteristisch ist, vgl. Abb. 7.5.

Bei τ_0 beginnt das plastische Fließen. Die kritische Schubspannung liegt für reine Metalle bei $10^{-4}\,G < \tau_0 < 10^{-6}\,G$. Dies ist ein relativ kleiner Wert verglichen mit der theoretischen Schubspannung τ_{th}, die erforderlich ist, um alle Atome in einer Gleitebene gleichzeitig um einen Identitätsabstand zu verschieben; sie beträgt praktisch für alle Metalle und Legierungen, unabhängig von der Temperatur, $\tau_{th} \simeq G/20$. Der Beginn des plastischen Fließens ist also nicht durch gleichzeitige Abgleitung in einer Gleitebene, sondern durch einen Vorgang, der geringere Schubspannung erfordert, bestimmt: die Bildung gleitfähiger Versetzungen. Als Versetzungsquellen können die freie Oberfläche sowie Grenzflächen wie Korn- oder Phasengrenzen und vorhandene Versetzungen wirken. Man erkennt am Fließbeginn oft Versetzungsanordnungen, die darauf hindeuten, daß Versetzungen überwiegend von Grenzflächen ausgehen und nach Durchqueren eines Kristalliten wieder an Grenzflächen aufgestaut werden (Abb. 7.10a). Über die kristallographische Struktur möglicher Versetzungsquellen lassen sich keine allgemeinen Aussagen machen. Für die Funktion einer Quelle, die durch Wechselwirkung von Versetzungen im Inneren eines Korn zustandekommen kann, hat das Modell der Frank-Read-Quelle grundsätzliche Bedeutung. Es soll deshalb kurz beschrieben werden (Abb. 7.10b): A–B sei die Linie einer gleitfähigen Versetzung die in den Punkten A und B mit dem Abstand l verankert ist, d.h. Knoten mit Versetzungen bildet, die nicht in der gleichen Gleitebene und -richtung liegen. Diese Versetzung biegt sich aus, wenn eine zunehmende Schubspannung auf sie wirkt, bis sie als minimalen Radius $r_{min} = l/2$ erreicht. Bei weiter zunehmender Spannung wird die Anordnung instabil, der Radius nimmt wieder zu. Die beiden Versetzungsteile vereinigen sich hinter der Quelle. Dabei entsteht eine neue Versetzung A′B′ und ein Versetzungsring mit $r > l/2$. Die Versetzung A′B′ kann nun wiederum einen Ring bilden, so daß aus der Versetzung A–B eine große Zahl von Ringen entstehen kann. Die Spannung τ_Q, die notwendig ist, eine solche Quelle in Tätigkeit zu setzen, kann man berechnen. K_i seien Kräfte pro Längeneinheit der Versetzung.

$$\tau b = +\,K_1 \qquad (7.16)$$

a 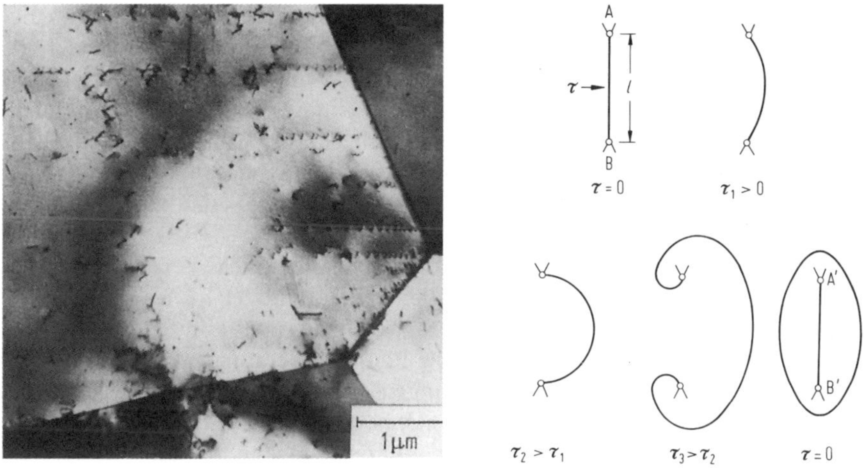 b

Abb. 7.10. Versetzungsbildung am Fließbeginn. **a** Versetzungsanordnung in schwach verformtem polykristallinem Gefüge TEM; **b** Wirkungsweise einer Frank-Read-Quelle

ist die angreifende Kraft auf die Versetzung A–B, b der Betrag ihres Burgers-Vektors.

$$\frac{Gb^2}{l} = \frac{T}{l/2} = -K_2 \qquad (7.17)$$

ist die Kraft, die vom Durchbiegen der Versetzung mit der Linienspannung $T \approx 0{,}5\, b^2G$ herrührt und die der von außen wirkenden Kraft $+K_1$ entgegenwirkt. Die Bedingung für das Gleichgewicht der Kräfte ist:

$$K_1 + K_2 = 0\,. \qquad (7.18)$$

Das Maximum von K_2 ist gegeben bei $r = r_{\min} = l/2$. Daraus folgt die Quellspannung τ_Q:

$$\tau_Q = \frac{Gb}{l}\,. \qquad (7.19)$$

Für l kann im unverformten Kristall ein Wert von der Größenordnung 10^{-4} – 10^{-3} cm, im verformten 10^{-6} – 10^{-5} cm angenommen werden. Je nach Ausgangsgefüge und Mechanismus des Fließbeginns, die l bestimmen, sowie dem Bindungspotential der Struktur, das sich in G äußert, kann die kritische Schubspannung τ_0 also in weiten Grenzen variieren. Die Spannung für den Fließbeginn, die Streckgrenze, ist demnach von der Quellspannung τ_Q oder von der kritischen Spannung für einen anderen Mechanismus abhängig, durch den neue Gleitversetzungen gebildet oder verankerte, gleitfähige Versetzungen aus ihrer Verankerung losgerissen werden.

Eine wichtige Erscheinung bei Fließbeginn, die oft bei Stählen, unter bestimmten Bedingungen aber in allen Metallen auftritt, ist die ausgeprägte Streckgrenze, deren typischer Verlauf in Abb. 7.2 und 7.9 strichpunktiert eingezeichnet ist. Sie besteht im wesentlichen aus einer Spannungsüberhöhung, deren Maximum als obere Streckgrenze bezeichnet wird, wonach die Fließspannung (u. U. nach Durchlaufen einiger Zwischenmaxima) auf den Wert der unteren Streckgrenze abfällt und danach dem generellen Verlauf der Spannung-Dehnung-Kurve folgt.

Diese Erscheinung kann entweder durch eine anfängliche Verankerung oder durch eine zu geringe Dichte der beweglichen Versetzungen hervorgerufen werden. Für den ersten Fall ist die ausgeprägte Streckgrenze von Stählen typisch: Kohlenstoff- und Stickstoffatome, die bei Raumtemperatur im Gitter beweglich sind, können sich an die Gleitversetzungen anlagern und deren Verankerung bewirken, weil sie im Spannungsfeld der Versetzungen ihre Energie erniedrigen; dann ist zunächst eine höhere Schubspannung $\tau_0' > \tau_0$ zum Losreißen der Versetzungen von den angelagerten Atomen erforderlich, um den Fließprozeß einzuleiten. Danach kann die Gleitung bei niedrigerer Spannung fortgesetzt werden, wenn die Versetzungsgeschwindigkeit groß gegen die Diffusionsgeschwindigkeit von C- und N-Atomen ist. Dieser Fall tritt besonders als Reckalterung von Stählen auf (Kap. 15).

Der zweite Fall der ausgeprägten Streckgrenze, der prinzipiell in jedem Metall auftreten kann, beruht auf der im Zugversuch aufgeprägten Dehngeschwindigkeit $d\varepsilon/dt = \dot{\varepsilon}$, der eine erzwungene Abgleitgeschwindigkeit $\dot{a}$ entspricht. Diese Geschwindigkeit hängt von der Dichte N_b der beweglichen Versetzungen ab und ist durch die Beziehung

$$\dot{a} = \boldsymbol{b} N_b v \tag{7.20}$$

gegeben, in der $\boldsymbol{b}$ der Burgers-Vektor und v die Geschwindigkeit der beweglichen Versetzungen ist. Bei einer gegebenen Dehngeschwindigkeit $\dot{\varepsilon}$ ist also eine bestimmte Versetzungsdichte N_b erforderlich, die anfänglich nicht sogleich vorliegt. Andererseits kann v nicht beliebig groß werden, sondern folgt bei Schubspannungen im Bereich von τ_0 der Beziehung

$$v = B\tau^m , \tag{7.21}$$

worin B und m außer vom Material auch von der Temperatur abhängen. Die ausgeprägte Streckgrenze ist in diesem zweiten Fall also auf den zunächst erforderlichen Prozeß der Versetzungsmultiplikation zurückzuführen, der zur Erhöhung von N_b und zur Erniedrigung von v bis zu einem stationären Zustand führt, der sich bei der unteren Streckgrenze einstellt. Beide Ursachen der ausgeprägten Streckgrenze sind also mit Geschwindigkeiten von Elementarvorgängen verbunden (Diffusion von C- bzw. N-Atomen; Versetzungsgeschwindigkeit v) und hängen damit auch von den Meßparametern $\dot{\varepsilon}$. und T ab. Das heißt, eine ausgeprägte Streckgrenze ist nur bei bestimmten Werten von $\dot{\varepsilon}$ und T zu erwarten.

Um das plastische Verhalten von Metallen zu verstehen, müssen die charakteristischen Bereiche I–III (Abb. 7.9) zum Verhalten der Versetzungen in Beziehung gesetzt werden. Im Bereich I treten nur schwach zunehmende Wechselwirkungen zwischen den einzelnen Gleitversetzungen auf, die den Beginn der plastischen Verformung bewirken; sie bewegen sich deshalb mit geringer Spannungserhöhung (easy glide). Vom Beginn des Bereichs II an ist es wegen der Wechselwirkung zwischen den einzelnen Gleitversetzungen notwendig, daß zur weiteren plastischen Verformung eine immer höhere Spannung aufgebracht werden muß. Das ist darauf zurückzuführen, daß durch Aufstauungen von Versetzungen in der jeweiligen Gleitebene weitreichende Spannungsfelder entstehen. Elastische Wechselwirkung und Schneidprozesse behindern die Versetzungsbewegung zunehmend. Mit steigender Dichte der Versetzungen nimmt der Knotenabstand l ab. Dadurch wird auch die Quellspannung τ_Q erhöht. Im Bereich II gilt unabhängig von den Versetzungsreaktionen im einzelnen für den Zusammenhang zwischen der Fließspannung im verfestigten Zustand τ_{II} und der Versetzungsdichte N die Taylor-Beziehung

$$\tau_{II} = \tau_0 + \Delta\tau_v = \tau_0 + \alpha_1 \, G b N^{1/2} \,. \tag{7.22}$$

Die Versetzungsdichte N wird in Linienzahl pro Flächeneinheit bzw. Linienlänge pro Volumeneinheit angegeben und kann z.B. elektronenmikroskopisch bestimmt werden. Für den Verfestigungskoeffizienten im Bereich II wird in allen kfz Metallen $d\tau/da_{pl} \approx G/300$ gefunden. Das Abbiegen der Verfestigungskurve bei noch höheren Spannungen $\tau \gtrsim \tau_{III}$ ist darauf zurückzuführen, daß Versetzungen dann ihre Gleitebene verlassen und quergleiten können. Die plastische Verformung ist dabei mit der Bildung zellenförmiger Versetzungsanordnungen verbunden. Da Quergleitung um so geringere Spannung erfordert, je höher die Stapelfehlerenergie γ_{SF} (Tabelle 5.1) eines Metalls ist, kann diese wichtige Größe durch Messungen der Fließspannung τ_{III} am Beginn des Bereichs III bestimmt werden. Der verminderte Anstieg der Verformungskurve im Bereich III beruht darauf, daß der Verfestigung ein Entfestigungsvorgang überlagert wird. Die Versetzungen, die durch Quergleitung ihre Gleitebenen verlassen, haben teilweise Burgers-Vektoren entgegengesetzten Vorzeichens und können sich deswegen aufheben (Annihilation). Dadurch wird ein Teil der Spannungen abgebaut. Diesen Vorgang bezeichnet man als dynamische Erholung. Er ist eng mit den Erholungsvorgängen beim Anlassen nach Kaltverformung und bei Warmverformung verwandt (Kap. 8.3).

Die praktische Verwendung von Metallen geschieht meistens in vielkristalliner Form. Aus der kritischen Schubspannung des Einkristalls ergibt sich die Streckgrenze des Vielkristalls, wenn gleiche Häufigkeit aller Orientierungen zur von außen anliegenden Spannung vorausgesetzt wird, mit dem Taylor-Faktor M:

$$\sigma_0 = M\tau_0 \,. \tag{7.23}$$

Für kfz Metalle hat Taylor $M = 3{,}06$ berechnet. $M = 3$ ist auch ein guter Näherungswert für andere Vielkristalle mit Gittern höherer Symmetrie. Bei der Verfestigung gilt der Taylor-Faktor in der Form

$$\frac{d\sigma}{d\varepsilon} = M^2 \frac{d\tau}{da} . \tag{7.24}$$

7.6 Zwillingsbildung

Neben der Verformung durch Abgleitung mittels Versetzungen treten noch zwei weitere Vorgänge der plastischen Verformung auf:

- Zwillingsbildung, sie erfolgt in geeigneten Strukturen mit abnehmender Temperatur und zunehmender Verformungsgeschwindigkeit durch Umklappen des Gitters in neue Orientierungen;
- Gitterumwandlungen durch Scherung, sie tritt in einigen metastabilen Metallen und Legierungen auf und ist durch gleichzeitige Struktur- und Formänderung einer plastischen Verformung durch Zwillingsbildung verwandt (Pseudoelastizität und Formgedächtniseffekt, Kap. 18.5).

Beiden Vorgängen ist der Elementarmechanismus der affinen Verzerrung gemeinsam: ganze Gitterbereiche (-volumina) gehen aufgrund kristallographisch bestimmter Beziehungen durch Schervorgänge in neue Lagen über und bewirken dadurch eine plastische Formänderung. Zwillingsbildung ist der weitaus stärker verbreitete und deshalb wichtigere dieser Scherverformungen. Abbildung 5.11 zeigt diesen Vorgang für das krz Gitter. Die Atomlagen parallel zur Zwillingsebene (112) werden um den Zwillings-Vektor $\boldsymbol{b}_z = (1/6)\ [11\bar{1}]$ geschert. Dadurch geht eine Gitterrichtung $[111]_{\mathrm{I}}$ der Ausgangsorientierung der Matrix in die Richtung $[111]_{\mathrm{II}}$ im Zwilling über. Ist die Grenzfläche gleich der Zwillingsebene, so liegt eine kohärente Zwillingsgrenze vor, die im Gefüge als ebene Grenzfläche erkennbar ist; um ein Zwillingsvolumen umschließen zu können, können aber auch davon abweichende, inkohärente Grenzen erforderlich sein. Die Zwillingselemente der drei wichtigsten Kristallgitter sind in Tabelle 7.3 angegeben. Es ist zu beachten, daß die Zwillingsscherung nicht zugleich die resultierende Orientierungsbeziehung der Gitterachsen beschreibt,

Tabelle 7.3. Zwillingselemente

Struktur	Zwillingsebene	Zwillingsscherung
krz	$\{112\}$	$(1/6)\ \langle 111\rangle$
kfz	$\{111\}$	$(1/6)\ \langle 112\rangle$
hdP	$\{10\bar{1}2\}$	(const) $\langle 10\bar{1}1\rangle$[a]

[a] Für hdP ist die Zwillingsscherung kompliziert und hängt zusätzlich vom (c/a)-Verhältnis ab.

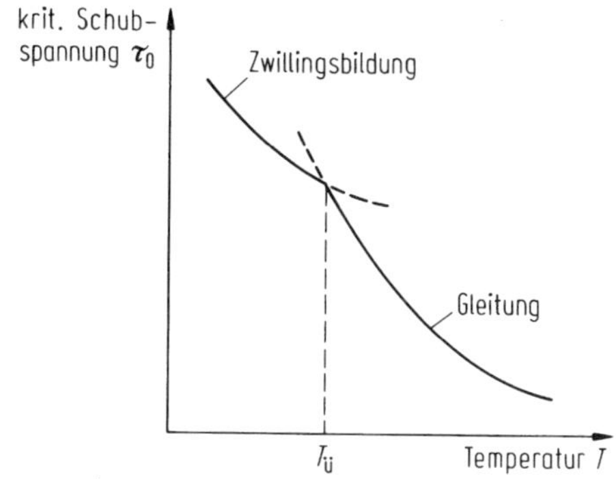

Abb. 7.11. Typische Temperaturabhängigkeit der kritischen Schubspannung in Verbindung mit der Verformungsart in krz Metallen

wie auch aus Abb. 5.11 zu erkennen ist. Die mechanische Zwillingsbildung tritt insbesondere in krz Metallen wie Eisen bei tieferen Temperaturen auf und hat auch als Ursache des Sprödbruchs erhebliche Bedeutung (Kap. 15.2). In der Temperaturabhängigkeit der Streckgrenze zeigt sich die Zwillingsverformung wie in Abb. 7.11. Unterhalb einer Übergangstemperatur $T_ü$ ist die kritische Schubspannung für Zwillingsbildung geringer als für Verformung durch Versetzungsgleitung.

7.7 Verformungstextur

In der Berechnung der Streckgrenze von Vielkristallen aus Einkristalldaten (7.21) war vorausgesetzt worden, daß der Vielkristall eine isotrope, d.h. gleichmäßig häufige Verteilung der Orientierungen besitzt. Wird aber ein vielkristallines Metall zum Beispiel durch Walzen verformt, so treten mit dem Verformungsgrad zunehmende Abweichungen von der regellosen Orientierungsverteilung auf, die auf die Anisotropie der Verformung in den einzelnen Kristalliten zurückzuführen sind. Einflußfaktoren sind vor allem die Zahl der Gleitsysteme, das Verhältnis von planarer zu Quergleitung und der Anteil von Zwillingsbildung. Die Abweichung von der regellosen Verteilung der Orientierungen nach Verformung wird als Verformungstextur oder speziell nach dem Walzen als Walztextur und nach dem Drahtziehen als Ziehtextur bezeichnet. Die Verteilung der Häufigkeit von Orientierungen kann mit Hilfe der stereographischen Projektion (Kap. 4) dargestellt werden. Abbildung 7.12 zeigt dies am Beispiel von Walztexturen, die im Messing mit dem Zn-Gehalt variieren. Als Bezugsachsen dienen hierbei die Walz-, Quer- und Normalenrichtung der Blechprobe. Aus den Polfiguren und der Kenntnis der Anisotropie im Einkristall kann dann die Anisotropie makroskopischer Eigenschaften, z.B. der Streckgrenze oder der Ummagnetisierungsverluste im vielkristallinen Metall abgeleitet werden.

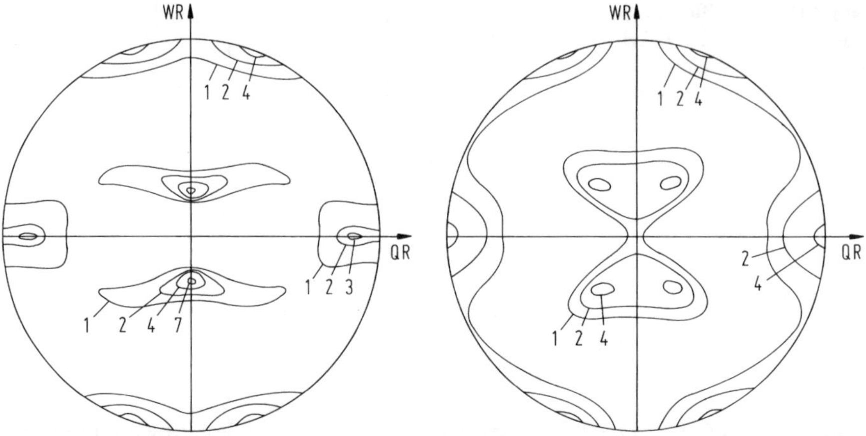

Abb. 7.12. Darstellung der Verformungstextur durch Polfiguren. Die Abbildungen sind 111-Polfiguren. Die Höhenlinien geben die Häufigkeit der Pole von {111}-Ebenen an. Blechebene und Zeichenebene liegen parallel. WR: Walzrichtung; QR: Querrichtung. **a** Walztextur von kfz Metallen mit hoher Stapelfehlerenergie (Kupfer), **b** Walztextur von kfz Metallen mit niedriger Stapelfehlerenergie (Messing, 70 Masse-% Cu, Rest Zn) (F. Haessner)

7.8 Kriechen und Superplastizität

Die plastische Verformung bei höheren Temperaturen hängt nicht nur von der Spannung, sondern außerdem von der Zeit ab, was auf einen Anteil thermisch aktivierter Platzwechselvorgänge (Kap. 8) bei der Verformung zurückzuführen ist. Zur Untersuchung dieses Verhaltens, des Kriechens, dient die Messung der zeitabhängigen Dehnung im statischen Zugversuch. Die Probe steht entweder unter konstanter Last (technischer Zeitstandversuch) oder unter konstanter Spannung (physikalischer Kriechversuch). Dabei wird die Dehnung als Funktion der Zeit t gemessen (Abb. 7.13). Aufgrund der Zeitabhängigkeit

$$\varepsilon \sim t^{\mathrm{m}} \qquad (7.25)$$

kann die Kriechkurve bei konstanter Spannung in drei Bereiche eingeteilt werden, die, je nach Spannung und Temperatur, verschieden stark ausgeprägt sein können (Abb. 7.14):

Bereich I: $m < 1$ Verfestigung überwiegt,
Bereich II: $m = 1$ Verfestigung und thermisch aktivierte, entfestigende Vorgänge kompensieren sich zu stationärem Kriechverhalten,
Bereich III: $m > 1$ thermisch aktivierte Verformungsvorgänge mit Entfestigung überwiegen.

Für die Spannungsabhängigkeit der Kriechdehnungsgeschwindigkeit findet man allgemein die Beziehung

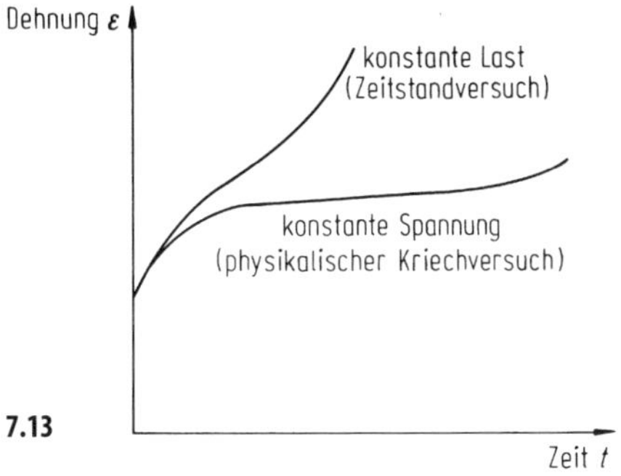

7.13

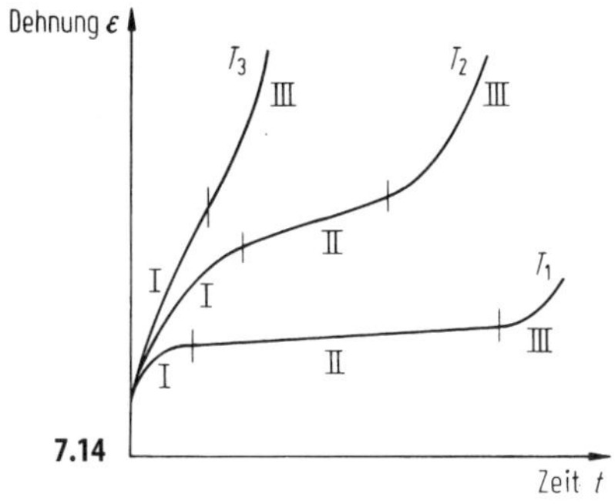

7.14

Abb. 7.13. Kriechkurven: die Dehnung einer Probe wird unter konstanter Last (technischer Dauerstandversuch) oder konstanter Spannung (physikalischer Kriechversuch) in Abhängigkeit von der Zeit gemessen

Abb. 7.14. Physikalische Kriechkurven bei verschiedenen Temperaturen; $T_1 < T_2 < T_3$

$$\dot{\varepsilon} = A \left(\frac{\sigma}{\sigma_0} \right)^{\mathrm{n}}, \qquad (7.26)$$

wobei A und n Materialparameter und σ die Zugspannung sind. Diese exponentielle Abhängigkeit (power law creep) setzt bei $T \geq 0{,}3 \ldots 0{,}4\ T_{\mathrm{kf}}$ ein und charakterisiert damit den Bereich der zeitabhängigen Verformung, des Kriechens.

Je nach Spannung und Temperatur tritt ein dominierender Verformungsvorgang auf[2]:

a) bei hohen Zugspannungen, $\sigma \gtrsim 10^{-3}\, G$ mit $G(T)$ = Schubmodul, herrscht *Versetzungsgleiten* bei allen Temperaturen bis zum Schmelzpunkt vor;
b) bei $\sigma \lesssim 10^{-3}\, G$ und $T \gtrsim 0{,}4\ T_{\mathrm{kf}}$ wird *Versetzungskriechen* oder -klettern wirksam; es ist durch Diffusion von Leerstellen bestimmt und mit der Umlagerung der Versetzungen zu zellförmigen Anordnungen verbunden, damit findet gleichzeitig Spannungsabbau und Erholung (Kap. 8) statt; empirisch findet man für diesen Vorgang die (Scher-) Dehngeschwindigkeit

$$\dot{\gamma}_{\mathrm{VK}} = A' \frac{DGb}{kT} \left(\frac{\tau}{G} \right)^{\mathrm{n}'}, \qquad (7.27)$$

wobei D der Selbstdiffusionskoeffizient und A' und n' materialabhängige Konstanten sind,
c) bei Spannungen, die nicht zum Versetzungskriechen ausreichen, und bei $T \simeq 0{,}5\ T_{\mathrm{kf}}$, tritt *Diffusionskriechen* auf; es verläuft wie Newtonsches, visko-

---

[2] Die Anhaltszahlen für Spannungs- und Temperaturgrenzen sind nur als grobe Hinweise anzusehen; Einflüsse wie Kristallstruktur, Korngröße und Versetzungsdichte führen zu Variationen der bezogenen Grenzwerte σ/G und T/T_{kf} um $\gtrsim 10\%$.

ses Fließen und wird allein durch spannungsinduzierte Diffusion einzelner Ionen bestimmt. Dabei lassen sich zwei unabhängige Diffusionsprozesse unterscheiden, die in unterschiedlichen Bereichen dominieren: Bei Temperaturen nahe dem Schmelzpunkt herrscht Volumendiffusion vor; die durch sie bestimmte Verformung wird als Nabarro-Herring-Kriechen bezeichnet. Bei tieferen Temperaturen dominiert Korngrenzendiffusion, mit ihr ist Coble-Kriechen verbunden. Wird der Volumen-Diffusionskoeffizient mit D_v und der Korngrenzen-Diffusionskoeffizient mit D_{KG} bezeichnet, so ergibt sich für die Dehngeschwindigkeit:

$$\dot{\varepsilon}_{DK} = A'' \frac{\sigma\Omega}{kT} \cdot \frac{1}{d^2} \left\{ 1 + \frac{\pi\delta}{d} \cdot \frac{D_{KG}}{D_V} \right\}, \tag{7.28}$$

wobei $A'' \simeq 14$ eine Konstante, Ω das Atomvolumen, d die mittlere Korngröße und δ die effektive Dicke des Bereichs der Korngrenzendiffusion bedeuten.

Ashby hat vorgeschlagen, für die verschiedenen Kriechmechanismen ein Verformungsmechanismus-Schaubild (Deformation Mechanism Map) aufzustellen. Abbildung 7.15 zeigt ein Beispiel für reines Nickel. Als Achsen sind die bezogene Zugspannung σ/G und die homologe Temperatur T/T_{kf} gewählt. Die Obergrenze des Bereichs des Versetzungsgleitens ist die theoretische Schub-

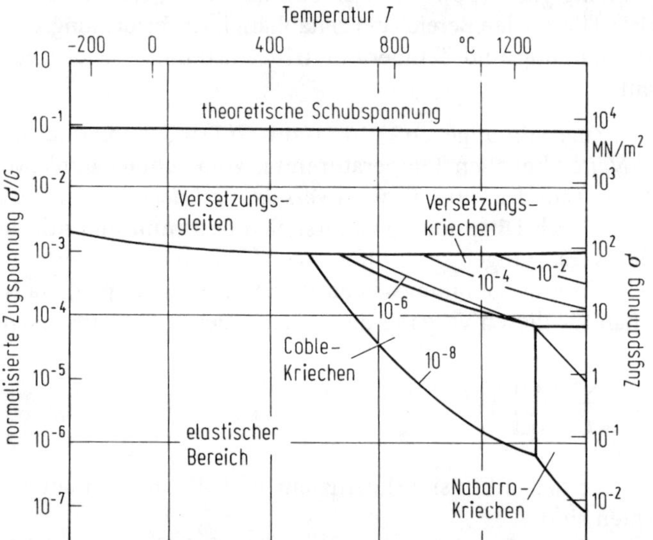

Abb. 7.15. Verformungsmechanismus-Schaubild für reines Nickel mit 32 μm Korngröße. Der Parameter ist die Dehngeschwindigkeit $\dot{\varepsilon}$ in s^{-1}; $\dot{\varepsilon} = 10^{-8}\,s^{-1}$ wurde als praktische Grenze zwischen elastischer und plastischer Verformung eingesetzt. (Nach M. F. Ashby, 1972)

spannung $\tau_{th} \simeq G/20$. Die Bereiche der jeweils dominierenden Verformungsvorgänge wurden aus empirischen Daten mit Hilfe der konstitutiven Gleichungen für die einzelnen Prozesse berechnet; daraus ergeben sich ebenfalls die in Abb. 7.15 eingezeichneten Kurven gleicher Dehngeschwindigkeit. Als praktische (aber strenggenommen willkürliche) Grenze zwischen Coble-Kriechen und rein elastischer Verformung wurde $\dot{\varepsilon} = 10^{-8}\ s^{-1}$ angenommen. Anelastische Verformung und andere Tieftemperaturvorgänge, die zu Spannungsrelaxation führen, sind auch in diesem Spannungs-Temperatur-Bereich möglich.

Ein besonderer Hochtemperatur-Verformungsvorgang ist die *Superplastizität*. Man versteht darunter, daß ein Werkstoff sich bei $0{,}4\ T_{kf} < T < 0{,}7\ T_{kf}$ und einer kritischen Dehngeschwindigkeit $10^{-4} \lesssim \dot{\varepsilon} \lesssim 10^{-3}\ s^{-1}$ um einige 100% bis z.T. über 1000% zugverformen läßt. Dieses ungewöhnliche Verhalten ist eng damit verbunden, daß die Fließspannung äußerst empfindlich von der Dehngeschwindigkeit abhängt. In der Beziehung

$$\sigma = k\dot{\varepsilon}^{m}, \tag{7.29}$$

vgl. (7.26), in der k ein Materialparameter ist, hat der Exponent der Dehngeschwindigkeits-Abhängigkeit (strain-rate sensitivity exponent) m einen Wert $\geq 0{,}5$, wenn das Material superplastisch ist. Für den Fließvorgang bedeutet dies, daß die Ausbildung einer Einschnürung verhindert wird, weil ein höherer lokaler Wert von $\dot{\varepsilon}$ mit einer starken Erhöhung der lokalen Fließspannung σ und dadurch mit einer Verringerung des Fließens an dieser Stelle verbunden ist.

Grundlage dieses Werkstoffverhaltens ist eine geringe äquiaxiale Korngröße im Bereich von $1 \lesssim D \lesssim 10\ \mu m$. Das superplastische Fließen dieses Gefüges besteht aus Korngrenzengleitung verbunden mit Versetzungsgleitung im Korninnern, durch die die Spannungen an den Kornecken und -kanten abgebaut werden. Die Korngröße und -form bleiben dabei im wesentlichen unverändert. Dies wird dadurch erreicht, daß ein zweiphasiger Zustand eingestellt wird, in dem das Kornwachstum bei höheren Temperaturen erheblich geringer ist als in einphasigen Legierungen. Durch Korngrenzendiffusion bleibt die äquiaxiale Kornform erhalten. Feinkristalline, superplastische Gefüge werden durch Vorbehandlungen wie starke Kaltverformung und Rekristallisation, zyklische Wärmebehandlung, durch eine Umwandlung im festen Zustand oder rasche Erstarrung hergestellt. Beispiele sind Ti-6A1-4V, Ni-Superlegierungen, hochkohlenstoffhaltiger (1,6% C) Stahl und Aluminium-Legierungen.

7.9 Bruch

Am Ende der Spannung-Dehnung-Kurve tritt bei duktilen Metallen (Bruchdehnung $A \gg 1\%$) meistens eine Einschnürung auf, die sich aus einer örtlichen Instabilität der Verformung längs der Probe entwickelt (Kap. 7.2). Dabei wird die Querschnittsabnahme nicht mehr durch die örtliche Verfestigung überkompensiert: es entsteht eine plastische Instabilität. Schließlich bildet sich ein

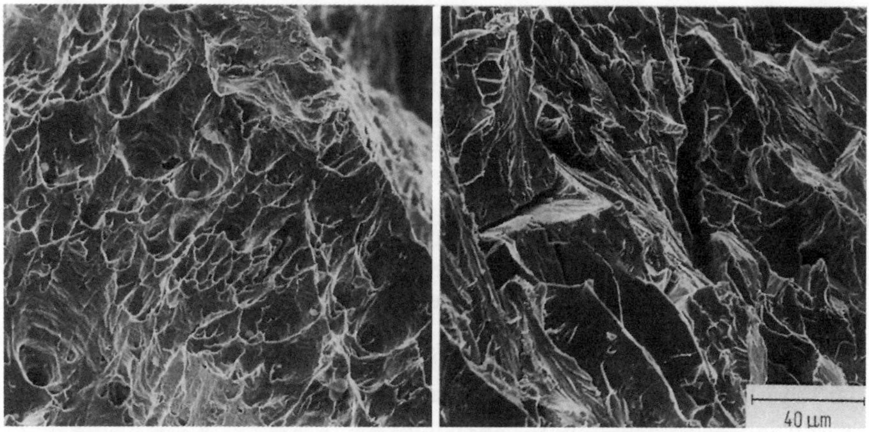

a b

Abb. 7.16. Bruchflächen. **a** Faseriger, duktiler Bruch; kfz Fe–Cr–Ni-Legierung, bei 500°C gebrochen; **b** Spröder Bruch; krz geordnete Fe–Co-Legierung, bei Raumtemperatur gebrochen REM (B. Hoffmann)

Riß, der sich über den Restquerschnitt der Probe ausbreitet und damit zum Bruch führt. Die Bruchfläche ist in diesem Fall „faserig", man spricht von „duktilem Bruch" (Abb. 7.16a). Andererseits tritt bei verschiedenen Metallen unter bestimmten Spannungs- und Temperaturbedingungen „spröder Bruch", d.h. Bruch nach nur geringer plastischer Verformung ($A < 1\%$) und ohne oder mit geringer Einschnürung der Probe auf. Die Bruchfläche erscheint dann facettiert durch mehr oder weniger ebene transkristalline (Spaltbruch) oder interkristalline Flächenanteile (Abb. 7.16b). Sprödbruchverhalten tritt u.a. auf:

- in krz Metallen unterhalb $T_{ü}$ (Abb. 7.12) in Verbindung mit verminderter Versetzungsbeweglichkeit und Zwillingsbildung;
- in Metallen mit niedriger Stapelfehlerenergie, mit Überstruktur und mit kohärenten Ausscheidungen, die ebene Gleitung begünstigen bzw. Quergleitung erschweren: Gleitebenenbruch;
- im Fall von Korngrenzenversprödung durch Segregation oder durch Ausscheidung von spröden Phasen an Korngrenzen;
- bei den meisten intermetallischen Phasen mit Verbindungsstrukturen: Transkristalliner Spaltbruch.

In diesen Fällen wirken vor allem zwei Vorgänge, die die verformungsarme Bruchbildung begünstigen: die Ausbildung hoher örtlicher Spannungskonzentrationen, z.B. durch Zwillingsbildung oder Versetzungsaufstauungen mit hoher Versetzungszahl und die örtliche Erniedrigung der Bindungsstärke, z.B. durch Korngrenzensegregation und -ausscheidung.

Man unterscheidet beim Bruchmechanismus zwischen Rißbildung und Rißwachstum. Für den Rißbildungsprozeß gibt es im wesentlichen nur qualitative Vorstellungen. Lokale Oberflächen- und Gefügedefekte wie Riefen, Gleitstufen, Oxid-Metall-Grenzflächen, Einschlüsse und Poren können als Keimstellen für die Rißbildung wirken. Dies beruht darauf, daß an Defekten örtlich höhere

Spannungen auftreten als der makroskopischen Zugspannung entspricht sowie mehrachsige Spannungszustände. So können z. B. an Einschlüssen innere Hohlräume entstehen und diese, wie die bereits existierenden Poren, mit zunehmender Spannung wachsen. Schließlich führt dies zu Rißkeimen.

Das Rißwachstum kann quantitativ behandelt werden. Dazu betrachtet man die an einer Rißspitze auftretende Energiebilanz. Die angelegte Spannung ist die treibende Energie für das Rißwachstum; die Bildungsenergie für die neu zu bildende freie Rißoberfläche und die Energie für die plastische Verformung in der Rißumgebung wirken ihr entgegen. Eine Verringerung der Korngröße führt zur Erhöhung der Bruchspannung. Dies ist aus den Mechanismen, die zu hohen lokalen Spannungen führen können, qualitativ gut verständlich. Bei Zwillingsbildung verringert sich mit abnehmender Korngröße der Absolutwert der Zwillingsformänderung, bei Versetzungsaufstauungen die Zahl der aufgestauten Versetzungen und damit in beiden Fällen die maximale lokale elastische Energiedichte. Bei Seigerung und Ausscheidungen an Korngrenzen wird deren Konzentration pro Flächeneinheit geringer, wenn die Korngrenzenfläche pro Volumeneinheit zunimmt. Beide Einflüsse erhöhen den Widerstand gegen Rißbildung. Außerdem sind zur Verringerung der Bruchneigung alle Maßnahmen geeignet, die Spannungsabbau begünstigen, wie die Erhöhung der Verformungstemperatur und die Überalterung von ausgehärteten Legierungen, weil auch so die Versetzungszahl und damit die Spannungskonzentration von Versetzungsaufstaus verringert wird.

Allerdings treten bei höheren Temperaturen durch Kriechvorgänge mit Porenwachstum verbundene inter- und transkristalline Bruchmechanismen auf. Außerdem kann bei mittleren Spannungen und hohen homologen Temperaturen, $T/T_{kf} \gtrsim 0{,}8$, durch dynamische Rekristallisation ein Abriß (Rupture) mit völliger Einschnürung bis zum Restquerschnitt $\simeq 0$ eintreten.

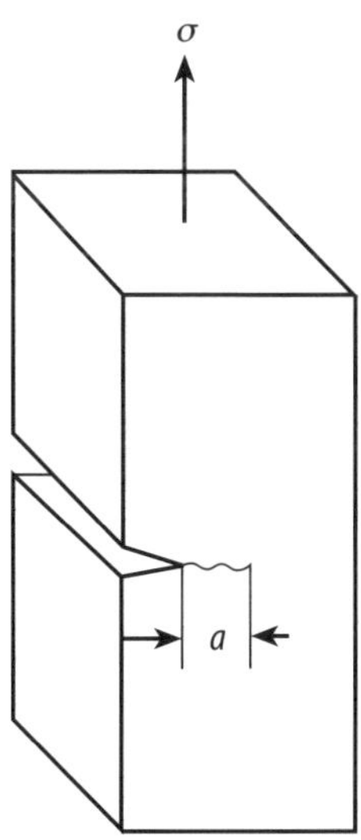

Abb. 7.17. COD-Probe (COD = crack opening displacement) zur Bestimmung der Bruchzähigkeit; a = Rißlänge

Das Rißwachstum wird makroskopisch-quantitativ mit den Methoden der Bruchmechanik bestimmt. Die bruchmechanisch definierte Messung des Rißfortschritts erfolgt an einer Probe, wie sie in Abb. 7.17 schematisch gezeigt ist. Der Werkstoff wird unter der ungünstigsten Bedingung eines möglichst scharfen Anrisses geprüft. Dieser wird meist durch schwingende Beanspruchung bei kleiner Amplitude aus einem Kerb erzeugt. Für eine Probe mit der Rißlänge a wird in einem Zugversuch die kritische Spannung σ_c ermittelt, bei der Rißwachstum eintritt. Die kritische Spannungsintensität, die auch als Bruchzähigkeit bezeichnet wird, ist definiert als

$$K_{Ic} = \sigma_c \sqrt{a^{-3/2}} \; [\mathrm{Pa\ m^{1/2}}] \,. \qquad (7.30)$$

Der Kerbschlagbiegeversuch (Abb. 7.18) dient dazu, das Verformungs- und Bruchverhalten unter dreiachsigem Spannungszustand bei hoher Verformungsgeschwindigkeit (Schlagbeanspruchung) zu untersuchen. Diese Prüfung wird bei verschiedenen Temperaturen besondes auf Werkstoffe mit kubisch-raumzentrierter Struktur wie Stähle angewandt, die sich bei höheren Temperaturen durch Gleitung, bei tieferen zunehmend durch erschwertes Gleiten und Zwillingsbildung verformen. Sie gehen dabei in einem relativ kleinen Intervall von duktilem Bruch bei hoher Temperatur zu sprödem Bruch bei tiefer Temperatur über. Bei dem verbreitetsten Verfahren (nach Charpy) wird eine stabförmige Probe mit quadratischem Querschnitt an einer Längsseite definiert eingekerbt, gegen zwei Widerlager gelegt und mit einem Fallhammer entweder durchgebrochen oder durch die Widerlager gezogen. Die Differenz zwischen der Fallhöhe h_1 vor dem Schlag und der Steighöhe h_2 nach dem Schlag wird gemessen und die Energieaufnahme (Schlagarbeit A, in Nm bzw. J) der Probe während des Schlages daraus berechnet. Die „Kerbschlagzähigkeit" genannte Meßgröße ist willkürlich als die Energieaufnahme zur Bruchbildung bezogen auf den geringsten Probenquerschnitt S definiert:

$$a_k = \frac{A_v}{S} \; [\mathrm{J\ cm^{-2}}] \,. \qquad (7.31)$$

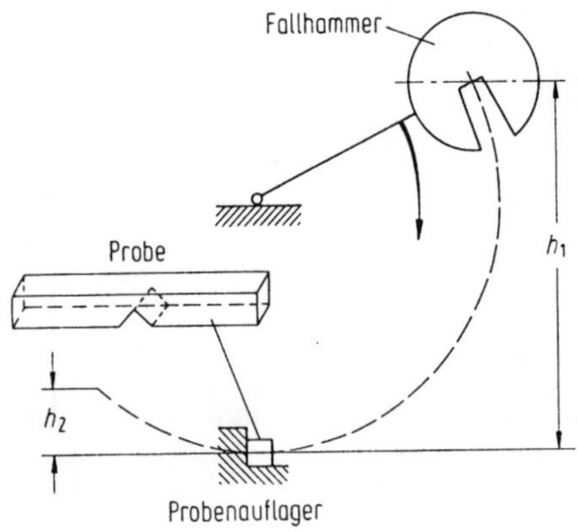

Abb. 7.18. Schematische Darstellung der Anordnung zum Kerbschlagbiegeversuch und einer der dabei verwendeten Probeformen

7.10 Wechselverformung und Ermüdung

Als Wechselverformung wird die plastische Verformung bezeichnet, die durch das Anlegen wechselnder Spannung unterhalb der Streckgrenze auftritt. Die Spannung kann dabei periodisch und mit wechselndem Vorzeichen auftreten, wie in schwingenden Maschinenteilen, oder aperiodisch und mit überwiegend einem Vorzeichen, wie bei den Tragflächen von Flugzeugen im Flugbetrieb. Die plastische Verformung findet dabei im allgemeinen ohne äußere Formänderung statt, sie ist vielmehr überwiegend auf das Innere des Materials beschränkt und kann allenfalls von schwachen, stufenförmigen Oberflächenaufrauhungen und der Bildung von Extrusionen und Intrusionen (Abb. 7.21) begleitet sein. Die plastische Verformung durch Wechselbelastung wird als Ermüdung bezeichnet. Sie kann mit Verfestigung und Entfestigung verbunden sein und bis zum Bruch führen.

Das Ermüdungsverhalten unter zyklischer Belastung wird in Dauerschwingversuchen mit periodischer Belastung ermittelt. Je nach Spezifikation und Anwendungsfall können dabei Zug-Druck, Biegung oder Torsion angewendet und die Amplitude $\Delta\sigma$ der Spannungswechsel symmetrisch oder asymmetrisch zum spannungsfreien Zustand gewählt werden. In technischen Prüfungen wird die Lastspielzahl N bis zum Bruch (N_B) in bei verschiedenen Amplituden $\Delta\sigma$ der Spannungswechsel ermittelt.

Aus der Auftragung von N_B ($\Delta\sigma$) ergibt sich das in Abbildung 7.19 dargestellte Wöhler-Diagramm. Werkstoffe mit einer Wöhler-Kurve vom Typ I weisen Dauerschwingfestigkeit R_D (Wechselfestigkeit, Ermüdungsgrenze) auf; d. h. diese Werkstoffe zeigen eine Grenzspannung der Wechselverformung, bis zu der sie eine beliebige Zahl von Lastwechseln ertragen (praktisch wird $N = 10^7$ zugrundegelegt). Andere Werkstoffe mit Wöhler-Kurven vom Typ II sind auch bei geringeren Wechselbelastungen nicht ermüdungsfest, sondern brechen nach einer endlichen Lastspielzahl.

Im bruchmechanischen Ermüdungsversuch wird eine Probe mit Anriß wie in Abb. 7.17 einer periodisch wechselnden Belastung unterworfen. Gemessen

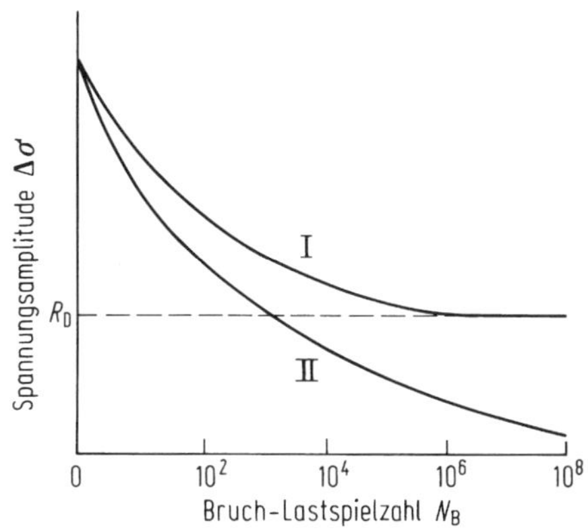

Abb. 7.19. Schematische Darstellung eines Wöhler-Diagramms. I: Werkstoff mit Dauerschwingfestigkeit R_D; II: Werkstoff ohne Dauerschwingfestigkeit

wird der Rißfortschritt Δa pro Zahl der Lastwechsel N als Funktion der Amplitude der Spannungsintensität ΔK

$$\frac{\Delta a}{N} = f(\Delta K), \tag{7.32a}$$

$$\frac{\mathrm{d}a}{\mathrm{d}N} = A\,\Delta K^{\mathrm{n}}. \tag{7.32b}$$

Ein Beispiel für diese Abhängigkeit bei Gußeisen zeigt Abb. 11.14.

Der Ermüdungsvorgang im Inneren der wechselbelasteten Proben ist in der Regel mit mikroplastischen Dehnungen verbunden. Für grundlegende Untersuchungen sind deshalb Schwingversuche mit konstanter Dehnungsamplitude üblich. Die Amplitude der zyklischen mikroplastischen Dehnungen liegt im Bereich $10^{-5} \leq \Delta\varepsilon_{\mathrm{pl}} \leq 10^{-4}$. Zur Wöhlerkurve zugeordnete zyklische Spannung-Dehnung-Kurven $\Delta\sigma\,(\Delta\varepsilon_{\mathrm{pl}})$, Abb. 7.20 weisen oberhalb der Dauerschwingfestigkeit, d.h. bei $\Delta\sigma > R_{\mathrm{D}}$, eine Hysterese auf. Aus der plastischen Dehnungsschwingbreite $\Delta\varepsilon_{\mathrm{pl}}$ und der Bruchlastspielzahl N_{B} lassen sich kumulierte zyklische Dehnungen $2\Delta\varepsilon_{\mathrm{pl}} \cdot N_{\mathrm{B}} > 100$ berechnen, d.h. erheblich höhere Werte als für typische Bruchdehnungen im Zugversuch. Bei Dauerschwingversuchen, die mit konstanter Spannungs- oder Dehnungsamplitude durchgeführt werden, überlagern sich zyklische Ver- und Entfestigungsvorgänge. Auf einen anfänglichen Abfall von $\Delta\varepsilon_{\mathrm{pl}}$ (σ = const) bzw. Anstieg von $\Delta\sigma$ ($\Delta\varepsilon_{\mathrm{pl}}$ = const) folgt bei manchen Metallen und Legierungen ein zyklischer Sättigungsbereich, in dem $\Delta\varepsilon_{\mathrm{pl}}$ bzw. $\Delta\sigma$ konstant bleiben, also ein quasi-stationäres Verhalten; bei anderen Zusammensetzungen und Zuständen findet fortgesetzt Ver- oder Entfestigung statt. In jedem Fall folgt (bei $\Delta\sigma > R_{\mathrm{D}}$) schließlich ein Anstieg von $\Delta\varepsilon_{\mathrm{pl}}$ bzw. ein Abfall von $\Delta\sigma$ bis zum Bruch.

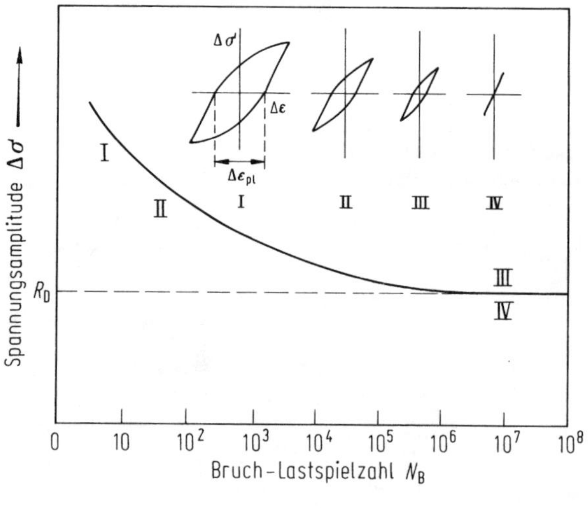

Abb. 7.20. Wöhlerkurve und Spannung-Dehnung-Diagramme bei zyklischer Verformung unterhalb und oberhalb der Wechselspannungsamplitude, die der Dauerschwingfestigkeit R_{D} entspricht

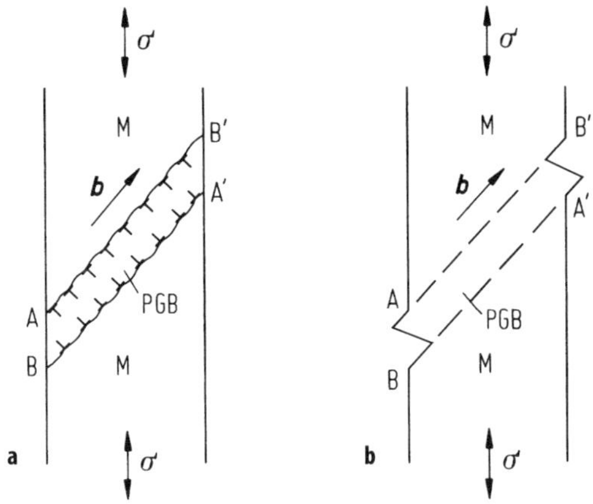

Abb. 7.21. Versetzungsmodell der Entstehung des Oberflächenprofils von persistenten Gleitbändern (PGB) in einem sich wesentlich schwächer verformenden Matrixkristall (M). **a** Schematische Anordnung der Grenzflächenversetzungen; **b** Entstehung der Extrusionen und Intrusionen nach einigen 100 Zyklen; (nach U. Eßmann, U. Goesele, H. Mughrabi, 1981)

Das Gleitverhalten bei zyklischer mikroplastischer Dehnung variiert mit Struktur und Gefüge wie bei einsinniger Verformung. Bei kfz Metallen ist die Bildung persistenter Gleitbänder ein besonders charakteristischer Vorgang. Dabei handelt es sich um etwa 1 μm dicke Lamellen hoher Gleitaktivität parallel zur primären Gleitebene. Sie bestehen aus Versetzungsmultipolen in hoher Dichte. Da die persistenten Gleitbänder weicher sind als die schwach verformte umgebende Matrix, ist die kumulierte Gleitung in ihnen ebenfalls wesentlich höher, in Einkristallen etwa um den Faktor 10^2. In Vielkristallen werden persistente Gleitbänder nur in einem Teil der Körner ausgebildet, bevorzugt an der freien Oberfläche. Die Gleitbandbildung führt mit zunehmender Lastzyklenzahl zu Extrusionen und Intrusionen an der Oberfläche, deren Entstehung und Profil in Abb. 7.21 schematisch dargestellt ist. Sie bilden durch ihre Kerbform und die damit verbundene örtliche Spannungskonzentration bevorzugte Keimstellen für die Rißbildung.

Andere Formen der Versetzungsanordnung sind grobe planare Abgleitung, z.B. in Cu-Mischkristallen mit niedriger Stapelfehlerenergie, und Zellbildung in reinen krz Metallen. In ausscheidungsgehärteten Legierungen hat zyklische Dehnung zwei typische Wirkungen: im Korninnern führen Gleitvorgänge zur Zerkleinerung und Entordnung der kohärenten Ausscheidungen in ausgeprägten persistenten Gleitbändern, in denen damit eine besonders starke Entfestigung stattfindet; in den ausscheidungsfreien Säumen entlang von Korngrenzen findet ebenfalls bevorzugte, konzentrierte Abgleitung statt.

Von den genannten Gleitvorgängen führen die meisten zu Dehnungslokalisierungen, die die Rißbildung begünstigen. Die Extrusionen durch persistente Gleitbänder wurden bereits an Abb. 7.21 erläutert. Noch ausgeprägtere Aufrauhungen und Stufenbildungen an freien Oberflächen (Extrusionen, Intrusionen) können durch planare Gleitung wie in Cu-Mischkristallen und Dehnungslokalisierung in ausgehärteten Legierungen auftreten (Legierungen mit niedriger Stapelfehlerenergie oder mit schneidbaren Teilchen). An der Oberfläche der krz Metalle treten inkompatible Gestaltänderungen benachbarter

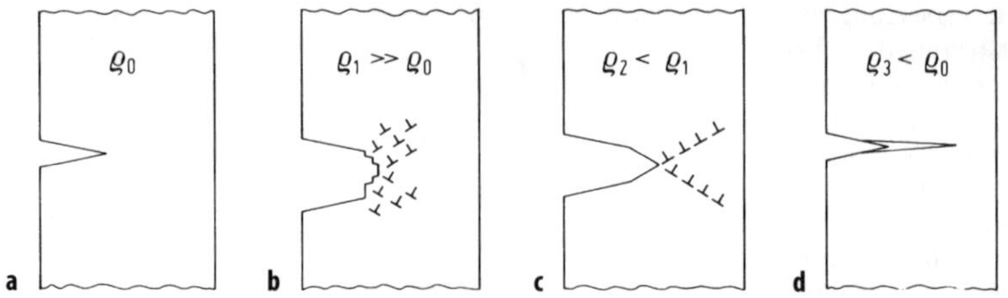

Abb. 7.22. **a** Wachstum von Ermüdungsrissen; **b** bei Vielfachgleitung; **c** bei stark lokalisierter Gleitung; **d** ohne nennenswerte plastische Verformung

Oberflächenkörner auf, die zu ausreichender Kerbwirkung führen können. Im Inneren vielkristalliner Proben können schließlich durch die Wechselwirkung von persistenten Gleitbändern und anderen ebenen Dehnungslokalisierungen mit Korn- und Phasengrenzen Spannungsüberhöhungen entstehen, die zu Rißbildung führen. Die Rißwachstumsrate da/dN, d.h. die Zunahme der Rißlänge a mit der Lastspielzahl N, ist einerseits von der Spannungsamplitude und andererseits von Struktur und Gefüge des Metalls abhängig. Ein einmal entstandener Anriß der Länge a öffnet und schließt sich bei jedem Lastzyklus. Der Rißfortschritt Δa pro Zyklus ist stark von der Gleitverteilung um den Rißgrund abhängig (Abb. 7.22). Ein Riß mit dem Anfangsradius ρ_0 (Abb. 7.22a), im Rißgrund wird bei einer großen Zahl angeworfener Gleitvorgänge im Rißgrund auf den Radius $\rho_1 \gg \rho_0$ geöffnet (Abb. 7.22b). Ein derart stumpfer Riß mit Vielfachgleitung in der plastischen Zone kennzeichnet geringe Ermüdungsbruchempfindlichkeit. Ist die Gleitung dagegen auf wenige Ebenen konzentriert (Abb. 7.22c), so ist die Empfindlichkeit gegen Ermüdungsbruch höher; am höchsten ist sie bei Spaltvorgängen ohne nennenswerte plastische Verformung am Rißgrund (Abb. 7.22d). Damit ist N_B in weiten Grenzen materialabhängig.

Insgesamt sind 4 Stadien zu unterscheiden: Zyklische Verformung, Rißbildung, langsames (stabiles) Rißwachstum und schließlich Gewaltbruch. Das Bruchbild besteht im allgemeinen aus einem mit mehr oder weniger deutlichen „Rastlinien“ gekennzeichneten und einem dem typischen Gewaltbruch (Abb. 7.16) entsprechenden Teil.

7.11 Härtungsmechanismen

Die kritische Schubspannung reiner Metalle ist so gering, daß sie sich im allgemeinen nicht als Konstruktionswerkstoffe eignen. Dies gilt für Metalle mit kfz und hdP Struktur im gesamtem Temperaturbereich, für krz Metalle bei $T > T_t$ (Abb. 7.6). Deshalb werden verschiedene Härtungsverfahren angewendet, um die Streckgrenze zu erhöhen. Mikroskopisch bedeutet dies, Hindernisse für die Gleitung und das Klettern (bei höheren Temperaturen) von Versetzungen zu schaffen.

Tabelle 7.4. Härtungsmechanismen

Dimension des Hindernisses	härtendes Hindernis	Härtungsmechanismus
„nulldimensional“, atomar	Legierungsatome	Legierungs-, Mischkristallhärtung
eindimensional	Versetzungen	Versetzungshärtung, Verfestigung
zweidimensional	Korn- und Phasengrenzen	Korngrenzenhärtung, Feinkornhärtung
dreidimensional	Cluster, Poren, Teilchen	Ausscheidungs-, Dispersionshärtung
	grobe Zwei- oder Mehrphasigkeit	Verbundwerkstoffhärtung

Die Hindernisse lassen sich nach ihrer Dimension unterscheiden und führen zu den unterschiedlichen Härtungsmechanismen, die in Tab. 7.4 zusammengestellt sind.

Alle gebräuchlichen Härtungstheorien bis auf die Verbundwerkstofftheorie beruhen auf der Annahme, daß die Hindernisse statistisch regellos verteilt sind, und ergeben dementsprechend Zusammenhänge für die Erhöhung der kritischen Schubspannung $\Delta\tau$ bzw. der Streckgrenze $\Delta\sigma$, die nur von der Volumendichte oder vom mittleren Abstand der Hindernisse abhängen.

Die Legierungs- oder Mischkristallhärtung beruht auf der Hinderniswirkung gelöster Atome in homogener Phase. Die Gleitversetzungen im Mischkristall werden durch die gelösten Atome behindert. Diese elastische Hinderniswirkung läßt sich formal in zwei Anteile zerlegen (Theorie von Fleischer): einen Atomgrößen- und einen Moduleffekt. Der Atomgrößeneffekt F_a ist der Änderung des Gitterparameters a mit der Konzentration c_B der Fremd- bzw. Legierungsatome B proportional

$$F_a \sim \delta = \frac{d \ln a}{dc_B}, \tag{7.33}$$

wobei a der Gitterparameter einer als kubisch angenommenen Struktur ist. Analog ist als Moduleffekt

$$F_G \sim \eta = \frac{d \ln G}{dc_B} \tag{7.34}$$

die Änderung des Schubmoduls G mit der Konzentration c_B wirksam. Das Spannungsfeld einer Gleitversetzung wird von beiden Einflüssen verändert: von den lokalen Verzerrungen durch Größenunterschiede der Atome (F_a) und den lokalen Schwankungen der Bindungsstärke zwischen den Atomen (F_G). Dadurch kommt eine lokale Hinderniswirkung zustande, die zusätzlich eine Ausbiegung der Versetzung bewirken kann, die von der Stärke der Wechselwirkung und vom Abstand der gelösten Atome abhängt. Für die Konzentrationsabhängigkeit der Mischkristallhärtung gilt

$$\Delta\tau_M = G \cdot F_{max}^m \cdot c_B^n \tag{7.35}$$

wobei F_{max} die mit $\sqrt{(\delta^2 + \eta^2)}$ zunehmende maximale Hindernisstärke der Legierungsatome und die Exponenten $4/3 \leq m \leq 3/2$ und $^1/_2 \leq n \leq 2/3$ betragen. Die Härtungswirkung unterscheidet sich erheblich zwischen Substitutions- und Zwischengitteratomen. Substitutionsatome sind im wesentlichen mit zentrosymmetrischen Spannungen verbunden und weisen deshalb nur relativ schwache Wechselwirkungen mit den Volumenspannungen der Versetzungen auf. Ihre Hinderniswirkung ist dementsprechend schwach, aber deutlich vom Radius der Legierungsatome abhängig. Zwischengitteratome sind dagegen mit starken tetragonalen Verzerrungen in ihrer Umgebung verbunden und üben damit starke Hinderniswirkung aus, insbesondere auf Schraubenversetzungen, weil diese mit Scherungen verbunden sind. Hierauf beruht die Härte des Martensits in Stählen. Zu Abschätzungen der Mischkristallhärtung können folgende Beziehungen dienen:

bei Substitutionsmischkristallen $\Delta\tau_M \approx (G/100) \cdot \sqrt{c_B}$, (7.36)

bei interstitiellen Mischkristallen $\Delta\tau_M \approx (G/10) \cdot \sqrt{c_B}$. (7.37)

Die Versetzungshärtung ist als Verfestigung bereits in Kap. 7.5 behandelt worden. Gleichung 7.22 gibt den Härtungsbeitrag zu

$$\Delta\tau_V = \alpha_1 \, G \cdot b \cdot \sqrt{N}$$

an. Maßgebend ist also die mittlere Hinderniswirkung der bereits gebildeten Versetzungen. Es ist zwar bekannt, daß sich mit zunehmender Versetzungsdichte bei der Verformung eine Anordnung in Zellenform entwickelt, also eine deutliche Abweichung von der statistisch regellosen Verteilung. In dieser Anordnung sind die Zellengrenzen „hart" und die Zelleninnenbereiche „weich". Aber diese mikroskopischen Schwankungen überlagern sich proportional zu ihren Volumenanteilen in erster Näherung additiv, so daß trotz der nicht-regellosen Versetzungsverteilung doch die Proportionalität zu $\sqrt{N}$ gilt.

Wie mit zunehmender Versetzungsdichte, so wird die Streckgrenze σ_0 auch mit zunehmender Dichte der Korngrenzen als Hindernissen für die Gleitversetzungen erhöht. Ist d der mittlere Korndurchmesser, so gilt der Zusammenhang

$$\Delta\sigma_K = k_y \cdot d^{-1/2}, \tag{7.38}$$

der als Hall-Petch-Gleichung bezeichnet wird. Sie ist für bestimmte Fälle wie den Versetzungsaufstau an Korngrenzen exakt ableitbar, wird aber auch für viele andere Fälle der Korngrenzenhärtung empirisch gefunden. In (7.38) ist k_y eine als Korngrenzenwiderstand bezeichnete Materialkonstante, die in weiten Grenzen vom Verformungsgrad, von der Temperatur und von der Dehngeschwindigkeit unabhängig ist. Typische Werte für k_y in $N/mm^{3/2}$ sind: 2 für Al, 5 für Cu und 10 für α-Messing (30 m-% Zn).

Die Teilchenhärtung wird in Kap. 14 behandelt. Die maßgebenden Gefügeparameter sind dabei der Teilchendurchmesser d und der Volumenanteil f der Teilchen und der daraus resultierende mittlere Teilchenabstand S. Hier sei nur der Härtungsbeitrag der Teilchen für den Umgehungsmechanismus betrachtet. Die erforderliche Orowan-Spannung beträgt nach Gl. (14.4)

$$\Delta\tau_T = \frac{Gb}{S-d} \approx \frac{Gb}{S}$$

womit wieder (näherungsweise) eine einfache Abhängigkeit von nur einem Gefügeparameter, in diesem Fall dem Teilchenabstand S, gegeben ist. Da hier der gleiche Mechanismus der kritischen Durchbiegung einer Versetzungslinie als maximale Hinderniskraft zugrunde liegt wie bei der Wirkungsweise einer Frank-Read-Quelle, entspricht die Schubspannungserhöhung durch den Orowan-Mechanismus auch der Quellspannung τ_Q nach Gl. (7.19).

Für die meisten Fälle, in denen mehrere Härtungsmechanismen kombiniert werden, hat sich empirisch gezeigt, daß im Rahmen der Genauigkeit, mit denen sie einzeln bestimmt bzw. berechnet werden können, die Addition ihrer Beiträge eine gute Näherung für die resultierende Streckgrenze darstellt:

$$R_p = \sigma_o + \Delta\sigma_M + \Delta\sigma_V + \Delta\sigma_K + \Delta\sigma_T. \tag{7.39}$$

Darin bedeutet σ_o die Fließspannung der reinen Komponente. Für die Beiträge der einzelnen Härtungsmechanismen, die in diesem Kapitel als Schubspannungserhöhung $\Delta\tau_i$ angegeben sind, ist entsprechend Gl. 7.23 Multiplikation mit dem Taylorfaktor erforderlich, um die $\Delta\sigma_i$ zu erhalten.

Die relative Größe des Beitrags der einzelnen Härtungsmechanismen bei niedriger und höherer Temperatur ist in grober Näherung in Tab. 7.5 angegeben. Für eine quantitative Darstellung wäre eine Erweiterung der Beziehung für die Härtungsmechanismen bezüglich ihrer Temperaturabhängigkeit und eine Verknüpfung wie für die Verformungsmechanismus-Schaubilder (Abb. 7.15) erforderlich.

Bei grob mehrphasigen Gefügen gelten die in Kap. 6.7 angegebenen Ansätze für die Kombination der Eigenschaften von Verbundwerkstoffen aus den Eigenschaften der einzelnen Phasen entsprechend den dort behandelten Stoffgesetzen vom Typ II. Für die Berechnung der Streckgrenze ist also zunächst der Wert für die einzelnen Phasen nach Gl. (7.39) oder empirisch zu ermitteln und dann entsprechend der Gefügetopologie anzusetzen.

Tabelle 7.5. Relative Größe des Beitrags der einzelnen Härtungsmechanismen[a] bei niedriger und höherer Temperatur[b]

Dimension und Art des Hindernisses	„0" Atome	1 Versetzungen	2 Korngrenzen	3 Teilchen	Textur	grob mehrphasiges Gefüge
Härtungsmechanismus	Mischkristallhärtung	Verfestigung	Feinkornhärtung	Teichen härtung		Gl. 6.16
Versetzungsgleiten	+ (substitutionell) ++ (interstitiell)	++	++	+++	+	+
Kriechen	+	+/−	−	+++	+	+

[a] Die relative Größe der Streckgrenzenerhöhung ist durch +, ++, +++ angegeben, eine Streckgrenzenerniedrigung durch −.
[b] Verformung bei niedriger Temperatur entspricht das Überwiegen von Versetzungsgleiten, bei höherer Temperatur das Zusammenwirken aller Kriechmechanismen.

Literatur

Schulze GER (1974) Metallphysik. Wien, New York, Springer
Warlimont H, Hausch G (1974) Elastische Anisotropie in Metallen und Legierungen. In: Mechanische Anisotropie. Wien, New York, Springer
Mughrabi H (Hrsg) (1993) Plastic Deformation and Fracture of Materials. Vol 6 in: Materials Science and Technology. Weinheim: VCH
Courtney, TH (1990) Mechanical Behaviour of Materials. New York, McGraw-Hill
Hertzberg RW (1976) Deformation and Fracture Mechanics of Engineering Materials. New York, Wiley
Stüwe HP (Hrsg) (1981) Verformung und Bruch. Oberursel: DGM Informationsgesellschaft
Hornbogen E (1983) Microstructure and Mechanisms of Fracture. In: Strength of Metals and Alloys. Gifkins, RC (ed) Vol 3, Oxford, Pergamon Press
Ilschner B (1973) Hochtemperaturplastizität. Berlin, Springer
Ilschner B (Hrsg) (1982) Festigkeit und Verformung bei hoher Temperatur. Oberursel: DGM Informationsgesellschaft
Frost HJ, Ashby MF (1982) Deformation Mechanism Maps. Oxford, Pergamon Press
Novikow IK, Portnoj VK (1985) Superplastizität von Legierungen. Berlin, Springer
Munz D (Hrsg) (1984) Ermüdungsverhalten metallischer Werkstoffe. Oberursel, DGM Informationsgesellschaft
Schott G (Hrsg) (1985) Werkstoffermüdung. Leipzig, VEB Deutscher Verlag für Grundstoffindustrie
Nabarro FRN, Villiers HL (1995) The Physics of Creep. London, Taylor & Francis

KAPITEL 8

Diffusion und Ausheilreaktionen

8.1 Thermisch aktivierte Platzwechsel

Als thermisch aktivierte Platzwechsel betrachten wir Einzelsprünge von Atomen im Kristallgitter aufgrund thermischer Anregung. Für solche Platzwechsel stehen Einlagerungsatomen wegen ihrer geringen Löslichkeit meistens alle benachbarten Zwischengitterplätze frei; Gitter- und Substitutionsatome benötigen dagegen für Platzwechsel benachbarte Leerstellen, deren Konzentration erheblich geringer ist. Thermisch aktivierte Reaktionen in Substitutionsmischkristallen hängen deshalb vorwiegend von der Leerstellenkonzentration und deren Temperaturabhängigkeit ab.

Wechselwirkungen treten auch zwischen Leerstellen und anderen Gitterbaufehlern auf. Leerstellen sind im Gleichgewicht immer vorhanden (Kap. 5.1). Sie liegen nach dem Abschrecken von höheren Temperaturen, nach plastischer Verformung und nach Bestrahlung in höherer als der Gleichgewichtskonzentration vor. Bei thermischer Aktivierung diffundieren sie bevorzugt an Gitterbaufehler und Grenzflächen, die als Senken wirken. An Versetzungen entstehen dadurch Sprünge; bei Anlagerung von Leerstellen in großer Zahl verlagern sich die Versetzungen. Bei Versetzungen mit überwiegendem Schraubencharakter führt das Aufnehmen von Leerstellen dazu, die zunächst gestreckte Versetzungslinie zu einer Wendel aufzuweiten. Bei Versetzungen mit überwiegendem Stufencharacter findet die Verlagerung normal zur Richtung des Burgers-Vektors statt; diese Verlagerung wird als Klettern bezeichnet und tritt insbesondere beim Kriechen auf (Kap. 7.8). Auch Verunreinigungs- und Legierungs-

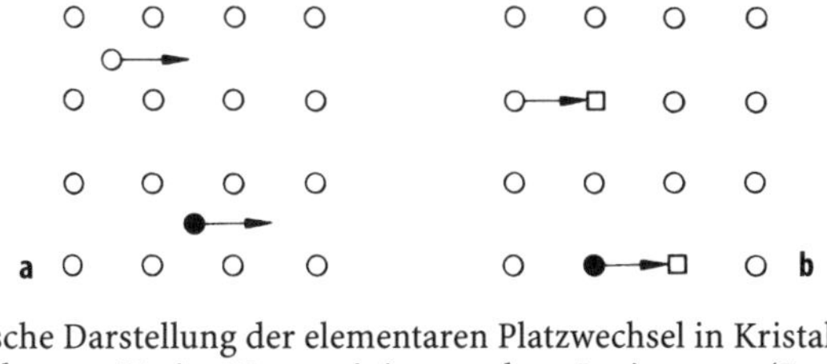

Abb. 8.1. Schematische Darstellung der elementaren Platzwechsel in Kristallen. Offene Kreise: Eigenatome; geschlossene Kreise: Verunreinigungs- bzw. Legierungs- (Fremd-)atome; offene Quadrate: Leerstellen. **a** Platzwechsel eines Zwischengitter-(Einlagerungs-)atoms; **b** Platzwechsel eines Gitter- (Substitutions-)atoms mit Hilfe von Leerstellen

atome führen nicht nur Platzwechsel auf Gitter- und Zwischengitterplätzen aus, sondern lagern sich aufgrund anziehender Wechselwirkungen an Leerstellen und andere Gitterbaufehler wie Versetzungslinien und Korngrenzflächen bevorzugt an; sie finden dort insbesondere Plätze verminderter Verzerrungsenergie vor. Diese Anlagerung wird als Segregation bezeichnet. Die Kinetik von thermisch angeregten Platzwechseln von Leerstellen und Atomen beruht bei der Beteiligung von Leerstellen in erster Linie auf der temperaturabhängigen Konzentration und Beweglichkeit der Gleichgewichtsleerstellen. Für die Temperaturabhängigkeit der Gleichgewicht thermisch aktivierter Vorgänge, die auf der Bewegung von Leerstellen beruhen, gilt etwa:

kaum meßbar:	$0 \dots 0{,}3\ T_{kf}$
langsam, meßbar:	$0{,}3 \dots 0{,}7\ T_{kf}$
schnell:	$> 0{,}7\ T_{kf}$.

Die thermisch aktivierten Platzwechselreaktionen lassen sich wie folgt gliedern:

I. Diffusion
  a) Diffusion im ungestörten Gitter: Selbstdiffusion ohne Konzentrationsgefälle,
  b) Diffusion von Leerstellen und Fremd- bzw. Legierungsatomen an Senken,
  c) Diffusion im Konzentrationsgefälle,
  d) Diffusion entlang Pfaden hoher Diffusionsgeschwindigkeit (Versetzungen, Grenzflächen),
  e) Diffusion in einem elektrischen Feld bzw. einem Temperaturgefälle (Elektro- bzw. Thermotransport),
  f) Diffusion in Verbindung mit Phasenumwandlungen (vor und hinter der Umwandlungsfront);

II. Platzwechsel in gestörten Strukturen
  a) anelastische Verformung, Spannungsrelaxation,
  b) Erholung abgeschreckter, bestrahlter und verformter kristalliner Zustände,
  c) strukturelle Relaxation amorpher Zustände,
  d) Rekristallisation verformter kristalliner Phasen mit hoher Defektdichte,
  e) Kriechen und Warmverformung;

III. Platzwechsel bei Phasenumwandlungen
  a) Ordnungsvorgänge,
  b) Platzwechsel in der Umwandlungsfront.

Bei den thermisch aktivierten Vorgängen, die von einem weniger stabilen zu einem stabileren Zustand führen, müssen die Atome zunächst einen Zustand höherer Energie durchlaufen, bevor die freie Energie des Systems durch die Platzwechsel erniedrigt werden kann. Dieser Zusammenhang ist in Abb. 8.2 dargestellt: Ein Atom liegt zunächst in der metastabilen Lage a; es muß um den Energiebetrag q, die Aktivierungsenergie, bis b angehoben werden, um seinen Platz wechseln zu können, und gelangt in die stabile Lage c, wodurch die Reaktionswärme ΔH_R frei wird. Im Grenzfall $\Delta H_R = 0$ hat das betrachtete Atom in

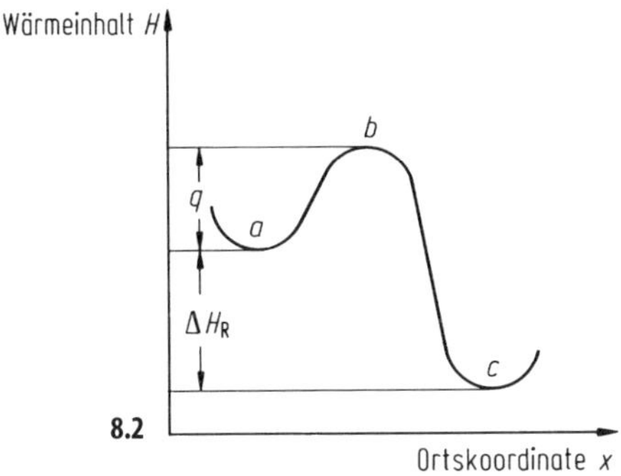

8.2

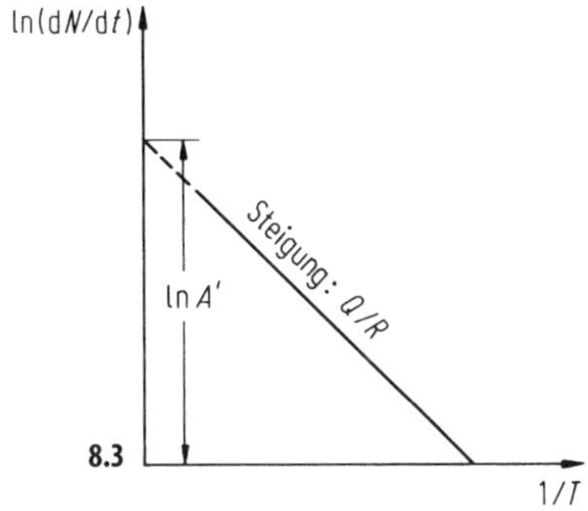

8.3

Abb. 8.2. Zur Erläuterung der Aktivierungsenergie. Ein Atom in der metastabilen Lage a benötigt die Aktivierungsenergie q, um über die Potentialschwelle b in die stabile Lage c zu gelangen

Abb. 8.3. Auftragung der Reaktionsgeschwindigkeit eines thermisch aktivierten Vorgangs gegen die reziproke Reaktionstemperatur zur Bestimmung der Aktivierungsenergie Q

den Lagen a und c die gleiche potentielle Energie, d.h. der Sprung erniedrigt nicht die Energie des Systems.

Die Rate r, mit der solche thermisch aktivierten Reaktionen fortschreiten, ist von dem Anteil der Atome abhängig, die sich in metastabilen Lagen befinden, von ihrer Schwingungsfrequenz ν, mit der sie gegen die Potentialschwelle b schwingen, und von der Aktivierungsenergie q. Für die Reaktionsrate pro Atom gilt:

$$r = \mathrm{d}n/\mathrm{d}t = A \exp(-q/kT). \tag{8.1 a}$$

n ist der Anteil der erfolgreichen Elementarschritte (z.B. Platzwechsel); die Konstante A enthält ν; q ($\gg kT$) bedeutet hier die Aktivierungsenergie pro Atom; k ist die Boltzmann-Konstante. Analog läßt sich für die Reaktionsrate pro Mol

$$r = \mathrm{d}N/\mathrm{d}t = A' \exp(-Q/RT) \tag{8.1 b}$$

schreiben, worin N die molare Konzentration des Reaktionsprodukts, Q die Aktivierungsenergie pro Mol und R die allgemeine Gaskonstante bedeutet. Zur Auswertung experimenteller Beobachtungen schreibt man die Beziehung oft

$$\ln r = \ln(\mathrm{d}N/\mathrm{d}t) = \ln A' - Q/RT, \tag{8.2}$$

woraus zu erkennen ist, daß sich der Logarithmus der Reaktionsgeschwindigkeit linear mit der reziproken Temperatur ändert. Trägt man ln r gegen $1/T$ auf, so erhält man eine Gerade, deren Steigung $-Q/R$ und deren Achsenabschnitt bei $1/T = 0$ den Vorfaktor ln A' angibt (s. Abb. 8.3). Wie der exponentielle Zusammenhang erkennen läßt, ist die Reaktionsgeschwindigkeit stark temperaturabhängig. Sie steht über der Schwingungsamplitude der Atome in einem festen Zusammenhang zum Schmelzpunkt T_{kf}.

8.2 Diffusion

Diffusion ist der thermisch aktivierte Platzwechsel einzelner Atome (Abb. 8.1). Der Mechanismus kann dabei verschieden sein. Am häufigsten treten Platzwechsel der Atome mit Leerstellen auf. Die Diffusion von Zwischengitteratomen ist in Legierungen wesentlich, die H, C oder N enthalten.

Außer der Selbstdiffusion, wie die Diffusion ohne Einfluß eines Konzentrationsgradienten genannt wird, finden in Gegenwart verschiedener Atomarten und bei Konzentrationsunterschieden Diffusionsvorgänge statt, die in Mischkristallen zur Gleichverteilung und in mehrphasigen Zuständen zur Gleichgewichtskonzentration (bzw. zum Ausgleich der thermodynamischen Potentiale) streben. In der makroskopischen Beschreibung derartiger Vorgänge benutzt man folgenden Ansatz: Zwischen zwei Ebenen 1 und 2 des Gitters, die um eine Entfernung Δx auseinanderliegen, bestehe ein Konzentrationsunterschied $c_1 - c_2$ hinsichtlich einer Komponente. Infolge der Diffusion stellt sich dann ein Fluß F (d.h. transportierte Masse pro Flächen- und Zeiteinheit) ein, der gegeben ist durch

$$F = -D\left(\frac{c_1 - c_2}{x_1 - x_2}\right) = -D\frac{\Delta c}{\Delta x} = -D \,\mathrm{grad}\, c; \tag{8.3}$$

er ist also dem Konzentrationsgradienten dc/dx proportional. In Rechnungen zur Diffusion ist zu beachten, daß Konzentrations- und geometrische Maße in kompatiblen Einheiten angegeben werden: z.B. c = [g der diffundierenden Komponente/cm^3], x = [cm]. Fluß $F = (dn/dt)\,(1/A)$: Zahl der diffundierenden Atome oder Mole pro Zeit- und Flächeneinheit. Die Proportionalitätskonstante D wird Diffusionskoeffizient genannt [m^2 s^{-1}], und der Zusammenhang ist das 1. Ficksche Gesetz. Dieses Gesetz bildet die einfachste makroskopische Formulierung von Diffusionsvorgängen. Der Diffusionskoeffizient ist durch einen Zusammenhang der Form

$$D = D_0 \exp\,(-\,Q_D/RT)\ [\mathrm{m^2\,s^{-1}}]$$

gegeben. Im Fall der Selbstdiffusion und wenn die Diffusion über Leerstellen verläuft, ist die Aktivierungsenergie Q_D durch die Bildungs- und Wanderungs-

Tabelle 8.1. Diffusionsdaten einiger Metalle

	D_0 10^{-4} m^2 s^{-1}	Q_D kJ mol^{-1}
Ag	0,4	184,6
Cu	0,2	197,2
α-Fe	5,8	250,0
Ni	1,3	279,7
Zn ∥ c-Achse	0,13	91,3
Zn ⊥ c-Achse	0,58	101,7

energie der Leerstellen bestimmt: $Q_D = Q_B + Q_W$. Bei der Diffusion in Substitutionsmischkristallen hängen Q_B und Q_W von der Atomart, Struktur, Konzentration und atomaren Nachbarschaft des diffundierenden Atoms ab. In D_0 gehen die Bildungsentropie der Leerstellen, geometrische Faktoren des Kristallgitters und die Schwingungsfrequenz der Atome ein. Tabelle 8.1 gibt D_0 und Q_D für die Selbstdiffusion als typische Werte einiger reiner Metalle an. Eine nützliche empirische Beziehung für die Abschätzung der Aktivierungsenergie Q_D lautet $Q_D = 16{,}5\ \Delta H_{kf}$, worin ΔH_{kf} die Schmelzwärme bedeutet. Aus einem Vergleich von Meßwerten beider Größen für verschiedene reine Metalle geht allerdings hervor, daß der Zahlenfaktor im Bereich 11,3–20,4 variiert. Eine anschauliche Darstellung der Diffusionskoeffizienten, der Sprungzeiten und der Wanderungszeiten (von 50% der Fremdatome zu einer 10^{-3} cm entfernten Korngrenze) der Atome und deren Temperaturabhängigkeit bei der Diffusion verschiedener Elemente im α-Eisen-Mischkristallgibt Abb. 8.4.

Eine quantitative Lösung der Diffusionsgleichungen erfolgt numerisch mit Hilfe des Gaußschen Fehlerintegrals. Oft genügt eine nützliche Näherungsformel, die den mittleren Weg $\overline{\Delta x}$ angibt, den ein Atom mit einem Diffusionskoeffizienten $D(T)$ bei einer Temperatur T[K] nach einer Zeit t[s] zurückgelegt hat:

$$\overline{\Delta x} = \sqrt{2\,Dt}\ . \tag{8.5}$$

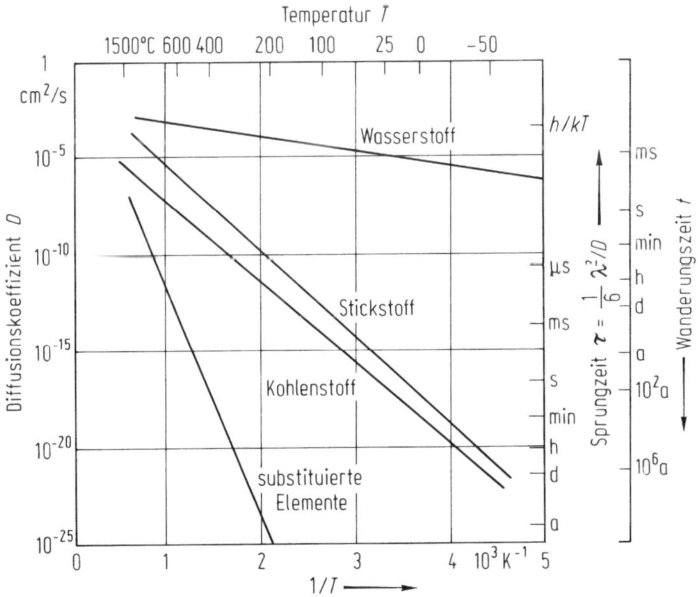

Abb. 8.4. Die Diffusionskoeffizienten, Sprungzeiten und Wanderungszeiten (von 50% der Fremdatome zu einer 10 µm entfernten Korngrenze) verschiedener interstitieller Elemente (H, N, C) und der substituierten Elemente im α-Eisen-Mischkristall (nach L. S. Darken, 1959)

Damit kann z. B. die Zeitabhängigkeit für den isothermen Konzentrationsausgleich in einer Probe mit Konzentrationsschwankungen abgeschätzt werden (Homogenisieren).

Die exakte Behandlung der Diffusion in konzentrierten Mischkristallen erfordert, daß die Platzwechsel als Funktion der atomaren Umgebung des diffundierenden Atoms einschließlich der Änderung der lokalen Konzentration und ihrer Gradienten berücksichtigt werden. Da dies nur in einfachen, übersichtlichen Fällen möglich ist (vollständige Mischbarkeit, Abb. 17.16c), wird die Diffusion in konzentrierten Mischkristallen meist phänomenologisch behandelt. Es ist offensichtlich, daß eine Konzentration und ein Konzentrationsgradient einer Komponente mit der Konzentration und dem entsprechenden Konzentrationsgradienten der anderen Komponente(n) in umgekehrter Richtung verbunden ist. Es treten also immer gekoppelte Diffusionsströme in verschiedenen Richtungen gleichzeitig auf. Darum wird ein Diffusionskoeffizient $\widetilde{D}$ definiert, der als *effektiver Diffusionskoeffizient* den effektiven Fluß

$$F_{\text{eff}} = -\widetilde{D}\,\frac{dc}{dx} \tag{8.6}$$

beschreibt. Davon ist der *chemische Diffusionskoeffizient* der einzelnen Komponente zu unterscheiden, der sich auf deren tatsächlichen Fluß bezieht

$$D_{\text{i}} = D_{\text{i}}^{*}\left(1 + \frac{d\,ln\,\gamma_{\text{i}}}{d\,ln\,c_{\text{i}}^{\text{m}}}\right); \tag{8.7}$$

hierin bedeutet D_{i}^{*} den *Selbstdiffusionskoeffizienten*, der für die Komponente *i* in stark verdünnten Lösungen, d. h. ohne Konzentrationseinflüsse, auftritt; γ_{i} ist der thermodynamische Aktivitätskoeffizient und c_{i}^{m} die molare Konzentration der Komponente *i* im Mischkristall. Aus den Beziehungen für die chemischen Diffusionskoeffizienten kann der *effektive Diffusionskoeffizient* mit der Darkenschen Gleichung berechnet werden:

$$\widetilde{D} = D_1 c_2 + D_2 c_1 . \tag{8.8}$$

Da dies die Kenntnis der Aktivitätskoeffizienten der Komponenten als Funktion der Konzentration voraussetzt, ist wiederum die direkte empirische Ermittlung des effektiven Diffusionskoeffizienten als Funktion der Konzentration einfacher. Abbildung 8.5 zeigt zwei Beispiele der Variation von $\widetilde{D}$ in Legierungen. Ist der Unterschied der chemischen Diffusionskoeffizienten groß, so findet in Diffusionspaaren, die aus zwei verschiedenen homogenen Ausgangskonzentrationen bestehen, ein makroskopischer Materialtransport statt, bei dem sich die ursprüngliche Grenzfläche verschiebt und auf der Seite der schneller diffundierenden Komponente Löcher entstehen können; diese Erscheinung wird als Kirkendall-Effekt bezeichnet.

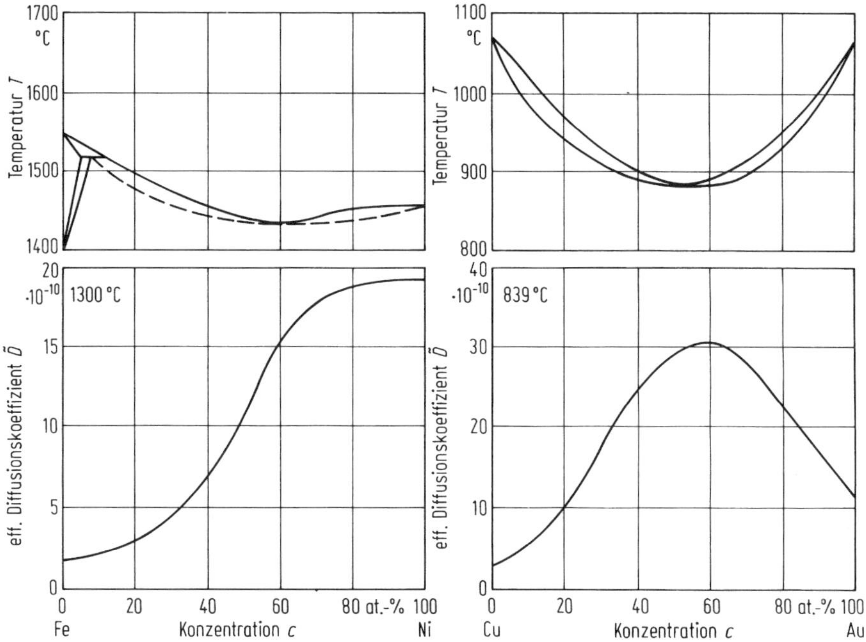

Abb. 8.5. Phasendiagramme und die Variation von $\tilde{D}$ mit der Konzentration für die Systeme Fe–Ni und Cu–Au (nach C. E. Birchenall, 1951)

Bisher wurde vorausgesetzt, daß im Gitter außer Leerstellen keine Gitterbaufehler vorliegen, die die Diffusion beeinflussen. In Wirklichkeit sind aber Versetzungen, Korngrenzen und freie Oberflächen *Pfade bevorzugter Diffusion.* Dies ist qualitativ leicht verständlich, weil entlang Versetzungslinien und Korngrenzen, wo Gitterverzerrungen auftreten, und an freien Oberflächen eine leichtere Bewegung der Atome möglich ist, so daß die Aktivierungsschwelle für den Platzwechsel geringer ist. Dadurch wird die Platzwechselfrequenz erheblich höher als im Gitter; der Unterschied nimmt mit abnehmender Temperatur zu. Die Aktivierungsenergie für die Diffusion entlang bevorzugter Pfade ist dementsprechend geringer als für die Diffusion im störungsfreien Gitter. Für die Korngrenzendiffusion wird als Aktivierungsenergie $Q_{\mathrm{D,KG}}$ z. B. gefunden: $Q_{\mathrm{D,KG}}(\mathrm{Ag}) = 90{,}3\ \mathrm{kJ\ mol^{-1}}$, $Q_{\mathrm{D,KG}}(\mathrm{Fe}) = 168\ \mathrm{kJ\ mol^{-1}}$ (vgl. Tabelle 8.1). D_0 ist zwar ebenfalls (um den Faktor 4 bzw. 2) kleiner, was sich aber erheblich schwächer auf den Korngrenzen-Diffusionskoeffizienten $D_{\mathrm{KG}}(T)$ auswirkt. Genaue Analysen zeigen, daß die Diffusion entlang von Versetzungen, Korngrenzen und freien Oberflächen auch von deren Struktur und von der Richtung des Diffusionsstroms abhängt.

8.3 Erholung

Erholung ist der Oberbegriff für alle thermisch aktivierten Ausheilreaktionen, die in gestörten Kristallen beim Abbau der nicht im thermodynamischen Gleichgewicht stehenden Gitterbaufehler ablaufen, unabhängig von der Art ihrer Entstehung wie Abschrecken, Bestrahlen oder Verformen. Messungen des (Rest-)Widerstands eignen sich besonders gut zur makroskopischen Verfolgung des Ablaufs der Erholungsvorgänge, da praktisch alle Gitterbaufehler Widerstandsbeiträge liefern, d.h. den Restwiderstand ρ_0 erhöhen. Bei isochroner Anlaßbehandlung mit stufenförmig gesteigerter Temperatur beobachtet man Erholungsstufen, bei denen jeweils bestimmte Gitterbaufehler beweglich und ausgeheilt werden. Abbildung 8.6 gibt eine schematische Darstellung der Widerstandsänderungen und ihrer Zuordnung. Ein erster, relativ steiler Abfall bei tiefen Temperaturen (z.B. $\lesssim 50$ K bei Cu) ist der Rekombination von Frenkel-Paaren (Kap. 5) zuzuordnen. Die Zuordnung der Stufen I–III zu verschiedenen Ausheilvorgängen der Punktfehler und ihrer Agglomerate ist, einschließlich der Leerstellenwanderung in Stufe IV, eine wesentliche Basis zum Verständnis der Ausheilung der Strahlenschädigung durch Neutronen in Reaktorwerkstoffen.

Der Stufe IV ist im wesentlichen die Erholung verformter Kristalle zuzuordnen. Diese Reaktion besteht aus dem Spannungsabbau der Versetzungsanordnung in eine Konfiguration niedrigerer Energie. Die Spannungen werden dabei durch zwei Vorgänge abgebaut: durch Umlagerung der Versetzungen oder durch gegenseitige Aufhebung von Versetzungen entgegengesetzten Vorzeichens, die als Annihilation bezeichnet wird. Bei der Umlagerung wirken zwei Vorgänge zusammen: die normale, konservative Bewegung von Versetzungen auf Gleitsystemen, dabei ist nur die thermische Entankerung von Versetzungssprüngen oder -knoten thermisch aktiviert; oder durch das Klettern von Versetzungen, eine nicht-konservative Bewegung. Dabei diffundieren Leerstellen an die Druckseite des Spannungsfeldes einer Versetzung und lagern sich an.

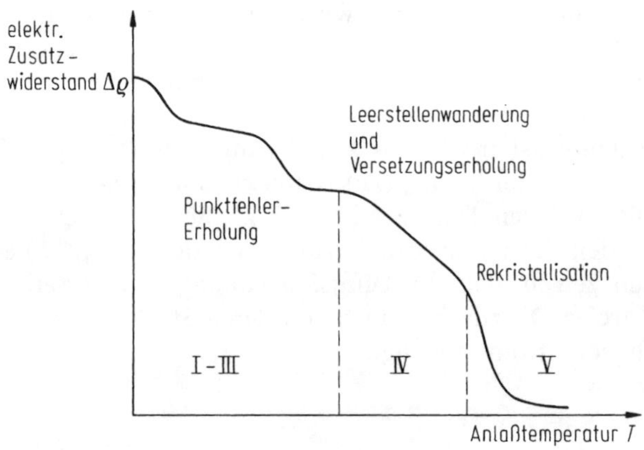

Abb. 8.6. Schematische Darstellung der Erholungsstufen gestörter Kristalle

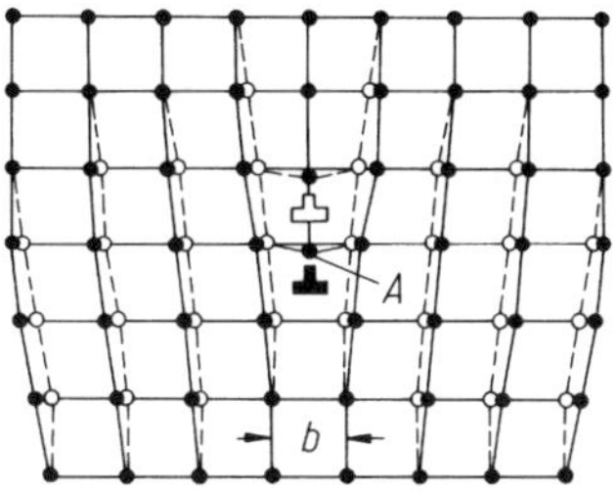

Abb. 8.7. Klettern einer Stufenversetzung: Eine Leerstelle diffundiert an die Stelle des Atoms A, dadurch klettert die Versetzung (volles Symbol) in die nächste Gleitebene (offenes Symbol) und die Atome werden etwa um die angegebenen Beträge aus der Anfangsposition (volle Kreise, durchgezogene Linien) in die Endposition (offene Kreise, gestrichelte Linien) verschoben

Am Beispiel einer reinen Stufenversetzung, wie in Abb. 8.7 gezeigt, ist leicht zu erkennen, daß die Anlagerung einer Leerstelle effektiv die Halbebene, die in der Versetzung endet, um eine Atomlage verkürzt, so daß sich der Versetzungskern um einen Netzebenenabstand normal zur Gleitebene (d.h. nicht-konservativ) verschiebt. Beide Arten der Versetzungsbewegung können zur Versetzungsannihilation beitragen. Im allgemeinen führen sie aber überwiegend zur Bildung von Konfigurationen niedriger Energie. Sie bestehen meistens aus parallelen Versetzungsanordnungen oder Versetzungsnetzwerken, die effektiv Kleinwinkelkorngrenzen bilden. Abbildung 8.8 zeigt ein derartiges charakteristisches Erholungsgefüge.

Der Verlauf der Erholung, deren technisch wichtigste Auswirkung die Abnahme innerer Spannungen und der Streckgrenze ist, kann auch durch kalorimetrische Messungen der Energie verfolgt werden, die durch Ausheilen der Gitterbaufehler des Verformungsgefüges frei wird. Dieser Anteil der gespeicherten Energie wird bei Steigerung der Temperatur meistens kontinuierlich,

Abb. 8.8. Kleinwinkelkorngrenzen in einer Fe-18At-% Al-Legierung

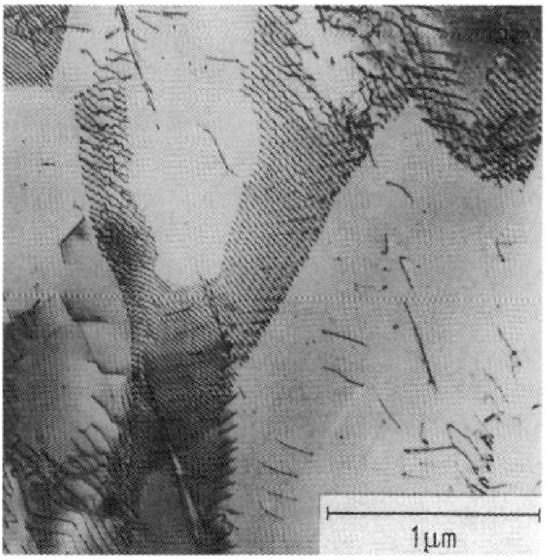

in bestimmten Fällen aber auch in mehreren Stufen frei. Jede Stufe entspricht der Ausheilung einer spezifischen Gitterbaufehlerart oder einem Vorgang mit einer bestimmten Aktivierungsenergie, wie z.B. dem Klettern.

Die gespeicherte Energie beruht im wesentlichen auf den Eigenspannungen der Versetzungen und kann aus der Beziehung

$$E_V \simeq (Gb^2/2)N_V[\mathrm{Nm^{-2} = Jm^{-3}}] \tag{8.9}$$

abgeschätzt werden. Für verformtes Al mit einer Versetzungsdichte $N_V = 10^{15}\ \mathrm{m^{-2}}$ ($G = 2{,}62 \cdot 10^{10}\ \mathrm{Nm^{-2}}$, $b = 2{,}86 \cdot 10^{-10}\ \mathrm{m}$) ergibt sich als typischer Wert $E_v = 2 \cdot 10^6\ \mathrm{Jm^{-3}} \triangleq 20\ \mathrm{Jmol^{-1}}$.

Nach der Erholung verbleibt die Energie der resultierenden Versetzungsanordnung, die im wesentlichen ein Subkorngefüge mit Kleinwinkelkorngrenzen darstellt. Für die Energiedichte eines Korngefüges kann man mit der mittleren spezifischen Korngrenzenenergie γ_K und der mittleren Korngröße d schreiben

$$E_K \simeq 3\gamma_K/d. \tag{8.10}$$

Für ein Subkorngefüge mit $\gamma_K = 100\ \mathrm{mJ\ m^{-2}}$ und $d = 10^{-6}\ \mathrm{m}$ ergibt sich $3 \cdot 10^5\ \mathrm{Jm^{-3}} \triangleq 3\ \mathrm{J\ mol^{-1}}$ als typische Größe für Al. Dem Verbleib eines Restanteils der gespeicherten Energie nach der Erholung entspricht, daß auch die Verfestigung durch die Erholungsvorgänge nicht vollständig abgebaut wird.

8.4 Rekristallisation

In verformten Metallen setzt bei Temperaturen oberhalb des Erholungsbereichs, d.h. bei $T \gtrsim 0{,}5\ T_{kf}$, im allgemeinen Rekristallisation ein. Unter diesem Begriff werden alle Vorgänge der Neubildung und des Wachstums weitgehend versetzungsfreier Körner bis zum vollständigen Abbau des Verformungs- bzw. Erholungsgefüges zusammengefaßt. Dabei lassen sich zwei Grenzfälle unterscheiden: a) diskontinuierliche Rekristallisation: sie ist durch Keimbildung und Wachstum neuer Körner im Verformungsgefüge gekennzeichnet; b) kontinuierliche Rekristallisation: sie besteht aus einer Vergröberung der Subkörner des Erholungsgefüges, die dabei im allgemeinen ihren Orientierungsunterschied vergrößern. Sie kann auch als Endstadium der Erholung durch Subkornbildung aufgefaßt werden. Die ursprüngliche Verformungstextur bleibt dabei weitgehend erhalten.

Es hängt vom Metall, vom Ausgangszustand (u.a. von der räumlichen Verteilung der plastischen Verformung, Teilchen einer zweiten Phase) und vom Temperatur-Zeit-Verlauf der Wärmebehandlung ab, welcher Mechanismus auftritt und den Rekristallisationsvorgang bestimmt.

Abbildung 8.9 zeigt schematisch, wie sich die Korngröße und die Korngrößenverteilung bei den verschiedenen Rekristallisationsvorgängen ändern. Die *diskontinuierliche Rekristallisation* beginnt an Keimstellen hoher Energiedichte und geeigneter Struktur (ursprüngliche Großwinkelkorngrenzen). Hier

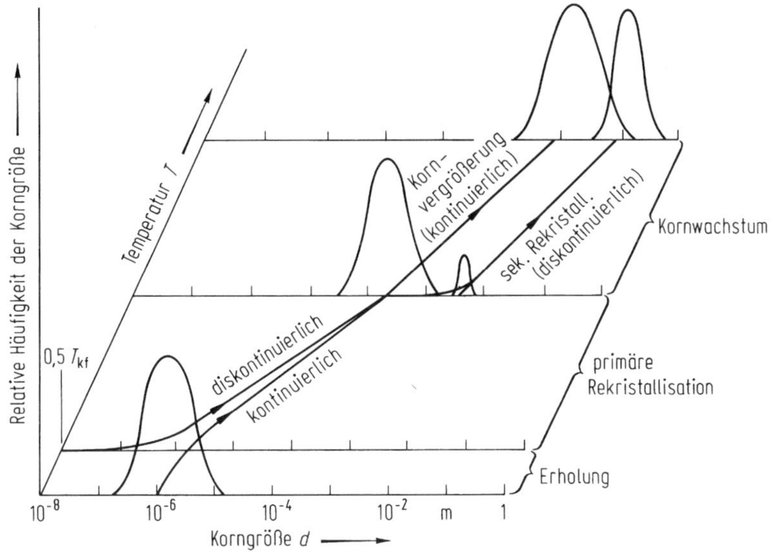

Abb. 8.9. Schematische Darstellung der vier Rekristallisations- und Kornwachstumsmechanismen anhand charakteristischer Änderungen der Korngröße mit der Temperatur (Rekristallisationszeit t = const)

bilden sich neue Körner mit kritischen Größen $< 10^{-6}$ m. Die Grenzen dieser neugebildeten Körner bilden die Rekristallisationsfront. Deren Struktur entspricht der einer Großwinkelkorngrenze. Sie trennt das verformte vom rekristallisierten Gefüge (Abb. 8.10). Bei niedrigen bis mittleren Verformungsgraden ($\varepsilon < 50\%$) mit heterogener Versetzungsdichteverteilung kann auch eine „alte" Korngrenze zum Keim einer Rekristallisationsfront werden: verformungsinduzierte Korngrenzenbewegung.

Die „treibende Kraft" dieses Vorgangs ist die gespeicherte Energie E_V, (8.9), die als Differenz zwischen der Energiedichte im Versetzungsgefüge und im praktisch versetzungsfreien rekristallisierten Korn auf die Rekristallisationsfront wirkt. Sie liegt je nach Material, Verformungsart und Verformungsgrad im Bereich $10^5 \lesssim E_V \lesssim 10^7$ Jm^{-3} bzw. $1 \lesssim E_V \lesssim 100$ Jmol^{-1}. Die neugebildeten Kristallite breiten sich, wie bei der Erstarrung, bis zur gegenseitigen Berührung aus. Die Geschwindigkeit der Rekristallisationsfront ist dann etwa linear, wenn die treibende Kraft konstant ist, was voraussetzt, daß sich die Versetzungsdichte im Erholungsgefüge und damit die gespeicherte Energie während der Rekristallisation nicht mehr ändert und nur Platzwechsel nächster Nachbarn in der Grenzfläche erforderlich sind.

Die *kontinuierliche primäre Rekristallisation* besteht im wesentlichen aus einer Zunahme der mittleren Größe und der Orientierungsunterschiede der Subkörner des Erholungsgefüges. Dies ist in Abb. 8.9 durch die kontinuierliche Verschiebung der Korngrößenverteilung mit der Anlaßtemperatur schematisch wiedergegeben. Die volumenbezogene treibende Kraft ist in diesem Fall die

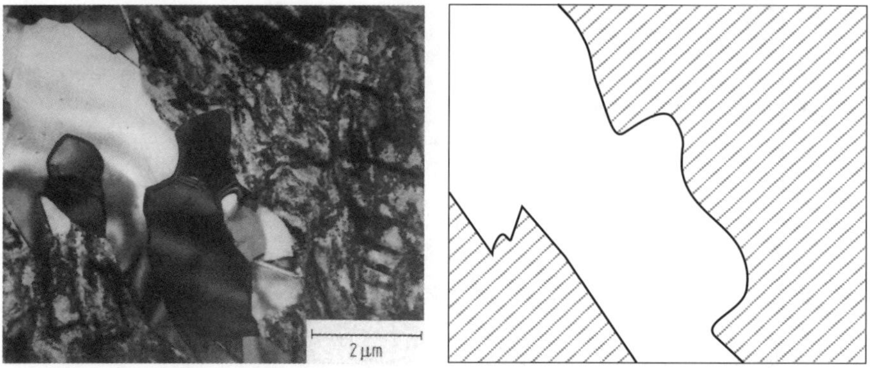

a b

Abb. 8.10. Rekristallisierte Körner im Verformungsgefüge einer Ni-28%Cr-5%Mo-Legierung (Hastelloy). 60% kaltverformt, 4 h 650°C geglüht. **a** TEM-Abbildung (J. Nahm). **b** Schematische Darstellung: weiß-Rekristallisationsgefüge, schraffiert: Verformungsgefüge

durch (8.10) gegebene Energiedichte des Subkorngefüges. Lokal wirkt die Differenz der Energien von Subkoerngrenzen unterschiedlicher Struktur (Versetzungsdichte) als treibende Kraft.

Die Korngröße des primär rekristallisierten Gefüges hängt von der Keimbildungshäufigkeit und von der Wachstumskinetik ab. Diese beruhen ihrerseits auf dem Verformungsgrad (treibende Kraft), der Temperatur und der Anlaßzeit sowie dem überwiegenden Mechanismus. Das empirische Ergebnis läßt sich in einem Rekristallisationsschaubild darstellen (Abb. 8.11). In Abb. 8.11a fällt besonders auf, daß bei niedrigen Verformungsgraden und hoher Anlaßtemperatur außergewöhnlich große Körner gebildet werden können, weil die Keimzahl klein ist. Dieser Bereich wird bei der Halbzeugherstellung und Weiterverarbeitung gemieden, weil Grobkorn mit geringer Streckgrenze und Bruchdehnung bzw. Bruchzähigkeit verbunden ist. Andererseits können bei geeigneter Wahl von Verformungsgrad (kritische Verformung) und Rekristallisationstemperatur auf diese Weise gezielt grobkörnige Gefüge und Einkristalle hergestellt werden.

Ein primär rekristallisiertes Gefüge ist in diesem Zusammenhang noch nicht im Gleichgewicht, weil die Korngrenzen und damit das gesamte Gefüge entsprechend (8.10) noch einen Zustand erhöhter Energie darstellen. Darum kommt es bei fortgesetzter thermischer Aktivierung durch Temperaturerhöhung zu weiteren Wachstumsprozessen. Dies ist der Bereich des Kornwachstums. Wenn dabei der mittlere Korndurchmesser kontinuierlich zunimmt, ohne daß die Korngrößenverteilung sich wesentlich ändert, wird dieser Vorgang als *Kornvergrößerung* (Kornvergröberung) bezeichnet. Wenn dagegen einzelne Körner besonders stark auf Kosten aller Nachbarn wachsen, so daß das Gefüge am Schluß nur aus wenigen, sehr großen Körnern besteht, spricht man von *sekundärer Rekristallisation.* Sekundäre Rekristallisation tritt bevorzugt bei hoher homologer Temperatur auf (Abb. 8.9 und 8.11a). Die Bildungs- und die Wachstumsgeschwindigkeit bei der Rekristallisation können sowohl durch ge-

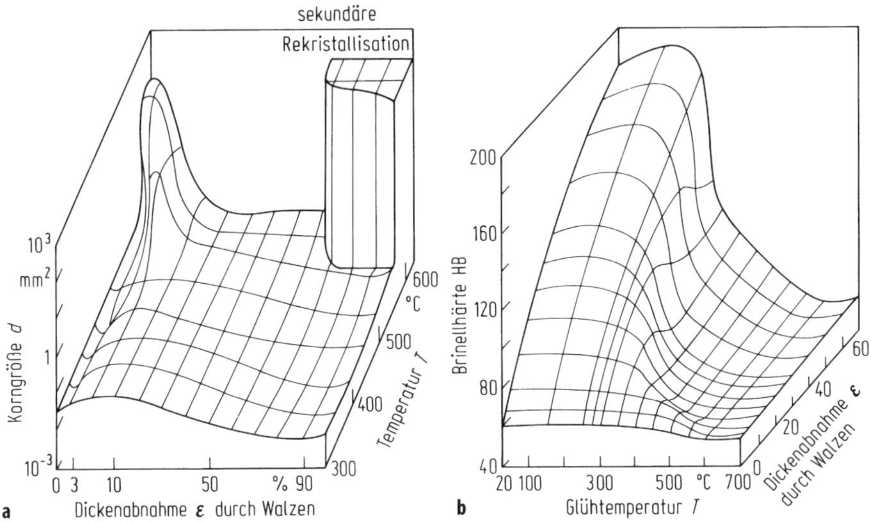

Abb. 8.11. **a** Rekristallisationsdiagramm bezüglich der Korngröße von Aluminium (99,6% Al) (O. Dahl und F. Pawlek, 1936). **b** Rekristallisationsdiagramm bezüglich der Härte von Messing CuZn 37 (Ms 63), Glühdauer 3 h (E. Fischer und H. Vosskühler, 1956)

löste Fremdatome als auch durch Ausscheidungen verringert werden. In beiden Fällen wirkt eine Verankerungskraft auf die Subkorn- bzw. Korngrenzen, die als hemmende Kraft dem Rekristallisationsvorgang entgegenwirkt.

Die Textur des rekristallisierten Gefüges einer bestimmten Legierung (Rekristallisationstextur, Abb. 8.12) ist von der Art der Verformung (z.B. Walzen, Pressen, Ziehen), vom Verformungsgrad und von den Rekristallisationsmechanismen abhängig. Außer im Fall der kontinuierlichen Rekristallisation unterscheidet sie sich von der Verformungstextur. In reinen kfz Metallen, die stark

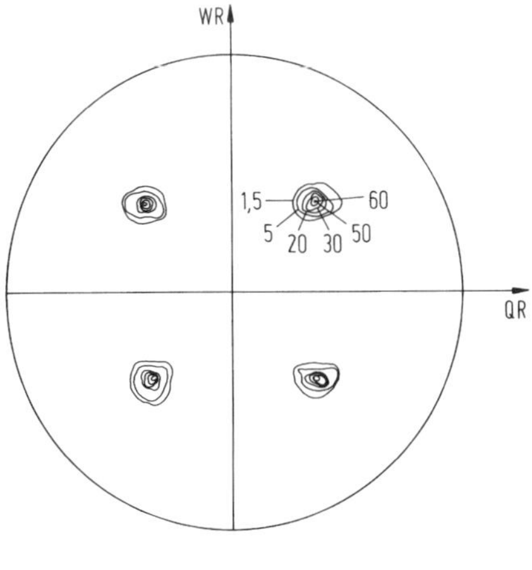

Abb. 8.12. Rekristallisationstextur von reinem Kupfer (kubisch-flächenzentriertes Metall mit hoher Stapelfehlerenergie): Würfellage. Die Projektion bezieht sich auf die {111}-Flächenpole. Zahlenangaben: willkürliche statistische Intensitätseinheiten. WR Walzrichtung; QR Querrichtung vergl. Abb. 7.12 (K. Gschwendtner und F. Haeßner, 1965)

verformt und bei hohen Temperaturen rekristallisiert werden, tritt eine Rekristallisationstextur auf, bei der die ⟨100⟩-Richtungen parallel zur Walz-, Quer- und Normalrichtung liegen, die sogenannte Würfellage.

In einigen kfz Mischkristall-Legierungen findet man mit steigender Konzentration eine Änderung des Verformungs- und des Rekristallisationsverhaltens und der resultierenden Texturen (Abb. 7.7). Diese Änderung beruht auf der Abnahme der Stapelfehlerenergie und der zunehmenden Neigung zur Zwillingsbildung mit zunehmender Mischkristallkonzentration. Dementsprechend bilden sich auch Varianten der Rekristallisationstextur aus.

Durch die Rekristallisation nehmen die Eigenschaften die Werte des unverformten Zustandes an; so nehmen der elektrische Widerstand (Abb. 8.6), die Härte (Abb. 8.11b) und die Streckgrenze ab, während die Bruchdehnung und die Rißzähigkeit zunehmen (Weichglühen).

Literatur

Shewmon P (1989) Diffusion in Solids. 2nd ed. Warrendale: The Minerals, Metals & Materials Society

Seeger A u.a. (Hrsg) (1970) Vacancies and Interstitials in Metals. Amsterdam: North Holland

Haeßner F (Hrsg) (1978) Recrystallization of Metallic Materials. Stuttgart: Dr. Riederer-Verlag

Diffusion Information Center (Hrsg) (1967 ff) Diffusion Data. Cleveland: Diffusion Information Center

Nowick AS, Berry BS (1972) Anelastic Relaxation in Crystalline Solids. London: Academic Press

Compilation of Stress-Relaxation Data for Engineering Alloys (1982) ASTM DS 60. Philadelphia: American Society for Testing of Materials

Gottstein G (Hrsg) (1984) Rekristallisation metallischer Werkstoffe: Grundlagen, Analysen, Anwendungen. Oberursel: Deutsche Gesellschaft für Metallkunde

Martin JW, Doherty RD, Cantor B (1997) Stability of Microstrutures in Metallic Systems. 2nd edition. Cambridge University Press

Humphreys FJ, Hatherly M (1995) Recrystallisation and Related Annealing Phenomena. Oxford: Pergamon Elsevier Science

Heumann Th, Mehrer H (Mitarb) (1992) Diffusion in Metallen. Berlin: Springer-Verlag

Bakker H, Bonzel HP, Bruff CM, Dayananda MA, Gust W, Horváth J, Kaur I, Kidson GV, LeClaire AD, Mehrer H, Murch GE, Neumann G, Stolica N, Stolwijk NA (1990) Diffusion in Solid Metals and Alloys. In: Landolt-Börnstein, Numerical Data and Functional Relationships in Science and Technology, New Series, Vol III/26. Berlin: Springer-Verlag

KAPITEL 9

Strukturelle Phasenumwandlungen

Als strukturelle Phasenumwandlungen werden alle Phasenübergänge im festen Zustand bezeichnet, die mit Strukturänderungen verbunden sind. Dazu zählen auch Umwandlungen zwischen dem amorphen Zustand und Kristallphasen. Dagegen zählen zum Beispiel magnetische, Normalleiter-Supraleiter- und Metall-Halbleiter-Phasenübergänge nicht zu den strukturellen Umwandlungen, selbst wenn sie mit schwachen Verzerrungen (z.B. Magnetostriktion $\lambda = 10^{-5} \ldots 10^{-6}$) verbunden sind.

Umwandlungen, bei denen die ursprüngliche Phase nicht vollständig verschwindet, weil sie thermodynamisch in einem 2-Phasengebiet ablaufen, und die neue Phase oft in feindisperser Verteilung gebildet wird, werden als Ausscheidungsreaktionen bezeichnet. Sie haben in der Metallkunde besondere Bedeutung, z.B. für die Aushärtung von Al- und Cu-Legierungen, (Kap. 14), aber auch für andere gezielte Gefügeeinstellungen wie die Ausscheidung der γ'-Phase in warmfesten γ-Nickellegierungen zur Erhöhung der Kriechbeständigkeit (Kap. 14.7) oder die Ausscheidung der α-Phase aus β-Nb–Ti zur Erhöhung der kritischen Stromdichte von Hochfeld-Supraleitern (Kap. 18.3).

Strukturelle Phasenumwandlungen der Stähle bilden eine wesentliche Grundlage für die große Vielfalt an erzielbaren Stahleigenschaften (Kap. 15).

Nach den Grundlagen, die ausgehend von der Thermodynamik der Legierungen vor allem die Teilvorgänge Keimbildung und Wachstum umfassen, werden die einzelnen Umwandlungstypen besprochen. Sie sind durch charakteristische Unterschiede im Mechanismus und in der Kinetik des Wachstumsvorgangs gekennzeichnet.

9.1 Thermodynamische Grundlagen

Die Voraussetzung für das Auftreten einer strukturellen Phasenumwandlung ist das Überschreiten einer Phasengrenze im festen Zustand analog zum Unterschreiten der Schmelztemperatur bei der Erstarrung (Kap. 2). Bei welchen Änderungen der Zustandsvariablen, insbesondere der Temperatur, eine Phasengrenze überschritten wird, kann aus Gleichgewichtsdiagramm der betreffenden Legierung entnommen werden, wobei in der Metallkunde auch die metastabilen Phasen und deren Gleichgewichte häufig von Bedeutung sind.

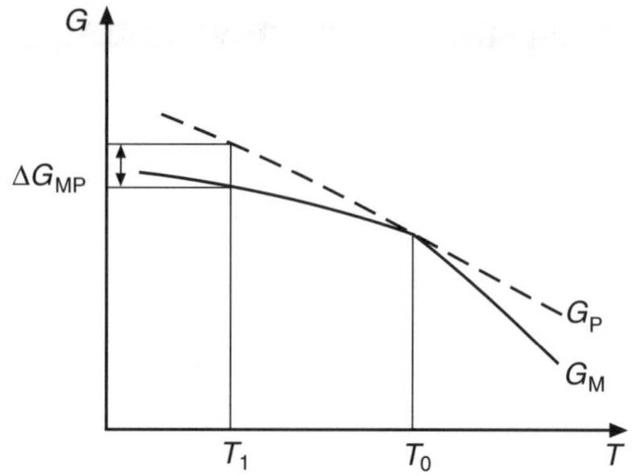

Abb. 9.1. Schematische Darstellung der $G_i(T)$-Funktion der Phasen *M* und *P*, die bei T_0 im Gleichgewicht stehen. ΔG_{MP} ist die thermodynamische Triebkraft für die Umwandlung der unterkühlten Hochtemperaturphase *M* in die Phase *P* bei der Umwandlungstemperatur T_1

Quantitativ ist die Temperatur- und Konzentrationsabhängigkeit der freien Enthalpie G_k^i aller kristallinen Phasen *i* maßgebend die bei der Konzentration der vorliegenden Legierung auftreten können. Betrachten wir zunächst den einfachen Fall einer polymorphen Umwandlung im reinen Metall. Die $G_i(T)$-Kurven der beiden Phasen überkreuzen sich bei der Gleichgewichtstemperatur T_0, und die Phase mit jeweils niedrigerer freier Enthalpie ist stabil (Abb. 9.1, vgl. Abb. 2.2). Die Differenz der freien Enthalpien kann wie in (2.3) ausgedrückt werden[1]:

$$\Delta G_{MP} = G_P - G_M = \Delta H_{MP} \left(\frac{T_0 - T}{T_0} \right). \tag{9.1}$$

Hierin bedeuten ΔH_{MP} die Umwandlungswärme, die kalorimetrisch ermittelt oder aus thermochemischen Datensammlungen entnommen werden kann, T_0 die Gleichgewichtstemperatur und somit $(T_0 - T)$ die Unterkühlung. Wird die Umwandlung bei einer bestimmten Temperatur T_1 betrachtet, so kann aus den genannten Messungen mit Hilfe von (9.1) die Größe von ΔG_{MP} als „thermodynamische Triebkraft" berechnet werden. Die Temperaturabhängigkeit der Triebkraft wird direkt durch die Umwandlungsentropie $\Delta S_{MP} = \Delta H_{MP}/T_0$ gegeben, wie durch Umschreiben von (9.1) klar wird:

$$\Delta G_{MP} = \frac{\Delta H_{MP}}{T_0} (T_0 - T) = \Delta S_{MP} (T_0 - T). \tag{9.2}$$

ΔS_{MP} kann in der Nähe von Gleichgewichtstemperaturen als annähernd konstant angesehen werden und damit direkt zur Berechnung der Triebkraft ΔG_{MP}

[1] In diesem Kapitel werden nur feste Phasen behandelt. Wir schreiben alle thermodynamischen Funktionen ohne den Index k für kristallin. Vielmehr werden die festen Phasen mit den Indizes M – Matrixphase, P – Produktphase oder mit griechischen Buchstaben als spezifische Phasen bezeichnet.

Tabelle 9.1. Thermodynamische Daten der polymorphen Umwandlungen einiger Metalle

Metall	Umwandlung	T_0 K	ΔH J mol^{-1}	ΔS J mol^{-1} K^{-1}
Co	γ(kfz) – ε(hdP)	720	250	0,35
Fe	γ(kfz) – α(krz)	1184	900	0,76
Fe	δ(krz) – γ(kfz)	1665	820	0,49
Mn	kub. – γ(kfz)	1374	2300	1,7
Ti	β(krz) – α(hdP)	1155	4000	3,5

dienen. Tabelle 9.1 zeigt Beispiele thermodynamischer Daten für die polymorphen Umwandlungen einiger Metalle. Es ist bemerkenswert, daß die Umwandlungsenthalpie typisch um eine Größenordnung geringer ist als die Schmelzenthalpie (Tab. 2.1). Die einfachen Beziehungen 9.1 und 9.2 sind außer für die Umwandlung in reinen Metallen für alle strukturellen Umwandlungen anwendbar, die ohne Konzentrationsänderung ablaufen.

Für Legierungsphasen mit temperaturabhängiger Gleichgewichtskonzentration ist zur Ermittlung der thermodynamischen Triebkraft die Funktion $G_i(T, c)$ aller Phasen i zu berücksichtigen. Ein einfaches Beispiel stellt die Triebkraft der Entmischung in einem System mit Mischungslücke (Abb. 4.2) dar. Analog zu Abb. 2.2 ist für diesen Fall eine Temperaturabhängigkeit zu erwarten, wie sie in Abb. 9.2 dargestellt ist. Die Ausgangsphase α mit der Ausgangskonzentration c_0 ist bei $T < T_c$ instabil und entmischt sich in α_1 und α_2. Die freie Enthalpie des Gemisches der Produktphasen in Gleichgewicht gibt (4.1) an: Die in Abb. 9.2 gezeigten Werte der Einzelphasen werden entsprechend deren Massenanteil addiert. Damit ergibt sich für die thermo-

$$(G_{\alpha_1+\alpha_2} - G_\alpha)\,(c_0, T)$$

$$= \left(\frac{c_{\alpha_2} - c_0}{c_{\alpha_2} - c_{\alpha_1}} G_{\alpha_1} + \frac{c_0 - c_{\alpha_1}}{c_{\alpha_2} - c_{\alpha_1}} G_{\alpha_2}\right) - G_\alpha < 0, \tag{9.3}$$

dynamische Triebkraft wobei alle Terme außer c_0 temperaturabhängig sind. Die Kenntnis aller Funktionen $G_i(c, T)$ und des daraus abgeleiteten Phasendiagramms $c_i(c, T)$ ist also zur Berechnung der Triebkraft im allgemeinen Fall erforderlich.

Für die thermodynamische und die kinetische Behandlung von Phasenumwandlungen ist ein wesentlicher Unterschied zwischen den strukturellen Phasenumwandlungen von Phasen verschiedener Kristallklassen, den Umwandlungen ohne Änderung des Translationsgitters und den ferromagnetischen Umwandlungen (ohne Änderung der Struktur) zu beachten. Sie lassen sich am besten anhand der Ehrenfest-Einteilung der Phasenübergänge bezüglich des Verlaufs der Zustandsfunktionen beschreiben. Hierbei werden die Phasenübergänge danach eingeteilt, in welcher Stufe die Ableitungen der Zustands-

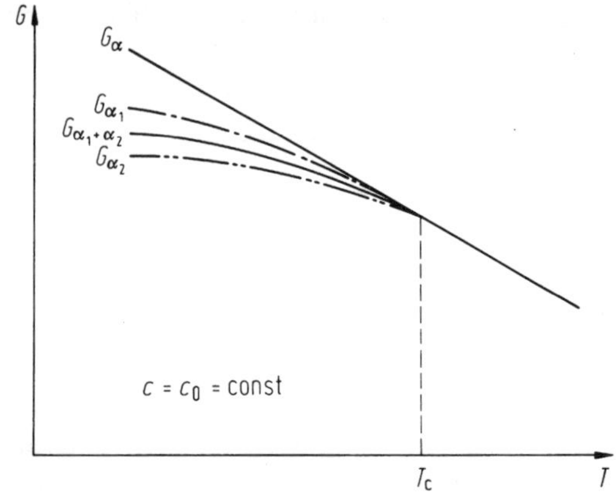

Abb. 9.2. Temperaturabhängigkeit der freien Enthalpie der Phasen α, α_1 und α_2 sowie des Gleichgewichtsgemenges $\alpha_1 + \alpha_2$ eines Systems mit Mischungslücke (vgl. Abb. 4.2)

funktionen wie H und V nach den Zustandsvariablen wie T und P eine Unstetigkeit haben. In Abb. 9.3 sind schematische Darstellungen der Funktion $H(T)$ und ihrer Ableitung $C_p = (\partial H/\partial T)_P$ wiedergegeben (vgl. Abb. 6.16 und 6.17). Links ist ein Phasenübergang 1. Ordnung dargestellt, der z.B. für allotrope Umwandlungen reiner Metalle kennzeichnend ist. Rechts ist ein Phasenübergang 2. Ordnung wiedergegeben, dessen 2. Ableitung $(\partial^2 H/\mathrm{d}T^2)_P$ erst unstetig ist; ein Beispiel ist die magnetische Umwandlung des Eisens. Dazwischen liegt der gemischte Phasenübergang, der oft bei Umwandlungen auftritt bei

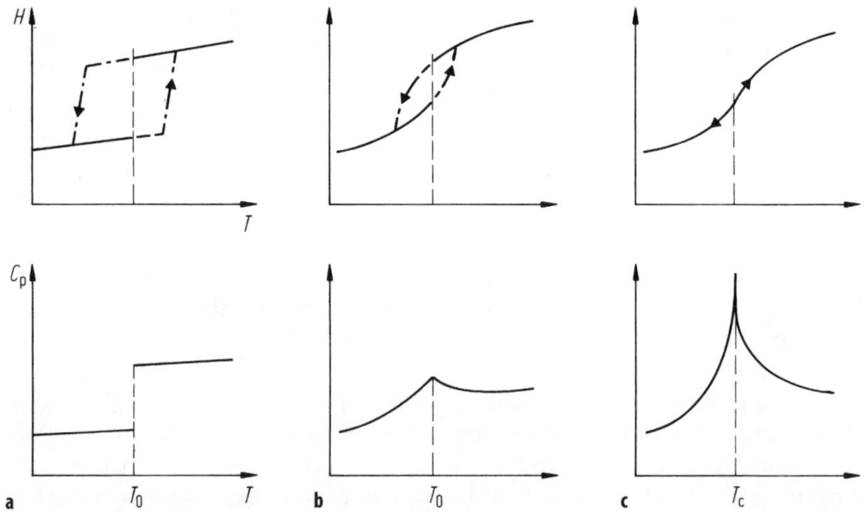

Abb. 9.3. Schematische Darstellung des Verlaufs der Enthalpie H und der spezifischen Wärme C_p zur Erläuterung der Ehrenfestschen Einteilung der Phasenübergänge. Pfeile und strichpunktierte Linien zeigen typische Umwandlungsverläufe; **a** 1. Ordnung; **b** gemischt; c 2. Ordnung

denen der Phasenübergang durch Platzwechsel im unveränderten Translationsgitter stattfindet wie bei Entmischungs- und Ordnungsreaktionen. Bemerkenswert ist nun, daß Umwandlungen 1. und gemischter (1./2.) Ordnung praktisch immer mit Hysterese verlaufen, die durch den Energie- und Zeitbedarf von Keimbildung und Wachstum bedingt ist, während Umwandlungen 2. Ordnung, wie die magnetischen, praktisch allen Änderungen der Zustandsvariablen spontan folgen. Deshalb unterscheidet man in den beiden ersten Fällen auch zwischen dem *Vorgang* der Phasen*umwandlung* und der thermodynamischen *Zustandsfunktion* des Phasen*übergangs*, während bei Umwandlungen 2. Ordnung die Phasenumwandlung vom Phasenübergang praktisch nicht zu trennen ist. Die Gleichgewichtstemperatur T_0 hat dementsprechend in den ersten beiden Fällen die Bedeutung, daß die beteiligten Phasen bei ihr koexistieren können, während die kritische Temperatur T_c des Übergangs 2. Ordnung den Punkt des kritischen Zustands bzw. der höchsten Umwandlungsrate angibt.

9.2 Instabilität, Keimbildung, Wachstum, Vergröberung

Bei strukturellen Phasenumwandlungen kann man unterscheiden:

- Vorstadien der Umwandlung (Gitterinstabilität, kritische Fluktationen),
- metastabile Übergangs- und Zwischenzustände (Guinier-Preston-Zonen, spinodale Entmischung),
- Keimbildung,
- Wachstum,
- Vergröberung (Ostwald-Reifung), Umwandlungsverformung und andere Folgeeffekte.

Diese Vorgänge treten im allgemeinen zeitlich parallel und zum Teil gekoppelt auf, werden hier aber getrennt beschrieben.

Wir behandeln zunächst *Vorstadien von Umwandlungen*. Bei den meisten Strukturumwandlungen in Metallen zeigen *die elastischen Konstanten* des Ausgangsgitters bis zur Phasengrenze und, bei Unterkühlung oder Überhitzung, darüber hinaus die normale Temperaturabhängigkeit. Aber manche Phasen wie die krz β-Phasen von Ti- und Zr-Legierungen, von Cu-, Ag- und Au-Legierungen, von Ni–Al und einigen anderen Systemen werden mit abnehmender Temperatur elastisch instabil. Dies zeigt sich insbesondere durch eine Abnahme des Schubmoduls C', der die elastische Steifigkeit des Gitters gegen Scherungen auf $\{011\}$-Ebenen in $\langle 01\bar{1}\rangle$-Richtungen angibt (Kap. 6.1). Es ist bemerkenswert, daß in allen Fällen eine martensitische Umwandlung bei tieferen Temperaturen auftritt, bei der eine Scherung $\{011\}\ \langle 01\bar{1}\rangle_\beta$, die dem „weichen" Schubmodul C' entspricht, die Hauptkomponente der Gitterumwandlung darstellt. – Neben dieser Instabilität, die sich über das gesamte Gittervolumen erstreckt, treten örtlich durch thermische Schwankungen und durch die stets vorhandenen Gitterfehler Schwankungen der Konzentration und der elastischen Verzerrungen im Gitter der Ausgangsphase auf. Sie sind je nach ihrer Konfiguration bevorzugte Keimstellen für die Produktphase.

Die *Guinier-Preston-Zonen* sind eine besondere Wachstumsform einer metastabilen, kohärenten Zwischenphase in Al-Legierungen (Kap. 14) und werden bei den Entmischungsvorgängen behandelt. Die *spinodale Entmischung* kann als Sonderfall im Frühstadium kohärenter Entmischung auftreten. Beide Zwischenzustände können nicht als Phasen angesprochen werden, weil sie nicht eindeutig mit einer dreidimensionalen Kristallstruktur und einer scharfen Phasengrenze verbunden sind.

Die *Keimbildung* bei strukturellen Phasenumwandlungen basiert auf den gleichen Einflußgrößen wie bei der Erstarrung (Kap. 2.4). Dabei sind aber im festen Zustand zusätzlich die vom Volumenunterschied der beteiligten Phasen und von fallweise zusätzlich auftretenden Scherungen hervorgerufenen Spannungen zu berücksichtigen:

$$\Delta G_{MP}^{K} = V^{K}\Delta g_{MP} + F^{K}\gamma_{MP} + V^{K}\Delta g\varepsilon_{MP}\,; \qquad (9.4)$$

hierin bedeuten ΔG_{MP}^{K} die freie Enthalpiedifferenz des Keims gegenüber der Matrix, V^K und F^K das Volumen und die Grenzfläche der Keimkonfiguration, Δg_{MP} die freie Enthalpiedifferenz der Phasen pro Volumeneinheit, γ_{MP} die spezifische Phasen-Grenzflächenenergie und $\Delta g_{MP}^{\varepsilon}$ die Verzerrungsenergie bezogen auf die Volumeneinheit des Keims (die Verzerrung selbst findet überwiegend in der Matrixphase statt). Im festen Zustand sind alle drei Terme in weiten Grenzen variabel. Sie sollen deshalb einzeln betrachtet werden.

Die Differenz der freien Enthalpie zwischen Produkt- und Matrixphase Δg_{MP} wird negativ und damit zur treibenden Kraft der Umwandlung, wenn durch Temperaturänderung (oder Änderung einer anderen Zustandsvariablen, z.B. der Konzentration) eine Phasengrenze überschritten wird, so daß die Matrixphase instabil wird und die Produktphase stabil ist (Abb. 9.1). Die Grenzflächenstruktur und damit die Grenzflächenenergie γ_{MP} ist eine empfindliche Funktion der Orientierungsbeziehung zwischen Ausgangs- und Produktstruktur und der Orientierung der Grenzfläche. Der einfachste Fall ist die vollständige Kohärenz zwischen Ausgangs- und Produktgitter, die bei Phasen mit gleichem Translationsgitter auftritt. Abbildung 9.4 zeigt dies für die Ausscheidung einer Mischphase und einer Überstrukturphase: die Kristallachsen der Strukturen sind identisch, ebenfalls die Gitterparameter, so daß in der Grenzfläche beide Gitter völlig kontinuierlich ineinander übergehen. Für derartige vollkohärente Grenzflächen werden Werte $10 \lesssim \gamma_{MP}^{koh} \lesssim 30$ mJ m^{-2} gefunden. Bei genauerer Betrachtung stellt sich allerdings heraus, daß γ_{MP} orientierungsabhängig ist, insbesondere bei Überstrukturphasen. Sind die Gitterparameter nicht identisch, so tritt eine Fehlpassung auf:

$$\delta = \frac{a_P - a_M}{(a_P + a_M)/2}\,, \qquad (9.5)$$

a_P und a_M bedeuten die Gitterparameter des Produkts und der Matrix. Eine derartige Fehlpassung kann entweder durch rein elastische Verzerrung oder

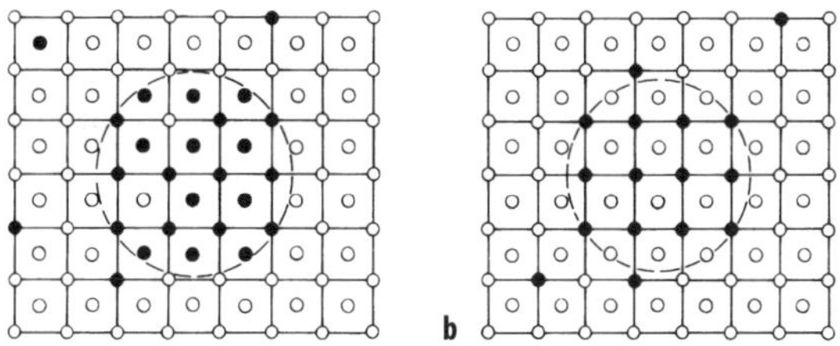

Abb. 9.4. Schematische Darstellung kohärenter Phasenbeziehungen bei der Phasenumwandlung: **a** Entmischung; **b** Ausscheidung einer Ordnungsphase

durch die Bildung von Fehlpassungsversetzungen in der Grenzfläche ausgeglichen werden. Abbildung 9.5 zeigt dies am Beispiel einer ebenen, teilkohärenten Phasengrenze. Ihre spezifische Energie nimmt linear mit der Fehlpassung, d.h. mit der Versetzungsdichte zu: $\gamma_{\mathrm{MP}}^{\mathrm{teilkoh}}$ $(1 + \delta) \cdot \gamma_{\mathrm{MP}}^{\mathrm{koh}}$. Schließlich können bei größerer Fehlpassung und stärkeren Unterschieden der Kristallstrukturen und ihrer Orientierungsbeziehung Werte $100 \lesssim \gamma_{\mathrm{MP}} \lesssim 1000$ mJ m^{-2} auftreten. Wir sehen hieraus, daß die spezifische Grenzflächenenergie um den Faktor 100 variieren kann und daß Grenzflächen niedriger Energie durch ihre Orientierungsabhängigkeit die Keimform bestimmen können.

Die elastische Energie $\Delta g_{\mathrm{MP}}^{\varepsilon}$ in (10.4) hängt im einfachsten Fall vom Betrag der Fehlpassung $|\delta|$ der beiden Phasen und vom isotrop angenommenen E-Modul der Matrixphase ab. Für diesen Fall gilt, wenn die elastische Verzerrung nur in der Matrixphase M stattfindet:

$$\Delta g_{\mathrm{MP}}^{\varepsilon} = \frac{E_{\mathrm{M}} \delta^2}{1 - \gamma_{\mathrm{M}}} \cdot f(b/a), \tag{9.6}$$

worin E_{M} und γ_{M} den E-Modul und die Poisson-Konstante der Matrixphase und $f(b/a)$ einen Formfaktor für die Achsenlängen eines Keims angeben, der als Rotationsellipsoid angenommen wird. Aus diesem Zusammenhang folgt, daß bei gleichem Keimvolumen die Verzerrungsenergie als Funktion der Keimform in der Reihenfolge Kugel-Stab-Platte abnimmt. Diese Reihenfolge entspricht

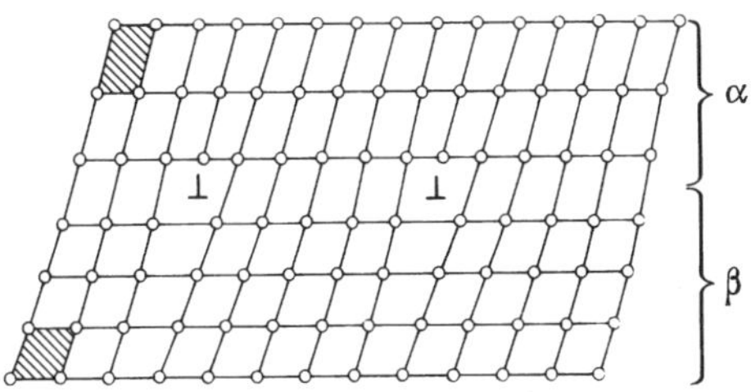

Abb. 9.5. Schematische zweidimensionale Darstellung einer teilkohärenten Phasengrenze zwischen den Phasen α und β: die Anordnung der Gitterpunkte in der Grenzfläche ist bei beiden Strukturen ähnlich, die Anpassung erfolgt durch periodisch angeordnete Fehlpassungsversetzungen

auch der Beobachtung für Ausscheidungen in der Wachstumsphase: Während bei $\delta \lesssim 0{,}02$ kugel- oder stabförmige Teilchen bevorzugt sind, bilden sich bei höheren Fehlpassungen im allgemeinen Platten aus, wenn der Einfluß der Verzerrungen auf die Teilchenform überwiegt. Dies muß nicht unbedingt der Fall sein, wenn die Bildung niedrigenergetischer Grenzflächen eine andere Teilchenform begünstigt, d.h. Flächen parallel zu Grenzen niedriger spezifischer Grenzflächenenergie. Die elastische Energie $\Delta g^{\varepsilon}_{\mathrm{MP}}$ wird außerdem von der elastischen Anisotropie A(7.6a, b) beeinflußt, die in (9.6) nicht berücksichtigt wurde. In den meisten Metallen ist $A > 1$. Dies bewirkt bei Keimen und Ausscheidungen mit Verzerrungen ($\delta \gtrsim 0{,}02$) eine bevorzugte Ausrichtung parallel zu {100}-Ebenen, z.B. die $\gamma'(Ni_3Al)$-Ausscheidung in Ni-Superlegierungen.

Wir haben gesehen, daß die Keimbildung durch die Art der gebildeten Grenzfläche und durch die Verzerrungsenergie in weiten Grenzen beeinflußt werden kann. Dies hat zwei wesentliche Folgen: 1. metastabile Phasen mit kohärenten oder teilkohärenten Grenzflächen bilden sich oft früher und mit höherer Keimzahl als stabile Phasen, wenn diese eine Grenzfläche höherer Energie aufweisen; dementsprechend ist oft zunächst die Bildung metastabiler Phasen mit geringer Fehlpassung begünstigt; 2. während bei kohärenten Grenzflächen bevorzugt homogene Keimbildung auftritt, begünstigen teil- und inkohärente Grenzflächen die heterogene Keimbildung an Versetzungen und an Grenzflächen wie Korn- und Phasengrenzen; dementsprechend wird beim Auftreten einer Fehlpassung die Ausscheidung an Gitterfehlern mit stärkeren Verzerrungsfeldern wie Versetzungen und Versetzungsnetzwerken (Subkorngrenzen) begünstigt. Für die heterogene Keimbildung gilt dementsprechend in Erweiterung von (9.4) analog zu (2.7):

$$\Delta G^{\mathrm{K}}_{\mathrm{MP}} = V^{\mathrm{K}} \Delta g_{\mathrm{MP}} + F^{\mathrm{K}} (a\gamma_{\mathrm{MP}} - b\gamma_{\mathrm{M}}) + V^{\mathrm{K}} (c\Delta g^{\varepsilon}_{\mathrm{MP}} - d\Delta g^{\varepsilon}_{\mathrm{M}}) . \tag{9.7}$$

Hierin bedeuten a, b, c und d dimensionslose Formfaktoren bzw. Wichtungsfaktoren für den Einfluß der heterogenen Keimstellen, γ_{M} die Korngrenzenenergie der Ausgangsphase und $\Delta g^{\varepsilon}_{\mathrm{M}}$ die Spannungsenergie der Gitterfehler der Ausgangsphase, die zur Reduktion der Keimbildungsenergie beitragen. Die Abb. 9.6 und 9.7 zeigen Beispiele für heterogene Keimbildung an Grenzflächen und an Versetzungen.

Die *Wachstumsvorgänge* bei strukturellen Umwandlungen unterliegen einer großen Zahl von Einflußgrößen. Für alle Umwandlungen gilt, daß auch im Wachstumsstadium die bei der Keimbildung beschriebenen Einflüsse der Grenzflächen- und Spannungsenergie für den Grenzflächenverlauf und die Form und Orientierung der Kristallite maßgebend bleiben, soweit nicht andere, kinetische Effekte überwiegen.

Die Einteilung der strukturellen Umwandlungen in Umwandlungstypen entsprechend den Kriterien, die ihren Mechanismus und ihre Kinetik kennzeichnen, folgt in Kap. 9.3, ihre Behandlung im einzelnen in Kap. 9.4 und 9.5.

9.6
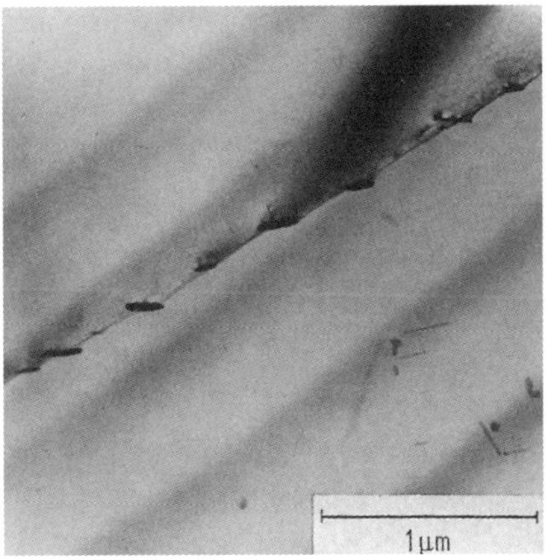

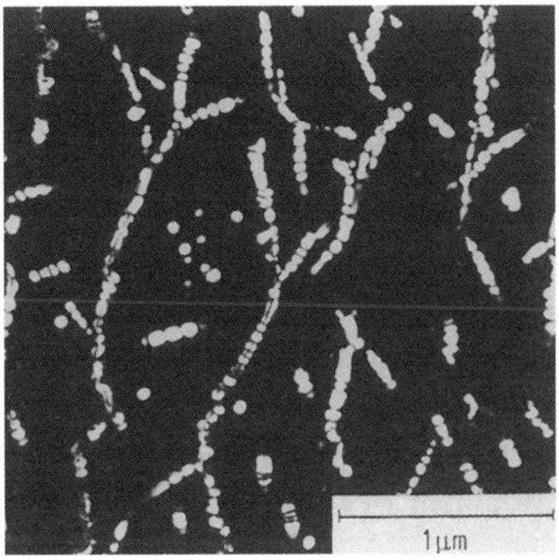

9.7

Abb. 9.6. Heterogene Keimbildung von Al_3Fe-Ausscheidungen an einer Korngrenze in einer Al–Fe–Si-Legierung; TEM

Abb. 9.7. Heterogene Keimbildung von Fe_3Al-Ausscheidungen an Versetzungen in einer Fe–Al-Legierung; TEM, Dunkelfeldabbildung. Die Versetzungen selbst sind nicht sichtbar

Die Teilchenvergröberung (Ostwald-Reifung) und die Umwandlungsverformung führen zum Abbau von umwandlungsbedingten Grenzflächen- bzw. Spannungs-Energieerhöhungen. Diese Vorgänge sind insofern zwar *Folgeeffekte* der Umwandlung, laufen aber bereits während der Umwandlung ab. Als *Ostwald-Reifung* bezeichnet man den Vergröberungs- oder Umlösungsvorgang von feindispersen Ausscheidungen, bei dem größere Teilchen auf Kosten kleinerer wachsen und die Gesamtgrenzfläche pro Volumeneinheit abnimmt. Die Triebkraft für den Vorgang als ganzen ist die Summe der Energien der Phasengrenzen. Die Triebkraft für das bevorzugte Wachstum der größeren Teilchen ist der Unterschied zwischen dem höheren und niedrigeren chemischen Potenzial der kleineren und größeren Teilchen aufgrund der unterschiedlichen Grenzflächenkrümmung. Für die Abhängigkeit des mittleren Radius kugelförmiger Teilchen $\bar{r}$ von der Anlaßzeit t gilt

$$\bar{r}^3 = \bar{r}_0^3 + \frac{D_B \gamma_{MP} c_B \Omega}{kT} t, \tag{9.8}$$

wobei $\bar{r}_0$ den mittleren Ausgangsradius, D_B den chemischen Diffusionskoeffizienten und c_B die Konzentration der Komponente B in der Matrixphase und Ω das mittlere Atomvolumen bedeuten. Der Zusammenhang $\Delta r \sim t^{1/3}$ wird im reinen Vergröberungsstadium experimentell gefunden. Solange dagegen das Umwandlungsstadium, d.h. die Zunahme der Keimzahl und die Volumenzunahme der Produktphase, noch überlagert sind, werden größere Zeitexponenten beobachtet.

Als *Umwandlungsverformung* werden hier alle Vorgänge der plastischen Verformung bezeichnet, die zum Abbau umwandlungsbedingter Spannungen auftreten. Dies kann durch Gleitung und Zwillingsbildung im Ausgangs- und im Produktgitter geschehen. Am markantesten sind diese Vorgänge bei der martensitischen Umwandlung, bei der sie direkt mit dem Umwandlungsmechanismus gekoppelt sind. Aber auch bei diffusionsabhängigen Umwandlungen, die mit Verzerrungen verbunden sind und bei denen durch plastische oder Formanisotropie Schubspannungen auftreten, werden Versetzungs- und Zwillingsbildung beobachtet. Ein Extrembeispiel der Umwandlungsverformung mit Riß- und Bruchbildung ist der als Zinnpest bekannte völlige, feinkristalline Zerfall von metallischem Zinn bei seiner $\beta \rightarrow \alpha$-Umwandlung in eine Struktur mit kovalenter Bindung und folglich geringerer Dichte, die mit einer Volumenänderung von $> 10\%$ verbunden ist.

Analoge Folgeeffekte von Umwandlungen finden auch bei der Umwandlung metallischer Legierungen in Hydride statt. Sie werden neuerdings u. a. zur Herstellung feinkristalliner Magnetpulver gezielt eingesetzt. Die infolge der Wasserstoffbeladung und Umwandlung auftretende Volumenänderung und Versprödung führt dazu, daß der metallische Ausgangszustand in feine Hydridteilchen zerfällt. Dehydrierung durch Wasserstoffdesorption führt anschließend durch Rückumwandlung zum Metall in Form einer intermetallischen Verbindung, aber die Teilchenform bleibt bestehen. Auf Englisch wurde hierfür die Abkürzung HDDR eingeführt: hydrogenation - decrepitation - desorption - recombination.

9.3 Umwandlungstypen

Die verschiedenen Typen struktureller Phasenumwandlungen unterscheiden sich durch den Mechanismus und die Kinetik im Wachstumsstadium.

Für die systematische Einteilung struktureller Phasenumwandlungen lassen sich verschiedene Kriterien verwenden. Wir legen hier eine Einteilung zugrunde, die als Kennzeichen umfaßt:

- die Diffusionsabhängigkeit; am häufigsten erfordert die diffusionsabhängige Bildung einer neuen Phase eine Konzentrationsänderung in Verbindung mit weitreichender Diffusion; weitreichende Diffusion tritt naturgemäß nicht auf, wenn die Umwandlung keine Konzentrationsänderung erfordert; in diesem Fall erfolgen nur atomare Platzwechsel über die Wachstumsfront;
- das Auftreten einer Strukturänderung. Die Kristallstruktur ändert sich meistens, aber nicht im Fall der Entmischung. Hier ändert sich nur die Konzentration und das spezifische Volumen;
- die gekoppelte, gleichzeitige Bildung von zwei (oder mehr) Phasen;
- die Umwandlung durch Scherung des Gitters der Matrixphase in das Gitter der Produktphase, d. h. ohne atomare Einzelplatzwechsel.

Tabelle 9.2 zeigt, wie diese Kennzeichen zur Unterscheidung struktureller Phasenumwandlungen dienen, die anschließend im einzelnen behandelt werden.

Tabelle 9.2. Kennzeichen zur Unterscheidung verschiedener Umwandlungstypen

Umwandlungstyp	Kennzeichen				
	diffusionsabhängig		Strukturänderung	gekoppelte Bildung von 2 Phasen	Strukturumwandlung durch Scherung
	weitreichende Diffusion	Platzwechsel nur in der Umwandlungsfront			
Ausscheidung	+	–	+	–	–
Entmischung	+	–	–	–	–
polymorphe und massive Umwandlung	–	+	+	–	–
perlitische Umwandlung	–	+	+	+	–
diskontinuierliche Ausscheidung	–	+	+	+	–
martensitische Umwandlung	–	–	+	–	+
bainitische Umwandlung[a]	+/–	+/–	+	+/–	+

[a] Die bainitische Umwandlung kann in verschiedenen Varianten auftreten und läßt sich deshalb nicht eindeutig zuordnen.

9.4 Diffusionsbestimmte Umwandlungen

Die meisten strukturellen Phasenumwandlungen sind diffusionsbestimmt, d.h. die Wachstumskinetik der Produktphase ist von der Diffusion der beteiligten Komponenten abhängig. Dabei ist im allgemeinen weitreichender Transport einer oder mehrerer Legierungskomponenten geschwindigkeitsbestimmend. Es kann aber auch nur die Sprunghäufigkeit der Atome über die Phasengrenze hinweg die Wachstumsgeschwindigkeit bestimmen, wie bei der polymorphen und der massiven Umwandlung, die weiter unten behandelt werden. In diesem Fall spricht man von grenzflächenbestimmtem Wachstum.

Bei den Modellen, die der Berechnung der Wachstumskinetik zugrunde gelegt werden, wird zunächst angenommen, daß die Energie der Phasengrenze von ihrer Struktur und Orientierung unabhängig ist. Dies wird auch in den folgenden Beispielen der Fall sein. Es ist aber zu beachten, daß die Struktur und die Krümmung der Phasengrenze sowie die bei der Umwandlung oft auftretenden (Volumen- oder Schub-)Verzerrungen die Diffusionskinetik und damit die Wachstumsgeschwindigkeit beeinflussen können. Dies wird in verfeinerten Wachstumsmodellen berücksichtigt.

Als elementarer Fall der Umwandlung im festen Zustand wird die *Ausscheidung* betrachtet. Im einfachsten Modell geht man vom Wachstum kugelförmiger Teilchen der Phase α in einer Matrix der Phase γ aus. Gefragt wird nach der

Abb. 9.8. Zum Modell der Ausscheidung kugelförmiger Teilchen. **a** Modellansatz für das Gefüge. **b** Konzentrationsprofil durch die Teilchenmitten in einem Zwischenzustand des Wachstums

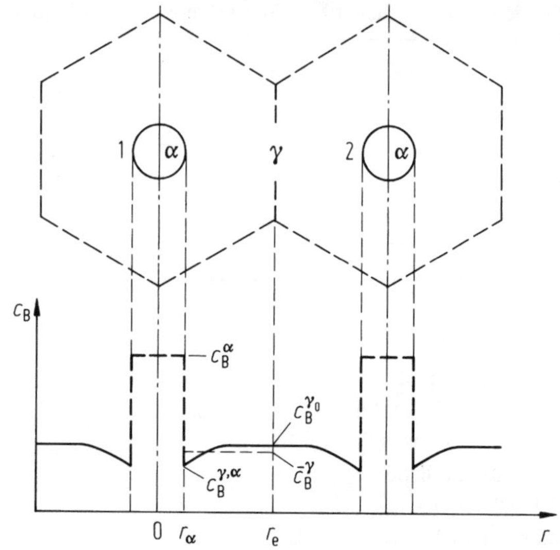

Zeitabhängigkeit der Zunahme des Teilchenradius r_α und der Abnahme der mittleren Konzentration c_B der gelösten Komponente B in der Phase γ. Dabei nähert man die Einzugsbereiche der Diffusion in der Phase γ für die Teilchen der Phase α durch Waben an, die vereinfacht als Kugeln mit dem effektiven Radius r_e in die Rechnung eingehen.

Abbildung 9.8 zeigt diese Näherung für zwei benachbarte Teilchen 1 und 2. Die zeitabhängige Abnahme der mittleren Konzentration der gelösten Komponente $\bar{c}_B^\gamma(t)$ kann nun als kugelsymmetrisches Diffusionsproblem relativ leicht berechnet werden. Ist $c_B^{\gamma_0}$ die Ausgangskonzentration, die zunächst bei $r = r_e$ unverändert bleibt, so ergibt sich

$$\bar{c}_B^\gamma = c_B^{\gamma_0} - \left(\frac{2b}{3}t\right)^{3/2} \tag{9.9}$$

$$\text{mit } b = \frac{3D\,(c_B^{\gamma_0} - c_B^{\gamma,\alpha})}{(c_B^\alpha)^{1/3}\,(r_e)^2}, \tag{9.9a}$$

wobei alle Größen aus Abb. 9.8 entnommen werden können und D als konzentrationsunabhängig angenommen wird. Die mittlere Konzentration der Komponente B in der Ausgangsphase nimmt also bei Ausscheidung kugelförmiger Teilchen $\sim t^{3/2}$ ab; analog ergibt sich die Annahme für stabförmige Teilchen $\sim t$ und für plattenförmige Teilchen $\sim t^{1/2}$. Geht man näherungsweise davon aus, daß der elektrische Widerstand proportional zur mittleren Konzentration stark abnimmt, so kann unter den erwähnten vereinfachenden Annahmen aus dem Zeitexponenten der Widerstandsänderung auf die Teilchenform der Ausscheidung geschlossen werden. Allerdings gilt (9.9) nur für $\bar{c}_B^\gamma / c_B^{\gamma_0} > 2/3$, d.h. für einen Ausscheidungsgrad, bei dem die Diffusionszonen der Teilchen sich noch nicht überlappen. Durch Reihenentwicklung läßt sich (9.9) auch umschreiben in

$$\bar{c}_{\mathrm{B}}^{\gamma} = c_{\mathrm{B}}^{\gamma_0}\, \mathrm{e}^{(-\mathrm{t}/\tau)^{3/2}}, \tag{9.10}$$

wobei τ eine Relaxationszeit ist, die den Diffusionskoeffizienten und die Konzentrationswerte enthält. Oft schreibt man die absolute Konzentrationsänderung auf den relativen Ausscheidungsgrad X um $(0 \leq X \leq 1)$:

$$X = 1 - \frac{\bar{c}_{\mathrm{B}}^{\gamma}(t) - c_{\mathrm{B}}^{\gamma,\alpha}}{c_{\mathrm{B}}^{\gamma_0} - c_{\mathrm{B}}^{\gamma,\alpha}}; \tag{9.11}$$

dies führt für die verschiedenen Ausscheidungsvorgänge auf

$$X = 1 - \mathrm{e}^{(-\mathrm{t}/\tau)^{\mathrm{m}}} \tag{9.12}$$

mit jeweils charakteristischen Werten von m. Mit den gemachten Voraussetzungen ist dieser Zeitexponent auch für die Zunahme des mittleren Teilchenvolumens gültig, für Kugeln also $v_\alpha \sim t^{3/2}$, während für den Radius gilt $r_\alpha \sim t^{1/2}$.

Gleichung 9.12 hat die gleiche Form wie die Johnson-Mehl-Avrami(JMA)-Gleichung

$$X = 1 - e^{-kt^n}, \tag{9.13}$$

in der n als Avrami-Exponent bezeichnet wird. Sie wird oft angewendet, wenn die Geschwindigkeit einer Umwandlung makroskopisch, z.B. anhand der Zunahme des Volumenanteils der Produktphase, untersucht werden soll. Ursprünglich haben Johnson und Mehl einen Zusammenhang dieser Art zur Analyse der Rekristallisationskinetik abgeleitet. Sie wollten dabei erfassen, daß der bereits rekristallisierte Volumenanteil nicht mehr zur Keimbildung zur Verfügung steht. Die Gleichung beschrieb also einen Vorgang mit abnehmender Keimbildungsrate pro Gesamtvolumen und konstanter Wachstumsgeschwindigkeit. In ihrer Verallgemeinerung wird die JMA-Beziehung nun häufig zur integralen Analyse von Umwandlungen angewendet, bei der Keimbildung und Wachstum nicht getrennt erfaßt werden. Der Avrami-Exponent n hat hierbei zwar stets einen meßbaren Effektivwert. Dieser kann sich aber während der Reaktion verändern und läßt sich nur dann einem Umwandlungsmechanismus im Einzelnen zuordnen, wenn ergänzende mikroskopische Beobachtungen die angenommenen Gefügeänderungen belegen.

Entmischungsreaktionen treten in Systemen mit stabiler oder metastabiler Mischungslücke auf (Abb. 4.2). Dabei bilden sich durch die allgemeine Reaktion $\alpha \rightarrow \alpha_1 + \alpha_2$ aus einem Mischkristall α zwei Mischkristalle α_1 und α_2, die sich vom Ausgangszustand nur durch die Konzentration und das spezifische Volumen, nicht aber durch die Kristallstruktur unterscheiden.

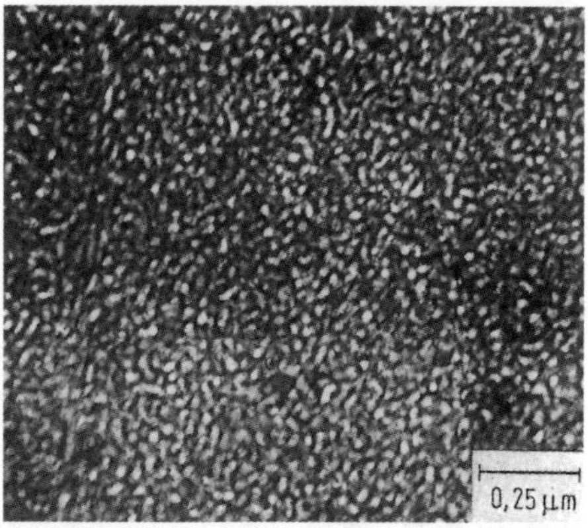

Abb. 9.9. Kohärentes Entmischungsgefüge der krz-Mischkristallphasen α_1 (Fe–Co-reich) und α_2 (Cr–Fe-reich) in einer Fe-27,5 Masse-% Cr-10,5 Masse-% Co-Legierung; TEM (J. Nahm)

Da sich bei Entmischung die Kristallstruktur nicht ändert, verläuft sie im allgemeinen mindestens in Frühstadien kohärent (Abb. 9.4a). An den äußeren Konzentrationsenden einer Mischungslücke entspricht die Entmischungsreaktion der Ausscheidung einer zweiten Phase. Im mittleren Bereich einer Mischungslücke, wo die Volumenanteile der sich bildenden Phasen vergleichbar sind, tritt oft eine Entmischungsreaktion mit wellenförmiger Anordnung der Phasen auf (moduliertes oder Tweedgefüge), Abb. 9.9. Diese Anordnung ist durch die Minimierung der auftretenden Kohärenzverzerrung bedingt, die ihrerseits von der Fehlpassung δ (9.5), der Teilchengröße, der Teilchendichte und den elastischen Konstanten abhängen. Die Kinetik der Entmischung ist in den geschilderten Fällen durch die gleichen Beziehungen gegeben, wie bei der Ausscheidung. Bei höheren Werten der Fehlpassung der sich bildenden Phasen α_1 und α_2 werden die Kohärenzverzerrungen mit zunehmender Teilchengröße d so groß, daß die Kohärenz aufbricht und Grenzflächenversetzungen gebildet werden. Ist b der Betrag des Burgers-Vektors dieser Versetzungen, so zeigt eine einfache geometrische Überlegung, daß der mittlere Versetzungsabstand $a = b/\delta$ beträgt. Ein Sonderfall liegt bei der metastabilen Entmischung in Al–Cu-Legierungen vor. Hier beträgt die Fehlpassung $\delta \simeq 0{,}11$, wenn sich aus dem kfz Al-Mischkristall ein kfz Cu-Mischkristall ausscheidet. Dieser Vorgang führt wegen des hohen Betrags von δ nur zur Bildung von einatomaren Lagen von Cu, die als *Guinier-Preston-Zonen I* bezeichnet werden und wegen ihrer quasi-zweidimensionalen Ausdehnung keine Phase, sondern einen Zwischenzustand darstellen. Die hohe Energiedichte der Verzerrung bewirkt in diesem Fall, daß kein weiteres Wachstum der Guinier-Preston-Zonen unter Bildung von Grenzflächenversetzungen stattfindet, sondern Teilchen einer metastabilen Überstrukturphase θ'' gebildet werden, deren Fehlpassung erheblich geringer ist (Kap. 14).

Wenn die Konzentration und Temperatur bei der Entmischung innerhalb der Spinodalen ($\partial^2 G/\partial c^2 \leq 0$) liegen (vgl. Abb. 4.2), kann ein kinetischer Sonderfall auftreten, die *spinodale Entmischung*, zu deren Beginn keine Keimbildung erforderlich ist. Die theoretische Behandlung der spinodalen Entmischung beruht darauf, daß beliebig kleine Konzentrationsschwankungen im Zustandsfeld innerhalb der Spinodalen ohne Zunahme der freien Enthalpie wachsen können, weil für sie $\partial^2 G/\partial c^2 < 0$ gilt. Allerdings wirkt ihrem Wachstum eine in den Konzentrationsgradienten enthaltende Gradientenenergie entgegen, die der Grenzflächenenergie bei diskreten Umwandlungsprodukten entspricht; außerdem führt die Zunahme von Konzentrationsschwankungen zu einer entsprechenden Erhöhung der Verzerrungsenergie. Die Theorie sagt voraus, daß sich für jede Konzentration und Temperatur eine charakteristische mittlere Ausdehnung (Wellenlänge) der Schwankungen einstellt und daß deren Konzentrationsamplitude zeitabhängig dem Gleichgewichtswert zustrebt.

Unordnungs-Ordnungs-Umwandlungen (einfach: Ordnungsreaktionen) treten immer dann auf, wenn bei hohen Temperaturen ein Mischkristall und bei tiefen Temperaturen eine Ordnungs- (Überstruktur-) Phase stabil ist, die sich nur in der geordneten Besetzung der Gitterplätze, nicht aber (oder nur durch schwache Verzerrungen) in der Translationssymmetrie vom Mischkristall unterscheidet. Es handelt sich also um eine intermetallische Phase mit einer speziellen strukturellen Beziehung zur benachbarten Mischkristallphase (Kap. 3, Abb. 9.4b).

Abbildung 9.10 und 9.11 zeigen typische Beispiele für Elementarzellen der Strukturen von Ordnungs- oder Überstrukturphasen, die auf der krz und der kfz Struktur beruhen. Bemerkenswert ist, daß Ordnungsstrukturen sehr große Elementarzellen haben können, wie hier am Beispiel der Struktur von CuAuII gezeigt wird. Da die Länge der Zelle durch eine periodische Antiphasenverschiebung der Zellen der zugrunde liegenden LI_0-Struktur von CuAuI zustande kommt, spricht man von langperiodischen Antiphasenstrukturen.

Die besonders engen strukturellen Beziehungen zwischen Mischkristall- und Ordnungsphasen führen dazu, daß eine Ordnungsreaktion allein durch Platzwechsel auf ein und demselben Punktgitter stattfinden kann. Dies führt zur Unterscheidung zweier Arten von Ordnungsreaktionen:

- eine heterogene Reaktion, bei der Teilchen der geordneten Phase mit Konzentrationsänderung aus der Mischkristallphase ausgeschieden werden; dieser Fall der Ausscheidung kann behandelt werden, wie es oben beschrie-

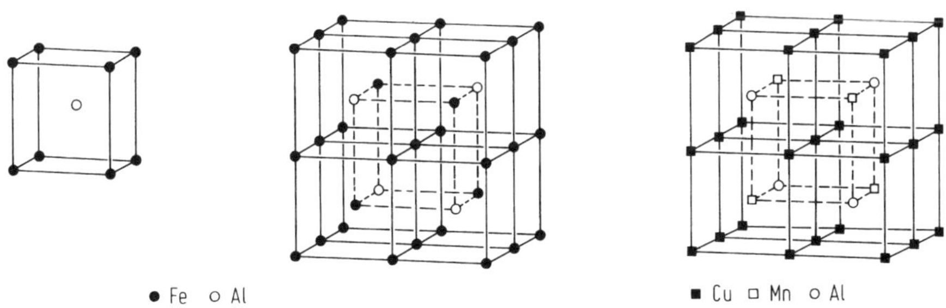

a FeAl **b** Fe_3Al **c** Cu_7MnAl

Abb. 9.10. Auf der krz-Struktur (A2) beruhende Überstrukturen FeAl (B2), Fe_3Al (DO_3) und Cu_2MnAl (Heusler-Struktur)

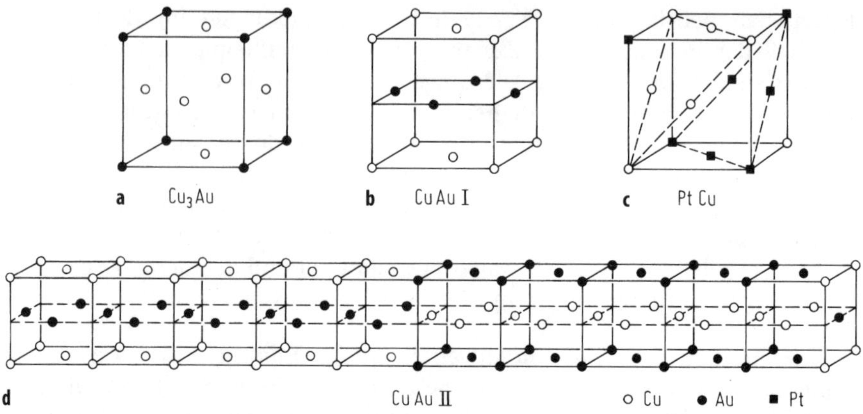

Abb. 9.11. Auf der kfz-Struktur (A1) beruhende Überstrukturen Cu_3Au ($L1_2$, kubisch), CuAuI ($L1_0$, tetragonal) PtCu ($L1_1$, rhomboedrisch) und CuAuII (langperiodische Antiphasenvariante von $L1_0$, orthorhombisch)

ben wurde. Eine Besonderheit gegenüber beliebigen Ausscheidungen ist die kohärente Grenzfläche (Abb. 9.4b). Ein typisches Beispiel ist die Ausscheidung der Ordnungsphase γ'-Ni_3Al aus dem γ-Ni–Al-Mischkristall.

- eine homogene Reaktion, bei der die Platzwechsel zur Ordnungsbildung im gesamten Volumen der Ausgangsphase ablaufen. Damit wird auch keine Grenzfläche zwischen Ausgangsphase und Produktphase gebildet und der Ordnungsgrad nimmt mit abnehmender Temperatur stetig zu. Es handelt sich also um einen Phasenübergang zweiter oder höherer Ordnung nach der Definition von Ehrenfest (Kap. 9.1). Ein typisches Beispiel ist die Bildung der β'-CuZn-Ordnungsphase aus dem β-Cu–Zn-Mischkristall.

Die Phasendiagramme unterscheiden sich in diesen beiden Fällen ebenfalls. Während im Fall einer heterogenen Ordnungsumwandlung ein Gleichgewicht zugrunde liegt wie in Abb. 9.12a schematisch gezeigt, ist im Fall der homogenen

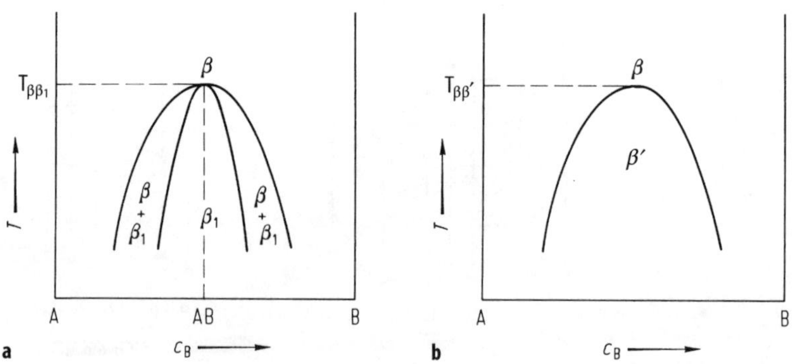

Abb. 9.12. Schematische Phasendiagramme mit Ordnungsphasen. **a** Gleichgewicht mit Phasenübergang 1. Ordnung (nach Ehrenfest). **b** Gleichgewicht mit Phasenübergang 2. Ordnung

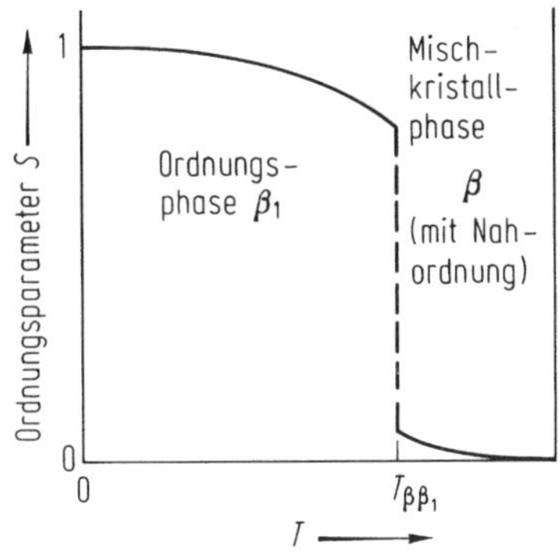

Abb. 9.13. Schematische Darstellung der Temperaturabhängigkeit des Ordnungsgrads S bei der Umwandlung einer Überstrukturphase in eine Mischkristallphase

Umwandlung ein Gleichgewicht wie in Abb. 9.12b zu erwarten, d.h. ohne Zweiphasengebiete.

Eine weitere Besonderheit der Gleichgewichte zwischen Mischkristallen und zugehörigen Ordnungsphasen ist, daß in den meisten Fällen bereits oberhalb der kritischen Temperatur eine Abweichung von der regellosen Atomanordnung im Sinne einer nicht-periodischen Nahordnung auftritt und daß die Ordnung bei kritischen Temperatur zwar zunächst stark zunimmt, aber erst bei weiterer Temperatursenkung in die ideale Ordnungsstruktur übergeht (ausreichende Beweglichkeit der Atome vorausgesetzt). Dieses Verhalten zeigt Abb. 9.13, wobei der Grad der Annäherung an die ideale Ordnung als Ordnungsgrad bezeichnet wird. Die Nahordnung wird durch einen Satz von Nahordnungsparametern α_i beschrieben, die jeweils für die Koordinationsschale i = 1, 2, 3 ... die Abweichung der Besetzungshäufigkeit vom regellosen Zustand angeben. Die Nahordnungsparameter können aus der diffusen Röntgenstreuung bestimmt werden.

Unterhalb von T_c ist ein Teil der Gitterplätze fehlbesetzt, was man als unvollständige Fernordnung mit Fernordnungsparametern $0 \leq S_i \leq 1$ beschreiben kann. Für eine einfache AB-Struktur wie die B2-Struktur in Abb. 9.10a gibt es nur einen Parameter S. Bezeichnet a den Anteil der Gitterplätze, die bei vollständiger Ordnung von A-Atomen besetzt sind ($a = 0{,}5$ für die Ordnungsphase AB) und p den Anteil der wirklich von A-Atomen besetzten A-Plätze, so gilt:

$$S = \frac{p - a}{1 - a} . \qquad (9.14)$$

$S = 1$ für den vollständig geordneten und $S = 0$ für den ungeordneten Zustand, d.h. für den Mischkristall. Aus der Temperaturabhängigkeit in Abb. 9.13 zeigt sich, daß bei der Umwandlungstemperatur T_c nur ein Teil des Phasenübergangs eintritt. Bei kfz und krz Mischkristallen ist bei $T \geq T_c$ im allgemeinen noch etwa 20% der Ordnungsenergie in Form von Nahordnung gebunden. Dies ist typisch für Gleichgewichte mit Überstrukturphasen. In der Einteilung nach Ehrenfest liegt also ein Mischtyp zwischen dem Phasenübergang 1. und 2. Ordnung vor, wie ihn Abb. 9.3 (Mitte) zeigt.

Tabelle 9.3. Daten zu einigen Ordnungsreaktionen

Legierung	struktureller[a] Übergang	T_c K	ΔH_g^b J mol^{-1}
CuZn	krz-B2	740	5300
MnV	krz-B2	1116	> 5400
FeCo	krz-B2	1007	4100
AuCu	kfz-L1$_0$	668	1590
$AuCu_3$	kfz-L1$_2$	473	2050
Ni_3Fe	kfz-L1$_2$	779	3810

[a] Bezeichnung der Kristallstrukturen in den Abb. 9.10 und 9.11.
[b] ΔH_g ist die Umwandlungsenthalpie integriert für den Temperaturbereich $0 < T \leq T_c$; enthält nicht den zusätzlichen Anteil für $T_c < T_{kf}$, der etwa 0,20 ΔH_g beträgt.

Wenn regellos verteilte Atome sich beim Unterschreiten von T_c ordnen, setzt diese Umwandlung an verschiedenen Keimstellen ein. Da die Grenzflächen dabei kohärent sind und die Spannungsenergie sehr gering sein kann, ist die Keimzahl bei geringer Unterkühlung bereits sehr groß. Für die Keimbildung und das Wachstum gelten die für die Ausscheidung beschriebenen Zusammenhänge. Die Triebkräfte liegen in der gleichen Größenordnung wie für andere strukturelle Phasenumwandlungen; Tabelle 9.3 gibt einige typische thermodynamische Daten an. Die feindisperse Ausscheidung von Ordnungsphasen bildet oft die Grundlage für die Aushärtung und Erhöhung der Warmfestigkeit (Kap. 14) und die Härtung von Dauermagneten (Kap. 16). Bei der Ordnungsreaktion beginnt die geordnete Besetzung der Gitterplätze nicht überall mit der gleichen Atomart auf dem gleichen Untergitter, d.h. nicht in Phase zueinander; das krz Gitter besteht zum Beispiel aus zwei kubisch-primitiven Untergittern, wie man aus Abb. 9.10a erkennt. Deshalb entstehen Antiphasengrenzen (Kap. 5), wenn die geordneten Bereiche zusammenwachsen. In ihnen tritt ein Phasensprung bezüglich der geordnet besetzten Gitterplätze auf, so daß Antiphasengrenzen durch Beugungskontrast im Elektronenmikroskop abgebildet werden können (Abb. 5.9).

Bei höheren Temperaturen und wenn die Zusammensetzung einer Legierung zwar im Homogenitätsbereich der Ordnungsphase liegt, aber nicht dem ganzzahligen Atomverhältnis der Komponenten in der Elementarzelle entspricht, ist die Ordnung nicht perfekt; Ordnungsparameter S_i sind < 1. Diese Fehlordnung kann prinzipiell durch zwei Arten der Fehlbesetzung von Gitterplätzen auftreten: durch Besetzung mit falschen Atomen, die als Antistrukturatome bezeichnet werden, und durch Bildung von Leerstellen, die man als strukturelle Leerstellen bezeichnet. Beide Gitterfehler können, wie Leerstellen im allgemeinen Fall, einerseits im thermischen Gleichgewicht und andererseits im Überschuß vorliegen. Ihre praktische Bedeutung liegt darin, daß u.a. die mechanischen und die magnetischen Eigenschaften vom Fehlordnungsgrad abhängen. Der Zusammenhang zwischen Ordnungsgrad und magnetischen Eigenschaften wird insbesondere bei den weichmagnetischen Ni–Fe-Legierungen gezielt eingesetzt (Kap. 16).

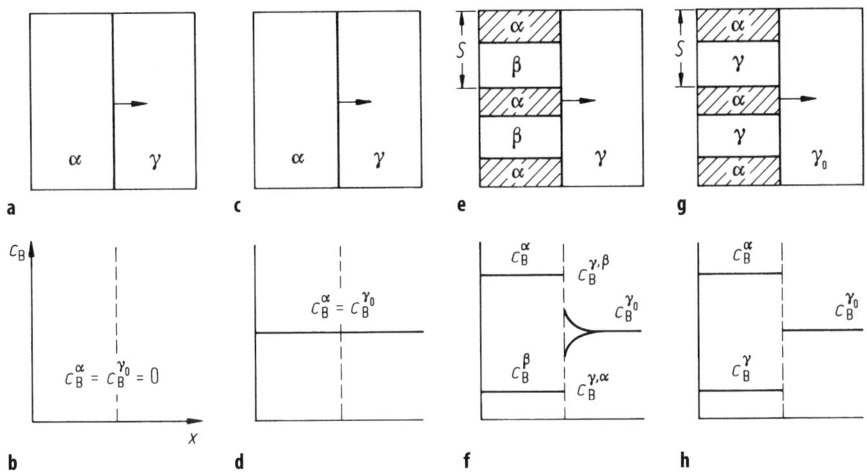

Abb. 9.14. Schematische Gefüge (**a, c, e, g**) und Konzentrationsverläufe (**b, d, f, h**) an den Wachstumsfronten der folgenden Umwandlungstypen: **a, b** polymorphe Umwandlung; **c, d** massive Umwandlung; **e, f** eutektoide Umwandlung; **g, h** diskontinuierliche Ausscheidung

Die *polymorphe Umwandlung* reiner Metalle und die *massive Umwandlung* von Legierungen sind dadurch gekennzeichnet, daß die atomaren Platzwechsel, deren Kinetik die Wachstumsgeschwindigkeit bestimmt, auf die bewegte Phasengrenze beschränkt sind. Es tritt also keine weitreichende Diffusion auf. Abbildung 9.14a und b zeigen schematisch das Gefüge und die Konzentration vor und hinter der Wachstumsfront und die enge Verwandtschaft dieser beiden Umwandlungstypen.

Die polymorphe und die massive Umwandlung verlaufen ohne Konzentrationsänderung. Sie sind mit der Bildung relativ großer, unregelmäßiger, d.h. „massiver“ Kristallite der neuen Phase verbunden, die oft über die Korngrenzen der Ausgangsphase hinwegwachsen. Wesentliche Teile der Grenzfläche sind inkohärent. Derartige ungeordnete Grenzen sind mit hohen Wahrscheinlichkeiten für Sprünge von Atomen aus der Matrix- in die Produktstruktur verbunden. Die Kinetik ist durch diese Sprungwahrscheinlichkeit und durch die Differenz der freien Enthalpien $\Delta G_{\gamma\alpha}$ bestimmt. Die Wachstumsgeschwindigkeit beträgt:

$$\frac{\mathrm{d}x}{\mathrm{d}t} = \lambda v_0 \, \mathrm{e}^{-Q_s/RT}\left[1 - e^{-\Delta G_{\gamma\alpha}/RT}\right], \tag{9.15}$$

worin x die Wegkoordinate, λ die Dicke einer Atomlage parallel zur Wachstumsfront, v_0 die Frequenz der Gitterschwingungen und Q_s die Aktivierungsenergie für den Sprung über die Grenze von γ nach α bedeuten. Man erkennt, daß der Ausdruck keinen zeitabhängigen Term enthält und damit bei isothermer Umwandlung $\mathrm{d}x/\mathrm{d}t$ = const ist. Bei hohen Temperaturen ($RT \gg \Delta G_{\gamma\alpha}$) kann man, unter Verwendung von $\Delta G_{\gamma\alpha} = \Delta S_{\gamma\alpha}(T_0 - T)$ (9.2), schreiben

$$\frac{dx}{dt} = \lambda \nu_0 \frac{\Delta S_{\gamma\alpha}}{RT} (T_0 - T) e^{-Q_s/RT}, \tag{9.16}$$

wodurch die annähernd lineare Zunahme der Geschwindigkeit mit zunehmender Unterkühlung unter die Gleichgewichtstemperatur klar wird (Abb. 9.15). Bei tiefen Temperaturen ($\Delta G_{\gamma\alpha} \gg RT$) ist allein die Übertrittswahrscheinlichkeit, d.h. die Diffusion durch die Phasengrenze, geschwindigkeitsbestimmend, die als thermisch aktivierter Vorgang mit abnehmender Temperatur abnimmt:

$$\frac{dx}{dt} = \lambda \nu_0 \, e^{-Q_s/RT}. \tag{9.17}$$

Dieser Zusammenhang ist für alle thermisch aktivierten Umwandlungsvorgänge charakteristisch. Die Geschwindigkeit nimmt bei zunehmender Unterkühlung zunächst wegen der zunehmenden Triebkraft zu; dann aber bei weiterer Abkühlung überwiegt der Einfluß abnehmender thermischer Aktivierung, und die Geschwindigkeit nimmt wieder ab, analog zum Fall der Kristallisation von Schmelzen (vgl. Abb. 2.7).

Umwandlungen, bei denen die Konzentrationsänderung ebenfalls auf die Wachstumsfront beschränkt ist, aber gekoppelt zwei Phasen gebildet werden, sind die *perlitische Umwandlung* und die *diskontinuierliche Ausscheidung*. In Abb. 9.14 sind sie neben der allotropen und der massiven Umwandlung dargestellt, um die Ähnlichkeiten und Unterschiede hervorzuheben.

Das wichtigste Beispiel ist die Perlitbildung in Stählen, wobei als Perlit das lamellare Umwandlungsprodukt aus α-Eisenmischkristall (Ferrit) und Fe_3C (Zementit) bezeichnet wird, Abb. 9.16a. Die diskontinuierliche Ausscheidung ist dadurch gekennzeichnet, daß ebenfalls ein zweiphasiglamellares Produkt entsteht, dessen eine Phase neu, dessen andere Phase aber nahe dem Gleichgewichtszustand der übersättigten Ausgangsphase ist. In bezug auf diese Phase findet also in der Wachstumsfront eine diskontinuierliche Konzentrationsänderung ohne Strukturumwandlung statt, Abb. 9.14g, h. Abbildung 9.16b zeigt

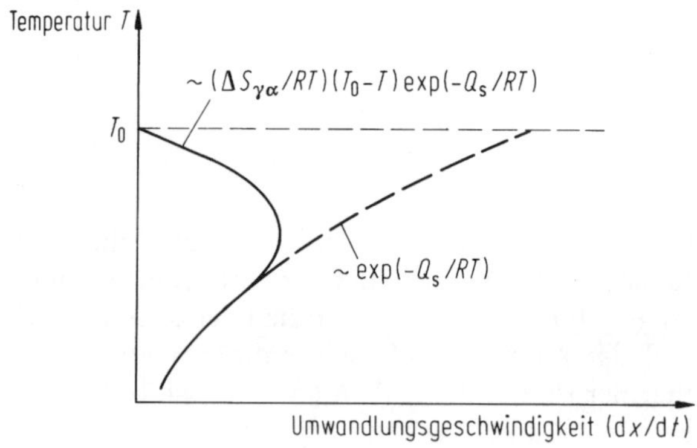

Abb. 9.15. Darstellung der Beiträge zur Umwandlungsgeschwindigkeit polymorpher und massiver Umwandlungen

a 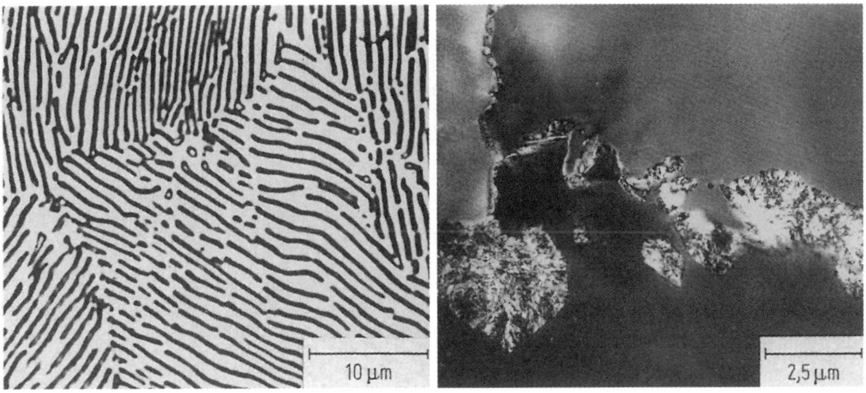 b

Abb. 9.16. Gefüge diskontinuierlicher Umwandlungen. **a** Gefüge des Perlits in einem Stahl mit 0,8 Gew.-% C. Ferrit (hell) und Zementit (dunkel) sind lamellar angeordnet; LM; **b** Gefüge der diskontinuierlichen Ausscheidung in einer Ni-2 Gew.-% Be-Legierung; TEM

ein Gefügebeispiel der diskontinuierlichen Ausscheidung; typisch ist die heterogene Keimbildung an Korngrenzen.

Wie die polymorphe und die massive Umwandlung ist auch die diskontinuierliche Umwandlung in zwei Phasen (cellular reaction) nicht mit weitreichender Diffusion verbunden; vielmehr sind die Diffusionsvorgänge auf die Wachstumsfront beschränkt, in manchen Fällen auch auf mitwandernde schmale Zonen vor und hinter ihr (Abb. 9.10f und h). Deshalb bleibt die Diffusionsgeometrie während der Umwandlung unverändert, und die isotherme Wachstumsgeschwindigkeit ist, wie bei der massiven Umwandlung, konstant. In Abhängigkeit von der Temperatur (Abb. 9.17a) nimmt die Wachstumsgeschwindigkeit mit abnehmender Temperatur zunächst bis zu einem Maximum zu und dann ab. Die Zunahme ist mit der gleichzeitig abnehmenden Lamellendicke gekoppelt (Abb. 9.17b), wodurch die Diffusionsgradienten steiler werden. Die Verringerung der Wachstumsgeschwindigkeit bei niedrigeren Temperaturen ist auf die Abnahme des Diffusionskoeffizienten zurückzuführen. Dieser Zusammenhang ergibt sich auch aus einer Betrachtung der folgenden Beziehung, in der die Wachstumsgeschwindigkeit dx/dt in Abhängigkeit von den Konzentrationsdifferenzen (vgl. Abb. 9.14f, g) dem Diffusionskoeffizienten D_{B} der hauptsächlich diffundierenden Komponente B und dem Lamellenabstand S gegeben ist:

$$\frac{\mathrm{d}x}{\mathrm{d}t} = \frac{c_{\mathrm{B}}^{\gamma,\alpha} - c_{\mathrm{B}}^{\alpha}}{c_{\mathrm{B}}^{\gamma_0} - c_{\mathrm{B}}^{\alpha}} \cdot \frac{2D_{\mathrm{B}}\lambda}{S^2}\,; \qquad (9.18)$$

$c_{\mathrm{B}}^{\gamma,\alpha}$ ist die metastabile Gleichgewichtskonzentration der γ-Phase im Gleichgewicht mit der α-Phase bei der Reaktionstemperatur, λ gibt die Dicke der Reaktionsfront an, für die der Diffusionskoeffizient D_{B} gilt. In dieser Form gilt (9.18) für die in Abb. 9.14e, f erläuterte eutektoide Umwandlung und damit auch für

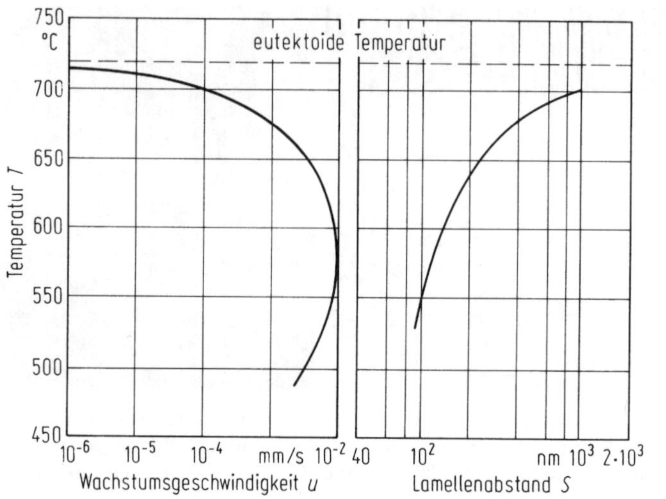

Abb. 9.17. Änderung der Wachstumsgeschwindigkeit *u* (*a*) und des Lamellenabstands *S*(*b*) mit der Umwandlungstemperatur bei der Perlitumwandlung (nach F.C. Hull et al., und G.E. Pellisier et al.)

das Eisen-Kohlenstoff-Eutektoid, den Perlit (Kap. 15); in ähnlicher Form ist sie auch auf diskontinuierliche Ausscheidung anwendbar.

Die eutektische Erstarrung (Kap. 11) ist den diskontinuierlichen Umwandlungen eng verwandt. Diese Verwandtschaft ist auch aus dem meist lamellaren Gefüge des Umwandlungsprodukts zu erkennen. Als Sonderfall der perlitischen Umwandlung ist die eutektische Kristallisation amorpher Metalle zu betrachten. An die Stelle der flüssigen Schmelze als Ausgangsphase tritt dabei die feste unterkühlte Schmelze mit ihrem erheblich geringeren Diffusionskoeffizienten, was zu einer entsprechend geringeren, für Umwandlungen im festen Zustand typischen Keimbildungs- und Wachstumsgeschwindigkeit führt. Außerdem liegt die Kristallisationstemperatur T_x [K] stets weit unter der eutektischen Temperatur T_E [K], $T_x < 0{,}5\ T_E$, so daß für die Wachstumskinetik gilt, daß die Geschwindigkeit mit abnehmender Temperatur abnimmt, wie im Fall der perlitischen Umwandlung in Abb. 9.17a bei $T \ll 550\,°C$.

9.5 Martensitische und bainitische Umwandlungen

Martensitische Umwandlungen sind diffusionslose strukturelle Phasenumwandlungen. Sie treten auf, wenn die Strukturen der Ausgangs- und der Produktphase durch eine scherungsdominierte Gitterdeformation ineinander überführt werden können. Dabei bestimmt die damit verbundene Verzerrungsenergie die Kinetik der Umwandlung und die Form des Umwandlungsprodukts. Die Umwandlung verläuft ohne Konzentrationsänderung und führt meistens zur Bildung von platten- oder linsenförmigen Kristalliten mit relativ scharfen

Tabelle 9.4. Martensitische Umwandlungen

Metall, Legierung	Phasenumwandlung Strukturumwandlung	Typ des Gitterübergangs nach Abb. 9.19
Fe–C, Stähle	Austenit γ(kfz) $\rightarrow$ Martensit α'(krz bzw. trz[a])	1 bzw. 2
Fe–Ni	γ(kfz) $\rightarrow$ α'(krz)	1
Fe–Ni–Cr Fe–Mn	γ(kfz) $\rightarrow$ α'(krz) bzw. γ(kfz) $\rightarrow$ ε'(hdP) konzentrationsabhängig	1 bzw. 3
Co	kfz $\leftrightarrow$ hdP	3
Cu–Al, Cu–Sn, Cu–Zn, Au–Cd und verwandte Systeme	β(krz) $\rightarrow$ β'(orthorhombisch) bzw. β(krz) $\rightarrow$ γ'(hdP oder orthorhombisch) konzentrations- und überstrukturabhängig	5 bzw. 6
Ti, Zr, Hf, Li, Na Metalle und Mischkristalle	β(krz) $\rightarrow$ α(hdP)	3
NiAl, NiTi	β(krz) $\rightarrow$ β'(orthorhombisch)	6
In–Tl, In–Pb Cu–Mn, Ni–Mn[b]	kfz $\leftrightarrow$ tfz	8

[a] Die tetragonale Verzerrung des Martensits beruht auf der durch die diffusionslose Gitterverformung erzwungenen anisotropen Einlagerung von C-Atomen.

[b] Die Bildung der tetragonalen Struktur in den Mn-haltigen Legierungen ist mit der Umwandlung paramagnetisch $\rightarrow$ antiferromagnetisch verbunden.

Grenzflächen. Die Form und Anordnung der Produktphase kann mit der Legierung und den Umwandlungsbedingungen stark variieren. Dieser Umwandlungstyp wurde zuerst bei der Härtung von Stählen (Kap. 15) gefunden, tritt aber auch in zahlreichen anderen Legierungen auf, wie Tabelle 9.4 an Beispielen zeigt. Ähnlich aber mit begrenzter Diffusion verbunden sind die bainitischen Umwandlungen, die später in diesem Kapitel behandelt werden.

Die martensitische Umwandlung kann durch Abkühlung auf $T < M_s$ (Abb. 9.23) oder durch Schubspannungen ausgelöst und – mit einer Hysterese – durch Erhitzung oder Entlastung rückgängig gemacht werden. Dabei dürfen sich keine diffusionsabhängigen Umwandlungen überlagern. Derartige Umwandlungen treten aber beim Anlassen von Stählen auf, so daß in dieser Werkstoffgruppe keine martensitische Rückumwandlung möglich ist (Kap. 15). Das plattenförmige Umwandlungsprodukt kann mit mehr als Schallgeschwindigkeit und verbunden mit einem Knackgeräusch (burst) wachsen oder langsam zunehmend mit einer Temperatur- oder Spannungsänderung, was als thermo- oder pseudoelastisches Wachstum bezeichnet wird. Die Plattenform ist beim rasch wachsenden Martensit oft stark gestört, Abb. 9.18a (s. auch Abb. 14.9b), bei thermo- und pseudoelastischem Martensit meist relativ perfekt ausgebildet, Abb. 9.18b. Die bei martensitischen Umwandlungen möglichen Gitterübergänge sind in Abb. 9.19 dargestellt. Es zeigt sich, daß die drei häufigsten Metallstrukturen krz, kfz und hdP und deren tetragonale und orthorhombische Varianten marten-

Abb. 9.18. **a** Martensitplatten (weiß) in Austenitmatrix in einer Fe-1,25-Masse-%-C-7,05-Masse-%-Ni-Legierung, die aus dem Austenitbereich auf Raumtemperatur abgeschreckt wurde. **b** Martensitplatten in der Anordnung selbstakkommodierender Gruppen in einer Cu–Zn–Al-Legierung (L. Delaey)

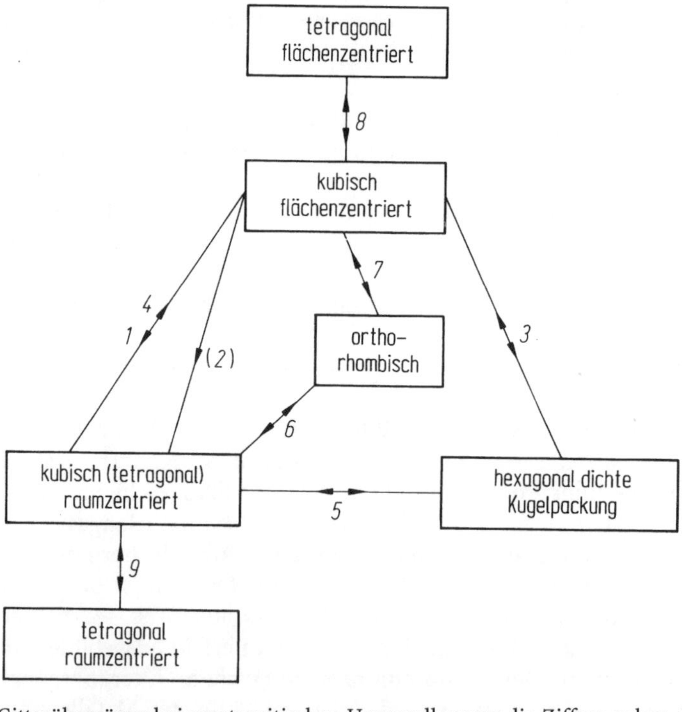

Abb. 9.19. Gitterübergänge bei martensitischen Umwandlungen; die Ziffern geben die Typen des Gitterübergangs an; Beispiele: Tab. 9.4

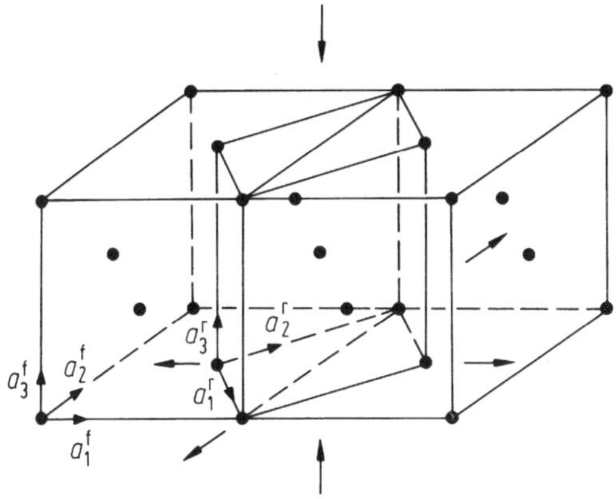

Abb. 9.20. Gitterbeziehung zwischen dem kubisch-flächenzentrierten Gitter (2 Zellen, Achsen a_i^f) und dem kubisch-raumzentrierten Gitter (1 Zelle, Achsen a_i^r): Bain-Beziehung. Die schlanken Pfeile zeigen die Richtungen der Gitterverformung, d.h. der Bain-Verzerrung ***B***, entlang den Hauptachsen des krz-Gitters

sitisch ineinander umgewandelt werden können; dies gilt allerdings nur, wenn eine geeignete geometrische Gitterbeziehung zwischen Matrix- und Produktphase besteht und wenn die thermodynamischen und kinetischen Voraussetzungen gegeben sind. Die Gitterbeziehung zwischen der kubisch-flächenzentrierten und der kubisch-raumzentrierten Struktur, die der martensitischen Umwandlung in Stählen zugrunde liegt, ist in Abb. 9.20 dargestellt: Die Achsen a_1 und a_2 der beiden Strukturen sind um 45° gegeneinander verdreht, die a_3-Achsen sind parallel. Diese Gitterbeziehung beschreibt aber noch nicht den Umwandlungsvorgang. Der Vorgang der martensitischen Strukturumwandlung erfordert vielmehr bei den meist auftretenden größeren Scherbeträgen eine Wachstumfront, die aus einer Kombination von Grenzflächenversetzungen besteht und simultan zwei strukturelle Änderungen bewirkt; diese sind in Abb. 9.21 getrennt dargestellt:

- die eigentliche, kohärente Strukturänderung, die als *Gitterverformung* ***B*** oder Bain-Verzerrung bezeichnet wird; diese Verzerrung ist in Abb. 9.21 a, b schematisch und in Abb. 9.20 speziell für die Umwandlung kfz-krz gezeigt;
- eine *gitterinvariante Verformung* ***I*** durch Gleitung (Abb. 9.21 c) oder Zwillingsbildung (Abb. 9.21 d). Sie hinterläßt im Innern der Martensitplatte ein typisches Verformungsgefüge, das die Abbildungen 9.22 a und 9.22 b an Beispielen zeigen.

Die Abb. 9.18 a und b zeigen Ausbildungsformen von Martensitgefügen. In der Martensitplatte wird eine makroskopische Scherung erzeugt, die wesentlich kleiner ist als die reine Bain-Verzerrung (Abb. 9.20). Der Winkel der makroskopischen Scherung variiert und kann bis zu ≈12° betragen. Mit den beiden Verformungen ***B*** und ***I*** ist eine *Rotation* ***R*** verbunden, die dazu beiträgt, daß zwischen Ausgangs- und Produktphase die Kompatibilitätsbedingung erfüllt wird. Dabei bleibt eine invariante Ebene erhalten, die Habitusebene, die bei ungestörtem Martensit mit der Grenzfläche der Platten identisch ist. Bei stärker gestörten Martensitplatten entspricht deren „Mittelrippe" der Ebene des anfänglichen ungestörten Wachstums und damit der Habitusebene.

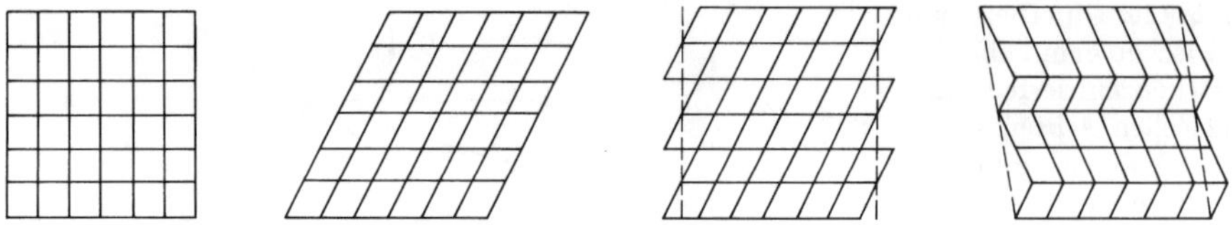

a b c d

Abb. 9.21. Schematische Darstellung der Strukturumwandlung und der gleichzeitigen Verformungsvorgänge bei Martensitumwandlungen. **a** Grundgitter; **b** Strukturumwandlung durch Scherung; **c** innere Verformung des umgewandelten Bereichs durch Gleitung; **d** innere Verformung des umgewandelten Bereichs durch Zwillingsbildung (nach B.A. Bilby und J.W. Christian, 1961)

Wegen der Bedingung der Kompatibilität zwischen Ausgangs- und Produktphase in der Wachstumsfront und der im Idealfall eindeutigen gittervarianten Verformung können alle kristallographischen Bestimmungsgrößen der martensitischen Umwandlung aus den Strukturdaten der beteiligten Phasen berechnet werden. Diese phänomenologische Theorie ist von Wechsler, Lieberman und Read (1953) und von Bowles und Mackenzie (1954) unabhängig entwickelt worden. Ihre Aussage ist, daß die Scherung $\boldsymbol{E}$ der Martensitplatte aus den Verformungen $\boldsymbol{B}$ und $\boldsymbol{I}$ und der Rotation $\boldsymbol{R}$ hervorgeht; in Matrizenschreibweise:

$$\boldsymbol{E} = \boldsymbol{RBI}. \tag{9.19}$$

Dieser Zusammenhang ermöglicht es, die Orientierungsbeziehung, die Habitusebene, den Betrag und die Richtung der makroskopischen Scherung der Martensitplatte und den Betrag der gitterinvarianten Verformung zu berechnen. Damit können die schon wesentlich früheren Beobachtungen gedeutet werden, wie die Orientierungsbeziehungen zwischen Martensit α' und Austenit γ in Stählen; für Stähle mit mittleren Kohlenstoffgehalten nach gilt Kurdjumov-Sachs

$$(011)_{\alpha'} \parallel (111)_\gamma$$
$$[\bar{1}\bar{1}1]_{\alpha'} \parallel [\bar{1}01]_\gamma$$

hier verlaufen also bestimmte dichtest gepackte Ebenen und Richtungen beider Kristallgitter parallel. Für Fe-30% Ni-Legierungen gilt nach Nishiyama-Wassermann

$$(011)_{\alpha'} \parallel (111)_\gamma$$
$$[0\bar{1}1]_{\alpha'} \parallel [\bar{1}\bar{1}2]_\gamma .$$

Diese Angaben sind im Rahmen der Meßgenauigkeit in rationalen Indizes ausgedrückt. Für die Kurdjumov-Sachs-Beziehung ergibt sich zudem, daß dichtest gepackte Ebenen und Richtungen parallel sind. Die rechnerischen Ergebnisse sowohl für die Orientierungsbeziehung als auch für die Habitusebene sind aber kontinuierlich von den Gitterparametern abhängig und führen deshalb im allgemeinen auf irrationale Indizes. Je nach Kristallstruktur der Ausgangs- und der Produktphase gibt es eine unterschiedlich große Zahl von äquivalenten Orien-

a b

Abb. 9.22. **a** Kontrast zahlreicher Stapelfehler im Innern einer Cu–Zn–Ga-Martensitplatte (Cu-19,2 At.-%-Zn-12,6 At.-%-Ga, von 780° abgeschreckt); TEM (L. Delaey). **b** Zwillingslamellen im Innern einer Fe–Ni-Martensitplatte (Fe-30,9 At.-%-Ni); TEM

tierungsvarianten der Martensitplatten. In manchen Fällen bilden sich Platten paarweise oder in größeren „selbstakkomodierenden" Gruppen. Dabei treten Orientierungsvarianten gekoppelt auf, deren makroskopische Scherung sich kompensiert. Dadurch wird die Spannungsenergie in der Wachstumsphase minimiert.

Die Thermodynamik einer Legierung mit martensitischer Umwandlung ist analog zu der eines Einstoffsystems. Entsprechend Abb. 9.1 zeigt Abb. 9.23a ein $G(T)$-Diagramm, in das auch die charakteristischen Temperaturen der Umwandlungshysterese eingetragen sind: M_s und M_f für Beginn und Ende der Umwandlung beim Abkühlen, A_S und A_f beim Aufheizen. Im Diagramm darunter (Abb. 9.23b) ist eine Widerstandsmessung schematisch wiedergegeben, die zur Ermittlung der Umwandlungshysterese dienen kann und den diskontinuierlichen Ablauf der Umwandlung andeutet. Die treibende Kraft bei Umwandlungsbeginn $\Delta G_{\gamma\alpha}^{\mathrm{Ms}}$, kann in weiten Grenzen variieren. Während sie in Stählen tpyisch 1,2 kJ mol^{-1} beträgt, kann sie in Cu-Basis-Legierungen nur 10–20 J mol^{-1} betragen. Damit führt die Martensitbildung in Stählen bei starker Unterkühlung ($T_0 - M_s = 200\ldots250$ K) zu hohen Wachstumsgeschwindigkeiten der Platten und entsprechend starker plastischer Verformung des Austenits (mit Erzeugung von Schallwellen), die eine große Umwandlungshysterese ergibt. In Cu-Basis-Legierungen ist die Martensitbildung dagegen bei geringer Unterkühlung ($T_0 - M_s = 1\ldots5$ K) möglich; dadurch wird thermoelastisches Wachstum begünstigt. Bei diesem Wachstumsprozess steht die freie Enthalpiedifferenz als thermodynamisch treibende Kraft im Gleichgewicht mit der gespeicherten elastischen Energie. Bei kleinen Temperaturänderungen wachsen und schrumpfen die einzelnen Martensitplatten kontinuierlich. Dies ist auch die Grundlage für den Formgedächtniseffekt in martensitischen Legierungen: Die Umwandlung kann in Verbindung mit einer makroskopischen Formänderung der Probe induziert werden, lokale Scherung findet durch Martensitplattenbildung und

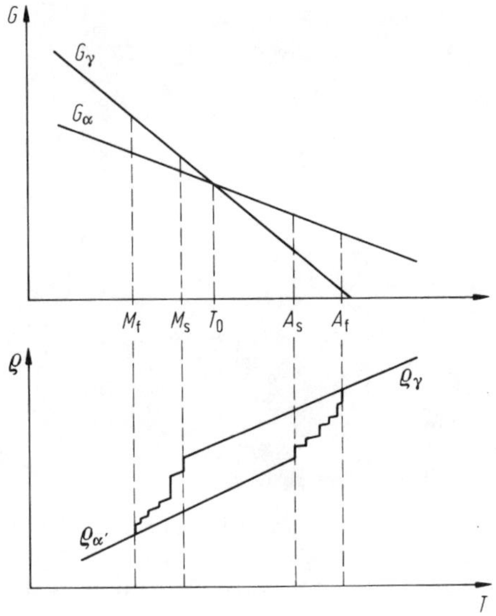

Abb. 9.23. Schematische Darstellung der Umwandlungshysterese bei martensitischen Umwandlungen. **a** Zuordnung zur Änderung der freien Enthalpie; **b** Typische Widerstands-Temperatur-Kurve

-wachstum statt; die Rückumwandlung beim Aufheizen bewirkt auch eine Rückbildung der makroskopischen Formänderung (Kap. 18.5).

Bainitische Umwandlungen sind dadurch gekennzeichnet, daß die kristallographischen Beziehungen zwischen Ausgangs- und Produktphasen denen der martensitischen Umwandlungen entsprechen oder stark angenähert sind, während die Kinetik im wesentlichen diffusionsbestimmt ist. E.C. Bain, nach dem die Umwandlung benannt ist, hat diesen Umwandlungstyp als erster in Stählen erkannt. Für den Mechanismus geht man bei Fe–C-Legierungen davon aus, daß die Fe-Atome durch kooperative Bewegungen wie bei der martensitischen Umwandlung vom γ- in das α-Gitter übergehen, während die Diffusion

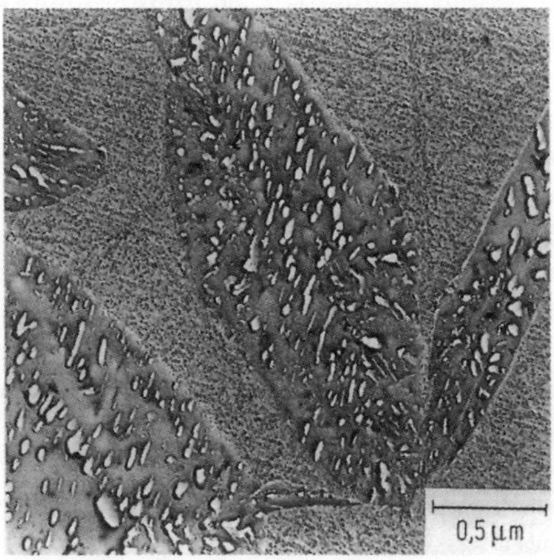

Abb. 9.24. Gefüge einer bainitisch teilumgewandelten Fe-0,38 Masse-%-C-5,0 Masse-%-Ni-Legierung. Ferritische Bainitplatten (dunkelgrau), Zementitausscheidungen (hell), Restaustenit (Matrix; beim Abkühlen in Martensit umgewandelt). Elektronenmikroskopische Abbildung eines Oberflächenabdrucks

Tabelle 9.5. Beispiele bainitischer Umwandlungen

System	Phasen-(Struktur-)Umwandlung
Fe–C, Stähle	γ(kfz) → α(krz)
Fe–N	α(krz) → Fe_4N (kfz)
Fe–P	α(krz) → Fe_3P (tetragonal)
Cu–Zn, Cu–Al	β(krz)[a] → α_3(orthorhomb.)
Cu–Be	α(kfz) → β_B(krz)
Ta–O	(krz) → Ta_4O (orthorhomb.)
Nb–O	(krz) → (monoklin)
Ta–C	(krz) → (tetragonal)
Zr–Nb–H	(hdP) → γ-Hydrid
Au–Cu	AuCu(kfz) → AuCuII($L1_0$)
Ni–Mn	NiMn(krz) → ($L1_0$)

[a] Die Struktur der Matrixphase ist geordnet: B2 bzw. DO_3 (Abb. 9.10).

der interstitiellen C-Atome bzw. die Kinetik der Karbidausscheidung die Wachstumskinetik des Bainits bestimmen (Kap. 14).

Das Produkt bildet sich als mehr oder minder linsenförmige Platte aus, die mit einer Scherung des umgewandelten Volumens verbunden ist, Abb. 9.24 und Abb. 15.6. Diese Scherung unterscheidet die bainitische von anderen Umwandlungen mit plattenförmigen Produkten. In Tabelle 10.5 sind Beispiele bainitischer Umwandlungen zusammengestellt. Es überwiegen interstitielle Systeme, aber auch Substitutionsmischkristallphasen können bainitisch umwandeln. Große Unterschiede in den partiellen Diffusionskoeffizienten sind möglicherweise dazu erforderlich.

Literatur

Phasenumwandlungen im festen Zustand (1973) Leipzig: VEB Deutscher Verlag für Grundstoffindustrie
Phase Transformations in Metals (1970) Metals Park: American Society for Metals
Christian JW (1965) The Theory of Transformations in Metals and Alloys. Oxford: Pergamon Press
Treatise on Solid State Chemistry, Vol 5, Changes of State (1974) New York: Plenum Press
Petty ER (ed) (1970) Martensite, Fundamentals and Technoloy. London: Longman
Hornbogen E, Jost N (eds) (1989) The Martensitic Transformation in Science and Technology. Oberursel: DGM Informationsgesellschaft
Warlimont H (ed) (1974) Order-Disorder Transformations in Alloys. Springer: Berlin
Hornbogen E, Thumann M (Hrsg) (1986) Die martensitische Phasenumwandlung und deren werkstofftechnische Anwendungen. Oberursel: DGM Informationsgesellschaft
Martin JF, Doherty RD, Cantor B (1997) Stability of microstructures in metallic systems. 2nd ed Cambridge: Cambridge University Press
Wayman CM (1964) Introduction to the Crystallography of Martensitic Transformations. New York: MacMillan
Warlimont H, Delaey L (1974) Martensitic Transformations in Copper-, Silver- and Gold-Based Alloys. In: Progress in Materials Science, Vol 18. Oxford, New York: Pergamon Press
Nishiyama Z (1978) Martensitic Transformations. New York, Academic Press
Haasen P (ed) (1991) Phase Transformations in Materials. In: Materials Science and Technology, V51.5. Weinheim, New York: VCH Verlagsgesellschaft

KAPITEL 10

Untersuchungsmethoden der Mikrostruktur

10.1 Übersicht

In diesem Kapitel werden mikroskopische und makroskopische Methoden unterschieden. Zu den ersteren zählen insbesondere die Methoden zur direkten Beobachtung des Gefüges (Metallmikroskopie) sowie die Beugung (Röntgenstrahlen, Elektronen, Neutronen). Die Bestimmung der Atomart (Mikroanalyse) wird erwähnt, wenn sie im Zusammenhang mit dem Gefüge erfolgt.

Soweit Zusammenhänge zwischen makroskopischen physikalischen Eigenschaften wie Dichte, elektrischer Leitfähigkeit, Sättigungsmagnetisierung, E-Modul, Streckgrenze und dem mikroskopischen Aufbau bekannt sind, können diese als Hilfsmittel zur Gefügeuntersuchung benutzt werden (Kap. 6.7). Ziel der mikroskopischen Untersuchung kann die Analyse der Atomart „A" der Phasenstruktur „P" und der Bestandteile und der Geometrie des Gefüges „G" sein. Es gibt eine große Zahl von Methoden, für die meist aus dem Englischen stammende Kurzbezeichnungen verwendet werden (Tabelle 10.1). Hier werden Röntgenstrahlen (X), Elektronen (e) und Ionen (I) als Sonden für die Struktur der Festkörper berücksichtigt. Die austretende Strahlung enthält die Information über einen Aspekt der Atomart und Struktur im Inneren oder an der Oberfläche des untersuchten Stoffes. Abbildung 10.1 zeigt schematisch die Wechselwirkung von Elektronen mit einer Probe. Verwendet wird hier die elektronenangeregte charakteristische Röntgenstrahlung zur Bestimmung der Atomart (Mikrosonde), die Beugung der durchgehenden Strahlung zur Bestimmung der Kristallstruktur und die rückgestreuten (Rastermikroskop) oder durchgehenden (Transmissionsmikroskop) Elektronen zur Bestimmung des Gefüges. Die wichtigsten zur Analyse von Metallgefügen verwendeten Methoden der Mikroskopie sind in Abb. 10.2 zusammengestellt. In Abb. 10.3 wird Grundsätzliches über ihre Wirkungsweise gezeigt. Im folgenden werden einige sowohl für die metallkundliche Forschung als auch für die Metalltechnik wichtige Methoden kurz geschildert.

Tabelle 10.1. Gebräuchliche englische Abkürzungen für Physikalische Verfahren der Festkörperanalyse

ISS	A	Ion Scattering Spectroscopy		I–I
XES	A	X-ray Energy Spectroscopy		e–X
XRF	A	X-ray Fluorescence Spectroscopy		X–X
WDX	A	Wavelength Dispersive X-ray Spectroscopy		e–X
EDX	A	Energy Dispersive X-ray Spectroscopy		e–X
EELS	A	Electron Energy Loss Spectroscopy		e–e
AES	A	Auger Electron Spectroscopy		e–e
SIMS	A	Secondary Ion Mass Spectroscopy		I–I
ESCA	A	Electron Spectroscopic Chemical Analysis		X–e
IIX	A	Ion Induced X-ray Emission Spectroscopy		I–X
RBS	A	Rutherford Backscattering Spectroscopy		I–I
EXAFS	A	Extended X-ray Absorption Fine Structure Spectroscopy		X–X
ESAD	P	Electron Selected Area Diffraction	b	e–e
LEED	P	Low-Energy Electron Diffraction	s	e–e
ECP	P	Electron Chanelling Pattern	b	e–e
EBSP	P	Electron Beam Scattering Pattern (KIKUCHI)	b	e–e
XRD	P	X-ray Diffraction	b	X–X
HEED	P	High Energy Electron Diffraction	b	e–e
TEM	G	Transmission Electron Microscopy	b	e–e
HVTEM	G	High-Voltage Transmission Electron Microscopy	b	e–e
SEM	G	Scanning Electron Microscopy	b	e–e
STEM	G	Scanning Transmission Electron Microscopy	b	e–e
XT	G	X-ray Topography	b	X–X
FIM	G	Field Ion Microscopy	s	I–I
SAXS	G	Small-Angle X-ray Scattering	b	X–X
LAXS	G	Large-Angle X-ray Scattering	b	X–X

A Atomart, P Phase, G Gefüge, s Oberfläche (Surface), b Inneres (Bulk).

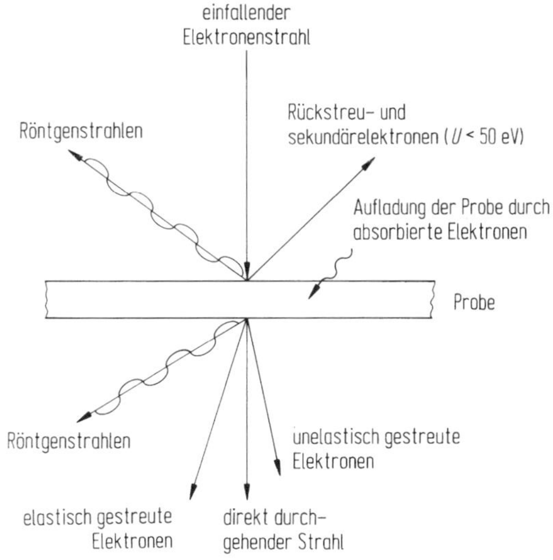

Abb. 10.1. Wechselwirkung von Elektronen mit festen Stoffen

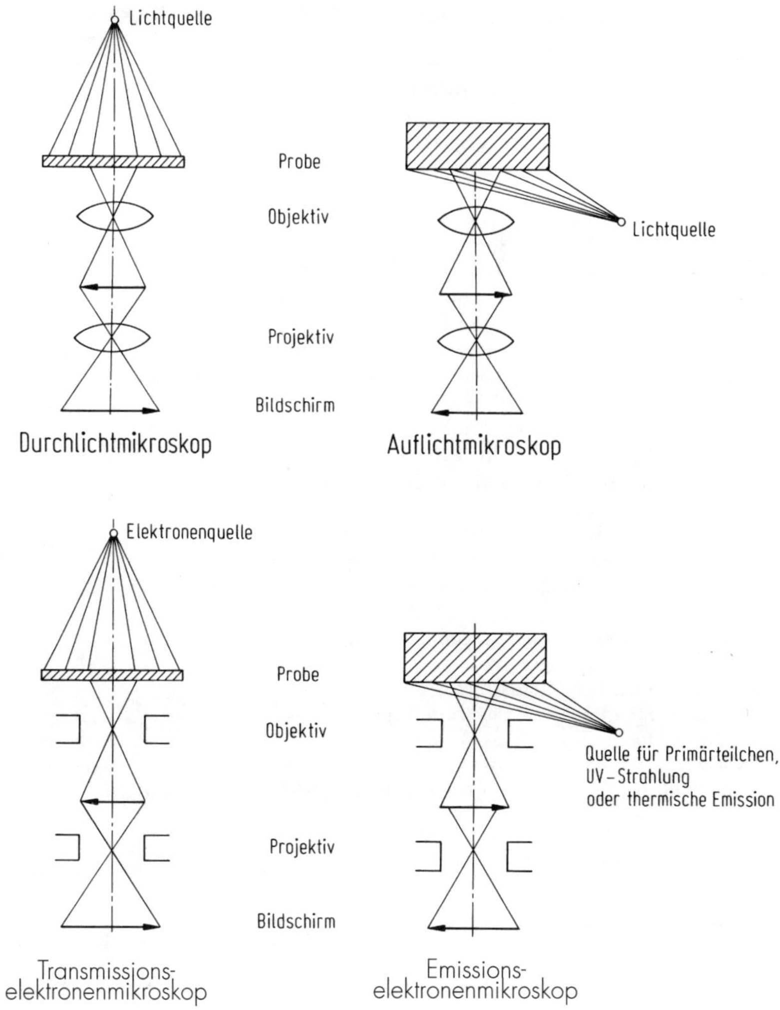

Abb. 10.2. Vergleich der Strahlengänge für Durchlicht und Auflicht und für Licht- und Elektronenmikroskopie

10.2 Lichtmikroskopie (LM)

Sie ist die älteste und immer noch wichtigste Methode zur Gefügeuntersuchung. Da Metalle für Licht undurchlässig sind, kann mit dem Lichtmikroskop nur ihre Oberfläche beobachtet werden. Der Strahlengang des Metallmikroskops muß so angelegt sein, daß der beleuchtende Strahl nach der Reflexion an der Probenoberfläche ins Objektiv gelangt, um das Bild der Oberfläche zu erzeugen (Abb. 10.3 a und 10.4). Eine ebene Oberfläche wird an einer Probe durch Schleifen und

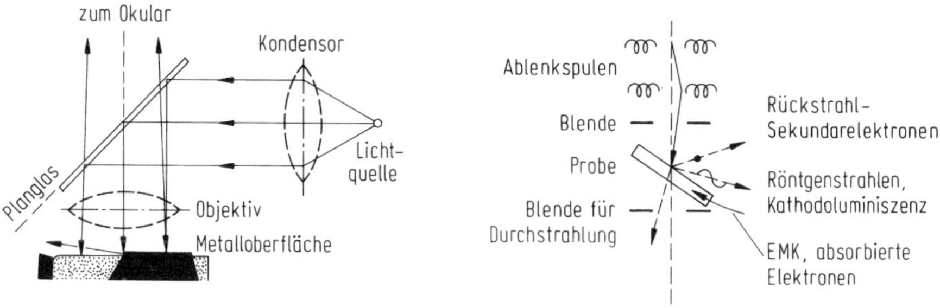

Abb. 10.3. Oberflächenmikroskopie. **a** Strahlengang bei der Auflichtmikroskopie. Die von der Schliffoberfläche örtlich verschieden reflektierten Strahlen werden zur Abbildung verwandt. **b** Rasterelektronenmikroskop. Aus den örtlich verschiedenen Intensitäten der aus der Oberfläche austretenden Sekundärelektronen (Rückstreuelektronen, Röntgenstrahlen) wird elektronisch ein Bild aufgebaut

mechanisches oder elektrolytisches Polieren erzeugt. Das zu untersuchende Gefüge wird danach meist durch chemisches Ätzen oder Ionenätzen sichtbar gemacht. In einphasigen Metallen können Korngrenzen (als Ätzlinien) und die Durchstoßpunkte von Versetzungslinien (als Ätzgrübchen) deswegen sichtbar gemacht werden, weil in ihrer Umgebung ein höheres chemisches Potential herrscht als am perfekten Kristall. In einem Kristallhaufwerk führt die Anisotropie der chemischen Eigenschaften der Kristallite dazu, daß Kornflächen verschiedener Orientierung zur Schliffoberfläche verschieden stark angegriffen werden (Kornflächenätzung). Bei mehrphasigen Metallen wird die Anordnung der Phasen durch ihre verschiedene Anätzbarkeit sichtbar (Ab. 10.4). Außerdem ergeben sich aus der Natur der Grenzflächen (kohärent, nichtkohärent, Kap. 5, 9) bestimmte Ätzeffekte. In Legierungen können kontinuierliche Änderungen der Konzentration (Seigerungen) durch geeignete Ätzverfahren sichtbar gemacht werden. Zu erfolgreichem Arbeiten auf diesem Gebiet muß große Erfahrung in der Ätzbehandlung vereint sein mit guten metallkundlichem Grundkenntnissen.

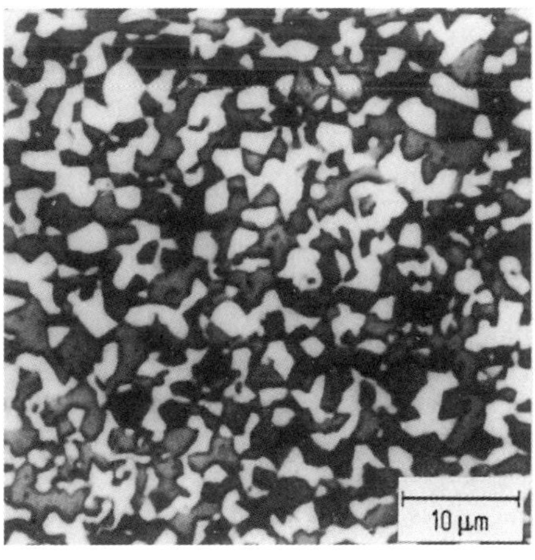

Abb. 10.4. LM-Aufnahme: Fe + 8 Gew.-% Ni. Mikroduplexgefüge aus α- und γ-FeNi Mischkristallen

Das Auslösungsvermögen des Lichtmikroskops beträgt 200 bis 300 nm. Manche Gefügebestandteile, z.B. Ausscheidungen in ausgehärteten Aluminium- oder Nickellegierungen und das Karbid im unteren Bainit-Gefüge von Stahl können deshalb nicht mehr aufgelöst werden.

Die Lichtmikroskopie kann auch zur Untersuchung der Anordnung von Bloch-Wänden in ferromagnetischen Metallen verwendet werden. Auf die polierte Oberfläche wird dabei eine Aufschlämmung eines ferromagnetischen Pulvers gebracht. Durch die Streufelder in der Umgebung der Bloch-Wände ordnen sich die Teilchen so um, daß die Lage der Wände in der Oberfläche sichtbar wird (Bitter-Methode) (Kap. 16).

Weitere Anwendungen der lichtmikroskopischen Untersuchung sind besondere Aspekte der Oberflächenmorphologie; Gleitstufen, die bei plastischer Verformung auf polierten Oberflächen entstehen können, sowie Reliefs, die durch Schervorgänge wie bei martensitischer Umwandlung und Zwillingsbildung auftreten. In der Schadensuntersuchung ist die Analyse von Rissen im Schnitt und in der Oberfläche oft wichtig.

In der quantitativen Metallographie werden zahlenmäßige Angaben über Gefügeabmessungen, Volumenanteile der Phasen und Dichten von Korn- und Phasengrenzen, über den Grad der Gefügeanisotropie sowie über die Typen mehrphasiger Gefüge ermittelt. Dabei müssen die Grenzen dieser Methode beachtet werden. Teilchen unterhalb 0,2 µm Durchmesser und viele Gitterbaufehler wie Versetzungen Antiphasengrenzen sowie kohärente Phasengrenzen sind oft nicht aufzulösen oder zu erkennen.

10.3 Rasterelektronenmikroskopie (REM)

Die Rasterelektronenmikroskopie[1] ist eine elektronenmikroskopische Methode zur Oberflächenuntersuchung, die aber auf einem ganz anderen Abbildungsprinzip beruht als das Lichtmikroskop (Abb. 10.3b). Ein gebündelter Strahl wird durch Ablenkspulen rasterförmig über die Probe geführt. Die durch Wechselwirkung mit der Metalloberfläche entstehenden Signale (Abb. 10.1) werden in Detektoren aufgefangen und auf dem Schirm einer Kathodenstrahlröhre synchron zur Abbildung zusammengesetzt. Am häufigsten werden die Sekundärelektronen zur Abbildung verwendet, deren Austrittshäufigkeit von der Oberflächenmorphologie abhängt (topographischer Kontrast) (Abb. 10.5). Die Intensität der rückgestreuten Primärelektronen (Rückstreuelektronen) nimmt mit der Ordnungszahl Z der streuenden Atome zu. Somit können Phasen, die verschiedene Atomarten enthalten, unterschieden werden. Schließlich hängt die Intensität der Rückstreuelektronen auch von der Orientierung der Kristallite eines Kristallhaufwerks ab (Orientierungskontrast).

Das Auflösungsvermögen des REM ist etwa 40× größer als das des Lichtmikroskops. Es hängt von der Größe der Streuzone der Elektronen nahe der

[1] engl.: Scanning Electron Microscopy (SEM).

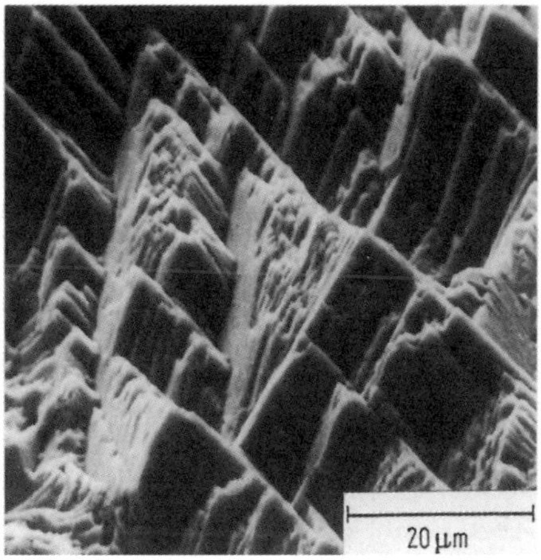

Abb. 10.5. REM-Aufnahme. Bruchoberfläche, Ermüdung eines aushärtbaren austenitischen Stahls (X5NiCrTi2615), Topographiekontrast, Abbildung mit Sekundärelektronen

Probenoberfläche ab und liegt z. B. für eine Beschleunigungsspannung der Elektronen von 50 kV bei 20 nm. Im günstigsten Falle werden wenige nm erreicht.

Ein weiterer Vorteil des REM ist seine, verglichen zur Lichtmikroskopie, höhere Tiefenschärfe. Aus diesem Grunde ist dieses Verfahren für die Untersuchung räumlicher Formen wie Bruchoberflächen, Pulverteilchen und Erstarrungsfronten besonders gut geeignet. Außerdem können im REM örtlich unterschiedliche elektrische Ladungen beobachtet werden, z. B. Ladungs- und Bestromungszustände in integrierten Schaltkreisen.

10.4 Transmissionselektronenmikroskopie (TEM)

Nach ihrem optischen Prinzip ist diese Methode der Lichtmikroskopie verwandt. Als Strahlung werden Elektronen hoher Energie (typische Beschleunigungsspannung 100 kV bis 1 MeV) eingesetzt. Zur Kollimation und zur Abbildung werden magnetische Linsen verwendet. Infolge der geringen Wellenlänge der Elektronen ist das Auflösungsvermögen sehr viel höher als für LM, wegen der andersartigen Abbildungsmethode auch höher als für das REM: 0,1 ... 0,2 nm.

Metallische Oberflächen können jedoch nicht wie im Lichtmikroskop direkt beobachtet werden, da das Elektronenmikroskop im allgemeinen nur zur Durchstrahlung geeignet ist (Abb. 10.6). Zur Abbildung von Oberflächen wird deshalb ein indirektes Verfahren angewendet. Dazu werden die Schliffe wie zur Lichtmikroskopie vorbereitet. Darauf wird aus einer anorganischen Aufdampfschicht (Kohlenstoff, Metall/Kohlenstoff) oder einem dünnen organischen Film (Formvar, Kollodium) ein Oberflächenabdruck hergestellt, der nach Ablösen von der Unterlage im Elektronenmikroskop untersucht werden kann (Abb. 10.7). Der Kontrast kann durch schräges Beschatten des Oberflächenabdrucks mit Schwermetallen erhöht werden. Durch besondere Ätzbehandlung der Probe kann erreicht werden, daß kleine ausgeschiedene Teilchen beim Abziehen des

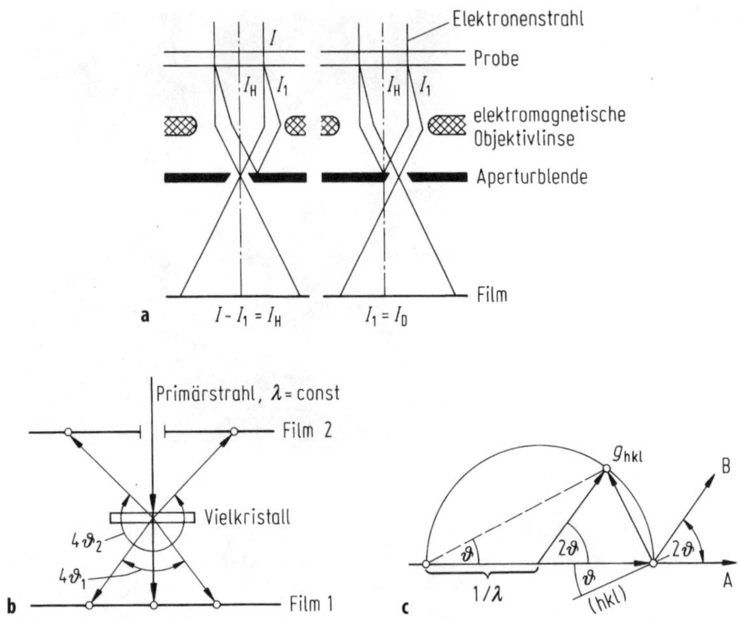

Abb. 10.6. **a** Strahlengang bei Durchstrahlung mit Elektronen (TEM) für Hellfeld und Dunkelfeldabbildung. I Intensität des in die Probe eintretenden Strahls, $I_D \equiv I_1 \equiv I_g$ Intensität eines abgebeugten Strahls, I_H Intensität des durchgehenden Strahls: $I_H = I - I_1$; **b** Festlegung der Beugungswinkel für Durchstrahlung (Film 1) und Rückstrahlung (Film 2). Für Elektronenstrahlen sind die Beugungswinkel $\theta (< 1°)$ etwa $50 \times$ kleiner als für Röntgenstrahlung $(> 20°)$. **c** Geometrische Festlegung der Beugungsbedingungen. Beugung tritt auf, wenn der Punkt des reziproken Gitters auf dem Kreis mit dem Radius $|k| = 1/\lambda$ liegt (Kristallebene (hkl))

Abdrucks mitgenommen werden, deren Kristallstruktur wird dann im Mikroskop durch Elektronenbeugung bestimmt (Extraktionsabdruck).

Die universellste Methode der Gefügeuntersuchung ist jedoch die direkte Durchstrahlung von Metallfolien im Elektronenmikroskop. Je nach Ordnungszahl des untersuchten Metalls dürfen die Folien bei 100 kV Beschleunigungsspannung eine Dicke von 80 nm (Au, W) bis 300 nm (Al, Si) haben. Diese Folien können aus einem Niederschlag von Metallen aus der Gasphase oder aus dem massiven Metall durch elektrolytisches Dünnen und Polieren hergestellt werden. Die Methode hat zwei Vorteile:

a) Gefüge, Kristallstruktur und Kristallorientierung können durch einfaches Umschalten des Mikroskops von Abbildung auf Elektronenbeugung an derselben Probenstelle bestimmt werden.
b) Die Anordnung aller Gitterbaufehler (außer Leerstellen) und Kristallgrenzen werden in ihrer räumlichen Lage im Metall beobachtet. Versetzungen, Stapelfehler, Grenzflächen kohärenter Teilchen, Antiphasengrenzen in geordneten Legierungen und Mikrospannungen können nur mit dieser Methode (außer in Fällen sehr geringer Defektdichte mit Röntgen-Topographie) analysiert

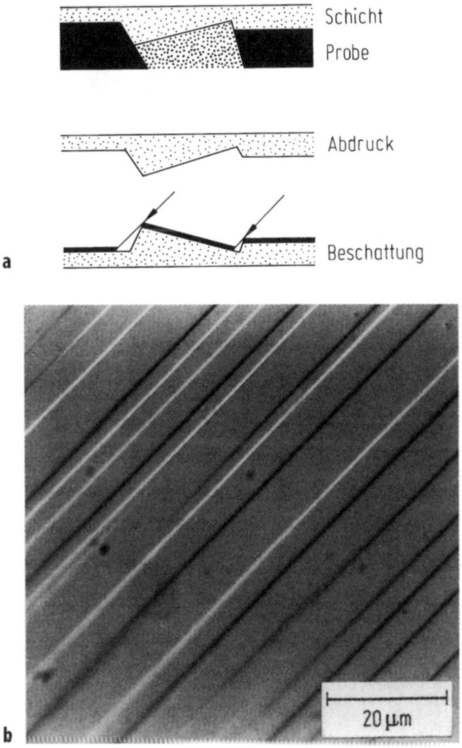

Abb. 10.7. **a** Herstellung von Oberflächenabdrucken für elektronenmikroskopische Durchstrahlung; **b** Analyse von Gleitstufen mit der Replikamethode (Legierung wie Abb. 10.5)

werden. Zur Abbildung des Gefüges werden entweder der durchgehende Strahl mit der Intensität $I - I_1 = I_H$ (Hellfeld) oder ein abgebeugter Strahl mit der Intensität $I_1 = I_D$ (Dunkelfeld) verwendet (Abb. 10.6). Es wird dabei vorausgesetzt, daß nur ein abgebeugter Strahl wesentlich zur Abbildung beiträgt. Das Bild entsteht meist durch lokale Änderung der Intensität I_1, die von einer oder mehreren Kristallebenenscharen abgebeugt wird. I_1 hängt außer von deren Orientierung von örtlichen Änderungen der Streuintensität, z.B. von Verzerrungen ab, wie sie durch Versetzungen hervorgerufen werden (4.4). Deshalb erscheint der Verlauf einer Versetzungslinie im Durchstrahlungsbild unter geeigneten Orientierungsbedingungen als dunkle Linie (Abb. 10.8).

Diese Abbildungsart wird als Beugungskontrast kristalliner Stoffe bezeichnet. Eine andere Art der Bildentstehung ist gegeben, falls der durchgehende und mindestens ein abgebeugter Strahl ($J_H + J_g$) durch die Blende treten können. Durch deren Interferenz entsteht ein Bild der beugenden Ebene des Kristallgitters (Abb. 10.6), die eventuell direkt abgebildet werden kann.

Wie im LM kann auch im TEM die Domänenstruktur ferromagnetischer Stoffe abgebildet werden. Dies beruht auf der Lorentz-Kraft, die den Elektronenstrahl beim Durchgang durch eine Domäne senkrecht zur Richtung der spontanen Magnetisierung ablenkt.

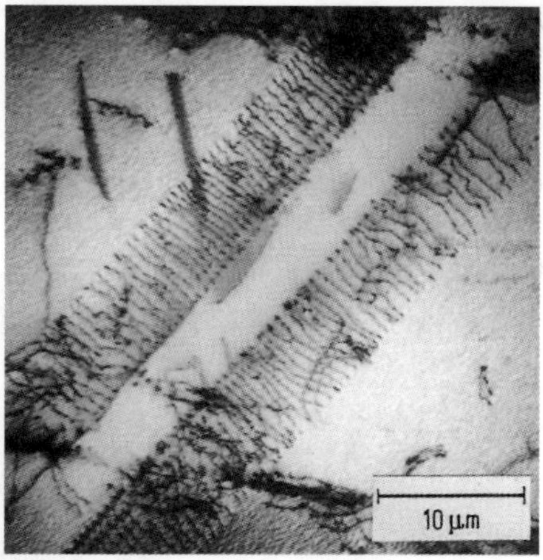

Abb. 10.8. Abbildung von Versetzungen mittels TEM (s. Abb. 10.7)

10.5 Feldionenmikroskopie (FIM) und Atomsondenspektroskopie

Mit dem Feldionenmikroskop kann die Lage einzelner Atome im Kristallgitter sichtbar gemacht werden. Zwischen der nadelförmigen Probe (Anode) und einem fluoreszierenden Bildschirm (Kathode) wird mit einer Hochspannung ein elektrisches Feld erzeugt. Heliumatome in dem zunächst evakuierten Mikroskopgefäß werden an der Probenoberfläche ionisiert. Sie bewegen sich dann in radialen Bahnen auf den Bildschirm zu. Da die Austrittsarbeit an der Probenoberfläche sich örtlich mit der Periodizität der Atomanordnung ändert, wird die Atomanordnung in der Oberfläche der Probenspitze direkt auf dem Bildschirm abgebildet (Abb. 10.9). Auf diese Weise können neben der Atomanordnung in verschiedenen Kristallebenen auch Leerstellen, Versetzungen und Korngrenzen

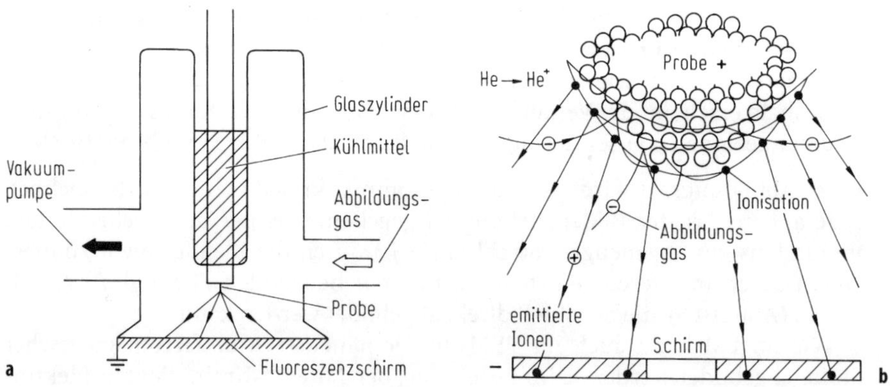

Abb. 10.9 a, b. **a** Prinzip des Feldionenmikroskops (FIM); **b** Atomanordnung an der Spitze eines W-Kristalls

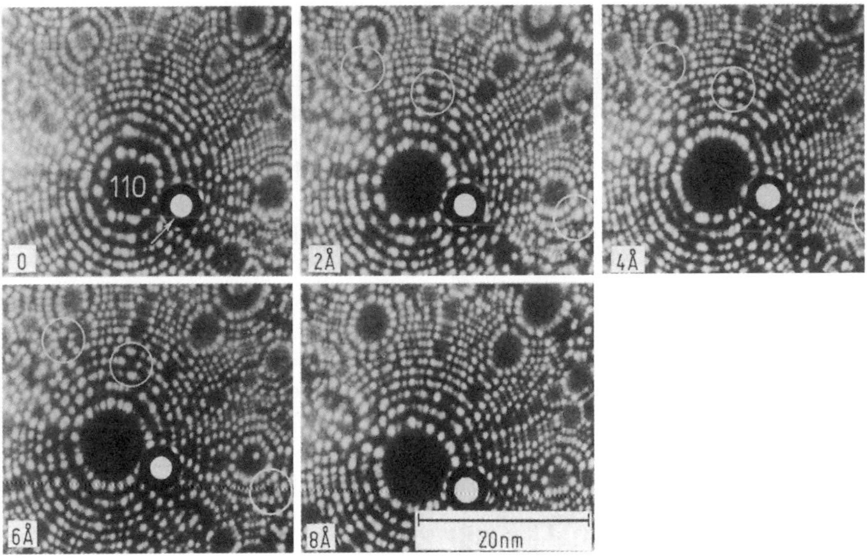

c

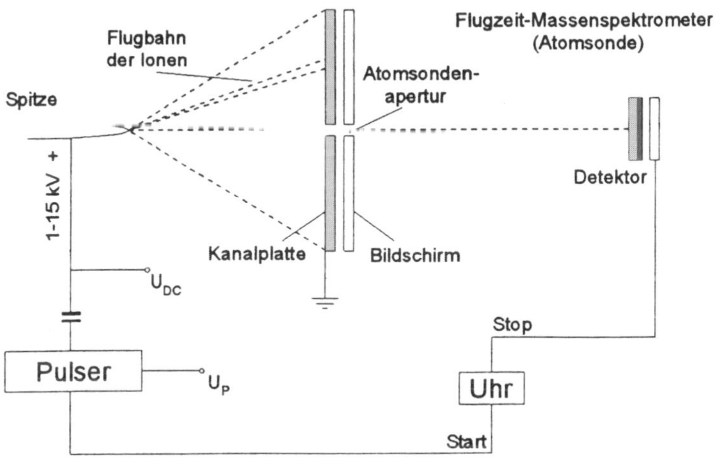

d

Abb. 10.9 c, d. c Sequenz von Feldionenbildern einer mit $3 \cdot 10^{19}$ Neutronen/cm^2 ($E > 1$ MeV) bei 288 °C bestrahlten Fe-0,34 At.-% Cu Legierung. Kreise zeigen Leerstellenagglomerate („Poren"). Zwischen jedem der einzelnen aufeinanderfolgenden Teilbilder wurde eine (220)-Ebene mit einer Schichtdicke von ~ 0,2 nm = 2 Å von der Oberfläche der Feldionenspitze abgetragen. Der helle Punkt (Pfeil im ersten Teilbild) zeigt die Öffnungsblende für die FIM-Atomsonde. (R. Wagner). **d** Funktionsprinzip eines analytischen Feldionenmikroskops direkt sichtbar gemacht werden. Gute Ergebnisse werden besonders mit den hochschmelzenden krz-Metallen Nb, Ta, Mo, W erhalten. Die in der Abbildung identifizierten Atome können analysiert werden. Sie werden durch Felddesorption von der Spitze getrennt. Dafür wurde kürzlich eine tomographische Atomsonde entwickelt. Sie liefert dreidimensionale Abbildungen der chemischen Heterogenitäten in Metallen im atomaren Maßstab. Die Methode beruht auf Feldverdampfung und Ionisation von Atomen des zu untersuchenden Materials. Die Atomart wird im Massenspektrometer und die Position (besser als 0,1 nm) in einem lageempfindlichen Multidetektor bestimmt.

Die Methode ist gut geeignet zur Untersuchung sehr früher Stadien von Ordnung oder Keimbildung für Ausscheidung und Umwandlung (Kap. 9). Die Bildentstehung unterscheidet sich grundsätzlich von der hochauflösenden Transmissions-Elektronenmikroskopie (Abb. 10.8). Beide Methoden ergänzen sich jedoch gut (Abb. 10.9 d).

10.6 Beugung von Röntgenstrahlen (XB)

Dies ist die älteste und wichtigste Methode zur Bestimmung der Phasenstrukturen, also des Aufbaus von Kristallen und, neuerdings, von Gläsern (Kap. 3).

Die Voraussetzung für die Beugung an Kristallen ist erfüllt, wenn der Gangunterschied zwischen dem einfallenden und dem austretenden monochromatischen Röntgenlicht ein Vielfaches der Wellenlänge $n\lambda$ (Tabelle 11.2) beträgt (s. Abb. 11.6)

$$n\lambda = 2 \sin \theta \, d_{(\mathrm{hkl})} \, . \tag{10.1}$$

$d_{(\mathrm{hkl})}$ ist der Abstand einer Ebenenschar $\{hkl\}$ und θ der Beugungswinkel, der auch als Bragg-Winkel bezeichnet wird. Mit den Gitterkonstanten a, b, c beträgt dieser Winkel für kubische und orthorhombische Gitter (Kap. 3):

$$\sin \theta = \frac{n\lambda}{2a} \sqrt{h^2 + k^2 + l^2} \tag{10.2a}$$

$$\sin \theta = \frac{n\lambda}{2} \sqrt{\frac{h^2}{a^2} + \frac{k^2}{b^2} + \frac{l^2}{c^2}} \, . \tag{10.2b}$$

In Gittern niedrigerer Symmetrie ergeben sich durch Interferenz der an bestimmten Atompositionen gestreuten Strahlung zahlreichere Maxima der Beugung an den Netzebenen (Strukturfaktor, Tabelle 11.3). Die Beugungsbedingung kann auch mit Hilfe der Gittervektoren $\boldsymbol{r}$, der reziproken Gittervektoren $\boldsymbol{g}$ sowie des Wellenvektors $\boldsymbol{k}$ dargestellt werden (Abb. 11.6c), $|\boldsymbol{k}| = \lambda^{-1}$:

$$\sin \theta = \frac{\boldsymbol{g}}{2\boldsymbol{k}} \tag{10.3}$$

Tabelle 10.2. Wellenlängen λ von Röntgen-(X) und Elektronenstrahlen (e) für Beugungsexperimente

Art	Strahlung	λ nm
X	CrK_α	0,229
X	CoK_α	0,179
X	CuK_α	0,154
X	MoK_α	0,071
e	1 kV	0,0387
e	60 kV	0,0042
e	100 kV	0,0037
e	1000 kV	0,0009

Tabelle 10.3. Auslösungsregeln für Beugungsreflexe durch den Strukturfaktor (n = Mannigfaltigkeitsfaktor, o = Ordnung

$h^2 + k^2 + l^2$	*hkl*	kp	kfz	krz	kd	n	o
1	(100)	+	–	–	–	3	1
2	(110)	+	–	+	–	6	1
3	(111)	+	+	–	+	4	1
4	(200)	+	+	+	–	3	2
5	(210)	+	–	–	–	12	1
6	(211)	+	–	+	–	12	1
7	–	–	–	–	–	–	–
8	(220)	+	+	+	+	6	2
9	(221)	+	–	–	–	6	1
	(300)					3	3
10	(310)	+	–	+	–	12	1
11	(311)	+	+	–	+	6	1
12	(222)	+	+	+	–	4	2

$$\boldsymbol{k}_g - \boldsymbol{k}_0 = \boldsymbol{g}. \tag{10.4}$$

$\boldsymbol{k}_0$ kennzeichnet den einfallenden Röntgenstrahl, $\boldsymbol{k}_g$ den durch die Ebenenschar mit dem reziproken Gittervektor $\boldsymbol{g}$ abgebeugten. Beugung tritt dann auf, wenn (10.4) erfüllt ist, d.h. wenn $\boldsymbol{g}$ auf dem Umfang einer Kugel mit dem Radius k liegt (Ewald-Kugel).

Für einen Vielkristall mit regelloser-Verteilung der Orientierungen ist diese Bedingung für alle möglichen Orientierungen erfüllt, wenn der Durchmesser des einfallenden Strahls sehr viel größer als die Korngröße ist. Für eine bestimmte Gitterebene (*hkl*) entsteht dann ein kegelförmig abgebeugter Strahl mit dem Öffnungswinkel 4θ (Debye-Scherrer-Diagramm) dessen Intensität auch durch den Mannigfaltigkeitsfaktor n (Tab. 10.3) bestimmt wird.

In geordneten Gittern treten durch die Erniedrigung der Symmetrie zusätzliche Überstrukturreflexe auf; in einfachen Fällen (CsCl-Struktur: β-CuZn, FeAl) die nach Tabelle 10.3 „verbotenen" Reflexe. Deren Intensität $I_Ü$ ist schwächer als die der Hauptreflexe I_H:

$$I_H \sim (f_A + f_B)^2 \tag{10.5a}$$

$$I_Ü \sim (f_A - f_B)^2 S. \tag{10.5b}$$

f_A, f_B sind die Streuamplituden der Atomarten A und B für Röntgenstrahlen, die mit der Ordnungszahl Z zunehmen.

Für im Periodensystem benachbarte Atomarten wie Fe und Co ergeben sich nach (10.5b) sehr geringe Intensitäten der Überstrukturreflexe. *Neutronenbeugung* kann in solchen Fällen für den Nachweis der Ordnung besser geeignet sein, weil sich die Streuamplituden der Atomarten stärker unterscheiden.

Beugung wird auch verursacht, wenn ein Röntgenstrahl mit kontinuierlichem Spektrum der Wellenlängen auf einen feststehenden Kristall fällt. Nach (10.1) tritt dann an jeder Ebenenschar $\{hkl\}$ mit der zu ihr passenden Wellenlänge λ_{hkl} Beugung auf. Das so entstehende Punktbeugungsbild wird als Laue-Diagramm bezeichnet. Es ist gut geeignet zur Bestimmung von Symmetrie und Orientierung von Kristallen, aber auch zum Verfolgen der Neubildung perfekter Kristallbereiche beim Beginn der Rekristallisation.

10.7 Elektronenbeugung

Diese Methode wird seltener allein, in der Metallkunde meist gemeinsam mit der TEM angewandt. Durch die Feinbereichsbeugung ist es möglich, die Struktur und Orientierung einzelner Gefügebestandteile von ca. 20 nm bis zu 5 µm Größe zu bestimmen, ebenso Orientierungsbeziehungen zwischen benachbarten Kristalliten.

Aus der geringen Wellenlänge der in den üblichen Mikroskopen (50 bis 200 kV) verwendeten Elektronen (Tabelle 10.2) folgen nach (10.1) Beugungswinkel $\theta < 1°$. Das Beugungsbild eines durchstrahlten Kristalls ist deshalb ein fast unverzerrtes, ebenes Abbild des reziproken Gitters (Abb. 10.10). Die beugenden Ebenen, die etwa parallel dem einfallenden Strahl liegen, enthalten alle die Richtung der Normalen $[uvw]$ der „abgebildeten" reziproken Gitterebene. Die im Beugungsbild auftretenden Punkte $\{hkl\}$ sind dann bestimmt durch die Beziehung (3.2) in Kap. 3:

$$(uh + vk + wl) = 0 \tag{10.6}$$

und die Auslöschungsregeln des Strukturfaktors (Tabelle 10.3). Das bedeutet, das Beugungsbild ist eine gute Näherung einer Parallelprojektion des reziproken Gitters.

Für einen Vielkristall mit regelloser Orientierungsverteilung ergeben sich räumlich gesehen Beugungskegel und im ebenen Diagramm konzentrische Ringe. Infolge der kleinen Winkel gilt für die Auswertung (Abb. 10.6b):

$$\tan 2\theta \approx \sin 2\theta \approx 2\theta \approx \frac{r}{A}; \tag{10.7}$$

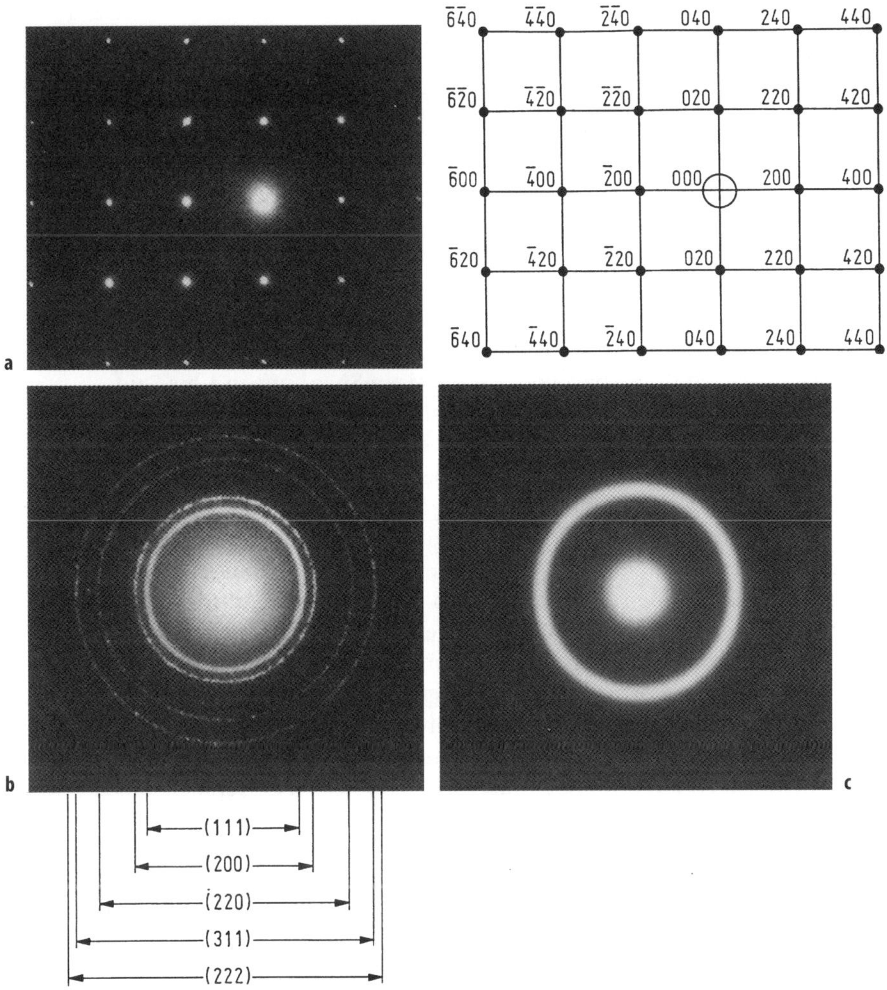

Abb. 10.10. Elektronenbeugung. **a** Einkristall: kfz-Al in (001)-Orientierung mit reziprokem Gitter, das die erlaubten Reflexe angibt (s. Tabelle 10.3 und Abb. 10.6c); **b** Vielkristall: kfz-Cu-Aufdampfschicht (vgl. Abb. 2.1); **c** metallisches Glas, Fe + 13,5 Si + 9B + 3Nb + 1Cu (At.-%)

r ist der Radius der Ringe und A der Abstand Probe–Bildschirm. Die Bragg-Gleichung für Elektronenbeugung kubischer Gitter lautet dann mit (10.1):

$$r = \frac{A\lambda}{d} = \frac{C}{a}\sqrt{h^2 + k^2 + l^2}\,; \tag{10.8}$$

C ist die Mikroskopkonstante. Sie hängt von den Abmessungen des Mikroskops (A) und der eingestellten Beschleunigungsspannung (λ) ab.

10.8 Chemische Analyse der Gefügebestandteile

Die Bildung von Röntgenstrahlen mit charakteristischer Wellenlänge (Röntgenfluoreszenz) wird seit längerer Zeit zur chemischen Analyse (i.e. der Atomarten) von Gefügebestandteilen in der Elektronenstrahlmikrosonde benutzt (Abb. 10.1). Sehr verbreitet ist ein entsprechender Zusatz zum Rasterelektronenmikroskop. Um charakteristische Röntgenstrahlung auszulösen, ist es nötig, daß die Beschleunigungsspannung der Elektronen das Anregungspotential der Atomelektronen um etwa das Dreifache übersteigt (z.B. 17,5 kV für MoK_α). Mit einer Spannung von 50 kV kann die K-Fluoreszenz bis zu den Elementen von $Z = 42$ ausgelöst werden, darüber hinaus die Strahlung der L- und M-Serien. Das analysierte Volumen beträgt bei derartigen Spannungen 1 bis 5 μm^3.

Zur Analyse der ausgelösten Röntgenstrahlen und damit der Art und Konzentration der chemischen Elemente gibt es zwei Möglichkeiten: die wellenlängendispersive WDX und die energiedispersive EDX-Methode. Für WDX wird ein Kristallspektrometer benutzt. Der Röntgenstrahl trifft auf einen Kristall, der mit Hilfe der Bragg-Bedingung (10.6c) nur Strahlen bestimmter Wellenlänge λ in einen Zähler treten läßt. Für verschiedene Wellenlängenbereiche stehen Kristalle mit verschiedenen Gitterkonstanten zur Verfügung. Aus der Intensität der Strahlung einer bestimmten Wellenlänge kann die Konzentration des dazugehörigen Elementes in der Legierung ermittelt werden.

In der üblichen Form der energiedispersiven Analyse tritt ein möglichst großer Teil der ausgelösten Röntgenstrahlung in einen Li-beschichteten Siliziumdetektor ein, der sich direkt über dem untersuchten Werkstoff befindet. Der Detektor trennt die Röntgenfluoreszenzimpulse nach verschiedenen Energien, und das Ergebnis wird in einen Mehrkanal-Analysator übertragen, der die Anzahl der Quanten in jeweils einem bestimmten Energieintervall speichert. Dieses System kann gleichzeitig Energien verschiedener Elemente aufnehmen. Wegen der Möglichkeit zu schnellem und bequemem Arbeiten setzt sich die EDX-Methode in letzter Zeit immer stärker durch. Allerdings können nur Elemente mit größerer Ordnungszahl als Na, $Z = 11$, analysiert werden. Moderne Detektoren erlauben eine halbquantitative Analyse bis etwa $Z \geq 5$.

Informationen über die chemische Zusammensetzung können nicht nur aus Röntgenstrahlen, sondern auch von den Elektronen erhalten werden. Atomelektronen bestimmter Energie werden im Rückstreubereich analysiert (Auger-Spektroskopie). Der Energieverlust der inelastisch gestreuten, durchgehenden Elektronen (Abb. 10.1) enthält ebenfalls Informationen über die Art der streuenden Atome (EELS, Elektronenenergieverlust-Spektroskopie), die mit modernen Geräten ortsaufgelöst analysiert werden können.

10.9 Raster-Tunnel-Mikroskopie

Eine nadelförmige Sonde rastert über die zu untersuchende Oberfläche. Am günstigsten ist es, wenn die Spitze so scharf ist, daß sie nur ein einziges Atom

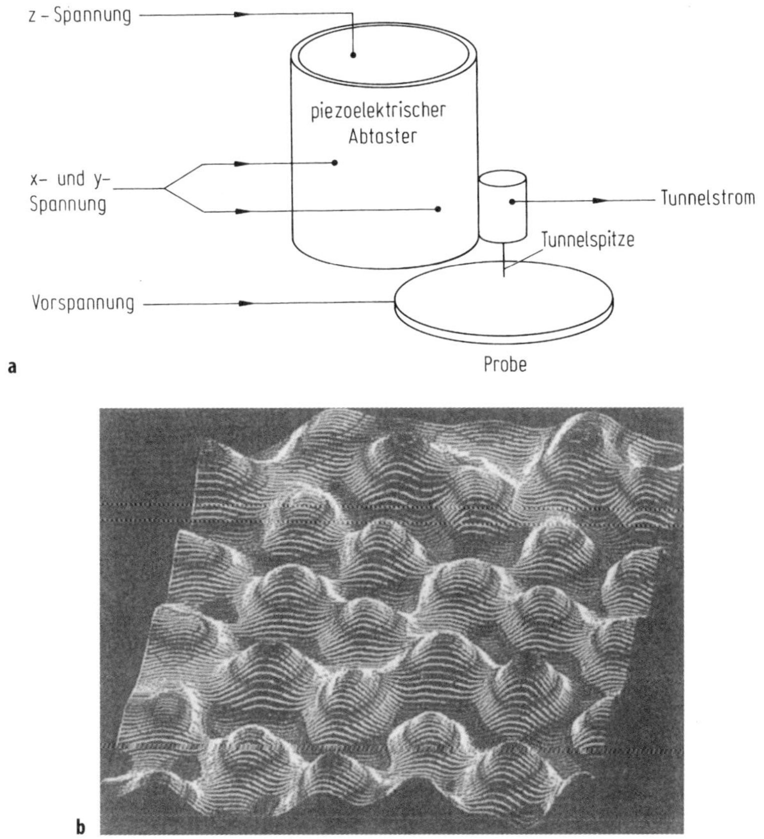

Abb. 10.11. Raster-Tunnel-Mikroskopie. **a** Prinzip des Raster-Tunnel-Mikroskops; **b** Graphitoberfläche mit hexagonaler Ringstruktur der Kohlenstoffatome (Besocke, KFA Jülich)

enthält. Die Bewegung wird sehr empfindlich mit Hilfe von Piezokristallen (Kap. 18.5) gesteuert. Zwischen Spitze und Probe liegt eine Spannung, durch die ein Tunnelstrom fließt. Dieser Strom hängt von der Position der Atome in der Oberfläche im Verhältnis zur Spitze ab. Neben der lateralen Bewegung ist eine sehr empfindliche Regelung für den Abstand der Spitze erforderlich (Abb. 10.11).

Diese Methode erlaubt es, die Position der Atome in der Oberfläche direkt zu beobachten. Zahlreiche Untersuchungen sind an Metallen durchgeführt worden. Es stellte sich u.a. heraus, daß sich die oberflächennahen Atome oft umordnen, d.h. nicht die gleichen Positionen einnehmen wie im Inneren des Kristalls (Kap. 5.7). Die Methode ist inzwischen so verfeinert worden, daß auch die Lokalisierung der Bindung zwischen den Atomen direkt beobachtet werden kann. Dieser Effekt tritt naturgemäß bei metallischer Bindung nicht auf. Außer dem Tunnelmikroskop (RTM von 1981) sind in den letzten Jahren eine große Zahl weiterer Rastersonderverfahren entwickelt worden. Es werden eine Vielzahl von Eigenschaften wegabhängig gemessen. Zum Beispiel eignet sich die Kraft zur Untersuchung nichtleitender Phasen oder auch als Mikro-Kratzer-Methode. Tabelle 10.1 gibt einen Überblick über Bezeichnungen, Meßgrößen und Anwendungsgebiete einiger RSM/SPM-Verfahren (Rastersonden Mikroskopie/Scanning Probe Microscopy).

10.10 Makroskopische Methoden

In zahlreichen Fällen sind Zusammenhänge (Stoffgesetze) bekannt, die mikrostrukturelle Größe mit makroskopischen Eigenschaften verknüpfen. Sie beruhen teils auf grundlegenden, teils auf empirischen Beziehungen, oft auf einer Kombination aus beidem. Bei ihrer Anwendung ist es meistens erforderlich, mikroskopische Untersuchungen und die Messung makroskopischer Eigenschaften zu kombinieren. Damit wird sichergestellt, daß das zugrundegelegte Stoffgesetz im betrachteten Fall tatsächlich anwendbar ist, daß alle Randbedingungen hinreichend erfüllt sind und daß bei Änderungen des Stoffzustandes und/oder der Meßparameter die Voraussetzungen des angewendeten Stoffgesetzes gültig bleiben. Bei den Stoffgesetzen lassen sich zwei Gruppen unterscheiden:

a) einfache, oft schwach gefügeabhängige Kombinationen aus den Eigenschaften der Gefügebestandteile, die gültig sind, wenn in dem Gemenge die Eigenschaft selbst und die Meßgröße nicht von Wechselwirkungen der Gefügebestandteile untereinander abhängen. Diese Stoffgesetze wurden in Kap. 6 behandelt;
b) komplexere Abhängigkeiten der Eigenschaften von den Gefügebestandteilen, ihrer Anordnung und ihrer Wechselwirkung (z.B. Aushärtung, magnetische Hysterese). Sie sind dort wiedergegeben, wo spezielle Gefüge oder Eigenschaften behandelt werden.

Die mikrostrukturelle Untersuchung eines Zustandes oder einer Zustandsänderung läßt sich oft mit verschiedenen makroskopischen Methoden durchführen, von denen einige in diesem Abschnitt aufgeführt sind. Die Auswahl im Einzelfall wird sich nach Kriterien wie Aufwand und Empfindlichkeit der Präparation der Meßproben sowie Signifikanz und Eindeutigkeit des Meßergebnisses richten.

Messungen des *elektrischen Widerstandes* in direktem Stromdurchgang oder in einer Brückenschaltung, mit Gleich- oder mit Wechselstrom, auch mit induktiven Methoden, sind einfach und genau und werden deshalb oft eingesetzt. Bei leicht oxidierenden Stoffen und bei Volumenänderungen während der Messung ist auf mögliche Änderungen des Übergangswiderstandes an Kontakten zu achten. Aus der Matthiessen-Regel, (6.7), folgt für die Messung, daß die den Restwiderstand bestimmenden Gefügeparameter umso genauer ermittelt werden können je geringer die Meßtemperatur und damit ρ_G ist. Wie in Abschn. 6.2 aus Abb. 6.11 ersichtlich, eignet sich der Widerstand wegen seiner starken Abhän-

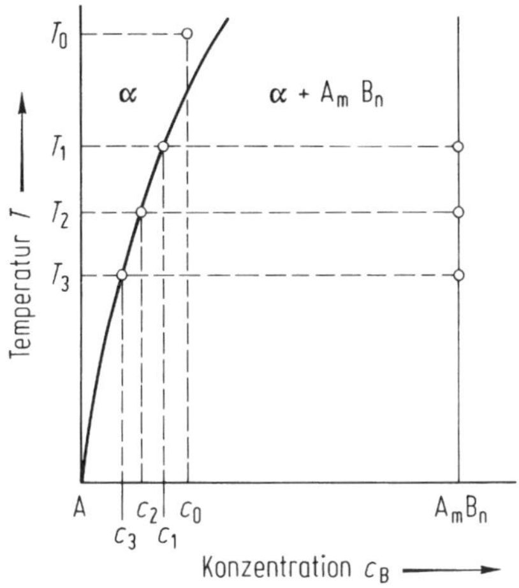

Abb. 10.12. Zur Bestimmung einer Löslichkeitslinie aus Widerstandsmessungen

gigkeit als Maß zur Bestimmung der Konzentration in Mischkristallen. Zwei Anwendungen sind die Bestimmung der Löslichkeit-Temperatur-Funktion, insbesondere in Systemen mit geringer Löslichkeit der Legierungskomponente, und die Messung der Kinetik von Ausscheidungsvorgängen.

Die Bestimmung der Löslichkeit sei anhand von Abb. 10.12 erläutert. Eine Legierung A – B der Konzentration $c_B = c_0$ wird zunächst bei einer Temperatur T_0 gehalten und so rasch abgeschreckt, daß keine Ausscheidung der Phase A_mB_n erfolgt. Der Restwiderstand ist dann in erster Näherung ausschließlich durch die Legierungskonzentration c_0 des Mischkristalls α in der Probe gegeben (Annahme: ρ_0^A). Die Probe wird dann bei den Temperaturen T_1 bis T_3 jeweils solange gehalten, bis Gleichgewicht eingetreten ist, dann wird sie abgeschreckt und gemessen. Unter der Annahme, daß der geringe Volumenanteil von A_mB_n keinen Widerstandsbeitrag liefert und die Konzentration direkt proportional zum Widerstand ist, kann dann aus den Widerstandswerten die Löslichkeit $c_1\ (T_1)$ bis $c_3\ (T)_3$ direkt ermittelt werden. Die aus den Annahmen folgenden Fehler können eliminiert werden, wenn man die Versuchsreihe mit mindestens zwei weiteren Proben unterschiedlicher Konzentration durchführt.

Die Messung der Kinetik von Ausscheidungsvorgängen beruht ebenfalls auf der starken Abhängigkeit des elektrischen Widerstandes von der Konzentration einer gelösten Legierungskomponente. Die Grundlage solcher Untersuchungen der Umwandlungskinetik ist (9.13). Man geht dabei wiederum von der vereinfachenden Annahme aus, daß der elektrische Widerstand proportional zur Konzentration c_B der gelösten Komponente ist und daß die zeitliche Änderung der mittleren Konzentration $\bar{c}_B(t)$ als Maß für den Gesamtvorgang ausreicht, obwohl lokale Konzentrationsgradienten auftreten (Abb. 9.14). Der Widerstandsbeitrag der ausgeschiedenen Teilchen wird wie bei Löslichkeitsbestimmung vernachlässigt, und die Messung ergibt damit den Ausscheidungsgrad, der gewöhnlich als Funktion der Umwandlungstemperatur und -zeit ermittelt wird.

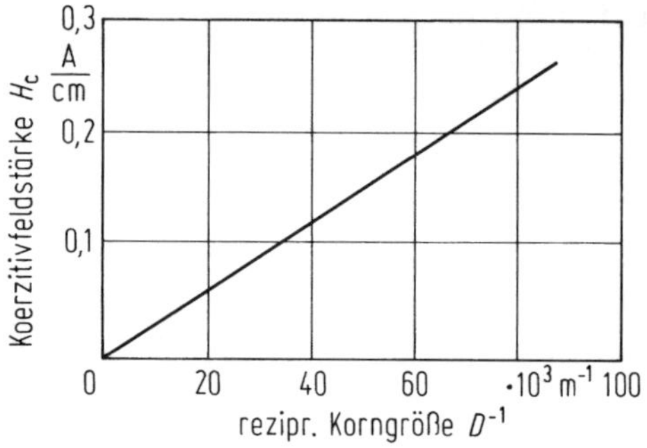

Abb. 10.13. Abhängigkeit der Koezitivfeldstärke von der Korngröße in Fe-47,5 Masse-% Ni

Ein Beispiel für die Untersuchung von Gitterbaufehlern aus Messungen des elektrischen Widerstandes ist die Aufnahme von Erholungskurven (Abschn. 8.3, Abb. 8.6). Aus der Größe und Temperatur jeder Stufe des Widerstandsabfalls kann, in Verbindung mit anderen makroskopischen und mikroskopischen Messungen, auf Art, Konzentration, Beweglichkeit und Annihilationsprozeß der verschiedenen Gitterfehler geschlossen werden.

Magnetische Messungen dienen überwiegend der Ermittlung magnetischer Eigenschaften als solcher. Wie in Kap. 16 gezeigt wird, sind die meisten Meßgrößen auf komplexe Weise von intrinsischen und mikrostrukturellen magnetischen Einflußgrößen abhängig. Nur zwei Beispiele für die magnetische Ermittlung mikrostruktureller Eigenschaften erscheinen deshalb erwähnenswert. Bei der Untersuchung des Umwandlungsverhaltens des paramagnetischen Austenits von Stählen in ferritische Produkte wird ausgenutzt, daß der Ferrit stark ferromagnetisch ist. Man kann den Volumenanteil des durch Umwandlung gebildeten Ferrits verhältnismäßig einfach und genau durch eine Messung der Sättigungsmagnetisierung M_s als Funktion der Umwandlungsparameter bestimmen. Eine zweite magnetische Meßgröße, die Koerzitivfeldstärke H_c, kann zur Bestimmung der mittleren Korngröße $\bar{D}$ eingesetzt werden: (16.17) zeigt, daß $H_c \sim \bar{D}^{-1}$ gilt, wenn bei den Maßnahmen zur Veränderung der Korngröße keine anderen Einflüsse auf H_c geändert werden. In Abb. 10.13 ist ein typisches Beispiel wiedergegeben.

Die Messung von Längenänderungen als Funktion der Temperatur mittels *Dilatometrie* ist mit den heute verfügbaren Geräten ein einfaches und genaues Verfahren. Die Anwendungsgebiete und Auswertungskriterien sind in Kap. 15.6 beschrieben. Mikrostrukturelle Größen, für deren Messungen sich Dilatometrie besonders eignet, sind die Dichte des freien Volumens in amorphen Metallen sowie die Volumenanteile der Phasen bei Ausscheidungsreaktionen und anderen strukturellen Phasenumwandlungen.

Mit Messungen der *Fließspannung* bzw. *Streckgrenze* können Gefügeparameter nur in Fällen bestimmt werden, in denen sichergestellt ist, daß ausschließlich die betrachtete Größe sich ändert. Unter dieser Voraussetzung lassen sich die Versetzungsdichte und die mittlere Korngröße aus der Fließspannung bzw. Streckgrenze bestimmen. Grundlage dazu sind die Taylor-Beziehung (7.14) bzw. die Hall-Petch-Beziehung (7.17). Allerdings ist es für praktische Messungen erforderlich, die Ausgangsgrößen τ_0 bzw. σ_0 und die Vorfaktoren a_1 bzw. σ_2 empirisch zu ermitteln, da sie sich nicht aus einfach zugänglichen Stoffeigenschaften ableiten lassen.

Eine spezielle Untersuchungsmethode ist die Messung der *mechanischen Dämpfung* zur Untersuchung der Ursachen der anelastischen Dehnung (Abschn. 7.3). Sie kann u.a. zur Bestimmung der Konzentration von Einlagerungsatomen wie Kohlenstoff und Stickstoff in krz-Metallen und ihrer Ausscheidungskinetik oder der Umlagerung von Gitterbaufehlern dienen. Dafür werden meist Torsionspendel oder Biegeschwinger verwendet: Eine draht- oder bandförmige Probe wird in Torsions- oder Biegeschwingungen versetzt. Die Zwischengitteratome und Diffusionbaufehler springen durch die elastischen Gitterverzerrungen der Probe in die jeweils energetisch günstigsten Positionen. Jede Atom- und Gitterbaufehlerart besitzt für diesen Platzwechsel bei konstanter Temperatur eine charakteristische Relaxationszeit τ (7.12), die bei einer bestimmten Frequenz zu maximaler Dämpfung führt. Die Dämpfung Q^{-1}, d.h. der Kehrwert der Schwinggüte Q, ist mit dem logarithmischen Dekrement σ durch die Beziehung $Q^{-1} = \sigma/\pi$ verknüpft. Da die Relaxationszeit temperaturabhängig ist, ergeben sich bei konstanter Frequenz ν des Pendels bei verschiedenen Temperaturen jeweils Dämpfungsmaxima, die bestimmten Vorgängen zugeordnet werden können (Abb. 10.14). Die Höhe ist der Konzentration der gelösten Atome bzw. der betreffenden Gitterbaufehlerart proportional. Die Löslichkeit sehr kleiner Mengen eingelagerter Atome kann also mit dieser Methode bestimmt werden (Kohlenstoff in α-Eisen). Außerdem kann die Kinetik der Ausscheidung kleiner Mengen eingelagerter Atome anhand der zeitlichen Änderung der Dämpfungsamplitude verfolgt werden. Auch die Änderung der Konzentration spezifischer Gitterbaufehler, z.B. durch Wärmebehandlungen, läßt sich mit dieser Methode bestimmen.

Untersuchungen von Zustandsänderungen anhand der mit ihnen verbundenen endo- oder exothermen Änderungen des Wärmeinhalts H gehören zu den wichtigsten Methoden der Metallkunde. Man unterscheidet zwischen der *thermischen Analyse*, mit der nur die Temperatur der Änderungen quantitativ

Abb. 10.14. Dämpfungsspektrum von Niob. Die Höhe der Maxima ist gegeben durch die Konzentration des gelösten Sauerstoffs, $f(0)$, des gelösten Stickstoffs, $f(\mathrm{N})$, und die Volumendichte der Korngrenzen, $f(\mathrm{KG})$, (C. Wert, 1953)

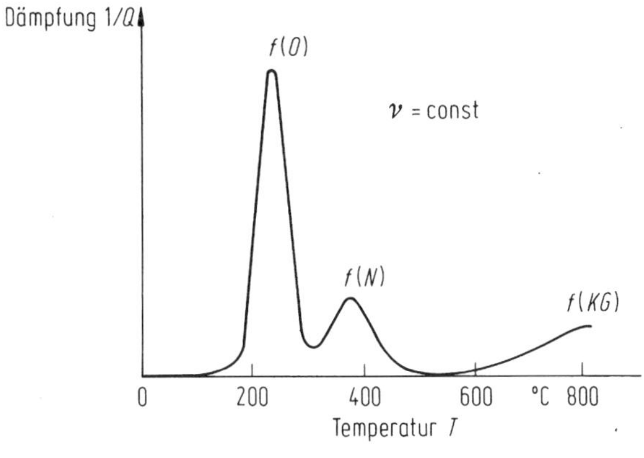

erfaßt wird, und der *Kalorimetrie*, mit der zusätzlich die Änderungen $dH = dH(T, t)$ quantitativ ermittelt werden. Anwendungsbeispiele sind die Ermittlung des Schmelzpunktes T_{kf} und der Schmelzwärme ΔH_{kf} (Kap. 2), der Umwandlungstemperatur T_0 und der Umwandlungswärme ΔH_{MP} (Kap. 9) oder der gespeicherten Energie E der plastischen Verformung (Kap. 7, 8). Für die thermochemischen Untersuchungen gilt bezüglich ihrer Aussagekraft im allgemeinen, daß sie nur in Verbindung mit anderen Methoden – insbesondere der Struktur- und Gefügeanalyse zuverlässig qualitativ und quantitativ auswertbar sind.

Die *thermische Analyse* besteht aus einer Messung der Temperatur als Funktion der Zeit im Inneren einer Probe, die sich in einem Gefäß, meist einem Tiegel, befindet, durch dessen Wand sie von außen abgekühlt wird. Ist der Wärmeabfluß durch die Tiegelwand konstant oder ändert er sich monoton mit der Temperatur, so folgt die Temperatur der Probe der dadurch gegebenen Abkühlgeschwindigkeit. Tritt in der Probe eine exotherme Wärmetönung auf, z.B. durch Kristallisation einer Schmelze, so verlangsamt sich die Temperaturänderung der Probe, d.h. der Gradient $|-dT/dt|$ verringert sich. Erfolgt die Erstarrung der Probe isotherm und ist ihre Masse ausreichend groß, dann bleibt auch die im Inneren der Probe gemessene Temperatur konstant. Abbildung 10.15 zeigt das charakteristische Verhalten bei zwei verschiedenen Konzentrationen c_1 und c_2 in einem eutektischen Legierungssystem A–B. Die Probe mit c_1 kühlt in der Schmelze konstant ab, bis die Liquidustemperatur T_1 erreicht wird. Beginnt die Kristallisation sofort, tritt der Knick in der durchgezogenen Kurve ein und markiert T_1. Ist zur Keimbildung aber die meist auftretende Unterkühlung erforderlich, so folgt die Kurve dem gestrichelt gezeichneten Verlauf, und T_1 kann nur durch Rückextrapolation ermittelt werden. Bei T_E erstarrt die Restschmelze eutektisch, und aufgrund der dabei isotherm freiwerdenden Schmelzwärme bleibt die Temperatur konstant, bis die Probe vollständig erstarrt ist; danach kühlt sie mit der durch den Wärmeabfluß vorgegebenen Geschwindigkeit weiter ab. Die Probe mit c_2 erstarrt bei T_E vollständig eutektisch. Am Beginn der Erstarrung kann einerseits wieder Unterkühlung und andererseits eine „Rekaleszenz" genannte Wiedererwärmung über die eutektische Temperatur auftreten. Dies ist dann der Fall, wenn die Kristallisation spontan einsetzt und ein derart großes Volumen erfaßt, daß die pro Zeiteinheit freiwerdende Kristallisationswärme größer als die durch die Tiegelwand abgeführte Wärmemenge ist. Außerdem ist bei c_2 die Dauer am Haltepunkt länger, weil der Volumenanteil des erstarrenden Eutektikums größer ist als bei c_1.

Die *Kalorimetrie* erfaßt Änderungen des Wärmeinhalts quantitativ und wird deshalb zur Ermittlung der spezifischen Wärme und von latenten Wärmen wie Schmelz- und Umwandlungsenthalpien eingesetzt. Am häufigsten wird die Differenzialkalorimetrie (DSC – Differential Scanning Calorimetry) verwendet, bei der die Änderung der Heizleistung für eine Meßprobe gegenüber derjenigen für eine bei gleicher Temperatur befindliche Vergleichsprobe ermittelt wird. Beide Proben werden entweder einer identischen, konstanten Aufheiz- oder Abkühlrate dT/dt unterworfen oder isotherm gehalten. Aus der Eichung gegen eine Vergleichsprobe mit bekannter Temperaturabhängigkeit der spezifischen Wärme und der Messung der differenziellen Heizleistung wird die zeitliche

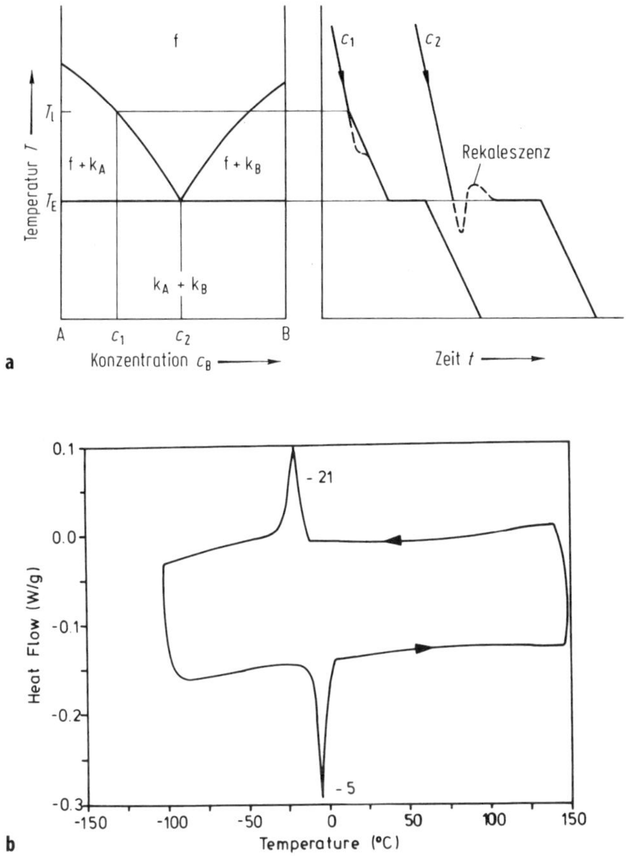

Abb. 10.15. **a** Beispiel für die thermische Analyse der Erstarrung einer binären eutektischen Legierung (schematische Darstellung); **b** DSC-Kurven für Abkühlung und Aufheizen von NiTi mit martensitischer Umwandlung (Kap. 18.5)

Änderung des Wärmeinhalts der Meßprobe $\mathrm{d}H/\mathrm{d}t$ ermittelt. Diese Meßgröße eignet sich unmittelbar zur Messung des zeitlichen Verlaufs und – durch Integration – des Betrages einer isothermen Wärmeaufnahme oder -abgabe. Beim Aufheizen oder Abkühlen wird die spezifische Wärme C_p, bzw. ihr bei endo- oder exothermen Reaktionen gebildeter Effektivwert $C_{\mathrm{p,eff}}$, durch die Beziehung

$$C_{\mathrm{p,eff}} = \frac{\mathrm{d}H}{\mathrm{d}t} \cdot \left(\frac{\mathrm{d}T}{\mathrm{d}t}\right)^{-1} \tag{10.7}$$

bestimmt. Damit ist eine Kurve beschrieben, die bei homogenen, unveränderten Zuständen konstante Steigung und bei exo- bzw. endothermen Vorgängen Maxima bzw. Minima aufweist. Durch deren Integration läßt sich direkt die Enthalpie der entsprechenden Zustandsänderung berechnen. Abbildung 10.15b zeigt einen vollständigen martensitischen Umwandlungszyklus der intermetal-

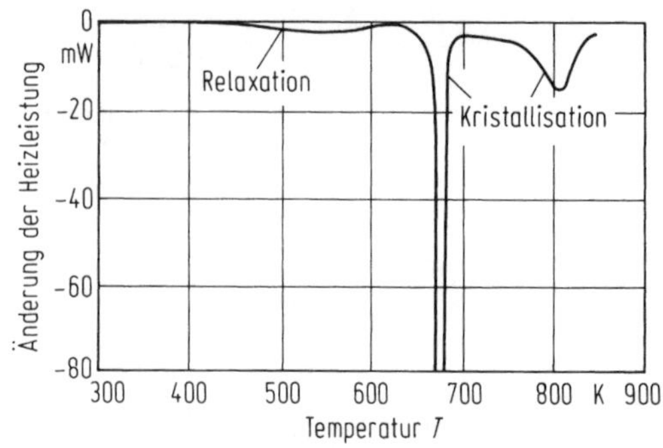

Abb. 10.16. DSC-Kurve vom Aufheizen eines metallischen Glases der Zusammensetzung $Fe_{19,5}Ni_{59,1}B_{21,4}$. Heizrate $dT/dt = 20\ K\ min^{-1}$ zweistufige Kristallisation

lischen Verbindung NiTi, sowie die DSC-Kurve beim Aufheizen eines metallischen Glases mit drei exothermen Reaktionen. Ein schwaches Minimum zeigt die strukturelle Relaxation, die zwei starken Minima geben die zweistufige Kristallisation wieder.

Literatur

Schumann H (1984) Metallographie. Leipzig: Deutscher Verlag für die Grundstoffindustrie, 14. Aufl

Hornbogen E, Petzow G (1970) Metallographie - Übersicht über den Stand des Gebietes. Z Metallkde 61: 81–94

Hornbogen E (1971) Durchstrahlungselektronenmikroskopie fester Stoffe. Verlag Chemie, Weinheim

Thomas G, Goringe J (1979) Transmission Electron Microscopy of Materials. Wiley, New York

Reimer L, Pfefferkorn G (1973) Rasterelektronenmikroskopie. Springer, Berlin

Stüwe HP, Vibrans G (1974) Feinstrukturuntersuchung in der Werkstoffkunde. B. I. Mannheim

Macherauch E (1970) Praktikum in Werkstoffkunde. Vieweg, Braunschweig

Chalmers B, Quarrell AG (eds) (1960) The Physical Examination of Metals. Arnold, London

Sestak J (1984) Thermophysical Properties of Solids. Their Measurements and Theoretical Thermal Analysis. In: Comprehensive Analytical Chemistry, Vol XII, Part D. Elsevier, Amsterdam

Kunze H-J (1986) Physikalische Meßmethoden. Teubner, Stuttgart

Wagner R (1982) Field-Ion Microscopy in Materials Science. In: Crystals: Growth, Properties and Applications, Vol 6. Springer, Berlin

Hren JJ, Goldstein JI, Joy DC (eds) (1979) Introduction to Analytical Electron Microscopy. Plenum Press, New York

Kauczor E (1985) Metall unter dem Mikroskop. Springer, Berlin

Blavette D et al. (1998) Three dimensional imaging of chemical order with the tomographie microprobe. Ultramicroscopy 70: 115–124

Wegener H (1965) Der Mössbauereffekt. Mannheim: BI Hochschultaschenbücher

Grabke HJ (Hg) (1983) Oberflächenanalytik in der Metallkunde. DGM Informationsgesellschaft: Oberusel

Pfau A, Schrepp W (1999) Rastersonderverfahren in der industriellen Praxis. Physikalische Blätter 55: 31

Maganer S, Whangbo MH (1996) Surface analysis with STM and AFM. VCH Verlagsges., Weinheim

Forwood CT, Clarebough LM (1991) Electron microscopy of interfaces in metals and alloys. Hilger, Bristol

KAPITEL 11

Erstarrung, Gußwerkstoffe

11.1 Metallschmelzen

Ein Blick auf verschiedene Zustandsdiagramme läßt erkennen, daß die meisten Metalle im flüssigen Zustand völlig mischbar sind (Kap. 4). Das ist qualitativ dadurch zu erklären, daß die im festen Zustand durch Kristallstruktur und Atomradius gegebene Begrenzung der Mischbarkeit im flüssigen Zustand wegfällt. Es bleibt lediglich die chemische Bindung, die häufig zu Nahordnung oder Nahentmischung und, bei einigen Legierungen, dazu führt, daß Mischungslücken bis zu fast völliger Unmischbarkeit (Abb. 4.9) auch im flüssigen Zustand auftreten können (nur elektronischer Einfluß, Kap. 6).

Metalle werden in wenigen Fällen wegen ihrer Eigenschaften im flüssigen Zustand verwendet. Beispiele sind das flüssige Quecksilber, das erst unterhalb Raumtemperatur erstarrt und deshalb in Schaltern und in Thermometern angewendet wird, und Natrium als Kühlmittel bei der Energieerzeugung. Die meisten Metalle werden über den flüssigen Zustand metallurgisch gewonnen. Außerdem benutzt man die hohe Mischbarkeit im flüssigen Zustand beim Herstellen von Legierungen und bei der Herstellung von Formkörpern durch Gießen. Es ist deshalb notwendig, zusätzlich zur Erstarrung reiner Metalle (Kap. 2) die Besonderheiten bei der Erstarrung von Legierungen und einige Eigenschaften flüssiger Legierungen zu kennen.

Im flüssigen Zustand ist die Packung der Atome fast so dicht wie im festen, die Volumenänderung beim Erstarren beträgt maximal einige Prozent, jedoch fehlt die Anordnung in regelmäßigen Raumgittern. Gläser sind ohne Kristallisation eingefrorene Flüssigkeiten. Reine Metalle können auch durch sehr schnelles Abkühlen auf Raumtemperatur nicht als Glas erhalten werden. Dies ist auf eine sehr hohe Rate von Keimbildung und Wachstum der Kristalle zurückzuführen (Kap. 2). Die Herstellung von Gläsern ist jedoch für manche Legierungen möglich (Tabelle 11.1). Die Voraussetzung dafür ist, daß die Abkühlungs-

Tabelle 11.1. Beispiele für glasbildende Legierungen

B-Metal + Übergangsmetall:	Al–Cr Al–Ni, Y Cu–Zr	Übergangsmetall + Metalloid:	Fe–B, Si Ni–B, Si Co–B, Si

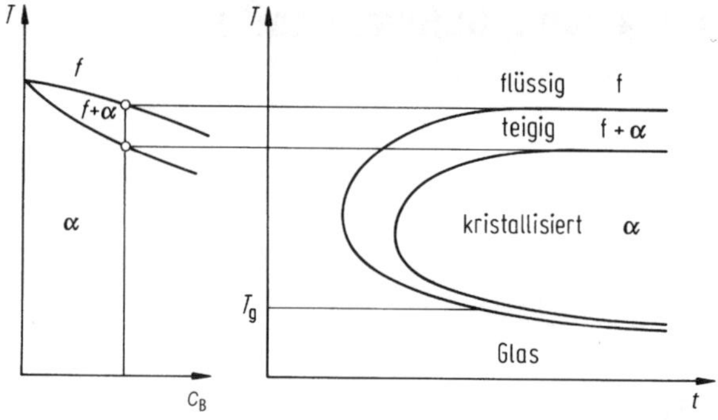

Abb. 11.1. Zeit-Temperatur-Kristallisationsschaubild. Glasbildung erfordert Abkühlung vor Kristallisationsbeginn auf Temperaturen unterhalb der Glastemperatur $T < T_g \approx 2/3\ T_{kf}$

geschwindigkeit genügend hoch ist, um eine Kristallisation zu vermeiden. Dies wird an einem Zeit-Temperaturschaubild deutlich (Abb. 11.1). Auch Legierungen mit gutem Glasbildungsvermögen müssen sehr viel schneller abgekühlt werden als glasbildende keramische und polymere Werkstoffe. Deshalb ist die erreichbare Probendicke sehr stark begrenzt.

Die Kräfte, die zwischen Atomen in einer Flüssigkeit wirken, entsprechen denen im festen Zustand. Man findet, daß im flüssigen Zustand die Koordinationszahl n_f nur wenig kleiner ist als in Kristallen der gleichen Atome, n_k:

$$n_f \approx n_k - 1 . \qquad (11.1)$$

Die Strukturen von Flüssigkeiten werden wie Kristallstrukturen meist durch Streuung von Röntgenstrahlen bestimmt. Man erhält anstelle der scharfen Ringe von den Netzebenen der Kristalle polykristalliner Proben (Abb. 10.10c) diffuse Ringe, aus denen die Abstände der nächsten und zweitnächsten Nachbaratome bestimmt werden können, genauer gesagt, die Verteilung der mittleren Abstände. Für die Strukturen von Flüssigkeiten und Gläsern gibt es verschiedene Modelle: regelloses Netzwerk, regellose dichte Packung harter Kugeln, verschiedene Arten und Grade der Nahordnung und ultramikrokristalline Struktur (Abb. 3.13). Die glasbildenden Legierungen scheinen bei überwiegend metallischer Bindung eine dichte Kugelpackung zu besitzen. Die etwas geringere Dichte des flüssigen Zustandes führt bei der Kristallisation zu einer Volumenkontraktion: $V_f - V_k = \Delta V_{fk} > 0$. Kovalent gebundene Stoffe (z.B. Si) kristallisieren wegen der gerichteten Bindungen unter Vergrößerung des Volumens. Durch eutektische Kristallisation beider Stoffgruppen werden Legierungen mit minimaler Volumenänderung ΔV_{fk} erhalten (Gußlegierungen).

Der plastischen Verformung kristalliner Metalle entspricht das viskose Fließen der Schmelzen und Gläser (Abb. 11.2). Für reine Metalle und Legierungen gilt das Newtonsche Fließgesetz. Analog dem Hookeschen Gesetz für Proportionalität von Spannung und Verformung (Kap. 7) ist die Schergeschwindigkeit $\dot{\gamma} = \mathrm{d}\gamma/\mathrm{d}t$ der Schubspannung τ proportional (Fließgeschwindigkeit in y-Richtung, $\gamma \approx \mathrm{d}x/\mathrm{d}y$)

$$\tau = \eta \cdot \dot{\gamma} = \eta \frac{\mathrm{d}v}{\mathrm{d}y} = \eta \frac{\mathrm{d}x}{\mathrm{d}y\mathrm{d}t} . \qquad (11.2)$$

Abb. 11.2. Viskosität (η in Pa s) von Gold, Silber und deren Legierungen (nach E. Gebhardt)

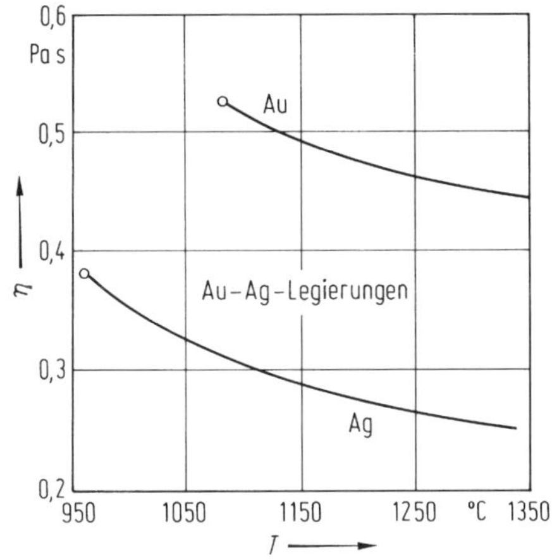

Der Viskositätskoeffizient η [Pa s] entspricht dem Schubmodul G [Pa]. Er ist eine Materialeigenschaft mit entsprechender Temperaturabhängigkeit wie der Diffusionskoeffizient (Kap. 8.2)

$$\eta(T) = \eta_0 \exp\left(+\frac{Q}{RT}\right). \tag{11.3a}$$

η hängt auch von der Legierungszusammensetzung ab (Abb. 11.2). Ein Glas kann als eine Flüssigkeit mit einem sehr hohen η-Wert betrachtet werden: $\eta > 10^{16}$ Pa s. Eine Metallschmelze etwas oberhalb der Schmelztemperatur hat etwa die gleiche Viskosität wie Wasser: $\eta \approx 10^{-3}$ Pa s. Die Temperaturabhängigkeit von η entspricht derjenigen des Diffusionskoeffizienten D (Kap. 8). Beide Eigenschaften sind über die STOKES-EINSTEIN Beziehung verknüpft:

$$D \sim \frac{RT}{\eta}. \tag{11.3b}$$

Für die technische „Vergießbarkeit" einer Schmelze ist neben η auch noch die Oberflächenenergie (Kap. 5 u. 17) sowie Gaslöslichkeit (O, N, H) und die Bildung von Oxidhäuten (Al) durch Reaktion mit der den Schmelzstrahl umgebenden Luft entscheidend.

11.2 Bildung von Mischkristallen

Bei der Besprechung der Erstarrungsvorgänge in Kap. 2 war davon ausgegangen worden, daß nur *eine* Atomart vorhanden ist (einkomponentige Systeme). In binären Legierungen können die beiden Möglichkeiten vorkommen, daß die Atomart B im flüssigen (I) oder im festen Zustand (II) die größere Löslichkeit

11.3 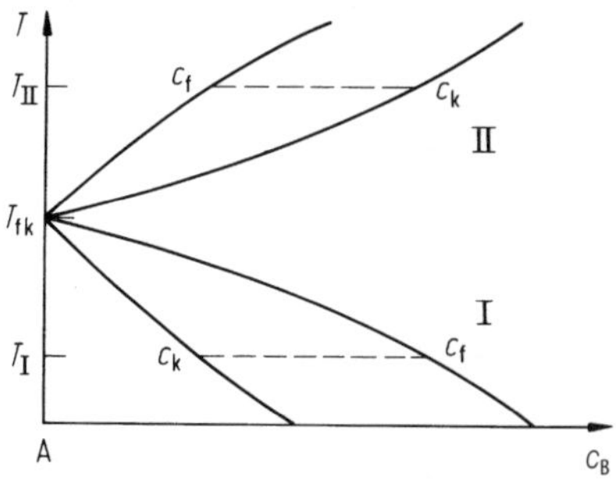

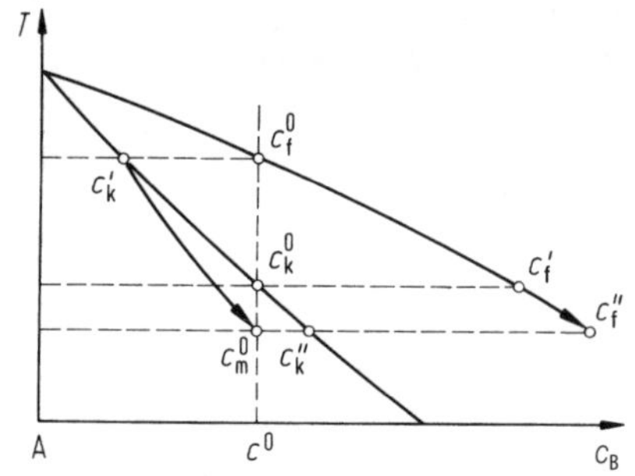 11.4

Abb. 11.3. Zwei Fälle der Bildung von Mischkristallen. I $c_k < c_f$, II $c_k > c_f$

Abb. 11.4. Bildung eines Mischkristalls der Zusammensetzung c^0 mit vollständigem Konzentrationsausgleich im flüssigen und festen Zustand. Bildung eines Mischkristalls der mittleren Zusammensetzung c_m bei unvollständigem Konzentrationsausgleich im festen Zustand

besitzen: $c_f > c_k$; $c_f < c_k$ (Abb. 11.3). Der Verteilungskoeffizient $c_k/c_f = k$ bestimmt nach seinem Betrag die Entmischung zwischen flüssigem und festem Zustand bei einer Temperatur T (Abb. 11.3). Der Verlauf der Erstarrung einer Legierung mit der Zusammensetzung c^0 wird in Abb. 11.4 gezeigt. Es wird vorausgesetzt, daß die Abkühlung von T_{fk} auf T_{kf} so langsam erfolgt, daß die Schmelze ihre Zusammensetzung längs $c_f^0 \rightarrow c_f'$ ändern kann[1]. Bei endlichen Abkühlungsgeschwindigkeiten werden aber im flüssigen und besonders im kristallinen Zustand Abweichungen von den Gleichgewichtkonzentrationen auftreten, da Diffusionsvorgänge zeitabhängig sind. Ein relativ einfacher Fall ist mit der Annahme gegeben (Abb. 11.4), daß die Flüssigkeit ihre Zusammensetzung entsprechend dem Gleichgewicht $c_f^0 - c_f'$ ändern kann, während ein Konzentrationsausgleich $c_k' \rightarrow c_k^0$ wegen zu langsamer Diffusion nicht möglich ist. Der zuerst erstarrte Kristall behält dann die Zusammensetzung c_k'. Die Erstarrung ist deshalb erst bei der Zusammensetzung c_k'' beendet. Die mittlere Zusammensetzung der Kristalle folgt $c_k' \rightarrow c_m^0$. Es bilden sich Kristalle mit Gradienten oder Schichten verschiedener Konzentration (Zonenkristalle).

Abb. 11.5. Voraussetzung für dendritische Erstarrung, (Abb. 11.8), T_{fk} = Beginn der Erstarrung; T_{kf} = Ende der Erstarrung; $\Delta T_0 = T_{fk} - T_{kf}$, maximale konstitutionelle Unterkühlung der Schmelze in einer Kristallisationsfront

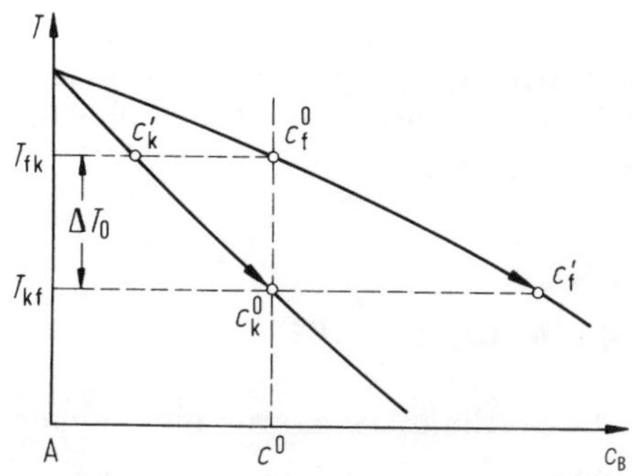

[1] $T_{kf} \equiv$ Temperatur des Übergangs kristallin $\rightarrow$ flüssig, $T_{fk} \equiv$ Kristallisation der Flüssigkeit.

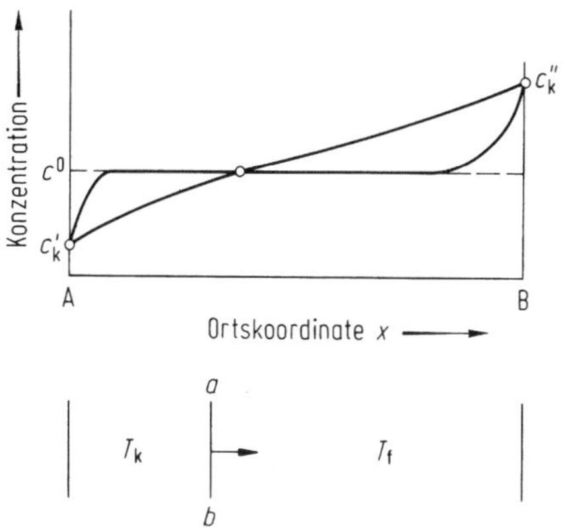

Abb. 11.6. Verschiebung der Konzentration durch eine Kristallisationsfront, *a–b*, die sich von A nach B bewegt für den Fall von Diffusion und Konvektion im flüssigen Zustand

Betrachtet man die Erstarrung einer flüssigen Legierung mit der Front *a–b* (Abb. 11.6), so hat nach Abb. 11.4 das kristalline Metall die Zusammensetzung c'_k. Bei begrenzter Diffusion im festen Zustand (Abb. 11.4) kann ein Gradient mit den Grenzkonzentrationen c''_k erwartet werden. Das ist gleichbedeutend mit einer Verschiebung des Legierungselementes in Richtung der Erstarrungsfront. In Wirklichkeit ist nicht nur im kristallinen, sondern auch in der Nähe der Erstarrungsfront im flüssigen Zustand die Konzentration nicht konstant. Trotzdem ist qualitativ immer mit Verschiebung von B-Atomen nach rechts für $k < 1$ und nach links für $k > 1$ zu rechnen.

Die Verschiebung der Konzentration wird beim Zonenschmelzen ausgenutzt. Dieses Verfahren wurde zur Herstellung sehr reiner Kristalle von Halbleitern (Ge, Si) entwickelt, die für diskrete Halbleiterbauelemente (Transistoren, Thyristoren) und integrierte Schaltkreise gebraucht werden. Es kann auch angewendet werden, um sehr reine Metalle, meist für wissenschaftliche Untersuchungen, zu erzeugen. Beim Zonenschmelzen bewegt man eine schmale flüssige Zone in einer bestimmten Richtung durch einen Kristall (Abb. 11.7). Die Schmelzzone wird durch die Oberflächenspannung zwischen den beiden Kristallteilen gehalten. In ihr reichert sich die „Verunreinigung" an, die nach rechts transportiert wird, wenn $k < 1$. Diese Anreicherung und damit der Wirkungsgrad des Zonenschmelzens ist um so größer, je kleiner k ist. Eine Möglichkeit zum Reinigen durch Zonenschmelzen besteht nicht für Legierungen mit $k \approx 1$. In der Praxis läßt man die Schmelzzone mehrmals nacheinander in der gleichen

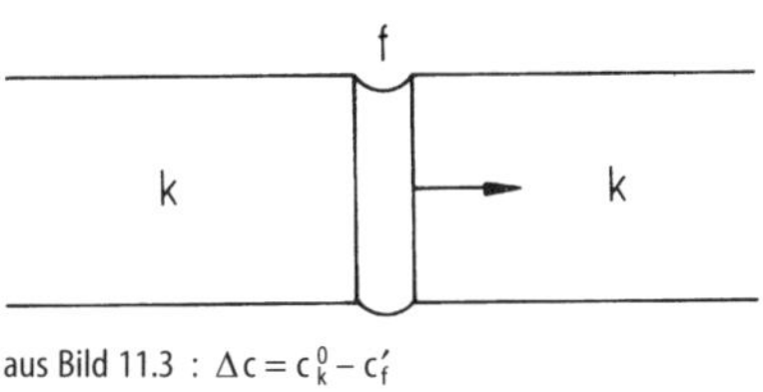

Abb. 11.7. Schematische Darstellung des Zonenschmelzens. Die Schmelzzone *f*, die die Verunreinigungen löst, läuft wiederholt in der gleichen Richtung durch den Kristall *k*

Richtung durch das Metall laufen und erhält zunehmende Reinheit am linken Ende und eine Anreicherung des Elementes B am rechten Ende der Probe.

Beim Besprechen der Erstarrung reiner Metalle wurde erwähnt (Abb. 2.8), daß sich eine stabile oder instabile Erstarrungsfront ausbilden kann. Bei reinen Metallen ist Instabilität nur bei einer niedrigeren Temperatur des flüssigen Metalls möglich ($T_f < T_k$). In Mischkristallen ist diese Bedingung jedoch nicht notwendig, da Schmelztemperatur des Kristalls und der Schmelze gleicher Zusammensetzung sich um ΔT_0 unterscheiden (Abb. 11.5). Vorausgesetzt, daß der Kristall in der Kristallisationsfront seine Schmelztemperatur T_{kf} besitzt und Schmelze und Kristall dort die gleiche Zusammensetzung haben, ist die Flüssigkeit um den Betrag ΔT_0 unterkühlt. Abbildung 11.8 zeigt schematisch, daß in Legierungen auch bei $T_f > T_k$ Unterkühlung möglich ist. Dieser Vorgang wird *konstitutionelle Unterkühlung* genannt. In Wirklichkeit folgt aus der Änderung der Zusammensetzung der Schmelze ein kontinuierlicher Verlauf der Unterkühlung in der Kristallisationsfront. Wegen konstitutioneller Unterkühlung findet man in Legierungen häufig instabile Kristallisationsfronten, die zu stengelförmiger und dendritischer Kristallisation führen (Abb. 2.9 und 11.8).

Beim Erstarren entstehen neben Korngrenzen immer auch Versetzungen. Es wird beobachtet, daß mit zunehmender Reinheit des erstarrenden Metalls die Versetzungsdichte abnimmt. Wahrscheinlich bilden sich diese Versetzungslinien durch Kondensation von Leerstellen, die in der Erstarrungsfront entstehen, oder sie wachsen, von dieser Front ausgehend.

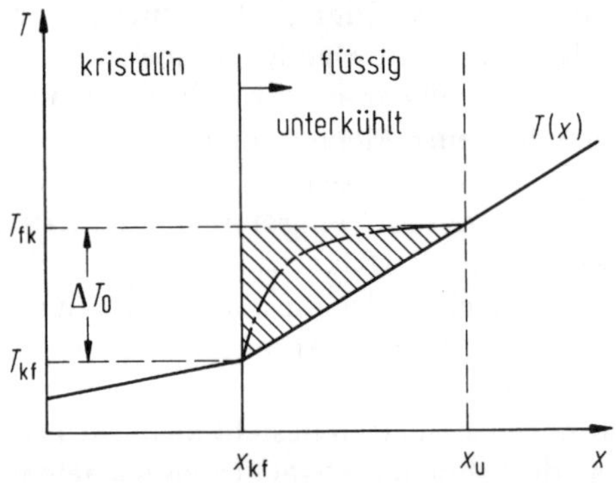

Abb. 11.8. Schematische Darstellung der konstitutionellen Unterkühlung in der Erstarrungsfront einer Legierung (vgl. mit Abbildungen 2.8 und 2.9). $T(x)$ ist der Verlauf der Temperatur, die in der Schmelze stärker ansteigen soll als im festen Zustand. Die Erstarrungsfront befindet sich bei x_{kf}. Die Schmelze wäre an dieser Stelle um ΔT_0 unterkühlt, falls sie die gleiche Zusammensetzung wie der Kristall besitzt (schraffierter Bereich). Die Unterkühlung der Schmelze reicht bis x_u. Der Bereich der Unterkühlung bei Konzentrationsänderung in der Schmelze ist durch die strichpunktierte Linie gegeben

11.3 Eutektische Erstarrung

In Legierungen mit mehreren Phasen im festen Zustand müssen beim Erstarren bei eutektischer Zusammensetzung der Schmelze gleichzeitig zwei oder mehrere Kristallarten gebildet werden. Die Reaktion $f_E \rightarrow \alpha + \beta$ (Abb. 11.9) kann mit endlicher Geschwindigkeit nur bei einer bestimmten Unterkühlung $\Delta T = T_E - T$ ablaufen. Die beiden Kristallarten α und β entstehen dann entweder durch individuelle Keimbildung oder durch Wachstum einer Kristallisationsfront, die aus Lamellen von α und β besteht (Abb. 11.10). Falls die Kristallarten α und β die gleiche Keimbildungsenergie ΔG_c^K (Kap. 2) besitzen, entsteht ein Gemenge von α- und β-Kristallen, dessen Keimzahl von der Unterkühlung ΔT abhängt. Häufig ist die Keimbildungswahrscheinlichkeit von α und β verschieden. Bilden sich z.B. nur Keime von α-Kristallen, so ändert die übrigbleibende Schmelze ihre Zusammensetzung längs der metastabilen Verlängerung der Liquiduslinie unterhalb T_E. Bei weiterer Unterkühlung wird sich schließlich auch β bilden. Verschiedene Keimbildungsbedingungen von α und β führen zu ungleicher Kristallgröße der Komponenten des Eutektikums (entartetes Eutektikum).

Keimbildungsschwierigkeiten bei Eutektika sind die Ursache dafür, daß die Reaktion häufig durch lamellares Wachstum von α und β erfolgt. Der Mechanismus ist dann der eutektoiden oder perlitischen Umwandlung (Kap. 9 und 15) und der diskontinuierlichen Ausscheidung (Kap. 9 und 14) analog. Die Diffusion erfolgt transversal zur Wachstumsrichtung vor der Wachstumsfront im flüssigen Zustand (Abb. 11.10), d.h. die Konzentrationsgradienten enthalten

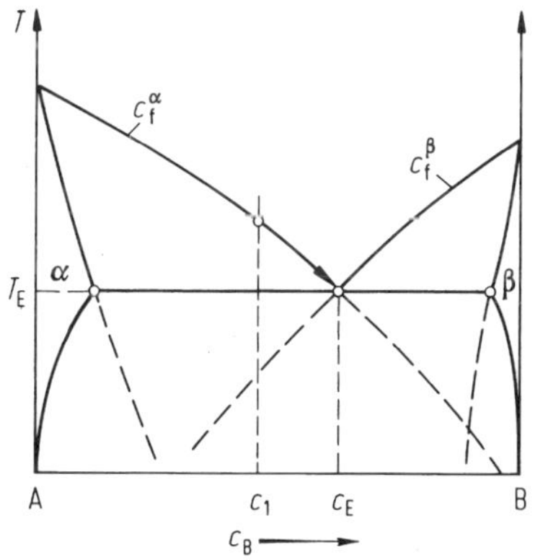

11.9

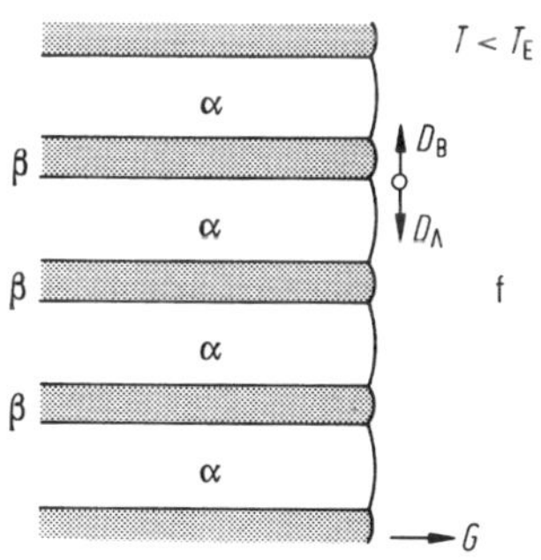

11.10

Abb. 11.9. Eutektisches System mit beschränkter Löslichkeit der beiden reinen Metalle ineinander. Die gestrichelten Linien zeigen die metastabilen Zustände, die auftreten, bevor die Keimbildung der Phasen α und β erfolgt (z.B.: Al-Si)

Abb. 11.10. Die Kristallisationsfront eines Eutektikums bewegt sich mit der Geschwindigkeit G in der Schmelze. Die Entmischung erfolgt durch Diffusion von A- und B-Atomen in verschiedener Richtung vor der Kristallisationsfront

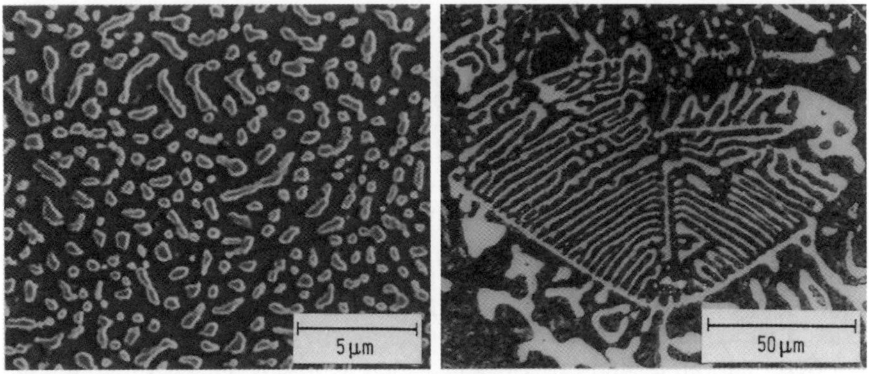

a b

Abb. 11.11. **a** Eutektisches Gefüge in einer veredelten Al + 11 Gew.-% Si Legierung (vgl. Abb. 4.6); **b** Lamellares Eutektikum aus α-Fe + WC in einer Hartlegierung

eine Komponente in der Erstarrungsfront. Der Lamellenabstand nimmt mit zunehmender Unterkühlung ab, außerdem kann ein Übergang zu individueller Keimbildung bei sehr hoher Unterkühlung auftreten, genau wie bei den Reaktionen im festen Zustand. Die Zusammensetzung vieler technischer Gußlegierungen liegt bei Eutektika, um deren niedrige Schmelztemperatur und die meist feinverteilte Ausbildung der Kristallite auszunützen: Aluminium-Silizium-Gußlegierungen (Al-11,3 At.-%Si), Gußeisen (Fe-17,1 At.-%C), Hartblei (Pb-17,5 At.-%Sb).

Durch eutektische Erstarrung in einem ebenen Temperaturgradienten ist es möglich, einen Werkstoff mit orientierten Fasern oder Lamellen herzustellen (In-situ-Verbundstoff). Dies wird für Hochtemperaturwerkstoffe für Gasturbinenschaufeln erprobt. Die quasibinären Systeme (Kap. 4) Ni–TaC und Co–TaC können die Grundlage für diese Legierungen bilden. In Al-Gußlegierungen wird eine feindisperse Morphologie angestrebt (Abb. 11.11).

Falls eine Legierung nicht eutektisch zusammengesetzt ist, sondern z. B. die Zusammensetzung c_1 (Abb. 11.9) hat, ändert die Schmelze f ihre Zusammensetzung durch Bildung von α-Kristallen (Primärkristallisation) nach T_E (Abb. 11.9). Bei dieser Zusammensetzung bildet sich das Eutektikum $\alpha + \beta$. Falls die Keimbildung von α schwierig ist, findet man, daß die α-Komponente des Eutektikums an die primär gebildeten α-Kristalle ankristallisiert. Ein solches Gefüge wird ebenfalls als entartetes Eutektikum bezeichnet.

11.4 Seigerung

Aus den beschriebenen Vorgängen bei der Erstarrung von binären Legierungen können einige Erscheinungen, die sich beim Erstarren von technischen Legierungen beobachten lassen, erklärt werden:

Bei *Blockseigerung* ist das Innere eines Gußblockes mit dem Legierungselement angereichert. Die Erscheinung ist auf ungenügenden Diffusionsausgleich zwischen der zuerst erstarrten Blockwand und dem Blockinneren bei Legierungen mit $k < 1$ zurückzuführen.

Kornseigerung ist der entsprechende Vorgang im einzelnen Kristall. Sie tritt wiederum besonders bei Legierungen mit $k \ll 1$ auf. Die Zusammensetzung des Kristalls bei der Keimbildung hat einen minimalen Gehalt an $B(c_k'$, Abb. 11.4), der beim Wachsen dann kontinuierlich bis c_k'' zunimmt. Das Zustandsdiagramm zeigt an, in welchem Maße Seigerung in bestimmten Legierungen möglich ist.

In Blöcken mit *umgekehrter Blockseigerung* ist die niedriger schmelzende, mit B angereicherte Komponente im äußeren Teil des Blockes zu finden. Diese Erscheinung ist noch nicht eindeutig geklärt. Am wahrscheinlichsten ist, daß, nachdem dendritische Kristalle größerer Reinheit bis in die Mitte des Blockes gewachsen sind, beim weiteren Abkühlen des Blockes Restschmelze geringerer Reinheit zurück in die Zwischenräume der Dendriten in die kühle Zone gesaugt wird, wo sie schließlich erstarrt.

Schwereseigerung kann immer auftreten, wenn ein flüssiges Metall aus zwei Atomarten mit verschiedenem Atomgewicht besteht. Im flüssigen Zustand reichert sich die schwere Atomart im unteren Teil des Blockes an, z.B. Kupfer in Aluminium. Beim Schmelzen unter Schwerelosigkeit treten derartige Seigerungserscheinungen nicht auf, weil die Schwerkraft als Triebkraft fehlt (Weltraumlabor). In der Gießpraxis spielt Schwerelosigkeit keine Rolle, weil durch Konvektion einerseits und die vergleichsweise rasche Kristallisation andererseits keine signifikante Diffusion in Richtung der Schwerkraft zustande kommt.

Unberuhigter und beruhigter Stahl. Beim Erstarren von vielen technischen Legierungen spielen im flüssigen Zustand gelöste Gase eine Rolle, die sich beim Übergang zum festen Zustand ausscheiden. Neben der Volumenkontraktion (Abb. 2.10) können sie ein weiterer Grund für Poren im Gußstück sein.

Bei in Formen gegossenen Stahlschmelzen reagiert der sich aus dem flüssigen Metall ausscheidende Sauerstoff mit dem im flüssigen Eisen gelösten Kohlenstoff: $O + C \rightarrow CO$. Das Kohlenoxid entweicht aus dem flüssigen Teil im Inneren des Blockes, was zum „Kochen" der Stahlschmelze führt. Dadurch wird die Kristallisation im Innern des Blockes eine Zeitlang verhindert, und die Schmelze reichert sich währenddessen an Kohlenstoff, Stickstoff, Mangan, Phosphor etc. an. Nach völliger Erstarrung besteht der Block aus einer Randzone aus relativ reinem Eisen und einem Kern, in dem die Legierungselemente angereichert sind. Diese Verteilung bleibt auch in gewalzten Stahlprofilen erhalten und kann durch eine besondere Ätzbehandlung sichtbar gemacht werden. Um die CO-Entwicklung zu vermeiden, können dem abgegossenen flüssigen Stahl Metalle zugesetzt werden, die den gelösten Sauerstoff chemisch abbinden: Al, Si. Das „Kochen" unterbleibt dann. Der beruhigte Stahl enthält feinverteiltes Al_2O_3 oder SiO_2, und die Seigerungszone tritt nicht auf. Dies ist immer dann notwendig, wenn eine gleichmäßige Verteilung von Legierungselementen angestrebt wird: in Stählen mit hohen Kohlenstoffgehalten und in legierten Stählen.

11.5 Gußlegierungen

Bei der Auswahl der Zusammensetzung technischer Legierungen für den Formguß müssen einerseits die Faktoren der Vergießbarkeit, wie Schmelztemperatur, Viskosität der Schmelze und Neigung zu Seigerungen, und andererseits die technischen Eigenschaften des Metalls im festen Zustand berücksichtigt werden.

Es ist schon erwähnt worden, daß eutektische Legierungen wegen ihres niedrigen Schmelzpunktes häufig als Gußlegierungen verwendet werden. Wegen der geforderten Eigenschaften des Gußstückes ist das jedoch nicht immer möglich: z. B. bei Stahlguß, Bronzeguß und aushärtbarem Aluminium- und Magnesiumguß. Im folgenden sollen einige technische Gußlegierungen kurz besprochen werden.

Gußeisen. Gußeisen hat eine Zusammensetzung, die etwa bei dem Eutektikum des Eisen-Kohlenstoff-Diagramms liegt (Abb. 15.1). *Graues Gußeisen* entsteht, wenn die eutektische Erstarrung nach dem stabilen Gleichgewicht: f $\rightarrow \gamma$-Fe + Graphit erfolgt. Die Form der eutektischen Gefüge hängt von Abkühlungsbedingungen und Zusammensetzung ab. Der Graphit tritt im Gefüge meist als Lamellen auf (Abb. 11.12a). Wegen der geringen Festigkeit des Graphits besitzt das Gußeisen eine geringe Zugfestigkeit. Die nützliche Wirkung des Graphits im Gefüge besteht darin, mechanische Schwingungen sehr stark zu dämpfen. Graues Gußeisen kann daher immer angewandt werden, wo komplizierte Formen am besten durch Gießen erhalten werden können, keine hohen Zugspannungen, aber Schwingungen auftreten, z. B. als Gehäuse für Motoren oder als Strukturteile von Werkzeugmaschinen.

Durch eine Behandlung der Gußeisenschmelze, z. B. mit Ce, kann die Kristallisation des Graphits als Kugeln (Sphäroliten, Abb. 11.12b) erreicht werden. Dieses Gußeisen ist bruchzäh. *Sphäroguß* wird z.B. für Kurbelwellen in Automobilmotoren verwendet. Eine andere Möglichkeit, schmiedbares Gußeisen zu erhalten, ist der Temperguß. Dazu wird Gußeisen im Anschluß an das Gießen bei 1200 °C geglüht, wobei ein Gefüge aus α-Eisen und Graphit in günstiger, zusammengeballter Form entsteht.

Eutektische Eisen-Kohlenstofflegierungen könen auch nach dem metastabilen Zustandsdiagramm erstarren f $\rightarrow \gamma_{Fe}$ + Fe_3C. Wegen der Farbe der Bruchfläche wird dieser Zustand *weißes Gußeisen* genannt (Abb. 11.12c). Es hängt vom Legierungsgehalt und von der Abkühlungsgeschwindigkeit ab, ob das Gußeisen grau oder weiß erstarrt. Hohe Abkühlungsgeschwindigkeit oder Zusatz von Mangan fördert „weiße“ Erstarrung, langsame Abkühlung oder Zusatz von Silizium die „graue“ Erstarrung. Es gibt Übergänge, in denen Graphit und Fe_3C nebeneinander vorkommen. Die Abhängigkeit des Gefüges von der Abkühlungsgeschwindigkeit oder vom Legierungsgehalt wird im Gußeisendiagramm dargestellt (Abb. 11.15, Tabelle 11.2). Weißes Gußeisen findet Verwendung, wenn hohe Härte und Verschleißfestigkeit gefordert werden. Dann wird oft Cr als weiteres Legierungselement zugesetzt, da Chromcarbide härter sind als Fe_3C. Neuerdings werden Gußeisen manchmal, ähnlich wie Stähle, warmbehandelt

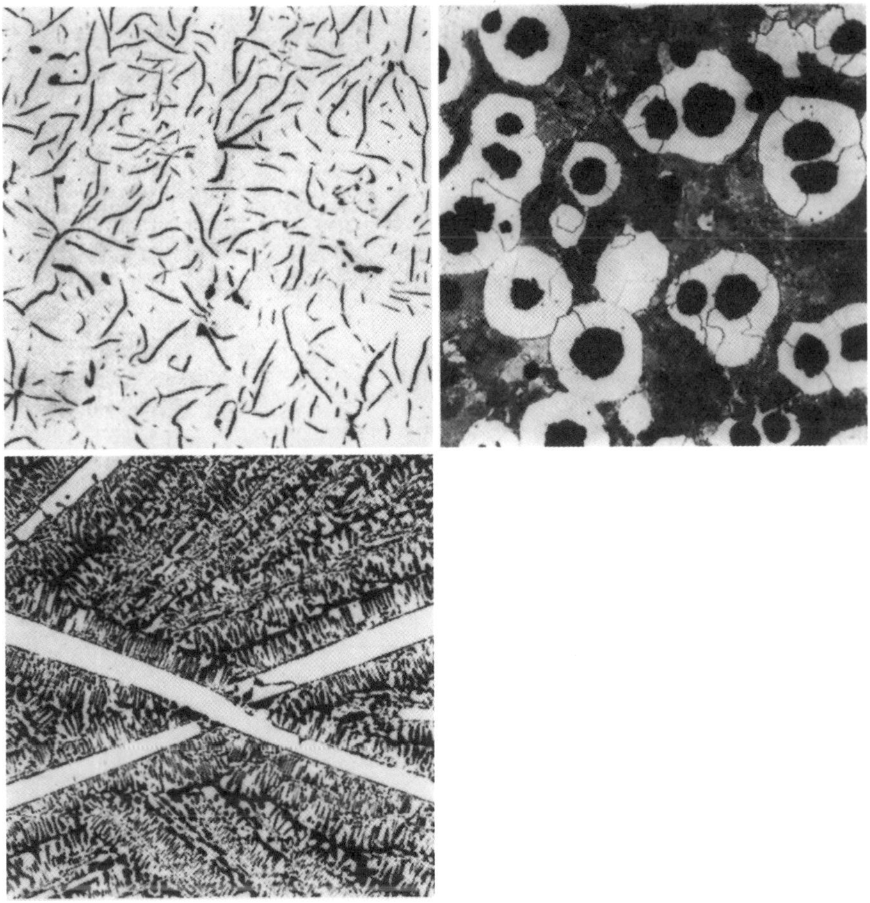

a b c

Abb. 11.12. Gefüge von Gußeisen. **a** Graphitlamellen in grauem Gußeisen. LM 50×, ungeätzt (J. Motz); **b** sphärolitischer Graphit umgeben von Ferrit (α-Eisen) in Grundmasse aus Perlit. LM 200× (J. Motz); **c** Eutektikum aus γ-Eisen und Fe_3C (Ledeburit) und primär ausgeschiedenes Fe_3C in weißem Gußeisen. LM 100× (G. Petzow)

Tabelle 11.2. Phasen und Gefüge von Gußeisen. (Siehe auch Gußeisendiagramm Abb. 11.15 und Fe–C-Diagramm Abb. 15.1)

	stabil (s)	metastabil (m)
Eutektikum (1)	γ + Graphit	+ Fe_3C
Eutektoid (2)	α + Graphit	+ Fe_3C

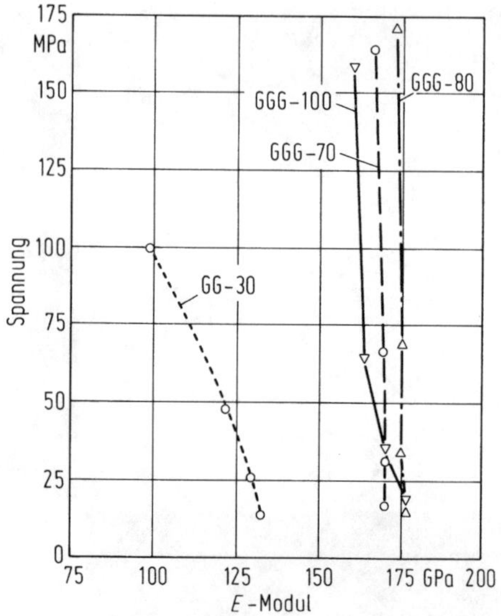

Abb. 11.13 Spannungsabhängigkeit der E-Moduli von verschiedenen Gußeisen

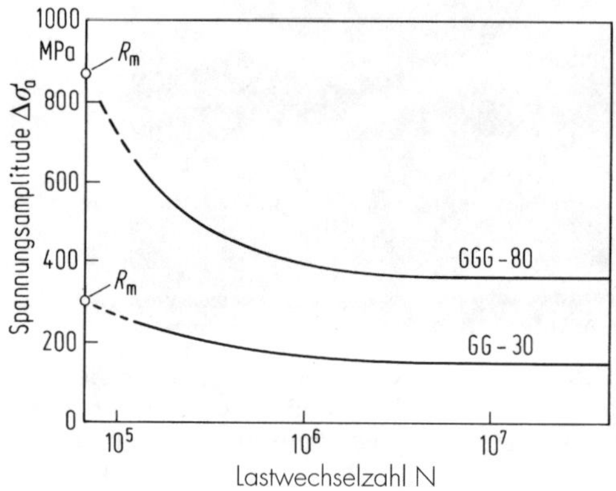

Abb. 11.14. Zugfestigkeit und Wechselfestigkeit von Gußeisen mit lamellarem (GG30) und kugelförmigen Graphit (GGG80)

(Kap. 14). Dadurch können günstige Gefüge der metallischen Grundmasse erreicht werden, z.B. Austenit und Bainit (Abb. 11.12 bis 11.15).

Aluminiumgußlegierungen. Ein wichtiger Aluminiumwerkstoff, das Silumin (Al + 11 bis 13 Masse-% Si), ist ebenfalls eine eutektische Legierung. Das Gefüge des Eutektikums besteht aus großen, ungleichmäßig verteilten, spießförmigen Siliziumkristallen im Aluminium (Abb. 4.6).

Der Zusatz von kleinen Mengen von Natrium zur Schmelze bewirkt eine sehr feine, technisch günstige Verteilung der Phasen (Veredeln des Silumins) (Abb. 11.11). Wie beim Sphäroguß wird der Effekt durch Zusatz kleiner Mengen eines dritten Metalls verursacht. Es ist nicht sicher, ob das dritte Element

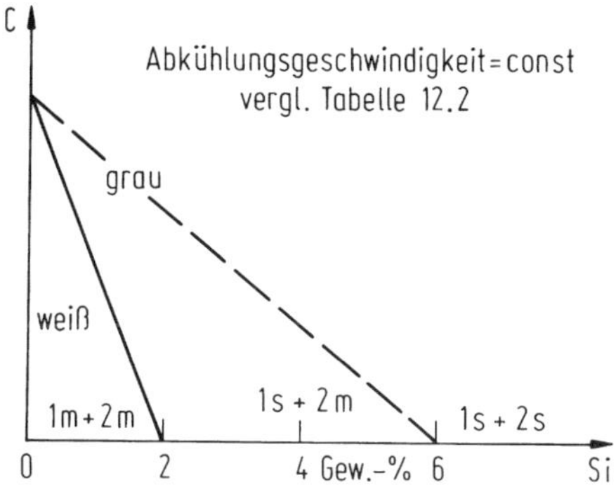

Abb. 11.15. Das Gußeisendiagramm gibt eine Übersicht über die Gefüge, die in Eisenlegierungen mit verschiedenem Kohlenstoff- und Siliciumgehalt zu erwarten sind (vgl. Tab. 11.2). s stabil, m metastabil

die Keimbildung oder die Oberflächenspannung in der Erstarrungsfront beeinflußt. Andere technische Gußlegierungen des Aluminiums haben keine eutektischen Zusammensetzungen, da besondere Eigenschaften verlangt werden. Aluminiumlegierungen mit 2–5 Masse-% Cu werden als aushärtbare Gußlegierungen verwendet (Abb. 14.1). Legierungen mit 4–11 Masse-% Mg sind besonders korrosionsbeständig.

Gußeisen wird häufig durch Aluminiumguß ersetzt, wenn das spezifische Gewicht eine Rolle spielt. Das ist der Fall für Motorengehäuse von Kraftfahrzeugen und Flugzeugen sowie für Motorzylinder und -kolben. Die am häufigsten verwendeten Kolbenlegierungen bestehen aus Al mit Si und Cu oder mit Cu, Ni und Mn.

Magnesiumgußlegierungen. Magnesium und die meisten seiner Legierungen besitzen eine hdP-Kristallstruktur (Kap. 3). Wegen der geringen Zahl der Gleitsysteme (Kap. 7) sind sie oft schwierig plastisch umformbar. Aus diesem Grunde werden sie als Gußlegierung verwendet, wenn ihr geringes spezifisches Gewicht $\rho = 1{,}7\ gm^{-3}$ von Vorteil ist (Flugzeug-, Fahrzeugbau).

Im Gegensatz zu Al und seinen Legierungen bildet Mg beim Vergießen keine schützende Oxidhülle. Die Legierungen müssen deshalb endweder unter Schutzgas oder unter einer Decke von Flußmitteln vergossen werden (Chloride, Fluoride). Magnesium ist unmischbar mit Eisen und kann deshalb in Stahltiegeln geschmolzen werden.

Ein wichtiges Legierungselement ist Zr, das ein feines Korn des erstarrten Gefüges bewirkt. Eine Erklärung dafür folgt aus dem Zustandsdiagramm (Abb. 11.16) aus den hdP-Kristallstrukturen und ähnlichen Gitterkonstanten von Mg und Zr. Oberhalb von 0,6% Zr bilden sich Zr-Kristalle vor der peritektischen Kristallisation (Abb. 4.11) von Mg–Zr-Mischkristallen. Die Keimbildung der Mg-reichen Mischkristalle wird wahrscheinlich durch die Zr-Kristallisation günstig beeinflußt.

Die technischen Gußlegierungen des Magnesiums enthalten weitere Elemente, die entweder Ausscheidungshärtung ermöglichen sollen oder die schon bei der Erstarrung als Feindispersion kristallisieren. Sie verursachen feines Korn und Dispersion und erhöhen so die Streckgrenze. Wichtige Elemente für

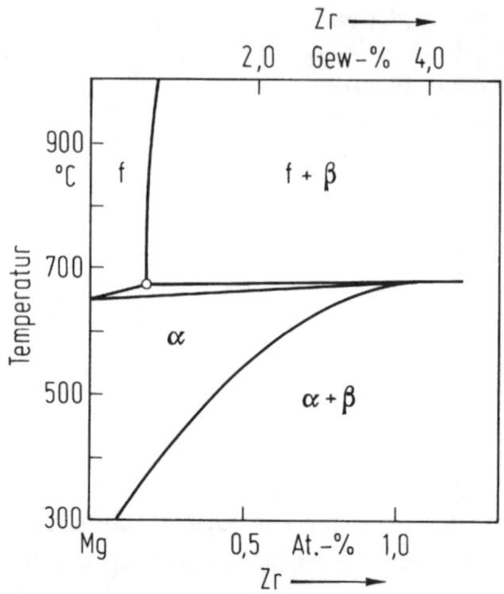

Abb. 11.16. Zustandsdiagramm Mg–Zr (α-Mg–Zr Mischkristall, β-Zr-reiche intermetallische Phase)

Ausscheidungshärtung sind Li, Al, Zn, Ag (Abb. 11.17). Dispersoide werden neben Zr durch Zusätze von Seltenen Erden und Th erzeugt. Thorium wird insbesondere für Legierungen zugesetzt, die höheren Temperaturen ausgesetzt werden sollen.

Die Verwendung von Mg-Legierungen ist in den vergangenen Jahrzehnten eher rückläufig gewesen. Eine Renaissance ist aber zu erwarten, da es die metallischen Werkstoffe mit dem geringsten spezifischen Gewicht sind. Deshalb besitzen Profile aus diesen Legierungen ein hohes Flächenträgheitsmoment und folglich hohe Biegesteifigkeit pro Werkstoffmasse.

Lote und Letternlegierungen. Die vierte Gruppe der technisch wichtigen eutektischen Legierungen sind Lote und die Letternlegierungen, bei denen ein möglichst niedriger Schmelzpunkt, gute Fließfähigkeit und eine gewisse Festigkeit (Abriebfestigkeit) verlangt werden. Man verwendet z. B. Bleilegierungen mit 30 Masse-% Sb und 5 Masse-% Sn. Zusammensetzung und Eigenschaften technischer Lote sind in Tabelle 11.3 zusammengestellt worden. Ähnlich aufgebaut sind auch die sog. Weißmetalle, die für Gleitlager verwendet werden.

Durch Eutektika in Vielstoffsystemen (Abb. 4.15) können die Schmelztemperaturen der Grundmetalle stark erniedrigt werden. Bekannt ist das Woodsche Metall (25 Masse-% Pb, 50 Masse-% Bi, 12,5 Masse-% Sn, 12,5 Masse-% Cd) mit einer Schmelztemperatur von 70 °C. Legierungen dieser Art oder mit Zinnbasis können zum Weichlöten verwendet werden. Grundsätzlich darf die Schmelztemperatur des Lotes diejenige der zu verbindenden Werkstoffe nicht überschreiten. Die Weichlote haben die niedrigsten Schmelztemperaturen. Hartlöten, meist von Stahl, geschieht mit Silber- oder Kupferlegierungen (Tabelle 11.3).

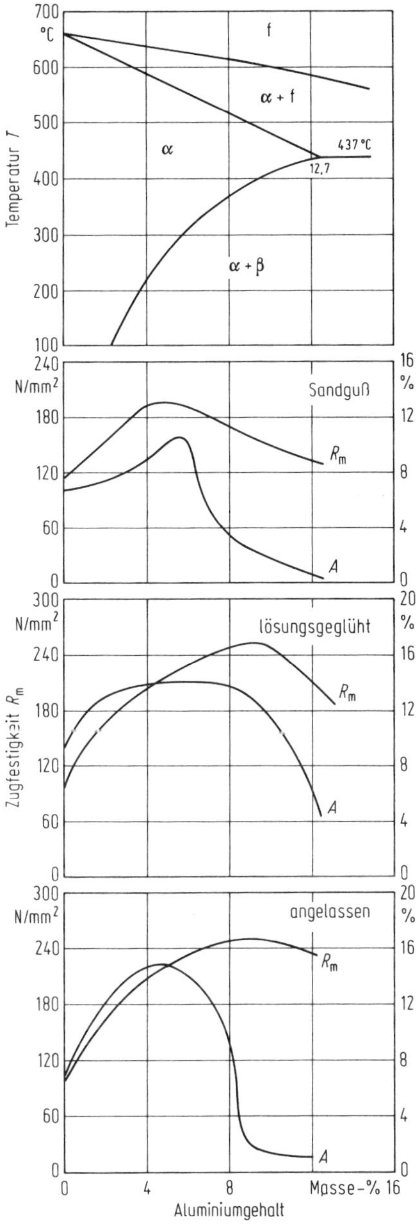

Abb. 11.17. Mechanische Eigenschaften von Mg-Al-Legierungen, R_m Zugfestigkeit, A Bruchdehnung

Tabelle 11.3. Beispiele für Lotlegierungen (H-hart, W-weich)

		Masse %				Schmelzbereich °C	Zugfestigkeit MPa	Dichte g cm^{-3}	Anwendungsgebiet
1	H	56 Ag	22 Cu	17 Zn	5 Sn	620 ... 650	400	9,5	
2	H	34 Ag	36 Cu	17 Zn	3 Sn	630 ... 730	420	9,0	Stahl, Cu-, Ni-Legierung
3	H	18 Ag	47 Cu	33 Zn	2 Sn	780 ... 810	440	8,6	
4	H	34 Ag	22 Cu	24 Zn	20 Cd	610 ... 680	440	9,1	
5	H	-	60 Cu	39,8 Zn	0,2 Sn	890 ... 900	375	8,4	verzinkter Stahl
6	H	15 Ag	80 Cu	5 P			650 ... 800	250	8,2 Löten von Kupfer
7	H	87 Cu	3 Co	10 Mn	-	980 ... 1030	250	8,8	Löten von Hartmetall
8	H	88 Al	12 Si	-	-	570 ... 590	100	2,65	Al-Legierungen
9	W	50 Sn	30 Pb	20 Cd	-	145	-	8,5	Schaltungen
10	W	96 Sn	4 Ag	-	-	220	-	7,3	Feinstlötung

11.6 Gießen und Schweißen

Die Methoden des Formgusses können nach dem Material der Form unterschieden werden. Die *Sandgußform* wird aus feuchtem Sand um ein Modell gestampft. Das Modell mit der Form des Gußkörpers wird aus dem zwei- oder mehrteiligen Formkasten genommen und der Hohlraum mit flüssigem Metall gefüllt (Abb. 11.18a). Ein Speiser dient zum Nachsaugen erstarrender Schmelze. In der Sandform erstarrt das Metall relativ langsam.

Eine *Kokille* ist eine Metallform, in die das flüssige Metall gegossen wird. Die hohe Wärmeleitfähigkeit der Kokillenwand führt zu hoher Abkühlungsgeschwindigkeit. Die Kokille kann mehrfach verwendet werden.

Beim *Druckguß* wird das flüssige Metall unter Druck in eine Kokille gepreßt, so daß trotz schneller Erstarrung komplizierte Formen gut ausgefüllt werden. Als Druckguß werden häufig Aluminium- und Zinklegierungen, aber auch Magnesium-Legierungen verarbeitet (Abb. 11.18c).

Beim *Strangguß* wird das flüssige Metall in einem wassergekühlten Kupferring gegossen, an dem das Metall schnell erstarrt. Das feste Metall wird nach

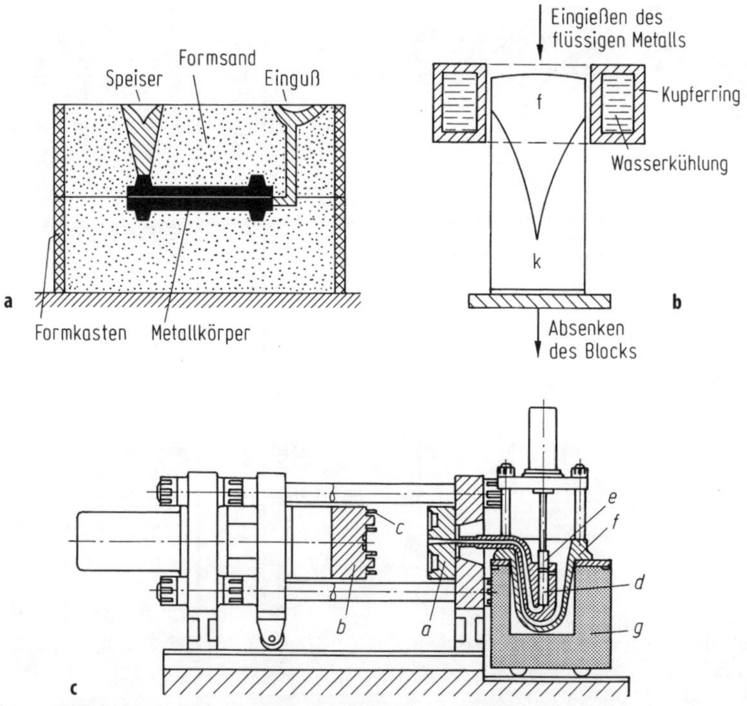

Abb. 11.18. **a** Sandgußform; **b** Prinzip des Stranggusses; **c** Aufbau einer Druckgußmaschine für Zink und Aluminiumlegierungen. *a* Formhälfte mit Einguß, *b* Formhälfte mit Auswerfer, *c* Auswerfer, *d* Druckkammer, *e* Kolben, *f* Schmelztiegel, *g* Ofen

unten abgesenkt. Mit diesem Verfahren können beliebig lange Blöcke mit allen möglichen Profilen (auch Rohre) gegossen werden. Die Seigerungserscheinungen, die bei in Kokillen erstarrten Blöcken auftreten, findet man beim Strangguß in einem viel geringeren Maße. Der Strangguß wird meist nicht zur Herstellung von Fertigprodukten, sondern für Halbzeug verwendet (Abb. 11.18b).

Gase sind in flüssigen Metallen viel stärker löslich als in Kristallen. In Übersättigung gelöste Gase führen bei der Erstarrung häufig zur Bildung von Poren oder Mikrorissen oder zu allgemeiner Versprödung von Mischkristallen. Durch *Schmelzen und Gießen im Vakuum* wird verhindert, daß Gase aus der Atmosphäre aufgenommen werden.

Die neue Entwicklung geht in Richtung auf das Gießen von Abmessungen der endgültigen Halbzeuge. Es wird zwischen Walzen (Bleche) oder durch Düsen (Drähte, Bänder) gegossen (Abb. 11.19). Dabei erhöht sich auch die Abkühlungsgeschwindigkeit und folglich die Homogenität des Gefüges (s. auch Abschn. 18.4, metallische Gläser).

Die *Verbindung von Metallteilen* kann durch geschmolzene, etwa gleichartige Legierungen erfolgen (Schmelzschweißen). Das Gefüge der Schweißnaht ist bestimmt durch die Erstarrungsbedingungen der Schmelze und durch die thermisch aktivierten Vorgänge (Rekristallisation, Ausscheidung), die in den

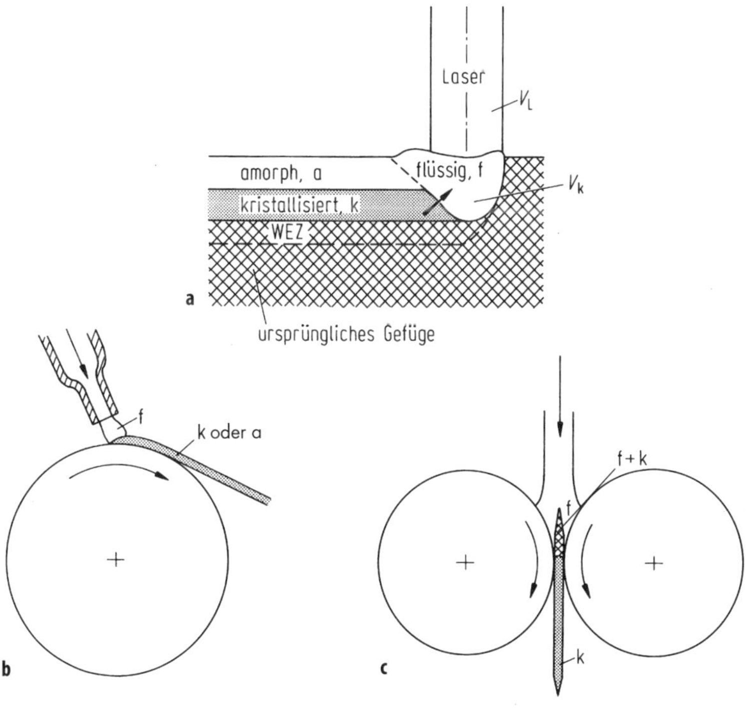

Abb. 11.19. Verschiedene Verfahren zum schnellen Abkühlen flüssiger Metalle. **a** Laser-Schmelzen; (WEZ = Wärmeeinflußzone) **b** Schmelzspinnen; **c** Schmelzwalzen

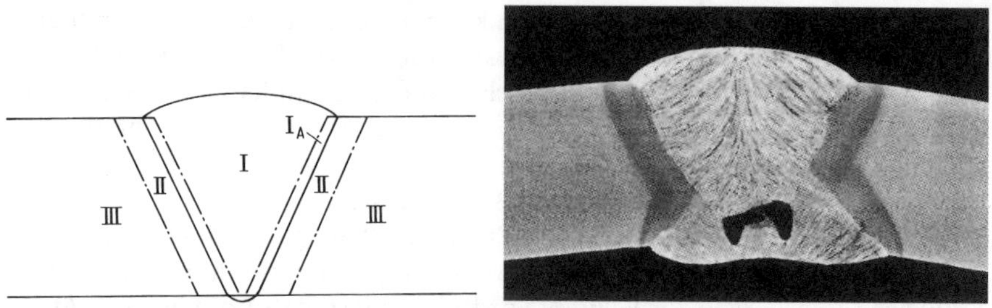

a b

Abb. 11.20. **a** Aufbau von Schweißnähten, schematisch. I Schmelzzone, I_A angeschmolzener Grundwerkstoff, II Wärmeeinflußzone, III unbeeinflußter Grundwerkstoff; **b** Gefüge einer Schweißnaht von elektrisch geschweißtem Stahl; Stengelkristalle von der erstarrten Schmelze, daran anschließend Erwärmungszone. Schweißfehler: Hohlraum, LM, 2 × (G. Petzow)

verschieden stark erwärmten Zonen in der Umgebung der Schweißnaht auftreten können. Metalle, die an Luft eine dichte Oxidschicht bilden (Aluminium, Titan) können nur unter einem Schutzgas verschweißt werden. Nichtschweißbar sind Legierungen, die in der Wärmeeinflußzone verspröden, z.B. härtbare Kohlenstoffstähle (Abb. 11.20).

11.7 Metallische Gläser

Das aus dem Schmelzspinnen, Abb. 11.19, entwickelte Verfahren des Hochgeschwindigkeits-Dünnbandgießens ist heute das technisch weitaus wichtigste Verfahren zur Herstellung amorpher Legierungen (Kap. 18.4).

Die so entstandenen Strukturen sind ähnlich aber nicht gleich. Als Glas wollen wir nur die eingefrorene Schmelze bezeichnen. Entscheidend ist dabei, daß die Keimbildung des kristallinen Zustands während der raschen Abkühlung der Schmelze unterdrückt wird. Dazu können zwei Einflüsse beitragen:

a) eine möglichst geringe freie Enthalpiedifferenz ΔG_{kf} zwischen der Schmelze und der im Gleichgewicht primär kristallisierenden Phase als Triebkraft der Kristallisation (thermodynamische Bedingung, Kap. 2),
b) eine möglichst geringe Beweglichkeit bzw. kurze Zeit bei der Bildung des amorphen Zustands (kinetische Bedingung 11.2, 11.3).

Die Bedingung der kleinen Triebkraft kann aus den thermodynamischen Funktionen der Schmelze und des Gleichgewichtszustands der kristallinen Phasen berechnet werden. Aus Zustandsdiagrammen läßt sie sich oft daran erkennen, daß die Liquiduslinien bzw. -flächen von den Schmelzpunkten der reinen Komponenten nach erheblich tieferen Temperaturen abfallen, insbesondere bei tiefliegenden Eutektika. Die Abb. 11.21 a, b zeigen die Beziehung zwischen Zustandsdiagramm und Bildungsbereich des amorphen Zustands aus der Schmelze für die Systeme Fe–B und Cu–Zr als Beispiele. Amorphe Erstarrung oder Glasbildung aus der Schmelze (metallene Gläser) wurde zunächst

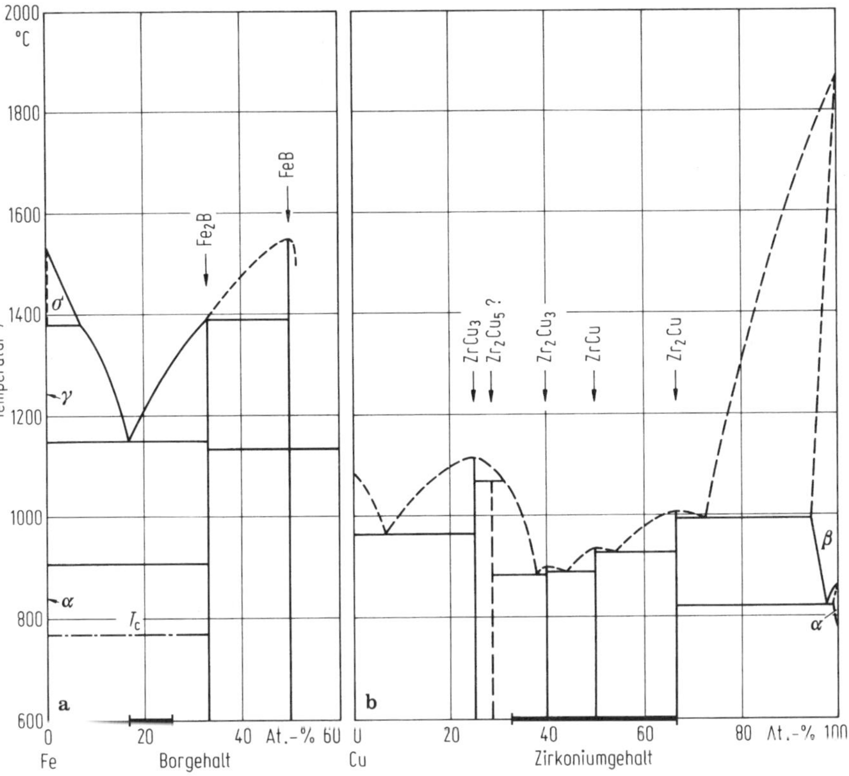

Abb. 11.21. Gleichgewichtsphasendiagramme und Bereiche der Glasbildung aus der Schmelze (Balken auf der Abszisse) bei Abkühlung mit $dT/dt \simeq -10^6$ Ks^{-1}. **a** Fe–B; **b** Cu–Zr

besonders häufig bei Legierungen gefunden, die zu (80 ± 10) At.-% aus Metallen und (20 ± 10) At.-% aus Metalloiden wie B, Si, C, P als „Glasbildnern" bestanden. Hierdurch wurde auch eine Verwandtschaft zu den Boro-Silikatgläsern gesehen. Inzwischen ist bekannt, daß Legierungen aus jeder Art von Komponenten amorph erstarren können, wenn die thermodynamische und die kinetische Bedingung erfüllt sind.

Bei Metallen nimmt η mit abnehmender Temperatur von etwa 10^{-2} Pa s am Schmelzpunkt bis 10^{13} Pa s bei der Glastemperatur T_g zu. Diese Temperatur kennzeichnet eine kinetische Schwelle: Bei höheren Temperaturen kann durch Diffusion das metastabile oder stabile Gleichgewicht erreicht werden, bei tieferen Temperaturen liegt eine eingefrorene Schmelze im instabilen Gleichgewicht vor. Wird beim Abkühlen das Intervall $\Delta T = T_l - T_g$ (T_l = Liquidustemperatur) so schnell durchlaufen, daß keine Keimbildung kristalliner Phasen erfolgt, so nimmt die unterkühlte Schmelze bei $T > T_g$ den metastabilen und bei $T < T_g$ den instabilen amorphen Zustand an (Abb. 11.1). Für Legierungen, die die thermodynamische Bedingung hinreichend erfüllen, ist zur amorphen Erstarrung eine Abkühlgeschwindigkeit $dT/dt \geq 10^6$ K s^{-1} erforderlich.

Um den amorphen Zustand durch rasche Erstarrung herzustellen, sind verschiedene Verfahren geeignet: das Zerspratzen eines Tropfens auf einer kalten Unterlage (splat cooling), das Einleiten eines dünnen Schmelzstrahls in eine laminar strömende Kühlflüssigkeit, wobei Draht entsteht, und das Gießen eines Schmelzstrahls aus einer Schlitzdüse auf eine schnell rotierende Kühlwalze zur Bandherstellung (Abb. 11.19). Das letzte Verfahren erlaubt gezielte Variationen der Gießparameter und dient zur Herstellung technisch genutzter amorpher Legierungen in Bandform, vor allem als weichmagnetische Werkstoffe, mit Banddicken um 20–50 μm.

Literatur

Chalmers B (1964) Principles of Solidification. Wiley, New York
Chadwick GA (1963) Eutectic Solidification. Pergamon Press, London
Pfann W (1958) Zone Melting. Wiley, New York
Piwowarsky E (1958) Hochwertiges Gußeisen. Springer, Berlin
Irman R (1959) Aluminiumguß in Sand und Kokille. Aluminium-Verlag, Düsseldorf
Polmear IJ (1995) Light Alloys. Edward Arnold, London
Minkoff J (1983) The Physical Metallurgy of Cast Iron. John Wiley, New York
Ohno A (1987) Solidification. Springer, Berlin
Eigenschaften metallischer Schmelzen (1982) DGM Informationsgesellschaft, Oberursel
Sahm D (Hg) (1987) Erstarrung metallischer Schmelze. DGM-Verlag, Oberursel
Herziger G, Loosen P (1993) Werkstoffbearbeitung mit Laserstrahlen. Hanser, München
Roosz A, Rettenmayr M (1999) Solidification and Gravity. Trans Tech, Zürich

KAPITEL 12

Umformung, Knetlegierungen

Die technischen Verfahren von Formgebung und Kaltverfestigung hängen eng zusammen. In diesem Kapitel werden die wichtigsten Formgebungsverfahren und ihre Zusammenhänge mit deren metallkundlichen Grundlagen sowie deren Anwendung bei Knetlegierungen behandelt.

12.1 Einflüsse von Gefüge, Temperatur und Geschwindigkeit der Verformungsvorgänge

Bei der Umformung wird gleichzeitig mit der Form immer auch das Gefüge geändert. In technischen Umformvorgängen wird oft angestrebt, Formgebung und Gefügeänderung so abzustimmen, daß damit auch die gewünschten Eigenschaften, wie z.B. eine hohe Streckgrenze, erzielt werden. Ein Beispiel ist das „gesteuerte Walzen" (Controlled Rolling) von mikrolegiertem Stahl, ein Warmwalzen, bei dem gleichzeitig eine feindisperse Karbonitridausscheidung und ein dadurch begrenztes Kornwachstum bewirkt werden (Kap. 15.2). Vor allem ändern sich durch die Verformung die Dichte und Anordnung der Versetzungen, die Kornform und die Verteilung der Phasen. Wegen der Gefügeänderungen und wegen der Temperaturabhängigkeit der Streckgrenze hat die Verformungstemperatur entscheidenden Einfluß auf den Umformvorgang. Man unterscheidet Warm- und Kaltverformung, je nachdem, ob der Verformung thermisch aktivierte Vorgänge erheblich überlagert sind oder nicht. Die Temperaturgrenze liegt bei $T \approx 0{,}5\ T_{kf}$ (Kap. 8). So ist die Verformung von Zinn ($T_{kf} = 505$ K) bei Raumtemperatur „Warmverformung" und von Wolfram ($T_{kf} = 3683$ K) bei 1000 °C „Kaltverformung".

Bei der *Warmverformung* werden die Temperatur und die Verformungsgeschwindigkeit so gewählt, daß sich das Material während der Verformung dynamisch erholt oder rekristallisiert und dadurch eine konstante niedrige Versetzungsdichte beibehält. Auf diese Weise bleibt die Fließspannung nahezu konstant, und pro Verformungsschritt (z.B. pro Stich beim Walzen) kann ein relativ hoher Verformungsgrad erzielt werden. Um Grobkornbildung während der Warmverformung weitgehend einzuschränken, wird der Verformungsgrad pro Verformungsschritt möglichst groß und die Temperatur möglichst wenig oberhalb der Rekristallisationstemperatur gewählt. Unvermeidliche Begleiterscheinungen der Warmverformung sind die erhöhte Gaslöslichkeit und

Oxidationsgeschwindigkeit vieler Metalle bei höheren Temperaturen. Die Gasaufnahme kann zu Versprödung, die oberflächliche Oxidation zu erheblichen Materialverlusten und Oberflächenfehlern führen. Die beim Anwärmen und Warmverformen gebildete Oxidschicht (Zunder) wird üblicherweise durch Beizen in Säuren chemisch oder z. B. durch Kugelstrahlen mechanisch abgetragen. Warmverformung hinterläßt im Querschnitt häufig eine uneinheitliche Korngröße, weil die Oberfläche stärker und bei niedrigerer Temperatur verformt wird als das Innere des Materials.

Zur *Kaltverformung* sind höhere Umformkräfte erforderlich als zur Warmverformung, weil die Fließspannung und der Verfestigungskoeffizient bei niedrigerer Temperatur höher sind. Die zunehmende Versetzungsdichte führt zu Verfestigung, während das Dehnungsvermögen abnimmt. Dabei gehen die von der Kristallstruktur bestimmten Größen (wie Streckgrenze, Gleitsysteme, Zwillingsbildung) und das Gefüge (wie Korngröße, Teilchen) erheblich ein (Kap. 7). Die erreichbare Querschnittsabnahme pro Verformungsschritt ist dementsprechend bei der Kaltverformung geringer. Darum wird es erforderlich, das Material durch Zwischenglühung (Weichglühen) zwischen den Verformungsschritten zu rekristallisieren, um es weiter plastisch verformen zu können. Die Verfestigung durch den letzten Verformungsschritt wird häufig auf die gewünschte Festigkeit des Fertigprodukts abgestimmt (Kap. 12.4).

Außer der Temperatur beeinflußt die *Verformungsgeschwindigkeit* den Verformungsvorgang, und zwar einerseits durch die Zeitabhängigkeit der thermisch aktivierten Vorgänge und andererseits durch Einflüsse wie die Abhängigkeit der Versetzungsgeschwindigkeit von der Schubspannung und die Abhängigkeit des Verformungsmechanismus von der Verformungsgeschwindigkeit. Die technischen Verformungsgeschwindigkeiten liegen im Bereich von $10\ s^{-1}$ (langsames Strangpressen) $< \dot{\varepsilon} < 10^4\ s^{-1}$ (schneller Schmiedehammer). Sie sind meistens höher als die Verformungsgeschwindigkeiten im Zugversuch (10^{-5} – $10^{-1}\ s^{-1}$). Dadurch treten bei technischer Formgebung bis zu dreimal höhere Fließspannungen auf als im Zugversuch. Außerdem bewirkt hohe Verformungsgeschwindigkeit bei Warmverformung eine Erhöhung der Rekristallisationstemperatur, da bei Warmverformung die Rekristallisationsvorgänge der Neubildung von Versetzungen im Verformungsvorgang nacheilen. Das schränkt den nutzbaren Temperaturbereich ein und erschwert die Warmverformung unter Betriebsbedingungen.

Die *Gefügeänderungen* während der Verformung haben sowohl Rückwirkungen auf den Verformungsvorgang als auch Auswirkungen auf die Eigenschaften des verformten Werkstoffs. Die Fließspannung bestimmt den Kraftbedarf für die Formgebung, deshalb sind alle vorherigen Wärmebehandlungen günstig, die gefügeabhängige Anteile der Festigkeit verringern; z. B. Rekristallisation, Überalterung (Teilchenvergröberung) von ausgehärteten Legierungen oder globulitische Einformung in lamellaren Umwandlungsgefügen wie Perlit. In manchen Fällen kann das Mengenverhältnis der im Gefüge vorliegenden Phasen durch Wärmebehandlung so geändert werden, daß eine Phase mit günstigeren Verformungseigenschaften überwiegt.

Das Auftreten von Phasenumwandlungen während der Verformung ist im allgemeinen nachteilig, weil Härtungserscheinungen, die Ausscheidung sehr spröder oder sehr weicher Phasen, Umwandlungsspannungen und örtliche Volumenänderungen durch Umwandlungen zur Erhöhung des Kraftbedarfs für die Formgebung oder zu Rißkeimen und Bruchbildung führen können. Gelegentlich werden aber Ausscheidungen während der Verformung absichtlich erzeugt, wenn durch die Wirkung der Gleitversetzungen als Keimstellen eine besonders feindisperse Verteilung erzielt werden kann (Kap. 14). Ein besonderer Fall ist die gezielte Ausnutzung verformungsinduzierter martensitischer Umwandlung in Stählen mit Restaustenit zur Erhöhung der Umformbarkeit und Verfestigungsfähigkeit (TRIP-Stähle, Transformation Induced Plasticity), Kap. 15.

12.2 Mechanik der Umformung

Die wesentlichen Einflußgrößen, die ein Umformverfahren kennzeichnen, sind die Kraft- und Flußverteilung, die Reibung zwischen Werkstück und Werkzeug und die elastische Verformung von Werkstück und Werkzeug. Die Spannungszustände, die bei der technischen Formgebung eines Werkstücks auftreten, sind meistens mehrachsig und ortsabhängig. In der Behandlung der Mechanik der Formgebung (Plastizitätstheorie der Umformung) werden deshalb häufig Näherungen angewendet, bei denen die Anisotropie des einzelnen Kristalliten vernachlässigt wird. Die Voraussetzung für diese Näherung erfüllt ein feinkörniges Gefüge mit regelloser Orientierung der Kristallite am besten.

Für die weitere Behandlung der technischen Formgebung verwenden wir hier die in der Umformtechnik üblichen Begriffe und Zeichen. Die technische Fließspannung bzw. Formänderungsfestigkeit k_f beruht einerseits auf dem Spannung-Dehnung-Verhalten des Werkstoffs und ist andererseits eine Funktion des Umformverfahrens (d.h. der auftretenden Spannungszustände), des Umformgrades und des Ortes im Werkstück. Es gilt

$$k_f = \frac{F_e}{S_e}, \tag{12.1}$$

wobei F_e und S_e die effektive Kraft und die effektive Fläche sind, auf die die Umformung bezogen wird. In der Umformtechnik wird außerdem mit der wahren Dehnung ε_t bzw. dem Umformgrad φ gerechnet, deren Definition vom Umformverfahren und der betrachteten Formänderung abhängt. Für den einachsigen Zug bzw. Druck gilt:

$$\begin{aligned} \varepsilon_t = \varphi = \pm \int_{L_0}^{L_1} \frac{dL}{L} = \ln \frac{L_1}{L_0} = \ln \left(1 + \frac{L_1 - L_0}{L_0}\right) \\ = \ln(1 + \varepsilon). \end{aligned} \tag{12.2}$$

Tabelle 12.1 gibt für den einachsigen Zug einige Zahlenwerte zum Vergleich an.

Tabelle 12.1. Vergleichszahlenwerte für die Dehnung und den Umformgrad bei einachsiger Verformung unter Zug

Dehnung ε $(L_1 - L_0)/L_0$ %	L_1/L_0	Umformgrad φ $\ln(L_1/L_0)$
10	1,1	0,10
20	1,2	0,18
50	1,5	0,41
100	2,0	0,69
200	3,0	1,10
500	6,0	1,79
1000	11,0	2,40

Für einen ebenen Spannungszustand (z.B. Walzen) wird die Hypothese aufgestellt, daß Fließen einsetzt, wenn die maximale Schubspannung

$$\tau_{max} = \frac{\sigma_1 - \sigma_3}{2} \tag{12.3}$$

einen kritischen Wert erreicht hat. Dabei ist σ_1 die größte und σ_3 die kleinste Normalspannung, Abb. 12.1. In Analogie zur Behandlung der elastischen Verformung, werden die Spannungen auf ein Volumenelement in drei orthogonalen Spannungsrichtungen betrachtet, wobei in Abb. 12.1 bereits die Transformation in die drei Hauptspannungsrichtungen erfolgt ist. Im einachsigen Spannungszustand ist $\sigma_1 = k_f$ und $\sigma_2 = \sigma_3 = 0$, daher ist $\tau = k_f/2$. Es folgt als Bedingung für das Einsetzen plastischer Verformung:

$$k_f \geq \sigma_1 - \sigma_3 . \tag{12.4}$$

Derartige Hypothesen haben sich als Näherungen für die Behandlung komplizierter Spannungszustände, wie sie bei technischen Verformungsprozessen auftreten, als nützlich erwiesen.

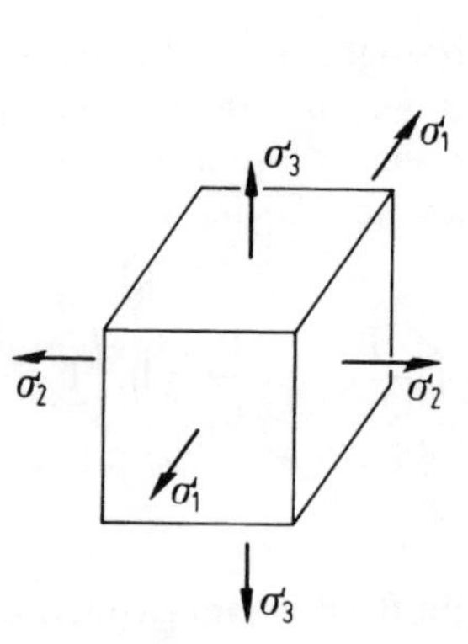

Abb. 12.1. Normalspannungen an einem Volumenelement eines Werkstoffs mit isotropen Eigenschaften bei der Vorformung. Die Bezeichnungen werden so gewählt, daß $\sigma_1 > \sigma_2 > \sigma_3$

a

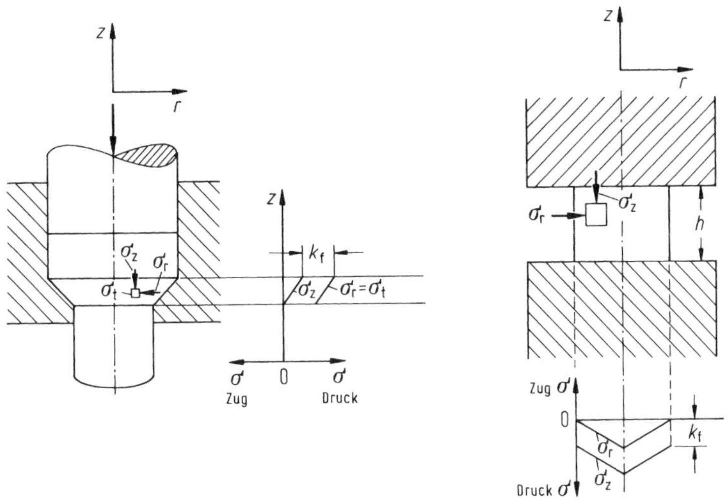

b

Abb. 12.2. Schematische Darstellung der Beziehung zwischen Spannungsverteilung und resultierender Fließspannung k_f. **a** Voll-Vorwärtsfließpressen; **b** Stauchen (K. Lange)

In Abb. 12.2 a, b werden zwei Beispiele für die Spannungsverteilung und den resultierenden Betrag der Fließspannung k_f gezeigt. Je komplexer die Umformgeometrie ist, um so weniger gelingt es, im Rahmen einer einfachen Plastizitätstheorie die Funktion $k_f(\varphi)$ abzuleiten. Deshalb nimmt man diese Funktion in instrumentierten Umformmaschinen empirisch auf und bezeichnet sie als Fließkurve. Die Verfestigung eines Materials steigt bei mehrachsiger Kaltverformung wegen der Betätigung einer größeren Zahl von Gleitsystemen stärker an als im einachsigen Zugversuch. Da die örtliche Verteilung der Spannungszustände und der resultierenden Verformungen sich bei jedem Umformverfahren unterscheiden, ist auch die Fließkurve unterschiedlich. Abbildung 12.3 zeigt die Fließkurven eines Stahls für verschiedene Prüfverfahren, wobei neben der verfahrensspezifischen Materialflußverteilung und der daraus resultierenden Verfestigung bei der Umformung auch die Werkzeugreibung wesentlich zu den Unterschieden beiträgt.

Für viele Formgebungsverfahren ist es erforderlich, die Reibung, die zwischen Werkstück und Werkzeug auftritt, wesentlich zu verringern. Dazu werden außer dem Polieren der Werkzeugflächen verschiedene Gleitmittel eingesetzt, z.B. Seife beim Draht- und Rohrziehen, Phosphat beim Kalt-Strangpressen von Stahl, geschmolzenes Glas beim Warm-Strangpressen von Stahl, Graphit beim Warm-Strangpressen von Kupferlegierungen und weichere Metalle, wie Cu, beim Strangpressen von Metallen mit hohem Reibungskoeffizienten gegen Stahl, wie Nb, Ta und V.

Neben der empirischen Ermittlung der Fließkurven und analytischen, oft durch die erforderlichen Näherungen unbefriedigenden Berechnungen, haben zunehmend die Verfahren der Modellierung und Simulation von Umformvorgängen große Bedeutung. Sie ermöglichen zum Beispiel, iterativ die Spannungs-

Abb. 12.3. Fließkurven des Werkstoffs Ck 10, mit verschiedenen Verfahren ermittelt

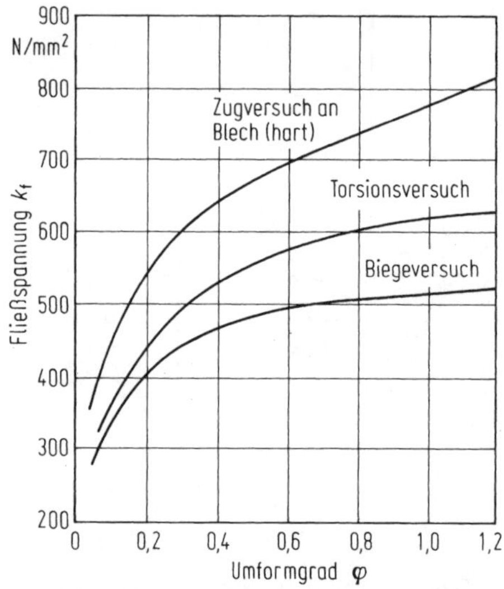

zustände, das Fließverhalten und die Werkzeuggeometrie optimal aufeinander abzustimmen.

12.3 Umformverfahren

Man teilt die Fertigungsverfahren der Umformtechnik nach der Art der überwiegend auftretenden Kräfte ein: Druck (z. B. Walzen, Gesenkschmieden, Strangpressen, Fließpressen), Zug und Druck (z. B. Ziehen, Tiefziehen, Biegen, meist zur Blechumformung), Zug (z. B. Recken) und Schub (z. B. Verdrehen, Stanzen). Aus der großen Zahl der Umformverfahren werden hier nur einige, die für die Halbzeug- und Teilefertigung wesentlich sind, etwas näher besprochen.

Walzen ist Formgebung durch zwei rotierende glatte oder profilierte Zylinder (Walzen). Warmwalzen dient entweder dazu, den Querschnitt eines Gußblocks bis an eine Zwischendimension des Halbzeugs (Bramme, Warmband) zu reduzieren oder ein Endprofil herzustellen (Träger, Schienen). Kaltwalzen wird außer zur weiteren Querschnittsreduktion insbesondere auch zur Fertigstellung des Halbzeugs verwendet, weil dabei Maße, Verfestigung und Oberflächengüte sehr genau eingehalten werden können. Der Materialfluß geht vorwiegend in Walzrichtung; das heißt beim Blechwalzen, daß die Längenzunahme bei weitem die Breitenzunahme übertrifft. Die Querschnittsabnahme ist dem Kontaktwinkel α proportional (Abb. 12.4). In erster Näherung gilt.

$$h_0 - h_1 \sim \alpha \sim \frac{1}{R}\,. \qquad (12.5)$$

Abb. 12.4. Geometrie und Kräfte im Walzspalt. Zur Erzielung einer bestimmten Dickenabnahme $h_0 - h_1$ ist ein dazu proportionaler Kontaktwinkel α erforderlich, der vom Walzenradius R abhängt. P ist die durch die Walzen ausgeübte Druckkraft. $\mu P \cos \alpha$ ist die Reibungskraft (Kap. 17.4), die den Werkstoff in die Walze zieht

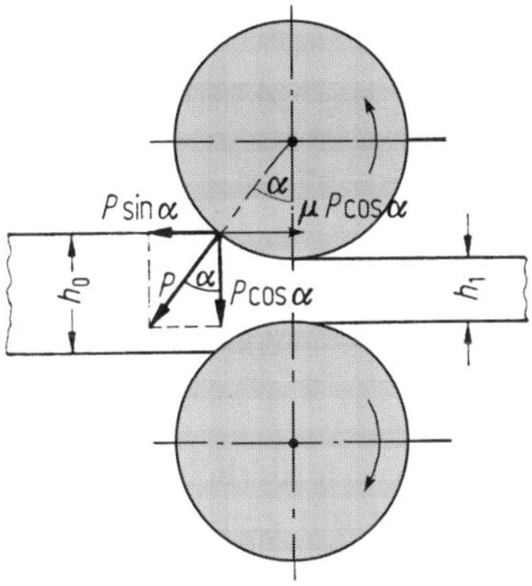

Daraus ist zu ersehen, daß zur Erzielung der gleichen relativen Querschnittsabnahme der Walzendurchmesser proportional zur Materialstärke abnehmen muß. Zum Walzen dünner Bleche und Folien, bei denen die Dickenabnahme pro Walzstich gering ist (0,1 – 0,001 mm), werden deshalb Walzen benötigt, die so dünn sind, daß sie unter dem Walzdruck durchbiegen würden; sie werden darum von größeren Stützwalzen angedrückt: 4-Rollen(Quarto)- bis 20-Rollen (Sendzimir)-Walzwerk.

Beim *Strangpressen* wird der Werkstoff durch ein Werkzeug gepreßt, dessen Öffnung die Form des gewünschten Profils hat. Dabei wird ausgenutzt, daß die Duktilität von Metallen unter Druckbeanspruchung wesentlich höher ist als unter Zugspannung, so daß beim Strangpressen sehr hohe Umformgrade erreicht werden können. Strangpressen dient hauptsächlich zur Herstellung von Stangen, Rohren und verschiedensten Profilen durch Warmverformung, in Einzelfällen durch Kaltverformung. Beim Vorwärtspressen (Abb. 12.5) bewegen sich Stempel und Werkstoff in gleicher Richtung, es tritt aber erhebliche Reibung zwischen Preßbolzen und Aufnehmerwand auf. Dieser Reibungseinfluß wird beim Rückwärtspressen bzw. indirekten Strangpressen (Abb. 12.6) weitgehend vermieden, wo Stempelbewegung und Materialfluß einander entgegen-

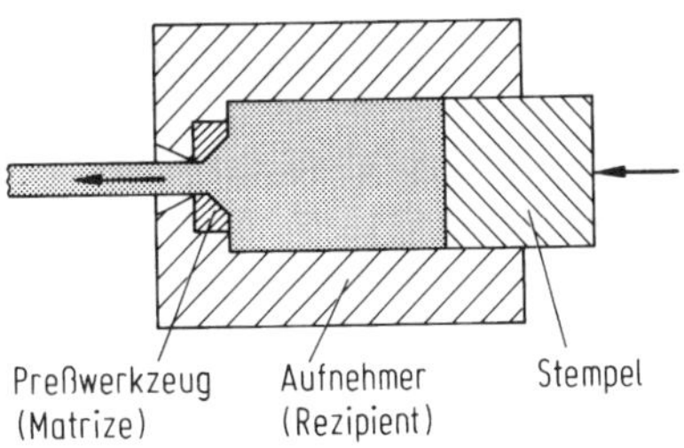

12.5

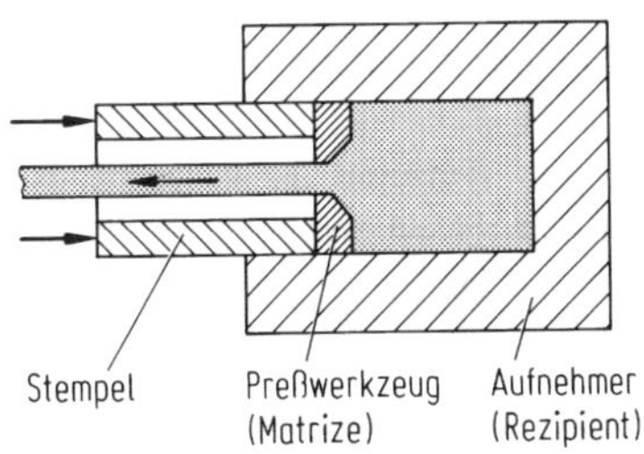

12.6

Abb. 12.5. Schematische Darstellung des Vorwärts-Strangpressens

Abb. 12.6. Schematische Darstellung des Rückwärts-Strangpressens

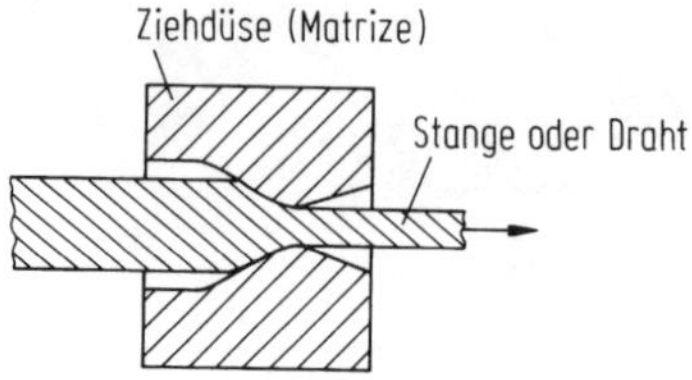

Abb. 12.7. Draht-, Stangen- und Rohrzug

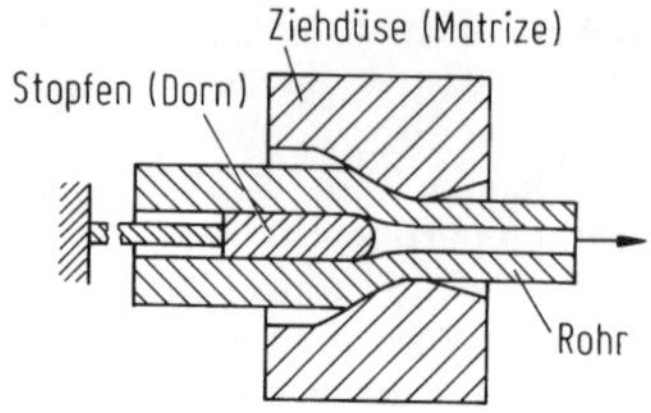

Abb. 12.8. Rohrzug mit Stopfen (Dorn)

gerichtet sind. Die erforderliche Preßkraft wird dadurch verringert, und der Materialfluß erfolgt mit günstigerer (Druck-) Spannungsverteilung. Da beim Strangpressen überwiegend Druckspannungen auftreten, ist die Möglichkeit zur Rißbildung gegenüber anderen Verfahren stark eingeschränkt. Auf den Materialfluß wirkt die Reibung beim Strangpressen derart, daß das Material im Innern des Preßlings den Oberflächenschichten vorauseilt. Ein Verfahren, bei dem Reibung nur im Werkzeug auftritt, ist das hydrostatische Strangpressen. Der Preßbolzen befindet sich dabei in einem flüssigen Druckübertragungsmedium (Spezialöl). Das Verfahren läßt hohe Umformgrade zu und bewirkt einen optimalen Materialfluß, ist aber aufwendig und in der Preßtemperatur begrenzt.

Stangen-, Draht- und Rohrziehen sind Formgebungsverfahren, bei denen das Material durch ein Werkzeug (Matrize, Ziehdüse) gezogen wird, dessen Öffnung die Größe und Form des gewünschten Querschnitts hat. Stangen- und Drahtzug (Abb. 12.7) unterscheiden sich nur durch den Materialdurchmesser, beim Rohrzug kann zur genaueren Bemessung des Innendurchmessers außer der Matrize ein Stopfen (Dorn) benutzt werden (Abb. 12.8). Die Verfahren werden meistens zur Kaltumformung verwendet, und die Formänderung in der Ziehdüse wird überwiegend durch Druckspannungen bewirkt. Die höchstmögliche Querschnittsabnahme eines isotrop plastischen Materials ist durch seine Zugfestigkeit im Austrittquerschnitt begrenzt und kann deshalb bei Vernachlässigung der Reibung nur bis zu 63 % betragen. Der Materialfluß bleibt in den Randschichten aufgrund der Werkzeugreibung gegenüber dem Kernbereich zurück, ähnlich wie es in Abb. 12.9 für das Strangpressen gezeigt ist, und zwar um so stärker, je steiler der Düsenwinkel und je geringer die Querschnittsabnahme ist.

Die *Blechumformung* umfaßt zahlreiche Formgebungsverfahren, die im wesentlichen mit Biegen, Abscheren und Tiefziehen als Grundvorgängen ver-

Abb. 12.9. Schematische Darstellung des Materialflusses beim Strangpressen

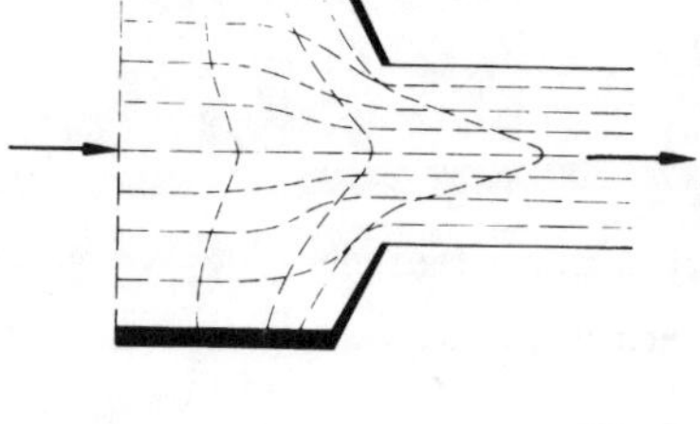

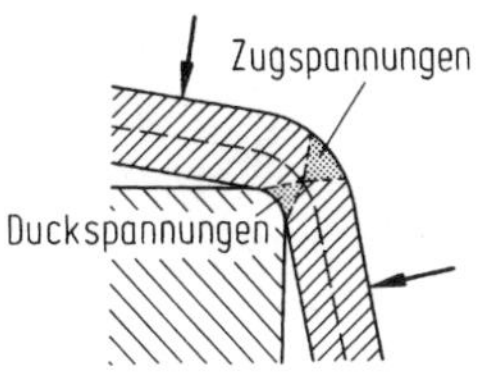

Abb. 12.10. Biegen. Die Bereiche der dabei auftretenden Zug- und Druckspannungen sind eingezeichnet

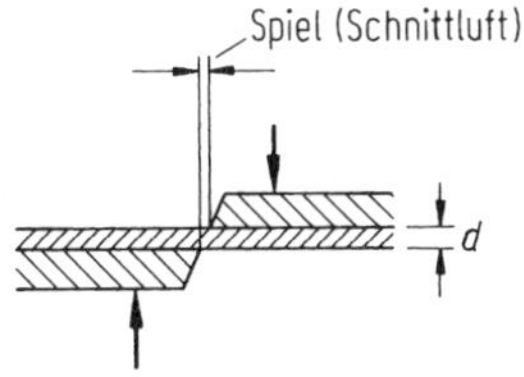

Abb. 12.11. Scheren

bunden sind. Für die Blechumformung werden meistens Pressen mit einem oder mehreren beweglichen Stempeln und einem festsitzenden Werkzeug verwendet. Beim Biegen ist zu beachten, daß parallel zu den Oberflächen die maximalen Zug- bzw. Druckspannungen auftreten, wie in Abb. 12.10 angegeben ist. Wegen der inhomogenen Spannungs- bzw. Dehnungsverteilung kann das Fließverhalten in bezug auf Einschnürungsbeginn und Bruchspannung nicht direkt aus dem Zugversuch abgeleitet werden. Außerdem ist die Biegefähigkeit in Verbindung mit dem Biegeradius von der absoluten Blechdicke abhängig. Deshalb hat sich als praktische Prüfung der Biegeduktilität das Biegen von Proben des umzuformenden Blechs um Dorne bewährt, deren Durchmesser meist in Vielfachen der Blechdicke gestuft ist. Als Maß der Biegeduktilität gilt das Verhältnis von Blech- zu Dorndicke, bei dem auf der Zugspannungsseite gerade noch keine Rißbildung erfolgt. Für die Dimensionierung von Biegewerkzeugen ist außerdem die Rückfederung maßgebend, die von Elastizitätsmodul und Streckgrenze des Werkstoffs abhängt.

Beim Scheren (Abb. 12.11) tritt eine plastische Schubverformung mit abschließender Rißbildung auf. Diese extrem inhomogene Verformung läßt sich aus den physikalischen Meßgrößen der Plastizität nicht leicht ableiten. Die relativen Anteile von plastischer Scherung und Bruch in der Schnittkante hängen von der Duktilität (Bruchdehnung) des Werkstoffs ab. Als praktische Kenngröße für eine möglichst glatte Scherkante hat sich bewährt, als Spiel (Schnittluft) zwischen Stempel und Werkzeug einen Abstand von 0,1 d zu wählen.

Das Tiefziehen (Abb. 12.12) ist mit Biege-, Schub- und erheblicher zweiachsiger Zugverformung verbunden. Der inhomogene Materialfluß führt in ver-

Abb. 12.12. Schematische Darstellung des Tiefziehens eines einfachen zylindrischen Napfes

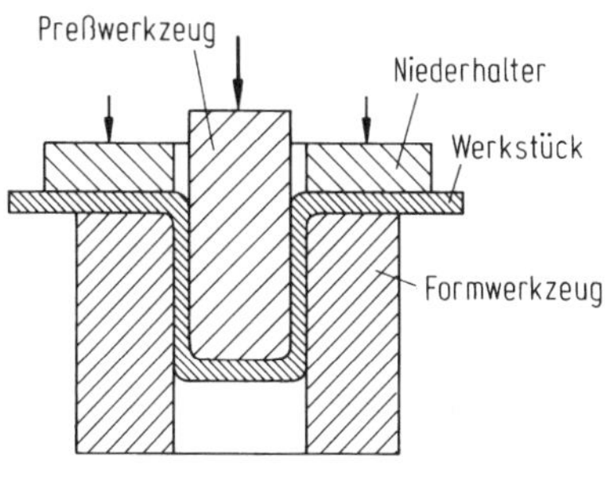

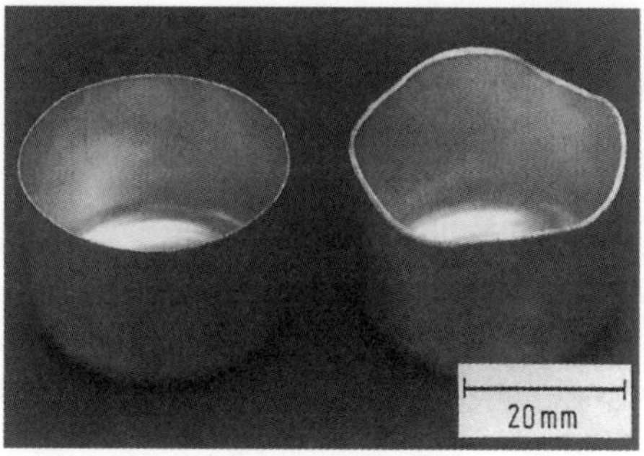

Abb. 12.13. Probenäpfchen aus Aluminium, die beim Tiefziehen durch isotropes Fließen gleichmäßig umgeformt wurden (links) bzw. durch anisotropes Fließen Zipfel von 11% Höhe gebildet haben (rechts). Probendurchmesser 33 mm

schiedenen Bereichen des Werkstücks zu unterschiedlicher Dickenabnahme. Die Herstellung eines riß- und faltenfreien Werkstücks erfordert eine sorgfältige Abstimmung von Material, Materialabmessungen, Werkzeugform, Spiel zwischen den Werkzeugen, Andrückkraft des Niederhalters und Reibung.

Beim Tiefziehen können zwei typische gefügebedingte Vorgänge auftreten, die zu technisch unerwünschten Erscheinungen führen: Zipfelbildung und Orangenhauteffekt. Als Zipfelbildung wird die in Abb. 12.13 wiedergegebene Erscheinung bezeichnet, daß ein tiefgezogener Napf sich nicht gleichmäßig ausbildet, sondern richtungsabhängig unterschiedlich stark fließt, so daß die Höhe des Randes entsprechend variiert. Dieses anisotrope Fließen beruht darauf, daß das Ausgangsmaterial entweder bereits eine Verformungstextur, Abb. 7.12, oder eine Rekristallisationstextur, Abb. 8.12, aufwies. Wie bei dem als Prüfkörper verwendeten Näpfchen verformen sich auch technische Tiefziehteile aus dem gleichen Blech anisotrop und erfordern deshalb mehr Material und vermeidbare Nacharbeit. Der Orangenhauteffekt bezeichnet eine unerwünschte Aufrauhung der Oberfläche beim Tiefziehen, die auf Grobkönigkeit und anisotroper Verformung der einzelnen Körner beruht.

Ähnlich wirkt superplastische Verformung (Kap. 7.8). Hohlkörper aus Metall können dadurch z. B. wie Glas umgeformt werden. Allerdings sind bisher nur wenige geeignete Legierungen gefunden worden, z. B. Al–Zn; sie müssen eine geringe Korngröße aufweisen. Außerdem sind die erforderlichen Umformgeschwindigkeiten relativ gering.

12.4 Knetlegierungen

Legierungen, deren geforderte Festigkeit nicht oder nicht ausreichend durch einen Umwandlungsvorgang erhöht werden kann, d.h. insbesondere Mischkristall-Legierungen, werden oft durch Kaltverformung verfestigt. Dabei werden die letzte Zwischenglühung und der letzte Umformgrad vor der Lieferabmessung so gewählt, daß unter Ausnutzung der Fließkurve (Abb. 12.3) eine definierte Verformungsverfestigung erzielt wird. Darum ist dieser Mechanismus der Festigkeitssteigerung eng mit den Umformverfahren verbunden.

Die Kaltverfestigung wird auf zahlreiche Legierungsgruppen angewendet wie

- naturharte Cu-Legierungen, z.B. α-Messinge und α-Bronzen;
- nichtaushärtbare Al-Legierungen auf der Basis Al–Mg, Al–Mn, Al–Mn–Mg;
- unlegierte Qualitätsstähle (Spannstähle, Klaviersaitenstähle);
- rostfreie Stähle;
- Ni-Legierungen.

Die Verfestigung hängt empfindlich von der Legierungszusammensetzung, Kristallstruktur und Verformungstemperatur ab (Kap. 7.4). In kfz Legierungen ist außerdem die Stapelfehlerenergie maßgebend. Wie in Kap. 7.5 anhand der Verformungskurve für Einkristalle, Abb. 7.9, erläutert wurde, ist die Ausdehnung des Bereichs II für die Stärke der Verfestigung maßgebend. Dies gilt auch bei der Übertragung auf das Vielkristallverhalten. Die kritische Schubspannung τ_{III} am Ende des Bereichs II ist umso höher, d.h. die Verfestigung umso stärker, je niedriger die Stapelfehlerenergie ist. Da nun z.B. die Stapelfehlerenergie von Cu–Zn-Mischkristallen stark mit der Legierungskonzentration abnimmt (Tab. 5.2), nimmt dementsprechend die Stärke der Verfestigung mit dem Legierungsgehalt zu, wie Abb. 12.15 zeigt.

Außerdem ist wegen der unterschiedlichen Kräfte und der unterschiedlichen Fließvorgänge bei verschiedenen Umformverfahren auch die Verfestigung von der Art der Umformung abhängig, wie bereits aus Abb. 12.3 zu erkennen ist. Dementsprechend geht die Art des Umformvorgangs maßgeblich in das empirisch ermittelte Verfestigungsverhalten ein, das aus der Fließkurve ermittelt wird.

Abbildung 12.14 zeigt die Fließkurve sowie die Abhängigkeit verschiedener mechanischer Meßgrößen vom Umformgrad beim Kaltwalzen für ein typisches Beispiel, die Zinnbronze Cu-8% Sn. Betrachtet man die Zugfestigkeit nach

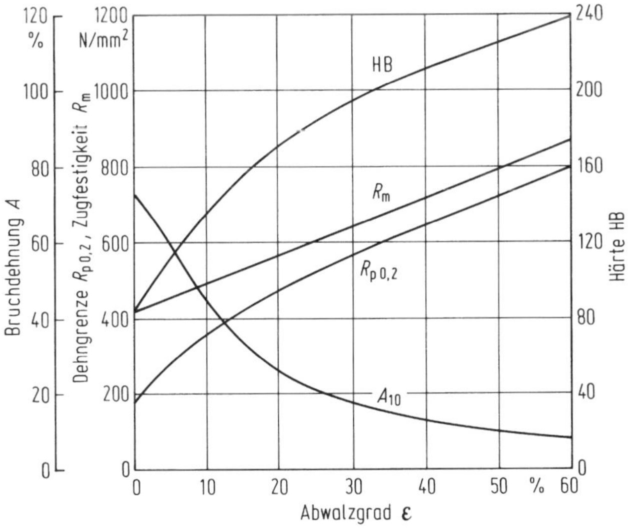

Abb. 12.14. Verfestigung von SnBz 8 (SnBz = Zinnbronze, Cu-8 Masse-% Sn) durch Kaltwalzen

Tabelle 12.2. Fließkurvenwerte und Festigkeitsangaben für weiche und kaltverformte Zinnbronze (Abb. 12.14)

Abwalzgrad %	Zugfestigkeit N mm^{-2}	Zustand
0	420	weich
10	480	halbhart
20	560	hart
30	630	federhart
40	700	doppelfederhart

dem Walzen bis zu verschiedenen Abwalzgraden, so erkennt man einen nahezu linearen Zusammenhang. Tabelle 12.2 gibt die erforderlichen Verformungsgrade, die zugehörigen Zugfestigkeitswerte und die üblichen Zustandsbezeichnungen an. Der Festigkeitsanstieg um 33% bis zum Zustand doppelfederhart liegt in einer typischen Größenordnung für maximal erzielbare Verformungsverfestigung bei technisch noch ausreichender Bruchdehnung ($\delta \gtrsim 5\%$). Die Zustandsbezeichnungen weich, halbhart, hart usw. werden den einzelnen Legierungen unter praktischen Gesichtspunkten für bestimmte Festigkeitswerte zugeordnet und sind i. allg. in Normen festgelegt. Die erheblichen Unterschiede zwischen den einzelnen Werkstoffen, die bei der Kaltverfestigung zu berücksichtigen sind, zeigen die in Abb. 12.15 wiedergegebenen Fließkurven.

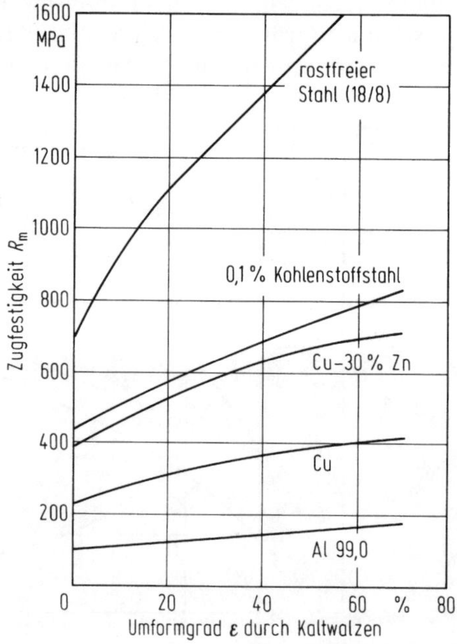

Abb. 12.15. Fließkurven verschiedener technischer Metalle und Legierungen zur Erläuterung der unterschiedlichen Bereiche der Kaltverfestigung

Literatur

Lange K (Hrsg) (1972) Lehrbuch der Umformtechnik, Bd 1, Grundlagen. Springer, Berlin
Ruge J (1972) Technologie der Werkstoffe. Vieweg, Braunschweig
Hahn HG (1976) Bruchmechanik. BG Teubner, Stuttgart
Schwalbe KH (1980) Bruchmechanik metallischer Werkstoffe. Carl Hanser, München
Heckel K (1983) Einführung in die technische Anwendung der Bruchmechanik. Carl Hanser, München
Blumenauer H (1979) Werkstoffprüfung. VEB Deutscher Verlag für Grundstoffindustrie, Leipzig
Pöhlandt K (1986) Werkstoffprüfung für die Umformtechnik. Springer, Berlin
Metals Handbook. Vol 4 Forming (8th Edn) (1969) Metals Park, American Society for Metals
Dahl W, Kopp R, Pawelski O (Hrsg) (1993) Umformtechnik, Plastomechanik und Werkstoffkunde. Verlag Stahleisen, Springer Verlag, Düsseldorf, Berlin, Heidelberg
Funke P (Hrsg) (1988) Ziehen von Drähten, Stangen, Rohren. DGM-Informationsgesellschaft Verlag, Oberursel
Baumgarten J (Hrsg) (1989) Strangpressen. DGM-Informationsgesellschaft Verlag, Oberursel
Sippmann H (1981) Mechanik des plastischen Fließens. Springer-Verlag, Berlin, Heidelberg
Wusatowski Z (1969) Fundamentals of Rolling. Pergamon Press, Oxford

KAPITEL 13

Pulvermetallurgie

Die Pulvermetallurgie behandelt die Verfahren, mit denen aus Metallpulvern Werkstoffe und Teile hergestellt werden. Mit diesem Verfahrensweg wird der flüssige Zustand umgangen. Pulvermetallurgische Verfahren werden aus verschiedenen Gründen eingesetzt:

- Die Formgebung von Teilen kann einfacher und kostengünstiger erfolgen, zum Beispiel durch Reduzierung der Zahl und Kosten von Bearbeitungsschritten; Pulvermetallurgie ist damit ein wichtiges Verfahren zur endformnahen Herstellung von Teilen.
- Der pulvermetallurgische Verfahrensweg wird angewendet, wenn ein Erschmelzen wegen der hohen Schmelztemperatur (z. B. Wolfram, $T_{kf} = 3410\,°C$) der Reaktivität (z. B. Beryllium) oder der Sprödigkeit (z. B. intermetallische Phasen) eines Werkstoffes ungünstig ist.
- Manche nützliche Gefügezustände wie geringe Korngröße, besonders feine, gleichmäßige Verteilung unlöslicher Phasen, Porosität, Textur können in vielen Fällen nicht über den Schmelzzustand hergestellt werden.
- Manche Eigenschaften lassen sich nur über den pulvermetallurgischen Weg erzielen wie die hartmagnetischen Werkstoffe auf der Basis intermetallischer Phasen, Kap. 16.
- Gemische beliebiger metallischer Phasen und Gemische von Metallen mit anderen Werkstoffgruppen (z. B. Oxid, Karbid, Polymer) können in vielen Fällen nur pulvermetallurgisch hergestellt werden.

13.1 Pulvermetallurgische Verfahren

Die Pulvermetallurgie umfaßt primär Verfahren, bei denen aus Metallpulvern durch Verbindung ihrer Teilchen mittels Adhäsion, Diffusion (Sintern) und plastischer Verformung Formteile oder Halbzeuge hergestellt werden. Daneben werden pulvermetallurgisch auch Metall-Nichtmetall (Keramik, Glas, Polymer)-Verbunde hergestellt, bei denen die nichtmetallische Komponente als Volumenbestandteil oder als Binder eingesetzt wird. Die Pulvermetallurgie ist sowohl physikalisch als auch verfahrenstechnisch der Keramiktechnik eng verwandt: Oft werden die gleichen Anlagen und ähnliche Verfahren eingesetzt; auch in der Anwendung konkurrieren zunehmend metallische und spezielle keramische

Werkstoffe wie metallische und keramische Hochtemperaturwerkstoffe, Dauermagnete und Halbleiter-Substratwerkstoffe.

Aus dem Gebiet der Pulvermetallurgie werden hier einige technische Aspekte und physikalische Grundlagen behandelt und dann typische Beispiele beschrieben. Im wesentlichen unterscheidet man in pulvermetallurgischen Verfahren drei Schritte: (a) Pulverherstellung, (b) Kompaktieren und Formgebung des Pulvers, meist durch Pressen, und (c) Sintern. Dabei dient das Sintern zum Verbinden und Verdichten des gepreßten Pulvers durch Wärmebehandlung. In einigen Fällen erfolgt ein Nachverdichten unter isostatischem Druck (heißisostatisches Pressen) oder ein Nachformen in einem Preßwerkzeug (Kalibrieren).

Die Verfahren zur *Pulverherstellung* richten sich nach den physikalischen und chemischen Eigenschaften des Materials. Spröde Metalle und insbesondere intermetallische Phasen (NiAl, Co_5Sm, $Fe_{14}Nd_2B$) können gemahlen werden, z. B. in Kugel- und Strahlmühlen.

Ein besonderes Verfahren zur Herstellung von Legierungspulvern, die nicht über den Schmelzweg hergestellt werden können, ist das mechanische Legieren. Darunter wird ein gemeinsames Hochenergie-Mahlen von Ausgangspulvern unterschiedlicher Zusammensetzung verstanden, die dabei kaltverschweißt und zu neuen Zusammensetzungen legiert werden. Über diesen Weg werden u.a. Oxid-dispersionsgehärtete (ODS) Nickellegierungen und amorphe Metalle aus kristallinen Ausgangspulvern hergestellt.

Für duktile Metalle wendet man eine Reihe anderer Verfahren an. Läßt sich das Material schmelzen, so kann man die Schmelze im Wasserstrahl oder in einem Gasstrom verdüsen. Das Pulver ist dann meist kugelförmig, Abb. 13.1. Das Verfahren wird oft irreführend als Atomisieren bezeichnet. Läßt sich das Material verdampfen, so kann man es aus der Dampfphase als feines Pulver gewinnen. Daneben werden chemische Verfahren angewendet:

- elektrolytische Abscheidung des Metalls aus wäßrigen Lösungen oder Salzschmelzen;
- thermische Zersetzung gasförmiger Metallverbindungen in der Gasphase wie die Gewinnung von Eisen- und Nickelpulver aus ihren Karbonylen $Fe(CO)_5$ und $Ni(CO)_4$ (Kap. 2.2);
- die Reduktion von Metalloxiden bei entsprechenden Temperaturen (auch durch leicht oxidierbare Metalle wie Kalzium: Kalziothermie);
- die Reduktion von Metallsalzlösungen und -schmelzen.

Größe, Form und Oberfläche der Pulverteilchen sind je nach Material und Herstellungsverfahren sehr verschieden. Die Größenverteilung der Teilchen kann durch Aussieben mit fortschreitend geringerer Maschenweite ermittelt werden (Siebanalyse). Bie Pulvern im Untersiebbereich ($< 40\ \mu m$) werden mit Hilfe spezieller Verfahren wie Sedimentation, Gasadsorption, Luftdurchlässigkeit und Lichtstreuung Kennwerte für die mittlere Größe und die Größenverteilung ermittelt. Durch die Größenverteilung wird auch die Dichte mitbestimmt, die ein Pulver beim Einfüllen in eine Form annimmt (Fülldichte, $g\ cm^{-3}$). Hierauf hat außerdem die Teilchenform Einfluß, die von Kugeln bis zu sehr unregelmäßigen Formen (Nadeln, Blättchen, Dendriten) reichen kann: Abb. 13.1 und 13.2.

13.1 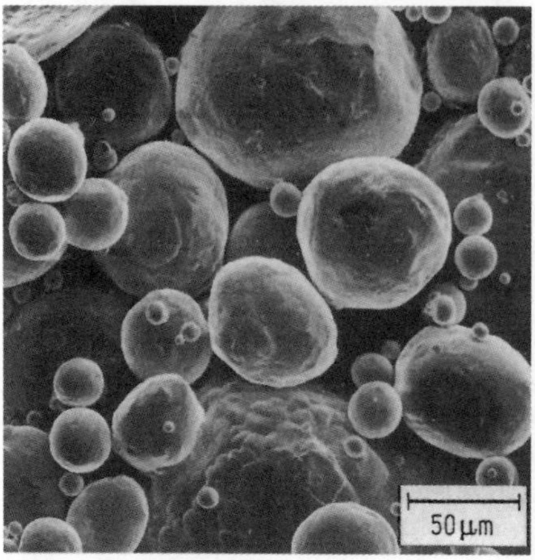

 13.2

Abb. 13.1. Kugeliges Kupferpulver (G.W. Reppel)

Abb. 13.2. Dendritisches Kupferpulver (G.W. Reppel)

Die mechanischen Eigenschaften der Pulver bestimmen vor allem zunächst ihr Preßverhalten: Bei gleicher Preßkraft werden duktile Pulver stärker verdichtet als spröde Pulver. Die chemischen Eigenschaften, insbesondere die Reinheit der Pulver, hängen vom Ausgangsmaterial und vom Herstellungsverfahren ab. Beim Mahlen wird z.B. durch den Abrieb der Mahlwerkzeuge oder durch Reaktion mit der Mahlflüssigkeit und der Atmosphäre unter Umständen ein erheblicher Anteil Fremdstoffe eingemischt. Andererseits kann man einige Metalle als Pulver reiner gewinnen als über den geschmolzenen Zustand.

Die Oberfläche der Pulverteilchen ist meistens von einer Oxidschicht oder von adsorbierten Gasen bedeckt. Deshalb werden Metallpulver in manchen Fällen zunächst einer reduzierenden Vorbehandlung unterworfen. Bei schwer verpreßbaren Pulvern wird ein Schmiermittel zugesetzt (Metallstearat u.ä.) oder die Pulverteilchen werden durch Granulieren in Agglomerate mit günstigeren Fließ- und Preßeigenschaften überführt. Zum anschließenden Pressen des Pulvers zu Formkörpern werden im allgemeinen hydraulische oder mechanische Pressen mit Matrizen (Formwerkzeugen) und Stempeln aus Werkzeugstahl oder Hartmetall benutzt. Das Pressen erfolgt meistens bei Raumtemperatur. Strangpressen oder direktes Walzen des Pulvers (Pulverwalzen) sowie isostatisches Pressen von Blöcken dienen zur Herstellung von Halbzeug aus Metallpulvern.

Ein in jüngerer Zeit entwickeltes Verfahren zur Teileherstellung ist das Pulverspritzgießen (powder injection moulding). Hierunter versteht man ein Verfahren, bei dem das Ausgangspulver zunächst mit einem plastischen Binder gemischt wird, so daß die Formgebung mit Verfahren wie bei der Kunststoffverarbeitung erfolgen kann.

Zum anschließenden *Sintern* werden die gepreßten Formteile oder Halbzeuge unter Schutzgas oder Vakuum aufgeheizt. Man unterscheidet dabei folgende Verfahren:

a) gewöhnliches druckfreies Sintern,
b) Sintern unter Druck: Heißpressen
   - im Formwerkzeug (uniaxialer Druck),
   - heiß-isostatisches Pressen (HIP),
c) Flüssigphasensintern, das dadurch gekennzeichnet ist, daß eine flüssige Phase auftritt, die die Sintervorgänge qualitativ verändert und beschleunigt.

Sintern bewirkt, daß die Pulverteilchen stärker miteinander verbunden werden und daß das nach dem Pressen verbliebene Porenvolumen abnimmt. Druckfrei gesinterte Werkstoffe erreichen meistens nicht die Dichte des Gußzustandes. HIP-Verdichten und Flüssigphasensintern führen dagegen fast immer zu 100% Dichte. Die Sintertemperatur richtet sich beim gewöhnlichen Sintern, wie bei anderen thermisch aktivierten Vorgängen, nach der Schmelztemperatur und liegt bei 0,7–0,9 T_{kf} des Hauptbestandteils.

Bei Teilen, die nach dem Spritzgießverfahren hergestellt worden sind, ist vor dem Sintern ein „Austreiben" des Binders durch Verdampfung und/oder thermische Zersetzung erforderlich, wobei erhebliche Schrumpfung eintritt.

Die Vorgänge beim druckfreien Sintern beruhen hauptsächlich auf Adhäsion und Diffusion. Aus den Oberflächen der Teilchen entstehen Grenzflächen. Die Berührungsflächen der Teilchen bilden sich zu „Sinterhälsen" und damit zu Korn- oder Phasengrenzen aus, die zunächst an den Poren verankert sind, im späteren Sinterverlauf aber wandern können. Die Oberflächenverunreinigungen koagulieren, und die Poren werden eingeformt in dem Bestreben, die Grenzflächenenergie zu erniedrigen. Zwischen Pulverteilchen verschiedener Zusammensetzung kommt es im Rahmen der Löslichkeiten der Komponenten zum Konzentrationsausgleich. Im Teilcheninnern tritt Erholung ein, und bei ausreichender Defektdichte und thermischer Aktivierung rekristallisiert das Material. Die Entstehung des Gefüges im Sinterkörper ist in Abb. 13.3 dargestellt.

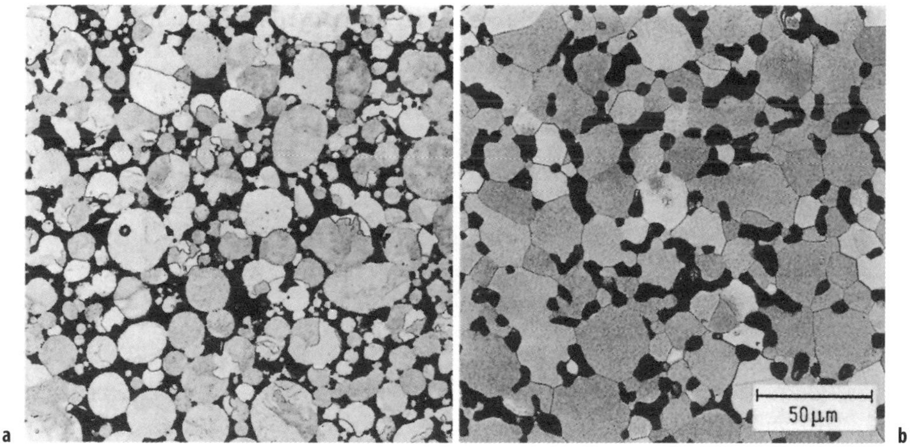

Abb. 13.3. Entstehung des Gefüges in einem Sinterkörper aus Fe-Pulver. **a** Anfangsstadium des Sinterns mit beginnender Halsbildung; **b** Zwischenstadium mit Kornwachstum und teilweise eingeformten Poren (G.W. Reppel)

Beim Heißpressen dominiert zunächst plastische Verformung mit Versetzungsgleiten und -kriechen, während die Hauptverdichtung über Diffusionskriechen abläuft.

Beim Flüssigphasensintern schmilzt ein Gefügebestandteil auf. Wegen der sprunghaften Erhöhung der Diffusionskoeffizienten am Schmelzpunkt und der spontanen Umverteilung der Schmelze durch Kapillar- und Druckwirkungen werden die Transportvorgänge und damit der Sintervorgang erheblich beschleunigt. Dabei kann die flüssige Phase bestehen bleiben oder durch Konzentrationsänderungen während des isothermen Sintervorgangs erstarren. Besondere technische Bedeutung hat das Flüssigphasensintern zum Erzielen hoher Sinterdichten und zur Herstellung von Verbundgefügen, Kap. 13.3. In der Keramik dient dieses Verfahren zur Herstellung von Porzellan.

Ein anderes Verfahren, die Poren eines Preß- oder Sinterkörpers aus einer harten Phase mit einem Bindemetall vollständig zu füllen, ist das *Tränkverfahren*. Dabei wird der poröse Preßling oder der vorgesinterte Formkörper mit dem flüssigen Bindemetall in Kontakt gebracht, das dann unter der Wirkung von Kapillarkräften das gesamte Porenvolumen ausfüllt (Infiltrieren).

13.2 Sintertheorie

Die „treibende Kraft" des Sinterns ist im wesentlichen die Oberflächenenergie der Pulverteilchen im kaltgepreßten Ausgangszustand. Da die mittlere spezifische Oberflächenenergie von Metallen im Bereich $1 \lesssim \gamma_0 \lesssim 10\,\text{J m}^{-2}$ liegt, ergibt sich die treibende Kraft (thermodynamisch: die Differenz der freien Enthalpie des Preßlings mit und ohne freie Oberfläche der Pulverteilchen) je nach Legierung und Pulverkorngröße bzw. effektiver Pulveroberfläche zu $0{,}1 \lesssim G_t \lesssim 10\,\text{J mol}^{-1}$. Für die Teilchengröße sind Werte von $\geq 1\,\mu\text{m}$ bei extrem feinen bis $\lesssim 200\,\mu\text{m}$ bei groben Pulvern typisch. Als „rücktreibende Kraft" ΔG_r ist die im Endzustand verbleibende Korn- oder Phasengrenzenenergie des gesinterten Körpers wirksam, die mit (8.10) aus der mittleren spezifischen Korngrenzenenergie $\bar{\gamma}_K$ und dem mittleren Korndurchmesser $\bar{D}$ berechnet werden kann, wobei für Korngrenzen in grober Näherung $\bar{\gamma}_K \simeq 0{,}3\,\bar{\gamma}_0$ gilt. Die effektive thermodynamische Triebkraft ist also in guter Näherung $\Delta G_{eff} = \Delta G_t - \Delta G_r$.

Die Sintertheorie umfaßt die Mechanismen der Dichtezunahme, die quantitative Behandlung der Transportvorgänge und schließlich die quantitative Beschreibung des gesamten Sintervorgangs.

Der Ansatz der Sintertheorie ist im allgemeinen ein Zweiteilchen-Modell, das in Abb. 13.4 dargestellt ist: Zwei idealisierte kugelförmige Teilchen identischer Größe werden betrachtet. Als maßgebender Zusammenhang wird das Verhältnis des Radius x des sich bildenden sogenannten Sinterhalses zum Radius a der Teilchen in seiner Zunahme als Funktion der Sinterzeit t angesetzt:

$$\left(\frac{x}{a}\right)^{n} = C\frac{t}{a^{m}}\,, \tag{13.1}$$

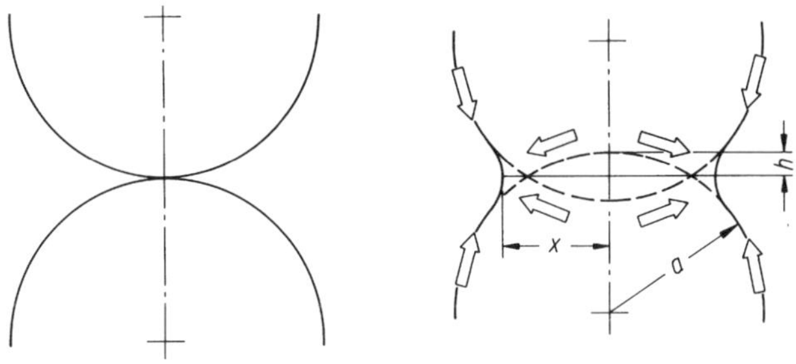

Abb. 13.4. Zweiteilchen-Modell für das Frühstadium des Sintervorgangs. a = Ausgangsradius der Teilchen, x = Radius des Sinterhalses, h = Verschiebung der Teilchenmitte gegen die Ausgangslage. Die offenen Pfeile geben Richtungen des Materietranspots an, ihm ist im Bereich der Teilchenverbindung ein Leerstellenstrom in entgegengesetzter Richtung überlagert

wobei C die die Kinetik bestimmende Beweglichkeitsgröße, meist einen Diffusionskoeffizienten, enthält und m und n für den Transportprozeß charakteristische Exponenten sind. Da die makroskopisch meßbare Größe die Sinterschwindung ist, wird (13.1) auf die Verschiebung h der Teilchenmitte gegen die Ausgangslage umgeschrieben. Mit

$$h = \frac{x^2}{4a} \tag{13.2}$$

ergibt sich

$$\left(\frac{h}{a}\right)^{\frac{n}{2}} = C\frac{t}{2^n a^m}\ . \tag{13.3}$$

Welche Transportvorgänge bewirken nun, daß ein Materialfluß aus dem Durchdringungsvolumen der Teilchen in den außenliegenden Teil des Sinterhalses stattfindet, so daß er wächst? Vier Mechanismen sind hauptsächlich denkbar:

a) Viskoses Fließen: Die aus der Oberflächenenergie resultierenden Kapillarkräfte führen zu einem Druck der Teilchen gegeneinander; unter dessen Wirkung fließt Materie aus dem Kontaktbereich heraus, wobei die Visokosität η die Geschwindigkeit bestimmt. Die (dynamische) Viskosität η (11.2) ist dabei mit dem das Fließen bestimmenden effektiven Diffusionskoeffizienten D durch die Stokes-Einstein-Formel verbunden: $D = kT/6\pi r_a\eta$, wobei r_a den Radius des diffundierenden Atoms bedeutet. Die Theorie des viskosen Fließens führt zu $x^2 \sim t$. Dieser verhältnismäßig vereinfachte Ansatz müßte bei genauerer Behandlung durch die Beziehung für das Diffusionskriechen (Kap. 7.8) ersetzt werden.
b) Korngrenzendiffusion: Es ist naheliegend, daß die Korngrenze, die an der Kontaktstelle gebildet wird, als Diffusionspfad mit höherem Diffusionskoeffizienten als im Volumen zum Materialtransport beiträgt, da der mittlere

Korngrenzendiffusionskoeffizient $\bar{D}_{KG}$ erheblich höher ist als der Selbstdiffusionskoeffizient D für die Volumendiffusion (Kap. 8.2) und die Korngrenze etwa in Richtung des erforderlichen Materietransports verläuft. Dieser Mechanismus ist mit $x^6 \sim t$ verbunden.

c) Oberflächendiffusion: Der Radienunterschied zwischen der Teilchenoberfläche und der Krümmung des Sinterhalses führt zu einer Differenz des chemischen Potentials, wie sie auch zwischen kleinen und großen Teilchen besteht und z.B. zur Vergröberung führt (Kap. 9.2). Dadurch kommt es zu Materietransport entlang der Teilchenoberflächen von den schwächer gekrümmten Teilchenoberflächen zum Sinterhals, wie es in Abb. 13.4 schematisch angegeben ist. Dieser Vorgang ist mit $x^7 \sim t$ verbunden. Eine Annäherung der Teilchen tritt nicht auf.

Viele Untersuchungen an Teilchenanordnungen, die dem Modell mehr oder weniger gut entsprechen, haben Diffusionskriechen und Oberflächendiffusion als maßgebende Vorgänge im Frühstadium des Sinterns ergeben.

Betrachtet man statt des Sinterns zweier Teilchen die Sinterschwindung eines ganzen Preßlings, so verwendet man als Maß nicht die Annäherung der Teilchenmittelpunkte, sondern die Abnahme des Porenanteils, der Porosität p, oder die Zunahme der Dichte ρ

$$p = \frac{V_p}{V} = \frac{\rho_{th} - \rho}{\rho}, \tag{13.4}$$

worin V_p das Porenvolumen und V das Gesamtvolumen einer Probe und ρ_{th} die theoretische Dichte bedeutet. Für die Abnahme der Porosität vom Ausgangswert p_0 auf den Wert p zur Zeit t erhält man empirisch in guter Näherung

$$p_0 - p = k_s \ln \frac{t}{t_0}, \tag{13.5}$$

wobei k_s vom Elementarprozeß abhängt, also im wesentlichen von der Diffusion und ihrer Temperaturabhängigkeit bestimmt ist. Dieses Zeitgesetz wird zunächst durch die Verkleinerung zylindrischer Poren, zum kleineren Teil durch Kornwachstum bestimmt. Mit Fortschreiten des Sinterns findet man überwiegend Kornwachstum, wobei die mittlere Korngröße $\bar{D}$ mit dem Zeitgesetz $\bar{D} \sim t^{1/3}$ zunimmt, und örtliches, durch Volumendiffusion bestimmtes Diffusionskriechen. Das Gefüge des Sinterwerkstoffs enthält schließlich isolierte Poren, deren Volumenanteil $p \lesssim 0{,}08$ beträgt.

Beim *Sintern unter Druck* oder Heißpressen sind wiederum zwei Stadien zu unterscheiden: ein Anfangsvorgang, der im wesentlichen durch plastisches Fließen gekennzeichnet ist und zu einer Dichte von $\rho \lesssim 0{,}9\,\rho_{th}$ führt. Der Hauptvorgang läßt sich als exponentielles Kriechen beschreiben, wobei für die Dichteänderung

$$\frac{d\rho}{dt} \sim D \left(\frac{\sigma}{\sigma_0}\right)^n \tag{13.6}$$

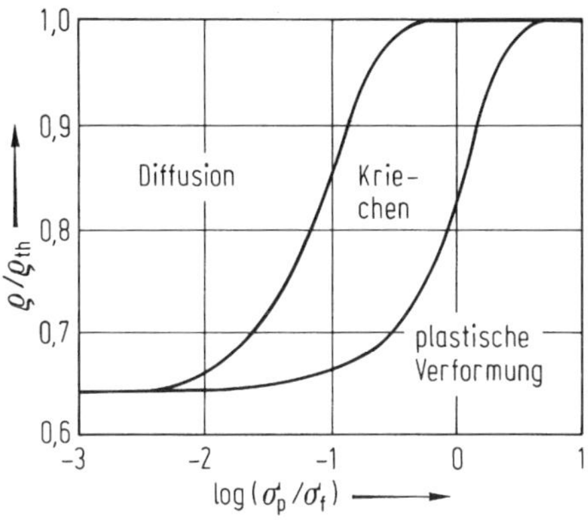

Abb. 13.5. Abhängigkeit der Dichtezunahme und des überwiegenden Verdichtungsvorgangs vom Preßdruck σ_p beim heißisostatischen Pressen. Theoretisches Diagramm für einen Werkzeugstahl, mittlere Teilchengröße 25 µm, Preßtemperatur 1200 °C (nach E. Arzt u. a., 1983)

gilt, vgl. (7.26); darin bedeutet σ die angelegte Spannung und σ_0 eine Materialkonstante. Zur Darstellung der Abhängigkeit des jeweils überwiegenden Vorgangs von der relativen Dichte und vom Preßdruck σ_p eignet sich die in Abb. 13.5 wiedergegebene Auftragung.

Natürlich sind die geometrische Anordnung, die Spannungsverteilung, der Einfluß der praktisch immer vorhandenen Oxidschichten, der Beitrag chemischer Gradienten, das mögliche Auftreten flüssiger Phasen oder harter, am Sintervorgang unbeteiligten Phasen und viele andere Parameter bei realen Sintervorgängen unterschiedlich und fallweise stärker als in den einfachen Modellen der Sintertheorie wirksam. Deshalb haben auch empirische Ansätze zur Beschreibung und experimentelle Untersuchungen des Sinterverhaltens, z. B. durch Dichtemessung oder Dilatometrie, für die technische Beherrschung des Sintervorgangs erhebliche Bedeutung.

13.3 Pulvermetallurgische Werkstoffe

Die Zahl der pulvermetallurgisch hergestellten Werkstoffe und die Vielfalt der Gründe für die Anwendung der Pulvermetallurgie sind sehr groß. Tabelle 13.1 gibt einen Überblick.

Die im Mengenanteil bedeutendste Anwendung der Pulvermetallurgie ist die Herstellung von kompliziert geformten Bauteilen, insbesondere auch von Zahnrädern, aus *Eisen* und *Stählen* im Kraftfahrzeug- und im übrigen Maschinenbau. Entscheidend ist hierfür, daß komplizierte Teile endformnah ohne spanabhebende Fertigungsschritte hergestellt werden können, was mit erheblichen Einsparungen an Material- und Fertigungskosten verbunden ist. Abbildung 13.6 zeigt die Vielfalt derartig hergestellter Teile.

In *porösen Sinterkörpern* wird von der gezielt einstellbaren Porosität pulvermetallurgisch hergestellter Werkstoffe Gebrauch gemacht. Stark poröse Körper werden hergestellt, indem entweder verhältnismäßig grobe Teilchen (50–200 µm ∅) verwendet werden oder das Pulver zunächst mit organischen Füll-

Tabelle 13.1. Pulvermetallurgische Werkstoffe und ihre Anwendungen

Werkstoffe	Gründe für die pulvermetallurgische Herstellung	Anwendungen (wesentliche Beispiele)
Eisen, Stähle	endformnahe Formgebung	Funktionsteile, Zahnräder im Maschinen-, bes. im Kraftfahrzeugbau
Bronze, Stähle	Porosität	selbstschmierende Lager, Filter, Dichtungen
Wolfram	hoher Schmelzpunkt, pulverförmiger Rohstoff, nichtmetallische Zusätze zur Erhöhung der Kriechbeständigkeit	Glühlampenwendeln
Beryllium	Feinkörnigkeit, Umformbarkeit, Bruchzähigkeit	Bauteile für Luft- und Raumfahrt und Kerntechnik, Röntgenstrahlenfenster
Aluminium- und Titanlegierungen	Feinkörnigkeit, Umformbarkeit, Bruchzähigkeit, hoher Volumenanteil zweiter Phasen	Bauteile geringer Dichte mit hoher Festigkeit, z.T. Warmfestigkeit
dispersiosngehärtetes Cu, Ag, Pt, Ni; ODS-Superlegierungen	Dispergieren von Oxiden	jeweils verschieden, s. Text
Hartmetalle, Hartstoffe	Verbundbildung Karbid-Metall	Schneidmetalle, hochbelastete Umformwerkzeuge
Kontaktwerkstoffe Ag- oder Cu-Basis	Verbundbildung	Kontaktstücke, Verbinderteile
weichmagnetische Legierungen Ni–Fe, Fe–Si, Fe–Co und Fe	endformnahe Formgebung, Reinheit; Verbundbildung	Anker, Joche, Flußleitstücke; Kerne
hartmagnetische Legierungen Alnico, Co–Sm, Fe–Nd–B	Sprödigkeit der Werkstoffe, Optimierung der Koerzitivfeldstärke und Anisotropie, endformnahe Formgebung	zahlreich, s. Kap. 16

mitteln gemischt und gepreßt wird, die anschließend durch thermische Zersetzung entfernt werden. Poröse Sinterkörper werden unter anderem als Lagerwerkstoffe aus Bronze oder Eisen hergestellt, sie werden mit Öl oder mit einem Polymer wie PTFE (Teflon) getränkt und als selbstschmierende Lager eingesetzt. Poröse Sinterkörper werden auch als Filter verwendet.

Wolfram für Glühlampendrähte wird als Pulver mit kaliumhaltigen Silikaten (oder Thoriumoxid) als Zusätzen zu Stangen gepreßt, gesintert, rundgehämmert und zu Draht gezogen. Das Ziel der Gefügeeinstellung ist, durch die Zusätze die Grenzflächenbewegung bei der Rekristallisation und beim Kornwachstum zu begrenzen und die Kriechgeschwindigkeit zu minimieren. Dies erfolgt dadurch, daß kaliumgefüllte Poren entstehen und sich in Verformungsrichtung

Abb. 13.6. Beispiele für Sinterformteile aus Eisen- bzw. Stahlpulver (Ringsdorff-Werke GmbH)

zeilenförmig anordnen. Sie bewirken eine parallel zur Drahtachse stark gestreckte Kornform (Abb. 13.7) und eine starke Verankerung der Korngrenzen gegen Bewegung und gegen Abgleitung, was schließlich zu der für Glühlampenwendeln erforderlichen Warmfestigkeit führt.

Beryllium wird wegen seiner niedrigen Dichte (1,85 g/cm^3) und seines relativ hohen Schmelzpunkts (T_{kf} = 1283 °C) sowie wegen seines geringen Streuquerschnitts für Neutronen und Röntgenstrahlen in Spezialanwendungen eingesetzt. Es ist, z. T. wegen seiner hexagonalen Kristallstruktur, in bezug auf seine Umformbarkeit und seine Bruchzähigkeit gegen Verunreinigungen besonders empfindlich. Bei $T \lesssim 200$ °C ist die Versetzungsgleitung auf die Basisebene des hexagonalen Gitters beschränkt. Pulvermetallurgisch kann ein feinkörniges Gefüge mit annähernd regelloser Orientierungsverteilung erzeugt werden. Dadurch wird Beryllium trotz der geringen Anzahl seiner Gleitsysteme verformbar.

Aluminium- und *Titanlegierungen* werden ebenfalls pulvermetallurgisch verarbeitet, wenn ihre durch Feinkörnigkeit oder durch feindisperse Verteilung spröder Phasen erhöhte Umformbarkeit oder Bruchzähigkeit gefordert wird.

Die Erhöhung der Warmfestigkeit kann pulvermetallurgisch besonders gezielt als *Dispersionshärtung* durch die Einlagerung von dispersionshärtenden Oxiden erfolgen (Kap. 14). Diese Möglichkeit wird auf Cu für Schweißelek-

13.7 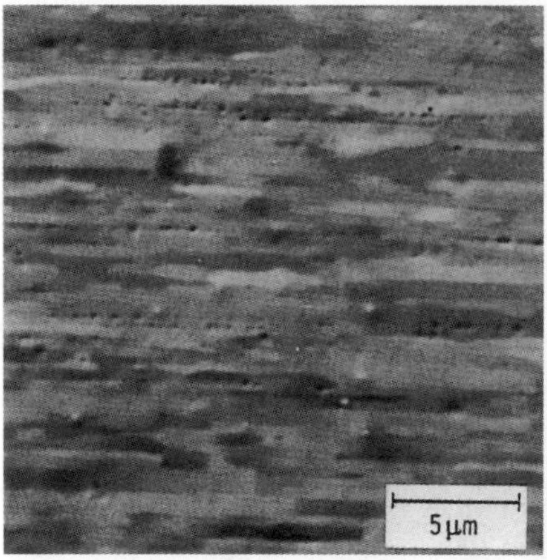

13.8

Abb. 13.7. Wolfram-Korngefüge mit kaliumgasgefüllten Blasen. Zwischenzustand: Gestreckte, kontinuierlich rekristallisierte Körner mit Blasenreihen parallel zu den Korngrenzen kurz nach ihrer Bildung

Abb. 13.8. Gefüge eines WC-Co-Sinterhartmetalls (9% Co); rasterelektronenmikroskopisch (E. Exner)

troden, Ag für Kontakte, Pt für Heizelemente, für Tiegel und für Bauteile in der Glasverarbeitung und auf Ni für Hochtemperaturbauteile angewendet. Hierbei spielt mechanisches Legieren eine wesentliche Rolle. Bei Oxid-dispersionsgehärtetem Werkstoff wird dadurch die beabsichtigte Dispersion erzeugt; bei metallischen Pulvergemengen kann das Verfahren durch die Energieeinleitung und plastische Verformung zu Interdiffusion und zur Bildung homogener Legierungen führen.

Thoriumoxid-dispersionsgehärtetes Nickel (TD-Nickel) ist ein Vorläufer der hochwarmfesten Oxid-dispersionsgehärteten Nickel-Superlegierungen (ODS-Nickellegierungen), die in Kap. 14 behandelt werden.

Die dispersionsgehärteten Legierungen sind ein Sonderfall (wegen der relativ geringen Volumengehalte an Dispersionsphase) der Gruppe der *Pulververbundwerkstoffe*. Sie bestehen grundsätzlich aus zwei oder mehr Phasen, die als verschiedene Pulver gemischt und zu einem dichten Sinterkörper verarbeitet werden. Dadurch lassen sich Phasengemenge erzeugen, die thermodynamisch nicht im Gleichgewicht sind, aber Eigenschaften aufweisen, die aus denjenigen der Komponenten durch gezielte Einstellung der Volumenanteile, des Gefüges und des Zustands konstruiert werden können. Hierzu sollen zwei Werkstoffgruppen als Beispiele behandelt werden: Hartmetalle und Kontaktwerkstoffe. Wenn man Poren als Phase betrachtet, gehören auch die porösen Lager- und Filterwerkstoffe zu den Pulververbundwerkstoffen.

Die *Sinterhartmetalle* haben heterogenes Gefüge. Sie bestehen zu mehr als 80% aus harten, hochschmelzenden Karbiden. Als zähe Bindephase werden Metalle oder Legierungen der Eisengruppe zugesetzt, Abb. 13.8. Die Karbide sind meistens WC und TiC, die Bindemittel Co, Ni, oder auch Stähle. Für die

Herstellung der Hartmetalle werden die Karbide mit dem Bindemittel gemeinsam gemahlen, in Stahlmatrizen verpreßt und dann zunächst bei 900–1000 °C vorgesintert, zu Profilkörpern geschliffen und dann bei 1400–1500 °C fertiggesintert. Dabei tritt eine lineare Schrumpfung von ca. 16% ein, die beim vorherigen Bearbeitungsschritt berücksichtigt werden muß. Die Härte beträgt im Endzustand bis zu HV $\lesssim$ 1500. Hartmetalle dienen zur spanabhebenden Formgebung von Metallen und zur Steinbearbeitung, wo höchste Härte, Verschleißfestigkeit und Zähigkeit, auch bei hoher Temperatur, gefordert werden.

Pulvermetallurgische *Kontaktwerkstoffe* sind zumindest zweiphasig. Durch die Wahl der Phasenanteile und Gefüge versucht man, eine Vielzahl von Eigenschaften, die je nach Anwendung unterschiedlich sind, zu kombinieren. Möglichst hohe Leitfähigkeit wird durch Ag oder Cu als Basismetalle erzielt. Zur Erhöhung der mechanischen und der Abbrandfestigkeit werden hochschmelzende Metalle wie W, Mo, Cr und nichtmetallische Komponenten wie C, CdO, SnO_2 und WC eingebracht. Zur Festigkeitserhöhung von Ag dient oft ein Ni-Zusatz, der eine feindispergierte zweite Phase bildet. Gesichtspunkte für die Auswahl der Komponenten sind zusätzlich der Kontaktwiderstand und das thermische und elektrische Verhalten des Plasmas, das während des Schaltvorgangs entsteht. Wesentliche Werkstoffvarianten sind: Ag–W, Ag–Mo, Ag–Ni, Ag–C, Ag–Ni–C, Cu–C, Ag–CdO, Ag–SnO_2, Cu–W, Cu–Cr und Ag–WC. Die Werkstoffe werden überwiegend nach Mischen der Komponenten mit üblichen pulvermetallurgischen Verfahren gefertigt. Einige Varianten, wie Cu–W, Cu–WC, Ag–W und Ag–Mo, werden bei hohen Volumenanteilen der hochschmelzenden Komponente (> 60 %) über das Tränkverfahren hergestellt.

Die weich- und hartmagnetischen Werkstoffe, die in Tabelle 13.1 aufgeführt sind, werden in Kap. 16 behandelt. Abschließend sei erwähnt, daß Metallpulver als solche, d.h. nicht in Form von Sinterkörpern, vielfältig eingesetzt werden. Beispiele sind: ferromagnetische Pulver in Suspensionen für die Anzeige oberflächennaher Materialfehler und für magnetisch beeinflußbare sogenannte magnetische Fluide; Pulver für Kopierer; Metallpulver als Pigmente, als Bestandteile von Treibladungen und Sprengstoffen; metallische Pulvereinlagerungen zur Herstellung von Bremsbelag-Werkstoffen oder von elektrisch leitfähigen Polymeren (nicht zu verwechseln mit den eigenleitfähigen Polymeren); Eisenpulver zur Anreicherung in Nahrungsmitteln; Lotpulver und Metallpulver für die Oberflächenbeschichtung durch Flamm- oder Plasmaspritzen. Die letzten beiden Verfahren führen zu Gefügen, die pulvermetallurgischen Produkten nahekommen, weil die Pulverteilchen nicht in jedem Fall im Sprühvorgang völlig aufgeschmolzen werden oder bereits wieder erstarrt sind, wenn sie auf die zu beschichtende Oberfläche auftreffen. Damit ergibt sich für geeignet gewählte Legierungen ein feinkörniger, texturarmer Gefügeaufbau, der zu einer harten Oberfläche führt (Hard Facing).

Literatur

Schatt W, Wieting K-P (1997) Powder Metallurgy – Processing and Materials. Shrewsbury, European Powder Metallurgy Association

German RM (1994) Powder Metallurgy Science. Princeton, Metal Powder Industries Federation

Powder Metal Technologies and Applications (1998) ASM Handbook, Vol 7. Metals Park, ASM International

Beiss P, Ruthardt R, Warlimont H (Hrsg) (2001) Powder Metallurgy. Landolt-Börnstein, Numerical Data and Functional Relationships in Science and Technology, Group VIII. Springer-Verlag, Berlin, Heidelberg

German RM, Bose A (1997) Injection Moulding of Metals and Ceramics. Princeton, Metal Powder Industries Federation

Arzt E, Schultz L (Hrsg) (1989) New Materials by Mechanical Alloying Techniques. DGM Informationsgesellschaft Verlag, Oberursel

Thümmler F, Oberacker R (1994) Introduction to Powder Metallurgy. London, The Institute of Materials

KAPITEL 14

Teilchengehärtete Legierungen

14.1
Teilcheneffekte im nm-Bereich

Ausscheidung aus übersättigten Mischkristallen ist die vielseitigste Methode zur Erzeugung sehr feiner Dispersionen einer zweiten Phase in einem Grundgitter. Andere Möglichkeiten sind Innere Oxidation, mechanisches Legieren oder Mischen und Sintern von Pulverteilchen. Ausscheidung erfolgt meist nach dem Homogenisieren im Bereich einer bei hohen Temperaturen stabilen Mischkristallphase, während einer anschließenden isothermen Anlaßbehandlung bei niedrigeren Temperaturen im Zweiphasengebiet des Ausgangsmischkristalls mit einer stabilen oder metastabilen Phase. Beginnend mit der Keimbildung wachsen Teilchen mit zunehmendem Durchmesser d_T aus dem übersättigten Mischkristall (vgl. Kap. 9; Abb. 14.1). Nach der Ausscheidung des Mengenanteils, welcher dem Gleichgewicht entspricht (Kap. 4), ist das Wachstum jedoch nicht beendet. Die anschließende Teilchenvergröberung, die bereits während

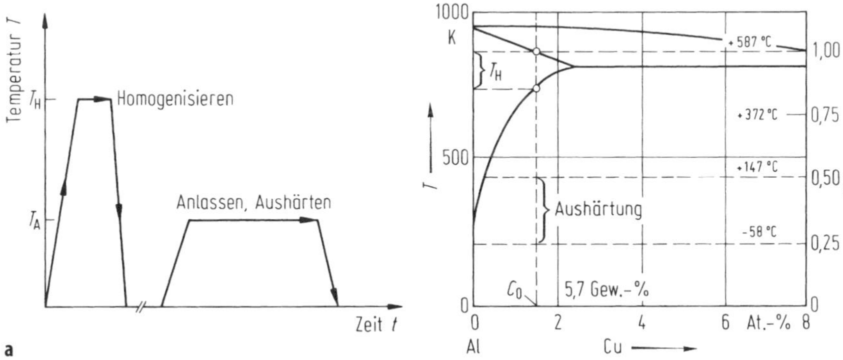

Abb. 14.1 a, b. **a** Temperatur-Zeit-Diagramm der Wärmebehandlung einer ausscheidungshärtbaren Legierung; **b** Zustandsdiagramm Al–Cu mit Temperaturbereichen für Wärmebehandlung. Für eine Legierung der Zusammensetzung $C_0 = 1{,}5$ At.-%Cu ist das Verhältnis $T/T_{kf} = a$ eingetragen worden. Für diese Legierung gilt:
$0{,}8 < a < 1$: Homogenisieren,
$0{,}3 < a < 0{,}6$: Aushärtung durch Ausscheidung von nm-Teilchen,
$a < 0{,}3$: thermisch aktivierte Prozesse zu langsam, übersättigter Mischkristall

Abb. 14.1 c. Zustandsdiagramm (Al–Cu) und Temperatur-Zeitdiagramm mit Bildung metastabiler Phasen (Θ', Θ'', GP) in der Legierung C (siehe auch S. 259)

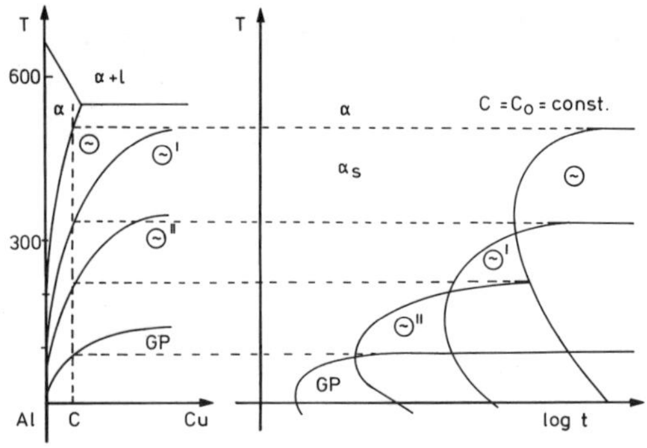

des Wachstums eingesetzt hat, erfolgt dann bei gleichbleibenden Volumenanteilen f_T: Ostwaldreifung. Der Teilchenabstand S_T vergrößert sich dabei entsprechend dem Wachstum des Durchmessers d_T (9.8):

$$\frac{d_T}{S_T} = c \cdot \sqrt[3]{f_T}\,; \tag{14.1}$$

$c \approx 1$ ist eine Konstante, die von der Form und Verteilung der Teilchen abhängt.

Bei kleinen Durchmessern der Teilchen zeigen einige Eigenschaften der Legierungen Anomalien. Erst bei größeren Durchmessern stellen sich Werte ein, die sich aus den Eigenschaften der Phasen und ihren Volumenanteilen durch einfache Mischungsregeln ergeben (Kap. 6.7 und 7.11). Derartige Eigenschaften werden als „stark gefügeabhängig" bezeichnet. In Abb. 14.2 ist der Verlauf einiger derartiger Eigenschaften abhängig vom Teilchendurchmesser d_T halbschematisch dargestellt worden. Für eine bestimmte dispergierte Phase

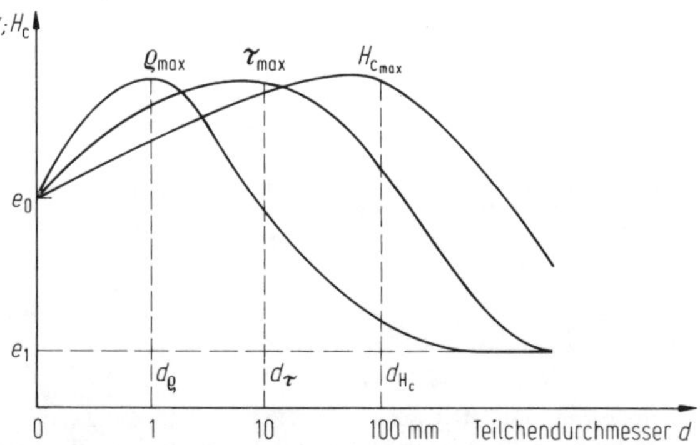

Abb. 14.2. Schematische Darstellung der Änderung verschiedener physikalischer Eigenschaften bei isothermer Alterung, während der der Teilchendurchmesser zunimmt. e_0 = Eigenschaft des homogenen, übersättigten Mischkristalls. e_1 = Eigenschaft des „groben" Gemenges der Gleichgewichtsphasen. ρ_{max}, τ_{max}, $H_{c_{max}}$ = Maximalwert des elektrischen Widerstands, der kritischen Schubspannung, Koerzitivkraft bei kritischen Teilchengrößen d_ρ, d_τ, d_{H_c}

findet man einen Höchstwert einer Eigenschaft bei einem kritischen Teilchendurchmesser d_{Tc}. Derartige gefügeabhängige Eigenschaften sind die elektrische Leitfähigkeit, die Streckgrenze, die Koerzitivfeldstärke von Ferromagneten (Kap. 16) und die Stromtragfähigkeit von Supraleitern (Abschn. 6 und 18). Diese Eigenschaften beruhen auf der Wechselwirkung von Leitungselektronen, Versetzungen, Blochwänden und Flußfäden mit den als Hindernis wirkenden Teilchen.

Bei dem Maximum der jeweiligen Eigenschaften ist die Hinderniswirkung der Teilchen bei kleinstmöglichem Abstand am größten. Dies ist für die verschiedenen Wechselwirkungen bei sehr verschiedenen Teilchengrößen der Fall. Da dieser Effekt zuerst für die mechanischen Eigenschaften (Aushärtung) gefunden wurde, verwendet man analoge Begriffe auch für andere physikalische Eigenschaften und spricht zum Beispiel von magnetischer Härtung und hartmagnetischen Werkstoffen (Kap. 16).

14.2 Wechselwirkung von Versetzungen mit Teilchen

Verschiedene mechanische Eigenschaften können sich in unterschiedlicher Abhängigkeit von der Teilchengröße und damit von der Alterungszeit ändern. Die Erhöhung von Streckgrenze und Verfestigungskoeffizient wird unter dem Begriff Aushärtung zusammengefaßt. In Abb. 14.3 wird die Aushärtung von α-Eisen durch Kupfer gezeigt. Mit dem Anstieg der Zugfestigkeit ist im allgemeinen ein Abfall der Dehnung verbunden, der bis zur Versprödung der Legierung führen kann.

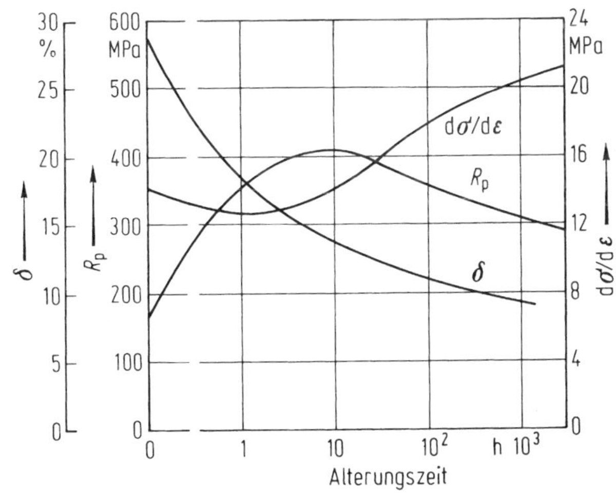

Abb. 14.3. Die mechanischen Eigenschaften einer Eisen-Kupfer-Legierung mit 0,9 At.-% Cu, die zur Ausscheidung von Kupfer bei 500°C gealtert wurde. R_p = Streckgrenze, $d\sigma/d\varepsilon$ = Verfestigungskoeffizient, δ = Dehnung beim Bruch

Zur quantitativen Deutung der Aushärtung müssen bekannt sein:

a) Größe, Verteilung, Form, Kristalleigenschaften der Teilchen sowie das Verzerrungsfeld in ihrer Umgebung;
b) die Art der Wechselwirkung von Versetzungen mit diesen Teilchen. Es gibt dafür zwei grundsätzlich verschiedene Grenzfälle (Abbildungen 14.4 und 14.5):
   1. Die Versetzungen können sich nur im Grundgitter bewegen, und die Teilchen nehmen an der plastischen Verformung nicht teil (Abb. 14.6).
   2. Die Versetzungen sind in der Lage, Teilchen zu schneiden (Abb. 14.7).

Die beiden Fälle sind in den Abb. 14.4 und 14.5 schematisch dargestellt worden. Dabei ist für den Fall der schneidenden Versetzung die Annahme gemacht worden, daß die Versetzung nicht flexibel ist (Abb. 14.4), während die Versetzung im Falle der Umgehung des Teilchens flexibel sein muß (Abb. 14.5). Die Spannung, die notwendig ist, eine Versetzung an einem nichtverformbaren Teilchen vorbei zu bewegen, kann ähnlich wie die Spannung zum Auslösen einer Frank-Read-Quelle (Kap. 14.5) berechnet werden.

$$\rho_{\min} = \frac{S_T - d_T}{2} \tag{14.2}$$

$$\Delta\tau_u = \frac{Gb}{2\,\rho_{\min}} \tag{14.3}$$

$$\Delta\tau_U = \frac{Gb}{S_T - d_T} \quad (\text{meist } S \gg d, f_T \ll 0{,}1). \tag{14.4}$$

Bei der Spannung $\Delta\tau_U$ ist die Versetzung zwischen den Teilchen zu einem Halbkreis ausgebogen (Abb. 14.4). Beim Erhöhen der Spannung auf $\tau > \Delta\tau_u$ wird die Linie instabil. Die Versetzung kann sich hinter den Teilchen wieder zu-

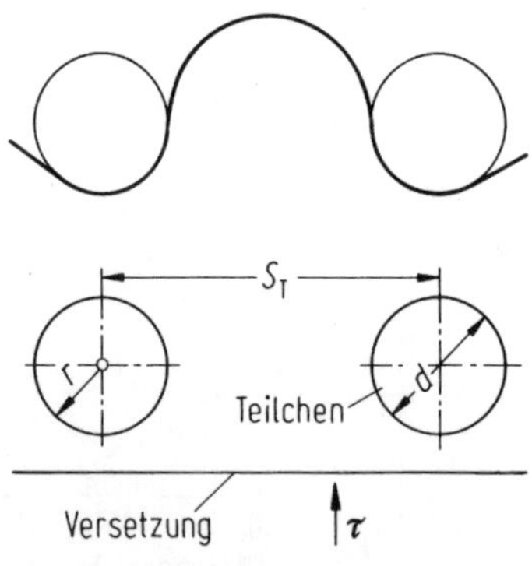

Abb. 14.4. Kann eine Versetzung nicht in ein Teilchen eindringen, so wird sie durch die Schubspannung τ_{max} bis zu einem Radius $(S - d)/2$ durchgebogen. Bei höherer Spannung umgeht die Versetzung das Teilchen durch Zurücklassen eines Ringes um das Teilchen oder durch Quergleiten (Abb. 14.5b)

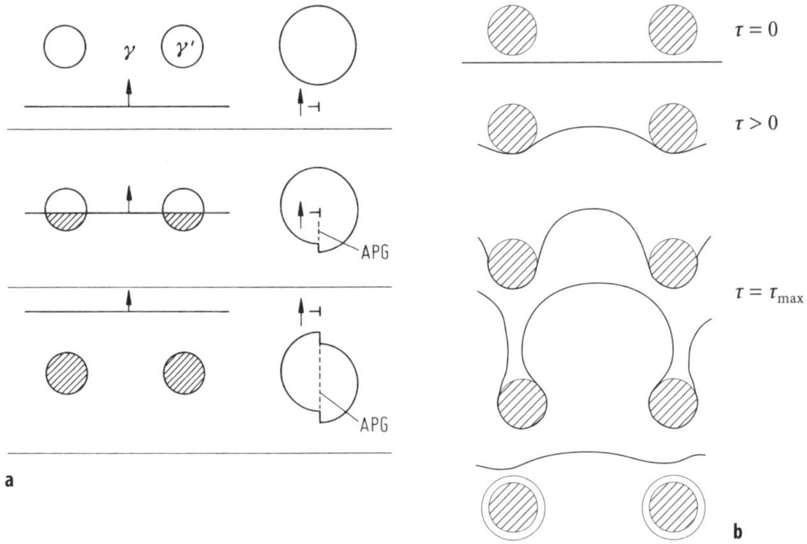

Abb. 14.5. **a** Kohärente, geordnete Teilchen werden durch eine Versetzung geschnitten, die im Teilchen eine Antiphasengrenze (APG schraffiert, Kap. 5) erzeugt. Folgt auf die erste Versetzung eine zweite, so wird die Antiphasengrenze wieder rückgängig gemacht. **b** Harte inkohärente Teilchen können durch flexible Versetzungen umgangen werden

sammenschließen oder durch Quergleiten (Kap. 5) das Teilchen umgehen. In beiden Fällen entstehen Versetzungsringe (Orowan-Mechanismus, Abb. 14.6). Die Schubspannung $\Delta\tau_U$ bestimmt den Beginn der plastischen Verformung. Die zurückbleibenden Versetzungen bewirken die hohe Verfestigung der nach diesem Mechanismus ausgehärteten Legierungen. Man findet in vielen ausgehärteten Legierungen, die die Voraussetzungen für die Anwendung von 14.2 bis 14.4 erfüllen, daß die Erhöhung der Streckgrenze $\Delta\sigma_U \sim S_T^{-1}$ ist. Für $S_T \rightarrow b$ mußte sich τ_U der theoretischen Schubspannung τ_{th} nähern (Kap. 7).

Abb. 14.6. Bildung von Versetzungsringen beim Umgehen von Ni_3Si-Teilchen durch Versetzungen in ausgehärteter Ni + 6,5 At.-% Si-Legierung; elektronenmikroskopisch, Durchstrahlung

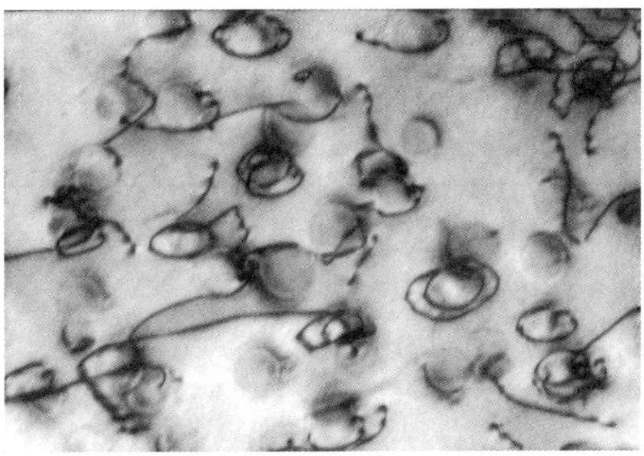

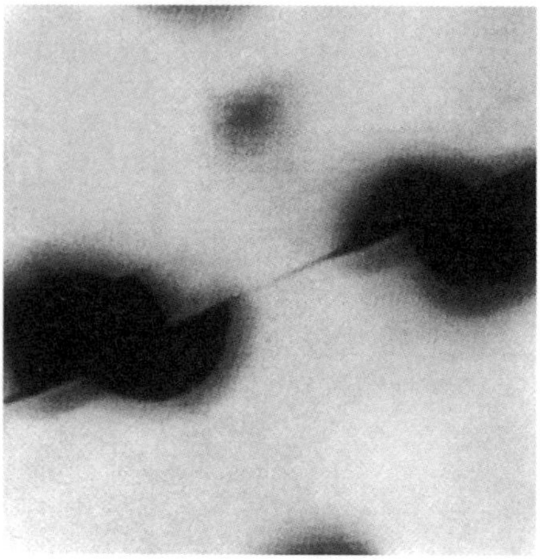

Abb. 14.7. Durch Schneiden von Versetzungen abgescherte Ni_3Al-Teilchen in Ni–Cr–Al-Legierung; elektronenmikroskopisch, Durchstrahlung (H. Gleiter)

Es tritt jedoch mit abnehmender Teilchengröße eine Änderung des Verformungsmechanismus auf: Bevor die Spannung $\Delta\tau_U$ erreicht ist, kann die Versetzung in das Teilchen eindringen und es schließlich um einen Betrag $|b|$ abscheren (Abb. 14.5a und 14.7). Um die Spannung $\Delta\tau_S$ zu berechnen, die für diesen anderen Grenzfall, den reinen Schneidemechanismus, notwendig ist, müssen auch die kristallographischen und mechanischen Eigenschaften des Teilchens berücksichtigt werden. Als einfacher Fall soll angenommen werden, daß ein kugelförmiges kohärentes, geordnetes Teilchen geschnitten wird. Beim Durchlaufen des Teilchens wird in einer Ebene die Ordnung zerstört. Es entsteht eine Antiphasengrenze (Kap. 4 und 5), deren Erzeugung die Energie $\pi d^2\gamma/4$ erfordert ($\gamma_{APG} = \gamma$ = Energie der Antiphasengrenze pro Flächeneinheit). Daraus kann die zum Schneiden der Teilchen notwendige Spannung berechnet werden:

Tabelle 14.1. Stabile und metastabile Phasen, die das Aushärteverhalten von Al-4% Cu-Legierungen beeinflussen (Abb. 14.1c)

	Kristall-struktur	*a* *c* nm	Bevorzugte Keimstellen	Bedeutung für mechanische Eigenschaften
Θ	tetragonal (nicht kohärent)	0,607 0,487	Korngrenzen	interkristalline Korrosion, Überaltern
Θ'	tetragonal (teil-kohärent)	0,404 0,58	Versetzungen, Grundgitter	Aushärtung Überaltern
Θ'' = G.-P.-Zonen II	tetragonal (kohärent)	0,404 0,76	Grundgitter	Aushärtung
G.-P.-Zonen I	kfz (kohärent)	0,404	Grundgitter	Aushärtung

$$\Delta\tau_S = \frac{\pi\gamma d_T}{4bS_T}\,. \tag{14.5}$$

Es folgt, daß der Umgehungsmechanismus (14.2 bis 14.4) zu erwarten ist, wenn $\Delta\tau_S > \Delta\tau_U$, der Schneidemechanismus, wenn $\Delta\tau_S < \Delta\tau_U$. Bei $\Delta\tau_S = \Delta\tau_U$ findet man den Übergang zwischen den beiden Mechanismen. Der Teilchendurchmesser d_c, bei dem das geschieht, kann aus (14.4) und (14.5) berechnet werden (Tabelle 14.1)

$$d_c = \frac{4Gb^2}{\pi\gamma}\,. \tag{14.6}$$

Für den Verlauf von $\Delta\tau_S$ und $\Delta\tau_U$ ergibt sich während des Teilchenwachstums bei isothermem Altern ein Verlauf, wie er schematisch in Abb. 14.8 gezeigt ist. Das Maximum der Streckgrenze ist in diesem Falle bei d_c zu erwarten. Bei der Berechnung von Aushärtungsisothermen muß außerdem beachtet werden, daß sich der Volumenanteil f_T der Teilchen mit der Zeit ändert, bis die Ausscheidung vollständig ist und die Teilchenvergröberung beginnt. Außer der Ordnung innerhalb der Teilchen können ein Spannungsfeld in der Umgebung, unterschiedlicher Schubmodul und Inkohärenz zwischen Teilchen und Grundgittern zu einer Behinderung der Versetzungsbewegung beitragen. Geordnete kohärente Teilchen können andererseits bewirken, daß die Gleitversetzungen paarweise gekoppelt sind (Abb. 14.9), weil sie abwechselnd in den geschnittenen Teilchen Antiphasengrenzen aufspannen und wieder annihilieren (Superversetzungen).

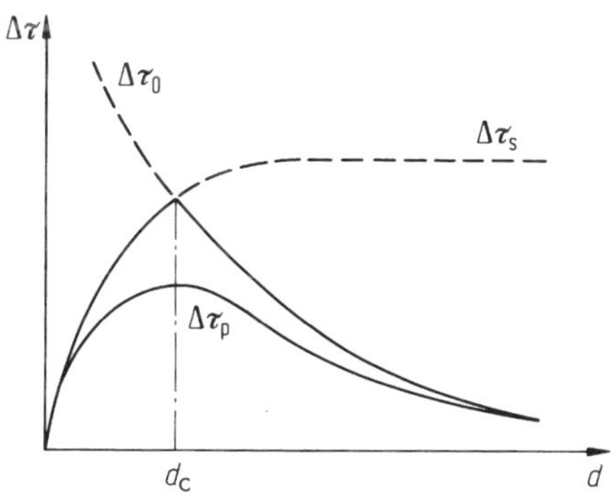

14.8

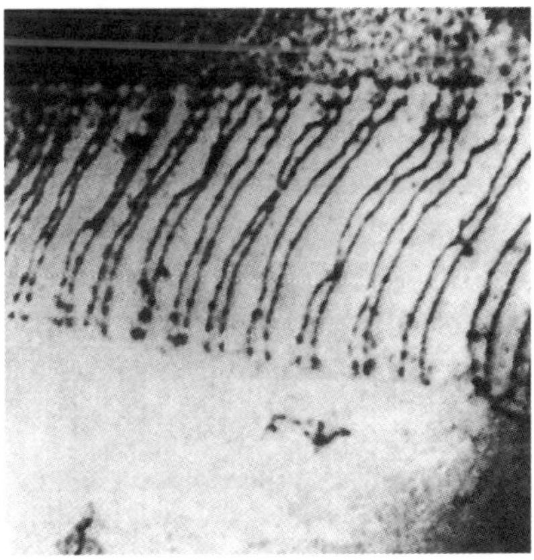

14.9

Abb. 14.8. Erhöhung der kritischen Schubspannung durch verschiedene Versetzungsmechanismen abhängig von Teilchengröße d. $\Delta\tau_u$ = Umgehung der Teilchen, $\Delta\tau_s$ = Schneiden der Teilchen, $\Delta\tau_p$ = Schneiden geordneter Teilchen durch Versetzungspaare

Abb. 14.9. Gleitebene in ausgehärteter Ni–Cr–Al-Legierung, die durch Bewegung von Versetzungspaaren verformt wird; elektronenmikroskopisch, Durchstrahlung (H. Gleiter)

14.3 Ausscheidungsgefüge

Bei der Besprechung der Ausscheidungsvorgänge (Kap. 9) war behandelt worden, daß das Ausscheidungsgefüge von Legierungen gekennzeichnet ist durch Teilchen stabiler oder metastabiler Kristallarten, und daß deren Verteilung stark von den im übersättigten Mischkristall vorhandenen Gitterbaufehlern abhängt (heterogene Keimbildung). Diese Einzelheiten des Gefüges müssen genau bekannt sein, wenn die daraus folgenden mechanischen Eigenschaften beurteilt werden sollen.

Aus (14.1)–(14.5) folgt, daß maximale Aushärtung bei gegebenem Volumenanteil Teilchen erwartet werden kann, wenn diese eine möglichst hohe Antiphasengrenzenergie γ oder eine geringe Teilchengröße d_c besitzen. Die wichtigste Größe ist der Teilchenabstand. *Kohärente Teilchen*, die in Aluminiumlegierungen als Guinier-Preston-Zonen (G.-P.-Zonen) bezeichnet werden, erfüllen diese Bedingungen am besten, da sie als Teilchen günstiger Größe in sehr feiner Verteilung erhalten werden können, Tabelle 14.1. Aushärtung in technischen Legierungen wird daher häufig durch kohärente Ausscheidung bewirkt (Al–Cu; Al–$ZnMg_2$; Al–Si_2Mg; Ni–Al; Fe–Cu; Cu–Be).

An den Korngrenzen scheiden sich bevorzugt nichtkohärente Phasen aus. Die einzelnen Teilchen zeigen einen hohen Widerstand gegen das Eindringen von Versetzungen. Ihre Verteilung ist aber meistens so grob und ungleichmäßig, daß sie nicht zu Aushärtung führt. Dagegen bewirkt *Korngrenzenausscheidung* häufig, daß die Legierung entlang der Korngrenze bevorzugt bricht und korrodiert (Kap. 16) (Korngrenzenversprödung, in vielen Fällen interkristalline Korrosion).

Bevorzugte Ausscheidung an Korngrenzen hat weiterhin eine an gelösten Atomen verarmte Zone zur Folge. Falls zur Härtung im Innern des Kristallits Teilchen in feiner Verteilung ausgeschieden werden sollen, entsteht durch bevorzugte Ausscheidung an Korngrenzen in der Nähe der Korngrenze eine Zone größerer Teilchenabstände und geringerer Härtung. Außerdem haben Korngrenzen einen ungünstigen Einfluß auf die Verteilung von Teilchen, deren Keimbildung mit Hilfe von Leerstellen erfolgt. Da die Korngrenzen als Leerstellensenken (Abb. 5.3) dienen, entstehen in ihrer Umgebung Zonen geringerer Teilchendichte und geringerer Festigkeit.

Derartige teilchenarme Zonen an Korngrenzen führen zu stark lokalisierter Verformung und zum Bruch des Werkstoffs bei sehr geringen makroskopischen Bruchdehnungen. Diese Art des Bruches (pseudo-interkristallin) muß von normaler interkristalliner Versprödung von Legierungen unterschieden werden, die durch Segregation von Atomen oder filmförmiger Ausscheidung einer spröden Phase verursacht wird. Gleichfalls ungünstig wirkt sich diskontinuierliche Ausscheidung (Kap. 9) aus, die an Korngrenzen beginnt und zu grober Verteilung der Teilchen führt (Abb. 9.16b). Wie aus diesen Beispielen ersichtlich, ist der Einfluß von Korngrenzen auf die Ausscheidung von großer Bedeutung für die mechanischen Eigenschaften und die Korrosionsempfindlichkeit ausgehärteter Legierungen.

Das Ausscheidungsverhalten von Legierungen kann durch Verformung des metastabilen Mischkristalls vor der Alterung beeinflußt werden. *Keimbildung an Versetzungen* führt zu Teilchen, deren Verteilung von der Versetzungsdichte abhängt (Abb. 9.7). Die Verfestigung des übersättigten Mischkristalls durch plastische Verformung und die Aushärtung bei nachfolgendem Altern sind deshalb nicht additiv, wenn der Ausscheidungsvorgang durch Versetzungen beeinflußt wird. Von der Keimbildung an Versetzungen hängt es somit ab, ob durch eine Kombination mechanischer Verfestigung und Aushärtung (eine Möglichkeit der thermomechanischen Behandlung) hohe Festigkeit erzielt werden kann.

14.4 Aushärtbare Aluminiumlegierungen

Die technische Verwendung von Aluminium für Zwecke, bei denen eine Zugfestigkeit von etwa 200 bis 600 MPa verlangt wird, ist erst durch die Entdeckung der Aushärtung möglich geworden. Durch Aushärtung kann die Streckgrenze eines Aluminiummischkristalls auf das Mehrfache erhöht werden. Dadurch wird ein Werkstoff mit einem günstigen Verhältnis von Streckgrenze zu Gewicht erzielt, eine technische Eigenschaft, die z.B. im Flugzeugbau wichtig ist. Die am frühesten entwickelten aushärtbaren Aluminiumlegierungen beruhen auf dem System Al–Cu (Abb. 14.1) und haben Kupfergehalte von 3–5 Masse-%. Im Gleichgewicht bei Raumtemperatur treten der aluminiumreiche Mischkristall und die Verbindung Al_2Cu (Θ) auf. Beim Altern bei niedriger Temperatur bilden sich mehrere metastabile Phasen, die in Tabelle 14.1 aufgeführt sind.

Die aushärtende Wirkung von Guinier-Preston (G.-P.)-Zonen beruht darauf, daß sich diese Teilchen kohärent in der Matrix in sehr feiner Verteilung bilden können, während sich Θ-Teilchen in gröberer Verteilung und meist an Korngrenzen bilden. G.-P.-Zonen I und Θ''-Phase bilden sich nur unterhalb 200 °C. Teilchen der Θ-Phase führen nur zu Aushärtung, wenn sie sich in feiner Verteilung durch direkten Übergang $\Theta'' \rightarrow \Theta'$ bilden. An Versetzungen gebildete Θ'-Teilchen bewirken wegen ihrer ungleichmäßigen Verteilung keine starke Aushärtung.

Infolge des niedrigen Schmelzpunktes des Aluminiums und der durch das Abschrecken von der Homogenisierungstemperatur T_H erhaltenen großen Zahl von Leerstellen ist die Diffusion des Kupfers und damit die Ausscheidung schon

Tabelle 14.2. Beispiele für Al-Knetlegierungen

	Cu	Mg	Zn	Si	Li	R_m MPa	$R_{p0,2}$ MPa
AlCuMg	3,5 … 4,8	0,4 … 1	–	–	–	400	270
AlZnMg	–	1,4 … 2,8	4,5	–	–	360	280
AlMgSi	–	0,6 … 1,4	–	0,6 … 1,3	–	320	260
AlLiCu	1,5	–	–	0,05	3,0	450	310

bei Raumtemperatur möglich. Es bilden sich deshalb G.-P.-Zonen I in abgeschreckten Legierungen beim Altern bei Raumtemperatur, so daß je nach Legierung nach einigen Stunden oder Tagen das Maximum der Festigkeit (Streckgrenze, Härte) erreicht ist. Beim Altern zwischen 100 und 200 °C finden die Übergänge G.-P.-Zonen I $\rightarrow \Theta''$ und $\Theta'' \rightarrow \Theta'$ statt, die zu weiterer Erhöhung der Festigkeit (durch Ordnung in der Kristallstruktur der Teilchen) führen.

Außer den Aluminium-Kupfer-Legierungen finden zwei weitere aushärtbare Legierungstpyen technische Anwendung, die in der Nähe der quasibinären (Kap. 4) Systeme Al–$MgSi_2$ und Al–Mg_2Zn liegen. $MgSi_2$ und Mg_2Zn sind die Gleichgewichtsphasen. Durch Aushärtung der Legierung vom Typ Al–Mg_2Zn werden die höchsten Festigkeitswerte in Aluminiumlegierungen erreicht. Die Aushärtung beruht wiederum nicht auf Ausscheidung der Gleichgewichtsphasen, sondern kommt durch feinverteilte, metastabile Teilchen zustande. Im System Al–Zn–Mg sind die Teilchen kugelförmig und enthalten Al-, Zn- und Mg-Atome in geordneter Anordnung. Dazu kommen neuerdings die Li-haltigen Legierungen. Die technischen Legierungen der drei Legierungsgruppen haben die in Tabelle 14.2 angegebenen Zusammensetzungbereiche (in Masse-%, Rest Al) und Eigenschaften. Technische Verwendung finden Aluminiumlegierungen nie als binäre oder quasibinäre Legierungen. Sie enthalten neben den üblichen Verunreinigungen, vor allem an Fe und Si, immer noch weitere Elemente, die in geringen Mengen zugesetzt werden, um bestimmte Wirkungen zu erzielen:

a) Verhinderung von Kornwachstum durch Segregation oder Ausscheidung an Korngrenzen;
b) Verringerung der Neigung der Legierung zu Spannungskorrosion;
c) Beeinflussung von Teilchenverteilung und Wachstum durch Wechselwirkung mit Leerstellen;
d) Beeinflussung von Stabilität und Kristallstruktur der G.-P.-Zonen.

Seit einigen Jahren wird versucht, die Aluminiumlegierungen auf zwei Wegen deutlich zu verbessern. Al–Li-Legierungen besitzen durch Zumischen der Li-Atome ein deutlich geringeres spezifisches Gewicht als die bisherigen Legierungen. Zusätzlich steigt auch der E-Modul an, und die Aushärtbarkeit ist beträchtlich. Falls diese Legierungen zu technischer Reife gelangen, bestehen gute Chancen für ihre Verwendung im Flugzeugbau. Bei dem zweiten Weg werden konventionelle Legierungselemente benützt; neu ist das Herstellungsverfahren. Die Legierung wird aus dem flüssigen Zustand als feines Pulver bei sehr schneller Abkühlung hergestellt. Anschließend erfolgt die Verdichtung meist durch Strangpressen. Das sehr feindispersive, gleichmäßige Gefüge mit hohem Volumenanteil der Teilchen führt zu deutlicher Verbesserung der mechanischen Eigenschaften, verglichen mit den schmelzmetallurgisch hergestellten Legierungen.

14.5
Weitere aushärtbare Nichteisenmetall-Legierungen

In den meisten Legierungssystemen tritt bei bestimmten chemischen Zusammensetzungen eine abnehmende Löslichkeit mit sinkender Temperatur auf. Damit ist die Voraussetzung für Ausscheidungshärtung erfüllt. Einige dieser Legierungen haben technische Bedeutung und sollen hier kurz erwähnt werden.

Mg-Legierungen. Sie bieten Vorteile wegen ihrer sehr geringen Dichte (Kap. 11). Sowohl die Guß- als auch die Knetlegierungen müssen ausgehärtet werden, um eine Festigkeit zu erreichen, die derjenigen der Al-Legierungen nahekommt. In allen Fällen ist die Ausscheidung einer metastabilen oder stabilen intermetallischen Verbindung die Ursache der Aushärtung wichtiger binärer Legierungen mit Al und Mg. Die technischen Legierungen enthalten weitere Elemente, insbesondere Zr, das sich schon aus der Schmelze ausscheidet, und durch heterogene Keimbildung der Mg-Mischkristalle zu feinem Korn führt (Abb. 11.16).

Eine Knetlegierung, deren Bedeutung zunehmen wird, beruht auf dem System Mg–Li (Abb. 14.10). Die krz-β-Phase ist leicht umformbar, „superleicht" ($\rho < 1{,}5\ \mathrm{gm^{-3}}$) und kann ausgehärtet oder als Duplexgefüge hergestellt werden.

Ti-Legierungen. Wegen der strukturellen Phasenumwandlung des reines Ti (Kap. 9) können ebenfalls krz- und hdP-Legierungen hergestellt werden. Beide Phasen sind durch Zusätze dritter und weiterer Legierungselemente wiederum

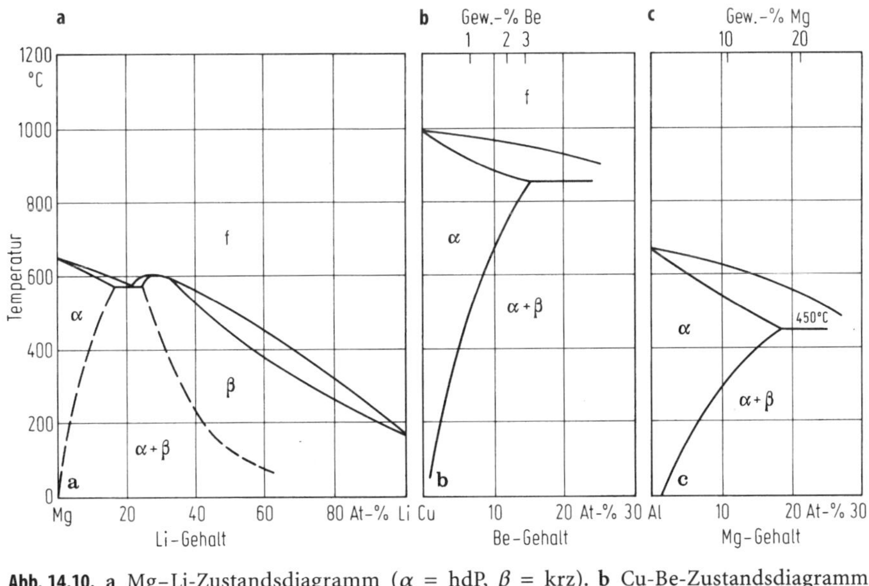

Abb. 14.10. a Mg–Li-Zustandsdiagramm (α = hdP, β = krz). **b** Cu-Be-Zustandsdiagramm (α = kfz, β = krz-geordnet). **c** Al–Mg-Zustandsdiagramm. Die größte Löslichkeit für Mg in Al beträgt 18 At.-% bei 450 °C

aushärtbar. Am häufigsten verwendet (im Flugzeugbau) wird eine hdP-Legierung mit folgender Zusammensetzung: Ti + 6 Masse-% Al + 4 Masse-% V). Mit ihr kann die Streckgrenze hochfester Stähle ($R_p \approx 1800$ MPa) erreicht werden.

Cu-Legierungen. Viele Messing- und Bronzelegierungen sind sowohl im krz-β-Zustand, aber auch als kfz-α-Phase aushärtbar (Kap. 4, Abb. 4.13). Eine abnehmende Löslichkeit für Be in Cu erlaubt die Aushärtung der „Berylliumbronzen". Die Härtung kann so stark sein, daß diese Legierung als Werkzeugwerkstoff Verwendung findet, wenn – wegen Explosionsgefahr – ein funkenfreies Arbeiten erforderlich ist.

Das Beispiel der Optimierung von elektrischer Leitfähigkeit σ und Festigkeit (R_m) zeigt Möglichkeiten und Grenzen auf, um mit Hilfe von Dispersionsgefügen günstige technische Eigenschaften (Kap. 1) zu erzielen. Für frei hängende Leitungen wird gefordert: R_m = max, σ = max (Abb. 14.13c).

Die Forderung R_m = max wird erfüllt über einen mit kleinen Teilchen (GP-Zonen) ausgehärteten Mischkristall. Die Leitfähigkeit σ eines Mischkristalls ist jedoch gering (Kap. 6). Sie wäre am größten für ein Reinstmetall, dessen Festigkeit aber wiederum sehr klein ist. Der Kompromiss besteht in den feinstverteilt harten Teilchen (s. intermetallische Verbindungen). Die Herstellung dieser Werkstoffe erfolgt entweder pulvermetallurgisch (Kap. 13) oder durch eine Ausscheidungsreaktion, durch die der ursprünglich übersättigte Mischkristall ausreichend „gereinigt" wird: Beispiel Al + (SiGe)-Teilchen = $\alpha + \beta$ (Abb. 14.13c).

14.6 Dispersionshärtung

In der Literatur findet sich häufig der Begriff „Dispersionshärtung", besonders dann, wenn eine Teilchendispersion nicht durch einen Ausscheidungsvorgang entstanden ist. Im Rahmen dieser Betrachtung ist Ausscheidungshärtung $\equiv$ Aushärtung eine spezielle Untergruppe der Dispersionshärtung.

Die Ursache für die Härtung (Wechselwirkung von Versetzungen mit Teilchen) ist die gleiche bei Ausscheidungs- und Dispersionshärtung. Der zuletzt genannte Begriff wird verwendet, wenn die zweite Phase nicht aus einem übersättigten Mischkristall entstanden ist, sondern z.B. durch Primärkristallisation aus der Schmelze (Kap. 11), durch innere Oxidation (d.h. durch Reaktion mit O-Atomen, die während des Glühens eindiffundieren) sowie durch pulvermetallurgische Verfahren und mechanisches Legieren (Kap. 13). Eine besondere Legierungsgruppe als „Cermets" bezeichnet. Sie enthält eine Dispersion keramischer Teilchen (Oxyde, Nitride, Boride) in metallischer Grundmasse. Sie werden meist als warmfeste oder verschleißbeständige Werkstoffe verwendet.

Für die Analyse der Eigenschaften von Dispersionslegierungen ist die Herstellungsmethode von geringerer Bedeutung als die Größe der dispergierten Teilchen (Abb. 14.2, Tab. 14.3). Für die Berechnung der Eigenschaften ist zu entscheiden, ob es sich um ein „feines" oder „grobes" Gefüge handelt (Kap. 5 und 6). Im ersten Fall muß die Versetzungsmikromechanik angewandt werden, wenn

Tabelle 14.3. Kritische Größe von Teilchen d_c in α-Fe für den Übergang Schneiden → Umgehen

Disp. Phase	Kristall-struktur	Schubmodul MPa · 10^3	Antiphasengrenz-energie mJ m^{-2}	Kohärenz	Krit. Durchmesser nm
C	Diamant	1200	–	–	1
TiC	NaCl	210	–	–	3
Cu	kfz	46	–	–	14
Fe_3Al	krz	–	100	+	> 100

mechanische Eigenschaften wie Streckgrenze oder Bruchdehnung analysiert werden sollen. Sind Teilchen und deren Abstände so groß, daß sich nach Gleichung 14.2-4 keine nennenswerte Härtung ergibt, gelten die Mischungsregeln der grobzweiphasigen Legierungen (Kap. 6, 7). Die Werte für Dispersionsgefüge liegen dabei zwischen den Fällen „Parallel- und Reihenschaltung“ wie sie für Faserverbundwerkstoffe und Schichtverbunde abgeleitet worden sind (Abb. 6.23 und 14.13).

14.7 Teilchen in warmfesten Legierungen

Bei den meisten Legierungen nimmt die Warmfestigkeit infolge thermischer Aktivierung der plastischen Verformung mit zunehmender Temperatur ab (Kap. 7). Für gleichbleibende Belastung wird diese Eigenschaft als Zeitdehngrenze oder Zeitstandfestigkeit bezeichnet und gemessen (Kap. 7). Die Ursache ist das Kriechen, d.h. eine zeitabhängige plastische Verformung, die durch das Klettern von Versetzungen und das Gleiten von Korngrenzen verursacht wird (Kap. 8). Die absolute Temperatur T_{kr}, oberhalb der mit Kriechen zu rechnen ist, hängt von der Schmelztemperatur ab: $T_{kr} \approx 2/5\, T_{kf}$, für Stahl > 350 °C, für Aluminium > 100 °C. Außer von der Schmelztemperatur hängt die Kriechfestigkeit noch über den Selbstdiffusionskoeffizienten von der Kristallstruktur und von den verschiedenen Elementen des Gefüges ab (Kap. 8). Abbildung 14.11 zeigt die Aktivierungsenergien für das Kriechen für verschiedene Metalle. Diese bestimmen die Temperaturabhängigkeit der Kriechgeschwindigkeit $\dot{\varepsilon}$.

$$\frac{d\varepsilon}{dt} = \dot{\varepsilon} = A\sigma \exp(-Q/RT). \tag{14.7}$$

In der vereinfachten Form von (7.26) enthält der empirische Faktor A auch den Einfluß des Gefüges. Aus Kap. 7 folgt, daß ein grobkörniges Gefüge und fein verteilte Teilchen einer zweiten Phase eine geringe Kriechgeschwindigkeit begünstigen. Ein derartiges Gefüge wird bei allen warmfesten Legierungen angestrebt (Abb. 14.6). Ein feinkörniges Gefüge kann nur toleriert werden, wenn die Korngrenzen durch Teilchen am Abgleiten gehindert werden, wie in Nickel-

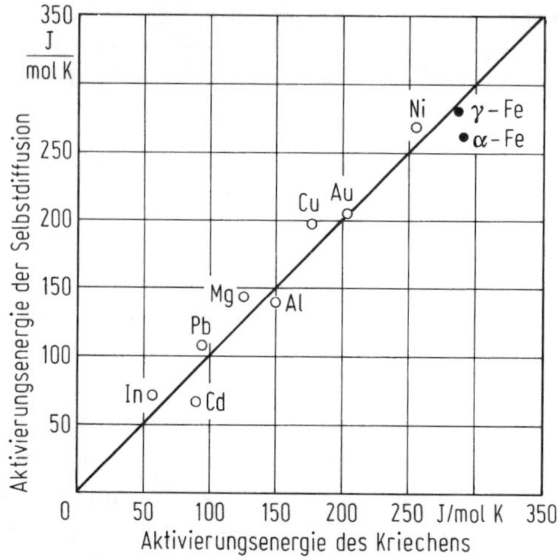

Abb. 14.11. Zusammenhang von Schmelztemperatur und Aktivierungsenergie für Selbstdiffusion (Kap. 8) und für Kriechen

Superlegierungen mit Karbiden oder Oxiden. Der umgekehrte Weg ist, einen Werkstoff ohne Korngrenzen, d.h. einen Einkristall herzustellen. Dieser Weg hat zu erfolgreicher Entwicklung von Schaufeln für Gasturbinen aus Nickellegierungen geführt. Schließlich kann noch die Gefügeanisotropie ausgenützt werden. Durch gerichtete eutektische Erstarrung (Kap. 11) werden Fasern erzeugt, die, parallel zur Richtung der mechanischen Beanspruchung liegend, eine starke Verbesserung der Warmfestigkeit bewirken (Ni–TaC-Legierungen).

Ein weiteres wichtiges Problem warmfester Legierungen ist die Stabilität des Gefüges. Die Kriechgeschwindigkeit ist umso geringer, je kleiner der Abstand S_T der Teilchen ist, die umklettert werden müssen. Die folgende Gleichung enthält die Orowan-Spannung σ_U (14.4) oder den Teilchenabstand S_T

$$\dot{\varepsilon} = A^* \left(\frac{\sigma}{\sigma_U}\right) \sigma \exp\left(-\frac{Q_{KR}}{RT}\right) = A^* \sigma^n S_T \exp\left(-\frac{Q_{KR}}{RT}\right). \tag{14.8}$$

Während des Kriechversuchs nimmt der Abstand S_T infolge Teilchenvergröberung zu und damit auch die Kriechgeschwindigkeit. Besonders geeignet sind deshalb Teilchen, die aus Atomarten bestehen, die im Grundgitter möglichst wenig löslich sind. Die Warmfestigkeit der einzelnen Legierungsgruppen nimmt mit der Aktivierungsenergie für Selbstdiffusion zu (Abb. 14.11).

Neben den warmfesten Stählen liefern Legierungen auf der Grundlage von Ni die wichtigsten hochwarmfesten Werkstoffe. Tabelle 14.4 gibt die chemische Zusammensetzung einiger Legierungen an. Ihr Gefüge besteht aus einem kohärenten Gemisch aus ungeordneten Kristallen der γ-Phase mit geordneten Ausscheidungen der γ'-Phase mit Überstruktur vom Cu_3Au-Typ.

Die Ursache für die besonders hohe Warmfestigkeit dieser Legierungen ist ein bemerkenswertes Verhalten der Versetzungen in derartigen kohärenten Phasengemischen (Abb. 14.4, 14.5). Die Erhöhung der Streckgrenze durch ein-

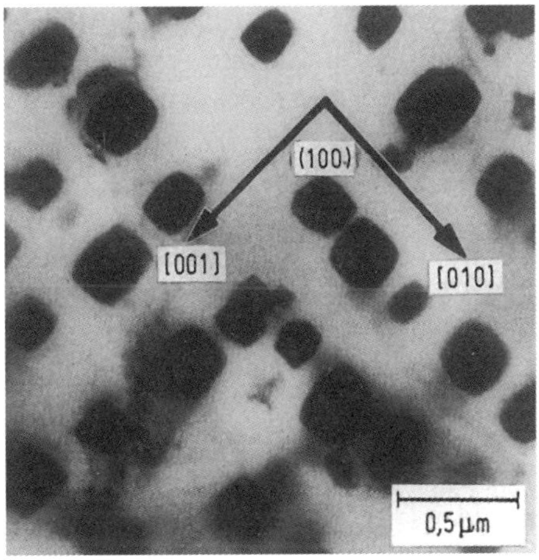

Abb. 14.12. Gefüge einer Superlegierung: Ni + 13 At.-% Al, kohärentes Phasengemisch $\gamma + \gamma'$

Tabelle 14.4. Zusammensetzung und Verwendungstemperatur einiger ausscheidungsgehärteter Nickel- und Eisenlegierungen

Bezeichnung	Zusammensetzung Masse-%								T 'C für
	C	Cr	Ni	Fe	Co	Mo	Al	Ti	$\sigma_{B.100} = 140\ \mathrm{Nmm}^{-2}$
X 5 NiCrTi 2615	< 0,1	15	26	R	–	1,5	0,3	2	780
NiFeCr12Mo	< 0,1	12,5	R	34	1	6	0,3	3	825
NiCr19CoMo	< 0,1	19	R	5	11	10	1,5	3	880
NiCr18Co	< 0,15	18	R	4	18	4	3	3	930
NiCr15Co	< 0,1	15	R	–	18	5	4,3	3,5	960

zelne schneidende Versetzungen wurde in (14.5) beschrieben. Falls jedoch eine zweite Versetzung auf die erste folgt, wird ein Teil der Energie der dabei entstandenen Antiphasengrenze, $\Delta\gamma_{APG} \equiv \Delta\gamma$, wiedergewonnen. Versetzungspaare sind leichter beweglich:

$$\Delta\tau_{ST} = \frac{\pi d_T}{4 b S_T} \left| \gamma - \Delta\gamma \right|. \tag{14.9}$$

Bei erhöhter Temperatur ($0 < \Delta\gamma < \gamma$) tritt eine Entkopplung der Versetzungen durch diffusionsbedingtes Auswandern der Antiphasengrenze auf. $\Delta\gamma$ nimmt ab mit zunehmender Temperatur. Deshalb gilt (14.9) für tiefere Temperaturen, (14.5) für hohe Temperaturen. Daraus folgt wiederum, daß der Widerstand gegen plastische Verformung mit zunehmender Temperatur zunehmen muß, bis bei sehr hoher Temperatur infolge zunehmender Löslichkeit der Volumenanteil der Teilchen abnimmt: $f_{Tmax} > f_T > 0$. Hochwarmfeste Werkstoffe, insbesondere Ni-Legierungen, deren Warmfestigkeit auf der Ausscheidung einer

γ'-Phase und dem geschilderten Härtungsmechanismus beruht, werden als „Superlegierungen“ bezeichnet. Eine zusätzliche Dispersion inkohärenter Teilchen hat den Zweck, auch bei Temperaturspitzen, bei denen sich die kohärenten Teilchen auflösen, noch für eine gewisse Warmfestigkeit zu sorgen (ODS-Legierungen: Oxide Dispersion Strengthening).

Zum Abschluß des Kap. 14 wird in Abb. 14.13 noch einmal eine Übersicht über die Möglichkeiten der Ausscheidungs- und Faserhärtung gegeben. Die Legierungen für Freileitungen liefern ein Beispiel für Maximierung von Festigkeit und Leitfähigkeit (s. S. 262).

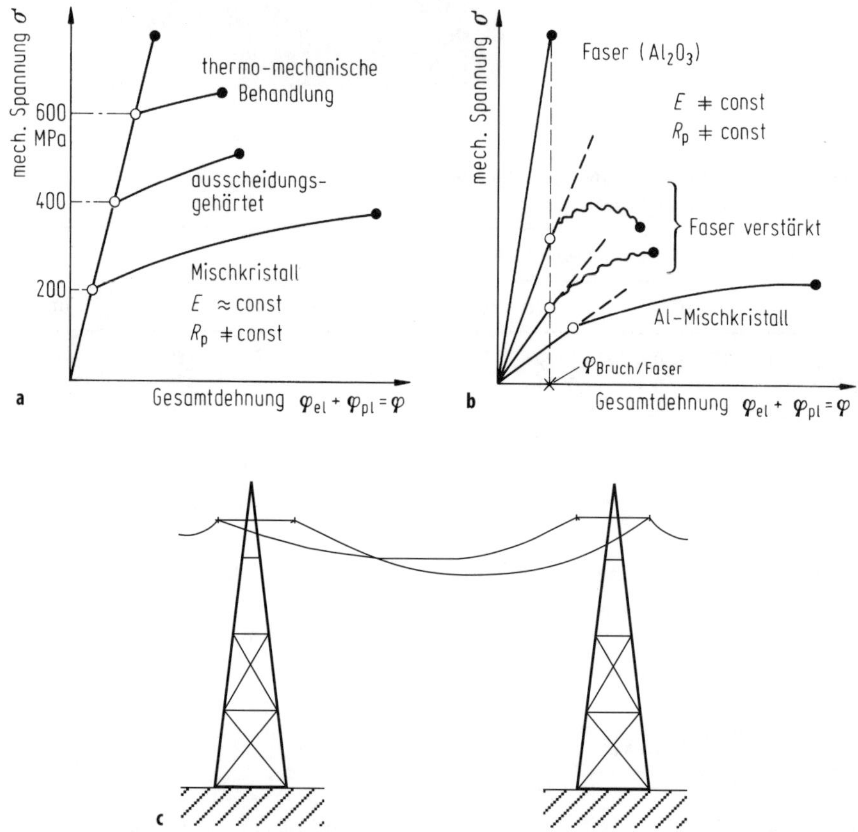

Abb. 14.13. Übersicht über Härtungsmöglichkeiten von Metallen an Hand von Spannungs-Dehnungs-Diagrammen, Beispiel Aluminium. **a** Wärmebehandlung und thermomechanische Behandlung; **b** Faserverstärkung; Versagen beginnt durch Bruch der Fasern. **c** Freileiter: Optimum aus elektrischer Leitfähigkeit und Zugfestigkeit durch Dispersionshärtung von Al oder Cu (Tabelle 7.4)

Literatur

Hardy HK, Heal TJ (1954) Report on Precipitation. Aus: Progr in Metals Physics. Pergamon Press, London
Kelly A, Nicholson RB (1964) Precipitation Hardening. Pergamon Press, London
Altenpohl D (1965) Aluminium und Aluminiumlegierungen. Springer, Berlin
Speich GR, Clark JB (eds) (1965) Precipitation from Iron Base Alloys. Gordon and Breach, New York
Betterridge W (1980) The Niminoc Alloys. 2nd edn. Arnold, London
Fine ME (1964) Phase Transformations in Condensed Systems. MacMillan, New York
Sims T, Hagel WC (eds) (1972) The Superalloys. John Wiley, New York
Sahm PR, Speidel MO (eds) (1974) High Temperature Materials in Gas Turbines. Elsevier, Amsterdam
Davis JR (ed) (1996) Aluminium and Al-alloys. MAT PARK, OH, ASM
Yamazaki M (1992) Design and Development of Ni-base superalloys and Ti-alloys. Tokyo, NRIM Spec Rep No 92-01
Nembach E (1997) Particle Strengthening of Metals and Alloys. John Wiley, New York

KAPITEL 15

Stähle

Als Stähle werden praktisch alle verformbaren technischen Legierungen des Eisens bezeichnet. Die größte Gruppe stellen die Eisen-Kohlenstoff-Legierungen (Kohlenstoffstähle) mit herstellungsbedingten Begleitelementen und geringen Gehalten an Legierungselementen dar: Grund- und Qualitätsstähle. Ihre Bedeutung beruht wirtschaftlich auf ihrer großen Verbreitung als wichtigster metallischer Konstruktionswerkstoff, den relativ geringen Herstellungs- und Verarbeitungskosten, der nahezu vollständigen Rezyklierbarkeit (Schrottkreislauf), metallkundlich und technisch auf der Vielfalt der Phasengleichgewichte und -umwandlungen des Eisens und seiner Legierungen und der dadurch erzielbaren Eigenschaften. Weitere wichtige, aber kleinere Werkstoffgruppen stellen die austenitischen und die ferritischen legierten Stähle dar, deren Struktur und Gefüge primär von den stabilen oder metastabilen Substitutions-Mischkristallphasen des Eisens bestimmt werden. Nach Anwendungen kann man die Stähle auch grob in Baustähle, Werkzeugstähle, chemisch beständige Stähle und Stähle mit besonderen physikalischen Eigenschaften einteilen.

15.1 Legierungsgruppen und Gleichgewichtssysteme

Die Grundlage der Kohlenstoffstähle ist das Fe–C-Phasendiagramm im metastabilen Gleichgewicht mit dem Eisenkarbid Zementit Fe_3C, Abb. 15.1. Nach der Kohlenstoffkonzentration unterscheidet man unter- und übereutektoide Stähle: $\lesssim 0{,}8\,\%$ C[1]; die Grenze zwischen Stählen und Gußeisen ist durch die maximale Löslichkeit des Kohlenstoffs im γ-Eisenmischkristall (Austenit) gegeben: $\lesssim 2\,\%$ C. Je höher der Gehalt an zusätzlichen Legierungselementen ist, umso stärker sind die Abweichungen vom binären Eisen-Kohlenstoff-System und seinem Umwandlungsverhalten.

Für die kfz austenitischen Stähle sind vor allem die Fe–Ni- und die Fe–Ni–Cr-Phasengleichgewichte maßgebend. Nickel bildet mit γ-Eisen eine lückenlose Mischkristallreihe und erniedrigt die Temperatur der γ-α-Umwandlung sehr stark. Da die Diffusionskoeffizienten im Bereich der Reaktion $\gamma \leftrightarrow (\alpha + \gamma)$ klein sind und Cr-Gehalte von $\lessapprox 10\,\%$ die Stabilität des Austenits nicht erheblich verringern, sind Fe–Ni- und Fe–Ni–Cr-Legierungen in relativ großen Konzentra-

[1] Alle Konzentrationsangaben in diesem Kapitel in Masse-%.

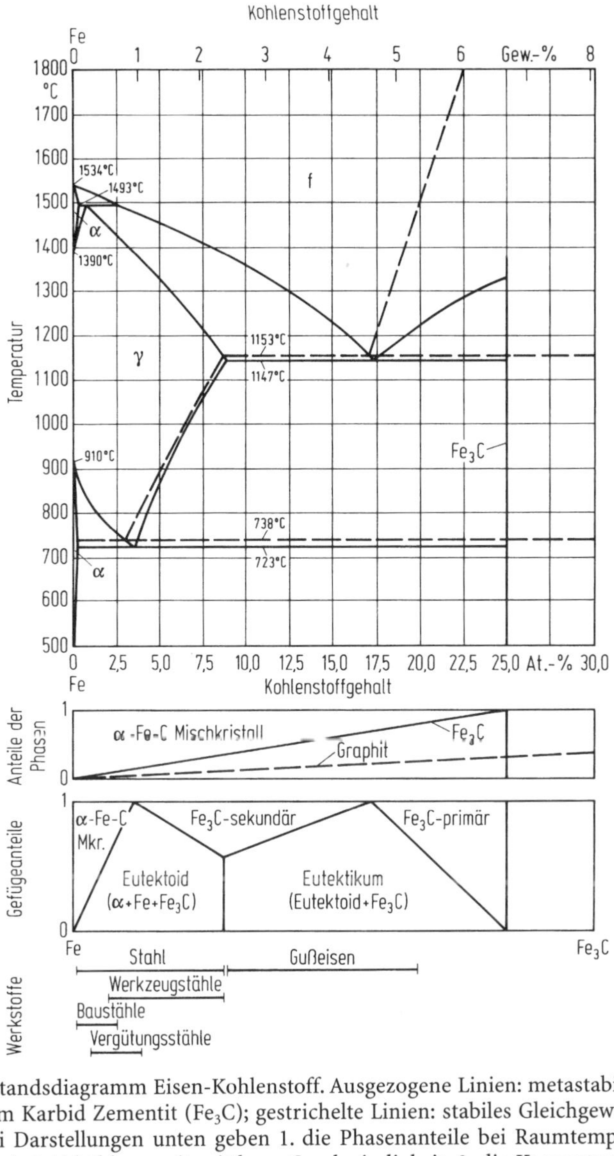

Abb. 15.1. Zustandsdiagramm Eisen-Kohlenstoff. Ausgezogene Linien: metastabiles Gleichgewicht mit dem Karbid Zementit (Fe_3C); gestrichelte Linien: stabiles Gleichgewicht mit Graphit. Die drei Darstellungen unten geben 1. die Phasenanteile bei Raumtemperatur, 2. die Gefügeanteile bei Abkühlung mit mittlerer Geschwindigkeit, 3. die Konzentrationsbereiche der wichtigsten Stahlgruppen wieder

tionsbereichen austenitisch, d.h. als kfz Mischkristalle bei Raumtemperatur stabil oder metastabil.

Ferritische nichtrostende Stähle, die durch ihre krz Struktur gekennzeichnet sind, lassen sich am Beispiel des Fe-Cr-Phasendiagramms (Abb. 15.2a) erläutern, da Cr das wichtigste Legierungselement dieser Gruppe ist, das γ-Gebiet reicht nur bis zu Cr-Gehalten von 13,3%; der krz α-Mischkristall, d.h. der Ferrit

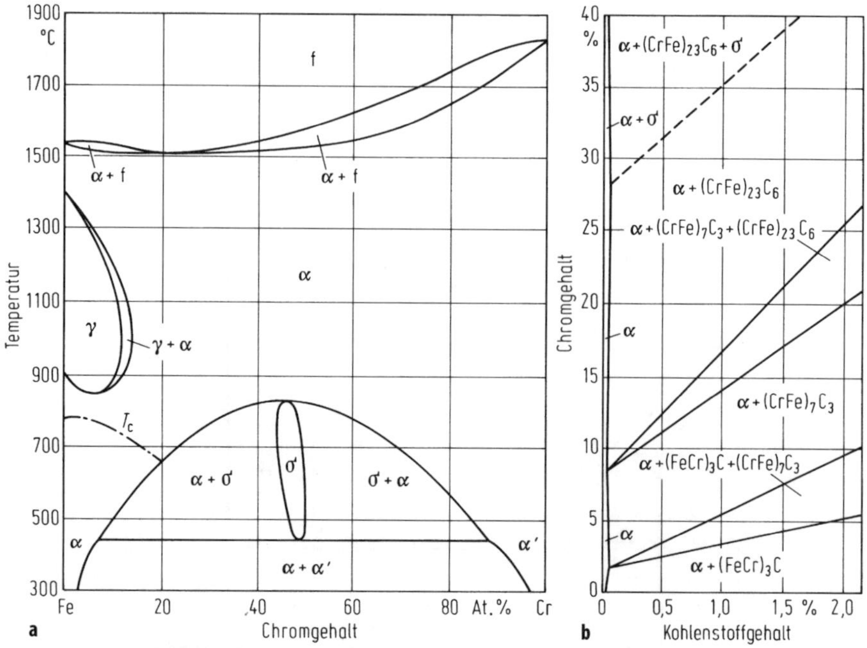

Abb. 15.2. a Zustandsdiagramm Eisen-Chrom. b Isothermer Schnitt (ca. 500 °C) durch das Zustandsdiagramm Eisen-Chrom-Kohlenstoff

dominiert dementsprechend auch bei weiteren Legierungszusätzen. Aus dem Gleichgewichtssystem geht hervor, daß bei mittleren Temperaturen die σ-Phase gebildet wird. Im gleichen Bereich tritt dann bei $T \leq 440\,°C$ eine Mischungslücke auf. Der Entmischungsvorgang führt auf ein kohärentes Phasengemenge. Dieses und die Bildung der σ-Phase selbst können Versprödung bewirken. Deshalb muß der Bereich der σ-Phase und der Mischungslücke in ferritischen Stählen stets berücksichtigt werden. Das Dreistoffsystem Fe–Cr–C ist ein typisches und wichtige Beispiel für die Grundlage legierter Stähle mit dem Auftreten zahlreicher Karbide, Abb. 15.2b. Andere wichtige Gruppen ferritischer Stähle sind die Fe–Si- und Fe–Co-Legierungen, die vor allem ihrer magnetischen Eigenschaften wegen eingesetzt und deshalb in Kap. 16 behandelt werden.

15.2 Umwandlungen, Gefüge, mechanische Eigenschaften

Die Umwandlungen in Stählen, insbesondere in Kohlenstoffstählen, umfassen praktisch alle strukturellen Phasenumwandlungen, die in Kap. 9 behandelt werden.

Ausgehend vom Austenitzustand treten in Kohlenstoffstählen beim Abkühlen hauptsächlich folgende Umwandlungen auf:

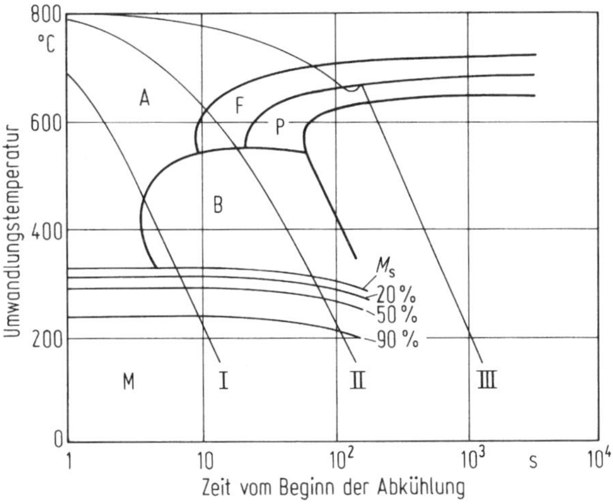

Abb. 15.3. Kontinuierliches Zeit-Temperatur-Umwandlungs(ZTU)-Diagramm eines Kohlenstoffstahls (0,38% C, 1,14% Mn, 1,05% Si). A-Austenit, F-Ferrit, P-Perlit, B-Bainit, M-Martensit (nach: Atlas zur Wärmebehandlung der Stähle), M_s Martensitbildungstemperatur

- voreutektoidische Umwandlung in Ferrit oder Zementit,
- eutektoidische Umwandlung in Perlit,
- bainitische Umwandlung,
- martensitische Umwandlung.

Es hat sich als nützlich erwiesen, den Umwandlungsverlauf in Zeit-Temperatur-Umwandlungs- (ZTU-)Diagrammen zu erfassen. Sie geben den Beginn und das Ende der Umwandlungen als Funktion der Temperatur und der Zeit an, und zwar für kontinuierliche Abkühlung mit verschiedenen Abkühlungsraten oder für isothermes Halten nach möglichst rascher Abkühlung auf die Haltetemperatur. In einem kontinuierlichen ZTU-Diagramm wird die Bildung der verschiedenen Phasen bzw. Phasengemenge längs der Abkühlungskurven, z.B. I, II, III in Abb. 15.3, eingetragen. In dem dargestellten Fall ist ersichtlich, daß das Gefüge durch die Wahl verschiedener Abkühlkurven völlig verschiedene Mengenanteile an Ferrit, Perlit, Bainit und Martensit enthalten kann. Die C-förmigen Kurven ergeben sich aus der prinzipiellen Temperaturabhängigkeit der Keimbildungs- und Wachstumskinetik diffusionsbestimmter Phasenumwandlungen, wie sie in Kap. 9 behandelt wird. Die ZTU-Diagramme werden aus einer Kombination von Meßdaten mit thermischer Analyse, magnetischer Analyse (Ferritmengenanteil), Dilatometrie und einer Gefüge- und Härtebestimmung im Stirnabschreckversuch (Jominy-Test) ermittelt. Hierzu wird eine zylindrische Probe auf Austenittemperatur gebracht und dann an einer Stirnseite durch einen Wasserstrahl abgekühlt (Abb. 15.4). Durch die Geometrie der Anordnung und die Wärmeleitfähigkeit der Probe ist eine von der Abschreckfläche bis zum entgegengesetzten Probenende abfallende Abkühlgeschwindigkeit gegeben. Die unterschiedlichen Gefüge und Härtewerte längs der Probe können damit in das kontinuierliche ZTU-Diagramm übertragen werden. Die isothermen ZTU-Diagramme werden durch entsprechende Messungen und Untersuchungen, zum Teil durch Abschrecken nach verschiedenen Haltezeiten, ermittelt. Im kontinuierlichen ZTU-Diagramm tritt die martensitische Umwandlung vor Beginn

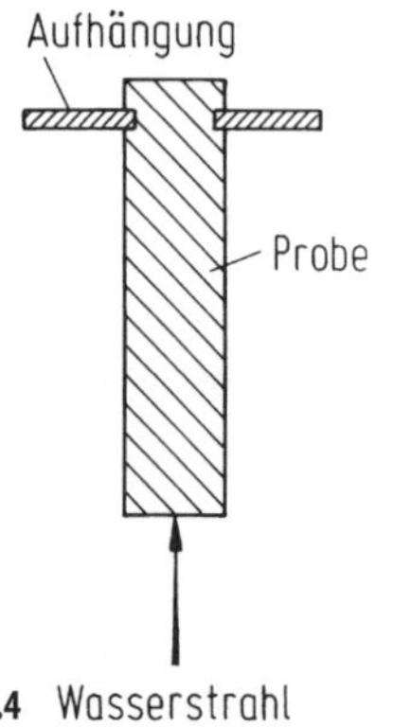

15.4

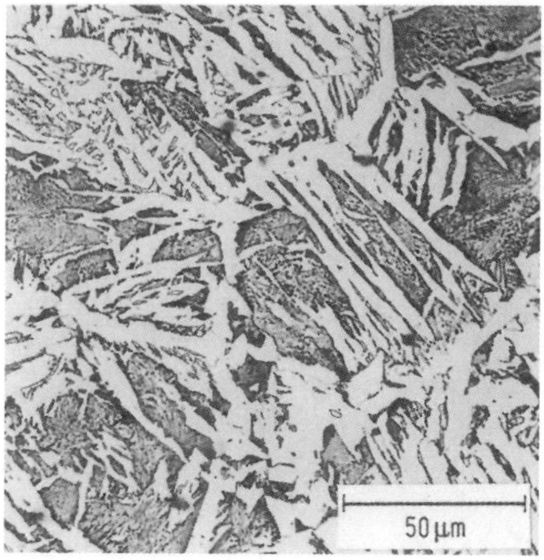

15.5

Abb. 15.4. Jominy-Stirnabschreckversuch zur Untersuchung des Endzustands eines Stahls nach der Umwandlung bei verschiedenen Abkühlgeschwindigkeiten entlang einer Probe

Abb. 15.5. Ferrit in Widmannstättenscher Anordnung. Stahl 19Mn5, kontinuierlich von 900 °C abgekühlt (H. P. Hougardy)

der Bainitbildung durch waagerechte Geraden in Erscheinung, weil die Martensitmenge nur durch weitere Unterkühlung unter M_s zunimmt. Vor allem im isothermen ZTU-Diagramm hängt M_s von der Haltezeit bei $T > M_s$ ab, weil der C-Gehalt des Restaustenits stärker von den isothermen Umwandlungen beeinflußt wird. In der Praxis wird meist während kontinuierlicher Abkühlung, in Ausnahmefällen aber auch durch isothermes Halten umgewandelt.

Im folgenden sollen einige Umwandlungen im einzelnen behandelt werden, um ihre Bedeutung für die resultierenden Gefüge und Eigenschaften abzuleiten. Bei geringen Kohlenstoffgehalten ($\lesssim 0{,}1$ Masse-%) und höheren Abkühlgeschwindigkeiten tritt die γ-α-Umwandlung überwiegend als *massive Umwandlung* auf. Das dabei aus grobem Austenitkorn gebildete grobe Ferritkorngefüge weist sowohl wegen der hohen Korngröße als auch wegen der relativ geringen Versetzungsdichte eine geringe Streckgrenze auf.

Mit steigendem Kohlenstoffgehalt und zunehmender Abkühlgeschwindigkeit ist die γ-α-Umwandlung vorwiegend durch Keimbildung an den Korngrenzen und Wachstum des Ferrits in Plattenform gekennzeichnet, Abb. 15.5. Diese Ausbildungsform wird als Widmannstättenferrit bezeichnet und zeigt an, daß mit zunehmender Abkühlgeschwindigkeit ein Übergang von überwiegend diffusionsbestimmter Umwandlung zu einem Mechanismus mit zunehmenden Anteilen an Scherumwandlung stattfindet; damit ist eine fließende Grenze zur bainitischen Umwandlung gegeben, die in Kap. 9.5 und im übernächsten Absatz behandelt wird. Die geringe effektive Kristallitgröße und die höhere Versetzungsdichte dieser plattenförmigen Umwandlungsgefüge erhöhen im Vergleich zum massiven Ferrit die Streckgrenze und den Verfestigungskoeffizienten, wodurch andererseits die Bruchdehnung verringert wird.

Beim *Perlit* führt der mit steigender Unterkühlung abnehmende Lamellenabstand S (Abb. 9.17) entsprechend der Wirkung feinverteilter Phasen zu erhöhter Streckgrenze σ_0. Folgende Werte werden z.B. beobachtet (nach M. Gensamer et al. 1942, in einem Stahl mit 0,80% C und 0,74% Mn): für $S = 1600$ nm $\sigma_0 = 850$ Nmm^{-2}, für $S = 160$ nm $\sigma_0 = 1600$ Nmm^{-2}. Wird Perlit nach der Umwandlung weiter geglüht, so formen sich die Zementitlamellen unter Verringerung der Gesamtgrenzfläche in Kugeln um. Dieser Vorgang wird Weichglühen oder Einformen und das resultierende Gefüge körniger Perlit genannt. Ein ähnliches Gefüge entsteht auch aus stark verformtem Austenit beim Warmwalzen. Eine solche Verteilung von harter (Fe_3C-) und weicher (α-Fe-Mischkristall-)Phase wird zur Erhöhung der Umformbarkeit in Kohlenstoffstählen und – in Verbindung mit Legierungskarbiden – zur Erhöhung der Verschleißfestigkeit in Kugellagerstählen angestrebt. Körniger Perlit hat etwa die gleiche Festigkeit wie der lamellare Perlit, aus dem er entstanden ist, wenn der mittlere Abstand der Zementitkugeln den mittleren Lamellenabstand beibehält. Von der isothermen Umwandlung zu Perlit macht man bei der Zwischenglühung von Stahldrähten zur Einstellung eines günstigen Verhältnisses von Festigkeit zu Umformbarkeit während des Drahtziehens Gebrauch (Patentieren). Man führt dabei den Draht zunächst durch ein Bleibad oberhalb 720 °C, so daß Austenit entsteht, und leitet ihn von dort durch ein Bad bei 400 bis 550 °C, in dem er zu feinlamellarem Perlit umgewandelt wird, weil dieser Gefügezustand besonders gute Zieheigenschaften aufweist. Durch die zusätzliche Verfestigung beim Ziehen kann Stahldraht (0,7 – 1,0% C) auf diese Weise eine besonders hohe Festigkeit von 3000 Nmm^{-2} und mehr erreichen (Klaviersaitendraht).

In der Bainitstufe entsteht bei niedrigeren Temperaturen ($\lesssim$ 550 °C), aber konkurrierend mit der Perlitstufe, ebenfalls ein zweiphasiges Umwandlungsprodukt, der *Bainit* (Kap. 9.5). Er ist meist platten- oder spießförmig ausgebildet (Abb. 15.6) und besteht aus an Kohlenstoff übersättigtem Ferrit mit Karbidausscheidungen (Abb. 9.24). Im Bereich des „oberen Bainits" ($\gtrsim$ 450 °C) entstehen

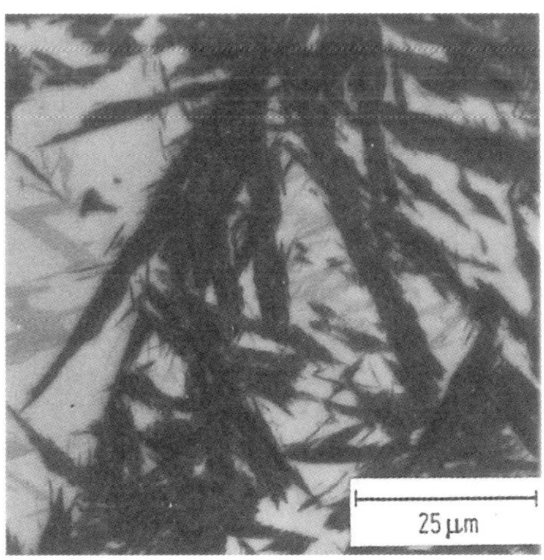

Abb. 15.6. Unterer Bainit (dunkel) in einem experimentellen Fe-1, 17% C-4, 9% Ni-Stahl. Matrix: Restaustenit mit einzelnen Martensitplatten

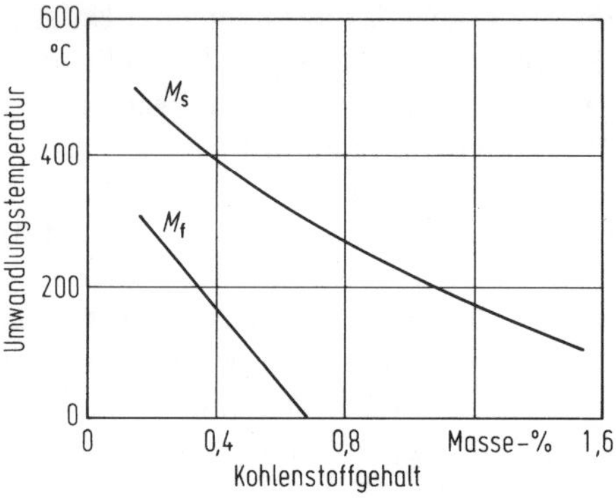

Abb. 15.7. Martensitbildungstemperatur M_s und Temperatur vollständiger Martensitbildung M_f in Fe–C-Legierungen

die Karbidausscheidungen an der Austenit Ferrit-Grenze und sind gröber, im Bereich des „unteren Bainits" werden sie feindispers im Inneren des Ferrits ausgeschieden, in Abb. 15.6 nur durch den stärkeren Ätzangriff zu erkennen. Der Bainit vereinigt drei Härtungsmechanismen: Mischkristallhärtung wegen der Übersättigung an Kohlenstoff, Versetzungshärtung wegen der hohen Versetzungsdichte durch den Umwandlungsmechanismus und Aushärtung wegen der Karbidausscheidungen, die besonders bei niedriger Bildungstemperatur sehr fein verteilt vorliegen. Die Streckgrenze, z.B. $\sigma_0 = 1000$ Nmm^{-2} bei 0,4% C, entspricht der von angelassenem Martensit. Die isotherme bainitische Umwandlung (Vergütung in der Bainitstufe) wird in technischem Maßstab u.a. bei der Massenherstellung von Kleinteilen im Durchlaufverfahren angewendet. Dabei werden die Teile zunächst in Öfen bei Austenittemperatur, dann in Ölbädern im Bereich der bainitischen Umwandlung gehalten und anschließend abgeschreckt.

Die *martensitische Umwandlung* (Kap. 9.5) ist die Grundlage der Stahlhärtung. Dazu wird der Stahl aus dem Austenitzustand so rasch abgeschreckt, daß während der Abkühlung alle diffusionsgesteuerten Umwandlungen unterdrückt werden. Diese kritische Abkühlgeschwindigkeit läßt sich dem kontinuierlichen ZTU-Diagramm des Stahls entnehmen, d.h. sie entspricht der Abkühlkurve, die gerade noch vor dem Beginns der Bainitumwandlung ausschließlich im Austenitbereich verläuft. Die Martensitbildungstemperatur, M_s, und die Temperatur, bei der die Umwandlung das ganze Volumen erfaßt hat, M_f, sind konzentrationsabhängig, s. Abb. 15.7. Bei höheren Kohlenstoffgehalten (> 0,7% C) kann nur dann eine vollständige Umwandlung erzielt werden, wenn die Probe bis unterhalb Raumtemperatur abgekühlt wird. Bei der normalen Härtung unter technischen Bedingungen bleibt in Stählen mit mehr als 0,7% C deshalb ein Teil der γ-Mischkristallphase metastabil als Restaustenit bestehen. Die Streckgrenze steigt zunächst etwa hyperbolisch und dann mit der Quadratwurzel des Kohlenstoffgehalts an, Abb. 15.8. Dies beruht auf einem Übergang von zunächst lanzettförmigem Martensit zu Martensitplatten, Abb. 15.9a und 15.9b. Der Hauptanteil der Umwandlungshärtung beruht beim Eisen-Kohlenstoffmartensit auf der Mischkristallhärtung durch die mit der Umwandlung erzwungene Übersättigung des kubisch-raumzentrierten Gitters an Kohlenstoff. Die Mischkristallhärtung ist in diesem Fall besonders wirksam, weil die eingelagerten Kohlen-

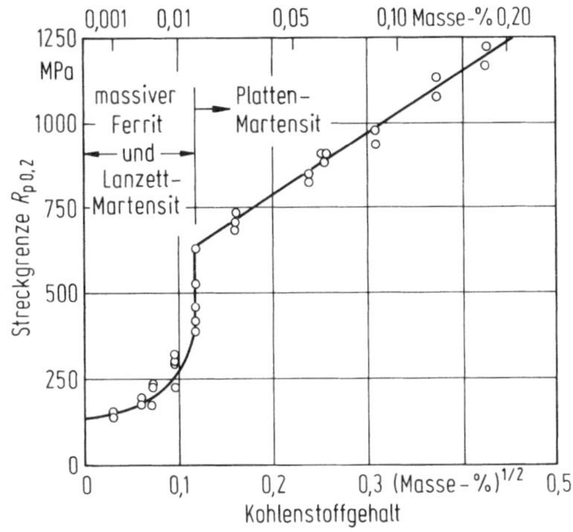

Abb. 15.8. Streckgrenze von Fe-C-Legierungen als Funktion des C-Gehalts und des Gefüges (nach G. Speich und H. Warlimont)

stoffatome das Ferritgitter stark tetragonal verzerren. Sie gelangen durch die Umwandlungsscherung auf Zwischengitterplätze auf den Würfelkanten der Elementarzelle. Einen weiteren Härtungsbeitrag ergeben die bei der Umwandlung in den Martensitkristallen durch gitterinvariante Verformung entstandenen Versetzungen, Zwillingsgrenzen und die Kristallitgrenzen, Abb. 9.22b und 15.9.

Bei der geringeren Abkühlgeschwindigkeit während des Abschreckens unter technischen Bedingungen tritt Segregation von Kohlenstoff an die Versetzungen des Umwandlungsgefüges ein, die über die Mischkristallhärtung durch Gitterfehlerhärtung hinaus durch Blockierung der Umwandlungsversetzungen zur Festigkeit des Martensits beiträgt. Die hohe Härte des Martensits im abgeschreckten Zustand ist aber technisch nicht direkt nutzbar, da das Gitter durch Umwandlungsspannungen, die örtlich bis zur Bruchspannung reichen, spröde ist.

a

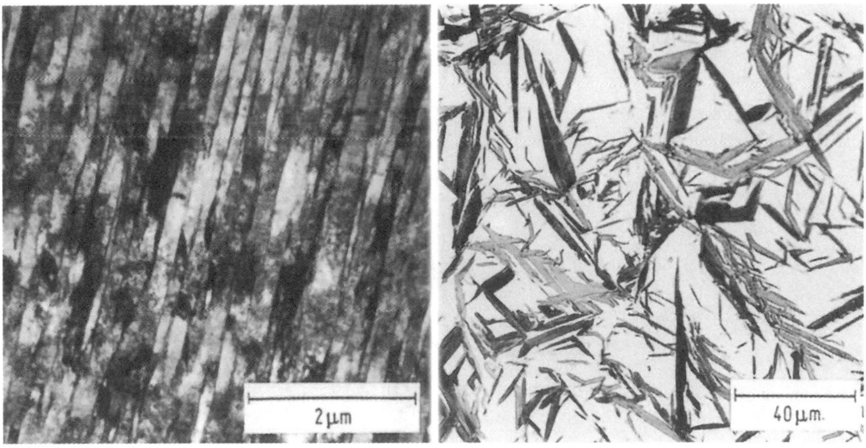

b

Abb. 15.9. **a** Lanzettmartensit, Fe-0,026 %C, rasch abgeschreckt; TEM. **b** Plattenmartensit in Austenitmatrix. Fe-0,69 %C-13 %Ni, von 1000 °C abgeschreckt (H.P. Hougardy)

Die plastische Verformbarkeit des Martensits kann jedoch durch eine isotherme Wärmebehandlung, das *Anlassen*, erhöht werden. Die zweistufige Wärmebehandlung durch Härten (Abschrecken) und Anlassen wird technisch als Vergüten bezeichnet. Das Anlassen führt durch diffusionsgesteuerte Reaktionen über Zwischenzustände zum Übergang ins Gleichgewicht. Die dabei auftretenden Vorgänge sind vom Gefüge, von der Temperatur und von der Zusammensetzung abhängig. Man kann nach der Anlaßtemperatur und den jeweils überwiegenden Vorgängen drei Anlaßstufen unterscheiden:

1. Anlaßstufe, Raumtemperatur bis etwa 200 °C: Segregation von C an Versetzungen, Ausscheidung von metastabilem ε-Karbid, Abbau innerer Spannungen;
2. Anlaßstufe, etwa 200°–400 °C: teilweise oder völlige Umwandlung des Restaustenits (wenn die Martensitumwandlung unvollständig war) in Bainit, Auscheidung von Zementit. Abnahme der C-Konzentration im verbleibenden Restaustenit;
3. Anlaßstufe, oberhalb 400 °C: Umwandlung des ε-Karbids in Zementit und weitere Ausscheidung von Zementit; nahe unterhalb der eutektoiden Temperatur: Einformung des Zementits, Erholung, Rekristallisation des Ferrits. In legierten Stählen scheiden sich Legierungskarbide aus (Abb. 15.12).

Beim Anlassen konkurrieren demnach verschiedene Vorgänge, und die Festigkeitsänderung ist aus Einflüssen verschiedener Härtungsmechanismen zusammengesetzt. Die Abnahme der Kohlenstoffkonzentration des martensitisch gebildeten Ferrits führt zur Abnahme der Mischkristallhärtung. Durch die Ausscheidung von ε-Karbid und Zementit und die Umwandlung des Restaustenits in Bainit dagegen wird die Streckgrenze erhöht. Die Kombination dieser Einflußgrößen führt in unlegierten Kohlenstoffstählen zu den in Abb. 15.10 dar-

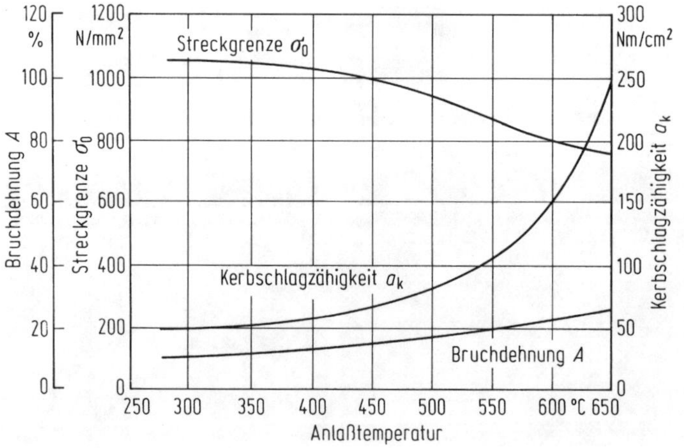

Abb. 15.10. Eigenschaftsänderungen beim Anlassen eines Kohlenstoffstahls (0,46 %C, 0,21 %Si, 0,8 %Mn)

gestellten Änderungen der mechanischen Eigenschaften beim Anlassen. Bei legierten Stählen tritt bei Anlaßtemperaturen zwischen etwa 450 und 600 °C ein Härtemaximum auf, das auf die Ausscheidung von Legierungskarbiden in feiner Dispersion zurückzuführen ist (Abb. 15.12).

15.3 Stahlsorten

Die Zahl der Stahlsorten – in Deutschland zur Zeit etwa 2500 – und die Vielfalt ihrer Gefüge und Eigenschaften sind so groß, daß hier nur ein sehr begrenzter Überblick gegeben werden kann. Die in der Technik verwendete Einteilung ist in vereinfachter Form in Tabelle 15.1 wiedergegeben.

Das Gefüge unlegierter Grund- und Qualitätsstähle besteht – insbesondere bei niedrigen Kohlenstoffgehalten (0,1 – 0,4 %) – im wesentlichen aus Ferrit und Bereichen aus lamellarem oder eingeformtem Perlit. Im geglühten Zustand sind die Mengenanteile von Ferrit und Zementit und ihre Verteilung im Gefüge für die mechanischen Eigenschaften maßgeblich. Ihre relativ schwache Abhängigkeit vom Kohlenstoffgehalt ist im wesentlichen durch den Zementitanteil bestimmt. Bei der Suche nach Möglichkeiten der Festigkeitssteigerung ohne Vergütung und ohne hohe Zusätze von Legierungselementen sind in jüngerer Zeit zwei Stahlgruppen entwickelt worden: mikrolegierte und Dualphasen-Stähle.

Die erste Gruppe ist durch Legierungszusätze von einigen 10^{-2}% Nb, Ti oder V und einigen 10^{-3}% N bei Kohlenstoffgehalten von 0,1 – 0,2 % gekenn-

Tabelle 15.1. Einteilung der Stähle[a]

Nach chemischer Zusammensetzung	Nach Güteklassen	Kennzeichen
unlegiert, Grenzgehalte[b,c]: Mn < 1,65, Si < 0,50 Cu < 0,40 Cr, Ni < 0,30 Al, Co, V, W < 0,10 Mo < 0,08, Nb < 0,06	Grundstähle Grenzgehalt[b]: < 0,10 C	nicht zur Wärmebehandlung bestimmt
	unlegierte Qualitätsstähle	zur Wärmebehandlung bestimmt
	unlegierte Edelstähle	zur Vergütung und Oberflächenhärtung bestimmt, höhere Reinheit
legiert, oberhalb der Grenzgehalte	legierte Qualitätsstähle	geringere Legierungsgehalte
	legierte Edelstähle	höhere Legierungsgehalte, höhere Reinheit, besondere Wärmebehandlungsbedingungen

[a] nach DIN EN 10 020, September 1989;
[b] Masse-%;
[c] Kombination mehrerer Elemente innerhalb der Grenzgehalte führt zu legierten Stählen.

zeichnet. Sie bewirken die Ausscheidung von Nitriden und Karbonitriden aus dem Ferrit, und zwar während des Warmwalzens („gesteuertes Walzen"): Karbonitride des Typs $(Nb, Fe)_6 (C, N)_2$ oder Nb(C, N) mit NaCl-Struktur werden an den Subkorn- und Korngrenzen ausgeschieden, behindern dadurch die Korngrenzenwanderung und führen zu einem feinkörnigen Ferritgefüge. Diese Vorgänge führen zu Korngrenzenhärtung einerseits und Aushärtung andererseits. Dadurch werden Steigerungen der Streckgrenze bis etwa 1000 MPa erreicht.

Der Festigkeit von Dualphasen-Stählen liegt eine andere Art der Gefügeausbildung zugrunde. Durch Wärmebehandlung im $(\alpha + \gamma)$-Gebiet wird ein Zustand aus Ferrit und 20 – 30 Vol.-% C-reichem Austenit erzeugt, der sich beim weiteren Abkühlen in Martensit umwandelt, so daß schließlich ein Gefüge aus weicher ferritischer Matrix mit harter martensitischer Minderheitsphase vorliegt. In Stählen mit einigen 10^{-1}% Si und P, einigen 10^{-2}% Mo oder V und einem C-Gehalt von $\lesssim 0{,}1$% kann durch Wärmebehandlung im $(\alpha + \gamma)$-Gebiet oder durch gesteuertes Walzen und Abkühlen das Dualphasen-Gefüge eingestellt werden. Im Vergleich zu geglühtem ferritisch-perlitischem Stahl wird der Verfestigungskoeffizient erheblich erhöht, weil die harte Martensitphase bei plastischer Verformung durch die Ferritphase umflossen werden muß. Für die technische Anwendung ist besonders die hohe Gleichmaßdehnung und die daraus resultierende gute Tiefziehbarkeit maßgebend. Diese Stähle erhalten ihre hohe Festigkeit aber erst nach einer Umformung, z. B. durch Tiefziehen. Sie sind im Karosseriebau von zunehmender Bedeutung.

Die geglühten un- und niedriglegierten Kohlenstoffstähle einschließlich der beiden erläuterten neueren Gruppen werden vorwiegend als Baustähle in der Bauindustrie und im Maschinenbau einschließlich des Kraftfahrzeugbaus eingesetzt.

Bei den mechanischen Eigenschaften von Stählen sind zwei in Kap. 7 besprochene Erscheinungen besonders zu berücksichtigen: der Steilabfall der Bruch- und Kerbabschlagzähigkeit mit abnehmender Temperatur und die ausgeprägte Streckgrenze. Wie in Abschn. 7.4 beschrieben, tritt in krz Metallen wie Eisen bei $T \leq T_{ü}$ ein steiler Anstieg der Fließspannung und Verfestigung und zunehmend Zwillingsbildung als Verformungsmechanismus auf, beides begünstigt Bruchbildung (Kap. 7). In Stählen mit hohem Ferritanteil wird deshalb mit abnehmender Meßtemperatur ein Steilabfall der Bruchzähigkeit festgestellt, der nahe der Umgebungstemperatur liegen und zu katastrophalen Brüchen führen kann. Durch Erhöhung des Ni-Gehalts, Einstellung geringer Korngröße und feiner Umwandlungsgefüge mit hoher Defektdichte kann die Übergangstemperatur erniedrigt werden. Durch diese Maßnahmen wird u. a. die Zwillingsbildung zu tieferen Temperaturen verschoben; die Größe der Zwillinge und damit die lokalen Spannungen werden verringert.

Die ausgeprägte Streckgrenze (Kap. 7.2) tritt in allen unlegierten Stählen, besonders in kaltverformtem feritischem Gefüge auf. Sie wird nach Lagerung dieser Stähle bei Raumtemperatur beobachtet und ist mit einer zeitabhängigen Streckgrenzenerhöhung und Bruchdehnungserniedrigung verbunden. Diese Eigenschaftsänderungen werden als Reckalterung bezeichnet. Sie beruht auf der Segregation von C und N an die Versetzungen des Verformungsgefüges. Die dadurch bewirkte Versetzungsverankerung erhöht die zur Bildung von Gleitversetzungen erforderliche Spannung; die anschließende Versetzungsbewegung ist dagegen bei geringerer Spannung möglich. Dieses Verhalten führt insbesondere beim Tiefziehen zu stark inhomogener Verformung mit deren Lokalisierung in Gleitbändern (Lüders-Bänder), und vorzeitiger Rißbildung. Durch künstliche Alterung, d.h. Ausscheidung von Karbiden bzw. Nitriden (Reduzierung des gelösten C und N), oder durch schwache Walzverformung vor dem Tiefziehen (d.h. Kaltverformung über den Bereich der Lüdersdehnung hinaus zur Erzeugung beweglicher Gleitversetzungen) können die Wirkungen der Reckalterung praktisch unterdrückt werden.

Für die Vergütung, also Abschrecken zur Martensitbildung und anschließendes Anlassen, sind unlegierte Stähle nur bedingt geeignet, weil die diffusionsgesteuerten Umwandlungen in Ferrit, Perlit und Bainit schon beim Abkühlen so rasch beginnen und fortschreiten, daß die Härtung durch Martensitbildung nur bei sehr hohen Abkühlraten und sehr geringen Werkstückdicken möglich ist. Mit steigendem Kohlenstoffgehalt (und Zusätzen von Substitutionselementen) sind durch die Wahl der Anlaßbehandlung verschiedener Kombinationen von Festigkeit und Verformbarkeit einstellbar. Abbildung 15.11 stellt dieses Feld der Vergütung in Abhängigkeit vom Kohlenstoffgehalt dar.

In *legierten Qualitäts- und Edelstählen*, Tabelle 15.1, ändern nun die Legierungszusätze einerseits die Phasengleichgewichte und damit die Triebkräfte für die Umwandlungen. Andererseits erniedrigen sie im allgemeinen die chemischen Diffusionskoefizienten, die für die Kinetik diffusionsbestimmter Phasen-

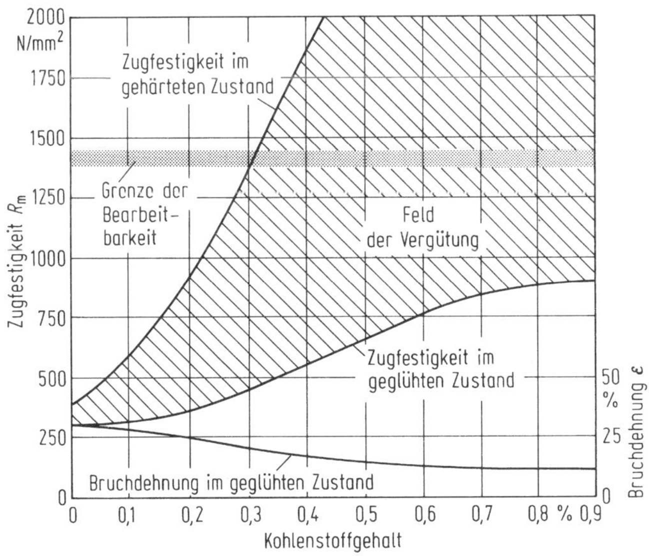

Abb. 15.11. Mechanische Eigenschaften unlegierter Stähle in Abhängigkeit vom Kohlenstoffgehalt und vom Behandlungszustand

umwandlungen maßgebend sind. Damit wird sowohl die Keimbildungs- als auch die Wachstumsgeschwindigkeit verringert, was sich in den ZTU-Diagrammen durch eine Verschiebung der Umwandlungen zu längeren Zeiten und oft zusätzlich in einer stärkeren Trennung der einzelnen Reaktionen bezüglich Temperatur und Zeit äußert. Wegen dieser Verzögerung des Beginns und Ablaufs der Umwandlungen kann das Gefüge durch die Wahl der Abkühlgeschwindigkeit stark beeinflußt werden. Außerdem wird der Beginn der Martensitbildung, die M_s-Temperatur, durch die meisten Legierungselemente (außer Co) zu tieferen Temperaturen verschoben.

In der technischen Wärmebehandlung der Stähle treten bei größeren Werkstücken die Umwandlungen ungleichmäßig über den Querschnitt verteilt auf, weil die Abkühlungsgeschwindigkeit im Innern geringer ist als an der Oberfläche. Man spricht von Stählen mit höherer Durchhärtbarkeit, wenn der Beginn der Perlit- und Bainitbildung durch den Einfluß von Legierungszusätzen wie Cr, Ni, Mo, W so stark verzögert wird, daß auch der langsam abkühlende Kern eines Werkstücks noch in Martensit umgewandelt werden kann. Wird dagegen nur die oberflächennahe Schicht martensitisch und der Kern perlitisch umgewandelt, so ist die Festigkeit dementsprechend nicht im gesamten Querschnitt gleich. Gelegentlich ist eine derartige Wirkung erwünscht, wenn die Oberflächenschicht eines Werkstücks hart und damit widerstandsfähig und verschleißfest, der Kern aber zäh sein soll, damit das Werkstück unter Belastung hohe Bruchzähigkeit aufweist.

Auf die Anlaßvorgänge wirken alle Legierungselemente verzögernd, die ein Karbid bilden, d.h. die nicht einfach in den Zementit als $(Fe, X)_3C$ eingebaut werden können, wie z.B. Mn. Die wichtigsten karbidbildenden Elemente sind in der Reihenfolge steigender Neigung zur Karbidbildung: Cr, W, Nb, Mo, V. Ti. Die eisenfreien Karbide der Legierungselemente (Sonderkarbide) bilden sich beim Anlassen oberhalb etwa 500 °C, wo die Diffusionsgeschwindigkeit der substituierten Atome ausreicht. Die Ausscheidung der Legierungskarbide führt deshalb durch Teilchenhärtung zu einem zweiten Festigkeitsmaximum, was als Sekundärhärtung bezeichnet wird, Abb. 15.12. Diese Karbide sind im allgemeinen hart und bis zu höheren Temperaturen beständig. Sie werden als wesentlicher Gefügebestandteil in Werkzeugstählen erzeugt, die hart und wegen ihrer Erhitzung durch Reibungswärme in der Anwendung auch warmfest sein müssen. Charakteristisch für die Zusammensetzung eines hochlegierten Werkzeugstahls, dessen Härte im wesentlichen auf der Härte der Karbidausscheidungen beruht, ist: 0,8% C – 4,0% Cr – 1,0% V – 1,5% W – 8,5% Mo.

Außer durch Vergütung läßt sich durch die Kombination von Umwandlung und Verformung auf verschiedene Weise die Festigkeit steigern. Die plastische Verformung kann einerseits Keimbildung und Wachstum der Umwandlungsphasen beeinflussen und dadurch z.B. zu Aushärtung führen, andererseits wird die Festigkeit durch Verformungsverfestigung zusätzlich erhöht. Die verschiedenen Verfahren der Kombination von Umwandlung und plastischer Verformung werden als *thermomechanische Behandlung* bezeichnet.

Ein Beispiel für thermomechanische Behandlung ist das Austenitverformungshärten (kurz: Ausforming) genannte Verfahren. Es besteht darin, daß der

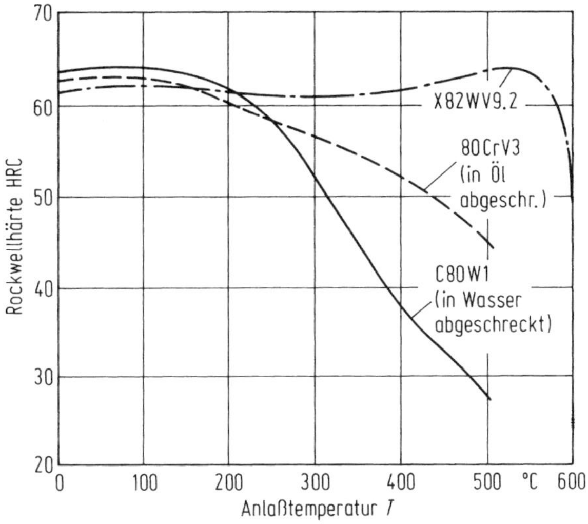

Abb. 15.12. Härteänderungen beim Anlassen legierter Stähle

metastabile Austenit vor der Martensitumwandlung kaltverformt wird. Dazu sind Stähle erforderlich, deren isothermes ZTU-Diagramm die in Abb. 15.13 dargestellte Form hat, das heißt, einen Temperaturbereich zwischen Perlit- und Bainitbildung aufweist, in dem für lange Zeit keine Umwandlung eintritt. Ein solcher Temperaturbereich zwischen Perlit- und Bainitbereich, in dem die Keimbildungszeit sehr lang ist, ist dadurch bedingt, daß die Karbidbildungsgeschwindigkeit im unteren Perlitbereich stark verringert ist und die Bildung der Karbide bei der bainitischen Umwandlung eine größere Unterkühlung erfordert.

Wird ein Stahl entsprechender Zusammensetzung zunächst im Austenitgebiet homogenisiert, dann im metastabilen Austenitzustand bei Temperaturen

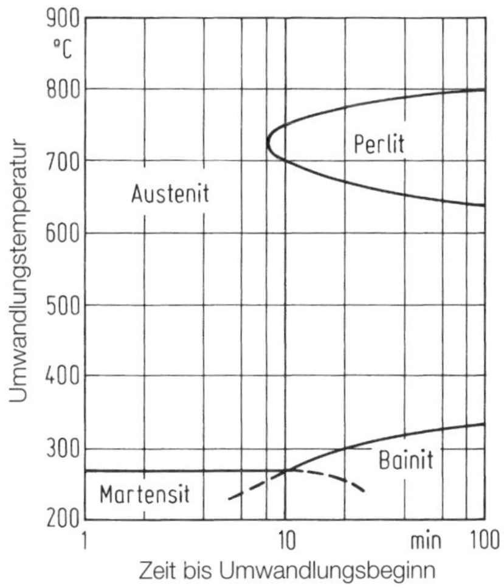

Abb. 15.13. Isothermes ZTU-Diagramm eines zum Austenitformhärten geeigneten Stahls (0,4%C, 5%Cr, 1,3%Mo, 1%Si, 0,5%V). Kennzeichnend ist der umwandlungsträge Austenitbereich zwischen Perlit- und Bainitstufe

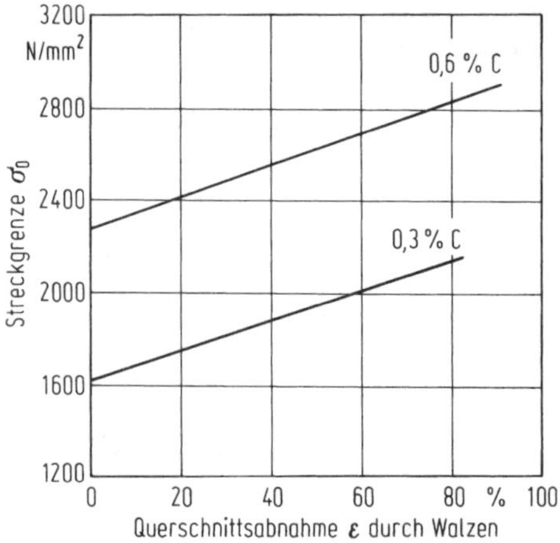

Abb. 15.14. Festigkeitssteigerung durch Austenitformhärten in zwei Stählen (0,3 bzw. 0,6%C, 3%Cr, 1,5%Ni, 1,5%Si, 1%Mn, 0,5%Mo)

zwischen dem Perlit- und Bainitbereich (unterhalb der Rekristallisationstemperatur) verformt und schließlich abgeschreckt, so ergibt sich die Festigkeit in Abhängigkeit vom Grad der Zwischenverformung wie in Abb. 15.14. Die erzielte Festigkeitssteigerung bleibt auch während normaler Anlaßbehandlungen bis etwa 550 °C erhalten. Der Grund für die erhöhte Festigkeit ist, daß die Versetzungen und Leerstellen, die bei der Verformung im Austenit erzeugt werden, einerseits die Karbidausscheidung in feinster Verteilung und damit eine Aushärtung begünstigen und andererseits durch ihre hohe Dichte zur Verfestigung des Martensits beitragen. Damit läßt sich die Zugfestigkeit $R_m \lesssim 3$ GPa steigern.

Eine „ultra hohe" Zugfestigkeit läßt sich mit den martensitaushärtenden legierten Stählen erreichen. Ihre Wärmebehandlung unterscheidet sich nicht von der konventioneller Werkzeugstähle. Auf das Abschrecken aus dem Austenitgebiet zur Martensitbildung folgt eine Anlaßbehandlung des Martensits (Abb. 15.15a). Bemerkenswert ist, daß martensitaushärtende Stähle keinen Kohlenstoff enthalten. Die Ausscheidungshärtung kommt durch die Bildung intermetallischer Verbindungen zwischen Eisen, Nickel und Legierungselementen wie Al, Ti, Mo, Nb zustande. Das Gefüge ist so feindispers und gleichmäßig, daß sie eine Zugfestigkeit von $R_m > 3$ GPa mit nennenswerter Gleichmaßdehnung und Bruchzähigkeit verbinden können. Die Diagramme (Abb. 15.15) zeigen schematisch, daß sich hierbei drei Härtungsmechanismen kombinieren lassen, und am Beispiel des Ti-Gehalts, wie stark der Aushärtungsanteil variiert werden kann. Die martensitaushärtenden Stähle sind die heute im technischen Umfang hergestellten Legierungen mit der höchsten absoluten (d.h. nicht auf die Dichte bezogenen) Festigkeit.

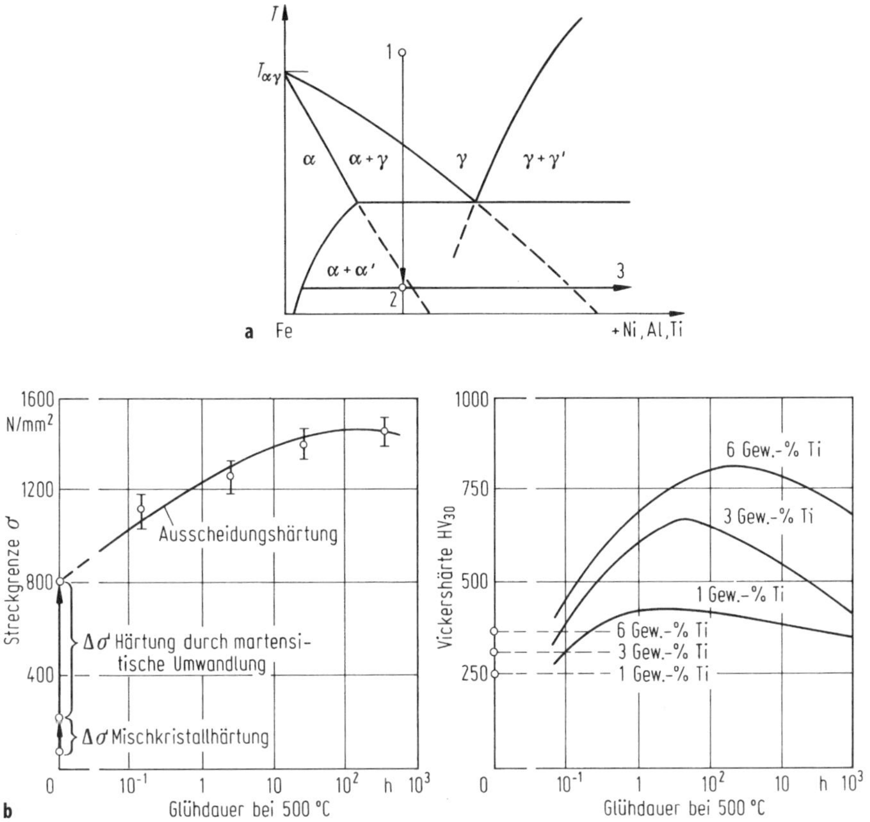

Abb. 15.15. **a** Die Wärmebehandlung von legierten Stählen beim Martensitaltern; 1 Homogenisieren im γ-Gebiet; 2 Abkühlen zur martensitischen Umwandlung ins krz-Gitter; 3 Altern zwischen 200 und 700 °C zur Aushärtung durch Ausscheidung einer Phase mit Fe_3Al-Struktur oder von Karbiden; **b** Analyse der Aushärtung eines martensitisch aushärtenden FeNiAl-Stahls; **c** Einfluß des Ti-Gehalts auf den Aushärtungsanteil der Festigkeit (Härte) eines martensitaushärtenden Stahles

Literatur

Verein Deutscher Eisenhüttenleute (Hrsg) (1984) Werkstoffkunde Stahl. 2 Bde. Springer-Verlag, Verlag Stahleisen, Berlin Heidelberg Düsseldorf

Pickering FB (Vol Ed) (1992) Constitution and Properties of Steels. Vol 7 in: Cahn RW, Haasen P, Kramer EJ (Eds) (1992) Materials Science and Technology. VCH Verlagsgesellschaft, Weinheim New York Basel Cambridge

Dahl W (Hrsg) (1993) Eigenschaften und Anwendungen von Stählen. Bd 1: Grundlagen, Bd 2: Stahlkunde. IEHK der RWTH Aachen. Verlag der Augustinus Buchhandlung, Aachen

Berns H (1993) Stahlkunde für Ingenieure. 2. Aufl. Springer-Verlag, Berlin Heidelberg

Honeycombe R, Bhadeshia H (1995) Steels – Microstructure and Properties. Edward Arnold

Verein Deutscher Eisenhüttenleute (Hrsg) (1999) Stahlfibel. Verlag Stahleisen, Düsseldorf

Gavriljuk VG, Berns H (1999) High Nitrogen Steels. Springer-Verlag, Berlin

KAPITEL 16

Magnetische Werkstoffe

Die magnetischen Werkstoffe sind eine wichtige Gruppe der Funktionswerkstoffe. Bei ihnen ist eine besonders anspruchsvolle simultane Optimierung der Beziehungen zwischen Kristalleigenschaften, Gefüge und makroskopischen technischen Eigenschaften erforderlich. Deshalb werden zunächst die physikalischen Grundlagen der magnetischen Eigenschaften (Kap. 16.1), ihre makroskopische Beschreibung und die Gefügeeinflüsse (Kap. 16.2) behandelt. Darauf folgt die Behandlung der beiden Gruppen weichmagnetischer (Kap. 16.3) und hartmagnetischer (Kap. 16.4) Werkstoffe. Schließlich beruhen auch einige Eigenschaften, die mechanische Bedeutung haben, wie die verschwindende thermische Ausdehnung (Invar-Effekt), der temperaturunabhängige Elastizitätsmodul (Elinvar-Effekt) und weitere auf magnetisch bedingten Anomalien des Kristallverhaltens. Sie werden in Kap. 16.5 behandelt. Kapitel 16.6 zeigt schließlich das zeitliche Fortschreiten technisch realisierter Eigenschaften an zwei Beispielen aus dem Bereich der Magnetwerkstoffe.

16.1 Ferromagnetismus

Alle Stoffe haben ein magnetisches Moment $\boldsymbol{m}$, das induziert wird, wenn man ein äußeres Magnetfeld $\boldsymbol{H}$ anlegt. Dabei unterscheidet man zwei Fälle: (a) Diamagnetismus, wenn $\boldsymbol{m}$ proportional zu $\boldsymbol{H}$ und ihm entgegengesetzt gerichtet ist. Verbunden damit ist eine Energiezunahme des Probekörpers im Magnetfeld; (b) Paramagnetismus, wenn $\boldsymbol{m}$ proportional zu $\boldsymbol{H}$ ist und in derselben Richtung wie $\boldsymbol{H}$ liegt. Hierbei beobachtet man eine Energieabnahme des Probekörpers im Magnetfeld. Das magnetische Moment rührt her vom Bahnmoment und vom Spin der Elektronen. Bei Metallen überlagern sich beide Erscheinungen, wobei die eine oder die andere überwiegen kann.

Die Eigenschaft einiger Metalle und Legierungen, auch ohne äußeres Magnetfeld ein spontanes magnetisches Moment zu besitzen, wird Ferromagnetismus genannt. Das magnetische Moment ist hierbei also nicht proportional und parallel zu einem äußeren Magnetfeld. Dieses spontane Moment rührt auch hierbei her vom Bahnmoment und vom Spin der Elektronen. Normalerweise sind die Elektronen paarweise mit antiparallelem Spin angeordnet, wie es das Pauli-Prinzip verlangt, und die magnetischen Momente kompensieren sich. Nach Heisenberg kann jedoch die feldunabhängige Parallelstellung der Elektro-

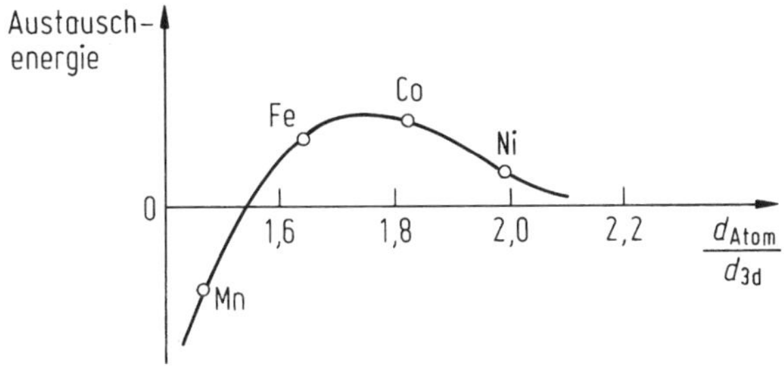

Abb. 16.1. Austauschenergie in Abhängigkeit von Verhältnis Atomabstand, d_{Atom}, zu Durchmesser der 3d-Schale, d_{3d} (Bethe-Slater-Kurve)

nenspins benachbarter Atome durch quantenmechanische Austauschkräfte begünstigt werden. Der makroskopische Effekt beruht also auf einer Wechselwirkung der Elektronen untereinander. Betrag und Vorzeichen der Austauschenergie hängen vom Atomabstand ab, und zwar nach Bethe genauer vom Verhältnis Atomabstand/Radius der 3d-Schale, das mit deren Auffüllung zunimmt. Abbildung 16.1 zeigt diesen Verlauf für die Metalle und Legierungen der Eisengruppe. Die Werte für Mn, Fe, Co und Ni sind eingezeichnet.

Der Wert für Mn ist gerade noch negativ, was erklärt, daß Mn-Kristalle antiferromagnetisch sind, also antiparallel gekoppelte magnetische Momente aufweisen, im Gegensatz zu Mn-Legierungen mit größerem Atomabstand bzw. weiter aufgefüllter d-Schale, der ferromagnetisch sein können (Cu_2MnAl; Tab. 16.1).

Nachdem wir so die Austauschwechselwirkung als grundsätzliche Ursache des Ferromagnetismus eingeführt haben, können wir wieder das Bändermodell Kap. 6 zur Veranschaulichung heranziehen und nun die Voraussetzungen für eine spontane Parallelausrichtung der Spins und damit für das Auftreten von Ferromagnetismus aufzählen:

a) Die Austauschenergie im Sinne von Abb. 16.1 muß positiv sein, was einen bestimmten interatomaren Abstand verlangt.
b) Die beteiligten Elektronen müssen aus nur teilweise gefüllten Bändern stammen, da bei der Ausrichtung der Spins wegen des Pauli-Prinzips leere Zustände höherer Energie besetzt werden müssen.
c) Die Zustandsdichte in diesen Bändern muß hoch sein, damit die Zunahme der kinetischen Energie der Elektronen geringer ist als die Abnahme der potentiellen Energie durch die Austauschwechselwirkung.
d) Die Ausrichtung der Spins vieler benachbarter Atome ist thermodynamisch ein Zustand höherer Ordnung, also geringerer Entropie. Daher muß die Temperatur genügend niedrig sein, damit das Entropieglied geringer ist als der mit der Spinausrichtung verbundene Energiegewinn.

Die Voraussetzungen (b) und (c) sind bei den meisten Metallen nicht gleichzeitig erfüllt. Nur die Übergangsmetalle und die Seltenen Erden haben nichtaufgefüllte Bänder hoher Zustandsdichte. Abbildung 16.2 zeigt schematisch die Bandstruktur von Nickel bei $T = 0\,K$ und das Auftreten nichtantiparalleler Elektronenspins durch unterschiedliches Auffüllen der d-Subbänder.

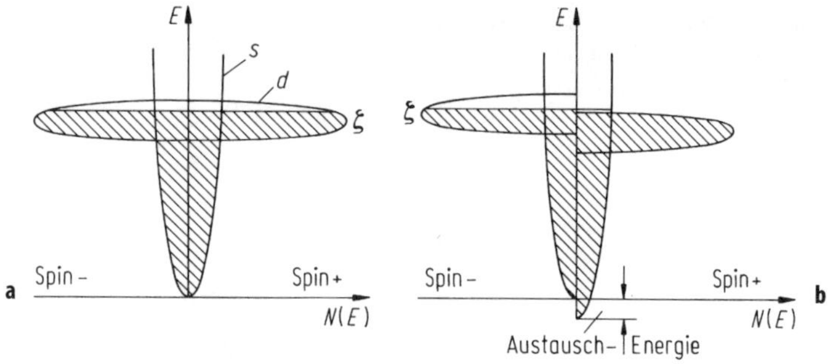

Abb. 16.2. Schematische Bandstruktur von Nickel für beide Richtungen des Spins. **a** paramagnetisch; **b** ferromagnetisch

Die Voraussetzung (d) schließlich erklärt das Verschwinden des Ferromagnetismus oberhalb einer bestimmten Temperatur, dem Curie-Punkt. Bei höheren Temperaturen tritt nur noch Paramagnetismus auf.

Die Stärke der Austauschwechselwirkung in Verbindung mit dem Entropieeinfluß ist also maßgebend für die Temperaturabhängigkeit der Sättigungspolarisation und insbesondere für die Curie-Temperatur T_c. Abbildung 16.3 zeigt den Verlauf der Sättigungspolarisation *Js* für einige wichtige magnetische Metalle und Legierungen. Daraus geht hervor, daß die Werte von J_s bei Raumtemperatur (Tabelle 16.1) nicht nur von J_s ($T = 0$ K) und *Tc*, sondern auch vom Kurvenverlauf abhängen. Außerdem kann man aus J_s (T) den technisch wichtigen reversiblen Temperaturkoeffizienten $(1/J_s)$ (dJ_s/dT) im Anwendungsbereich magnetischer Werkstoffe entnehmen.

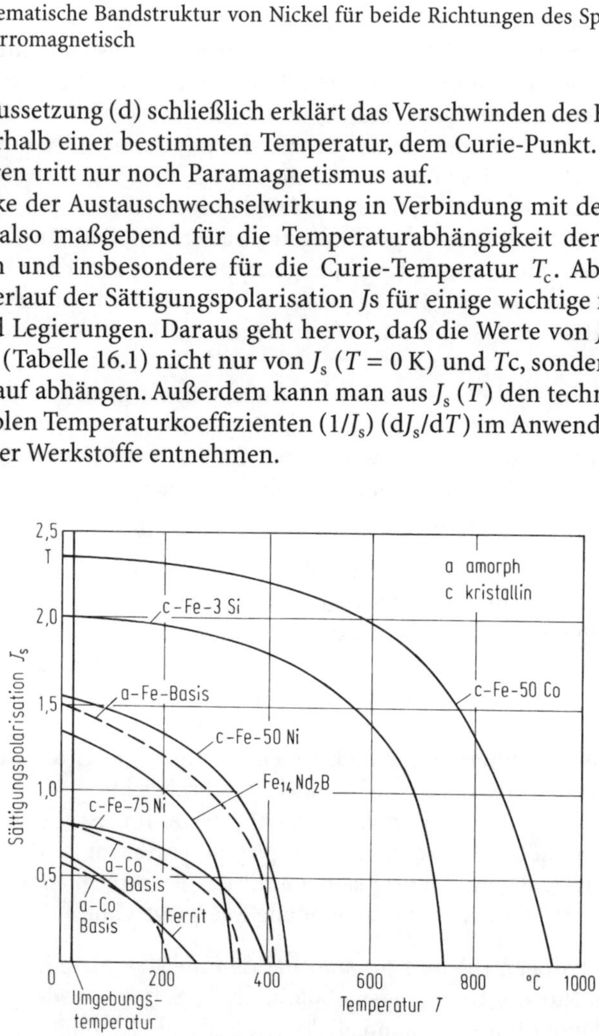

Abb. 16.3. Temperaturabhängigkeit der Sättigungspolarisation einiger ferromagnetischer Metalle und Legierungen (Legierungsgehalte in Masse-%)

Tabelle 16.1. Sättigungspolarisation (bei Raumtemperatur) und Curie-Temperatur einiger ferromagnetischer Metalle, amorpher Legierungen und intermetallischer Phasen

	α-Fe	Co	Ni	Gd	Tb	Dy	Ho	Er
J_s, T	2,15	1,76	0,61					
T_c, K	1043	1400	631	293	221	85	20	20

	Fe-Legierung amorph[a]	Co-Legierung amorph[a]	Cu_2MnAl	Co_5Sm	$Co_{17}Sm_2$	$Fe_{14}Nd_2B$
J_s, T	1,6	0,8	0,54	1,1	1,2	1,61
T_c, K	690	620	603	720	920	576

[a] Typische Einzelwerte.

Alle technisch eingesetzten magnetischen Werkstoffe sind Legierungen oder Oxide der drei ferromagnetischen Übergangsmetalle Eisen, Kobalt und Nickel. Die magnetischen Grundeigenschaften, die die Eignung von Stoffen als magnetische Werkstoffe kennzeichnen, sind die Sättigungspolarisation J_s bei Raumtemperatur und die Curie-Temperatur T_c; sie sind für Fe, Co, Ni, einige Seltenerdmetalle, zwei typische amorphe Legierungen und drei kristalline ferromagnetische intermetallische Verbindungen in Tabelle 16.1 zusammengestellt. Die Seltenerdmetalle sind wegen ihrer niedrigen Curie-Temperaturen als Grundkomponenten magnetischer Werkstoffe ungeeignet, als Legierungselemente dagegen für Dauermagnete wesentlich. Während Eisen als magnetischer Werkstoff auch unlegiert eingesetzt wird, sind alle anderen magnetischen Werkstoffe Legierungen, und zwar Mischkristalle, intermetallische Phasen oder Phasengemisch. In jüngerer Zeit sind amorphe Legierungen als magnetische Werkstoffe hinzugekommen, die aufgrund ihrer Struktur und der Abwesenheit magnetokristalliner Anisotropie besonders leicht magnetisierbar sind.

Diese magnetokristalline Anisotropie, d.h. die Eigenschaft, daß die spontane Magnetisierung bevorzugt in bestimmten kristallographischen Richtungen liegt, ist einer Spin-Bahn-Kopplung und damit einer Kopplung an das Kristallgitter zuzuschreiben. Die Vorzugsrichtung der magnetischen Momente ist z.B. ⟨100⟩ in Fe und ⟨111⟩ in Ni. Abbildung 16.4 zeigt die Magnetisierungskurven von Fe-, Ni- und Co-Einkristallen in verschiedenen Richtungen. Die Arbeit, die bei Abweichung von der leichten Richtung aufgewendet werden muß, wird als Anisotropieenergie oder (magnetische) Kristallenergie u_K bezeichnet. Sie wird als Funktion der Richtung mit Kosinus α_i der Winkel zwischen der Magnetisierungsrichtung und den Kristallachsen (a, b, c) ausgedrückt. Für kubische ($a = b = c$) Gitter gilt

$$u_K = K_1\,(\alpha_1^2\alpha_2^2 + \alpha_2^2\alpha_3^2 + \alpha_3^2\alpha_1^2) + K_2\,\alpha_1^2\alpha_3^2\alpha_2^2 + K_3 \ldots \,. \tag{16.1}$$

Die Anisotropiekonstanten K_i sind legierungs- und temperaturabhängig und werden im Fall struktureller Ordnung auch vom Ordnungsgrad bestimmt. Für

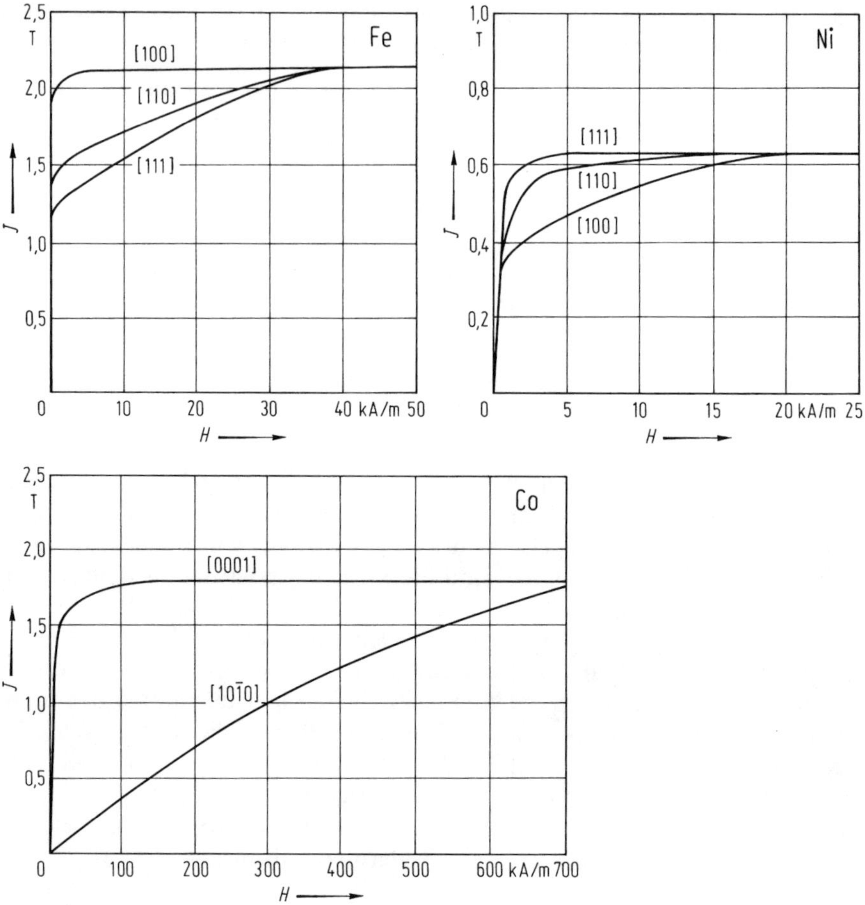

Abb. 16.4. Richtungsabhängigkeit der magnetischen Polarisation von Fe-, Ni-, und Co-Einkristallen bei Raumtemperatur

$K_1 > 0$ ist $\langle 100 \rangle$ die leichte Richtung wie in Fe, für $K_1 < 0$ ist $\langle 111 \rangle$ die leichte Richtung wie in Ni. Typische Werte bei Raumtemperatur für Fe sind: $K_1 = 42$ kJ m^{-3}, $K_2 = 15$ kJ m^{-3}.

Die magnetischen Momente sind aber im allgemeinen nicht im gesamten Körper entlang einer einzigen Vorzugsrichtung ausgerichtet, sondern nur innerhalb von magnetischen Domänen oder Weissschen Bezirken. Diese Domänen können mit verschiedenen Methoden sichtbar gemacht werden, wie z. B. durch eine aufgebrachte magnetische Pulversuspension (Bitter-Methode), durch magnetische Polarisation optisch aktiver Schichten (magnetooptischer Kerr-Effekt) oder elektronenmikroskopisch (Lorentz-Mikroskopie), Abb. 16.5. In den Domänengrenzen oder Bloch-Wänden, die eine endliche Dicke haben, ändert sich die Richtung der magnetischen Momente kontinuierlich von der Vorzugsrichtung der einen in die der anderen Nachbardomäne, Abb. 16.7. Die Anordnung

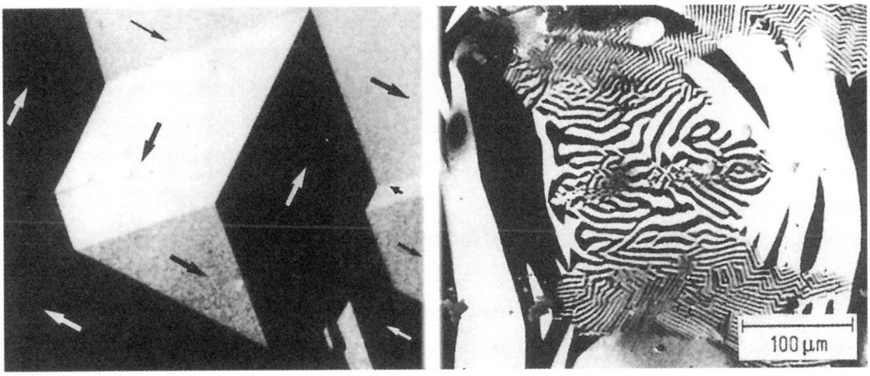

Abb. 16.5. Magnetische Domänenanordnungen. **a** Fe–Si mit Würfeltextur (kristallographische {100}-Ebene parallel zur Probenoberfläche); **b** Spannungsmuster auf amorphem Metallband ($Fe_{78}Si_9B_{13}$). Abbildung mit dem magnetooptischen Kerr-Effekt (A. Hubert). Vgl. Abb. 16.8

der Domänen, die sich dem Gefüge überlagert, und ihre Änderungen durch magnetische und mechanische Felder und Temperaturänderungen bestimmen die makroskopischen magnetischen Werkstoffeigenschaften.

16.2 Magnetisches Werkstoffverhalten

Die Eigenschaften magnetischer Werkstoffe werden durch die Abhängigkeit der magnetischen Induktion $\boldsymbol{B}$ (Flußdichte, Fluß pro Flächeneinheit) von der Feldstärke $\boldsymbol{H}$ (magnetische Spannung pro Längeneinheit in Feldrichtung) gekennzeichnet. $\boldsymbol{H}$ wird in A m^{-1}oder A cm^{-1}, $\boldsymbol{B}$ in T (Tesla) angegeben. Im allgemeinen gilt die Konvention $\boldsymbol{B}\|\boldsymbol{H}$, beide Größen werden dementsprechend skalar geschrieben.

Im leeren Raum ist die Leerinduktion B_0

$$B_0 = \mu_0 \cdot H. \tag{16.2}$$

Hierin bedeutet μ die Permeabilität, die für den leeren Raum als Feldkonstante μ_0 bezeichnet wird und

$$\mu_0 = \frac{4\pi}{10^7}\,\mathrm{T \cdot m\,A^{-1}} = 1{,}257 \cdot 10^{-6}\,\mathrm{T \cdot m\,A^{-1}} \tag{16.3}$$

beträgt.

Im allgemeinen Fall gilt

$$B = \mu_{\text{abs}} \cdot H, \tag{16.4}$$

wobei μ_{abs} die absolute Permeabilität bezeichnet, die – wie viele magnetische Eigenschaften – nichtlinear vom einwirkenden Feld abhängt.

Mit Hilfe dieser Beziehungen wird die als Eigenschaftsgröße gebräuchlichste relative Permeabilität

$$\mu_r \equiv \mu = \frac{\mu_{abs}}{\mu_0} = \frac{B}{\mu_0 H} \tag{16.5}$$

definiert.

Wirkt das äußere Feld auf einen ferromagnetischen Körper ein, so wird

$$B = J + \mu_0 H, \tag{16.6a}$$

wobei J die magnetische Polarisation oder Stoffinduktion in T bedeutet.

Oft verwendet man die Magnetisierung

$$M = \frac{J}{\mu_0} \tag{16.7a}$$

in A m^{-1} oder A cm^{-1}, woraus sich dann

$$B = \mu_0 (M + H) \tag{16.6b}$$

ergibt. Die Magnetisierung bzw. die Polarisation sind die zweckmäßigen Größen, wenn man das induzierte Stoffverhalten ohne den additiven Beitrag des einwirkenden Feldes darstellen will:

$$M = \frac{B}{\mu_0} - H = \frac{J}{\mu_0}. \tag{16.7b}$$

Diese Darstellung ist in Abb. 16.6 gewählt worden, um die beiden Gruppen der weich- und hartmagnetischen Werkstoffe zu kennzeichnen. Die Hysteresisschleife $M(H)$ wird ermittelt, indem eine Probe zyklisch in der positiven und in der negativen Feldrichtung mit zunehmender Feldstärke H magnetisiert wird, bis die Sättigungsmagnetisierung $M_s = J_s/\mu_0$ erreicht ist.

J_s ist eine nur von der Struktur, der Legierungszusammensetzung und von der Temperatur abhängige, intrinsische Grundeigenschaft des Materials. Die den Unterschied der weich- und hartmagnetischen Werkstoffe kennzeichnende Größe ist die Koerzitivfeldstärke H_c. Sie gibt an, welche Gegenfeldstärke H erforderlich ist, um den Stoff auf $M = 0$ abzumagnetisieren.

H_c wird in Verbindung mit weiteren magnetischen Grundeigenschaften überwiegend vom Gefüge bestimmt und insofern als extrinsische Eigenschaft bezeichnet. Leicht ummagnetisierbare Stoffe, $0{,}001 < H_c < 1$ A cm^{-1}, werden als weichmagnetisch, schwer ummagnetisierbare Stoffe, $100 < H_c < 30000$ A cm^{-1} als hartmagnetisch oder als Dauermagnete bezeichnet, Abb. 16.6. Die Zahlenwerte zeigen, daß sich die H_c-Werte der beiden Werkstoffgruppen im Gegensatz zu der schematischen Zeichnung im Mittel um 4 und im Maximum um 7 Zehnerpotenzen unterscheiden!

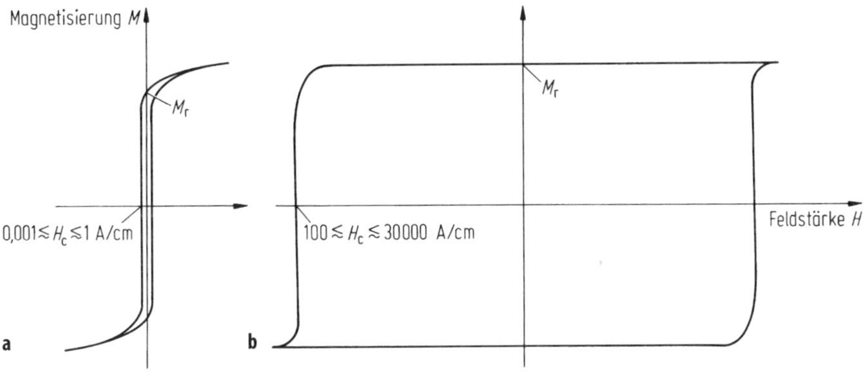

Abb. 16.6. Charakteristische Hystereseschleifen für Magnetwerkstoffe. **a** weichmagnetische Werkstoffe; **b** hartmagnetische Werkstoffe oder Dauermagnete (Die Maßstabsunterschiede auf der Abszisse sind zu beachten)

Eine weitere wesentliche magnetische Grundgröße ist die Magnetostriktion. Die spontante Polarisation beim Unterschreiten der Curie-Temperatur bewirkt eine spontane Verzerrung des Kristallgitters bzw. der amorphen Struktur, die mit der magnetischen Vorzugsrichtung gekoppelt und deshalb im allgemeinen richtungsabhängig ist. Die damit verbundenen Längen- und Volumenänderungen werden als spontane Magnetostriktion λ_s und ω_s bezeichnet, wobei ω_s wegen seines geringen Betrages meist unberücksichtigt bleibt (s. aber Kap. 16.5). Jede Änderung des Magnetisierungszustands erzeugt in Verbindung mit der Domänenanordnung eine Magnetostriktion λ, sie gibt die relative Längenänderung in Feldrichtung an und erreicht bei der Sättigung den Wert λ_s. Sie hängt in Kristallen vom Winkel zwischen Feldrichtung und Achsenrichtung, d.h. vom Richtungskosinus α_i, ab. Allgemein gilt für die magnetostriktive Dehnung:

$$\varepsilon_{ij}^{M} = \sum_{k,l} \lambda_{ijkl} \alpha_k \alpha_l \,, \tag{16.8}$$

d.h. λ_{ijkl} ist ein Tensor 4. Stufe, der sich bei kubischen Gittern auf die zwei unabhängigen Komponenten λ_{100} und λ_{111} (die Indizes sind hier die Millerschen Indizes der entsprechenden Kristallrichtungen) reduziert. Für texturfreies polykristallines Material gilt die Näherung

$$\lambda_s = \frac{2\,\lambda_{100} + 3\,\lambda_{111}}{5} \,. \tag{16.9}$$

Tabelle 16.2 gibt die Magnetostriktionskonstanten einiger Metalle und Legierungen an, wobei in der letzten Spalte für polykristalline Proben ein typischer Effektivwert, bei amorphen Legierungen der einzig existierende, isotrope Wert angegeben ist, der für Kristalle nur im Sonderfall $\lambda_{100} = \lambda_{111}$ auftritt.

Tabelle 16.2. Magnetostriktionskonstanten einiger ferromagnetischer Metalle und Legierungen

Metall, Legierung	Sättigungs-Magnetostriktionskonstante, 10^{-6} λ_{100}	λ_{111}	λ_s
Fe	19,5	- 18,8	- 9
Co			- 50
Ni	- 45,9	- 24,3	- 34
Fe-30Ni [a]			10
Fe-50Ni [a]	8	31	25
Fe-75Ni [a]	17 ... 13 [c]	5 ... 12 [c]	
Fe-50Co [a]	134	31	70
Fe-Si-B, amorph			30
Co-Fe-Si-B, amorph			< 1
$Fe_{14}Nd_2B$ [b]	$\lambda_{001} > 30$	$\lambda_{hk0} \simeq 125$	
Fe_2Tb [b]		2450	1750

[a] Legierungsgehalt in Masse-%
[b] Formelgehalt der Verbindung; tetragonal
[c] für die binäre Legierung, je nach Ordnungszustand (abgeschreckt bzw. angelassen).

Für das Magnetisierungsverhalten ist die magnetoelastische Kopplungsenergie u_λ maßgebend

$$u_\lambda = -\sum \sigma_{ij}\, \varepsilon_{ij}^{M} . \qquad (16.10)$$

Sie bedeutet, daß alle Spannungen σ_{ij} über die Magnetostriktion den Magnetisierungszustand beeinflussen. Für einachsige Zugspannung in einer Richtung mit den Kosinus γ_i zu den Kristallachsen gilt:

$$u_\lambda = -\tfrac{3}{2}\, \lambda\sigma \cos^2\rho , \qquad (16.11)$$

$$\cos\rho = \alpha_1\gamma_1 + \alpha_2\gamma_2 + \alpha_3\gamma_3 .$$

Die Magnetostriktion beeinflußt aber nicht nur über die weitreichenden inneren Spannungen die Änderungen des Magnetisierungszustands, sondern auch über die lokalen Verzerrungen, die sie in den Bloch-Wänden bewirkt. Die Drehung der magnetischen Momente im Wandvolumen ist von einer Drehung der magnetostriktiven Verzerrungen begleitet, so daß eine Bloch-Wand mit mehr oder weniger weitreichenden Verzerrungen verbunden ist, wie z.B. eine Klein- oder Großwinkelkorngrenze. Bei ihrer Bewegung tritt dementsprechend eine elastische Wechselwirkung mit den Verzerrungsfeldern der inneren Spannungen, insbesondere auch mit denjenigen der Gitterfehler wie Versetzungen und Korngrenzen, auf.

Die Energie der Bloch-Wände ist durch ihre magnetische Struktur bedingt, die in Abb. 16.7 schematisch für eine 180°-Bloch-Wand dargestellt ist. Die Drehung der Momente erfolgt innerhalb der Wand in massivem Material stets um die Wandnormale. Die Wandenergie γ_B wird einerseits durch die Orientie-

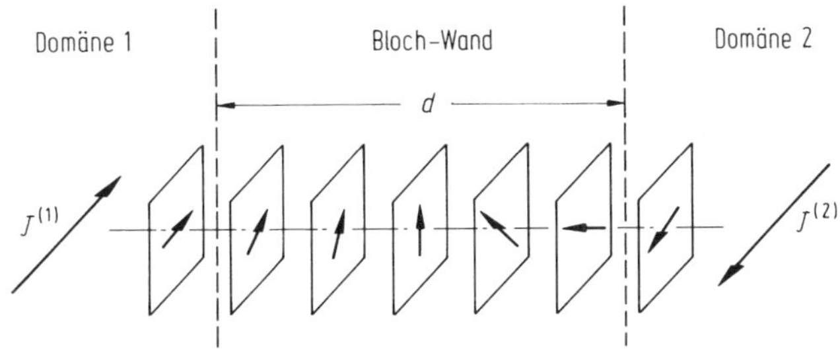

Abb. 16.7. Drehung der Polarisationsrichtung innerhalb einer 180°-Bloch-Wand zwischen zwei magnetischen Domänen

rungsdifferenz benachbarter Momente und damit von der Austauschenergie A bestimmt, andererseits durch die Auslenkung der Momente gegenüber der leichten Richtung und damit von der Kristallenergiekonstanten K_1. Sie beträgt unter Vernachlässigung anderer Energieanteile

$$\gamma_B = 2\rho_0 S \sqrt{\frac{AK_1}{a}}. \tag{16.12}$$

Darin bedeutet ρ_0 die Orientierungsdifferenz der Magnetisierung auf beiden Seiten der Wand, S den Spin und a die Gitterkonstante (genauer: den Abstand benachbarter Momente in Richtung der Wandnormalen). Man erhält z. B. für eine 180°-Wand in Eisen ($\rho_0 = \pi$, $S = 1$, $A/a = 1 \cdot 10$ J m^{-1}, $K_1 = 4 \cdot 10^4$ J m^{-3}): $\gamma_B \simeq 4$ mJ m^{-2}. Die Wanddicke beträgt

$$d_B = \rho_0 S \sqrt{\frac{A}{K_1 a}}, \tag{16.13}$$

was für Eisen $d_B \simeq 40$ nm ergibt. Tabelle 16.3 gibt einige typische Werte für γ_B und d_B an, die aus genaueren Rechnungen oder Messungen gewonnen wurden.

Mit diesen Grundlagen wollen wir nun die drei maßgebenden Aspekte des magnetischen Werkstoffverhaltens betrachten: den Zustand ohne äußeres Ma-

Tabelle 16.3. Bloch-Wandenergie und -dicke für einige Metalle und Legierungen

Metall, Legierung	Winkel zwischen den Polarisationsrichtungen	γ_B mJ m^{-2}	d_B nm
Fe	180°	2 … 4	40 … 70
Ni	180°	~ 0,3	~ 200
Co	180°	~ 8	~ 15
$Fe_{14}Nd_2B$	180°	30 … 35	3

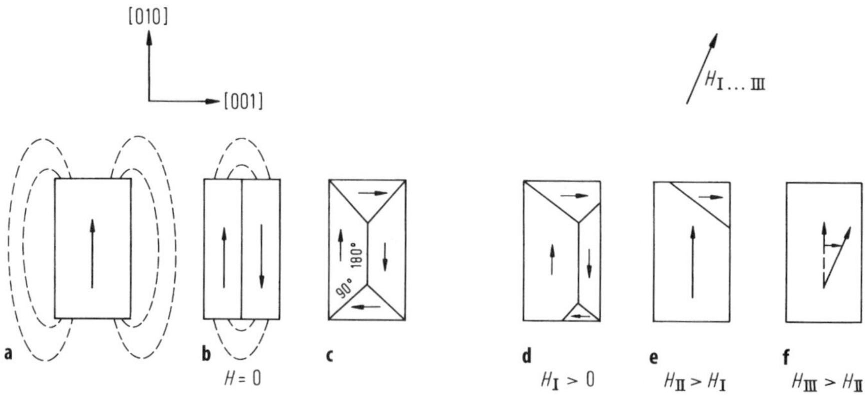

Abb. 16.8. Schematische Darstellung von Domänenanordnungen ohne äußeres Magnetfeld (*a–c*) und mit zunehmender äußerer Feldstärke in der angegebenen Richtung (*d–f*); Beispiel für einen kubischen Stoff mit der leichten Richtung ⟨100⟩

gnetfeld, den Aufmagnetisierungs- und den Ummagnetisierungsvorgang. Die Domänenstruktur, die sich z.B. beim Abkühlen von $T > T_c$ bis Raumtemperatur ($< T_c$) bildet, wird direkt von den besprochenen Energiebeiträgen bestimmt. Betrachten wir ein einfaches Modell für kubische Kristalle, Abb. 16.8.

Die Magnetisierung des Kristalls in Abb. 16.8a entspricht der eines Dauermagneten, der nicht durch sein eigenes Streufeld abmagnetisiert wird. Seine magnetostatische Selbstenergie ist

$$u_{\mathrm{M}} = \frac{N}{2\mu_0} J^2 , \qquad (16.14)$$

wobei N der Entmagnetisierungsfaktor ($0 \leq N \leq 1$) ist; die Größe von u_{M} ist im wesentlichen durch das ausgedehnte Streufeld gegeben. Sie kann erniedrigt werden, wenn sich im Kristall zwei Domänen bilden, die in den Richtungen [010] und [0$\bar{1}$0] magnetisiert sind, Abb. 16.8b. Dann ist das Streufeld und damit die magnetostatische Selbstenergie geringer, aber die Domänenwandenergie

$$u_{\mathrm{B}} = f_{\mathrm{B}}\, \gamma_{\mathrm{B}} \qquad (16.15)$$

muß aufgebracht werden, wobei f_{B} die Domänenwandfläche pro Volumeneinheit bedeutet. Bei weiterer Unterteilung in parallele Domänen der Dicke d_{D} kann schließlich eine metastabile Gleichgewichtsanordnung eintreten, wenn die Summe der Streufeldenergie und der Energie aller Bloch-Wände ein Minimum erreicht: $u_{\mathrm{M}} + u_{\mathrm{B}} \to \min$.

Der magnetische Fluß kann innerhalb des Kristalls durch die Einführung von 90°-Wänden völlig geschlossen werden, Abb. 16.8c. In diesem Falle muß in der Energiebilanz zusätzlich die magnetoelastische Kopplungsenergie u_λ berücksichtigt werden. Während sich nämlich in den 180°-Wänden die durch Magnetostriktion bedingte tetragonale Verzerrung der Bezirke gerade aufhebt, ist das für 90°-Wände, bei denen die Richtungen der Verzerrung einen Winkel von 90° bilden, nicht der Fall. Die vollständige Bedingung für metastabiles Gleichgewicht der Domänenstruktur ist demnach

$$u_{\mathrm{M}} + u_{\mathrm{B}} + u_{\lambda} \rightarrow \min. \tag{16.16}$$

Daraus folgt auch, daß die Gleichgewichtsordnung der Bezirke vom Gefüge bestimmt wird und deshalb von Gefügeparametern in Form, Größe und Orientierung der Kristallite, Verteilung von elastischen Spannungen und Anwesenheit von nicht-ferromagnetischen Phasen abhängt.

Wird an einen Kristall, ausgehend vom entmagnetisierten Zustand, ein magnetisches Feld angelegt, so folgt seine Magnetisierung der in Abb. 16.9 dargestellten Neukurve. Hierbei können drei Bereiche unterschieden werden. In den Bereichen I und II erfolgt die Magnetisierungsänderung im wesentlichen durch Blochwandverschiebungen, wobei die Domänen mit einer Magnetisierungskomponente parallel zum äußeren Feld auf Kosten der anderen wachsen, Abb. 16.8d. Im Anfangsbereich I der Neukurve ($H \ll H_c$) laufen diese Vorgänge weitgehend reversibel ab, wobei die mittlere Magnetisierung in der Regel dem äußeren Feld proportional ist. Im Bereich II hingegen erfolgen die Bloch-Wandverschiebungen irreversibel (Barkhausen-Sprünge, Domänenannihilation); die Magnetisierung nimmt hier sehr stark, meist nichtlinear mit dem äußeren Feld zu, bis schließlich die Domänen mit ungünstiger Magnetisierungsrichtung verschwunden sind, Abb. 16.8e. In den verbleibenden Domänen wird dann im Bereich III die Magnetisierung aus der durch die magnetische Kristallanisotropie gegebenen Vorzugsrichtung reversibel in die des anliegenden Feldes gedreht, Abb. 16.8f; dazu ist die Anisotropieenergie u_k (16.1) aufzubringen. Wenn Magnetisierungs- und Feldrichtung schließlich übereinstimmen, ist keine weitere Erhöhung der Magnetisierung mehr möglich (ferromagnetische Sättigung). Die Form der Magnetisierungskurve kann dadurch beeinflußt werden, daß durch geeignete Strukturen und Gefüge Bloch-Wandbewegung und Drehprozesse erschwert oder erleichtert werden.

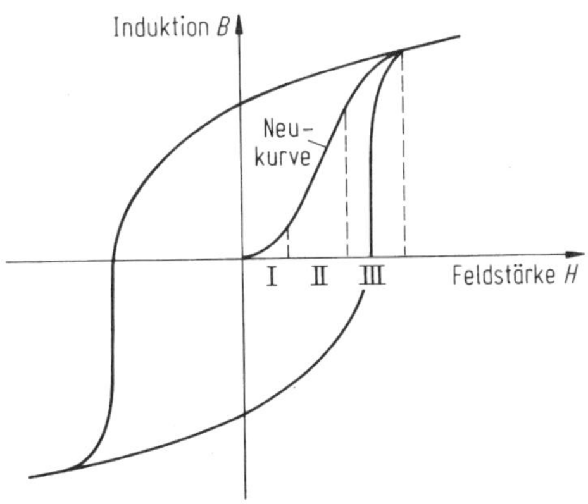

Abb. 16.9. Schematische Darstellung einer Hysteresiskurve $B(H)$ mit Neukurve. Erläuterung der Kurvenabschnitte I bis III im Text

Ein entscheidender Gefügeparameter für das Verhalten weichmagnetischer Werkstoffe ist die Korngröße. Die Koerzitivfeldstärke H_c hängt vom mittleren Korndurchmesser D wie

$$H_c(\mathrm{D}) = \frac{3\gamma_B}{DJ_s} \tag{16.17}$$

ab. Dieser Zusammenhang gilt für polykristalline Stoffe, bei denen die Blochwandbewegung H_c bestimmt, in weiten Grenzen. Er ist in zahlreichen weich- und teilweise in hartmagnetischen Legierungen bestätigt worden. Ein Beispiel zeigt Abb. 10.13. Andere Beiträge zu H_c, wie z.B. durch magnetische Teilchen, überlagern sich annähernd additiv.

Schließlich muß, insbesondere für die Anwendung weichmagnetischer Werkstoffe in Wechselfeldern, noch das Auftreten und die Größe der Ummagnetisierungsverluste betrachtet werden, die oft als Eisenverluste p_{Fe} bezeichnet werden. Die Verluste werden als Wärme frei und bestimmen damit die Dimensionierung und den Kühlbedarf elektrischer Geräte und Maschinen. Sie setzen sich aus den der Fläche der Hysteresisschleife proportionalen Hystereseverlusten p_h und den Wirbelstromverlusten p_w additiv zusammen:

$$p_{Fe} = p_h + p_w, \tag{16.18a}$$

wobei sich aus den Magnetisierungsgrößen, der Frequenz f, der Materialdicke d und dem spezifischen elektrischen Widerstand ρ des Materials ergibt:

$$p_{Fe} = 2H_c\,\hat{B}f + \frac{\pi}{6}\frac{d^2}{\rho}\hat{B}f^2\,. \tag{16.18b}$$

Darin bedeutet $\hat{B}$ die Induktionsamplitude.

16.3 Weichmagnetische Werkstoffe

Aus den bisher behandelten Grundlagen kann man für die weichmagnetischen Werkstoffe, die eine geringe Koerzitivfeldstärke $H_c \ll 1$ A cm^{-1} und eine leichte Ummagnetisierbarkeit ohne große irreversible Anteile, d.h. eine schmale Hysteresisschleife aufweisen sollen, die maßgebenden Anforderungen ableiten. Die Bloch-Wandbewegung soll möglichst schwach behindert werden. Deshalb müssen weichmagnetische Werkstoffe weitgehend einphasig und rein sein. Gelöste Fremdatome in geringer Konzentration haben im allgemeinen keinen Einfluß. Ausscheidungen dagegen stellen Hindernisse für die Blochwandbewegung dar, und zwar sowohl durch Störungen des magnetostatischen Feldes an den Phasengrenzen als auch durch die meistens auftretenden Verzerrungsfelder der Teilchen. Aus (16.17) ergibt sich außerdem, daß weichmagnetische Legierungen eine möglichst hohe Korngröße haben sollten. An die legierungsab-

Tabelle 16.4. Weichmagnetische Metallische Werkstoffe

Werkstoff	Typische Zusammensetzungen Masse-%	J_s T	H_c mA cm^{-1}
Fe		2,15	60 … 120
Fe–Si (Siliziumeisen)	3 … 3,5 Si	2,03	~ 100
Fe–Ni	35 … 40 Ni; 45 … 50 Ni; 54 … 68 Ni;	1,3 … 1,5	40 … 200
(Mumetall, Permalloy)	72 … 83 Ni; Zusätze: Mo, Cu, Cr …	0,8	3 … 15
Fe–Co	49 Co, 2 V	2,35	400 … 1100
amorphe Legierungen	Co-, (Fe, Ni)-, Fe-Basis	0,6 … 1,6	1 … 40

hängigen Eigenschaften stellen sich für weichmagnetische Werkstoffe die Forderungen, daß die Sättigungsmagnetisierung M_s möglichst hoch, die Kristallenergiekonstante K_1 und die Magnetostriktionskonstante λ_s dagegen möglichst klein sein sollten. Tabelle 16.4 gibt einen Überblick über die wichtigsten weichmagnetischen Werkstoffe.

Eisen ist wegen seiner hohen Verfügbarkeit und geringen Kosten (in der Form kohlenstoffarmer, unlegierter Stähle) der meistverwendete weichmagnetische Werkstoff. Es bietet eine hohe maximale Flußdichte von $B_S = 2{,}15$ T bei für viele Fälle ausreichend geringer Koerzitivfeldstärke. Typische Anwendungen sind geblechte oder massive Kerne in Motoren, Transformatoren, Drosseln und anderen elektromagnetischen Geräten, die in Mengenanwendungen auf minimale Kosten dimensioniert werden.

Die technisch zweitwichtigste weichmagnetische Legierung ist das *Siliziumeisen* mit etwa 3,5 Masse-% Si. Silizium erniedrigt K_1 und λ_s und es führt zu starker Mischkristallhärtung des Eisens. Außerdem liegt der genannte Si-Gehalt im Fe–Si-Gleichgewichtssystem oberhalb der Grenzkonzentration des abgeschnürten γ-Gebiets (2,2 % Si), so daß beim Abkühlen von Wärmebehandlungen zur Rekristallisation keine Phasenumwandlung durchlaufen wird. Dadurch wird vermieden, daß umwandlungsinduzierte Versetzungen und Korngrenzen entstehen, die durch Behinderung der Blochwandbewegung die Koerzitivfeldstärke erhöhen würden. Allerdings erfüllt die Zusammensetzung Fe-3,5% Si nicht die ideale Bedingung $K_1 = 0$. Deshalb wird für Anwendungen wie Transformatoren die magnetisch leichte Richtung ⟨100⟩ durch eine Textur in Längsrichtung der Bleche eingestellt und die Richtung des Magnetfeldes im Kern konstruktiv in Längsrichtung der Kernbleche gelegt. Zur Textureinstellung wird nach dem ersten Kaltwalzen eine Rekristallisations- und Entkohlungsglühung bei etwa 800 °C durchgeführt und nach dem zweiten Kaltwalzen eine Glühung oberhalb von 1200 °C, bei der sekundäre Rekristallisation auftritt, die durch Wachstumsauslese zu einer {011} ⟨100⟩-Textur, der sogenannten Goss-Textur, führt, Abb. 16.10. Dabei wird die Korngrenzenwanderung durch Ausscheidungen von AlN, MnS oder MnSe oder durch Korngrenzensegregation von Sb oder B gezielt

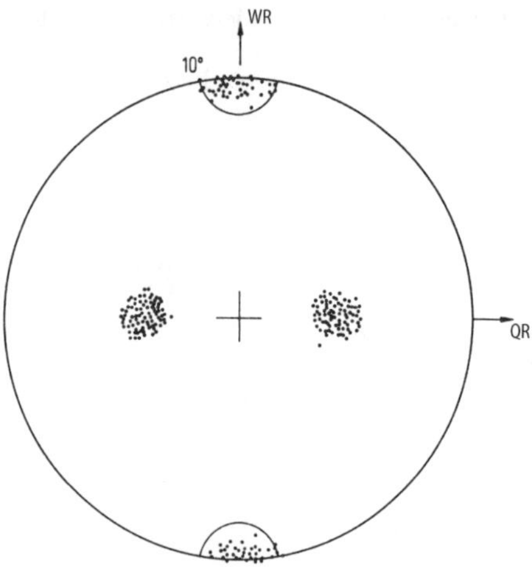

Abb. 16.10. 100-Polfigur von hoch kornorientiertem Fe–Si-Blech mit Goss-Textur. Die Pollagen wurden mit einer Ätzgrübchenmethode bestimmt

beeinflußt. Diese Maßnahmen in Verbindung mit Variation der Kaltverformung und Wärmebehandlung einschließlich der Glühatmosphäre haben im Laufe der Entwicklung zu stetigen Verringerungen der spezifischen Ummagnetisierungsverluste geführt, die heute bei 50 Hz und einer Maximalinduktion $\hat{B} = 1{,}5$ T unter 0,9 W kg^{-1} liegen, Abb. 16.20. Von diesem kornorientierten Siliziumeisen unterscheidet man das nichtorientierte Siliziumeisen, aus dem vor allem Polbleche für die Ständer- und Läuferwicklungen von Elektromotoren hergestellt werden. In dieser Anwendung wird das einzelne Blech in unterschiedlichen Richtungen magnetisch durchflutet. In den Blechen wird dementsprechend durch die Rekristallisation eine möglichst regellose Orientierungsverteilung der Kristallachsen und damit der magnetisch leichten Richtung eingestellt. Damit wird ein Optimum von hoher magnetischer Flußdichte und niedrigen Verlusten erreicht.

Eine im Vergleich zu Fe–Si mengenmäßig kleine, andererseits aber vielfältige und magnetisch hochwertige Gruppe stellen die weichmagnetischen *Fe–Ni-Legierungen* mit Nickelgehalten von 30 bis 83 Masse-% Ni und Zusätzen wie Cr, Mo und Cu dar. Ihre Vielfalt beruht zunächst auf der starken Variation der intrinsischen magnetischen Eigenschaften der γ-Fe–Ni-Legierungen mit der Konzentration mit Nulldurchgängen von K_1, λ_{100} und λ_{111}, Abb. 16.11 a. Diese Eigenschaften können durch ternäre Zusätze wie Mo, Cu und eine Wärmebehandlung, die den Ordnungsgrad S der Phase $FeNi_3$ ändert, bei $\simeq$ 80% Ni gleichzeitig auf Null gebracht werden, wie Abb. 16.11 b zeigt. Damit sind Legierungen im Zusammensetzungsbereich 75 bis 83 Masse-% Ni besonders weichmagnetisch. Für sie sind die Bezeichnungen Mumetall und Permalloy verbreitet. Aber auch die Variation der Sättigungsmagnetisierung mit dem Ni-Gehalt und der Textureinstellung werden ausgenutzt. Ein besonderes Merkmal ist die gezielte Einstellung der uniaxialen magnetischen Anisotropie durch gerichtete strukturelle Nahordnung. Sie kann durch Anlaßbehandlungen in einem Magnetfeld bei Temperaturen unterhalb der Curie-Temperatur in weiten Grenzen variiert werden. Wird die uniaxiale Vorzugsrichtung quer zur späteren

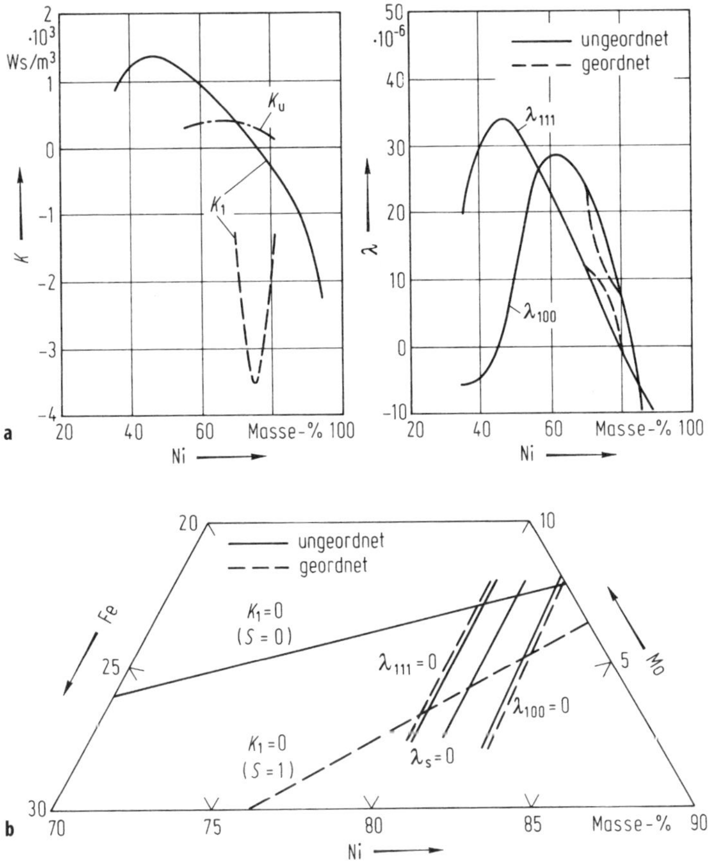

Abb. 16.11. Konzentrationsabhängigkeit der magnetischen Eigenschaften K und λ in den Systemen Fe–Ni (*a*) und Fe–Ni–Mo (*b*); zusätzlich ist die Abhängigkeit vom Ordnungsgrad S der Überstrukturphase Ni_3Fe angegeben

Magnetisierungsrichtung gewählt, so ist die Magnetisierung durch Drehprozesse erschwert und steigt mit zunehmendem äußeren Feld schwächer an (flache F-Schleife) als wenn beide Richtungen parallel verlaufen (steile Z-Schleife). Die charakteristischen unterschiedlichen Hysteresisschleifen zeigt Abb. 16.12. Weichmagnetische Werkstoffe dieser Gruppe, Tabelle 16.4, werden besonders als Kerne in induktiven Bauelementen wie Transformatoren und Drosseln für Stromversorgungen, in der Leistungselektronik, zur Strommessung, für Sicherungsschalter gegen Erdungsfehler und als Motor- und Relaisteile eingesetzt. Sie dienen auch zur Abschirmung magnetischer Gleichfelder.

Als wesentliche Gruppe weichmagnetischer Werkstoffe sind die *amorphen Metalle* in jüngerer Zeit entwickelt worden. Bei ihnen ist die Abwesenheit einer magnetokristallinen Anisotropie ($K_1 = 0$) eine ideale Voraussetzung für weichmagnetisches Verhalten. Dazu kommt, daß in der amorphen Struktur ausge-

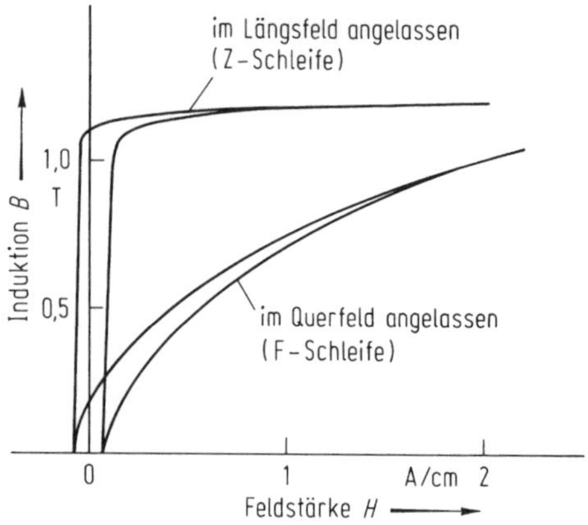

Abb. 16.12. Unterschiedliche Hysteresisschleifen in einer Fe-50%Ni-Legierung durch induzierte uniaxiale Anisotropie

dehnte Defekte wie Versetzungen instabil sind und wegen der großen Löslichkeit von Verunreinigungen Ausscheidungen vermieden werden können, so daß keine starken Hindernisse für die Blochwandbewegung auftreten.

Darüber hinaus kann in amorphen Co-Legierungen durch Zusammensetzung und Wärmebehandlung die Bedingung $\lambda_s \simeq 0$ eingestellt werden. Damit weisen amorphe Legierungen quasi ideale weichmagnetische Eigenschaften auf. Ein wichtiges Merkmal sind zusätzlich die geringen Wechselfeldverluste. Sie beruhen auf 3 Eigenschaften: auf der geringen Koerzitivfeldstärke, auf der durch das Herstellverfahren bedingten geringen Banddicke von 10–50 μm und auf dem gegenüber vergleichbaren Legierungen etwa dreimal höheren spezifischen elektrischen Widerstand, siehe (16.18b).

Als weichmagnetische Werkstoffe lassen sich bei den amorphen Metallen zwei Gruppen unterscheiden: Fe-reiche Legierungen mit relativ hoher Sättigungspolarisation $J_s = 1{,}5-1{,}6$, die mit kornorientiertem Fe-Si als Kernwerkstoff für Verteilungstransformatoren in Wettbewerb treten; Co-reiche Legierungen mit $J_s = 0{,}6–0{,}8$ T, die bei einer Reihe von Anwendungen im Bereich mittlerer und hoher Frequenzen den Fe-Ni-Werkstoffen überlegen sind. In beiden Fällen sind vor allem die geringen Wechselfeldverluste für den Funktionsvorteil maßgebend: geringere Leerlaufverluste bei Transformatoren bzw. geringere Erwärmung oder Baugröße bei allen induktiven Bauelementen. Aufgrund ihrer hohen Streckgrenze und der damit verbundenen Unempfindlichkeit gegen plastische Verformung sind amorphe weichmagnetische Werkstoffe außerdem als Magnetköpfe, magnetoelastische Sensoren und Markierungselemente in Warensicherungssystemen den kristallinen Legierungen überlegen.

In jüngerer Zeit ist eine Gruppe nanokristalliner weichmagnetischer Werkstoffe auf Fe-Si-Basis entwickelt worden, die eine bisher nicht erzielbare Kombination aus relativ hoher Sättigungspolarisation $J_s = 1{,}2 \ldots 1{,}3$ T mit extrem niedriger Koerzitivfeldstärke $H_c \leq 1$ A/m bieten. Dieses Material wird durch rasche Erstarrung in Bandform amorph hergestellt und anschließend durch eine Anlaßbehandlung bei etwa 550 °C in den nanokristallinen Zustand mit Korndurchmessern $d = 10 \ldots 15$ nm umgewandelt. Die resultierende regellose

Kornorientierung führt in Verbindung mit der geringen Korngröße zu einem Effektivwert $K_1 \simeq 0$, d.h. magnetische Isotropie, obwohl die Einzelkristallite $K_1 > 0$ aufweisen. Dadurch ergibt sich, in Verbindung mit einer ebenfalls fast verschwindenden Magnetostriktion, ein nahezu ideal weichmagnetisches Verhalten.

16.4 Hartmagnetische Werkstoffe

Bei den hartmagnetischen Werkstoffen sind alle physikalischen und metallkundlichen Maßnahmen darauf gerichtet, die Entmagnetisierung eines einmal aufmagnetisierten Magneten maximal zu behindern. Das heißt, daß die für Keimbildung und Wachstum magnetischer Domänen in der Richtung eines entmagnetisierenden Feldes erforderliche Feldstärke möglichst groß sein soll. In Kap. 16.2 hatten wir festgestellt, daß die Kristallenergie u_K die zur Änderung der Magnetisierungsrichtung aufbringende Arbeit angibt und proportional zur Anisotropiekonstanten K_1 ist (16.1). Daraus folgt für die Feldstärke zur homogenen Rotation der Magnetisierung eines Einkristalls, die intrinsische Keimbildungsfeldstärke, in erster Näherung

$$H_A = \frac{2K_1}{J_s} . \tag{16.19}$$

Damit ist auch für Vielkristalle mit ausgeprägter Textur in der magnetischen Vorzugsrichtung ein theoretischer Maximalwert der Ummagnetisierungsfeldstärke gegeben. Als intrinsische magnetische Eigenschaft ist also ein möglichst hoher Wert von K_1 bzw. H_A anzustreben, wie er in den intermetallischen Verbindungen Co_5Sm ($H_A = 230$ kA cm^{-1}), $Co_{17}Sm_2$ ($H_A = 88$ kA cm^{-1}) und $Fe_{14}Nd_2B$ ($H_A = 59$ kA cm^{-1}) gegeben ist. Für die Keimbildung von Domänen gelten analoge Beziehungen wie für die Keimbildung von Teilchen bei strukturellen Phasenumwandlungen, wobei magnetische Größen an die Stelle der thermochemischen und mechanischen treten und insbesondere auch Gefügeeinflüsse zu heterogener Keimbildung führen. Ihre Behandlung würde den Rahmen dieses Buches überschreiten. Zur Behinderung der Blochwandverschiebung dienen in Hartmagneten geringe Korngröße und heterogene Gefüge. Korngrenzen – möglichst mit Seigerungen unmagnetischer Komponenten – und Teilchen oder netzwerkförmige Anordnungen zweiter Phasen in geeigneter Größe, Form und Verteilung bilden Hindernisse für die Blochwandbewegung.

Eine weitere Möglichkeit, einen hartmagnetischen Werkstoff zu schaffen, ist in einem Gefüge aus kleinen ferromagnetischen Teilchen gegeben, die nur von einer nichtferromagnetischen Grundmasse umgeben sind. Derartige Gefüge können durch Ausscheidung kohärenter, formanisotroper Teilchen der ferromagnetischen Phase gebildet werden. Die Längsachse der Teilchen entspricht der magnetisch leichten Richtung, ihre maximale Ausdehnung senkrecht dazu wird so eingestellt, daß sie die Blochwanddicke nicht wesentlich überschreitet. Dadurch ist keine Domänenbildung in Richtung des entmagnetisierenden

Abb. 16.13. Entmagnetisierungskurve eines hartmagnetischen Stoffs zur Erläuterung der Kenngrößen

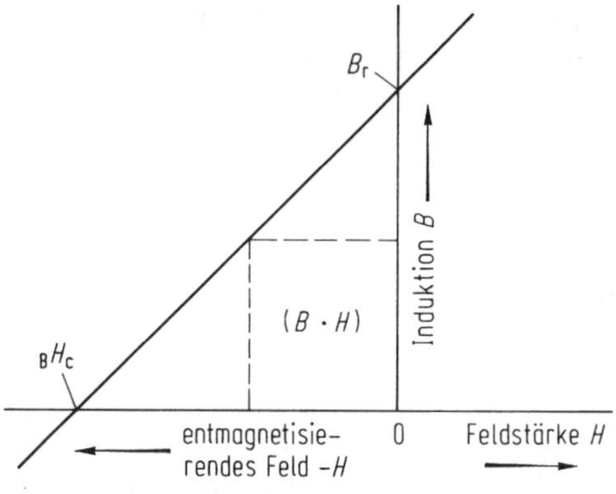

Feldes möglich, sondern der Ummagnetisierungsprozeß muß durch einen Umklappvorgang der magnetischen Momente innerhalb der Teilchen erfolgen, der eine kritische Feldstärke erfordert. Dieser Mechanismus, eine ausreichende Koerzitivfeldstärke auch bei relativ geringen Werten von K_1 und H_A zu erzielen, wird bei Alnico- und Fe–Cr–Co-Magneten ausgenutzt.

Für die Beschreibung des hartmagnetischen Verhaltens werden meistens Entmagnetisierungskurven $B(-H)$ verwendet, Abb. 16.13. Ideale hartmagnetische Eigenschaften liegen vor, wenn (a) der bis zur Sättigungspolarisation J_s magnetisierte Stoff beim Abschalten des Feldes vollständig magnetisiert bleibt, d.h. $B_r = J_s$ und (b) dieser Magnetisierungszustand auch bei einem entmagnetisierenden Feld bis zur Koerzitivfeldstärke ${}_BH_c$ erhalten bleibt. Daraus ergeben sich die ideale maximale Koerzitivfeldstärke der Induktion

$$ {}_BH_c^{id} = \frac{J_s}{\mu_0} \tag{16.20} $$

und das ideale maximale magnetische Energieprodukt

$$ (B \cdot H)_{max}^{id} = \frac{J_s^2}{4\mu_0} \tag{16.21} $$

als theoretische Grenzwerte, aus denen im Vergleich mit den Meßwerten die Effektivität der Textur- und Gefügeoptimierung ermittelt werden kann. Tatsächlich ist in realen Hartmagneten $B_r < J_s$, weil die magnetische Phase nicht das gesamte Volumen ausmacht und die magnetisch leichte Richtung der Einzelkristallite um die makroskopische Vorzugsrichtung streut; außerdem ist durch Streuungen der Gefügeparameter keine vollständige Unterdrückung örtlicher Domänenbildung in Richtung des entmagnetisierenden Feldes bei $|-H| \leq {}_BH_c^{id}$ möglich, so daß die idealen Grenzwerte für die Remanenz B_r und die Koerzitivfeldstärke der Induktion ${}_BH_c$ nicht erreicht werden.

Die wichtigsten metallischen Hartmagnete sind in Tabelle 16.5 aufgeführt und bilden zwei Gruppen: intermetallische Phasen auf der Basis Co oder Fe

Tabelle 16.5. Hartmagnetische metallische Werkstoffe

Werkstoff	Typische Zusätze bzw. Zusammensetzungen, Masse-%	B_r T	${}_JH_c$ kA m^{-1}	$(B \cdot H)_{max}$ kJ m^{-3}
Co_5Sm		0,85 ... 1,00	1000 ... 1700	145 ... 200
$Co_{17}Sm_2$	Fe, Cu, Zr	0,95 ... 1,10	800 ... 1200	180 ... 240
$Fe_{14}Nd_2B$	Co, Dy, Al	1,05 ... 1,30	800 ... 2000	225 .. > 300
Alnico	Fe, 24 ... 35Co, $\lesssim$ 15Ni, $\lesssim$ 10Al, ~ 3Cu	1,20 ... 1,30	50 ... 60	44 ... 72
Fe–Co–Cr	Fe, 10 ... 26Co, 28 ... 32Cr	1,15 ... 1,25	35 ... 60	20 ... 42

mit SE-Metallen und zweiphasige Magnete auf Fe–Co-Basis. Sie beruhen auf den besprochenen magnetischen Härtungsmechanismen. Daneben spielen in der Technik Ba- und Sr-Ferrite eine große Rolle. Diese oxidischen „Hartferrite" machen wegen ihres geringen Preises den größten Mengenanteil bei den Dauermagneten aus.

Die ersten drei der in Tabelle 16.5 genannten Werkstoffe bestehen aus spröden intermetallischen Phasen, die pulvermetallurgisch verarbeitet werden. Der Herstellprozeß ist in Abb. 16.14 schematisch dargestellt. Er unterscheidet sich von den in Kap. 13 dargestellten Verfahren dadurch, daß beim Mahlen ein-

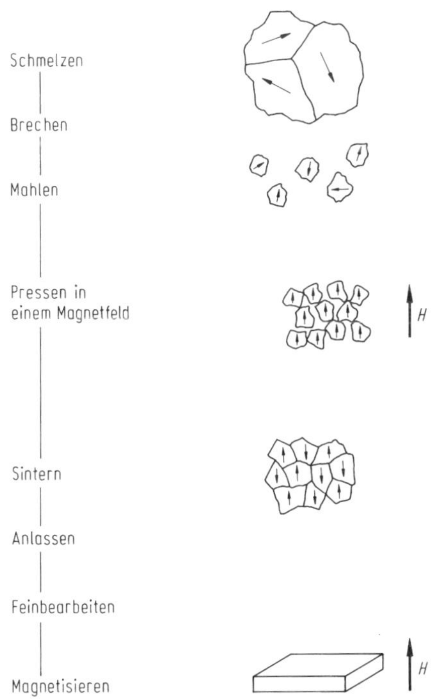

Abb. 16.14. Pulvermetallurgische Herstellung von Dauermagneten

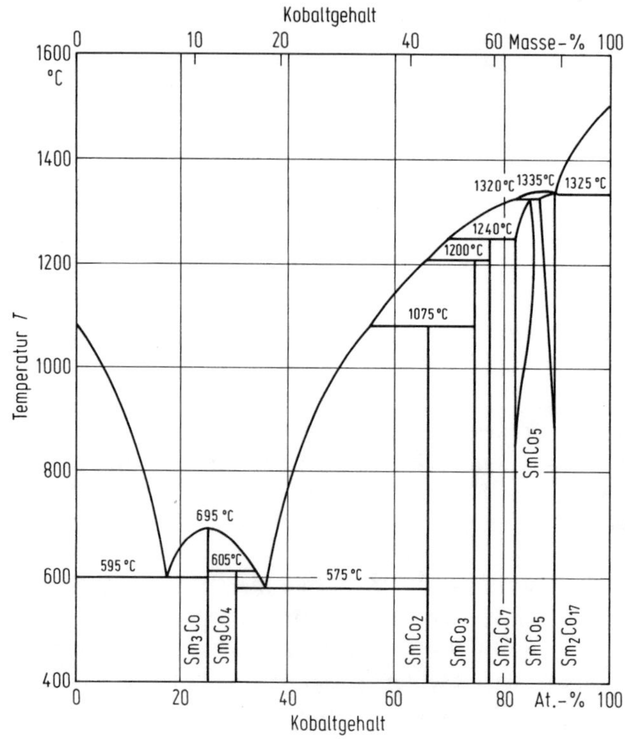

Abb. 16.15. Phasendiagramm Co–Sm

kristalline Pulverteilchen von ca. 5 µm mittlerer Größe erzielt werden müssen, die dann unmittelbar vor dem Pressen in einem Magnetfeld in der leichten Richtung (hexagonale bzw. tetragonale *c*-Achse) ausgerichtet werden. Diese Textur bleibt beim Pressen und Sintern erhalten, so daß die Magneten eine makroskopische Vorzugsrichtung haben. Durch die makroskopische Ausrichtung der magnetokristallinen Anisotropie können der magnetische Fluß und das Energieprodukt dieser hochwertigen Magnete optimal ausgenutzt werden.

Die Phasen $SmCo_5$ und Sm_2Co_{17} sind im System Co–Sm benachbart, Abb. 16.15. Beide haben einen Löslichkeitsbereich bei hohen Temperaturen, der sowohl für das Sinterverhalten als auch für die magnetische Optimierung ausgenutzt wird. Ihre Kristallstrukturen sind hexagonal und magnetisch anisotrop mit der *c*-Achse als leichter Richtung. Beide Phasen haben eine hohe Sättigungspolarisation J_s (Tab. 16.1) und eine hohe Anisotropiefeldstärke $H_A(SmCo_5) = 230\ kA\ cm^{-1}$, $H_A(Sm_2Co_{17}) = 88\ kA\ cm^{-1}$. Zum Sintern ist es günstig, eine nichtstöchiometrische Zusammensetzung zu wählen, damit der Sintervorgang durch den Beitrag struktureller Leerstellen zur Diffusionsgeschwindigkeit möglichst rasch abläuft. In der weiteren Behandlung unterscheiden sich die beiden Werkstoffe dann wesentlich. Bei $SmCo_5$ wird durch Wärmebehandlung bei tieferer Temperatur bewirkt, daß die magnetische Phase ihre optimale Zusammen-

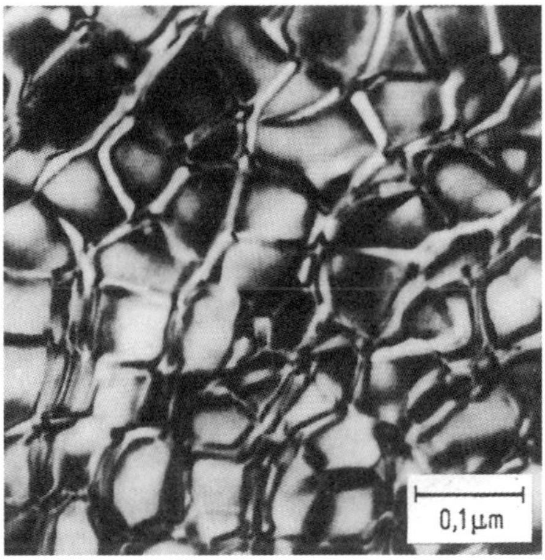

Abb. 16.16. Gefüge von Hartmagneten des Typs Sm_2Co_{17}; TEM (J. Nahm)

setzung erreicht. Bei Sm_2Co_{17}, das als technischer Werkstoff Zusätze von Cu, Fe und Zr enthält, dient zunächst eine Wärmebehandlung zwischen 800 und 900 °C dazu, ein zellulares Gefüge durch saumförmige kohärente Ausscheidung der Phase $SmCo_5$ an Antiphasengrenzen der Phase Sm_2Co_{17} mit einer effektiven Korngröße um 100 nm zu bilden, Abb. 16.16. Bei einer anschließenden langsamen Abkühlung verstärkt sich die Verteilung der Zusatzelemente auf die Phasen, so daß die Körner aus $Sm_2(Co, Fe, Zr)_{17}$ und die Säume aus $Sm(Co, Cu)_5$ bestehen und ihre intrinsischen magnetischen Eigenschaften sich noch stärker unterscheiden. Dadurch wirkt die $Sm(Co, Cu)_5$-Phase als starkes Hindernis gegen die Bloch-Wandbewegung, und die Koerzitivfeldstärke wird erheblich erhöht, so daß diese sogenannten 2–17-Magneten hohe H_c-Werte erreichen.

Die borhaltige ternäre intermetallische Phase $Fe_{14}Nd_2B$ mit tetragonaler Struktur, deren *c*-Achse die magnetisch leichte Richtung ist, hat durch ihre hohe Sättigungspolarisation (J_s = 1,35 T im gesinterten Magneten) und ihr ebenfalls hohes Anisotropiefeld H_A = 59 kA cm^{-1} die günstigsten Voraussetzungen für Hartmagneten mit Maximalwerten von H_c und $(B \cdot H)_{max}$. Allerdings ist die Curie-Temperatur T_c = 312 °C für einen magnetischen Werkstoff relativ niedrig (vgl. Abb. 16.3), wodurch die magnetischen Eigenschaften mit steigender Temperatur stark abnehmen. Der Werkstoff wird wie die Co–Sm-Magneten mit dem in Abb. 16.14 schematisch dargestellten Verfahren hergestellt. Durch ein Nd-reiches ternäres Eutektikum, das im Gleichgewicht mit der magnetischen Phase bei ca. 660 °C auftritt, kann bei geringem Nd-Überschuß Flüssigphasensintern erzielt werden, wodurch sich wiederum relativ geringe Sintertemperaturen und damit geringes Kornwachstum realisieren lassen. Eine anschließende Wärmebehandlung bei etwa 630 °C führt zur Erhöhung der Koerzitivfeldstärke.

Die *Alnico-Legierungen* haben bei hoher Temperatur B2-Struktur (CsCl-Typ, Abb. 9.10 a), d. h. eine Überstruktur des krz α-Fe-Mischkristalls. Bei niedrigerer Temperatur scheidet sich eine Fe–Co-reiche ferromagnetische Mischkristallphase kohärent aus, während die (Ni,Ti)Al-reiche Matrix mit B2-Struktur durch

a b

Abb. 16.17. Gefüge kohärent-zweiphasiger Dauermagnete; Magnetfeld beim Anlassen parallel zur Abbildungsebene. **a** Alnico; **b** Fe–Co–Cr; TEM (I. Pfeiffer)

Verarmung an Fe und Co paramagnetisch wird. Die Wärmebehandlung besteht aus einer Homogenisierung bei $\gtrsim 1200\,°C$, gefolgt von Abkühlung und/oder Auslagerung mit oder ohne Magnetfeld bei ca. 600 °C. Wegen der Kohärenzspannungen mit der Matrix bilden sich aufgrund der elastischen Anisotropie die Teilchen stabförmig in $\langle 100 \rangle$-Richtung aus und nehmen eine quasi-periodische Verteilung an. Bei Wärmebehandlung im Magnetfeld wachsen Teilchen mit Richtungskomponenten des angelegten Magnetfeldes bevorzugt, Abb. 16.17 a. Der mittlere Teilchendurchmesser beträgt 10 bzw. 25 nm, die Länge 50 bzw. 150 nm. Die jeweils kleineren Werte beziehen sich auf eine Ti-haltige Legierungsvariante mit erheblich höherer Koerzitivfeldstärke. Wegen der geringen Größe und der Formanisotropie der Teilchen ist ihre Ummagnetisierung nur durch Umklappvorgänge möglich, deren kritische Feldstärke die Koerzitivfeldstärke bestimmt. Aufgrund der Überstruktur der Matrixphase ist Alnico ein spröder Werkstoff und kann deshalb nur gießtechnisch oder pulvermetallurgisch verarbeitet werden. Im magnetisch optimalen, anisotropen Zustand, weisen die Alnico-Werkstoffe die in Tabelle 16.5 angegebenen Eigenschaften auf.

Die *Fe–Co–Cr-Legierungen* sind im Gegensatz zu Alnico im abgeschreckten Zustand umformbar, weil sie bei Temperaturen $> 1200\,°C$ im α-Mischkristallzustand vorliegen. Bei tieferen Temperaturen treten im stabilen Gleichgewicht Zwei- und Dreiphasenfelder von α, γ und σ auf. Die α-Phase enthält aber bei $T < 650\,°C$ eine metastabile Mischungslücke, wodurch sich abgeschreckte Legierungen in eine stark ferromagnetische α_1 (Fe, Co)-Phase und eine schwach ferromagnetische α_2 (Fe, Cr)-Phase entmischen. Die Wärmebehandlung nach dem Abschrecken besteht aus einem Anlassen bei 640 °C, bei dem spinodale Entmischung zu kurzwelligen Konzentrationsschwankungen führt, und einer stufenförmigen oder kontinuierlichen Absenkung der Anlaßtemperatur bis 550 °C, wobei das Wachstum und die weitere Konzentrationsaufspaltung der kohärent entmischten Teilchen bis zum magnetisch optimalen Zustand erfolgen, Abb. 16.17b. Durch Mo-Zusatz werden die Gitterparameter der entmischten Phasen so eingestellt, daß die Kohärenzspannungen zur Bildung stabförmiger Teilchen in ⟨100⟩-Richtung führen, deren Größe und Formanisotropie wie bei Alnico zur Erzielung eines Maximalwerts von H_c eingestellt wird. Wenn bei der Anlaßbehandlung ein Magnetfeld angelegt wird, wachsen Teilchen in Feldrichtung bevorzugt. Tabelle 16.5 gibt die magnetischen Eigenschaften der magnetisch optimalen, anisotropen Fe–Co–Cr-Hartmagnete an.

Ein weiteres Anwendungsgebiet des Hartmagnetismus ist die magnetische Informationsspeicherung. Die Wirkungsweise von Magnetbändern beruht darauf, daß magnetische Einbereichsteilchen, die isoliert in das Trägermaterial eingebettet sind, bei der Aufnahme mit der Signalfrequenz und -amplitude aufmagnetisiert werden und bei der Wiedergabe das entsprechende Signal im Magnetkopf induzieren. Die Teilchen sind oft Fe- oder Cr-Oxide, aber bei hochwertigen Bändern auch Fe-Kristalle (Eisenpigment). Bei Speicherplatten werden für die longitudinale Aufzeichnung, d.h. Magnetisierungsrichtung parallel zur Plattenlaufrichtung, Fe-Ni- oder Co–Ni-Filme niedergeschlagen (aufgedampft oder aufgestäubt), die mit den Signalen örtlich aufmagnetisiert werden. Bei der vertikalen Aufzeichnung, die höhere Speicherdichten ermöglicht, wird eine hexagonale Co–Cr-Legierung verwendet, die beim Aufstäuben in der magnetisch leichten *c*-Richtung aufwächst und damit eine Magnetisierung in Richtung der Plattennormalen ermöglicht. Inzwischen beruhen aber die meisten Speicherplatten auf magneto-optischer und optischer Speicherung.

16.5 Besondere Werkstoffeigenschaften durch magnetische Anomalien

In Verbindung mit der Kopplung der magnetischen Momente und insbesondere infolge der dadurch bedingten Magnetostriktion treten Anomalien verschiedener physikalischer Eigenschaften auf, von denen einige hier kurz behandelt werden.

Als *Invar-Effekt* bezeichnet man eine Verringerung des thermischen Ausdehnungskoeffizienten unterhalb der Curie-Temperatur. Sie beruht darauf, daß sich die normale Wärmeausdehnung aufgrund anharmonischer Gitterschwingungen und die mit abnehmender Temperatur bei den meisten Legierungen zunehmende magnetostriktive Dehnung mehr oder weniger stark kompensieren. Die spontane Volumenmagnetostriktion $\omega_s = (V_f - V_p)/V_p = 3\lambda_s$, wobei V_f und V_p das Volumen des ferro- und des paramagnetischen Zustands sind, hängt wie J_s von der Temperatur ab, d.h. $\omega_s(T) \sim (1 - T/T_c)$, ein linearer Verlauf. Damit ist $(\Delta V/V) = f(T)$ bei $T < T_c$ wie bei $T > T_c$ linear, nur mit geringerer Steigung, so daß bei T_c ein mehr oder weniger scharfer Übergang in der Ausdehnungskurve auftritt und die Curie-Temperatur dementsprechend die obere Grenztemperatur des Bereichs geringerer thermischer Ausdehnung ist. Das Fe-Ni-System bildet aufgrund der starken Konzentrationsabhängigkeit der Magnetostriktion (Abb. 16.18) die Grundlage der Legierungen mit kontrollierter thermischer

Abb. 16.18. Thermischer Ausdehnungskoeffizient im System Fe–Ni

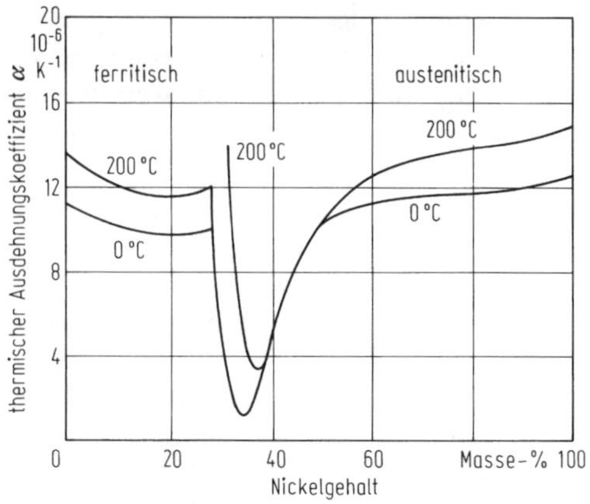

Ausdehnung. Ein extrem niedriger Wert von α wird bei 36% Ni erreicht, dies ist die Invar-Legierung im engeren Sinne. Durch binäre Legierungen und mit Zusätzen von $\lesssim$ 23% Co und $\lesssim$ 9% Cr wird der Bereich $\alpha = 1{,}6$ bis $10{,}9 \cdot 10^{-6}\ \mathrm{K}^{-1}$ erfaßt. Diese Werkstoffe dienen durch Anpassung des thermischen Ausdehnungskoeffizienten α an Gläser und Keramik zur Herstellung von elektrischen oder mechanischen Verbindungen oder Durchführungen zwischen metallischen und nichtmetallischen Stoffen, die in Herstellung und/oder Anwendung Temperaturänderungen ausgesetzt sind, z. B. Glasdurchführungen für Fernsehröhren und spezielle Metallzungen(Reed)-Relais, Aufbau hochwertiger Halbleitergehäuse. Invar-Legierungen werden außerdem als passive Komponente von Thermobimetallen, Kap. 18.2, verwendet.

Der *Elinvar-Effekt* ist eine zum Ivar-Effekt analoge Erscheinung des E-Moduls bzw. der elastischen Konstanten: durch die meistens positive magnetostriktive Volumenänderung bei $T < T_c$ nimmt der E-Modul mit abnehmender Temperatur schwächer zu als allein aufgrund der Gitterschwingungen. Diese Änderung des E-Moduls durch die Austauschkopplung wird als $\Delta E_A(T)$ bezeichnet. In Fe–Ni-Legierungen führt sie bei ~ 45 Masse-% Ni zu einer Temperaturunabhängigkeit des E-Moduls und des G-Moduls in einem größeren Temperaturbereich, der Raumtemperatur einschließt. Derartige sogenannte Konstantmodullegierungen werden für Anwendungen eingesetzt, bei denen die elastischen Eigenschaften von der Umgebungstemperatur unabhängig sein sollen, wie Unruhfedern in Uhren, Waagenfedern und mechanische Schwinger, die zur Frequenzstabilisierung dienen.

Von der spontanen, mit der Austauschkopplung verbundenen E-Moduländerung ΔE_A lassen sich noch zwei weitere, spannungsinduzierte E-Modul-Änderungen ΔE_λ und ΔE_ω unterscheiden. Sie beruhen darauf, daß mechanische Spannungen die Domänenanordnung einerseits und den Atomabstand andererseits (erzwungene Volumenmagnetostriktion) verändern. Beide Beiträge bewirken eine Zusatzdehnung ε_λ und ε_ω, so daß sich der effektive Wert des E-Moduls im allgemeinen Fall aus dem reinen Gitteranteil E_G und drei magnetisch bedingten Anteilen zusammensetzt, in erster Näherung

$$E = \frac{\sigma}{\varepsilon} = \sigma\left(\frac{1}{\varepsilon_G} + \frac{1}{\varepsilon_A} + \frac{1}{\varepsilon_\lambda} + \frac{1}{\varepsilon_\omega}\right)$$
$$= E_G + \Delta E_A + \Delta E_\lambda + \Delta E_\omega \,. \tag{16.22}$$

Da ΔE_A meistens und ΔE_λ, ΔE_ω immer < 0 sind, ist der E-Modul des ferromagnetischen Zustands stets niedriger als der aus dem paramagnetischen Bereich extrapolierte Wert. Den Beitrag ΔE_λ kann man eliminieren, wenn die Probe bis $J = J_s$ magnetisiert wird, weil dann keine Zusatzdehnung durch Domänenumordnung mehr möglich ist.

Die Zusatzdehnung ε_λ, die aus der spannungsinduzierten Änderung der Domänenanordnung resultiert, wird als Grundlage *magneto-mechanischer Dämpfung* benutzt. Da die spannungsinduzierte Domänenwandbewegung mit anelastischen und Wirbelstromverlusten verbunden ist, tritt bei schwingender Belastung eine mechanische Hysterese im Bereich elastischer Dehnungen auf, d.h. eine nichtlineare Abweichung von der Hookeschen Geraden. Der mechanische Verlust p_m, der als Abnahme ΔW der Spannungsenergiedichte $W = \sigma^2/2E = E\varepsilon^2/2$ pro Schwingung in Erscheinung tritt, wird als spezifisches Dämpfungsvermögen bezeichnet; es beträgt

$$p_m = \frac{\Delta W}{W} = 4\,\frac{E^2}{\varepsilon} \cdot \frac{|\lambda_s|^3}{J_s^3} \cdot \alpha \,, \tag{16.23}$$

wobei α durch die Stärke der Hindernisse für die Domänenwandbewegung und die Größe des Wirbelstromeinflusses bestimmt wird. Mit dem logarithmischen Dekrement δ ist p_m durch $p_m \simeq 2\delta$ verbunden. Ein Werkstoff, der eine hohe Dämpfung p_m in Verbindung mit günstigen technologischen Eigenschaften aufweist, ist ein ferritischer Stahl mit 12 Masse-% Cr und 3 Masse-%Al (Abb. 16.19).

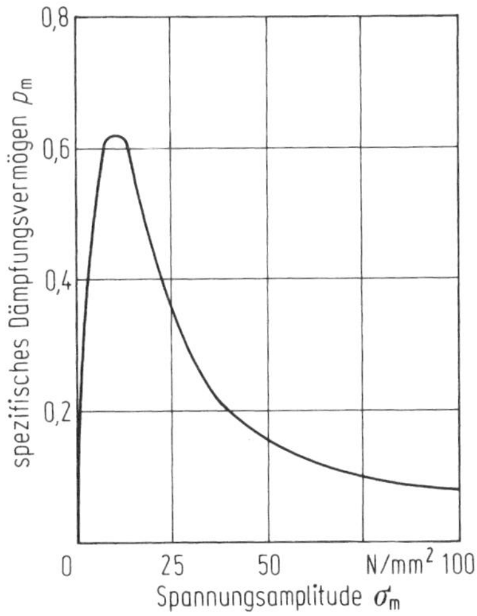

Abb. 16.19. Abhängigkeit der Dämpfung von der Schwingungsamplitude bei Biegeschwingungen eines ferritischen Stahls Fe-12Cr-3Al; σ_m = Zug/Druck-Spannungsamplitude in der Randfaser der Biegeprobe

Nachteilig für die technische Anwendung ist allerdings die hier erkennbare Beschränkung des hohen Dämpfungsvermögens auf einen kleinen Bereich der Schwingungsamplitude, d.h. der auftretenden Spannungen bzw. Dehnungen.

Schließlich sei noch auf die anomal hohe Magnetostriktion von Fe_2Tb hingewiesen, Tabelle 16.2. Während die aufgeführten Werte allerdings nur bei Feldstärken von 25 kA cm^{-1} erreicht werden, tritt in einer Legierung $Fe_{1,95}Dy_{0,73}Tb_{0,27}$ die Sättigungsmagnetostriktion $\lambda_{111} = 1800 \cdot 10^{-6}$ bereits bei $H = 2$ kA cm^{-1} auf. Damit eignet sich dieser Werkstoff als magnetisch steuerbarer Weg- oder Kraftgeber, d.h. als Aktor mit hohen Stellkräften und Schaltfrequenzen, z.B. für Ventile, Ultraschallsender, Mikropumpen und Mikropositioniereinrichtungen, vgl. Tab. 18.4.

16.6 Fortschritte bei Eigenschaften von Magnetwerkstoffen

Die Magnetwerkstoffe stellen besonders gute Beispiele für Eigenschaftsverbesserungen durch fortschreitendes physikalisch-metallkundliches Verständnis einerseits und die Entdeckung neuer Stoffe und Zustände andererseits dar. Abbildung 16.20 zeigt die Verluste von Kernblechen als Funktion der Zeit. Einige der maßgebenden Verbesserungen und Entdeckungen sind angegeben, die in Abschn. 18.4 beschrieben werden. Einen entscheidenden Schritt bedeutete in jüngerer Zeit die Entdeckung der Herstellbarkeit amorpher Metalle aus der Schmelze, d.h. der Übergang von den kristallinen Fe-Si- zu den amorphen Fe-Si-B(-X)-Legierungen. Abbildung 16.21 gibt die Erhöhung des maximalen Energieprodukts von Dauermagnetwerkstoffen wieder. Hier verlief die Entwicklung von den kaltverformten Stählen (niedriger Wert im Jahr 1900) über

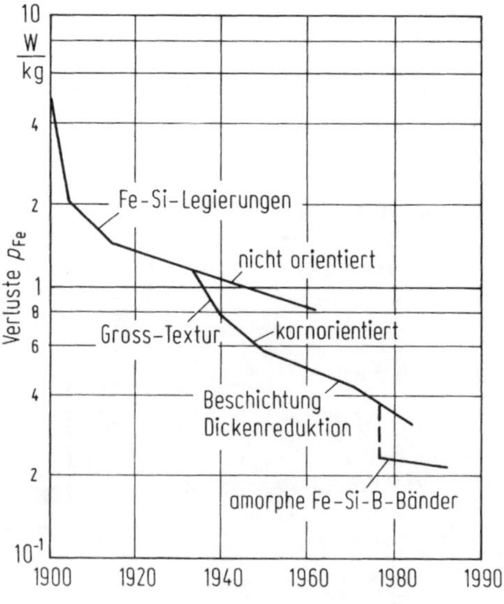

Abb. 16.20. Ummagnetisierungsverluste von Fe-Si-Kernblechen ($B = 1{,}0$ T, $f = 50$ Hz, $d = 0{,}35$ bis $0{,}28$ mm) und amorphem Fe-Si-B-Band ($d = 0{,}004$ mm)

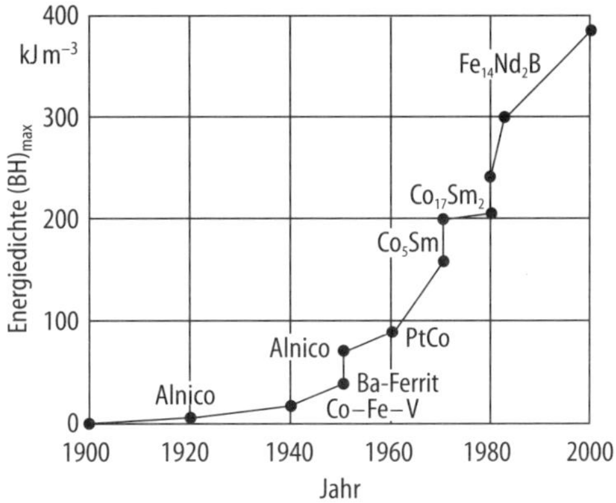

Abb. 16.21. Energiedichte $(BH)_{max}$ von Dauermagnetwerkstoffen

die gezielt zweiphasig hergestellten Alnico und Fe–Co–Cr-Legierungen zu den intermetallischen Phasen auf der Basis von Übergangsmetall-Seltenerd-Verbindungen.

Literatur

Kneller E (1963) Ferromagnetism. Springer, Berlin

Wohlfarth EP (Hrsg) (1980) Ferromagnetic Materials. A Handbook on the Properties of Magnetically Ordered Substances. Vol 2, North-Holland; Amsterdam, New York, Oxford

Mende HH (Hrsg) (1983) Neuere magnetische Werkstoffe. Stahleisen, Düsseldorf

Boll R (1990) Weichmagnetische Werkstoffe. 3. Aufl. Vacuumschmelze GmbH, Hanau

Magnetic Hysteresis in Novel Magnetic Materials, GC Hahjipanayis (ed) (1997) NATO ASI Series E, Applied Sciences, Vol 338, Kluwer Academic Publishers, Dordrecht etc.

Warlimont H (Hrsg) (1991) Magnetwerkstoffe und Magnetsysteme. DGM Informationsgesellschaft, Oberursel

Köster E (1987) Recording Media. In: Magnetic Recording, Vol I, Technology Mee CD, Daniel ED (Hrsg) McGraw-Hill, New York

Evetts J (Hrsg) (1992) Concise Encyclopedia of Magnetic & Superconducting Materials. Pergamon Press, Oxford

Magnetic Properties of Metals

Bertotti G, Ferchmin AR, Fiorello E, Fukamichi K, Kobe S, Roth S (1994) Magnetic Alloys for Technical Applications. Soft Magnetic Alloys, Invar and Elinvar Alloys, Subvol il

Bonnenberg D, Burzo Kirchmayr HR, Nakamichi T, Wijn HPJ (1992) Magnetic Alloys for Technical Applications. Hard Magnetic Alloys, Subvol i2

Landolt-Börnstein, Numerical Data and Functional Relationships in Science and Technology, New Series, Vol III/19. Springer-Verlag, Berlin

KAPITEL 17

Korrosion, Verschleiß, Oberflächenbehandlung

Es gibt viele Gründe für das Versagen von Werkstoffen. Sinnvoll erscheint eine Einteilung nach vier Ursachen:

1. Thermisch (Aufschmelzen)
2. Mechanisch (Bruch, einschließlich Ermüdungsbruch)
3. Chemisch (Korrosion und Verzunderung)
4. Tribologisch (Reibung und Verschleiß durch Wechselwirkung zweier Oberflächen).

In fast allen Fällen spielt die Oberfläche (Kap. 5) eine entscheidende Rolle bei dem jeweiligen Vorgang. Die vier Einflußgrößen wirken häufig nicht allein, sondern in Kombinationen: Kriechbruch (1 + 2), Spannungsrißkorrosion (2 + 3), tribo-chemische Reaktion (3 + 4), Reibermüdung (2 + 4). In diesem Abschnitt geht es um die Wechselwirkung des Metalls mit seiner (chemischen) Umgebung, in der Regel bei Raumtemperatur.

17.1 Korrosion

Die meisten Metalle und Legierungen sind gegenüber Sauerstoff und Wasser in ihrer Umgebung thermodynamisch unbeständig. Den Vorgang der schädlichen Reaktion an der Oberfläche metallischer Werkstoffe mit der Umgebung nennt man Korrosion, insbesondere wenn er lokalisiert erfolgt.

Ist das angreifende Medium ein Elektrolyt, also in Ionen dissoziiert und zur Aufnahme von Ionen des korrodierenden Metalls befähigt, so ist die Korrosion ein überwiegend elektrochemischer Vorgang. Auch die Korrosion der Metalle an feuchter Luft, z. B. das Rosten des Eisens, zählt hierzu, da dieser Korrosionsangriff die Bildung eines Flüssigkeitsfilms an der Metalloberfläche voraussetzt. Bei der elektrochemischen Korrosion der Metalle werden zumeist als Primärschritt der Reaktion hydratisierte Ionen des korrodierenden Metalls gebildet; als Folgereaktion können feste Reaktionsprodukte durch Ausfällung schwerlöslicher Salze auf der Metalloberfläche entstehen. Werden im Primärschritt feste und zugleich porenfreie Schichten von Korrosionsprodukten gebildet, so tritt die als Passivierung bezeichnete weitgehende Unterbindung weiterer Korrosion ein, die auf der Trennung von Angriffsmittel und Metall durch die Deckschicht oder Schutzschicht und der geringen Lösungsgeschwindigkeit dieser Schicht beruht.

Gerade die besonders unedlen Metalle, die in der elektrochemischen Spannungsreihe (Tabelle 1.1) ein stark negatives Potential aufweisen und die mit einer hohen negativen freien Reaktionsenthalpie korrodieren, neigen zur Bildung passivierender Schutzschichten. Sie sind daher in vielen Angriffsmitteln besonders korrosionsbeständig, z. B. Nickel, Chrom und Aluminium an feuchter Luft oder in neutralen, chloridfreien Salzlösungen. Für die Verwendbarkeit eines Metalls unter korrodierenden Bedingungen sind dementsprechend nur bei den Edelmetallen die thermodynamische Stabilität, bei den übrigen Gebrauchsmetallen überwiegend der Mechanismus und die Geschwindigkeit des Korrosionsablaufs – bzw. gegebenenfalls der Passivierung – entscheidend.

Für die Betrachtung des Korrosionsvorgangs bei deckschichtfreien Metallen ist ihre Stellung in der elektrochemischen Spannungsreihe maßgeblich. Der Übergang des Metalls in den ionisierten Zustand wird als Oxidation bezeichnet:

$$\begin{aligned} &M \rightarrow M^{n+} + ne^- \\ &Cu \rightarrow Cu^+ + e^- \\ &Zn \rightarrow Zn^{2+} + 2e^- \\ &Al \rightarrow Al^{3+} + 3e^- . \end{aligned}$$

Oxidation führt zur Abtragung in der Oberfläche des Werkstoffs. Der umgekehrte Vorgang ist die Reduktion. Durch Aufnahme von Elektronen bildet sich aus dem Ion ein neutrales Atom, z. B.:

$$Cu^+ + e^- \rightarrow Cu .$$

Die Geschwindigkeit der Oxidation wird von der örtlichen elektrischen Leitfähigkeit und der unterschiedlichen Neigung zur Oxidation (Potentialunterschied) bestimmt.

Die Abscheidung von Atomen durch Reduktion kann als eine Methode der Oberflächenbehandlung oder auch der Formgebung angewandt werden: galvanisches Beschichten und Formen.

Befinden sich zwei verschiedene Metalle wie Zn und Cu, die leitend verbunden sind, gemeinsam in einem Elektrolyten (Abb. 17.1 a), so wird das unedlere

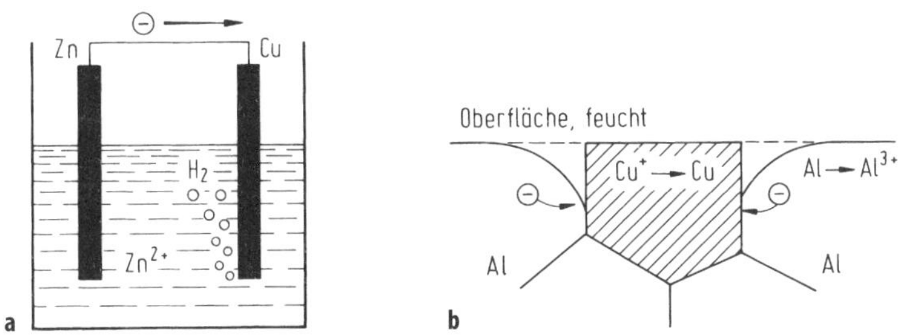

Abb. 17.1. a Galvanisches Element. b Lokalelement, schematisch. Ein unterschiedliches Elektrodenpotential von Gefügebestandteilen bedingt in leitender Umgebung einen Elektronenstrom und dadurch einen örtlichen Angriff

Metall Zn durch Abgabe von Elektronen ionisiert und geht in Lösung, die Elektronen fließen zum edleren Metall, das entweder Ionen der eigenen Art aus der Lösung durch deren Entladung aufnimmt oder mit den überschüssigen Elektronen einen oxidierbaren Bestandteil der Lösung, z. B. Wasserstoffionen, reduziert, wobei Wasserstoffmoleküle entweichen.

Durch Erscheinungen dieser Art wird die Korrosion heterogener Legierungen beeinflußt. Die verschiedenen Phasen des Gefüges nehmen in Gegenwart einer als Elektrolyt wirkenden Flüssigkeit ein unterschiedliches Potential an, wodurch an den Phasengrenzen lokalisiert galvanische Elemente (Lokalelemente) entstehen und die unedlere Phase bevorzugt aufgelöst wird (Abb. 17.1 b). Andererseits wird die Korrosionsgeschwindigkeit der edleren Phase herabgesetzt. Lokalelemente treten ebenfalls auf, wenn in einer Konstruktion Teile aus verschiedenen metallischen Werkstoffen verbunden werden, die gleichzeitig mit einem Elektrolyten in Berührung stehen. Es kann durch galvanische Elementbildung verstärkte Korrosion auftreten, wenn in Flüssigkeitsleitungen die Ventile aus einem anderen Werkstoff bestehen als die Rohre: Kupferlegierungen und Stahl.

Diese elektrochemischen Vorgänge werden umgekehrt häufig zum Korrosionsschutz benutzt. Zum Beispiel bewirkt die Verzinkung von Eisen, daß in einem korrodierenden Elektrolyten das unedlere Zink in Lösung geht, so daß bei kleineren Verletzungen der Zinkschutzschicht kein Eisen gelöst wird. Ähnlich werden unedlere Elektroden in Gefäßen, an Konstruktionen und an Erdleitungen angebracht, die vor Korrosion geschützt werden sollen: Die unedlere Elektrode nimmt ein negatives Potential an und wird bevorzugt gelöst. Auch die Poliervorgänge beim Hersteller dünner Folien für die Elektronenmikroskopie (Kap. 10.4) beruhen auf entsprechenden elektrochemischen Lösungsvorgängen.

Eine elektrochemische Potentialdifferenz entsteht nicht nur, wenn die chemische Zusammensetzung örtlich verschieden ist, sondern auch, wenn durch Kristallbaufehler wie Grenzflächen, Stapelfehler und Versetzungen örtliche Energieunterschiede im Kristallgitter auftreten. Auf dieser Erscheinung beruht der bevorzugte Korrosionsangriff an den Kristallbaufehlern. Damit kann auch in einphasigen Gefügen die Korrosion örtlich unterschiedlich auftreten. Ein bevorzugter Korrosionsangriff an Korn- und Phasengrenzen wird als interkristalline Korrosion bezeichnet (Abb. 17.2 a). Wie zwischen verschiedenen Phasen, so bilden sich auch an Seigerungen Lokalelemente. An Korngrenzen führt dieser Angriff zu interkristalliner Korrosion. Aber es wirken sich auch Gitterbaufehler im Korninneren aus, wodurch Risse in die Körner eindringen können: intra- oder transkristalline Korrosion (Abb. 17.2 bis 17.5). In der Gefügeuntersuchung wird von bevorzugtem Korrosionsangriff an Gitterbaufehlern durch Korngrenzenätzung und Ätzgrübchen an Versetzungen (Kap. 10) Gebrauch gemacht. Lediglich perfekte Einkristalle und metallische Gläser besitzen keine anätzbaren Gefügeelemente. Dies erklärt die besonders geringe Korrosionsneigung mancher metallischer Gläser allerdings nur, wenn sie passivierend wirkende Legierungselemente wie Cr oder P enthalten.

Einen besonderen Korrosionsvorgang stellt die *Spannungsrißkorrosion* dar. Damit wird die Erscheinung bezeichnet, bei der eine Legierung Risse bildet und

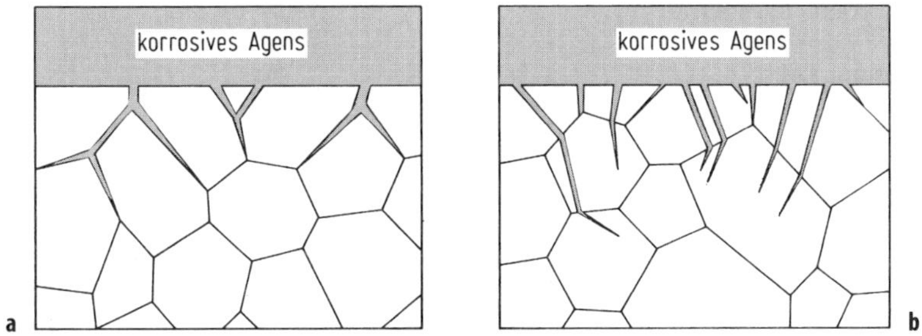

Abb. 17.2. **a** Interkristalline Korrosion: Das korrosive Agens dringt durch bevorzugte Lösung des Metalls entlang den Korngrenzen ein. **b** Transkristalline Korrosion: Das korrosive Agens dringt durch bevorzugte Lösung in das Korninnere ein

bricht, wenn ein elektrochemischer Korrosionsvorgang und mechanische Spannung gleichzeitig einwirken. Beispiele sind: Aluminiumlegierungen in wäßrigen Lösungen mit Chloridionen, Kohlenstoffstähle in alkalischen Lösungen, Messing bei Ammoniakeinwirkung und rostfreie Stähle in Chlorid- und alkalischen Lösungen.

Mechanische Spannungen können den elektrochemischen Korrosionsvorgang durch Aufreißen schützender Oberflächenschichten einleiten. Mit der Ausbildung einer Deckschicht, z. B. durch Oxidation an der Luft oder durch Korrosionsprodukte kann aber folgender weiterer Mechanismus wirksam werden: Nach mechanischem Aufreißen der Deckschicht wird das darunter freigelegte Metall unter geeigneten elektrochemischen Bedingungen anodisch polarisiert; das führt zu bevorzugter Auflösung an dieser Stelle. Wirkt die äußere Spannung

Abb. 17.3. Lichtmikroskopische Analyse der interkristallinen Korrosion in Aluminiumlegierungen

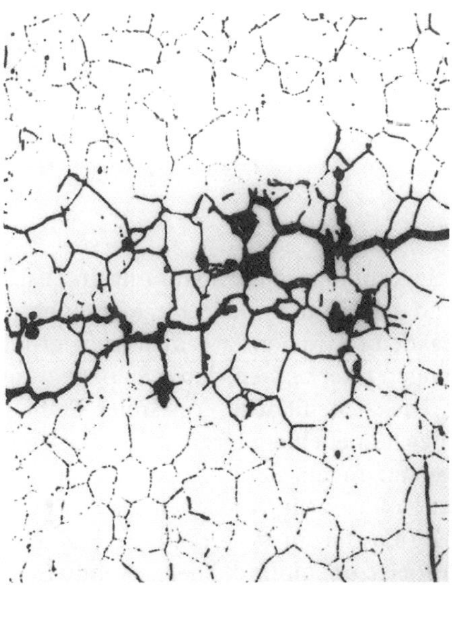

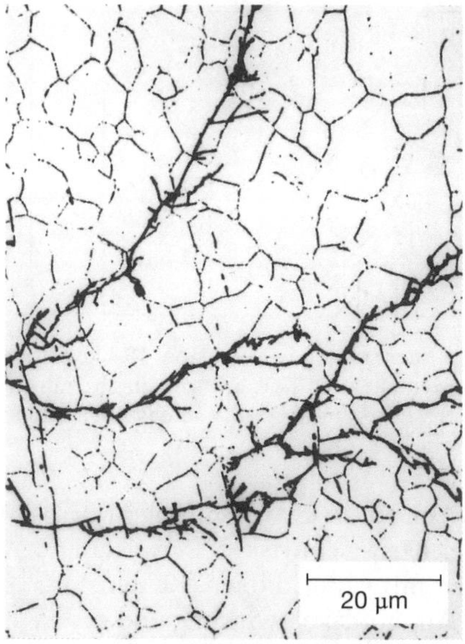

Abb. 17.4. Trans- oder Intrakristalline Korrosion einer Al-Legierung, LM

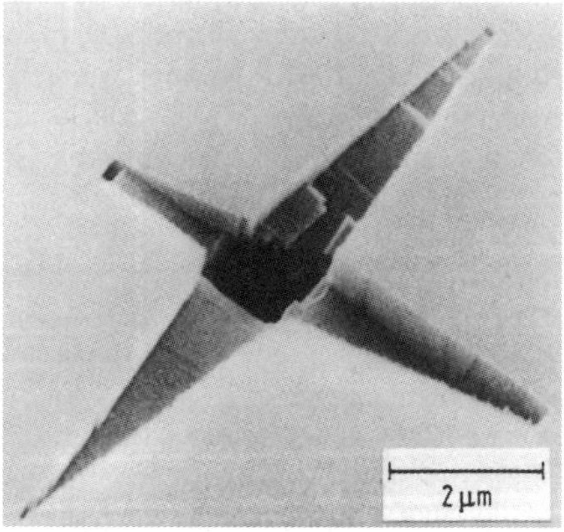

Abb. 17.5. Transkristalline Korrosion in {100}-Ebenen des Aluminiums, REM

weiter ein, erhöht sich die Spannungsintensität K. Es wird im sich ausbildenden Rißgrund stets eine unbedeckte Metalloberfläche freigelegt, deren anodisches Potential den Korrosionsangriff aufrechterhält (Abb. 17.6). Diese Wirkung ist an Legierungen zu erkennen, deren Stapelfehlerenergie sich mit der Konzentration ändert, wie austenitischer rostfreier Stahl und α-Bronzen. Bei Legierungen mit hoher Stapelfehlerenergie führt plastische Verformung zur Bewegung von Einzelversetzungen, deren Austritt an der Probenoberfläche nur Gleitstufen geringer Höhe erzeugt, an denen die Deckschicht im allgemeinen nicht aufreißt (Abb. 17.7a). Darum sind rostfreie Stähle mit hoher Stapelfehlerenergie (α-Fe–Cr) meist unempfindlicher gegenüber transkristalliner Spannungsrißkor-

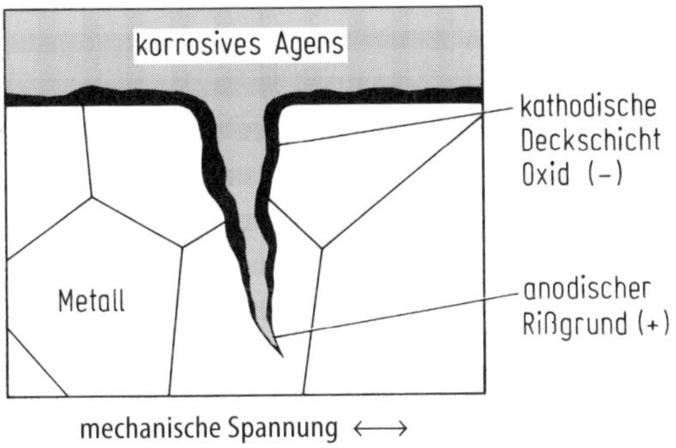

Abb. 17.6. Spannungskorrosion in Verbindung mit kathodischen Deckschichtern: Der elektrochemische Angriff im jeweils durch Fließen frisch gebildeten anodischen Rißgrund beruht vorwiegend auf dessen Potentialunterschied gegenüber der durch Deckschichten kathodischen, übrigen Oberfläche

rosion. Dagegen führt geringe plastische Verformung bei Legierungen mit niedriger Stapelfehlerenergie zu ebenen Versetzungsgruppen, die an der Probenoberfläche hohe Gleitstufen nb (n Zahl der in einer Ebene ausgetretenen Versetzungen, b Burgers-Vektor) erzeugen können, wodurch die Deckschicht aufreißen und ein Korrosionsvorgang eingeleitet werden kann (Abb. 17.7b). Rostfreie Stähle mit niedriger Stapelfehlerenergie sind deshalb bei Einwirkung geeigneter korrosiver Agenzien anfällig für Spannungsrißkorrosion. Mechanische Spannungen können einen Korrosionsvorgang also dadurch unterstützen, daß sie durch plastische Verformung die Oberfläche im Kerbgrund schneller vergrößern als sich eine neue Deckschicht bilden kann. Entsprechendes gilt für Legierungen mit kohärenten Teilchen, die geschnitten werden. Elastische Dehnungen können aber auch als solche an Orten hoher Spannungskonzentrationen, z. B. in Kerben und Rissen, zu größerer Instabilität des Gitters und damit zu höherer lokaler Lösungsgeschwindigkeit führen. Dazu kommt oft die Wirkung von Wasserstoff (H-Versprödung).

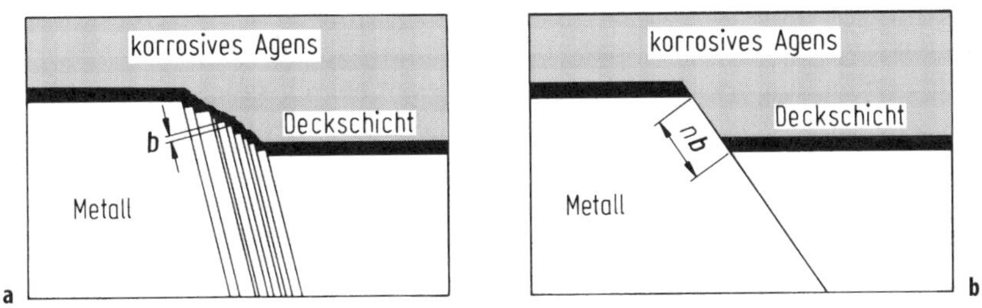

Abb. 17.7. Anfälligkeit von Legierungen mit verschiedener Stapelfehlerenergie gegen Spannungsrißkorrosion. **a** Hohe Stapelfehlerenergie, regellose Versetzungsanordnung – geringe Anfälligkeit; **b** niedrige Stapelfehlerenergie, ebene Versetzungsanordnung – anfällig für Spannungsrißkorrosion

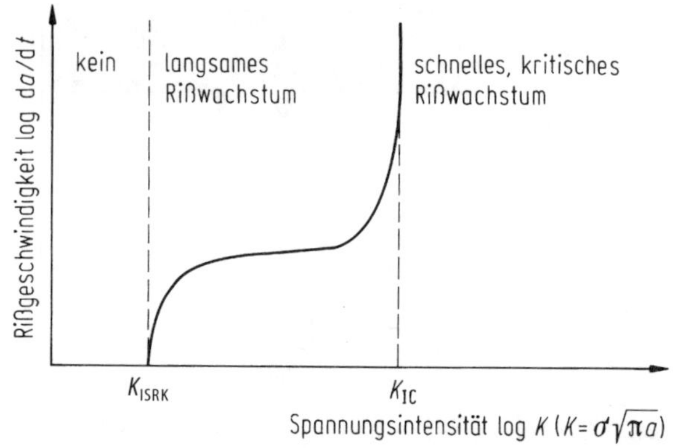

Abb. 17.8. Bruchmechanische Analyse der Spannungsrißkorrosion. Hohe Empfindlichkeit bedingt eine niedrige kritische Spannungsintensität K_{ISRK} (Kap. 7)

Nach der Bildung eines Risses kann dessen weiteres Wachstum mit den Methoden der Bruchmechanik gut beschrieben werden (Abb. 17.8, Kap. 7 und 12). In Systemen (Legierung + Umgebung), die empfindlich gegen Spannungsrißkorrosion sind, beginnt ein Anriß bei sehr viel geringerer Spannungsintensität K_{ISRK} als der Bruchzähigkeit K_{Ic} zu wachsen. Wie beim Wachstum von Ermüdungsrissen (Kap. 7) handelt es sich um einen langsamen (stabilen) Rißfortschritt, bis eine für die gegebene Belastung σ kritische Anrißlänge a_c erreicht ist, $a_{cSRK} < a_c$:

$$a_{cSRK} = \frac{K_{ISRK}^2}{\sigma^2 \pi} \tag{17.3a}$$

$$a_{cSRK} \ll a_c = \frac{K_{Ic}^2}{\sigma^2 \pi}. \tag{17.3b}$$

In vielen Fällen wirken die mechanische Spannung, Versetzungen oder Korngrenzen sowie die elektrochemischen Korrosionsvorgänge zusammen. So werden auch bei der Spannungsrißkorrosion sowohl inter- als auch transkristalliner Angriff und Bruch beobachtet. Interkristalliner Bruch steht häufig mit Konzentrationsgradienten oder Ausscheidungen an den Korngrenzen in Zusammenhang, deren chemische und mechanische Eigenschaften z.B. durch erhöhte Potentialunterschiede oder Sprödigkeit ausschlaggebend sein können. Diese Bruchart tritt in Al-Legierungen (hohe Stapelfehlerenergie) bevorzugt auf.

Aus dieser Beschreibung der Vorgänge wird deutlich, daß bei der Spannungsrißkorrosion ein Zusammenwirken von chemischen und mechanischen Vorgängen notwendig ist. Es handelt sich also um eine Systemeigenschaft.

17.2 Korrosionsschutz

Chrom und Nickel bilden an Luft und in anderer oxidierender Umgebung eine kontinuierliche, defektarme Oxidschicht und gehen damit in den passiven Zustand über. In der elektrochemischen Spannungsreihe bildet sich z.B. passiviertes Chrom dann etwa mit $\varepsilon_0 = +1{,}3$ V zwischen Gold und Quecksilber, aber bei höheren Potentialen kann eine erneute Löslichkeit und Chromatbildung auftreten. Auf der Passivierung beruht die Wirkung von Chrom als Korrosionsschutz, wenn es galvanisch auf unedlere Metalle niedergeschlagen wird (Verchromung), und auch seine Wirkung als Legierungselement in Stählen.

Die einfachsten rostfreien Stähle sind reine Fe–Cr-Legierungen. Das Gleichgewichtsdiagramm der Fe-reichen Fe–Cr-Legierungen in Abb. 15.2a zeigt, daß

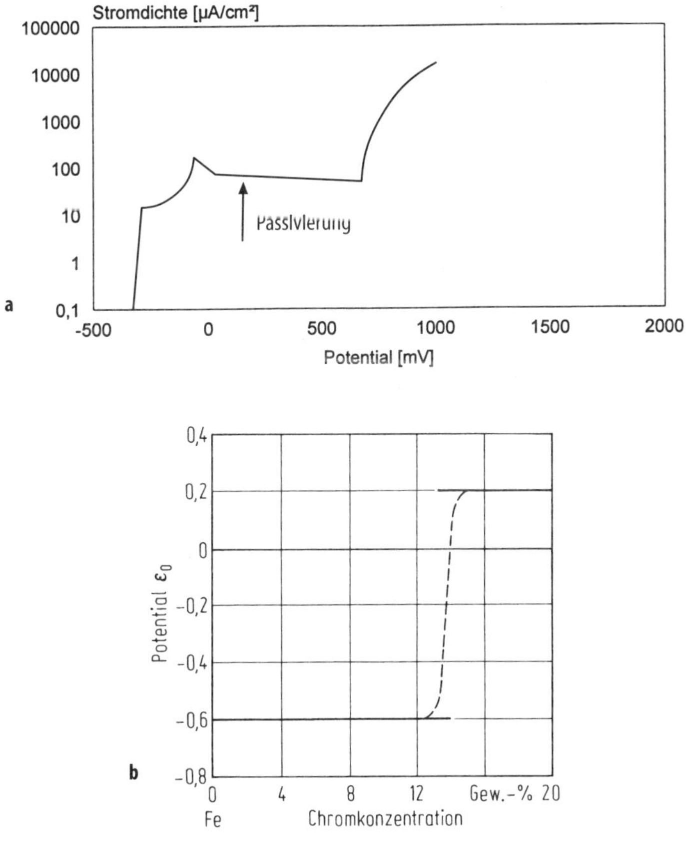

Abb. 17.9. **a** Stromdichte-Potential-Kurve einer Aluminiumbronze CuAl10Ni5Fe5 (Gew.-%) in 10% Natronlauge (L. Tikana). **b** Potential von Eisen-Chrom-Legierungen in normaler Ferrosulfatlösung bei Anwesenheit von Luft (nach B. Strapss, 1927)

Legierungen oberhalb 12,5 Masse-% Cr das γ-Gebiet beim Abkühlen aus der Schmelze nicht durchlaufen, also unabhängig von der Wärmebehandlung ferritisch vorliegen. Andererseits nimmt etwa bei der gleichen Konzentration der Cr_2O_3-Gehalt der passivierenden Deckschicht sprunghaft zu, so daß oberhalb etwa 13 Masse-% Cr eine besonders starke Passivierungsneigung und geringe Lösungsgeschwindigkeit auftritt (Abb. 17.9). Aufgrund dieser Eigenschaften werden Fe-Cr-Legierungen mit mehr als 13 Masse-% Cr als ferritische rostfreie Stähle eingesetzt. Wegen der ungünstigen Verformungseigenschaften des krz-Gitters bei niedrigen Temperaturen und wegen der Neigung dieser Legierungen, im Bereich von ca. 400 bis 500 °C durch Ausscheidungen zu verspröden, werden ferritische rostfreie Stähle vorwiegend bei hohen Temperaturen eingesetzt. Die korrosionshemmende Wirkung des Chroms wird auch durch Chromzusätze in legierten Kohlenstoffstählen, z. B. in Rohren für die Erdölverarbeitung und für Messerstähle, nutzbar gemacht.

Eine weit größere Gruppe bilden die austenitischen rostfreien Stähle mit etwa 18 Masse-% Cr und 8 Masse-% Ni (18-8-Stahl). Der Schnitt durch das Dreistoffsystem Fe-Cr-Ni bei 18 Masse-% Cr zeigt (Abb. 17.10), daß eine Legierung mit 8 Masse-% Ni bei höheren Temperaturen als γ-Mischkristall (Austenit, kfz) vorliegt. Der Austenit bleibt bei Raumtemperatur in metastabilem Zustand erhalten. Die austenitischen rostfreien Stähle verdanken ihre größere Verbreitung einerseits ihrer durch den Nickelgehalt weitaus größeren Korrosionsbeständigkeit, die wahrscheinlich auf einer $NiCr_2O_4$-Deckschicht beruht, andererseits ihrer hohen Umformbarkeit bei Raumtemperatur, die auf den günstigen Verformungseigenschaften des kubisch-flächenzentrierten Gitters mit niedriger Stapelfehlerenergie beruht (Kap. 5 und 7).

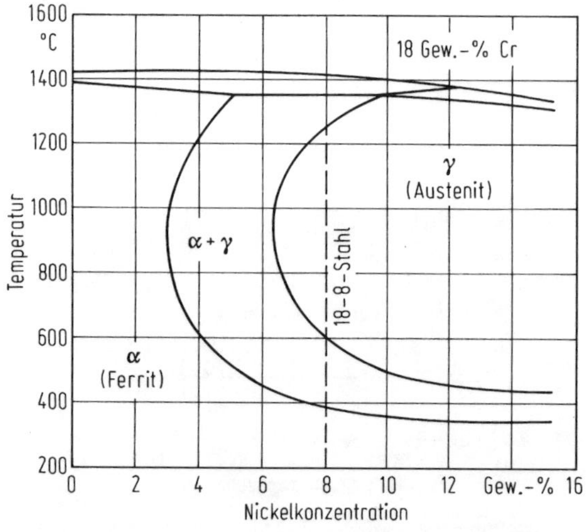

Abb. 17.10. Temperatur-Konzentrationsschnitt bei 18 Masse-%Cr durch einen Teil des Dreistoffsystems Eisen-Chrom-Nickel

Außer den Deckschichten, die beim Angriff des Korrosionsmittels entstehen können, werden zahlreiche andere Schutzschichten und Überzüge zum Korrosionsschutz benutzt (Kap. 17.5).

a) künstlich verstärkte Oxidschichten; sie werden z.B. durch anodisches Oxidieren aufgebracht (Eloxalverfahren für Aluminium);
b) in geeigneten Lösungen gebildete Chromat- (auf Zn, Mg und Fe) und Phosphat (auf Fe)-Schichten;
c) Metallüberzüge, die durch galvanischen Niederschlag, Aufdampfen, Aufspritzen, Plattieren oder Eintauchen in Schmelzen aufgebracht werden;
d) Anstriche mit anorganischen und organischen Deckschichten;
e) Kunststoffüberzüge;
f) im Schmelzfluß aufgebrachte keramische Glasschichten (Emaille).

17.3 Verzunderung

Die Oxidation von Metallen durch trockene Gase bei niedrigen Temperaturen unter Bildung sehr dünner Oxidschichten nennt man Anlaufen. Wenn sie bei höheren Temperaturen erfolgt und zu dickeren Schichten führt, spricht man von Verzunderung.

Die Grundvorgänge sind dabei von der Konstitution der Metall – Sauerstoffsysteme und vom Diffusionsverhalten der Komponenten abhängig. Wenn Sauerstoff nahezu unlöslich ist, wie in Eisen, bilden sich zwischen dem Metall und der sauerstoffhaltigen Gasphase alle im Gleichgewichtssystem auftretenden Sauerstoffverbindungen. Dieser Zusammenhang wird aus der Gegenüberstellung des Fe–O-Gleichgewichtsdiagramms mit dem Querschnitt einer verzunderten Eisenoberfläche deutlich, wie in Abb. 7.11 gezeigt wird. Im Gegensatz dazu hat z.B. Niob eine beträchtliche Löslichkeit für Sauerstoff, der auf Zwischengitterplätzen mit dem Niobgitter eine metastabile Ordnungsphase bildet. Die Kinetik der Oxidationsvorgänge ist durch die auftretenden Diffusionsgeschwindigkeiten bestimmt, die ihrerseits vom Mechanismus der Oxidation und von der Temperatur abhängen.

Hierzu ist vor allem zu berücksichtigen, daß die Oxidschicht ein Ionenkristall ist, in dem die Diffusion über Leerstellen oder Zwischengitteratome mit positiver bzw. negativer Ladung abläuft. Oft sind die Oxide nicht stöchiometrisch zusammengesetzt. Der Überschuß an Zwischengitterionen oder Leerstellen begünstigt die Diffusion gegenüber dem stöchiometrisch zusammengesetzten Oxid.

Für die Aufrechterhaltung der Elektroneutralität ist es erforderlich, daß durch die Oxidschicht äquivalente Ströme positiver und negativer Ladungsträger fließen oder daß der Ladungsausgleich durch einen Fluß von Leitungselektronen oder Elektronendefektstellen (höherwertiger Ionen der gleichen Ionenart) erfolgt. Bei derartigen ambipolaren Transportvorgängen bestimmt die Komponente mit dem geringeren Diffusionskoeffizienten den Reaktionsablauf. Insbesondere ist die Diffusion von Metallionen begünstigt, wenn die Konzentration von Kationenleerstellen hoch ist; in diesem Falle diffundieren die Metallionen durch die Oxidschicht zur Oberfläche. An der Diffusion können sowohl die Metall- als auch die Sauerstoffionen beteiligt sein. So diffundieren z. B. in Schichten aus FeO, CoO, NiO und Cu_2O Metallionen über Leerstellen und Elektronendefektstellen, im ZnO Zwischengitter-Zinkionen und Leitungselektronen und im ZrO_2 Leitungselektronen und Sauerstoffionen über Leerstellen; die langsamste Komponente ist jeweils zuerst genannt. Wenn keine weiteren Komplikationen vorliegen, ergibt sich aus dem Ansatz, daß die Wachstumsgeschwindigkeit der Oxidschicht $v = \mathrm{d}x/\mathrm{d}t$ umgekehrt proportional der jeweiligen Schichtdicke x ist

$$v = \frac{\mathrm{d}x}{\mathrm{d}t} \sim \frac{1}{x}, \tag{17.1}$$

durch Integration:

$$x = kt^{1/2}, \tag{17.2}$$

d. h., ein parabolisches Wachstumsgesetz.

Ein lineares Verzunderungsgesetz wird für unlegiertes Eisen gefunden. Es bildet sich Eisenoxidul $Fe_{0,9}O$, das nicht fest an der Oberfläche haftet, sondern periodisch abplatzt (Abb. 17.11)

$$\bar{x} = k^* \cdot t. \tag{17.3}$$

Bei festhaftenden, dichten Oxidschichten enthalten die Zunderkonstanten k jeweils denjenigen Diffusionskoeffizienten, der die Reaktionsgeschwindigkeit bestimmt. Aus der Temperaturabhängigkeit des Diffusionskoeffizienten ergibt sich die starke Zunahme der Verzunderung mit steigender Temperatur (Kap. 8).

Zunderbeständigkeit beruht darauf, daß sich Oxidschichten bilden, die festhaftend und dicht sind und durch ihren geringen Fehlordnungsgrad (stöchiometrische Zusammensetzung) stark diffusionshememnd wirken. Als Hauptgruppen kommen in Betracht:

- zunderfeste Konstruktionswerkstoffe, Basis: Fe–Cr, Fe–Si–Al;
- Heizleiterwerkstoffe, Basis: Ni–Cr, Ni–Cr–Fe, Fe–Cr–Al.

In allen genannten Legierungsgruppen sind die mechanischen und diffusionshemmenden Eigenschaften des Cr_2O_3 oder Al_2O_3 als Deckschicht ausschlaggebend. Zu den günstigen Eigenschaften oxidischer Deckschichten zählt auch ein dem Grundmetall möglichst ähnlicher thermischer Ausdehnungskoeffizient oder gute Plastizität, da die oxidische Zunderschutzschicht auch gegen Temperaturwechsel mechanisch beständig sein soll. Umgekehrt wird zum Entzundern bei unerwünschten Zunderschichten ein rascher Temperaturwechsel, z. B. durch oberflächliches Abschrecken des erhitzten Werkstücks, angewendet, durch das wegen des unterschiedlichen Kontraktionsverhaltens in der Grenzfläche Oxid/Metall Spannungen entstehen, die das Oxid zum Abplatzen bringen. In hitzebeständigen Stählen, die Warmfestigkeit und Zunderbeständigkeit ver-

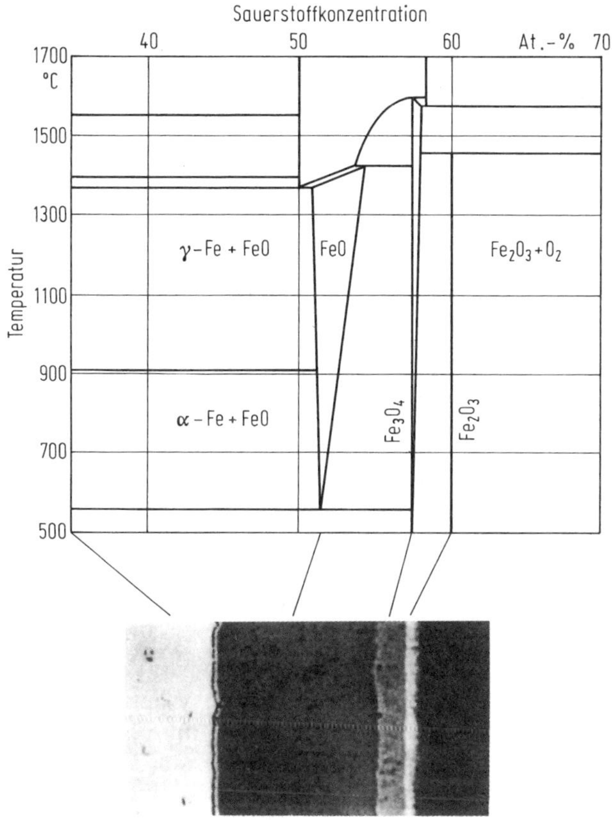

Abb. 17.11. Ausschnitt aus dem Zustandsdiagramm Fe–O und Schichtenfolge von Oxidphasen auf Eisen nach Glühung von 20 h bei 620 °C in Luft (Gefügebild von A. Rahmel)

einigen, bildet Chrom ebenfalls das die Zunderbeständigkeit bestimmende Element. Bei der Entwicklung warmfester Werkstoffe auf der Basis der hochschmelzenden krz-Metalle Mo, W, Nb, Ta ist deren geringe Oxidationsbeständigkeit ein großes Problem. Durch Oberflächenschichten aus intermetallischen Phasen (Silizide, Aluminide) kann erreicht werden, daß diese Metalle auch oberhalb von 1000 °C oxidationsbeständig sind. Ohne Oberflächenbehandlung können diese Metalle nur im Vakuum oder unter Schutzgas verwendet werden.

17.4 Reibung und Verschleiß

In der Technik tritt sehr häufig der Fall auf, daß zwei Metalloberflächen aufeinander gleiten: Welle + Lager, Kolben + Zylinder, Bremssysteme. Als „Umgebung“ befindet sich zwischen beiden Partnern eine Flüssigkeit (Schmiermittel) oder ein Gas oder Vakuum. Die Adhäsionsenergie γ_{ad} liefert die Triebkraft für eine örtliche Bindung an den Berührungspunkten. Deren Trennung erzeut eine Schubspannung τ_R in Gleitrichtung, aus der sich der Reibungskoeffizient μ ableitet (17.4 und 17.5):

$$\mu = \frac{\tau_R}{\sigma} = \frac{F_R}{F} \tag{17.4}$$

$$\mu = \frac{d\gamma_{ad}}{dx} \frac{A}{A_0} \frac{S}{\sigma} = \frac{d\gamma_{ad}}{dx} \frac{S}{H} . \tag{17.5}$$

Tribologische Systeme sind in Abb. 17.12 und 17.13 dargestellt (vgl. Tabelle 17.1) Bemerkenswert ist, daß das Verhältnis von effektiver Berührungsfläche A zur Gesamtoberfläche A_0, A/A_0 von Oberflächenhärte H und Anpreßdruck σ abhängt: $0 < A/A_0 < 1$; $A/A_0 = \sigma S/H$. S ist ein dimensionsloser „Systemfaktor“, in dem die Oberflächenrauhigkeit berücksichtigt wird.

Adhäsion ist nicht der einzige Vorgang, der zur Energiedissipation durch Reibung beiträgt. Die Schubspannung τ_R kann zu elastischer, plastischer Verformung, Phasenumwandlung, Bruch oder zu chemischen Reaktionen in den reibenden Oberflächen führen.

Die Rißbildung z.B. durch örtlichen Sprödbruch oder Ermüdung sind Ursachen des Verschleißes, d.h. der Entfernung von Materie aus der Oberfläche. Andere Ursachen für Verschleiß sind verbunden mit plastischer Verformung: Pflügen und Spanen. Dies gilt besonders für Abrasion. Dabei sollte der Gegenkörper sehr hart und spitz sein. Abrasive Abtragung kann auch erwünscht sein: Schleifen, Spanen.

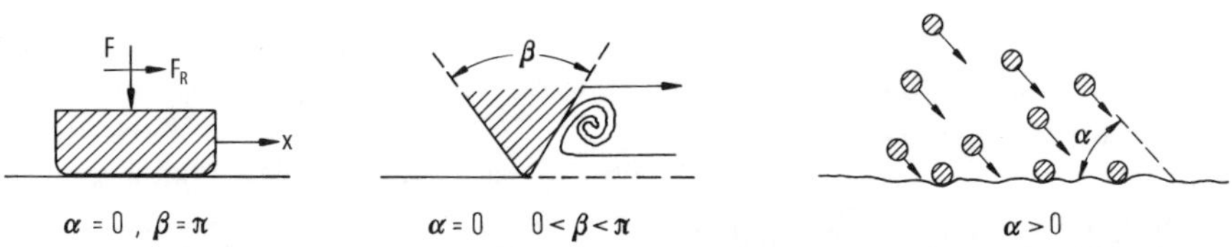

Abb. 17.12. Tribologische Beanspruchung: Gleiten in ebenen Oberflächen, Abrasion, Erosion

Abb. 17.13. Verschleißmechanismen: Pflügen, Spanen, Mikrobrechen

Tabelle 17.1. Kombinationen von Reibung und Verschleiß für verschiedene Anwendungsgebiete

Verschleiß w/σ	Reibung μ	Anwendung
min	min	Lager
min	max	Bremsbeläge
max	min	Schleifen, Spanen
max	max	Schmelzsäge

w Verschleißrate.

Als Verschleißrate w ist die Abtragung da, entsprechend der Masse dm, pro Gleitweg dx festgelegt; ρ ist die Dichte der Legierung:

$$w = \frac{\mathrm{d}m}{\mathrm{d}x}\frac{1}{\rho} = \frac{\mathrm{d}a}{\mathrm{d}x} = k'\frac{A}{A_0} = k\frac{\sigma}{H}; \qquad (17.6)$$

k ist der Verschleißkoeffizient, der die Wahrscheinlichkeit der Bildung von Verschleißpartikeln in der Berührungsfläche A angibt. Wie in (17.5) angegeben, kann A/A_0 für ein bestimmtes tribologisches System aus dem Verhältnis von Druckbelastung σ zu Härte H abgeleitet werden (für $A \ll A_0$). Aus (17.6) folgt, daß bei gleichartigen Verschleißmechanismen (Abb. 17.13) die Abtragungsrate umgekehrt proportional der Härte des Werkstoffs ist. Dies zeigt Abb. 17.14, und zwar für die Grenzfälle weichgeglühter Metalle und für spröde keramische Stoffe und Mineralien. Der Verschleißwiderstand w^{-1} liegt für beide Gruppen

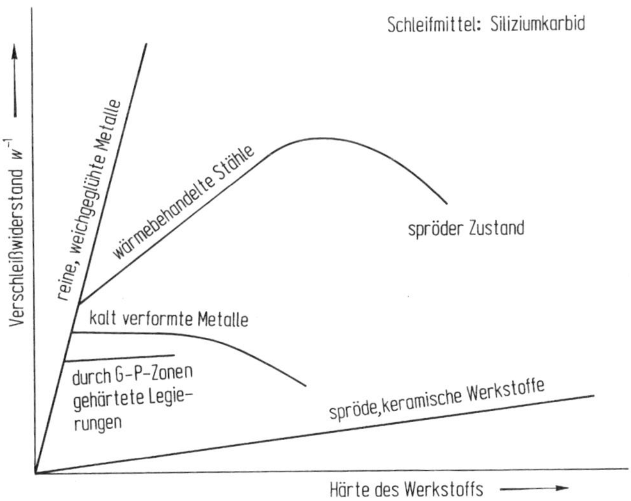

Abb. 17.14. Verschleißwiderstand (Abrasion SiC) als Funktion der Härte des Werkstoffs

auf einer Geraden. Die Abtragung der spröden Stoffe durch örtliches Brechen führt bei gleicher Härte zu viel größerem Verschleiß als im plastisch verformbaren zähen Zustand. Zwischen beiden Extremen liegen die meisten metallischen Werkstoffe, wie zum Beispiel gehärteter oder vergüteter Stahl oder ausgehärtete Aluminiumlegierungen. Für Legierungen mit besonders hohem Verfestigungsvermögen muß die Härte in der Oberfläche in (17.6) eingesetzt werden. Dies ist zum Beispiel beim sogenannten Manganhartstahl der Fall (Fe-12% Mn-1% C), bei dem in einer geriebenen Oberfläche spannungsinduzierte martensitische Umwandlung auftreten kann (Kap. 9). Ein hoher Verschleißwiderstand wird immer durch die Kombination von hoher Härte und Bruchzähigkeit begünstigt.

17.5 Oberflächenbehandlung

In der Regel werden vom Inneren des Werkstoffs andere Eigenschaften verlangt, als von seiner Oberfläche. Dem wird durch gezielte Veränderung der Struktur der Oberfläche Rechnung getragen. Die geforderten Eigenschaften sind vielfältig, z. B. Glanz, Farbe, Gleitfähigkeit, hohe Reibung, hoher Widerstand gegen Korrosion, Verschleiß oder die Bildung von Ermüdungsrissen.

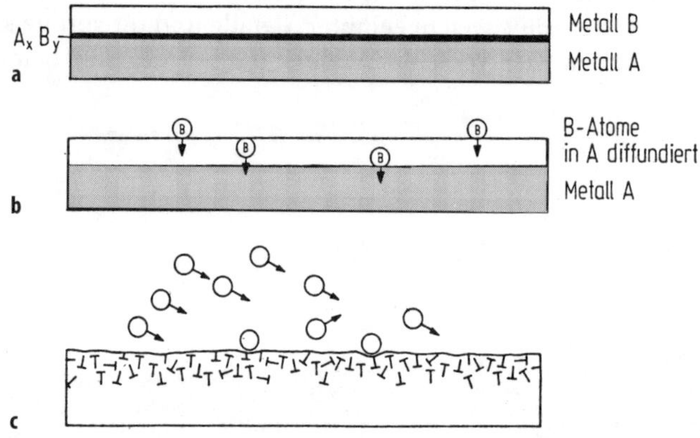

Abb. 17.15. Schichten zur Erhöhung des Korrosions-, Zunder- oder Verschleißwiderstands. **a** Plattierung von A und B, Bildung der intermetallischen Verbindung A_xB_y ist meist unerwünscht (Walzplattieren, Münzen). **b** Diffusion von B-Atomen in die Oberfläche von A Nitrierhärten von Stahl. **c** Verfestigen der Oberfläche durch Teilchenstrahl (Kugelstrahlen, Versetzungssymbole zeigen Verfestigung an, Kap. 4.3)

Tabelle 17.2. Eigenschaften von Oberflächenschichten auf Stahl

Werkstoffgruppe	Beispiel	Vorteil	Nachteil
Metall	Zinn	verformbar, gute Wärmeleitung	Lokalelement, wenn Schicht gerissen, weich
Keramik	Emaille	hart, beständig bei hoher Temperatur	spröde, geringe Wärmeleitung
Kunststoff	PTFE (Teflon)	mit dem Metall verformbar, guter Korrosionsschutz, geringe Reibung und Adhäsion	nicht beständig bei erhöhter Temperatur, geringe Härte

Es ist sinnvoll, grundsätzlich drei Arten der Veränderung der Oberfläche zu unterscheiden (Abb. 17.15, Tab. 17.2).

1. Änderung nur der Struktur, nicht aber der chemischen Zusammensetzung (Kap. 5),
2. Änderung der Zusammensetzung durch Eindiffundieren lösbarer Atome in den Grundwerkstoff (Kap. 8),
3. Aufbringen von Schichten oder Schichtsystemen, die in Struktur und chemischer Zusammensetzung vom Grundwerkstoff verschieden sind.

Ein Beispiel für 1. ist das Einführen von Defekten (Versetzungen) durch Kugelstrahlen. Beim Einsatz- oder Nitrierhärten von Stahl diffundieren C- oder N-Atome in die γ- oder α-Gitter des Eisens der Stähle (Kap. 9 und 15). Das Beschichten von Stahl mit Sn, Zn oder Polymer liefert ein Beispiel für den Fall 3. Großer Fortschritt für den Verschleißschutz von Werkzeugstoffen hat sich in jüngster Zeit durch die Anwendung von Aufdampftechniken zur Herstellung von Schichtsystemen ergeben (Kap. 2).

Für die Stabilität der Schichten ist das thermodynamische Gleichgewicht (Kap. 4) zwischen Grundwerkstoff und Zusatzwerkstoff entscheidend. Die Möglichkeiten reichen von völliger Mischbarkeit über Verbindungsbildung zu Unmischbarkeit. Bei Erwärmung setzt dann Mischung durch Diffusion, Bildung einer Verbindungs-Zwischenschicht ein oder die Grenzfläche ist stabil (Abb. 17.16).

Metalle können bei der Beschichtung (wie beim Sintern, Kap. 13) mit anderen Metallen (Verchromen), Keramik (Emaillieren) oder Polymeren kombiniert werden, Tab. 17.2. Es handelt sich dann um Werkstoffverbunde (Kap. 18).

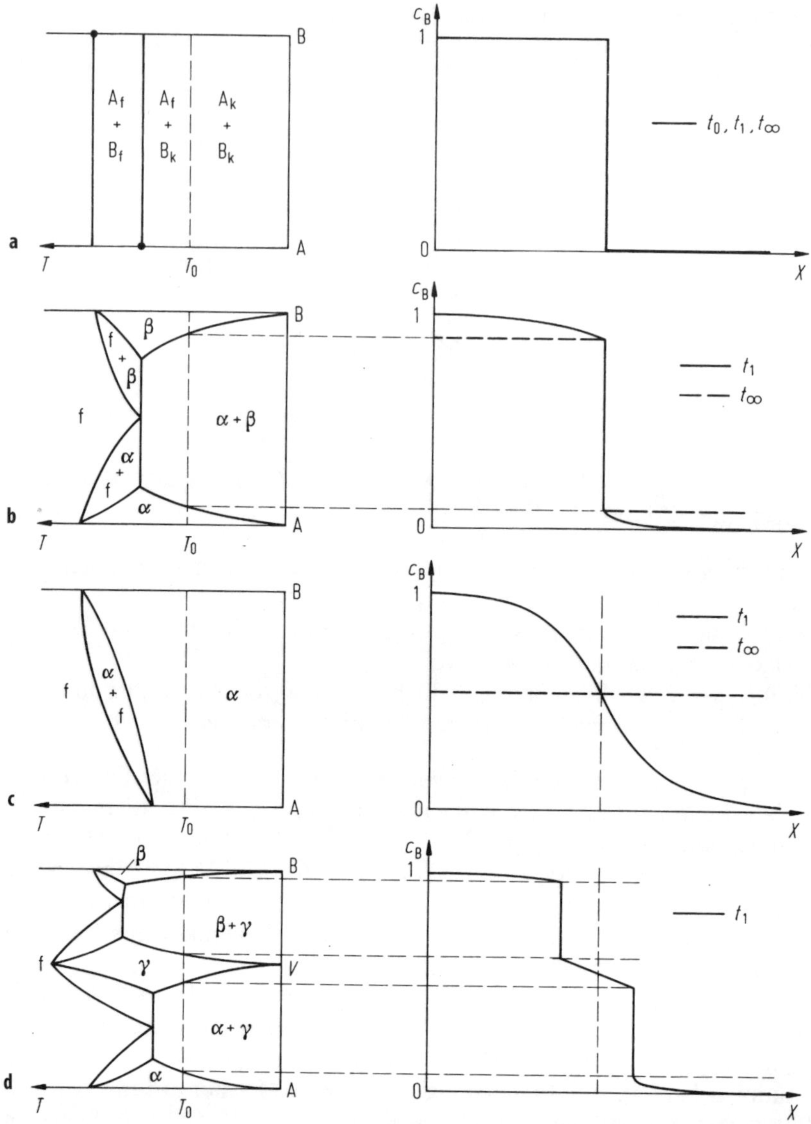

Abb. 17.16. In der Grenzfläche zwischen Schicht oder Faser (Kap. 18.2) und Grundwerkstoff treten beim Erwärmen (Kap. 8) Reaktionen auf, die von Mischbarkeit und Verbindungsbildung abhängen (Kap. 4): Zusammenhang zwischen dem Zustandsdiagramm, den auftretenden Phasen und dem Konzentrationsverlauf an Phasengrenzen bei unterschiedlicher Mischbarkeit der Komponenten A, B($T = T_0$). Die Zusammensetzung der die Grenzfläche bildenden Phasen ist abhängig von Zeit, Temperatur und Entfernung von der Grenzfläche, wobei der durch das Zustandsdiagramm vorgegebene Gleichgewichtszustand angestrebt wird. **a** Völlige Unmischbarkeit im flüssigen und kristallinen Zustand; **b** völlige Mischbarkeit im flüssigen und begrenzte Mischbarkeit im kristallinen Zustand; **c** völlige Mischbarkeit im flüssigen und kristallinen Zustand; **d** völlige Mischbarkeit im flüssigen und begrenzte Mischbarkeit im kristallinen Zustand mit Bildung einer chemischen Verbindung

Literatur

Bakhalov GT, Turkovskaya AV (1956) Corrosion and Protection of Metals. Pergamon Press, London New York
Evans UR (1963) An Introduction to Metallic Corrosion. Edward Arnold, London
Pfeiffer H, Thomas H (1963) Zunderfeste Legierungen. Springer, Berlin
Evans UR, deutsche Bearbeitung Heitz E (1965) Einführung in die Korrosion der Metalle. Verlag Chemie, Weinheim
Kaesche H (1979) Die Korrosion der Metalle, 2. Aufl. Springer, Berlin
Rahmel A, Schwenk RW (1977) Korrosion und Korrosionsschutz von Stählen. Verlag Chemie, Weinheim
Mykura H (1966) Solid Surfaces and Interfaces. Dover, New York
Hornbogen E, Zum Gahr KH (eds) (1981) Metallurgical Aspects of Wear, DGM Informationsgesellschaft, Oberursel
Rigney DA (ed) (1981) Fundamentals of Friction and Wear of Materials. American Society for Metals, Metals Park
Zum Gahr KH (1983) Reibung und Verschleiß. DGM Informationsgesellschaft, Oberursel
Simon H, Thomas L (1985) Angewandte Oberflächentechnik für metallische Werkstoffe. Carl Hanser, München
Wrangén G (1985) Korrosion und Korrosionsschutz. Springer, Berlin
Haefer RA (1987) Oberflächen- und Dünnschicht-Technologie. Springer, Berlin
Rahmel A (Hrsg) (1983) Aufbau von Oxidschichten auf Hochtemperaturwerkstoffe. DGB Informationsgesellschaft, Oberursel
Hutchings IM (1992) Tribology. Arnold
Zum Gahr KH (1987) Microstructure and wear of materials. Elsevier, Amsterdam
Schweitzer PA (Hg) (1983) Corrosion and corrosion protection handbook. Marcel Dekker, NT
McEvily Jr AJ (Hg) (1990) Atlas of stress-corrsion and corrosion fatigue curves. ASM Int Mat Park OH
Galvanotechnik NN (1988) LPW Chemie Verlag, Neuss
Cleeman L (Hg) (1991) Schichtkunde. VDI-Verlag, Düsseldorf

KAPITEL 18

Werkstoffe im Vergleich und Verbund

18.1
Drei Werkstoffgruppen

Metallische Werkstoffe, die über ihr gesamtes Volumen einheitliche Mikrostruktur und Eigenschaften besitzen, werden als „monolithisch" bezeichnet. Davon sind Verbundwerkstoffe und Werkstoffverbunde zu unterscheiden. Beide haben gemeinsam, daß zwei oder mehrere Bestandteile z.B. durch Sintern (Kap. 13), Tränken (Kap. 12) oder Koevaporieren (Kap. 2) zusammengefügt werden. Diese Bestandteile stehen meist nicht im thermodynamischen Gleichgewicht (Kap. 4). Ein *Verbundwerkstoff* besteht aus einer Matrix, in die viele Teilchen, Fasern etc. unorientiert oder orientiert eingebettet werden. Zu einem *Werkstoffverbund* werden zwei Stoffe mit verschiedenen Eigenschaften zusammengefügt (z.B. Beschichtung, Kap. 17.5, Bimetalle, Kap. 18.2). Eine entsprechend der örtlichen Beanspruchung variable Struktur im Bauteil besitzen „maßgeschneiderte" Werkstoffe. Dieses Ziel kann am besten über den Verbund verschiedener Werkstoffe in geeigneten geometrischen Anordnungen erreicht werden. Die daraus folgenden Möglichkeiten sind durch Extreme wie den Stahlbeton und die leitenden oder halbleitenden Strukturen von in Siliziumkristallen integrierten Schaltkreisen gekennzeichnet. Für einen Verbund kommen grundsätzlich alle Werkstoffgruppen in Frage (Abb. 1.8):

a) Metall,
b) Keramik,
c) Hochpolymer.

Alle drei Stoffgruppen können als Kristall oder Glas auftreten (Kap. 3).

Wir werfen zunächst einen kurzen Blick auf die nichtmetallischen Verbundpartner der Metalle:

Die *Keramik* unterscheidet sich von den Metallen im wesentlichen durch das Fehlen freier Elektronen infolge vorwiegend kovalenter Bindung. Der Diamant ist der Prototyp einer monoatomaren keramischen Phase. Klassische Keramik besteht vorwiegend aus mehreren Atomarten wie die Oxide (SiO_2, Al_2O_3, MgO). Boride, Karbide (Abb. 3.5b), Nitride liegen im Übergangsbereich zwischen Metall und Keramik wie auch dotierte Isolatoren mit Diamantstruktur (Si, Ge, GaAs, InSb). Das Gefüge von Keramik besteht aus einer oder mehreren kristallinen oder gläsernen Phasen und unterscheidet sich nicht wesentlich von dem der Metalle. Hydratisierte Silikate (Zement) zählen wir ebenfalls zur Keramik.

Die Bindung der Elektronen bedingt, daß keramische Stoffe in der Regel elektrische Isolatoren sind. Leitfähigkeit ist in diesem Falle durch thermische Ativierung von Ladungsträgern, z. B. durch Diffusion von Ionen, also bei hoher Temperatur, möglich. Schon in den 60er Jahren sind auch keramische Supraleiter entdeckt worden. Im Jahre 1986 sind jedoch keramische Phasen gefunden worden, die bis zu relativ hohen kritischen Temperaturen ($T_c \leq 125$ K) Supraleitung zeigen (Kap. 6.3 und 18.3). Dabei handelt es sich um eine Stoffgruppe mit dem mineralogischen Namen Perowskit der Zusammensetzung $A_xB_yX_z$: A und B sind Metallionen, X Sauerstoff, im einfachsten Fall ABX_3: $BaTiO_3$ (Abb. 18.1). Das Gitter ist kubisch raumzentriert mit A in der Mitte, B an den Ecken und dem Sauerstoff auf allen $\langle\frac{1}{2},\frac{1}{2},0\rangle$ – Positionen (Kap. 3). Die Eigenschaft „elektrische Leitfähigkeit" kennzeichnet also nicht allein metallische Stoffe. Diese keramischen Stoffe sind auch wegen ihrer ferroelektrischen Umwandlung und piezoelektrischem Verhalten von Bedeutung.

Entsprechendes gilt für die Polymerwerkstoffe. Die molekulare Struktur der *Hochpolymeren* unterscheidet diese deutlich von der anderer Werkstoffgruppen. Sie bestehen aus kettenförmigen Molekülen, die aus meist gasförmigen Monomeren durch Polymerisation entstehen, z. B. Polyäthylen aus p Molekülen Äthylen C_2H_4:

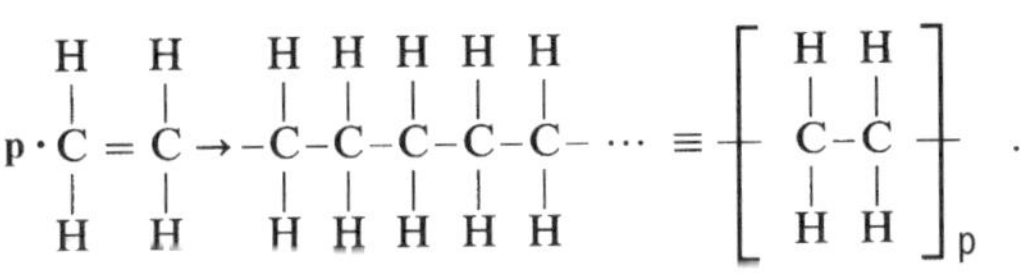

p ist der Polymerisationsgrad. Substitution des H- oder C-Atoms an oder in der Kette durch andere Atome oder Molekülgruppen führt zur Vielfalt von Bausteinen der Kunststoffe, z. B.:

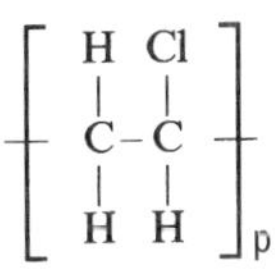
PVC, Polyvinylchlorid

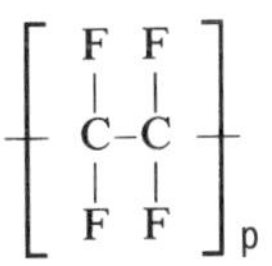
PTFE, Polytetrafluoräthylen (Teflon)

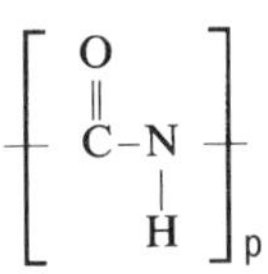
PA, (Polyamid)

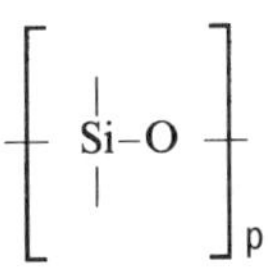
Siloxan, (Silicon)

Diese Kettenmoleküle können kristallisieren, indem sie sich geordnet, parallel aneinanderlegen. Manche Kristallisationsformen sind uns schon von metallischen Werkstoffen bekannt (sphärolithischer Graphit im grauen Gußeisen (Abb. 11.12b)). Die Kristallisation der Polymere erfolgt nie vollständig. Die Gefüge bestehen daher aus Kristall- und Glasanteilen. Meist liegen die Moleküle unvernetzt (d.h. nur mit schwacher, zwischenmolekularer Bindung verknüpft) nebeneinander. Der Werkstoff ist dann im erwärmten Zustand plastisch verformbar. Wir unterscheiden drei Gruppen der Polymere:

- Plastomere (Thermoplaste),
- Duromere (Kunstharz),
- Elastomere (Gummi).

Duromere und Elastomere entstehen durch feste Verbindung der Ketten mittels chemischer Reaktionen (Vernetzung, z.B. durch Schwefel, Vulkanisation) oder Strahlenvernetzung. Die Moleküle der Elastomere müssen zusätzlich stark verknäuelt sein, damit sie unter mechanischer Spannung streckfähig sind. Im unverformten Zustand besitzt ein Elastomer immer eine Glasstruktur.

Die Polymere sind in der Regel elektrische Isolatoren, wie die keramischen Werkstoffe. Dies ist auf die vorwiegend kovalente Bindung der Atome innerhalb der Ketten zurückzuführen. Vor kurzem ist jedoch entdeckt worden, daß es möglich ist, elektrische Leitfähigkeit längs der Molekülachse zu erhalten: eindimensionales Metall. Die Grundlage dieser „metallischen Polymere" bildet das Polyacetylen.

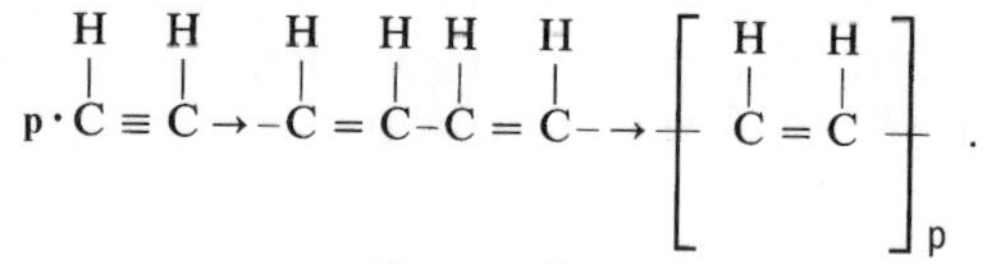

Ähnlich wie Halbleiter (Kap. 6) müssen diese Ketten „dotiert" werden. Dazu dienen Alkalimetalle (n, –) oder Halogene (p, +). Diese Dotierung bewirkt, daß sich Elektronen längs der Kohlenstoffatome in der Kette bewegen können

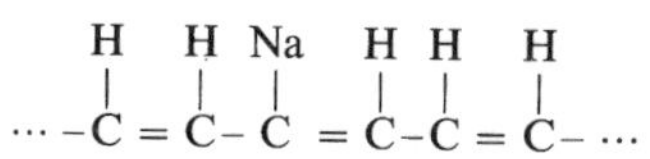

Wir erkennen aus den Ergebnissen neuester Forschung, daß es auch in keramischen und hochpolymeren Werkstoffen elektrische Leitfähigkeit geben kann. Die Grenze zu den Metallen ist daher nicht einfach zu definieren.

18.2 Verbunde und komplexe Systeme

Die *Verbundwerkstoffe* erlauben beliebige Kombinationen aller Stoffgruppen, Tabelle 18.1. Die Fülle der Möglichkeiten der Verbundwerkstoffe ergibt sich darüber hinaus aus der Variation von Volumenanteil, Form, Größe und Verteilung

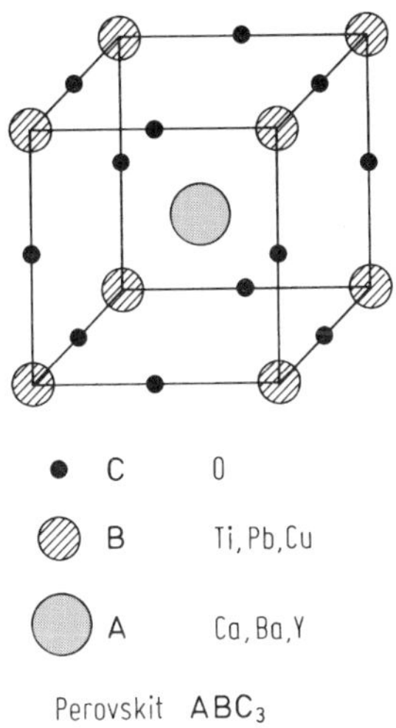

Abb. 18.1. Kristallstruktur von Perowskit ABC_3. $BaTiO_3$ als Beispiel für eine keramische Phase

Tabelle 18.1. Beispiele für Kombinationen gleicher und verschiedener Werkstoffgruppen zu Verbunden

Werkstoffgruppe	Metall	Keramik	Polymer
Metall	Bimetall	Al-Leg. mit Al_2O_3	PTFE-Metall-Lager
Keramik		kohlefaserverstärkter Graphit	PMMA gebundener Beton
Polymer			eigenfaserverstärktes PE

der Gefügebestandteile. Ein Vergleich zwischen den Möglichkeiten, die durch Anisotropie von Kristallstrukturen und von Verbundwerkstoffen gegeben sind, zeigt deren große Möglichkeiten zur Herstellung von Eigenschaften, die genau an die Beanspruchung angepaßt sind.

Ein entscheidendes strukturelles Element für die Herstellung und Eigenschaften von Verbundwerkstoffen sind die Grenzflächen. Sie entstehen durch Reaktionen von Oberflächen miteinander. Diese Reaktionen führen zu Adhäsion, Diffusion, chemischer Reaktion in der Grenzflächenzone und damit zu Kohäsion (Abb. 17.16).

Die für die grobzweiphasigen Gefüge, also auch für viele Verbundwerkstoffe gültigen Stoffgesetze (Parallel-, Reihenschaltung, Mischungsregel) sind bereits in Kapitel 6 behandelt worden (Abb. 18.2). Hier sollen einige Beispiele gegeben werden für Verbundsysteme, die zu Eigenschaften führen, die die einzelnen Komponenten nicht besitzen. Einen einfachen Fall liefert das bandförmige Bimetall.

Metall-Metall: *Thermobimetall.* Der Verbund zweier Metallbänder mit unterschiedlichem Ausdehnungskoeffizient führt zu einem Werkstoff, der bei Änderung der Temperatur verschiedene Krümmung annimmt (Abb. 18.3). Im Gegensatz zu Legierungen mit Formgedächtnis (Abschn. 18.5) geschieht dies in einem

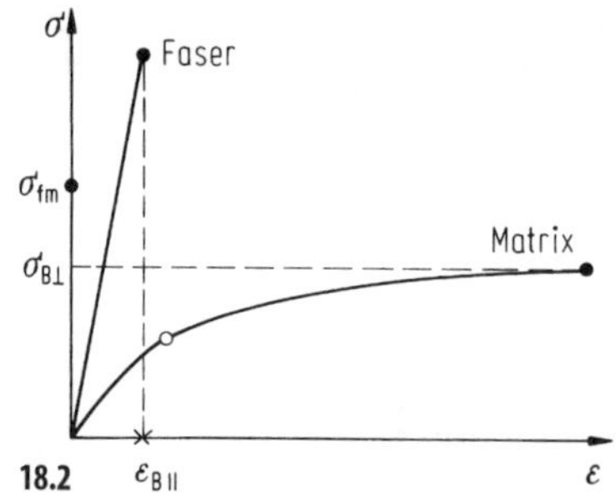

18.2

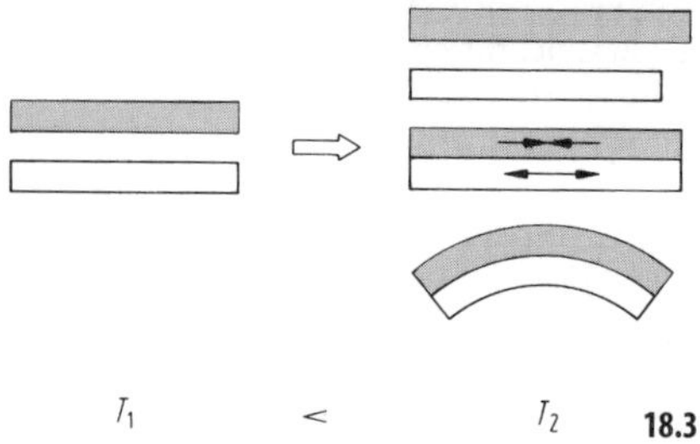

18.3

Abb. 18.2. Mechanische Eigenschaften von Verbundwerkstoffen. Kennzeichnende Eigenschaften von Matrix und Faser für Faserverstärkung, schematisch

Abb. 18.3. Verformung (Krümmung) oder Bildung innerer Spannungen als Folgen der Erwärmung eines Bimetallbandes

weiten Temperaturbereich und mit einer fast linearen Charakteristik. Diese Werkstoffe werden meist durch Walzplattieren hergestellt. Die Auswahl der Bestandteile ist bestimmt durch die Forderung nach einem großen Unterschied der thermischen Ausdehnungskoeffizienten, $\alpha_1 \neq \alpha_2$ (Kap. 6 und 16.5). Die Thermobimetalle sind ein Beispiel dafür, daß der Verbund eine Eigenschaft liefert, die von seinen Bestandteilen allein nicht zu erhalten wäre. Diese Eigenschaft ist die Krümmung ρ eines Bandes in einem Temperaturbereich $\Delta T = T_2 - T_1$. Thermobimetalle werden als Funktionswerkstoffe insbesondere zur Messung und Regelung der Temperatur und in temperaturabhängigen Schaltern und Reglern eingesetzt. In die Berechnung des Verbundwerkstoffs gehen partielle Werkstoffeigenschaften $\alpha_1, \alpha_2, E_1, E_2$ und geometrische Faktoren S_1, S_2 ein:

$$\frac{1}{\rho} = \frac{6(\alpha_2 - \alpha_1)(T_2 - T_1)(1 + m^2)}{S[3(1 + m)^2 + (1 + mn)(m^2 + \frac{1}{\mathrm{nm}})]}, \tag{18.1}$$

$$m = S_1/S_2$$
$$n = E_1/E_2$$
$$S = S_1 + S_2 .$$

Das Verhältnis der Dicken S_1/S_2 entspricht den Volumenanteilen V_1, V_2. Die spezifische Krümmung $\mathrm{d}\rho/\mathrm{d}T$ ist für die Bedingungen $m = \sqrt{1/n}$ oder $S_1/S_2 = \sqrt{E_2/E_1}$ am größten. Sie sollten bei der Optimierung dieses Verbundwerkstoffs erfüllt werden. Die Bimetalle liefern ein Beispiel für einen Verbundwerkstoff, der nicht nur verbesserte, sondern auch neue Eigenschaften (Krümmung) liefert.

Die *Faserverbundwerkstoffe* haben bereits eine lange Geschichte, Holz ist einer ihrer Vertreter in der Natur. Die Zellulosefasern bestehen aus einem natürlichen Polymer. Im Stahl- und Spannbeton dient das Metall als Faser. Sie hat die Aufgabe, den Beton in die Lage zu versetzen, Zugspannungen aufzunehmen.

Die Zugfestigkeit des Stahlbetons in Faserrichtung ergibt sich aus der „Parallelschaltung“ der Festigkeit des Stahls $R_{m\beta}$ und des Betons $R_{m\alpha} \approx 0$

$$R_m = R_{m\beta} \cdot V_\beta .$$

In diesem Falle wird also die Zugfestigkeit nur von den Stahlstäben bestimmt. Die Zugfestigkeit der Betongrundmasse kann durch Polymerimprägnierung und auch durch Einbringen feiner Fasern (z. B. Stahl, 1 mm ∅, 50 mm lang) verbessert werden. Am häufigsten wird aber die Methode des Spannbetons angewendet. Der Stahl steht dann auch im unbelasteten Zustand des Bauteils unter Zugspannung. Dafür kann der Beton einer Zugspannung von gleicher Höhe seiner inneren Druckspannung ausgesetzt werden. Dies führt dazu, daß Mikrorisse nicht aufklaffen. Dies wiederum ist auch günstig für den Korrosionsschutz des Stahls durch den ihn umgebenden Beton.

Der geringe E-Modul und die begrenzte Zugfestigkeit des Aluminiums und seiner Legierungen sind der Grund für viele Bemühungen um dessen Faserverstärkung (Tabelle 18.2). Das Ziel ist dabei, bei möglichst geringem Gewicht die absolute Zugfestigkeit von hochfesten Stählen zu erreichen. Tabelle 18.2 gibt eine Übersicht über dafür in Frage kommenden Faserwerkstoffe. Die Voraussetzung ist ein deutlich höherer E-Modul der Faser im Vergleich zum Al. Deshalb erscheint die Kohlefaser zunächst als ein günstiger Kandidat. Es zeigt sich aber, daß die Bildung eines Aluminiumcarbids (Al_4C_3) in der Grenzfläche zu Versprödung führt. Deshalb werden gegenwärtig Entwicklungen mit B –, Al_2O_3 – und Polymerfasern bevorzugt. Korundfaserverstärkte Aluminiumlegierungen werden als Werkstoffe für den Motorenbau (Kolben, Zylinder) erprobt. Die Herstellung des Werkstoffs geschieht entweder über den flüssigen Zustand der Grundmasse (Schmelzimprägnieren) oder pulvermetallurgisch (Sintern und evtl. Strangpressen). In diesem Zusammenhang sind zusätzlich zu den erwähnten Eigenschaften Warmfestigkeit, Ausdehnungskoeffizient, Verschleißwiderstand und Biegewechselfestigkeit von Bedeutung.

Polymere liefern die Stoffe mit der niedrigsten Oberflächenenergie (Kap. 5) und folglich geringem Reibungskoeffizienten und geringer Adhäsionsneigung. Dies ist von Bedeutung für Verbundwerkstoffe und tribologische Systeme mit Metallen. Ein Beispiel für den Verbund Polymer – Metall ist ein spezieller Gleitlagerwerkstoff. Gefordert ist ein niedriger Reibungskoeffizient bei hoher Druckfestigkeit und bei hohem Verschleißwiderstand. Die erste Eigenschaft kommt

Tabelle 18.2. Eigenschaften der Komponenten von Faserverbundwerkstoffen mit Al-Matrix

	ρ g cm^{-3}	E GPa	R_m GPa
Al	2,70	72	< 0,7
Al_2O_3	3,97	580	16
C (Graphit)	2,0	100	40
B	2,3	560	10

Abb. 18.4. Aufbau eines Gleitlagers als Metall-/Polymerverbundschicht auf Stahl

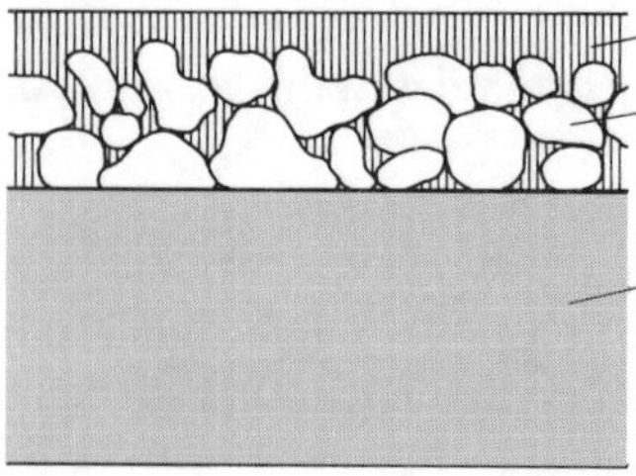

von PTFE (Polytetrafluoräthylen), die weiteren von einer metallischen Gerüststruktur (Abb. 18.4). Ein Problem bei der Herstellung derartiger Verbunde ist die geringe Adhäsion zwischen dem Metall und den Polymeren mit geringer Oberflächenenergie. Verbundverformung führt hier oft zu günstigen Ergebnissen. Keine Probleme gibt es bei Polymeren mit hoher Oberflächenenergie, die deshalb als Klebstoffe in Frage kommen. Haftvermittler sind Stoffe, die zwei Komponenten mit geringer Adhäsion verbinden. Dies geschieht, wenn sie mit beiden eine hohe Adhäsion besitzen.

Abschließend als Beispiel für die Kombination von Struktur- und Funktionswerkstoff seien metallglasbandverstärkte Kunststoffe erwähnt. Die hohe Zugfestigkeit metallischer Gläser führt zu beträchtlicher Verstärkung in Faserrichtung. Orientiert eingebrachte Bänder führen zu einer makroskopisch orthorhombischen Symmetrie und Anisotropie. Dadurch tritt eine zweite Hauptrichtung mit nennenswerter Festigkeit in der Größenordnung einer Kurzfaserverstärkung auf. Lohnend ist eine derartige Faserverstärkung jedoch nur dann, wenn die Bänder weitere physikalische Funktionen übernehmen können. Hierfür kommt die Abschirmung durch weichmagnetische Gläser oder Absorbtion von Neutronen durch amorphe Legierungen (Kap. 18.4) in Frage.

Verbundsysteme können aus allen Werkstoffgruppen in großer Vielfalt geometrischer Anordnungen zusammengesetzt sein. Abbildung 18.15 zeigt den Aufbau des Fingers einer Aktorhand. Die Bewegung bewirkt eine Legierung mit Formgedächtnis (Metall), die in Silikon eingebettet ist (Polymer). In diesem befinden sich wiederum Graphit oder Piezoelektrika (Keramik) als Drucksensoren zur Vermittlung des „Fingerspitzengefühls". Natürlich gehören auch alle in Silicium integrierten Schaltkreise zu den komplexen Verbundsystemen, die aus Werkstoffen aller Gruppen (Abb. 1.8) bestehen. Die Metalle Au, Cu, Al spielen hierbei die wichtige Rolle der Leiterbahnen (Kap. 6).

18.3 Metallische und keramische Supraleiter

Da Supraleiter unterhalb der kritischen Temperatur T_c keinen elektrischen Widerstand aufweisen (Kap. 6.3), fließt der Strom verlustfrei, d.h. ohne Erwärmung des Leiters nach dem Jouleschen Gesetz. Supraleiter werden technisch insbesondere für den hohen Stromfluß in Spulen zur Erzeugung starker

Magnetfelder eingesetzt. Normalleitende Kupfer- oder Aluminiumwicklungen werden wegen ihres Verlustenergiebedarfs und wegen des Kühlaufwandes zur Abführung der Jouleschen Wärme mit zunehmender Spulengröße unwirtschaftlich und technisch schwerer beherrschbar. Andererseits bricht in Supraleitern die verlustfreie Leitung bei kritischen Werten des Magnetfeldes und der Stromdichte zusammen. Durch geeignete Legierungsauswahl und Gefügeeinstellung können aber hohe kritische Felder und Ströme beherrscht werden. In diesem Kapitel wird gezeigt, daß alle technischen Supraleiter aus physikalischen Gründen und zur mechanischen Stabilisierung Verbundwerkstoffe sind.

Technische Supraleiter sind Supraleiter 2. Art (Kap. 6.3). Sie sollen einen möglichst hohen Sprungpunkt T_c und eine hohe obere kritische Flußdichte B_{c2} aufweisen. Außerdem ist eine hohe kritische Stromdichte j_c erforderlich. Sie ist die maximale Transportstromdichte, die der Supraleiter gerade noch zu tragen vermag, ohne normalleitend zu werden. B_{c2} und j_c nehmen mit steigender Temperatur ab und gehen bei $T = T_c$ gegen 0 (Abb. 18.5). T_c und B_{c2} hängen von der Zusammensetzung und der Kristallstruktur ab. Außerdem sind für das supraleitende Verhalten die Eindringtiefe λ und die Kohärenzlänge ξ wesentlich. Die Eindringtiefe λ gibt an, wie tief der magnetische Fluß in den an sich diamagnetischen Supraleiter 1. Art bzw. unterhalb B_{c1} in den Supraleiter 2. Art eindringen kann. Sie beträgt 10 bis 100 nm. Die Kohärenzlänge ξ entspricht der Kopplungslänge der Cooper-Paare (Kap. 6.3), sie liegt für reine Metalle bei $\xi < 1000$ nm. T_c, B_{c2}, λ und ξ sind intrinsische, d.h. gefügeunabhängige Materialeigenschaften der Supraleiter.

Die technischen Supraleiter liegen im Zwischenzustand $H_{c1} < H_a < H_{c2}$ vor (Abb. 6.14), d.h. in einem gemischten Zustand aus supraleitender Matrix und normalleitenden Flußschläuchen, die sich zu einem zweidimensionalen Gitter

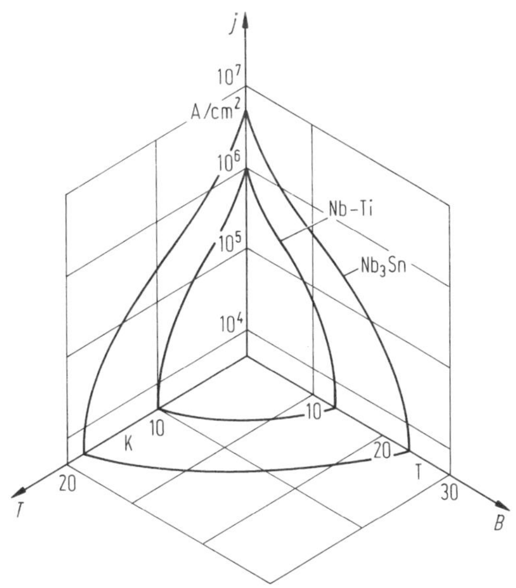

Abb. 18.5. Stabilitätsbereiche des supraleitenden Zustands für Hochfeld-Supraleiter Nb–Ti und Nb_3Sn

Tabelle 18.3. Kritische Temperatur, obere kritische magnetische Flußdichte und Ginzburg-Landau-Parameter einiger reiner Metalle und technischer Supraleiter

	T_c	B_{c2} $(T = 0$ K)	κ $(T = 4{,}2$ K)
Nb	9,25	0,21	0,78
V	5,46	0,14	0,85
Nb–50at% Ti	9,5	14,5	70
Nb_3Sn	18,1	24,5	34

anordnen (Schubnikow-Phase). Thermodynamisch ist dieser Zustand stabil, wenn das Verhältnis λ/ξ, der sogenannte Ginzburg-Landau-Parameter

$$\kappa = \frac{\lambda}{\xi} = \frac{H_{c2}}{\sqrt{2}\,H_c} > \frac{1}{\sqrt{2}} = 0{,}71 \tag{18.2}$$

beträgt, wobei H_c die Höhe der kritischen Feldstärke bei $T = 0$ K bedeutet. Tabelle 18.3 zeigt, daß der kritische Wert von κ von den supraleitenden reinen Metallen Nb und V nur verhältnismäßig schwach überschritten wird. Die technisch gebräuchlichen Supraleiter Nb–Ti und Nb_3Sn weisen dagegen hohe Werte auf. Eine Möglichkeit, den Betrag von κ reiner supraleitender Metalle und damit ihr B_{c2} zu steigern, besteht durch Mischkristallbildung. Die Verringerung der freien Weglänge der Elektronen durch zulegierte Atome erhöht nicht nur den Widerstand ρ im normalleitenden Zustand (Kap. 6.2), sondern auch κ.

Beide Größen sind nämlich durch die Beziehung

$$\kappa = \kappa_0 + A\,\gamma^{1/2}\rho \tag{18.3}$$

verbunden. Darin ist κ_0 der Ginzburg-Landau-Parameter der reinen Komponente (z.B. des Nb), A ein Zahlenfaktor und γ die Sommerfeld-Konstante des normalleitenden Elektronensystems ($\gamma = C_{el}^{n}/T$; C_{el}^{n} = elektronische spezifische Wärme in normalleitendem Zustand, T = absolute Temperatur). Diese Erhöhung der Stabilität des supraleitenden Mischzustands durch hohe Mischkristallkonzentration wird bei NbTi-Supraleitern ausgenutzt.

Maßnahmen zur Steigerung von B_{c2} erhöhen nicht gleichzeitig die Stromtragfähigkeit und damit die kritische Stromdichte j_c. Fließt nämlich im gemischten Zustand ein Strom, so wirkt in Verbindung mit dem magnetischen Fluß eine Lorentz-Kraft auf die Flußschläuche und setzt sie in Bewegung. Dabei wird „Reibungswärme" erzeugt, die die Supraleitung zerstört. Die Bewegung des Flußliniengitters kann aber behindert und die Stromtragfähigkeit damit erhöht werden. Hinderniskräfte auf die Flußschläuche werden durch Teilchendispersionen und durch Gitterbaufehler bewirkt, insbesondere durch

- normalleitende Ausscheidungen,
- elastische Gitterverzerrungen, die mit Änderungen des Volumens bzw. der elastischen Konstanten verbunden sind,

- lokale Änderungen von κ,
- lokales Auftreten magnetischer Momente im Bereich eines Flußschlauches.

Ist $p_{\max}$ die aus derartigen Wechselwirkungen folgende maximale Verankerungskraft eines Hindernisses auf einen Flußschlauch, so ergibt sich unter bestimmten Annahmen für den Volumenmittelwert der Verankerungskraftdichte

$$p_{\mathrm{v}} \simeq \frac{N p_{\max}^2}{8\, \mu_{\mathrm{eff}}} \left(\frac{B}{\phi_0}\right)^{3/2} ; \qquad (18.4)$$

darin ist N die Flächendichte der Hindernisse, μ_{eff} der effektive Schubmodul des Flußschlauchgitters, B die magnetische Flußdichte und ϕ_0 das magnetische Elementarquantum. Die kritische Stromdichte j_{c} ist p_{v} direkt proportional. Außer der Hindernisdichte N pro Flächeneinheit geht der Hindernisdurchmesser d über $p_{\max} \sim d^2$ in p_{v} ein. Da der Kerndurchmesser eines Flußschlauchs 2ξ i. allg. mehrere 10 nm beträgt, liegt bei dieser Größe auch der Hindernisdurchmesser d, der die stärkste j_{c}-Erhöhung bewirkt. Bei größeren Hindernissen nimmt die Verankerungskraft wieder ab. Dies ist analog zur Hinderniswirkung von Teilchen auf Versetzungen. Man bezeichnet die j_{c}-Erhöhung durch Gitterfehler oder Teilchen deshalb auch als Härtung von Supraleitern.

Schließlich ist bei allen technischen Supraleitern zur elektrischen Stabilisierung ein Verbund mit hochleitfähigem Cu, Ag oder Al erforderlich, um sicherzustellen, daß ein normalleitender Strompfad zur Verfügung steht, wenn örtlich oder insgesamt die kritische Temperatur, das kritische Feld oder die kritische Stromdichte überschritten werden. Im allgemeinen werden technische Supraleiter als Verbunddrähte hergestellt, bei denen die supraleitende Legierung in Form sogenannter Filamente in eine Matrix aus Stabilisierungskupfer eingebettet oder in anderen, elektrisch und thermisch optimierten Anordnungen mit dem Stabilisierungsmaterial verbunden ist. Je nach Beanspruchung kann die Filamentzahl im Draht zwischen 1 und 10^4 variieren. Außerdem ist eine Verdrillung des Leiters erforderlich, um alle Filamente im Mittel der gleichen Magnetflußdichte auszusetzen.

Das Legierungssystem Nb–Ti (Abb. 18.6) erfüllt im Bereich um 50 At.-% Ti in besonders günstiger Kombination die Voraussetzungen für die Herstellung harter Supraleiter. Die Sprungtemperatur der β-Phase, $T_{\mathrm{c}} \simeq 9{,}5$ K, liegt hier mehr als doppelt so hoch wie der Siedepunkt des zur Kühlung verwendeten flüssigen He, 4,2 K. Das Maximum des elektrischen Widerstands bei 50% Ti führt zu einem Maximalwert von κ und B_{c2} (18.3). Durch starke Verformung und eine zusätzlich feindisperse Ausscheidung des normalleitenden α–Ti–Nb-Mischkristalls durch Anlassen unterhalb der Rekristallisationstemperatur ist starke Flußlinienverankerung und damit j_{c}-Erhöhung möglich (18.5). Die Umformbarkeit des krz-β-Mischkristalls ist groß. Damit sind günstige Bedingungen für die Drahtherstellung gegeben, die außerdem zu Versetzungszellstrukturen hoher Dichte und Gleichmäßigkeit führen. Sie dienen einerseits selbst zur Flußlinienverankerung und andererseits zur heterogenen Keimbildung der α-Phase und damit zur Optimierung der Stromtragfähigkeit entsprechend einer hohen kritischen Stromdichte j_{c}.

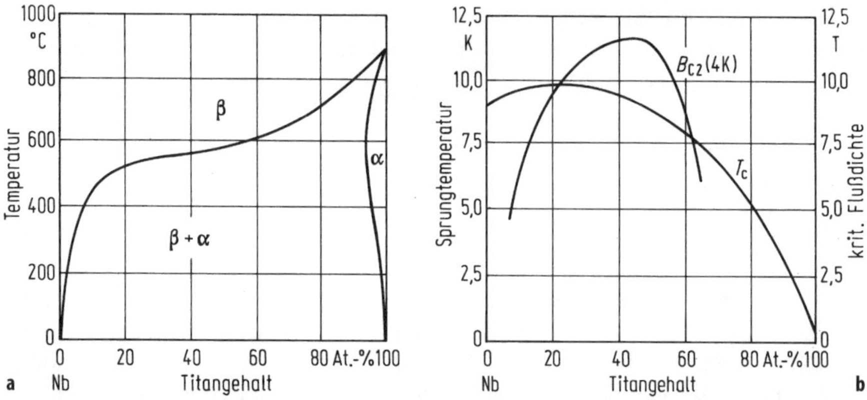

Abb. 18.6. Zustandsdiagramm Nb–Ti mit den für die Nb–Ti-Supraleiter maßgebenden Gleichgewichten (**a**) und Konzentrationsabhängigkeit der kritischen Flußdichte B_{c2} und Temperatur T_c (**b**)

Zur Herstellung von Nb–Ti-Supraleitern wird zunächst ein geometrisch geordnetes Bündel aus Nb–Ti-Stäben und Cu-Profilrohren in eine Cu-Hülse vom Durchmesser eines Strangpreßbolzens eingebracht und ausgepreßt. Abbildung 18.7 zeigt, daß die ursprüngliche Anordnung konform erhalten bleibt, was sich bis zu den Enddurchmessern der Drähte von ca. 1–0,1 mm bzw. der Filamente von ca. 100–5 μm fortsetzt. Außer der Umformung bewirkt die Querschnittsverminderung beim Strangpressen und beim anschließenden Drahtziehen, daß Versetzungszellen mit typischen Zellwandabständen von 20 bis 50 nm entstehen. Eine Wärmebehandlung bei etwa 375 °C führt zur Ausscheidung der α-Phase mit heterogener Keimbildung an den Zellwänden. Durch weitere Verformung wird schließlich eine Dispersion erzeugt, die bezüglich der Flächen-

Abb. 18.7. Querschnitt eines Nb–Ti-Supraleiters. Nb–Ti-Filamente in einer zur Stabilisierung dienenden Cu-Matrix (VAC)

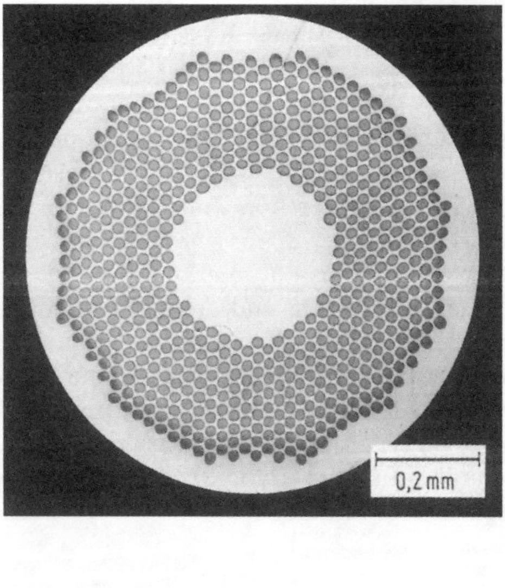

dichte der Teilchen N (normal zur Richtung der Lorentz-Kraft) und ihres Durchmessers d eine maximale Hinderniskraft p_v ergibt. Daraus folgen (für $T = 4{,}2$ K) typische Werte der kritischen Stromdichte $j_c \simeq 3 \cdot 10^5$ A cm^{-2} bei $B = 5$ T bzw. $j_c \simeq 1 \cdot 10^5$ A cm^{-2} bei $B = 8$ T.

Nb–Ti-Supraleiter mit Filamentzahlen von 1–10 000 machen über 90 % der heutigen Supraleiterproduktion aus. Ihre gegenwärtige Hauptanwendung sind die Magnete in Kernspintomographen für die medizinische Diagnostik. Sie werden außerdem für Labormagnete, Strahlführungsmagnete in Elementarteilchenbeschleunigern, Magnete für Kernfusionsexperimente und Prototypen von elektrischen Generatoren und Magnetscheidern eingesetzt.

Die spröde intermetallische Phase Nb_3Sn mit ihren sehr günstigen intrinsischen Supraleitereigenschaften wird über das sogenannte Bronze-Verfahren zu Draht verarbeitet. Dazu werden zunächst Niobstäbe in einer Bronze-Matrix (Cu-13,5 Masse-% Sn) zu Verbunddrähten mit Nb-Filamenten von 3–5 μm Durchmesser gezogen. Eine Wärmebehandlung bei $T \simeq 700\,°C$ führt dann zur Diffusion des Zinns und zur Umwandlung des Nb in Nb_3Sn. Die Reaktionsschicht wächst in jedes Filament hinein. Wegen des relativ kleinen Diffusionskoeffizienten für Sn in Nb_3Sn nimmt die Reaktionsrate aber rasch ab, und der Kern des Filaments bleibt im allgemeinen unumgewandelt. Man benötigt deshalb eine geringe Ausgangsdicke der Filamente und eine große Filamentzahl, um einen ausreichend großen supraleitenden Nb_3Sn-Anteil im Leiterquerschnitt zu erzielen. Der zweite Aspekt, unter dem die Umwandlungsreaktion geführt werden muß, ist eine möglichst optimale Korngröße. In Nb_3Sn werden die Flußschläuche durch die Korngrenzen verankert. Abbildung 18.8 zeigt die Abhängigkeit der Volumendichte der Verankerungskraft p_v als Funktion der reziproken Korngröße d^{-1}. Das Maximum liegt bei $d \simeq 45$ nm. Die Umwandlung muß also bei relativ tiefer Temperatur erfolgen, damit die Keimdichte ausreichend hoch ist, um Korngrößen < 45 nm zu erzielen, und damit die Kornvergröberung während des Schichtwachstums gerade die optimale Korngröße ergibt.

Abb. 18.8. Abhängigkeit der Flußschlauch-Verankerung von der Korngröße in Nb_3Sn

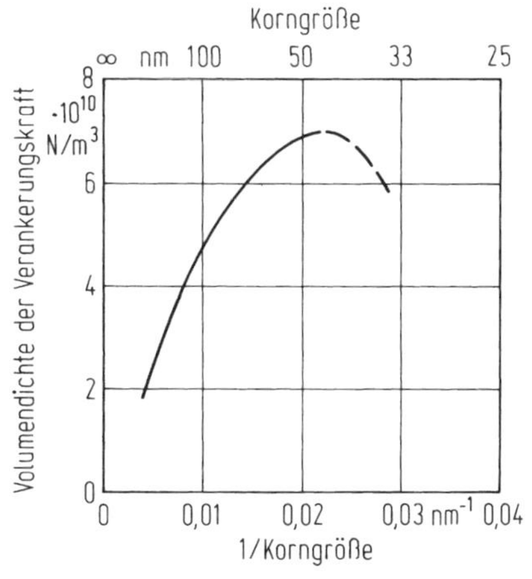

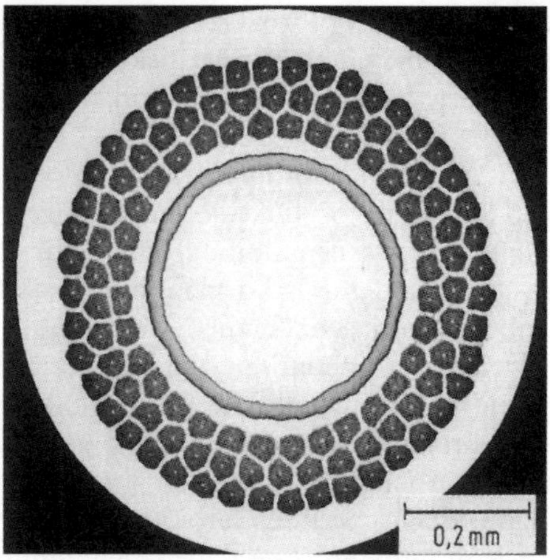

Abb. 18.9. Querschnitt eines Nb_3Sn-Supraleiters mit ca. 10 000 Filamenten. Im Zentrum Stabilisierungskupfer, das durch eine Ta-barriere von der Cu–Sn-Matrix getrennt ist, in die die Nb_3Sn-Filamente eingebettet sind (VAC)

Auch Nb_3Sn-Leiter erfordern eine Stabilisierung. Da das reine Stabilisierungskupfer in direktem Kontakt mit Cu–Sn durch Diffusion des Sn bei der Reaktionsbehandlung verunreinigt würde, wird eine Diffusionsbarriere in den Verbund eingefügt. Abbildung 18.9 zeigt ein Beispiel für den daraus resultierenden Leiterquerschnitt. Wie aus Abb. 18.5 zu erkennen ist, liegen alle kritischen Werte und damit auch die nutzbaren Werte von j und H bei Nb_3Sn höher als bei Nb–Ti. Nb_3Sn-Supraleiter werden deshalb dort eingesetzt, wo entsprechend hohe Magnetfelder erforderlich sind. Im Prinzip sind die Anwendungen die gleichen wie für die Nb–Ti-Supraleiter.

V_3Ga und Nb_3Al haben die gleiche Kristallstruktur wie Nb_3Sn und günstigere intrinsische Eigenschaften. Sie und andere intermetallische Phasen, die sich als Hochfeld-Supraleiter eignen, sind aber entweder bezüglich ihrer Rohstoffkosten oder ihrer Fertigungstechnik zu aufwendig, um mit Nb–Ti und Nb_3Sn bisher nennenswert in Wettbewerb zu treten.

Zur Zeit sind viele Laboratorien damit beschäftigt, die von Bednorz und Müller entdeckte Familie der oxidischen Hoch-T_c-Supraleiter (HTSL) zu untersuchen. Die vorläufig bestuntersuchte Verbindung ist $YBa_2Cu_3O_{7-x}$ mit $T_c = 93$ K. Die höchste gesicherte Sprungtemperatur beträgt gegenwärtig $T_c = 135$ K für $HgBa_2Ca_2Cu_3O_{8+x}$. Damit ist flüssiger Stickstoff mit der Siedetemperatur 77,3 K als Kühlmittel anwendbar und kann die Kryotechnik im Vergleich zur Kühlung mit flüssigem Helium erheblich verbilligen. Außerdem lassen sich wesentlich höhere Magnetfelder erzielen wegen der hohen B_{c2}-Werte in dieser Substanzgruppe. $Bi_2Sr_2Ca_1Cu_2O_{8+x}$-Drähte sind bei 4,2 K bis zu Feldern oberhalb 20 T supraleitend. Eine ausgeprägte Anisotropie der Supraleitfähigkeit und extrem kleine ξ-Werte ($\xi \leq 2$ nm) werfen völlig neue Fragen bezüglich der Natur des gemischten Zustands, der Kopplung über Korngrenzen hinweg und der Flußverankerung auf, die möglicherweise nicht mit den für die metallischen Hochfeld-Supraleiter gültigen Zusammenhängen gelöst werden können. Noch stellen sich auch technologische Probleme durch die Anisotropie der Supraleitung und die Sprödigkeit der Oxidstrukturen. Aussichtsreich erscheint schon die Herstellung dünner einkristalliner Filme, die als Leiterbahnen oder als Squid-Magnetometer angewendet werden können. Auch die Herstellung von Drähten und Kabeln ist bereits erfolgreich ($j_c = 25$ kA cm^{-2} bei 77 K), erfordert aber noch die Lösung zahlreicher physikalischer Fragen wie Optimierung der Textur, Stabilisierung gegen Flußkriechen, Minimierung der Störungen durch Gitterbaufehler und die Entwicklung geeigneter und wirtschaftlicher Fertigungsverfahren.

18.4 Metallische Gläser

Seit amorphe Metalle durch rasche Erstarrung aus der Schmelze hergestellt werden können (Kap. 2.8, 3.6 und 11.7), hat das Gebiet der metallischen Gläser sowohl metallkundlich als auch technisch erhebliche Bedeutung erlangt. Ihre bei weitem wichtigste Anwendung finden sie als rasch erstarrte weichmagnetische Werkstoffe in Form dünner Bänder (Kap. 16.3). In diesem Kapitel werden die weiteren möglichen Herstellverfahren, die besonderen Eigenschaften und weitere Anwendungen behandelt.

Zunächst sei eine Bemerkung zum thermodynamischen Zustand amorpher Metalle vorausgeschickt. Die rasche Erstarrung und die meisten anderen Herstellverfahren, die unten aufgeführt werden, führen zu eingefrorenen, *instabilen* Zuständen. Dabei sind von jedem Verfahren strukturell unterschiedliche Konfigurationen zu erwarten. Die Unterschiede der Nahordnung, die gering sein können, lassen sich aber mit heutigen strukturanalytischen Methoden nur in wenigen Fällen nachweisen. Erst eine Anlaßbehandlung zwischen der Glasübergangstemperatur T_g und der Kristallisationstemperatur T_x, die zur vollständigen thermischen Relaxation bis in den Zustand der unterkühlten Schmelze ausreicht, führt zum *metastabilen* Zustand, der nur von der chemischen Zusammensetzung und der Anlaßtemperatur abhängt und in den deshalb alle instabilen Zustände der gleichen Zusammensetzung konvergieren. Dies ist andererseits nur möglich, wenn die Kristallisationstemperatur T_x höher als die Glasübergangstemperatur T_g ist, damit sich im dazwischen liegenden Temperaturintervall, in dem Diffusion im Glas ohne Kristallisation möglich ist, die metastabile Gleichgewichtsstruktur des Glases, also der unterkühlten Schmelze, einstellen kann. Die Bedingung $T_x > T_g$ trifft allerdings für viele amorphe Metalle nicht zu. Sie sind also nur im instabilen Zustand herstell- und untersuchbar. Einige intrinsische Eigenschaften wie die Dichte, der Elastizitätsmodul und das mittlere magnetische Moment sind vom Nahordnungszustand abhängig, so daß sie mit ausreichend empfindlichen Meßmethoden zur Untersuchung von Zustandsänderungen der amorphen Struktur dienen können.

Bei der Herstellung des amorphen Zustands kommt es darauf an, die Phasenumwandlung einer gasförmigen, flüssigen, wässrigen oder festen Ausgangsphase in die feste amorphe Phase so zu steuern, daß die konkurrierende Bildung einer (oder mehrerer) kristalliner Phase(n) unterdrückt wird. Wie für die rasche Erstarrung bereits erläutert, kann dies durch die Wahl geeigneter thermodynamischer Bedingungen – entweder geringe oder negative Differenz der freien Enthalpie zwischen amorpher und kristalliner Phase oder hohe Keimbildungsenergie für die konkurrierende(n) kristalline(n) Phase(n) – oder durch kinetische Unterdrückung ihrer Bildung erreicht werden. Die Wirkung aller Herstellverfahren läßt sich mit der Erfüllung einer oder mehrerer dieser Bedingungen erklären. Auf dieser Basis sind amorphe Metalle – bei geeigneten Eigenschaften der gewählten Legierung – mit folgenden Verfahren herstellbar:

- rasche Erstarrung,
- Aufdampfen, Sputtern,
- mechanisches Legieren kristalliner Ausgangsmetalle,
- langsame Erstarrung massiver amorpher Legierungen,
- thermische Kompaktierung amorpher Pulver zwischen Glasübergangs- und Kristallisationstemperatur,
- galvanischer Niederschlag aus wässriger Lösung,
- Reduktion von Metallsalzen in wässriger Lösung.

Amorphe Metalle haben durch ihre Struktur einen vergleichsweise hohen spezifischen elektrischen Widerstand. In Kap. 6.2 wird erwähnt, daß der temperaturunabhängige elektrische Restwiderstand ρ_0 von der Streuung an statischen Gitterfehlern herrührt. Die atomare Unordnung amorpher Metalle bewirkt dementsprechend grundsätzlich einen hohen Restwiderstand, der mehr als das Dreifache des Widerstands vergleichbarer kristalliner Legierungen betragen kann. Außerdem liegt der Temperaturkoeffizient des elektrischen Widerstands von amorphen Metallen bei relativ kleinen bzw. mit steigendem Betrag des spezifischen Widerstands zunehmend negativen Werten entsprechend der Mooij-Regel (Abb. 6.10).

Die Abwesenheit einer Kristallstruktur bedeutet für amorphe Metalle die prinzipielle Abwesenheit der Anisotropie strukturabhängiger Eigenschaften wie der elastischen Konstanten und der magnetischen Kristallenergiekonstanten. Allerdings tritt dennoch anisotropes elastisches und magnetisches Verhalten auf. Ein Grund dafür ist die Möglichkeit, daß sich gerichtete atomare Nahordnung oder innere Spannungen einstellen können, die zu Vorzugsrichtungen makroskopischer Eigenschaften führen, wie übrigens auch in kristallinen Metallen. Derartige anisotrope Nahordnungszustände können z. B. durch Anlaßbehandlungen im Magnetfeld oder unter elastischer Spannung induziert werden. Induzierte anisotrope Nahordnung wird insbesondere gezielt eingesetzt, um in weichmagnetischen Legierungen uniaxiale magnetische Anisotropie zu erzeugen und damit die Form der Hystereseschleife zu beeinflussen (Kap. 16, Abb. 16.12).

Die Abwesenheit einer Kristallstruktur bedeutet auch, daß in amorphen Metallen keine Gitterbaufehler vorliegen, wie sie in Kap. 5 behandelt werden. Ein den Leerstellen in Kristallen analoger Defekt im amorphen Zustand ist das freie Volumen. Es kennzeichnet die stets vorhandene positive Volumenabweichung von der perfekt gepackten amorphen Struktur und beträgt $V_f/V \lesssim 1\%$. Beim Anlassen des amorphen Zustands können unter Mitwirkung dieser Packungsdefekte thermisch aktivierte Platzwechsel stattfinden. Sie führen im allgemeinen zur Abnahme des freien Volumens und der Zunahme des Nahordnungsgrades. Dieser Vorgang wird als strukturelle Relaxation bezeichnet und ist mit einer exothermen Wärmetönung verbunden. Bei weiterer Temperaturerhöhung tritt Kristallisation ein. Die Temperatur des Kristallisationsbeginns T_x ist eine Funktion der Aufheizrate und der übrigen thermischen Vorgeschichte. Die Wärmetönung der strukturellen Relaxation ΔH_f und der Kristallisation ΔH_{ak} können kalorimetrisch ermittelt werden.

Der Elastizitätsmodul amorpher Metalle ist um 20 – 30 % geringer als der vergleichbarer kristalliner Legierungen. Dies beruht darauf, daß die Dichte der amorphen Metalle im allgemeinen geringer ist als im kristallinen Zustand und daß der Betrag und die Richtung der Bindungsstärke durch die Unordnung der atomaren Nachbarschaft bestimmt werden.

Die Streckgrenze amorpher Metalle ist relativ hoch und kann bis zu $E/50$ betragen. Dies beruht hauptsächlich darauf, daß die Keimbildung von Gleitprozessen wegen des Fehlens stark wirksamer Defekte (wie Korngrenzen und Versetzungen in Kristallen) hohe Schubspannung erfordert. Der Gleitvorgang im einzelnen ist wahrscheinlich mit der Bewegung von Defekten verbunden, die auf lokalen Anreicherungen des freien Volumens beruhen. Die Abgleitung wird bei Zugbeanspruchung in Gleitbändern konzentriert. Wahrscheinlich verringert die Relativbewegung der Atome in diesen Bändern die Nahordnung und damit die kritische Schubspannung. Durch diese Lokalisierung des Gleitvorgangs ist die Bruchdehnung unter Zugbeanspruchung extrem gering ($A < 0{,}01$). Unter Druckspannungen wird dagegen eine gleichmäßigere Verteilung der Gleitvorgänge im Volumen begünstigt, wodurch wesentlich stärkere plastische Verformung möglich ist.

Eine gemeinsame chemische Eigenschaft amorpher Metalle folgt aus ihrem instabilen bzw. metastabilen Zustand: Sie sind grundsätzlich oberflächenaktiver als entsprechende kristalline Legierungen. Dies führt z.B. zu höheren Korrosionsraten und stärkerer katalytischer Aktivität. Andererseits bilden sich in Gegenwart von Elementen, die Passivschichten erzeugen wie P und Cr, sehr dichte, defektarme korrosionshemmende Passivschichten mit erheblich größerer Schutzwirkung als auf kristallinen Metallen.

Amorphe Metalle werden teils als solche verwendet, teils als Zwischenzustand, um durch anschließende Kristallisation den gewünschten, meistens nanokristallinen Werkstoff herzustellen. Unter diesen beiden Gesichtspunkten sind die wichtigsten Werkstoffgruppen:

- weichmagnetische, amorphe und nanokristalline Legierungen,
- amorphe Lotfolien, die bei der Anwendung kristallisieren,
- hartmagnetische, feinstkristalline Fe–Nd–B-Legierungen, die durch gesteuerte Kristallisation aus dem amorphen Zustand hergestellt werden.

Die weichmagnetischen, amorphen Legierungen sind gegenwärtig die technisch bedeutendste Werkstoffgruppe. Ihre magnetischen Eigenschaften werden in Abschn. 16.3 behandelt.

Amorphe Lotfolien werden hauptsächlich aus Gründen der besseren Handhabung eingesetzt. Die Anwendung von Loten in Folienform wird bevorzugt, wenn die Lötung durch Erhitzung des gesamten Werkstücks erfolgt. Eine Folie kann dann in der Dicke der gewünschten Stärke der Lotschicht und in der Form den Abmessungen der Verbindungsfläche angepaßt werden. Da Lote oft eutektische Legierungen sind und die höherschmelzenden Hartlote deswegen oft spröde intermetallische Phasen enthalten, ist es schwierig oder sogar unmöglich, aus manchen Hartloten mit üblichen Gieß- und Umformverfahren Folien im erforderlichen Dickenbereich 0,05 bis 0,2 mm herzustellen. Hier treffen die Vorteile der amorphen Erstarrung und der mechanischen Eigenschaften amorpher Metalle günstig zusammen: Wegen der eutektischen Zusammensetzung der Lote erstarren sie leicht amorph, und die Biegeduktilität der amorphen Folien macht sie zur Umformung durch Stanzen und Biegen und zur Weiterverarbeitung sehr geeignet. Bisher werden hauptsächlich Ni-Legierungen als amorphe Hartlotfolien eingesetzt, z. B. $Ni_{77}Si_8B_{15}$, $Ni_{61}Cr_{13}Fe_4Si_8B_{14}$, $Ni_{89}B_{11}$.

Eine weitere Lotlegierungsgruppe sind Aktivlote, die Ti oder Zr enthalten, somit beim Aufschmelzen Sauerstoff binden können und dadurch die Anwendung von Flußmitteln überflüssig machen. Auch hier unterdrückt die amorphe Erstarrung die spröden intermetallischen Phasen. Basis dieser Legierungen sind die Systeme Cu–Ti und Cu–Zr.

Bei den feinstkristallinen Dauermagnetlegierungen dient der amorphe Zustand zur gesteuerten Kristallisation, die entweder beim Abkühlen von der Erstarrungstemperatur oder durch nachträgliche Wärmebehandlung bewirkt wird. Das Herstellverfahren ist in beiden Fällen das gleiche wie für Folien, die aber durch geeignete Wahl der Verfahrensparameter und besondere Zerkleinerungsvorrichtungen in Flockenform anfallen. Dieses Ausgangsmaterial wird anschließend pulvermetallurgisch durch Mahlen und Sintern oder Kompaktieren mit organischem Binder weiterverarbeitet (Kap. 13). Die hartmagnetischen Eigenschaften von $Fe_{14}Nd_2B$ werden in Kap. 16 behandelt. Hier führt der feinstkristalline Zustand mit Korngrößen von 20–50 nm zu höherer Koerzitivfeldstärke als die Korngröße üblicher Sintermagnete, die 5–30 μm beträgt.

18.5 Legierungen mit Formgedächtnis, magneto- und elektrostriktive Stoffe

Zwei Schwerpunkte der Werkstoffentwicklung lassen sich unterscheiden:

a) die Verbesserung bekannter Eigenschaften,
b) das Auffinden ganz neuer Eigenschaften.

Beispiele für a) sind die Erhöhung der Streckgrenze und Bruchzähigkeit von Konstruktionswerkstoffen, die Erhöhung der Kriech- und Oxidationsbeständigkeit von Hochtemperaturwerkstoffen oder die Verringerung der Ummagnetisierungsverluste von Trafoblechen. In diesen Fällen bestehen in der Regel keine größeren Probleme in der Akzeptanz neuer Werkstoffe durch die Werkstoffanwender, also an der „Schnittstelle" zwischen Werkstoff und Konstruktion.

Wie die Halbleiter gehören die Legierungen mit Formgedächtnis (FGL) zur zweiten Gruppe. Sie sind nicht leicht herzustellen, und ihre Eigenschaften sind neu. Folglich bestehen größere Hemmnisse auf dem Wege von werkstoffwissenschaftlicher Forschung über Legierungs- und Halbzeugherstellung bis zur technischen Anwendung. Seit der ersten Beschreibung ihrer bemerkenswerten

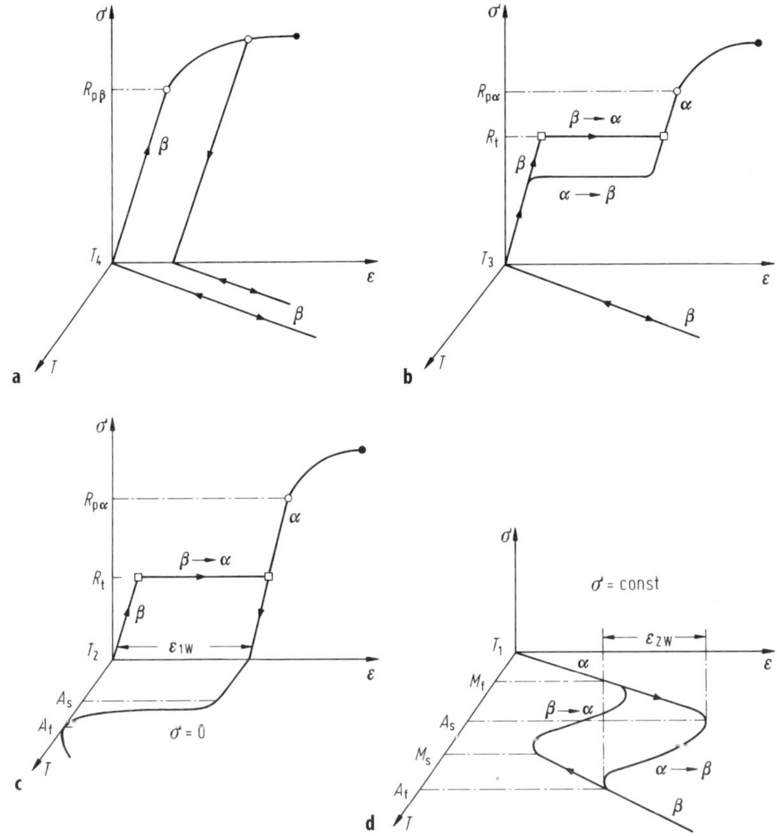

Abb. 18.10. Vier Möglichkeiten der Formänderung ε, abhängig von der mechanischen Spannung σ und der Temperatur T. **a** Normales Verhalten, plastische Verformung bei $\sigma \geq R_{p\beta}$ und thermische Ausdehnung $\alpha = d\varepsilon/dT$; **b** Pseudoelastizität. Bei $\sigma \geq R_t$ ein gummiartiges Verhalten der Legierung: hohe reversible Verformung; **c** Einwegeffekt. Bei $T > T_t$ bleibt die Verformung ε_{1W}, die durch Erwärmung auf $T \geq A_f$ rückgängig gemacht wird; **d** Zweiwegeffekt. Formänderung bei Abkühlen im Temperaturbereich M_s - M_f, wird beim Erwärmen bei A_s - A_f wieder rückgängig gemacht

Eigenschaften in β-CuZn- (1956) und β-NiTi-Legierungen (1962) sind einige Jahre vergangen.

Der Formgedächtniseffekt betrifft die Formänderung eines Werkstoffs bei Änderung seiner Temperatur, mit oder ohne Einwirkung äußerer oder innerer mechanischer Spannungen. In den Abbildungen sind die Varianten dieses Verhaltens übersichtlich zusammengestellt.

Abbildung 18.10a zeigt das bekannte Verhalten eines üblichen Konstruktionswerkstoffs (z.B. Al-Legierung). Unter Spannung, z.B. im Zugversuch, folgt auf reversible, elastische Verformung die plastische Verformung, bis nach einer Verfestigung der Bruch eintritt. Bei Temperaturänderung ändert sich die Länge reversibel, entsprechend dem thermischen Ausdehnungskoeffizienten.

Die Abb. 18.10b–d zeigen die drei besonderen Eigenschaften von FGL:

- Pseudoelastizität (PE),
- Einwegeffekt (1W, Pseudoplastizität),
- Zweiwegeffekt (2W).

Im Einwegeffekt wird der Werkstoff bei einer Spannung $R_t < R_p$ scheinbar plastisch verformt. Beim anschließenden Erwärmen oberhalb einer bestimmten Temperatur A_s beginnt er, sich an seine ursprüngliche Gestalt im unverformten Zustand zu erinnern. Der Temperaturbereich für diesen Effekt kann durch chemische Zusammensetzung und Gefüge der Legierungen in einem weiten Bereich von 0 K bis zu etwa 500 K eingestellt werden. Beim Zweiwegeffekt geschieht die Formänderung allein durch Änderung der Temperatur. Der Betrag der Formänderung, der maximal erreicht werden kann, ist immer kleiner als beim Einwegeffekt (Tabelle 18.4 und 18.5). Im Vergleich zur normalen thermischen Formänderung ist bemerkenswert, daß diese fast diskontinuierlich in einem kleinen Temperaturbereich und mit einer Hysterese ΔT_h erfolgt, die ebenfalls zwischen wenigen Grad und über 100 K eingestellt werden kann. Entsprechend den gewählten Randbedingungen kann der Werkstoff eine Bewegung vollführen ($\sigma = 0$) oder eine Kraft ausüben ($\varepsilon = 0$). Schließlich gibt es noch die Pseudoelastizität, bei der das Metall ein gummiartiges Verhalten zeigt. Bei einer Spannung $\sigma = R_t$ tritt wie beim Einwegeffekt eine starke Verformung auf. Diese

Tabelle 18.4. Vergleich der Eigenschaften wichtiger Aktorwerkstoffe

	Ferromagnetika (FM)	Ferroelektrika (FE)	Piezoelektrika (PE)	Formgedächtnislegierung (FGL)	Dehnstoffelement (DE)
Werkstoffgruppe	Keramik, Metall	Keramik	Keramik, Polymer	Metall	Wachs, Siliconöl
Dehnfähigkeit ΔL	– 0,1 %	< 0,1 %	< 0,1 %	< 10 %	$\Delta L \sim \alpha$
Effektauslösung	magnet. Feld	elektr. Feld	elektr. Feld	Temperatur (oder mech. Spannung)	Temperatur
Phasenumwandlung	+	+	–	+	–
Domänenstruktur	+	+	–	+	–
Hysterese	klein	klein	klein	groß	groß
chem. Zusammensetzung	TbFe (Dy)	$Pb_3MgNb_2O_9$	SiO_2 Pb (Zr,Ti) O_3 PVDF	NiTi CuZn CuAl	C_xH_{2x+2}
Handelsname	TERFENOL-D	PMN	Quarz, PZT, PVDF	NiTiNOL	

geht aber schon beim Entlasten quasielastisch zurück. Es treten also wie beim Gummi hohe Verformungswege bei geringer Änderung der Spannung auf. Dies ist wiederum mit Spannungshysterese $\Delta\sigma_h$ verbunden.

Schließlich ist von Bedeutung, daß abhängig von der Richtung der äußeren Spannung eine Streckung oder Stauchung auftritt. Folglich können Biegungen auf komplizierte Bewegungen (die in konventionellen Bauteilen z.B. eine Vielzahl von Kugelgelenken erfordern würden) durch einen FGL-Draht ausgeführt werden.

Voraussetzung für das Auftreten der Formgedächtniseffekte ist die martensitische Umwandlung beim Abkühlen von einer Kristallstruktur β (Austenit) in eine neue α_M (Martensit) und umgekehrt (Abb. 18.11). Die Umwandlung erfolgt durch einen Schervorgang. Sie geschieht diffusionslos und kann deshalb bis zu tiefsten Temperaturen stattfinden (Kap. 9). Die Umwandlungstemperaturen sind nicht nur gegeben durch thermodynamische Gleichgewichte (sie werden hauptsächlich durch die chemische Zusammensetzung der Legierung bestimmt), sondern auch durch die mechanischen Eigenschaften der Phasen, die wiederum durch das Gefüge beeinflußt werden können. Eine Besonderheit der martensitischen Umwandlung ist, daß sie in einem Temperaturbereich $M_s < \Delta T_m < M_d$ auch durch eine äußere Schubspannung ausgelöst werden kann. Die Abbildungen 18.10b–d zeigen den typischen Verlauf dieser Umwandlung und die in der FGL-Technik eingeführten Bezeichnungen für die Umwandlungstemperaturen. Der Einwegeffekt kann also auf die spannungsinduzierte Umwandlung $\beta \rightarrow \alpha$, gefolgt von Rückumwandlung $\alpha - \beta$ beim Erwärmen zurückgeführt werden (Abb. 18.12). Eine Variante ist die Verformung des Martensits durch Verschiebung der $\alpha_+ \rightarrow \alpha_-$ Zwillingskristalle. Auch diese Formänderung wird bei der anschließenden Rückumwandlung $\alpha \rightarrow \beta$ rückgängig gemacht. Wesentlich ist, daß aus einer Vielzahl von kristallographischen Schersystemen wenige ausgewählt werden, die günstig zur äußeren Schubspannung liegen.

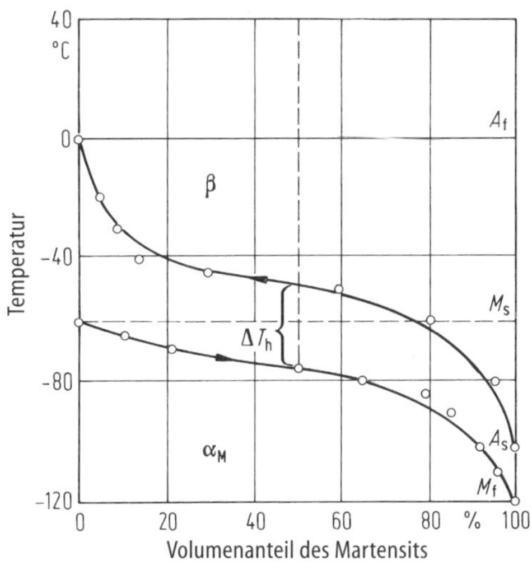

Abb. 18.11. Temperaturen und Verlauf eines martensitischen Umwandlungszyklus mit den üblichen Bezeichnungen für Legierungen mit Formgedächtnis (s. auch Kap. 9.5)

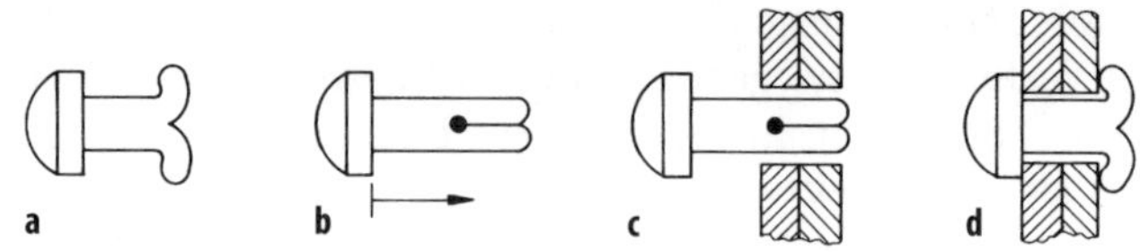

Abb. 18.12. Beispiel für die Anwendung des Einwegeffekts: Spreitzniete (vgl. Bild 18.10c) **a, d** Hochtemperatur β; **b, c** Martensit α

Diese Umwandlungsscherung bestimmt die obere Grenze des pseudoelastischen oder -plastischen Verformungsgrades (theoretische Scherung $\gamma_{\alpha\beta} \approx 2\,\varepsilon_{\max}$).

Der Zweiwegeffekt benötigt keine äußeren Kräfte. Die martensitische Umwandlung wird in diesem Fall durch innere Spannungen oder präformierte heterogene Keimstellen so beeinflußt, daß eine Formänderung durch orientierte Umwandlung auftritt. In der Praxis setzt dies ein „Trainieren" voraus. Dazu wird der Werkstoff in Richtung der gewünschten Formänderung mehrfach verformt. Verstärkt werden kann der dadurch erzielte Trainingseffekt in manchen Legierungen durch Ausscheidungsbehandlung, die unter Spannung erfolgt und den inneren Spannungszustand fixiert. Legierungen mit dem „Rundherumeffekt" (All-Round) werden auf diese Weise „trainiert". Es handelt sich dabei um eine Variante des Zweiwegeffekts.

Das pseudoelastische Verhalten ist auf der gleichen Grundlage zu verstehen. Die $\beta \rightarrow \alpha$-Umwandlung wird spannungsinduziert ausgelöst. Wie beim Einwegeffekt (Abb. 18.10c) erfolgt eine Auswahl der kristallographischen Schermöglichkeiten (Abb. 18.13 und 18.14), so daß die Formänderung mit der Richtung des äußeren Schertensors bestmöglich übereinstimmt. Die Tendenz zur Rückumwandlung $\alpha \rightarrow \beta$ ist aber in diesem Falle größer als beim Einwegeffekt, die Betriebstemperatur muß für Pseudoelastizität etwas höher über M_s liegen als für den Einwegeffekt.

Die Frage erhebt sich: Welche Legierungen kommen als FG-Werkstoffe in Frage? Die Antwort ist: alle, die eine martensitische Umwandlung zeigen. Dies könnten die Mischkristalle von Elementen mit polymorpher Umwandlung sein, wie Ti-, Mn, Fe- und Co-Legierungen. Die heute am häufigsten verwendeten Werkstoffe beruhen nicht auf dieser Legierungsgrundlage. Es sind vielmehr martensitisch umwandelnde intermetallische Phasen von Cu oder Ni mit kubisch raumzentrierter Kristallstruktur der Hochtemperaturphase β. Bemerkenswert für ihre technische Anwendung ist, daß in diesem Falle die martensitische Struktur α weicher sein kann als die austenitische Hochtemperaturphase β. Für Spannwirkungen ($\varepsilon \sim 0$) muß deshalb der β-Zustand mit möglichst hoher Festigkeit angestrebt werden.

Von besonderem Reiz ist die Frage nach FGL auf Eisenbasis. Diese zeigen bekanntlich kristallographisch das „umgekehrte" Umwandlungsverhalten wie die etablierten kubisch raumzentrierten Legierungen (Kap. 9). Sie wandeln nämlich vom kubisch flächenzentrierten Gitter der Hochtemperaturphase in raumzentrierte oder hexagonale Strukturen um. Abgesehen von Fe–Pt- und Fe–Pd-Legierungen, die FG zeigen, aber aus wirtschaftlichen Gründen als Werk-

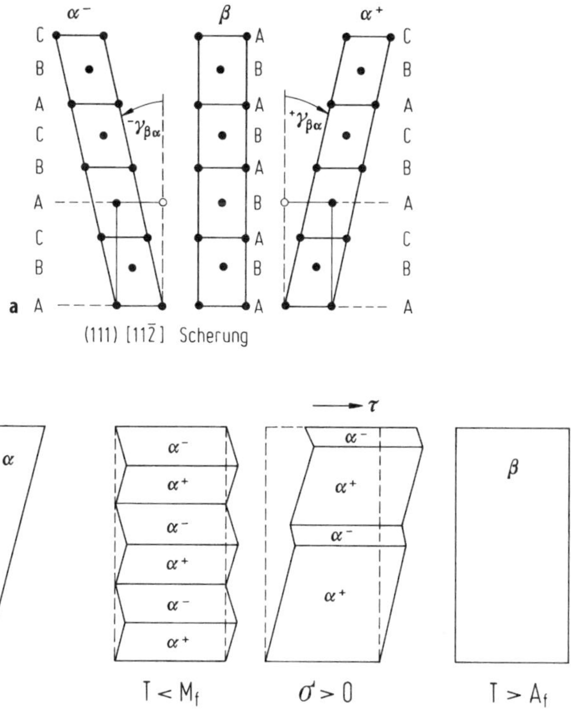

Abb. 18.13. **a** Positive und negative Varianten der Scherung bei martensitischer Umwandlung: Beispiel kfz ↔ hdP, FeMnSi-Legierungen. **b** Formänderung durch Auswahl günstiger Varianten der Martensitstruktur

stoffe nicht in Frage kommen, gibt es zur Zeit zwei Entwicklungslinien für Eisenlegierungen. Die erste geht aus von der Umwandlung in ein raumzentriertes Gitter. Um die notwendige Reversibilität der Umwandlung zu erhalten, ist eine Ausscheidungsbehandlung für eine geordnete kfz-Phase (Cu_3Au-Struktur; Kap. 9 und 14) in der Hochtemperaturstruktur notwendig. Dies ist für FeNiAl-, FeNiAlTi- und FeNiCoTi-Legierungen gezeigt worden. Auf anderer kristallographischer Grundlage beruhen die FeMnSi-Legierungen. Hier wandelt das kubisch-flächenzentrierte Gitter in die hexagonal dichtestgepackte Phase (ε-Martensit) um. Dies entspricht genau den in Abb. 18.13a als Beispiel für eine Scherumwandlung gezeigten Bedingungen.

Zwei Aspekte sind für die technische Anwendung der Legierungen mit Formgedächtnis von Bedeutung:

a) Sie sollten wirtschaftlich, als Halbzeug und von gleichbleibend guter Qualität hergestellt werden können, d.h. mit genau festliegenden Umwandlungstemperaturen.
b) Es müssen Konstruktionsprinzipien und Anwendungsgebiete gefunden werden, die den besonderen Eigenschaften und den Grenzen der Anwendungsbedingungen angemessen sind.

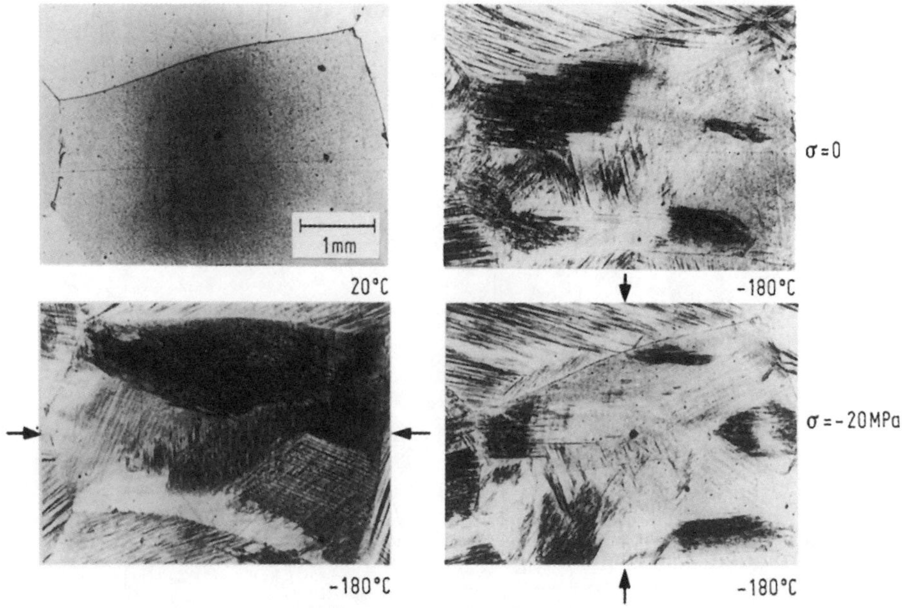

Abb. 18.14. Änderung der Orientierung der Martensitphase bei Umwandlung aus dem krz-Gitter, β-CuZn40, unter von verschiedenen Richtungen wirkender Spannung

In Tabelle 18.5 sind einige kennzeichnende Legierungseigenschaften zusammengestellt. Es wird deutlich, daß der NiTi-Typ den Cu-Legierungen überlegen ist, wenn hohe Festigkeit verlangt wird. Letztere bieten aber Vorteile, wenn auch elektrische Leitfähigkeit gefragt ist (lösbare Verbindungen in der Elektronik).

Ein wichtiger Aspekt der Qualität, insbesondere von Legierungen, in denen der Zweiwegeffekt oder Pseudoelastizität ausgenützt werden soll, ist die Beständigkeit gegen Alterung und Ermüdung. Hierbei ist sowohl im herkömmlichen Sinne mit der Bildung von Rissen zu rechnen, als auch mit Änderungen im Umwandlungsverhalten und damit von Temperaturlage und Hysterese des FG. Folglich können sich Formgedächtniseigenschaften im Gebrauch der Legierungen ändern. Die Stabilität der Formgedächtnislegierungen liefert deshalb ein wichtiges Thema für die Forschung.

Tabelle 18.5. Makroskopische Eigenschaften von Formgedächtnislegierungen des Typs β-NiTi und β-CuZn

			β-NiTi	β-CuZnAl
Dichte	ρ	$g\,cm^{-3}$	6,5	7,5
el. Leitfähigkeit	σ	$10^6\,(\Omega m)^{-1}$	1	10
Zugfestigkeit	R_m	MPa	800	500
rel. Formänderung (Einweg)	ε_{1W}	%	6	4
rel. Formänderung (Zweiweg)	ε_{2W}	%	4	2
max. Gebrauchstemperatur	T_{max}	°C	400	200

Das bekannteste Beispiel für die Anwendung des Einwegeffekts sind Rohrmuffen oder andere mechanische oder elektrische Verbindungen. Ein Rohrstück aus FGL wird bis unterhalb M_f abgekühlt (α) und dann aufgeweitet, so daß es leicht über die zu verbindenden Teile geschoben werden kann. Bei Wiedererwärmung auf $T > A_f(\beta)$ erinnert sich das Teil an die ursprüngliche Form und schrumpft (eventuell vakuumdicht) auf die zu verbindenden Teile. NiTi-Legierungen sind wegen ihrer hohen Festigkeit hierfür besonders geeignet. Neuerdings ist allerdings eine CuNi-Legierung mit Ti–Mn-Zusätzen entwickelt worden, die der Festigkeit von NiTi nahekommt. Ähnlich wirken Stifte für Steckverbindungen, mit denen mikroelektronische Schaltkreise schnell und sicher eingesetzt, angeschlossen und wieder gelöst werden können.

Für Wärme- oder Kälteschutz werden spiralfederförmige Bauteile verwendet, die sich bei definierter Temperatur stark dehnen oder zusammenziehen (Ventile, Hebel). Nebelscheinwerfer von Kraftfahrzeugen öffnen beim Einschalten ihre Blenden, und Fenster von Gewächshäusern öffnen und schließen sich automatisch bei durch den Zweiwegeffekt bestimmten Temperaturen.

Eine große Zahl von Anwendungen haben die FGL in der Medizintechnik gefunden. Sie reichen von Implantaten, die sich an die gewünschte Position von gebrochenen Knochen erinnern, Bandscheibenersatz (Einwegeffekt), Stents zum Aufweiten von Adern, Endoskope, die ihre Form an die Darmwindungen anpassen können (Zweiwegeffekt), bis zu Zahnspangen, die einen gleichmäßigen, definierten Druck auf das zu korrigierende Gebiß ausüben (Pseudoelastizität).

Ein noch unerschlossenes Gebiet sind die FGL-Wärmekraftmaschinen. Sie sind in der Lage, geringe Temperaturunterschiede $\Delta T = M_f - A_f$ in Drehbewegung umzusetzen, allerdings nur mit geringem Wirkungsgrad (~ 5%), der sowohl konstruktiv als auch thermodynamisch begrenzt ist. Auch hier wird der Zweiwegeffekt ausgenutzt. Eine spektakuläre Anwendung sind Roboterhände und andere Manipulatoren (Abb. 18.15). Es könnten mechanische Konstruktionen, die viele Gelenke erfordern, durch einen Draht mit dem Gedächtnis für die gewünschte Bewegung ersetzt werden. Die Rolle der Gelenke übernehmen die Schersysteme in den Kristallen der Legierung (Abb. 18.13a). Die Erwärmung kann durch direkten Stromdurchgang erfolgen.

In Abb. 18.15 wird Aufbau, Herstellung und Wirkungsweise eines Fingeraktors gezeigt. Die entscheidende Funktion hat ein NiTi-Draht (Muskel). Stahlfeder und Silikon erzeugen eine Rückstellkraft. In das Silikon ist Graphit eingebettet, der als Kraftsensor dient. Schließlich gibt es ein Kühlsystem, das beschleunigte Abkühlung unter die Martensittemperatur M_S bewirkt. Es handelt sich also um ein Beispiel für ein komplexes Verbundsystem, das aus metallischen und nichtmetallischen Werkstoffen zusammengesetzt ist.

Die Legierungen mit Formgedächtnis stehen im Wettbewerb mit ferroelektrischen oder ferromagnetischen Werkstoffen, wenn anomale Formänderungen gefragt sind. Sie zeigen ebenfalls Phasenumwandlungen bei tiefer Temperatur (Kap. 16 und 18.1). Daraus folgend zeigen sie auch Dimensionsänderungen, die aber fast zwei Größenordnungen kleiner sind als die der FGL (Tab. 18.4). Diese Werkstoffe stehen trotzdem oft im Wettbewerb mit FGL: die keramischen Ferroelektrika, wenn kleine Wege sehr präzise gegangen werden sollen, wie bei der

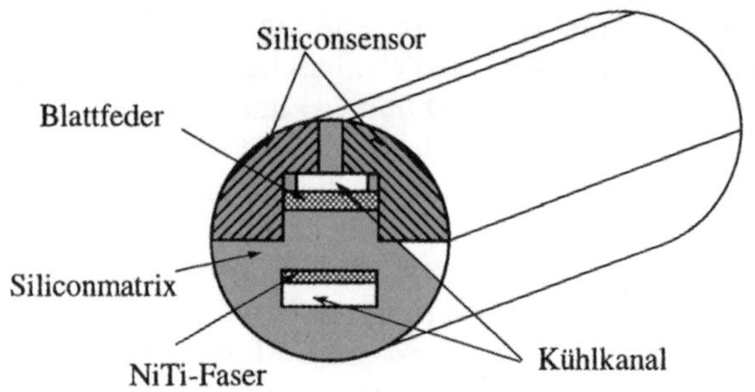

a

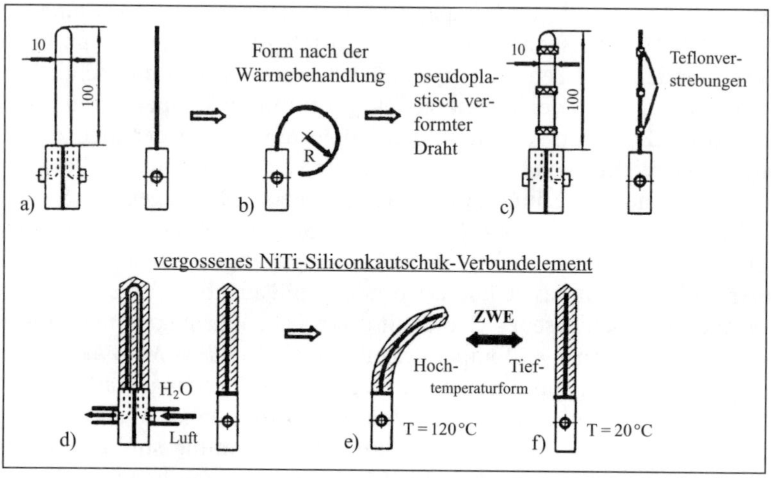

b

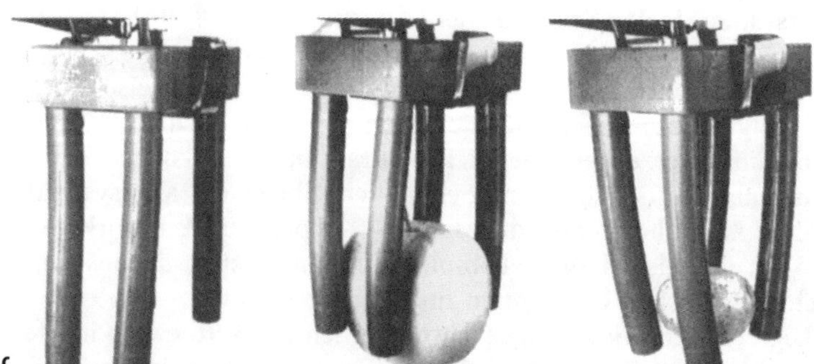

c

Abb. 18.15. Aufbau, Herstellung, Wirkungsweise eines Fingeraktors als Beispiel für ein komplexes System, das aus vielerlei Werkstoffen besteht (M. Mertmann).
a Aufbau: NiTi-Draht und Stahlfeder in Silikonmatrix. Graphitzusätze als Kraft- oder Wegsensor; **b** Herstellung und Zweiwegeffekt (ZWE) eines Fingers; **c** Greifprozess für Körper verschiedener Größe

Raster-Tunnel- oder Kraftmikroskopie (Kap. 10) oder für die aktive Dämpfung von Schwingungen. Hochstriktive metallische Ferromagnete wie $Fe_2Tb(Dy)$ können durch äußere magnetische Felder geschaltet werden. Dies kann z.B. für Ventilsteuerungen günstiger sein als die nur durch Erhitzen auf $T > A_f$ schaltbaren FGL. Kürzlich sind Legierungen gefunden worden, die eine große Formänderung mit einer reversiblen p $\leftrightarrow$ f-Umwandlung verbinden (β paramagnetisch $\rightarrow$ α ferromagnetisch). Es handelt sich um kubisch raumzentrierte Hochtemperatur-Phasen der Zusammensetzung A_2BC, wie Ni_2MnGa.

Literatur

Duerig et a.l (eds) TW (1990) Engineering aspects of shape memory alloys, Butterworth, London
Stöckel D (Hrsg) (1988) Legierungen mit Formgedächtnis, Expert Verlag, Böblingen
Bossert et al. (Hrsg) (1995) Verbundwerkstofforschung, Expert Verlag, Böblingen
Bühle ed H (1992) Advanced Aerospace Materials, Springer Verlag, Berlin
Patoor E, Berveiller, Eds (1994) Technologie des alliages à mémoire de forme, Hermes, Paris
Gandhi MV, Thompson BG (1992) Smart materials and Structures, Chapman and Hall
Hull D (1982) Introduction to Composite Materials, Cambridge, University Press
Ondraceck G (Hrsg) (1984) Verbundwerkstoffe, Oberursel, Deutsche Gesellschaft für Metallkunde
Luborsky FE (1983) Amorphous Metallic Alloys, Butterworths Monographs in Materials, London, Butterworth
Buckel W (1972) Supraleitung, Weinheim, Physik-Verlag
Poole C, Datta T, Farach H (1988) Copper Oxide Superconductors, New York, John Wiley & Sons

Sachverzeichnis, deutsch – englisch

A
α-Fe+WC 212
Abrasion 324
abrasion
Abscheidung 239
deposition
–, elektrolytische 239
–, electrolytic
Abschirmung 336
shielding
Absorberwerkstoff 100
absorber material
Absorptionsquerschnitt 100
absorption cross section
Adhäsion 324, 336
adhesion
Adhäsionsenergie 79, 324
adhesional energy
Adsorption 78
adsorption
Ag–Cu 48, 49
Aggregatzustand 12
state of aggregation
Aktivierungsenergie 17, 57, 140, 264
activation energy
– der Keimbildung 17
– of nucleation
– für Selbstdiffusion 264
– of self-diffusion
Aktivlot 346
active solder
Aktorwerkstoff 348
actuator material
Al+(SiGe) 262
Al–Cu 251, 252, 259
Al–Li 260
Al–Mg 261
Al–Si–Ca–O 59
Al–X 54
Al–Zn–Mg 260
Al-Knetlegierung 259
Al wrought alloy
Al-Si 211
Al_2O_3–SiO_2–CaO 59
Alnico 303, 305
Aluminiumgußlegierung 216
Al cast alloy
Aluminiumlegierung 259
Al-alloy
amorphes Metall 299, 344, 345
amorphous metal
–, chemische Eigenschaft 345
–, chemical properties
–, Elastizitätsmodul 345
–, elastic modulus
–, freies Volumen 344
–, free volume
–, Herstellverfahren 344
–, production methods
–, Streckgrenze 345
–, yield stress
–, weichmagnetisches 299
–, soft magnetic
Anisotropie 3, 39, 107, 287, 298
anisotropy
–, elastische 107
–, elastic
–, magnetokristalline 287
–, magnetocrystalline
–, uniaxiale magnetische 298
–, uniaxial magnetic
Anisotropieenergie 287
anisotropy energy
Anisotropiefeldstärke 304
Anisotropiekonstante 287
anisotropy constant
Anlaßstufe 276
stage of tempering
Annihilation 146
annihilation
Antiphasengrenze 68, 255
antiphase boundary
Antiphasenverschiebung 167
antiphase shift
Antistrukturatom 170
antistructure atom

Atomart 182
atomic species
Atomgrößeneffekt 135
atom size effect
Ätzung 185
etching
Au-Ni 49
Au-Si 51
Aufdampfen 13, 22
vapour deposition
Aufdampfschicht 187
vapour deposited layer
Auflichtmikroskopie 185
reflected light microscopy
Auflösungsvermögen 186
resolution power
Ausdehnungskoeffizient 97, 233
coefficient of expansion
–, thermischer 97
–, thermal
Aushärtung 5, 253
precipitation hardening
Aushärtungsisotherme 257
precipitation hardening isotherm
Ausheilreaktion 146
recovery reaction
Ausscheidung 163, 172, 199, 211, 251
precipitation
–, diskontinuierliche 172, 211
–, discontinuous
Ausscheidungsreaktion 153
precipitation reaction
Austauschenergie 285
exchange energy
Austauschwechselwirkung 285
exchange interaction
Austenit 268
austenite
Austenitverformungshärte 280
ausforming hardness
Avrami-Exponent 165
Avrami-exponent

B
Bain-Beziehung 177
Bain-relation
Bain-Verzerrung 177
Bain-distortion
Bainit 273, 274
bainite
–, oberer 273
–, upper
–, unterer 274
–, lower
Bändermodell 87
band model
Basisgleitung 116
basal slip
Belastung 131
loading
–, zyklische 131
–, cyclic
Beryllium 247
beryllium
Bestrahlung 1, 60
irradiation
Bestrahlungsdefekt 74
radiation defect
Beugung 192
diffraction
Beugungskontrast 189
diffraction contrast
Beugungsreflex 193
diffracted beam
Beugungswinkel 188
diffraction angle
Biegen 233
bending
Bimetall 2, 330, 333
bi-metal
Blech 34
sheet
Blechumformung 232
sheet forming
Bloch-Wand 186, 292, 293
Bloch-wall
–, Energie 292
–, energy
–, Polarisationsrichtung 293
–, direction of polarisation
–, Wanddicke 293
–, wall thickness
Bloch-Wandenergie 293
– wall energy
Blockseigerung 213
ingot segregation
–, umgekehrte 213
–, inverse
Borid 330
boride
Brillouin-Zone 85, 87
Brillouin-zone
Bronze 262
bronce
Bruch 127, 128, 312
fracture
–, duktiler 128
–, ductile
–, spröder 128
–, brittle

Bruchdehnung 111, 253
elongation at fracture
Bruchmechanik 130, 318
fracture mechanics
Bruchoberfläche 187
fracture surface
Bruchzähigkeit 130, 326
fracture toughness
Burgers-Vektor 64
Burgers vector

C
Carbid 37
carbide
Cermet 262
cermet
Channelling-Effekt 76
channelling-effect
chemische Analyse 196
chemical analysis
$Co_{17}Sm_2$ 303
Co_5Sm 303
Coble-Kriechen 126
Coble creep
Cooper-Paar 93
Cooper pair
Cu–Be 261
Cu–Ni 48
Cu–Zn 55
Cu–Zr 222
Cu-Legierung 262
Curie-Temperatur 287
Curie temperature
CVD - Chemical Vapour Deposition 13

D
Dämpfung 309, 355
damping, internal friction
–, aktive 355
–, active
–, magneto-mechanische 309
–, magneto mechanic
Dämpfungsspektrum 201
friction spectrum
Darkensche Gleichung 144
Darken's equations
Dauermagnet 311
permanent magnet
–, Energiedichte 311
–, energy density
Dauerschwingfestigkeit 131
fatigue strength
Dauerschwingversuch 131
fatigue test
Debye-Temperatur θ_D 89, 95
Debye temperature
Deckschicht 312, 317
passivating layer
Dehngrenze 110
yield limit
Dehnung 112, 132
elongation
–, anelastische 112
–, anelastic
–, mikroplastische 132
–, micro plastic
–, wahre 227
–, true
Dehnungsamplitude 132
strain amplitude
Dehnungslokalisierung 133
strain localisation
dendrische Kristallisation 20, 21
dendritic crystallisation
dendritische Erstarrung 208
dendritic solidification
Diamant 330
diamond
Diamantstruktur 38
diamond structure
Differenzialkalorimetrie 202
differential calorimetry
Diffusion 139, 142, 145, 321, 323
diffusion
–, Pfade bevorzugter 145
–, preferred path
Diffusionskoeffizient 19, 142, 144, 145, 207
diffusion coefficient
–, chemische 144
–, chemical
–, effektive 144
–, effective
–, Korngrenzen- 145
–, grain boundary
Diffusionskriechen 125
diffusional creep
Dilatometer 99
dilatometer
Dilatometrie 200
dilatometry
Dispersionsgefüge 80
dispersoid microstructure
Dispersionshärtung 247, 262
dispersion hardening
Domäne 288
domain
–, magnetische 288
–, magnetic

Domänenanordnung 289, 294
domain structure
–, magnetische 289
–, magnetic
Domänengrenze 288
domain boundary
Domänenstruktur 189
domain structure
Domänenwandenergie 294
domain wall energy
Dotierung 51, 77
doping
Draht 34
Drahtziehen 232
wire drawing
Dreistoffsystem 57
ternary system
Druck 106
pressure
–, hydrostatischer 106
–, hydrostatic
Druckguß 220
pressure casting
DSC-Kurve 203, 204
differential scanning calometry plot
Dulong-Petit-Regel 94
rule of Dulong-Petit
Duromere 332
thermo-setting polymer ≡ resin

E
E-Modul 216, 335
Young's modulus
Edelmetall 313
noble metal
Edelstahl 277
special steel
Eigenschaft 2, 82, 88, 102, 105, 123
property
–, Anisotropie 123
–, anisotropic
–, elastische 105
–, elastic
–, feldabhängige 102
–, field dependent
–, gefügeabhängig 2
–, structure dependent
–, intrinische 82
–, intrinsic
–, mechanische 105
–, mechanical
–, optische 88
–, optical
Einformen 273
coarsening
Einkristall 13, 22, 264
single crystal
Einkristallverformung 115
single crystal deformation
Einlagerungsphase 38
interstitial phase
Einschnürung 110
necking
Einwegeffekt 347, 350, 353
one-way effect
–, Anwendung 353
–, application
Eisen 5
iron
Elastizitätsmodul 106, 108
elastic modulus
Elastomere 332
elastomere ≡ rubber
elektrische Leitfähigkeit 262
electrical conductivity
elektrischer Isolator 331
electrical insulator
elektrischer Widerstand 92, 198
electrical resistance
–, Temperaturkoeffizient 92
–, temperature coefficient
Elektrolyt 312
electrolyte
Elektronen 82, 83, 84, 182
electrons
–, freie 82, 83, 84
–, free
Elektronenbeugung 188, 194
electron diffraction
Elektronengas 4, 82
electron gass
Elektrotransport 140
electro transport
Elementarzelle 3, 26, 27
unit cell
Elinvar-Effekt 308
Elinvar-effect
Emaille 321
emaille
Energie 148, 149
energy
–, gespeicherte 148, 149
–, stored
Energiedichte 148
energy density
–, eines Korngefüges 148
–, of a grain structure
Energieprodukt 302
energy product

–, magnetisches 302
–, magnetic
Entfestigung 124
softening
Enthalpie 15
enthalpy
Entmagnetisierungsfaktor 294
demagnetisation factor
Entmagnetisierungskurve 302
demagnetisation curve
Entmischung 166
decomposition
–, spinodale 166
–, spinodal
Entmischungsgefüge 165
decomposition microstructure
–, kohärentes 166
–, coherent
Entmischungsreaktion 165
decomposition reaction
Entropie 12, 61
entropy
epitaktisches Wachstum 13
epitactic growth
Erholung 121, 146
recovery
–, dynamische 121
–, dynamical
Erholungsspektrum 74
recovery spectrum
Erholungsstufe 146
stage of recovery
Ermüdung 131
fatigue
Ermüdungsbruchempfindlichkeit 134
fatigue sensitivity
Ermüdungsgrenze 131
fatigue limit
Erosion 324
erosion
Erstarrung 21, 205
solidification
Erstarrungsfront 20
solidification front
Eutektikum 57
eutectic
eutektische Erstarrung 211
eutectic solidification
eutektische Legierung 214
eutectic alloy
eutektisches Gefüge 50
eutectic microstructure
Eutektoid 57
eutectoid
Extrusion 133
extrusion

F
Faserverbundwerkstoff 263, 334
fiber composite material
Faserwerkstoff 335
fiber material
Fe–B 222
Fe–C 51
Fe–Co–Cr 303, 306
Fe–Cr 319
Fe–Cr–Ni 320
Fe–Ni-Legierung 298
Fe–Ni-alloy
–, weichmagnetische 298
–, soft magnetic
Fe–O 321
Fe–Pb 52
Fe–Si-Blech 298
Fe–Si-sheet
–, kornorientiertes 298
–, grain oriented
$Fe_{14}Nd_2B$ 303, 305, 346
Fe_2Tb 310
Fehlordnung 170
disorder
Fehlpassung 158
misfit
Fehlpassungsversetzung 159
misfit dislocation
Feldionenmikroskop 190, 191
field ion microscope
Fermi-Energie 84
Fermi-energy
Fermi-Fläche 1, 87
Fermi-surface
Fermi-Grenze 85
Fermi-limit
Fernordnung 169
long range order
Fernordnungsparameter 169
long range order parameter
ferroelektrische Umwandlung 331
ferro-electric transformation
Ferromagnetismus 1, 284
ferromagnetism
feste Phase 24
solid phase
Festkörperanalyse 183
solid state analysis
Ficksches Gesetz 142
Fick's law
Fleischer-Theorie 135
Fleischer's theory

Fließen 243
flow
–, viskoses 243
–, viscous
Fließkurve 229, 236
flow curve
Fließspannung 110
flow stress
Flüssigkeit 205
liquid
Flüssigphasensintern 242
liquid-phase sintering
Flußlinie 92
flux line
Flußschläuche 92
flux thread
Formänderung 227
shape change
Formänderungsfähigkeit 111
ability to shape change
Formänderungsfestigkeit 227
resistence to shape change
Formgebung 227
shaping
–, technische 227
–, technological
Formgedächtnis 2, 346
shape memory
Formgedächtniseffekt 179, 349
shape memory effect
–, martensitische Umwandlung 349
–, martensitic transformation
Formgedächtnislegierung 352
shape memory alloy
–, makroskopische Eigenschaft 352
–, macroscopic property
Formguß 220
mold casting
fraktales Gefüge 80
fractal microstructure
Frank-Read-Quelle 118, 254
Frank-Read source
freie Energie 14
free energy
Freileitung 266
power line
Frenkel-Paare 146
Frenkel-pair
Funktionswerkstoff 2, 334
functional material

G
Gasturbinenschaufel 22
gassturbine blade
Gefüge 3, 79, 127, 182
microstructure
–, superplastisches 127
–, superplastic
Gefügeanisotropie 39
microstructural anisotropy
Gibbssches Phasengesetz 44
Gibb's phase law
Ginzburg-Landau-Parameter 338
Ginsburg-Landau parameter
Gitterbaufehler 60, 188
lattice defect
Gitterbeziehung 177
lattice relationship
Gitterdefekt 79
lattice defect
Gitterkonstante 192
lattice constant
Gittervektor 27, 192
lattice vector
Gitterverformung 177
lattice deformation
Glas 3, 24, 40, 205
glass
Glasbildung 206
glass formation
Glasstruktur 41
glass structure
Glasübergangstemperatur 23, 343
glass transition temperature
Gleichgewicht 15
equilibrium
Gleichgewichtstemperatur 15
equilibrium temperature
Gleichmaßdehnung 110
uniform elongation
Gleitband 133
slip band
–, persistentes 133
–, persistant
Gleitbandbildung 133
slip band formation
Gleitebene 116
slip plane
–, primäre 116
–, primary
Gleitlager 218, 336
bearing
Gleitstufe 189
slip step
Gleitsystem 116
slip system
Glühen 1
annealing

Granulieren 240
granulation
Graphit 56
graphite
Graphitlamellen 215
graphite lamellae
Grenzfläche 19, 328, 333
interface
Grenzflächenenergie 16, 159
interfacial energy
Großwinkelkorngrenze 70
high angle grain boundary
Guinier-Preston-Zone 158, 166
Guinier-Preston zone
Gußeisen 57, 214, 268
cast iron
Gußeisendiagramm 214, 217
cast iron diagram
Gußlegierung 214
cast alloy
Gußwerkstoff 205
cast material

H
H-Versprödung 317
H-embrittlement
Halbleiter 10, 88, 209
semiconductor
Halbzeug 221
semi-finished product
Hall-Petch-Gleichung 136
Hall-Petch equation
Härte 111, 325
hardness
Härtemessung 111
hardness measurement
–, Brinell- 111
–, Brinell
–, Rockwell- 111
–, Rockwell
–, Vickers- 111
–, Vickers
Härteprüfung 111
hardnes testing
Hartlöten 218
brazing
Hartmetall 246
sintered hard metal
Hartstoff 246
hard material
Härtungsmechanismen 134, 266
hardening mechanism
Härtungsverfahren 134
hardening method
Hauptspannung 228
principle stress
Hebelgesetz 48
lever law
Heißpressen 241
hot extrusion
heterogenes Gefüge 43
heterogeneous microstructure
heterogenes Gleichgewicht 43
heterogeneous equilibrium
hexagonale Strukturen 31
hexagonal structure
hexagonales Gitter 67
hexagonal lattice
Hindernisstärke 136
strength of an obstacle
hitzebeständiger Stahl 322
heat resistant steel
Hoch-T_c-Supraleiter 93, 342
high T_c superconductor
Hochfeld-Supraleiter 337
high field superconductor
–, Nb–Ti 337
–, Nb_3Sn 337
Hochpolymere 331
high polymer
homogenes Gefüge 43
homogeneous microstructure
Hookesches Gesetz 105, 206
Hooke's law
Hume-Rothery-Phase 37, 55
Hume-Rothery phase
Hydrid 38
hydride
Hystereseschleife 291
hysteresis loop
Hystereseverlust 296
hysteresis loss

I
Informationsspeicherung 307
information storage
inkohärente Teilchen 255
incoherent particle
innere Oxidation 251
internal oxydation
integrierter Schaltkreis 330, 336
integrated circuit
interkristalline Korrosion 315
intercrystalline corrosion
intermetallische Phase 34, 51
intermetallic phase
Intrusion 133
intrusion

Invar-Effekt 307
invar-effect
Ionenimplantation 75
ion-implantation

J
Johnson-Mehl-Avrami-Gleichung 165
J.-M.-A.-equation
Jominy-Stirnabschreckversuch 272
Jominy-test (hardenability)

K
Kalorimetrie 202
calorimetry
Kaltverfestigung 235
work hardening
Kaltverformung 225, 226
cold work
Karbid 330
carbide
Karbonitrid 278
carbonitride
Keim 16
nucleus
Keimbildung 13, 16, 18, 57, 158, 205, 222
nucleation
- bei struktureller Phasenumwandlung 158
- for structural phase transformation
–, heterogene 18
–, heterogeneous
Keimbildung an Versetzung 259
nucleation at dislocation
Keimbildungsfeldstärke 301
nucleation field
Keimzahl 18
number of nuclei
Keramik 330
ceramics
keramischer Supraleiter 331, 336
ceramic superconductor
Kerbschlagbiegeversuch 130
notch impact test
Kerbschlagzähigkeit 130, 276
notch impact toughness
Kerntechnik 99
nuclear technology
Kettenmolekül 332
chain molecule
Kirkendall-Effekt 144
Kirkendall-effect
Klaviersaitendraht 273
piano wire
Kleinwinkelkorngrenze 71
low angle grain boundary
Klettern 139, 146
climbing
- von Versetzungen 146
- of dislocations
Knetlegierung 225, 234
deformable alloy, wrought alloy
Kochen 213
boiling (of steel)
Koerzitivfeldstärke 2, 200, 290, 196, 302
coercive force
kohärente Teilchen 255, 258
coherent particles
Kokille 220
die, mould
Kompressionsmodul 106
bulk modulus
Konode 48
tie line
konstitutionelle Unterkühlung 21, 210
constitutional undercooling
Kontaktwerkstoff 246, 249
contact material
Konvektion 209
convection
Koordinationszahl 25, 206
coordination number
Körner 2
grains
Korngefüge 18, 72, 79
grain structure
Korngrenze 3, 63, 69, 77, 258
grain boundary
Korngrenzendiffusion 243
grain boundary diffusion
Korngrenzenenergie 72
grain boundary energy
Korngrenzenwiderstand 137
grain boundary resistance
Korngröße 200
grain size
Kornseigerung 213
grain segregation
Kornvergrößerung 150
grain growth
Korrosion 312
corrosion
Korrosionsschutz 319
corrosion protection
kovalente Bindung 25
covalent bonding
Kreislauf der Werkstoffe 9
life cycle of materials
Kriechbruch 312
creep fracture

Kriechdehnungsgeschwindigkeit 124, 263
creep rate
Kriechen 124, 244, 263
creep
–, exponentielles 244
–, exponential
Kriechkurven 125
creep curves
Kriechmechanismus 126
creep mechanism
Kriechversuch 124
creep test
–, physikalischer 124
–, physical
Kristall 3, 24
crystal
Kristallanisotropie 39, 80
crystal anisotropy
Kristallbaufehler 314
crystal defect
Kristallit 2
crystalite
Kristallplastizität 3
crystal plasticity
Kristallstruktur 3, 24, 88
crystal structure
–, relative Stabilität 80
–, rel. stabilite
kritische Anrißlänge 318
critical crack length

L
lamellares Wachstum 211
lamellar growth
Laser-Schmelzen 221
laser-fusion
Lastspielzahl 131
number of cycles
Laves-Phase 38
Laves phase
Ledeburit 57
Ledeburite
Leerstelle 61, 170
vacancy
–, strukturelle 170
–, structural
Legierung 1, 44
alloy
Legierung mit Formgedächtnis 351
shape memory alloy
–, technische Anwendung 351
–, technological application
Legierungshärte 5
alloy hardening
Leiter 262
conductor
–, frei hängende 262
–, free hanging
Leitfähigkeit 1, 82, 89, 90
conductivity
–, elektrische 82, 89
–, electrical
–, thermische 89, 90
–, thermal
Leitungsband 88
conduction band
Leitungselektronen 83
conduction electrons
Lichtmikroskopie (LM) 184
light microsccopy
Lokalelement 313
local element
Lorentz-Zahl 92
Lorentz-number
Löslichkeit 49, 54
solubility
Löslichkeitslinie 53, 199
solubility line
Lot 218
solder
Lüders-Band 279
Lüders-band
Lunker 21
shrinkhole, pipe

M
Magnesiumguß 217
cast magnesium
magnetische Induktion 289
magnetic induction
magnetisches Moment 284
magnetic moment
Magnetisierung 287
magnetisation
–, spontane 287
–, spontaneous
magnetoelastische Kopplungsenergie 292
magneto-elastic coupling energy
magnetostatisch Selbstenergie 294
magneto-static energy
Magnetostriktion 291
magneto striction
Magnetostriktionskonstante 292
magnetostrictive constant
Magnetwerkstoff 284
magnetic material
Manganhartstahl 326
Headfield steel

Martensit 274, 275, 276
martensite
–, Anlassen
–, tempering
–, lanzettförmiger 274
–, lath
–, Platten- 176
–, plate
Martensitbildungstemperatur 274
martensite start temperature
martensitische Umwandlung 203
martensitic transformation
Massenspektrometer 192
mass spectrometer
Matthiessen-Regel 89
Matthiessen's rule
mechanische Dämpfung 201
mechanical damping
mechanisches Legieren 239, 251
mechanical alloying
Mehrstoffsystem 57
multi-component system
Meissner-Ochsenfeld-Effekt 92
Meissner-Ochsenfeld effect
Messing 37, 55, 262
brass
Metalldampf 13
metal vapour
metallische Bindung 25
metallic bond
metallische Gläser 222, 343
metallic glasses
Metallographie 3, 79, 186
metallography
–, quantitative 186
–, quantitative
Metallphysik 9
metal physics
metastabile Phase 160
metastable phase
metastabiles Gleichgewicht 57
metastable equilibrium
Meteoriteisen 1
meteorite iron
Mg–Al 219
Mg–Li 261
$Mg–Mg_2Sn$ 51
Mg–Sn 52
Mg–Zr 217, 218
Mg-Legierung 261
$Mg_2Sn–Sn$ 51
Mikro-Kratzer-Methode 198
micro scratch method
Mikroduplexgefüge 80
microduplex structure
Mikrohärte 76
microhardness
Mikrosonde 196
microprobe
Millersche Indizes 29
Miller indices
Mischbarkeit 205
solubility, miscibility
Mischkristall 43, 46, 207
solid solution
Mischkristallhärtung 51, 135
solid solution hardening
Mischung 327
mixture
Mischungslücke 49
miscibility gap
Mischungsregel 44, 81, 101, 252, 263
rule of mixing
Mittelrippe 177
midrib
Moduleffekt 135
module effect
Molwärme 94
molar heat
Mössbauer-Effekt 4
Mössbauer effect
Mumetall 298
mumetal

N
Nabarro-Herring-Kriechen 126
Nabarro-Herring creep
Nano-Struktur 14
nanostructure
Nennspannung 109
proof stress
Neumann-Kopp-Regel 94
Neumann-Kopp rule
Newtonsches Fließgesetz 206
law of Newtonian flow
Ni–TaC 264
Nickel-Arsenid-Phase 37
nickel-arsenide phase
Nitrid 38, 330
nitride
nm-Bereich 251
nm range
Normalprojektion 33
normal projection

O
Oberfläche 77
surface
Oberflächenbehandlung 326
surface treatment

Oberflächendiffusion 244
surface diffusion
Oberflächenenergie 78
surface energy
Oberflächenschicht 327
surface layer
ODS-Legierung 266
ODS alloy
Ordnungsgrad 169
degree of order
–, Temperaturabhängigkeit 169
–, temperature dependence
Ordnungsreaktion 167, 170
ordering reaction
Ordnungszahl 186
atomic number
Orientierung eines Kristallits 34
orientation of a crystallite
Orientierungs-Verteilungs-Funktion 34
orientation distribution function
Orowan-Spannung 137
Orowan stress
Ostwald-Reifung 161
Ostwald ripening
Oxidation 313
oxidation
Oxidationspotential 4
oxidation potential
Oxidschicht 78, 322
oxide layer

P
Paramagnetismus 284
paramagnetism
Passivierung 313
passivation
Patentieren 273
patenting
Pauli-Prinzip 284
Pauli principle
Peierls-Spannung 117
Peierls stress
Periodensystem 1, 194
periodic table
peritektisches System 53
peritectic system
Perlit 57, 273
pearlite
–, lamellarer 273
–, lamellar
–, körniger 273
–, granular
Perlitbildung 172, 174
pearlitic transformation
–, Lamellenabstand 174
–, lamellar spacing
–, Wachstumsgeschwindigkeit 174
–, growth rate
Permalloy 298
permalloy
Permeabilität 289
permeability
Perowskit 331
perowskite
Phasenbeziehung 159
phase relation
–, kohärente 159
–, coherent
Phasengemisch 46, 101
phase mixture
Phasengesetz 45
phase rule
Phasengleichgewicht 43
phase equilibrium
Phasengrenze 60, 77, 159
phase boundary
–, teilkohärente 159
–, semicoherent
Phasenstruktur 182, 192
phase structure
Phasenübergang 153, 155, 156
phase transition
–, Ehrenfest-Einteilung 155, 156
–, Ehrenfest scheme
–, magnetischer 153
–, magnetic
–, Metall-Halbleiter- 153
–, metal-semiconductor
– mit Strukturänderung 153
– with structural change
–, Normalleiter-Supraleiter- 153
–, normal conductor-superconductor
Phasenumwandlung 55, 77, 153, 261
phase transformation
–, strukturelle 153
–, structural
Phononen 95
phonons
Piezoelektrika 336
piezoelectrics
Piezokristall 196
piezo-crystal
plastische Instabilität 127
plastic instability
plastische Verformung 60, 117
plastic deformation
Plastomere ≡ Thermoplast 332
plastomere

Platzwechsel 139, 140
site exchanges
–, thermisch aktivierter 139, 140
–, thermally activated
Poisson-Konstante 106
Poisson's ratio
Polarisation 290
polarisation
–, magnetische 290
–, magnetic
Polfigur 34
pole figure
Polymerisation 331
polymerisation
Polymorphie 3, 25
polymorphy
Pore 21, 213, 221
pore
Porenbildung 75
pore formation
Pressen 241
pressing
–, heiß-isostatisches 241
–, hot isostatic
Primärelektronen 186
primary electrons
Prismengleitung 117
prismatic slip
Produktion 7
production
Pseudoelastizität 347
pseudoelasticity
Pt-W 48, 53
Pulverherstellung 239
powder production
Pulvermetallurgie 238
powder metallurgy
pulvermetallurgischer Werkstoff 246
powder-metallurgical material
pulvermetallurgisches Verfahren 238
powder-metallurgical process
Pulverspritzgießen 240
powder injection moulding
Pulverteilchen 239
powder particle
Pulververbundwerkstoff 248
powder composite material
PVD - Physical Vapour Deposition 13

Q
Qualitätsstahl 277
quality steel
Quantenmechanik 83
quantum mechanics
Quasikristall 3, 24, 40
quasicrystal
Quellspannung 119
source stress
Querzahl 106
Poisson's ratio

R
Raster-Tunnel-Mikroskopie 196
scanning tunneling microscopy
Rasterelektronenmikroskop 185, 186
scanning electron microscope
Rastlinie 134
arrest line
Reaktionsgeschwindigkeit 141
reaction rate
Reckalterung 120, 278
strain aging
Recycling 7
recycling
Reduktion 313
reduction
Reflexionsfähigkeit 1
reflectivity
Reibung 312, 323, 325
friction
Reibungskoeffizient 324, 335
friction coefficient
Rekristallisation 22, 148, 149, 150
recrystallisation
–, diskontinuierliche 148
–, discontinuous
–, kontinuierliche 148
–, continuous
–, primäre 149
–, primary
–, sekundäre 150
–, secondary
Rekristallisationsdiagramm 151
recrystallisation diagram
Rekristallisationsfront 149
recrystallisation front
Rekristallisationstextur 151
recrystallisation texture
Restwiderstand 146
residual resistivity
Restwiderstandsverhältnis 91
residual resistivity ratio
reziprokes Gitter 27, 194
reciprocal lattice
Richtung
–, leichte 287
easy direction
Rißbildung 128, 324
crack formation

Rißlänge 130
crack length
Rißwachstum 128, 129
crack growth
Rißwachstumsrate 134
crack growth rate
Rohrziehen 232
tube drawing
Röntgenstrahlen 186, 192
X-rays
rosten 312
rust
Rückgewinnbarkeit 5
recyclability
Rückstreuelektronen 186
back scattered electrons

S
Sättigungspolarisation 286
saturation polarisation
–, Temperaturabhängigkeit 286
–, temperature dependence
Scherverformung 106, 122, 233
shear deformation
Schichtverbund 263
layered composite
Schmelze 343
melt
–, unterkühlte 343
–, undercooled
Schmelzentropie 12
entropiy of melting
Schmelzschweißen 221
welding
Schmelzspinnen 221
melt spinning
Schmelztemperatur 14, 78, 263
melting temperature
Schmelzwalzen 221
roll casting
Schmelzwärme 12
heat of melting, heat of fusion
Schmid-Faktor 114
Schmid factor
Schmidsches Schubspannungsgesetz 113
Schmid law
Schraubenversetzung 65
screw dislocation
Schubbeanspruchung 106
shear loading
Schubmodul 106, 207
shear modulus
Schubspannung 114, 118, 228
shear stress
–, kritische 118
–, critical
–, maximale 228
–, maximum
–, theoretische 118
–, theoretical
Schutzschicht 321
protective layer
Schweißnaht 222
weld
Schwereseigerung 213
gravity segregation
Segregation 140
segregation
Seigerung 212
segregation
Seigerungszone 213
segregation zone
selbstakkomodierend 179
self-accommodating
Selbstdiffusion 140
selfdiffusion
Shockley-Teilversetzung 116
Shockley partial dislocation
Siliziumeisen 297
silicon-iron
Sinterformteil 247
sintered part
Sinterhartmetall 248
sintered hard metal
Sinterkörper 241, 245
sintered part
–, poröser 245
–, porous
Sintern 79, 240, 244, 251
sintering
–, druckfreies 241
–, pressure free
–, unter Druck 244
–, hot pressing
Sinterschwindung 243
sinter shrinkage
Sintertheorie 242
sintering theory
Sintervorgang 243
sintering process
–, Zweiteilchen-Modell 243
–, two-particle model
Sm_2Co_{17} 304
$SmCo_5$ 304
Sonderkarbid 280
alloy carbide
Spaltbruch 128
cleavage crack

Spanen 324
cutting, chip formation
Spannungs-Dehnungs-Kurve 109
stress-strain curve
Spannungsabbau 146
stress relief
Spannungsintensität 130, 316
stress intensity
–, kritische 130
–, critical
Spannungsreihe der Elemente 4
electromotive series of the elements
Spannungsrelaxation 112
stress relaxation
Spannungsrißkorrosion 314, 317
stress corrosion cracking
Spannungsverteilung 229
stress distribution
spezifische Wärme 94, 96, 203
specific heat
–, reines Eisen 96
–, pure iron
Sphäroguß 214, 216
spherolitic cast iron
sphärolitischer Graphit 215
spherolitic graphite
Spin-Bahn-Kopplung 287
spin orbit coupling
Spinodale 54
spinodal
spinodale Entmischung 158
spinodal decomposition
Sprungwahrscheinlichkeit 171
jump probability
Sprungzeit 143
jump time
Stähle 213, 268, 269, 270, 277, 279, 280, 281, 282
steels
–, Anlassen 281
–, tempering
–, austenitische 268
–, austenitic
–, Dualphasen- 277
–, dual phase
–, ferritische nichtrostende 269
–, ferritic stainless
–, martensitaushärtende 282
–, maraging
–, übereutektoide 268
–, hypereutectoid
–, Umwandlung 270
–, transformation
–, unberuhigte 213
–, unkilled
–, untereutektoide 268
–, hypoeutectoid
–, Vergütung 279
–, quenched and tempered
–, Wärmebehandlung 280
–, heat treatment
Stahlbeton 330, 335
steel-reinforced concrete
Stahlproduktion 8
steel production
Stahlsorten 277
steel grades
Stangenziehen 232
tube drawing
Stapelfehler 65, 67
stacking fault
Stapelfehlerenergie 68, 69, 316
stacking fault energy
Stapelfolge 30
stacking sequence
Steinsalzgitter 37
rock salt lattice
Stengelkristall 21
columnar crystal
stereographische Projektion 31
stereographic projection
Stoffgesetz 101, 198
constitutive equation
Stoffinduktion 290
magnetic flux density
Strahlenschaden 73, 76
radiation damage
Strahlenschutz 99
radiation shielding
Strangguß 220
continuous casting
Strangpressen 231
extrusion
–, Rückwärts- 231
–, indirect, reverse
–, Vorwärts- 231
–, direct
Streckgrenze 1, 110, 120, 200, 253, 278
yield stress
–, obere 120
–, upper
–, untere 120
–, lower
Stromdichte-Potential-Kurve 319
current density vs. potential curve
Struktur 82
structure
–, elektronische 82
–, electronic

strukturelle Relaxation 344
structural relaxation
strukturelle Umwandlung 160
structural transformation
–, Wachstumsvorgang 160
–, growth process
Strukturwerkstoff 2
structural material
Stufenversetzung 64
edge dislocation
Superelastizität 124
superelasticity
Superlegierung 264, 265
superalloy
Superplastizität 127
superplasticity
Supraleiter 92, 336, 338, 340, 342
superconductor
–, 1. Art 92
–, type I
–, 2. Art 92
–, type II
–, keramischer 336
–, ceramic
–, metallischer 336
–, metalic
–, Nb–Ti 340
–, Nb_3Sn 342
–, Stromtragfähigkeit 338
–, current carrying capacity
Systemeigenschaft 318
system property

T
Taylor-Beziehung 121
Taylor relation
Taylor-Faktor 121
Taylor factor
technischer Supraleiter 338
technical superconductor
–, kritische magnetische Flußdichte 338
–, critical magnetic flux density
–, kritische Temperatur 338
–, critical temperature
Teilchendurchmesser 252
particle diameter
Teilchenhärtung 137
particle hardening
Teilchenvergröberung 161
particle coarsening
Teilversetzung 64, 117
partial dislocation
Temperatur-Zeit-Diagramm 206, 251
temperature-time diagram
Temperguß 214
tempered cast iron
ternäres Eutektikum 58
ternary eutectic
thermische Analyse 201
thermal analysis
thermische Ausdehnung 96
thermal expansion
Thermobimetalle 308
thermo-bimetals
thermomechanische Behandlung 259, 280
thermo-mechanical treatment
Thermometer 205
thermometer
Thermotransport 140
thermotransport
Ti–Al 55, 56
Ti-Legierung 55, 261
Ti alloy
Tiefenschärfe 187
depth of field
Tiefziehbarkeit 278
deep drawability
Tiefziehen 233
deep drawing
Tränkverfahren 242
infiltration
transkristalline Korrosion 315
transcrystalline corrosion
Translationsgitter 24
translation lattice
Transmissionselektronenmikroskopie 187
transmission electron microscopy
treibende Kraft 154, 242
driving force
– des Sinterns 242
– of sintering
–, thermodynamische 154
–, thermodynamic
tribologisches System 324
tribological system

U
Übergangstemperatur 123
transition temperature
Überstruktur 167, 168
superlattice structure
Überstrukturphase 167
superlattice phase
Umformung 225, 227
forming
Umformverfahren 230
forming process

Ummagnetisierungsverlust 296, 310
iron loss
Umwandlung 154, 155, 157, 163, 167, 171, 172, 174, 180, 199, 211, 271, 272, 274
transformation
–, bainitische 180, 271
–, bainitic
–, diffusisonsbestimmte 163
–, diffusional
–, eutektoide 211
–, eutectic
–, eutektoidische 271
–, eutectoid
–, martensitische 174, 271, 274
–, martensitic
–, massive 171, 272
–, massive
–, perlitische 172, 211
–, pearlitic
–, polymorphe 154, 171
–, polymorphic
–, thermodynamische Daten 155
–, thermodynamic data
–, Unordnungs-Ordnungs- 167
–, order-disorder
–, voreutektoidische 271
–, preeutectoid
–, Vorstadium 157
–, pre-transformation stage
Umwandlungsenthalpie 155, 170
transformation enthalpy
Umwandlungsentropie 154
transformation entropy
Umwandlungshysterese 179, 180
transformation hysteresis
Umwandlungstemperatur 27
transformation temperature
Umwandlungstyp 162
type of transformation
Umwandlungsverformung 161
transformation strain
Umwandlungswärme 12, 154
heat of transformation
Unterkühlung 16
supercooling

V
Valenzband 88
valency band
Verankerungskraft 339, 341
pinning force
– auf einen Flußschlauch 339, 341
– on a flux line
Verbund 330
composite
Verbunddraht 339
composite wire
–, supraleitender 339
–, superconducting composite wire
Verbundsystem 336
composite system
Verbundwerkstoff 10, 330
composite material
Verdampfungsentropie 12
entropy of evaporation
verdüsen 239
atomising
Veredeln 216
refine
Verfestigung 110, 121, 124, 235
work hardening
Verfestigungskoeffizient 110, 121, 253
coefficient of work hardening
Verformbarkeit 1
deformability
Verformung 150, 177, 226
deformation
–, Gefügeänderung 226
–, microstructural change
–, gitterinvariante 177
–, lattice invariant
–, kritische 150
–, critical
Verformungsgeschwindigkeit 226
deformation rate
Verformungsmechanismus-Schaubild 126
deformation-mechanism map
Verformungstextur 123
deformation texture
Verformungsverfestigung 234
work hardening
Verformungsvorgang 225
deformation-mechanism
Verhalten 121
behaviour
–, plastisches 121
–, plastic
Versagen 312, 322, 325
failure
Verschleißrate 325
wear rate
Verschleißwiderstand 325
weare resistance
Versetzung 63, 119, 121, 190, 253, 254
dislocation
–, Aufstauung 121
–, pile-up
–, Linienspannung 119
–, line tension

Versetzungsaufspaltung 116
dislocation splitting
Versetzungshärtung 136
dislocation hardening
Versetzungskriechen 125
dislocation creep
Versetzungslinie 64
dislocation line
Versetzungsnetzwerk 147
dislocation network
Versetzungsquelle 118
dislocation source
Versetzungsreaktion 66
dislocation reaction
Versetzungsring 63, 65, 77
dislocation loop
Versprödung 221
embrittlement
Verunreinigung 91
impurity
–, Bestimmung von 91
–, determination of
Verzerrung 122
strain, distortion
–, affine 122
–, affine
Verzinkung 314
zinc coating
Verzunderung 321
scale formation
Vielkristall 193
polycrystal
viskoses Fließen 206
viscous flow
Viskositätskoeffizient 207
viscosity coefficient
Volumenanteil der Phase 79
volume fraction of a phase

W
Wachstumskinetik 163
growth kinetics
Walzen 221, 230
rolling
Walzspalt 231
rolling gap
Walztextur 123
rolling texture
Wanderungszeit 143
migration time
Wärmeinhalt 96
enthalpy
–, reines Eisen 96
–, pure iron
Wärmekapazität 94
specific heat
Warmfestigkeit 263
heat resistance
Warmverformung 225
hot work
Wasserstoffion 314
hydrogen ion
Wechselfestigkeit 131, 216
fatigue strength
Wechselverformung 131
cycle deformation
Weichglühen 273
soft annealing
weichmagnetischer Werkstoff 297, 300
soft magnetic material
–, nanokristalliner 300
–, nanocrystalline
Weißmetall 218
white metal
Wellenfunktion 83
wave function
Wellenlänge 193
wave length
Wellenvektor 83
wave vector
Werkstoff 6, 301, 303
material
–, hartmagnetischer 301, 303
–, hard magnetic
Werkstoffgruppe 10, 330
material group
Werkstoffkunde 9
materials science and engineering
Werkstoffmenge 8
amount of material
Werkstofftechnik 9
materials technology
Werkstoffverbund 330
composite material
Werkzeugreibung 232
tool friction
Werkzeugstahl 280
tool steel
Widerstand 90
resistance
–, elektrischer 90
–, electrical
Widmannstättenferrit 272
Widmannstätten ferrite
Wiedemann-Franz-Gesetz 92
Wiedemann-Franz law
Wirbelstromverlust 296
Eddy current loss
Wirkungsquerschnitt 73, 99, 100

effective cross section
Wöhler-Diagramm 131
Wöhler diagram
Wolfram 246
tungsten
Woodsches Metall 218
Wood's metal
Wulffsches Netz 33
Wulff net
Würfellage 151
cube orientation
Würfeltextur 289
cube texture

Z
Zeit-Temperatur-Umwandlungs-Diagramm 271
time-temperature-transformation diagram
Zeit-Temperaturschaubild 25, 206
time-temperature-diagram
Zeitstandversuch 124
creep test
–, technischer 124
–, technical
Zellgefüge 80
cell structure
Zement 330
cement
Zementit 56
cementite
Zersetzung 239
decomposition
–, thermische 239
–, thermal
Ziehtextur 123
drawing texture
Zonenschmelzen 209
zone melting
ZTU-Diagramm 271
TTT diagram
–, isothermes 271
–, isothermal
–, kontinuierliches 271
–, continuous
Zugversuch 109, 110
tensile test
–, physikalischer 109
–, physical
–, technischer 109
–, technical
Zustandsdiagramm 45, 48, 205
phase diagram
–, Ag–Cu 49
–, Al–Cu 251
–, Al–Mg 261
–, Al–Ti 56
–, Au–Ni 49
–, Au–Si 51
–, Co–Sm 304
–, Cr–Fe 270
–, Cr–Fe–Ni 321
–, Cu–Be 261
–, Cu–Zn 55
–, Cu–Zr 223
–, Fe–B 223
–, Fe–C 269
–, Fe–Cr 270
–, Fe–Cr–C 270
–, Fe–O 323
–, Fe–Pb 52
–, Li–Mg 261
–, Mg–Sn 52
–, Mg–Zr 218
–, Nb–Ti 340
–, Pt–W 53
Zustandsdichte 84
density of state
Zweistoffsystem 47
binary system
Zweiwegeffekt 347, 350
two-way effect
Zwillingsbildung 122
twinning
Zwillingsebene 122
twinning plane
Zwillingselemente 122
twinning elements
Zwillingsgrenze 70, 71, 122
twin boundary
Zwischengitteratom 61
interstitial atom

Druck (Computer to Film): Saladruck, Berlin
Verarbeitung: Lüderitz & Bauer, Berlin